海洋天然气水合物开采基础理论与技术丛书

海洋天然气水合物开采
基础理论与模拟

吴能友　李小森　黄　丽等　著

科学出版社

北京

内 容 简 介

本书聚焦我国 2017 年、2020 年海洋天然气水合物试采区域——南海北部神狐海域，在梳理和总结海洋天然气水合物开采面临的科学与技术挑战基础上，基于地质–工程一体化理念和天然气水合物储层实际地质、地球物理、地球化学资料，通过理论分析、实验模拟和数值模拟，建立海洋天然气水合物开采基础理论与技术体系。系统开展天然气水合物开采跨尺度仿真模拟，进行开采产能潜力评价，研究开采过程中储层多物理场演化规律及地质、开采工艺和井型结构等因素对开采产能的影响，提出天然气水合物开采增产理论与技术，为我国天然气水合物勘探开发提供科学理论和技术指导。

本书既提供了大量翔实的实验模拟与数值模拟结果，又结合我国海洋天然气水合物试采实践综合研究，形成一批原创性天然气水合物开采基础理论和技术成果，可供从事天然气水合物勘探开发研究的科研人员和相关专业的研究生阅读。

图书在版编目 (CIP) 数据

海洋天然气水合物开采基础理论与模拟/吴能友等著. —北京：科学出版社，2021. 11

（海洋天然气水合物开采基础理论与技术丛书）

ISBN 978-7-03-069918-3

I. ①海… II. ①吴… III. ①海洋–天然气水合物–气田开发 IV. ①TE5

中国版本图书馆 CIP 数据核字（2021）第 197099 号

责任编辑：焦 健 韩 鹏 李亚佩／责任校对：王 瑞
责任印制：吴兆东／封面设计：北京图阅盛世

科学出版社 出版

北京东黄城根北街 16 号
邮政编码：100717
http://www.sciencep.com

北京中科印刷有限公司 印刷

科学出版社发行 各地新华书店经销

*

2021 年 11 月第 一 版 开本：787×1092 1/16
2021 年 11 月第一次印刷 印张：28 1/4
字数：676 000

定价：388.00 元

（如有印装质量问题，我社负责调换）

丛书序一

为了适应经济社会高质量发展，我国对加快能源绿色低碳转型升级提出了重大战略需求，并积极开发利用天然气等低碳清洁能源。同时，我国石油和天然气的对外依存度逐年攀升，目前已成为全球最大的石油和天然气进口国。因此，加大非常规天然气勘探开发力度，不断提高天然气自主供给能力，对于实现我国能源绿色低碳转型与经济社会高质量发展、有效保障国家能源安全等具有重大意义。

天然气水合物是一种非常规天然气资源，广泛分布在陆地永久冻土带和大陆边缘海洋沉积物中。天然气水合物具有分布广、资源量大、低碳清洁等基本特点，其开发利用价值较大。海洋天然气水合物多赋存于浅层非成岩沉积物中，其资源丰度低、连续性差、综合资源禀赋不佳，安全高效开发的技术难度远大于常规油气资源。我国天然气水合物开发利用正处于从资源调查向勘查试采一体化转型的重要阶段，天然气水合物领域的相关研究与实践备受关注。

针对天然气水合物安全高效开发难题，国内外尽管已经提出了降压、热采、注化学剂、二氧化碳置换等多种开采方法，并且在世界多个陆地冻土带和海洋实施了现场试验，但迄今为止尚未实现商业化开发目标，仍面临着技术挑战。比如，我国在南海神狐海域实施了两轮试采，虽已证明水平井能够大幅提高天然气水合物单井产能，但其产能增量仍未达到商业化开发的目标要求。再比如，目前以原位降压分解为主的天然气水合物开发模式，仅能证明短期试采的技术可行性，现有技术装备能否满足长期高强度开采需求和工程地质安全要求，仍不得而知。为此，需要深入开展相关创新研究，着力突破制约海洋天然气水合物长期安全高效开采的关键理论与技术瓶颈，为实现海洋天然气水合物大规模商业化开发利用提供理论与技术储备。

因此，由青岛海洋地质研究所吴能友研究员牵头，并联合多家相关单位的专家学者，编著出版"海洋天然气水合物开采基础理论与技术丛书"，恰逢其时，大有必要。该丛书由6部学术专著组成，涵盖了海洋天然气水合物开采模拟方法与储层流体输运理论、开采过程中地球物理响应特征、工程地质风险调控机理等方面的内容，是我国海洋天然气水合物开发基础研究与工程实践相结合的最新成果，也是以吴能友研究员为首的海洋天然气水合物开采科研团队"十三五"期间相关工作的系统总结。该丛书的出版标志着我国在海洋天然气水合物开发基础研究方面取得了突破性进展。我相信，这部丛书必将有力推动我国海洋天然气水合物资源开发利用向产业化发展，促进相应的学科建设与发展及专业人才培养与成长。

中国科学院院士

2021 年 10 月

丛书序二

欣闻青岛海洋地质研究所联合国内多家单位科学家编著完成的"海洋天然气水合物开采基础理论与技术丛书"即将由科学出版社出版，丛书主编吴能友研究员约我为丛书作序。欣然应允，原因有三。

其一，天然气水合物是一种重要的非常规天然气，资源潜力巨大，实现天然气水合物安全高效开发是全球能源科技竞争的制高点，也是一个世界性难题。世界上很多国家都相继投入巨资进行天然气水合物勘探开发研究工作，目前国际天然气水合物研发态势已逐渐从资源勘查向试采阶段过渡。美国、日本、德国、印度、加拿大、韩国等都制定了各自的天然气水合物研究开发计划，正在加紧调查、开发和利用研究。目前，加拿大、美国和日本已在加拿大麦肯齐三角洲、美国阿拉斯加北坡两个陆地多年冻土区和日本南海海槽一个海域实施天然气水合物试采。我国也已经实现了两轮水合物试采，尤其是在我国第二轮水合物试采中，首次采用水平井钻采技术，攻克了深海浅软地层水平井钻采核心关键技术，创造了"产气总量""日均产气量"两项世界纪录，实现了从"探索性试采"向"试验性试采"的重大跨越。我多年来一直在能源领域从事勘探开发研究工作，深知天然气水合物领域取得突破的艰辛。"海洋天然气水合物开采基础理论与技术丛书"从海洋天然气水合物开采的基础理论和多尺度研究方法开始，再详细阐述开采储层的宏微观传热传质机理、典型地球物理特性的多尺度表征，最后涵盖海洋天然气水合物开采的工程与地质风险调控等，是我国在天然气水合物能源全球科技竞争中抢占先机的重要体现。

其二，推动海洋天然气水合物资源开发是瞄准国际前沿，建设海洋强国的战略需要。2018 年 6 月 12 日，习近平总书记在青岛海洋科学与技术试点国家实验室视察时强调："海洋经济发展前途无量。建设海洋强国，必须进一步关心海洋、认识海洋、经略海洋，加快海洋科技创新步伐。"天然气水合物作为未来全球能源发展的战略制高点，其产业化开发利用核心技术的突破是构建"深海探测、深海进入、深海开发"战略科技体系的关键，将极大地带动和促进我国深海战略科技力量的全面提升和系统突破。天然气水合物资源开发是一个庞大而复杂的系统工程，不仅资源、环境意义重大，还涉及技术、装备等诸多领域。海洋天然气水合物资源开发涉及深水钻探、测井、井态控制、钻井液/泥浆、出砂控制、完井、海底突发事件响应和流动安全、洋流影响预防、生产控制和水/气处理、流量测试等技术，是一个高技术密集型领域，充分反映了一个国家海洋油气工程的科学技术水平，是衡量一个国家科技和制造业等综合水平的重要标志，也是一个国家海洋强国的直接体现。"海洋天然气水合物开采基础理论与技术丛书"第一期计划出版 6 部专著，不仅有基础理论研究成果，而且涵盖天然气水合物开采岩石物理模拟、热电参数评价、出砂管控、力学响应与稳定性分析技术，对推动天然气水合物开采技术装备进步具有重要作用。

其三，青岛海洋地质研究所是国内从事天然气水合物研究的专业机构之一，近年来在天然气水合物开采实验测试、模拟实验和基础理论、前沿技术方法研究方面取得了突出成绩。早在21世纪初，青岛海洋地质研究所天然气水合物实验室就成功在室内合成天然气水合物样品，并且基于实验模拟获得了一批原创性成果，强有力地支撑了我国天然气水合物资源勘查。2015年以来，青岛海洋地质研究所作为核心单位之一，担负起中国地质调查局实施的海域天然气水合物试采重任，建立了国内一流、世界领先的实验模拟与实验测试平台，组建了多学科交叉互补、多尺度融合的专业团队，围绕水合物开采的储层传热传质机理、气液流体和泥砂产出预测、物性演化规律及其伴随的工程地质风险等关键科学问题开展研究，创建了水合物试采地质–工程一体化调控技术，取得了显著成果，支撑我国海域天然气水合物试采取得突破。"海洋天然气水合物开采基础理论与技术丛书"对研究团队取得的大量基础理论认识和技术创新进行了梳理和总结，并与广大从事天然气水合物研究的同行分享，无疑对推进我国天然气水合物开发产业化具有重要意义。

　　总之，"海洋天然气水合物开采基础理论与技术丛书"是我国近年来天然气水合物开采基础理论和技术研究的系统总结，基础资料扎实，研究成果新颖，研究起点高，是一份系统的、具有创新性的、实用的科研成果，值得郑重地向广大读者推荐。

中国工程院院士

2021年10月

丛 书 前 言

天然气水合物（俗称可燃冰）是一种由天然气和水在高压低温环境下形成的似冰状固体，广泛分布在全球深海沉积物和陆地多年冻土带。天然气水合物资源量巨大，是一种潜力巨大的清洁能源。20 世纪 60 年代以来，美、加、日、中、德、韩、印等国纷纷制定并开展了天然气水合物勘查与试采计划。海洋天然气水合物开发，对保障我国能源安全、推动低碳减排、占领全球海洋科技竞争制高点等均具有重要意义。

我国高度重视天然气水合物开发工作。2015 年，中国地质调查局宣布启动首轮海洋天然气水合物试采工程。2017 年，首轮试采获得成功，创造了连续产气时长和总产气量两项世界纪录，受到党中央国务院贺电表彰。2020 年，第二轮试采采用水平井钻采技术开采海洋天然气水合物，创造了总产气量和日产气量两项新的世界纪录。由此，我国的海洋天然气水合物开发已经由探索性试采、试验性试采向生产性试采、产业化开采阶段迈进。

扎实推进并实现天然气水合物产业化开采是落实党中央国务院贺电精神的必然需求。我国南海天然气水合物储层具有埋藏浅、固结弱、渗流难等特点，其安全高效开采是世界性难题，面临的核心科学问题是储层传热传质机理及储层物性演化规律，关键技术难题则是如何准确预测和评价储层气液流体、泥砂的产出规律及其伴随的工程地质风险，进而实现有效调控。因此，深入剖析海洋天然气水合物开采面临的关键基础科学与技术难题，形成体系化的天然气水合物开采理论与技术，是推动产业化进程的重大需求。

2015 年以来，在中国地质调查局、青岛海洋科学与技术试点国家实验室、国家专项项目"水合物试采体系更新"（编号：DD20190231）、山东省泰山学者特聘专家计划（编号：ts201712079）、青岛创业创新领军人才计划（编号：19-3-2-18-zhc）等机构和项目的联合资助下，中国地质调查局青岛海洋地质研究所、广州海洋地质调查局、中国科学院广州能源研究所、武汉岩土力学研究所、力学研究所、中国地质大学（武汉）、中国石油大学（华东）、中国石油大学（北京）等单位的科学家开展联合攻关，在海洋天然气水合物开采流固体产出调控机理、开采地球物理响应特征、开采工程地质风险评价与调控等领域取得了三个方面的重大进展。

（1）揭示了泥质粉砂储层天然气水合物开采传热传质机理：发明了天然气水合物储层有效孔隙分形预测技术，准确描述了天然气水合物赋存形态与含量对储层有效孔隙微观结构分形参数的影响规律；提出了海洋天然气水合物储层微观出砂模式判别方法，揭示了泥质粉砂储层微观出砂机理；创建了海洋天然气水合物开采过程多相多场（气-液-固、热-渗-力-化）全耦合预测技术，刻画了储层传热传质规律。

（2）构建了天然气水合物开采仿真模拟与实验测试技术体系：研发了天然气水合物钻采工艺室内仿真模拟技术；建立了覆盖微纳米、厘米到米，涵盖水合物宏-微观分布与动态聚散过程的探测与模拟方法；搭建了海洋天然气水合物开采全流程、全尺度、多参量仿真模拟与实验测试平台；准确测定了试采目标区储层天然气水合物晶体结构与组成；精细刻画了储层声、电、力、热、渗等物性参数及其动态演化规律；实现了物质运移与三相转化过程仿真。

（3）创建了海洋天然气水合物试采地质-工程一体化调控技术；建立了井震联合的海洋天然气水合物储层精细刻画方法，发明了基于模糊综合评判的试采目标优选技术；提出了气液流体和泥砂产出预测方法及工程地质风险评价方法，形成了泥质粉砂储层天然气水合物降压开采调控技术；创立了天然气水合物开采控砂精度设计、分段分层控砂和井底堵塞工况模拟方法，发展了天然气水合物开采泥砂产出调控技术。

为系统总结海洋天然气水合物开采领域的基础研究成果，丰富海洋天然气水合物开发理论，推动海洋天然气水合物产业化开发进程，在高德利院士、孙金声院士等专家的大力支持和指导下，组织编写了本丛书。本丛书从海洋天然气水合物开采的基础理论和多尺度研究方法开始，进而详细阐述开采储层的宏微观传热传质机理、典型地球物理特性的多尺度表征，最后介绍海洋天然气水合物开采的工程与地质风险调控等，具体包括：《海洋天然气水合物开采基础理论与模拟》《海洋天然气水合物开采储层渗流基础》《海洋天然气水合物开采岩石物理模拟及应用》《海洋天然气水合物开采热电参数评价及应用》《海洋天然气水合物开采出砂管控理论与技术》《海洋天然气水合物开采力学响应与稳定性分析》等六部图书。

希望读者能够通过本丛书系统了解海洋天然气水合物开采地质-工程一体化调控的基本原理、发展现状与未来科技攻关方向，为科研院所、高校、石油公司等从事相关研究或有意进入本领域的科技工作者、研究生提供一些实际的帮助。

由于作者水平与能力有限，书中难免存在疏漏、不当之处，拜望广大读者不吝赐教，批评指正。

自然资源部天然气水合物重点实验室主任

2021 年 10 月

前　言

　　天然气水合物作为一种潜力巨大的非常规化石能源，得到了世界各国的高度重视。近年来，随着中国、日本、美国、韩国、印度等国家层面天然气水合物计划的推进，特别是中国在南海北部神狐海域、日本在其东南海域南海海槽进行的天然气水合物试采取得了巨大成功。国际上天然气水合物勘探开发研究与实践涌现了大批创新性成果，尤其是在天然气水合物开采理论、实验和数值模拟及技术方法研究方面取得了长足进步，为复杂地质和海洋环境条件下天然气水合物开发带来了曙光。

　　本书聚焦我国2017年、2020年海洋天然气水合物试采区域——南海北部神狐海域，梳理和总结海洋天然气水合物开采面临的科学与技术挑战，以天然气水合物储层实际地质、地球物理、地球化学资料为基础，在地质-工程一体化理念的指导下，通过理论分析、实验模拟和数值模拟，建立海洋天然气水合物开采基础理论与技术体系。系统开展天然气水合物开采跨尺度仿真模拟，进行开采产能潜力评价，研究开采过程中储层多物理场演化规律，剖析地质、开采工艺和井型结构等因素对开采产能的影响，提出天然气水合物开采增产理论与技术，为我国天然气水合物勘探开发提供科学理论和技术参考。

　　本书共分为八章：第一章绪论，主要梳理和总结海洋天然气水合物开采面临的科学技术挑战；第二章海洋天然气水合物开采基础理论与技术体系，从开采传热传质角度开展基础理论研究，进而引出天然气水合物开采仿真模拟与实验测试技术，最后阐述上述理论和技术方法研究的应用出口——天然气水合物试采地质-工程一体化调控技术；第三章海洋天然气水合物开采仿真模拟技术，分别从多物理场演化、三维模拟、钻采一体化模拟、井筒工艺参数仿真和开采数值模拟等方面，系统阐述了天然气水合物开采仿真模拟进展；第四章海洋天然气水合物开采产气潜力评价，主要基于数值模拟技术，开展全球不同类型天然气水合物藏产能模拟与对比评价；第五章地质因素对天然气水合物开采产能的影响，着重以我国南海神狐海域为例，分析了天然气水合物成藏类型、储层物性、地质构造等主要地质因素对产气潜力的影响；第六章开采工艺对天然气水合物开采产能的影响，基于实验模拟和数值模拟结果，重点讨论不同开采方法（降压、注热、置换）与技术工艺（降压-注热组合、注剂等）下，天然气水合物开采产能特征及主要影响因素；第七章井型结构对天然气水合物开采产能的影响，以我国南海北部天然气水合物储层地质特征为依据，获得系列实验模拟和数值模拟数据，探讨了垂直井、水平井、多分支井等结构开采时的储层多物理场演化规律、产气产水特征及其主控因素；第八章海洋天然气水合物开采增产技术，围绕实现天然气水合物产业化开采目标、提高产能的需求，从增产理论和技术方面分析现状和短板，提出了未来发展方向。

　　本书的组织和编写工作，是在全体研究人员共同努力下完成的，吴能友研究员负责全书的组织和统稿工作，撰写过程中得到了青岛海洋地质研究所、中国科学院广州能源研究所、中国地质大学（武汉）等单位科学家的大力支持。各章编著分工如下：第一章由吴能友、胡高伟、陈强完成；第二章由吴能友、刘昌岭、胡高伟、陈强、刘乐乐、李彦龙、万义钊、黄丽完成；第三章由李彦龙、李小森、李刚、黄丽、陈朝阳、王屹完成；第四章由黄丽、胡高伟、吴能友完成；第五章由毛佩筱、吴能友、宁伏龙、孙嘉鑫完成；第六章由李小森、李刚、陈朝阳、王屹、孙建业完成；第七章由陈强、万义钊、吴能友、陈朝阳、李刚、毛佩筱完成；第八章由吴能友、李彦龙、陈强、万义钊、黄丽、毛佩筱完成。

本书的出版得到了中国地质调查局、青岛海洋科学与技术试点国家实验室、国家专项项目"水合物试采体系更新"（编号：DD20190231）和"水合物储层模拟与测试"（编号：DD20190221）、国家自然科学基金项目"南海神狐海域水合物储层的蠕变特征与主控因素研究"（编号：42076217）、山东省泰山学者特聘专家计划（编号：ts201712079）、青岛创业创新领军人才计划（编号：19-3-2-18-zhc）的联合资助，特致谢意。

本书是作者团队近年来在海洋天然气水合物开采领域最新研究成果的总结，既提供了大量翔实的实验模拟与数值模拟结果，又结合我国海洋天然气水合物试采实践，综合研究形成了一批原创性天然气水合物开采基础理论和技术成果，可为从事天然气水合物勘探开发研究的科研人员、研究生提供参考。

希望读者能够通过本书系统了解海洋天然气水合物开采基础理论的发展现状与未来科技攻关方向，为科研院所、高校、石油公司等从事相关研究或有意进入本领域的科技工作者、研究生提供一些实际的帮助。

作　者

目　　录

第一章 绪 论

天然气水合物（俗称可燃冰）是在低温高压条件下由天然气和水分子形成的一种白色固态物质（Kvenvolden，1993）。形成天然气水合物的气体通常由甲烷、乙烷、丙烷、二氧化碳、氮气、硫化氢等组成，其中甲烷含量占 80%～99.9%，因此以甲烷为主要气体组分的天然气水合物亦称甲烷水合物。天然气水合物分布广泛，全球海洋深水区和陆地多年冻土带的广大地区都具有形成天然气水合物的潜力。

由于天然气水合物分解产生的甲烷燃烧只产生二氧化碳和水，而且其巨大的资源量已远远超过已知的天然气储量（Boswell，2009），因此其作为一种清洁的潜在能源吸引全球一大批研究人员对其进行勘探和研究，并希望最终达到商业化开采的目的。20 世纪 90 年代以来，天然气水合物研究得到蓬勃发展，近年来已成为地球科学和能源领域的一大研究热点。

迄今，国际上对自然界中天然气水合物的研究已有 60 多年历史，已在大量大陆边缘海底和陆地多年冻土带沉积物中获得实物样品，对其地质、地球物理、地球化学特征，产状和分布的控制，影响因素及成藏机制，不同储层特征及其资源量，开采响应，相关地质灾害和气候响应等，进行了广泛研究，并在一些地区成功地进行了试采。

然而，与常规油气相比，天然气水合物具有以下特点：第一，天然气在水合物中以固体形式存在，不能在地层和构造中自由流动，需要外力作用将其分解为甲烷和水来实现天然气的开采；第二，全球天然气水合物勘探程度低，特定区域的资源量或可采资源量随技术成熟度变化较大；第三，天然气水合物的能量密度较低，约为原油的六分之一（即 $1m^3$ 天然气水合物 $\approx 164m^3$ 天然气 $\approx 0.157m^3$ 原油）；第四，海洋天然气水合物的开采成本仍具有不确定性，天然气需要较高的存储和运输成本，供需之间必须匹配，同时天然气水合物赋存于深水区，开采设施成本较高，需要额外成本用于保障海底稳定性和井壁稳定性及解决环境问题。因此，未来天然气水合物的勘探和开采仍面临着巨大的挑战。

本章在简要论述海洋天然气水合物资源特征和储层类型的基础上，基于天然气水合物开采技术方法和现场试采现状分析，阐述海洋天然气水合物开采面临的科学与技术挑战。

第一节 天然气水合物资源特征

一、全球天然气水合物资源量及其不确定性

天然气水合物广泛分布于海洋深水区（~99%）和陆地多年冻土带（~1%）。全球天然气水合物中存储的天然气数量巨大（表1.1），但数值是推测性的，为 $2.8\times10^{15}\sim8\times10^{18}m^3$。相比之下，传统的天然气（储量和技术可采但尚未发现的全球资源量）约为 $4.4\times$

$10^{14}\,m^3$（Ahlbrandt et al.，2000）。资源量预测存在较大差异的原因是天然气水合物分布具有不均匀性，以及储层孔隙度、饱和度等基本参数具有不确定性。由于孔隙度、气液渗流通道、有机质转化为甲烷的控制条件在短时间内都可能发生显著变化，因此在大多数情况下天然气水合物分布非常不均匀。而且，天然气水合物不仅存在资源评价的不确定性问题，其实际可采资源量也存在不确定性。

表1.1 全球、陆地多年冻土带和海洋中的天然气水合物资源量

全球资源量 /($\times 10^{15}\,m^3$)	陆地多年冻土带中的资源量 /($\times 10^{14}\,m^3$)	海洋中的资源量 /($\times 10^{16}\,m^3$)	资料来源
30.057	0.57	0.3	Trofimuk 等（1981）
301	0.31	30.1	McIver（1981）
7634	340	760	Dobrynin 等（1981）
15	—	—	Makogon（1981）
10.1	1.0	1.0	Makogon（1988）
1573	—	—	Cherskiy 等（1984）
5.057~25.057	0.57	0.5~2.5	Trofimuk 等（1977）
40	—	—	Kvenvolden 和 Claypool（1988）
20	24	1.76	Kvenvolden（1988）
20	7.4	2.1	MacDonald（1990）
26.4	—	—	Gornitz 和 Fung（1994）
45.4	—	—	Harvey 和 Huang（1995）
1	0.57	0.3	Ginsburg 和 Soloviev（1995）
6.8	—	—	Holbrook 等（1996）
15	—	—	Makogon（1997）
2.5	—	—	Milkov（2004）
120	440	7.6	Jeffery 和 Sandler（2005）

影响天然气水合物储层特性和开采潜力的因素具有高度不确定性，并且因位置而异。这些因素包括甲烷的局部供应、气体的运移和聚集构造、适合于天然气水合物形成的温压条件、储层特征、储层富集天然气水合物的能力以及持续形成天然气水合物的区域地质条件等。由于这些因素差异很大，即使在局部范围内，天然气水合物的分布也非常不均匀。因此，尽管全球天然气水合物含有大量甲烷气体，但并非都可开采，至少在短期内仅有一小部分资源在技术或经济上可采。

资源量是天然气水合物藏中储存的所有气体总量，包括已经发现和尚未发现的、经济可采的和非经济可采的总和（Milkov，2000；Milkov and Sassen，2003）。储量是在合理的可信度水平下，天然气水合物藏中已知的、运用现有技术经济可采的气体量。综合分析来看，天然气水合物的资源量在所有气体资源量中占较大比重，但其中砂质沉积物中的资源量占有比例较小，大部分是在泥质沉积物中。通过对全球天然气水合物资源评价表明，并

不是所有天然气水合物资源均可以成为具有经济价值的储层（Milkov and Sassen，2003），总体上看，储量仅占资源量很小一部分，随着地质确信度、经济可采性的提高，储量逐渐减少，但其可采的程度逐渐提高（图1.1）。

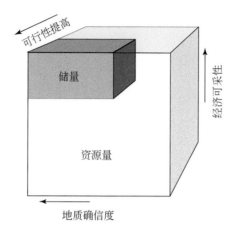

图1.1 天然气水合物资源量和储量关系图［据 Collett（2017）修改］

二、天然气水合物资源分类及其评价方法

天然气水合物资源金字塔模型表明（Boswell and Collett，2006），极地多年冻土带中砂砾层天然气水合物储层的开采难度最低，开采效率较高。对于天然气水合物资源，开采难度从低到高依次为：冻土区砂砾层天然气水合物储层、海洋砂层天然气水合物储层、海洋渗透性黏土质天然气水合物储层、与冷泉相关的块状天然气水合物储层、海洋非渗透性黏土质天然气水合物储层（图1.2）。但是，天然气水合物很可能会与常规天然气类似，随着社会各界关注和开采技术的突破，使大量以前认为不可开采的资源量成为技术可采资源量（technical recoverable resources，TRR）和经济可采资源量（Economically recoverable resources，ERR）（图1.3）。

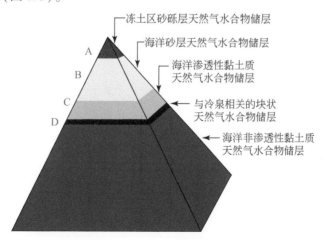

图1.2 天然气水合物资源金字塔［据 Boswell 和 Collett（2006）修改］

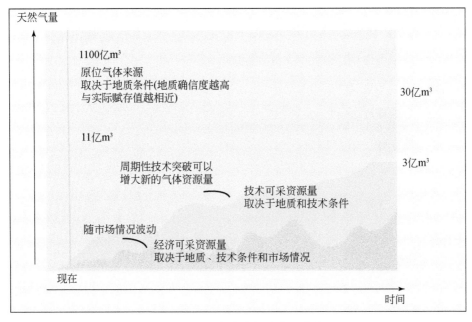

图 1.3　天然气水合物的资源分类

当前国内外针对海洋天然气水合物的资源评价主要有 4 种方法（孙运宝等，2013）：基于天然气水合物成藏思路的面积法、体积法和概率统计法（Xu and Ruppel，1999；Soloviev，2002；Sain and Gupta，2012），以及基于生烃思路的物质平衡法。其中，目前国际上用于资源评价的主流方法是基于成藏思路的体积法，特别是国际上提出"天然气水合物油气系统"（gas hydrate-petroleum system）的概念（Collett，2009），为下一步精确定量天然气水合物资源量提供了理论依据。一方面，天然气水合物油气系统综合考虑了天然气水合物形成所需要的温度和压力条件（如水深、地层压力、海底温度、地温梯度等），并将其用于天然气水合物稳定带深度和厚度估算，进而估算天然气水合物资源量；另一方面，天然气水合物油气系统更注重实际地质条件，通过地震调查和钻探确定天然气水合物储层的实际厚度、面积、饱和度、气体因子等参数，进而运用体积法估算天然气水合物资源量，一定程度上可作为开采潜力评价、试验性开采目标选择的主要依据。因此，基于天然气水合物油气系统开展天然气水合物资源评价，与以往全球尺度资源估算方法相比，将具有更高的可信度。

第二节　天然气水合物储层类型

一、按热动力学特征分类

目前，国际上有科学家提出了渗漏型和扩散型两类概念型天然气水合物成藏模式（图 1.4，表 1.2）（Chen et al.，2006；苏正和陈多福，2006）。

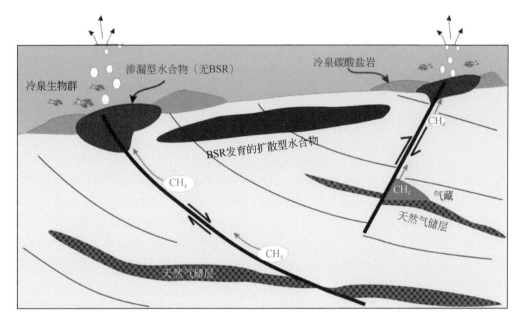

图 1.4 渗漏型和扩散型两类概念型天然气水合物成藏模式示意图〔据 Chen 等（2006）修改〕

表 1.2 渗漏型和扩散型两类概念型天然气水合物特征对比表〔据 Chen 等（2006）修改〕

特征	扩散型天然气水合物	渗漏型天然气水合物
BSR 发育情况	BSR 发育	BSR 不发育或弱
分布特征	分布广泛、面积大	分布局限集中，渗漏系统
饱和度和赋存特征	水合物饱和度低，<10%，肉眼不可见	水合物饱和度高，>10%，块状、结核状、脉状等
埋藏深度	埋藏深，>20m	埋藏深或浅，海底或浅层（易采样）
海底异常和 AOM	海底异常不明显，AOM 弱或无	海底异常明显，AOM 强
甲烷通量	甲烷供给量低，溶解甲烷扩散迁移	甲烷供给量大，游离气迁移
控制因素	水合物沉淀受热力学和气源控制	水合物沉淀受动力学控制
平衡体系	水-水合物二相热力学平衡体系	水-水合物-游离气三相热力学非平衡体系

渗漏型（裂隙充填型）天然气水合物：渗漏型天然气水合物分布有限，受流体活动控制，与海底天然气渗漏活动有关，是深部烃类气体沿断裂等通道向海底渗漏，在合适的条件下沉淀形成的天然气水合物，是水-水合物-游离气三相热力学非平衡体系，因而水合物发育于整个稳定带，往往存在于海底表面或浅层与断裂、底辟等构造有关的裂隙中。这类天然气水合物在地震剖面上常无似海底反射（BSR），但海底的地质、地球化学和生物异常明显，特征是甲烷厌氧氧化作用（AOM）显著。国际上认为，该类型天然气水合物由于开采过程中会产生工程地质和环境问题，不是有利的开采目标。

扩散型（孔隙充填型）天然气水合物：扩散型天然气水合物分布广泛，埋藏深（>20m），海底表面不发育天然气水合物，其沉淀主要与沉积物孔隙流体中溶解甲烷有关，受原地生物成因甲烷与深部甲烷向上扩散作用的控制，是水—水合物二相热力学平衡体系，因而往往存在于深层沉积物孔隙中。不同类型沉积物中的天然气水合物饱和度相差较大，饱和度与沉积物的物性，尤其是渗透率和孔隙度密切相关。国际上认为，该类型天然气水合物埋藏深，是开采的有利目标。按照储层地质条件，该类天然气水合物可分为Ⅰ、Ⅱ、Ⅲ和Ⅳ类储层，其中Ⅰ类储层是目前最有利开采的类型（Moridis and Collett, 2003, 2004）。

二、按储层地质条件分类

针对海洋天然气水合物开采，Moridis 和 Collett 根据储层的地质条件将扩散型天然气水合物储层分为Ⅰ、Ⅱ、Ⅲ和Ⅳ类（Moridis and Collett, 2003, 2004；Moridis, 2004）。

Ⅰ类：双层储层，由含天然气水合物沉积层（天然气水合物稳定带底界之上）及其下伏含两相流（游离气、自由水）的沉积层组成。该类天然气水合物储层又细分为 IW（天然气水合物沉积物孔隙中充填液态水）与 IG（含天然气水合物沉积物孔隙中充填游离气）两种模式。通常这一类型的天然气水合物储层底部位于或略高于天然气水合物稳定带底界，小幅度的温度或压力变化即可导致天然气水合物分解，并且由于下伏游离气层的存在，当上覆天然气水合物不能被有效开采时，游离气层也能保证整个天然气水合物储层的开采效益，所以被认为是最有利开采的天然气水合物储层类型（Moridis and Collett, 2004）。

Ⅱ类：双层储层，由含天然气水合物沉积层（天然气水合物稳定带底界或之上）及其下伏含单相流（自由水）的沉积层组成。含天然气水合物沉积层之下只发育含水沉积层（Moridis, 2004）。

Ⅲ类：单一储层，指含天然气水合物沉积层之下不发育任何含游离相沉积层，仅含单一天然气水合物层的储层类型（Moridis, 2004）。

Ⅱ类、Ⅲ类储层的整个含天然气水合物沉积层完全位于天然气水合物稳定带内。

Ⅳ类：广泛发育于海洋环境的扩散型、低饱和度的天然气水合物储层，且往往缺乏不可渗透性的上、下盖层，使该类储层不具有开采价值（Moridis et al., 2009）。

第三节　天然气水合物开采方法

尽管天然气水合物开采尚未进入商业规模，但必要的技术开发可以提高其开采能力，有效的开采技术在一定条件下可增大天然气水合物的可采资源量。目前，天然气水合物开采技术通常将其原位分解为天然气，通过管道输送回地面进行开采，大多数开采方法都是基于降压法、热激法和抑制剂注入法以破坏天然气水合物相平衡条件，将天然气水合物分解为天然气和水（图1.5）。

降压法：通过将压力降低到天然气水合物平衡压力以下来分解天然气水合物以达到开采天然气的目的。通过降压法开采天然气水合物的可持续性取决于压力传递、天然气水合物初始饱和度及储层的有效渗透率。降压法被认为是目前最经济、有效和简单的天然气水合物开采方法。

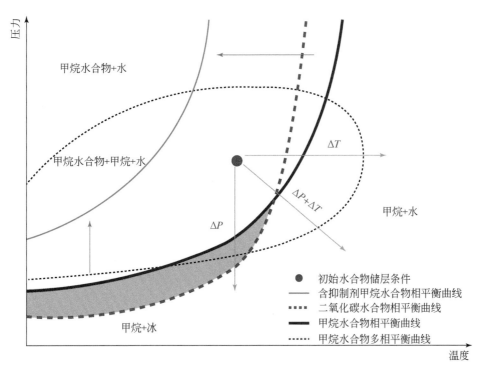

图 1.5　甲烷水合物和二氧化碳水合物相平衡曲线

热激法：通过加热、热水或蒸汽注热、电加热、微波辐射等方法来提高天然气水合物储层的原位温度致使天然气水合物分解，以达到开采天然气的目的。这种方法的缺点是需要巨大的加热能量消耗并存在热传输损失。目前，正在开发电磁、微波或太阳能加热等新技术，有望提高效率，或将作为降压法的辅助手段。

抑制剂注入法：通过将化学抑制剂注入天然气水合物储层使天然气水合物相平衡条件转化为较高压力和较低温度，从而使天然气水合物不稳定并分解为气体和水。化学抑制剂通常包括热力学抑制剂和动力学抑制剂。该方法的关键问题是注入抑制剂的扩散效率以及化学流体带来的环境影响。

二氧化碳-甲烷置换法：通过将二氧化碳注入天然气水合物储层以置换天然气水合物中的甲烷气体，并生成二氧化碳水合物。该方法的优点是开采甲烷气体的同时使原来的空间形成二氧化碳水合物，具有安全经济的特点；同时，达到了开采天然气和封存二氧化碳的双重目的。但目前该方法总的来说效率不高。

第四节　天然气水合物现场试采

目前，通过借鉴常规油气开采的钻井、测试等技术，全球已有 4 个国家在 3 个陆域冻土带和 2 个海域进行了 11 井次的天然气水合物试采（表 1.3），包括加拿大实施 3 次陆域试采、美国实施 1 次陆域试采、日本实施 2 次 3 井次海域试采、中国实施 2 次陆域试采和 2 次海域试采。尽管苏联 1969 年就在西西伯利亚冻土带麦索亚哈气田采用降压法和抑制剂

表 1.3　全球天然气水合物试采情况对比 [据张炜等（2017）修改]

	加拿大			美国	日本			中国			
	第一次陆域试采	第二次陆域试采	第三次陆域试采	第一次陆域试采	第一次海域试采	第二次海域试采	第二次海域试采	第一次陆域试采	第二次陆域试采	第一次海域试采	第二次海域试采
时间	2002 年	2007 年	2008 年	2012 年	2013 年	2017 年	2017 年	2011 年	2016 年	2017 年	2020 年
作业区域	麦肯齐三角洲	麦肯齐三角洲	麦肯齐三角洲	阿拉斯加北坡	第二渥美海丘	第二渥美海丘	第二渥美海丘	祁连山木里地区	祁连山木里地区	南海神狐海域	南海神狐海域
作业水深	—	—	—	—	约 1000m	约 1000m	约 1000m	—	—	1266m	1225m
储层深度	地表以下约 900m	地表以下约 1100m	地表以下约 1100m	地表以下约 700m	海底以下约 300m	海底以下约 350m	海底以下约 350m	地表以下 146~305m	地表以下 340~350m	海底以下 203~277m	海底以下 203~277m
储层条件	砂质	砂质	砂质	砂质	砂质	砂质	砂质	粉砂质/砂质/泥质	粉砂质/砂质/泥质	泥质粉砂	泥质粉砂
开采方法	热流体循环法	降压法	降压法	二氧化碳-甲烷置换法+降压法	降压法	降压法	降压法	降压法+热激法	降压法	地层流体抽取法	水平井降压法
产气持续时间	125h	12.5h	6d	30d	6d	12d**	24d***	101h	23d	60d	30d
累积产气量	516m³*	830m³	1.3 万 m³	2.4 万 m³	11.9 万 m³	4.1 万 m³	22.3 万 m³	95m³	1078.4m³	30.9 万 m³	86.14 万 m³
平均日产气量	94m³	1600m³	2200m³	800m³	2 万 m³	3400m³	9270m³	22.62m³	46.89m³	5151m³	2.87 万 m³
日最高产气量	350m³	2000m³	4000m³	5000m³	约 2.5 万 m³	约 0.5 万 m³	约 1.5 万 m³	—	136.55m³	3.5 万 m³	4.66 万 m³
停产原因	—	出砂	出砂	—	出砂	出砂	主动关井	—	—	主动关井	主动关井

* 其中 468m³ 气体是试采过程中产出的，48m³ 气体是在压裂作业过程中产出的；** 日本第二次海域天然气水合物试采的第一口生产井；*** 日本第二次海域天然气水合物试采的第二口生产井。"—" 表示无资料。

注入法成功实现对天然气水合物的开采，但实际上这只是常规气田开发时的意外收获，而非专门针对天然气水合物实施的有计划的开采尝试，所以无论从数据上还是经验上都无法称作天然气水合物试采。

（一）加拿大 Mallik 地区现场试采

Mallik 位于加拿大麦肯齐三角洲，该地区覆盖着 600 多米古近纪和新近纪沉积物构成的多年冻土层。天然气水合物储层分布在地表以下深度 890～1106m 层段，总厚度超过 110m，天然气水合物饱和度超过 80%，是世界上天然气水合物饱和度最高的储层之一。

2002 年、2007 年和 2008 年，先后采用热激法和降压法进行了 3 次现场试采，持续时间最高达 6 天，平均产气速率从 94m³/d 增加到 2000～3000m³/d。2002 年，对 Mallik 5L-38 井（钻深 1113.7m）907～920m 层段 13m 厚天然气水合物砂质储层进行热激法（热流体循环法）试采，持续产气 125h（约 5 天），累积产气 516m³，其中 468m³ 是流体循环过程中产出的，48m³ 是压井过程中产出的，气体含 97%～99% 甲烷和少量乙烷、丙烷等（Hancock et al.，2005；Moridis et al.，2005）。2007 年，利用常规降压法进行试采，持续产气 12.5h，产气率为 1000～2000m³/d，累积产气 830m³，产水率为 10～70m³/d，累积产水 20m³，但由于出砂问题而被迫中止。2008 年，再次利用降压法进行试采，持续产气 144h（约 6 天），产气率为 2000～4000m³/d，累积产气 1.3 万 m³，产水率为 10～20m³/d，累积产水 70m³（Dallimore et al.，2007；Yamamoto and Dallimore，2008；Kurihara et al.，2011）。尽管安装了防砂筛管，但仍由于出砂严重而被迫终止试采。上述试采结果表明，降压法比热激法具有更高的效率，为后续的现场试采提供了重要经验。

（二）美国 Ignik Sikumi 现场试采

Ignik Sikumi 位于美国阿拉斯加北坡普拉德霍（Prudhoe）湾的艾琳天然气水合物区，试采目标是高饱和度的砂质天然气水合物储层。2012 年，全球首次针对天然气水合物储层采用二氧化碳–甲烷置换法联合降压法进行试采。在试验中，根据挪威卑尔根大学进行的实验，将 CO_2/N_2（23%/77%）的混合气体注入井中，以置换甲烷水合物中的甲烷。注入进行了 14 天，总共注入了 6.1MS m³（公制标准立方米）的流体（4.7MS m³ 的液态 N_2 和 1.4MS m³ 的液态 CO_2）。在所有注入的气体中，约 70% N_2 和 40% CO_2 被回收。因此，CO_2 被认为是置换法中有效的注入气体。在为期 38 天的降压回采阶段，实际生产天数为 30 天，累积产出甲烷气体近 2.4 万 m³（Ignik Sikumi Gas Hydrate Exchange Trial Project Team，2012；Anderson et al.，2014；Boswell et al.，2017）。

（三）日本南海海槽（Nankai）现场试采

2013 年和 2017 年，日本在其东南海域南海海槽第二渥美海丘（Daini-Atsumi Knoll）采用降压法实施 2 轮 3 井次天然气水合物试采。

2013 年，在世界上首次开展海洋天然气水合物试采，持续产气时间 6 天，累积产气约 11.9 万 m³，平均日产气量约 2 万 m³，平均日产水量约 200m³，气液比大于 100（图 1.6），由于严重的出砂问题和天气条件限制而被迫中断。该结果与陆上 Mallik 现场试采相比，平均日产量几乎是 10 倍。

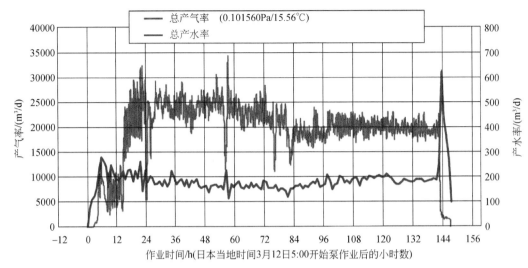

图 1.6 日本南海海槽第一次天然气水合物试采产能变化曲线图（Yamamoto et al.，2014）

2017 年，日本在同一区域再次进行了现场试采，并钻了两口开采井（AT1-P2 和 AT1-P3）。AT1-P3 井持续产气 12 天，累积产气约为 4.1 万 m³（图 1.7）；AT1-P2 井持续产气

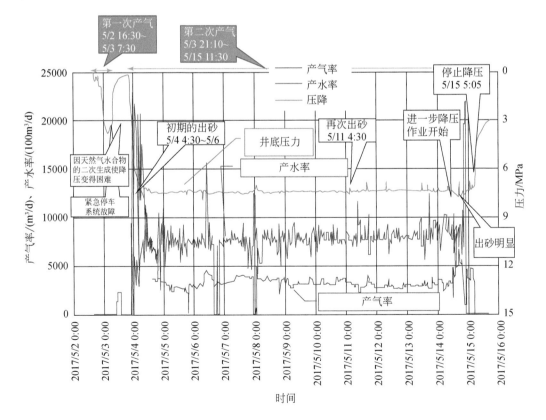

图 1.7 日本南海海槽第二次天然气水合物试采 AT1-P3 井产能变化曲线图（经济产业省，2018）

24 天，累积产气约为 22.3 万 m³（图 1.8）。其中，第一口开采井遇到了出砂问题，因此中断了产气作业，第二口开采井未遇到该问题。尽管此次开采时间较长，但并不是真正的长期天然气水合物开采测试，仅可作为长期开采的参考。

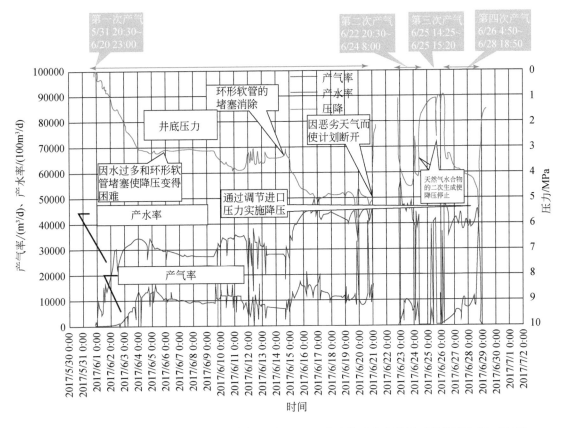

图 1.8 日本南海海槽第二次天然气水合物试采 AT1-P2 井产能变化曲线图（经济产业省，2018）

（四）中国祁连山木里地区现场试采

2011 年和 2016 年，中国地质调查局在祁连山木里地区实施了 2 次陆域天然气水合物试采，第一次陆域试采持续产气 101h，累积产气量为 95m³，第二次陆域试采持续产气 23 天，累积产气量为 1078.4m³。其中，第二次陆域试采是世界上首次利用水平对接井技术开采天然气水合物（祝有海，2017）。

（五）中国南海神狐海域现场试采

2017 年，中国地质调查局在南海神狐海域泥质粉砂质储层进行了首次海上天然气水合物试采。这种类型的储层占全球天然气水合物储层的 95%，其开采可行性被认为是一个全球性的问题。这次试采共持续了 60 天，天然气总产量超过 30 万 m³，平均日产量为 5151m³（Li et al.，2018），表明在泥质粉砂质储层中产气过程稳定，井底条件良好，是世界上天然气水合物开采的重大突破和重大进展，为下一步的技术发展奠定了基础。

2020 年，由中国地质调查局组织实施的我国海域天然气水合物第二轮试采取得成功，在水深 1225m 的南海神狐海域，试采创造了"产气总量 86.14 万 m^3，日均产气量 2.87 万 m^3"两项新的世界纪录（叶建良等，2020），攻克了深海浅软地层水平井钻采核心技术，实现了从探索性试采向试验性试采的重大跨越，在产业化进程中，取得了重大标志性成果。

第五节　天然气水合物开采面临的科学技术挑战

通过几十年研究，天然气水合物作为一种资源量丰富的潜在能源已经得到认可，实现其开发利用战略意义深远。但是，天然气水合物储层具有埋藏浅、固结弱、渗流难等特点，实现其安全高效可控开采涉及温度场、压力场、渗流场、力学场等多场作用下的固–液–气相变，面临储层失稳风险高、防砂难度大、产气效率低、连续开采难等重大工程挑战。天然气水合物开采核心是多物理场耦合的复杂多相渗流问题，科学内涵上有三个层次，即在认识储层资源基础和储层参数对开采影响机理的前提下，准确预测开采过程中固–液–气三相演化行为，合理调控开采生产流程。开展天然气水合物开采基础研究，需要采取不同学科交叉，从孔隙微观、岩心介观、储层宏观等三个尺度开展多相渗流、传热、传质、分解相变、储层变形等一系列不同尺度耦合的物理效应，具体涉及渗透率、束缚水含量和多物理场演化等内容。当前，亟须解决的核心科学问题是资源评价和储层表征及开采过程中的储层传热传质机理及物性演化规律，关键技术难题则是如何准确预测和评价储层气液流体和泥砂产出规律及其伴随的工程地质风险，进而实现有效调控，提高产能，降低工程地质和环境风险，降低开采成本。

一、天然气水合物资源评价和储量表征

资源评价是海洋天然气水合物实现有效经济开采的基础（Sassen et al.，1999；Milkov and Sassen，2003）。天然气水合物资源评价从资源量到储量，并最终实现商业化开采，是一个漫长的过程，并需要社会各界力量共同完成（Collett，2017）。控制天然气水合物最终商业化开采的因素包括：地质、工程、动机。地质特征包括天然气水合物在哪里有、在地层中如何分布、如何开采；工程因素是指开采技术条件；动机因素是指何种动力来引领我们进行天然气水合物开采。

目前几乎所有的天然气水合物资源量数据都只是粗略统计，远不能作为商业性开采评价的基础。天然气水合物资源虽分布广泛、资源量大，但其饱和度普遍偏低、砂质天然气水合物不发育，要获得单井高产，必须寻找到资源富集"甜点区"。迄今，天然气水合物资源富集规律认识刚起步，天然气水合物资源富集区优选技术方法尚待建立完善。

海洋天然气水合物开采要实现产业化，开采目标应具备开采 10 年甚至更长时间的储量，才可能产生有效的经济效益。因此，天然气水合物资源评价尚面临如下科学挑战：①发展天然气水合物油气系统理论，改善天然气水合物资源评价方法，提高评价精度，逐渐从资源潜力评价发展到技术可采资源量和储量估算；②开展实验模拟、数值模拟和野外试验开采综合研究，发展并运用实验室测量数据校正、解释野外试验开采数据，提高各类

数据的可信度，从而提高可采资源量估算精度；③开发新的或改进型的天然气水合物野外描述工具，以满足天然气水合物开采关键科学和工程需要（吴能友等，2017）。

储层刻画和表征是海洋天然气水合物实现开采的前提。运用地球物理手段对天然气水合物储层进行精细刻画，阐明目标区天然气水合物及其伴生游离气的分布和饱和度特征，对储层进行详细表征，是天然气水合物实现开采前至关重要的工作。天然气水合物储层是否可采的判定需要许多关键参数，天然气水合物沉积物的绝对渗透率、相对渗透率、孔隙度、粒度、初始温度和压力、天然气水合物结构类型、气体组分和饱和度等参数将明显控制储层中的流体流动。因此，储层复杂性和储层特性很大程度上影响了天然气水合物开采。

目前，实验模拟与数值模拟研究表明储层各参数对天然气水合物开采产能均会产生不同程度的影响。作为天然气水合物资源量评价指标的储层孔隙度与天然气水合物饱和度，被证明在降压开采过程中会显著地影响气体与水的产出（Reagan et al.，2008；Zhang et al.，2015；Feng et al.，2015）。作为储层流通能力度量的渗透率控制着实地天然气水合物藏开采过程（Tang et al.，2007；Zhao et al.，2016；Li et al.，2016），通常当储层渗透率越高时，气体产出速率也越高。另外，岩性对天然气水合物开采潜力的影响也被进一步量化研究证明，正如天然气水合物资源金字塔模型（图1.2）所说，砂质水合物储层最具开采潜力。此外，针对不同开采评价标准，粉砂质天然气水合物藏与黏土质天然气水合物藏开采优势则刚好相反（Huang et al.，2015）。天然气水合物储层的初始温压条件也会明显地影响天然气水合物开采速率，而初始温压条件则是由埋藏深度与地温梯度共同决定的。理论上讲，深层天然气水合物储层更易受温压变化的影响从而导致天然气水合物分解，这将支持更大的降压幅度，并且可以开采更长的时间而不增加系统的复杂性。更深的储层条件也将有更好的密封性，也更可能使储层有足够的地质稳定性来支持垂直井和水平井的开采，唯一缺陷则是越深的储层对钻井开采工艺提出更高的要求。

需要指出的是，目前对于天然气水合物储层是否可采的关键地质参数的确定还是基于实测钻探数据，但由于测井数据的精度差异或取心的不完整性，储层地质参数对天然气水合物开采的影响研究仍存在科学挑战。

因此，在天然气水合物储层地质参数确定和目标评价方面，需要解决三个关键的科学问题（吴能友等，2017）。第一，哪类储层是天然气水合物开采的优先目标，中粗砂、粉砂或黏土质储层？必须精确确定天然气水合物储层的实际地质参数，包括时间（垂向）与空间（侧向）的沉积演化特征、非均质性特征。第二，哪个站位更有利于天然气水合物开采？根据不同的地质参数和不同的天然气水合物/游离气分布，需要确定天然气水合物开采潜力的评价标准，包括开采周期、气体和水的绝对/相对产量等综合归一化标准。第三，储层复杂性和储层特征对天然气水合物的开采速率有很大的影响，选择开采目标该重点考虑哪些储层地质参数？需要全面确定不同地质参数对开采的综合影响，确定多种地质参数单一、联合作用于天然气水合物储层的开采响应（Huang et al.，2016）。

二、天然气水合物开采方法技术和效率

迄今为止，在全球范围内虽然已进行了多年冻土带和海洋天然气水合物储层的11井

次现场试采，但试采结果与产业化开采目标仍有很长的距离。

天然气水合物能否满足产业化标准一方面取决于天然气价格，另一方面取决于产能。天然气水合物产业化开采产能门槛值应该不是一个确定的数值，随着低成本开发技术的发展而能够有所降低。国内外研究文献普遍采用的冻土区天然气水合物产业化开采的产能门槛值是 $3.0×10^5 \mathrm{m^3/d}$；对于海域天然气水合物储层而言，部分学者则以 $5.0×10^6 \mathrm{m^3/d}$ 为标准，虽然文献显示该门槛值的出处参考文献，但源文献的日产气量的门槛值为 $5.0×10^5 \mathrm{m^3/d}$，而非 $5.0×10^6 \mathrm{m^3/d}$。因此，上述产业化门槛产能标准数据的准确值有待进一步考证，但在没有考虑天然气价格、没有确切行业标准的情况下，采用固定的产能数据来衡量目前试采所处的技术水平，删繁就简、直观可行，也有其优势所在。

图 1.9 对比了当前已有天然气水合物试采日均产能结果与产业化开采门槛产能之间的关系。由图 1.9 可知，当前陆域天然气水合物试采最高日均产能约为产业化开采日均产能门槛值的 1/138，海域天然气水合物试采最高日均产能约为产业化开采日均产能门槛值的 1/17。目前天然气水合物开采产能距离产业化开采产能门槛仍然有 2～3 个数量级的差距，海洋天然气水合物试采日均产能普遍高于陆地多年冻土带试采日均产能 1～2 个数量级。为了更加充分评估天然气水合物的资源潜力，需要在更大范围的成藏条件下进行更长周期的试采。

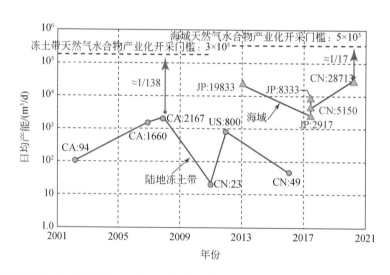

图 1.9　已有天然气水合物试采日均产能结果与产业化开采门槛产能之间的关系（吴能友等，2020）

天然气水合物资源能否实现产业化开采，能量效率是至关重要的参数（Chen et al., 2015）。能量效率计算方法如下：

$$EER = H_{com}/H_{dis} = H_{dis}/(T\Delta V \mathrm{d}p/\mathrm{d}T) \tag{1.1}$$

式中：EER 为能量效率；H_{com} 为天然气水合物燃烧热；H_{dis} 为激发天然气水合物分解热；ΔV 为对应的体积变化；$\mathrm{d}p$ 和 $\mathrm{d}T$ 为气-水-水合物三相平衡的温压点。对于热激法开采来说，$H_{com}=890\mathrm{kJ/mol}$，$H_{dis}=51.3\mathrm{kJ/mol}$，因此，该方法最高能量效率比是 17.3。对于抑制剂注入法开采，抑制剂质量浓度在 3%～5% 时，质量浓度每增加 1%，可使天然气水合物相平衡温度偏移 0.42℃，这表明该方法难以在天然气水合物开采中单独使用。由式（1.1）可知，降压法能效与开采空间尺度有关，并可能是最高效的天然气水合物开采方法。此外，利用二氧化碳-甲烷置换法开采，二氧化碳水合物的合成热是 57.98kJ/mol，天然气水合物的分解热是 51.3kJ/mol，所以置换过程总能量消耗是 -6.68kJ/mol，置换反应可以自发进行。

不同的能效和生产成本既与开采方法有关，也受天然气水合物储层类型影响。图 1.10 预测了四种不同天然气水合物储层类型在不同开发阶段下的能效变化趋势（Chen et al.，2015）。加拿大麦肯齐三角洲、美国阿拉斯加北坡 Ignik Sikumi、日本南海海槽的预计开发成本也在图 1.10 中标出。

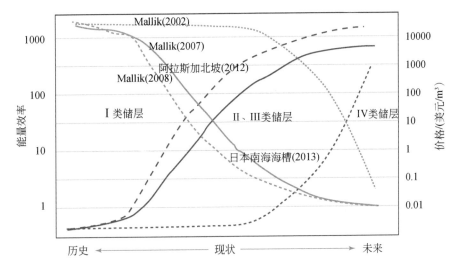

图 1.10　天然气水合物开采能量效率与成本在不同时期的变化趋势（Chen et al.，2015）

从图 1.10 可知，Ⅰ类储层的开采能量效率最容易提高，同时也最有利于快速降低开发成本。Ⅱ和Ⅲ类储层在目前的技术条件下也能够被开采，Ⅳ类储层需待技术进一步发展之后才能进行有效开发。除了开采能量效率外，开发过程中能量的投入与产出比也被看作是评价天然气水合物是否具有开采商业价值的指示器。该指标是在 Cottrell（1955）提出的"净能产出"的概念上发展而来的，用 EROI 来表示。EROI 值越高表明天然气水合物开采的能量效率越高。图 1.11 展示了累积产能与 EROI 指标之间的关系（Dale et al.，2011）。

随着科技水平的提高，EROI 值将不断提升；但随着资源量不断消耗，EROI 值又将逐渐减小。两者相互制约的最终结果导致 EROI 值在某一阶段达到极值 P_{max} 之后逐渐降低，最后终止于收支平衡线附近（图 1.11）。如果制定试采政策时过度注重产量而不发展技术，会出现使用落后技术进行低效率开发的局面，加剧资源储量的消耗。现阶段应将更多的精力投入到科学技术的研发上，支持天然气水合物技术研发和相关基础研究，实现技术创新与突破，才能确保早期天然气水合物资源开发的 EROI 值保持在相对合理的范围内。

综上所述，在天然气水合物开采方法技术与配套工艺研究方面，首先要解决的问题是提高开采效率、降低开采成本。目前，天然气水合物开采的平均日产量约为天然气工业开

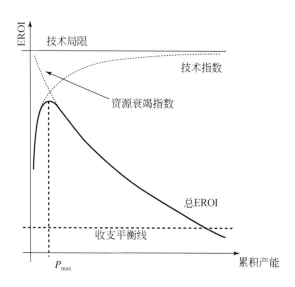

图 1.11　开发过程中能量的投入与产出比（EROI）与累积产能的关系（Dale et al., 2011）

采标准的 5%～10%。室内实验模拟、数值模拟和现场试采表明，降压法是目前最有效的海洋天然气水合物开采方法。但由于开采效率低、费用高以及对天然气水合物开采的长期响应了解不足，当前的开采方法技术尚无法满足产业化开采要求。因此，需要厘清以下科学和工程问题：①结合宏、微观力学模型，完善形成新的天然气水合物开采模型；②开展实验模拟、数值模拟和现场储层模拟分析，改善降压方法，提高天然气水合物开采效率；③发展现有完井技术或开发新的完井技术，开发水平井、多分支井等天然气水合物开采增产新技术。

三、天然气水合物开采的工程地质和环境风险

从天然气水合物安全有效开采的角度出发，针对海洋天然气水合物开发相关工程地质风险的研究应包含以下三个层次：①明确海洋天然气水合物开采活动可能造成的工程地质风险类型及其诱发因素（知其然）；②研究不同类型的工程地质风险对安全有效开采海洋天然气水合物的影响程度、影响机制（知其所以然）；③探索针对不同的工程地质风险的防控措施，使工程地质风险处于可控范围内，保证天然气水合物的长效安全开采（Yamamoto et al., 2015）。从海洋天然气水合物开发的整个生命历史过程出发，海洋天然气水合物开发相关的工程地质风险主要可以分为钻完井阶段的工程地质风险、开采产气阶段的工程地质风险及天然气水合物储层产出物输送阶段可能面临的工程地质风险。

其中，在天然气水合物储层钻完井阶段，由于钻井液、完井液和固井水泥浆与地层温度差异，天然气水合物层段近井地层天然气水合物分解，与天然气水合物分解过程相伴的工程地质风险主要包括井壁失稳坍塌（Freij-Ayoub et al., 2007；Rutqvist et al., 2012）、固井质量变差（Kakumoto et al., 2013）、井筒气侵（Milkov et al., 2004）等。由于常规深水

油气开发过程中也存在钻穿天然气水合物层并且进行完井作业的实践经验，因此，过天然气水合物层进行深常规水油气钻探所获得的现场实践数据，将是打开天然气水合物开发钻完井可能引起的工程地质风险研究大门的钥匙（Wegner and Campbell, 2014）。矿场实践经验表明，钻、完井阶段的工程地质风险可以通过适当的工艺参数优化设计得以缓和（Khabibullin et al., 2011; Hao, 2011）。

与钻完井阶段所面临的工程地质风险相较而言，由于缺乏长期进行天然气水合物开采的经验和现场数据，目前对海洋天然气水合物持续开采过程中可能面临的工程地质风险种类、工程地质风险对天然气水合物开采的影响等都缺乏较为系统和全面的认识（Digby, 2005），因此海洋天然气水合物开采测试过程中的工程地质风险是目前长效安全开发海洋天然气水合物资源的最主要挑战。目前国内外进行的历次天然气水合物试采作业，由于作业周期较短，可能不足以暴露长期持续开采条件下可能面临的全部工程地质风险。从目前试采经验及室内研究结果来看，天然气水合物长期分解开采条件下可能面临的工程地质风险主要有储层出砂（Uchida et al., 2016; 李彦龙等，2016）、地层沉降（Akaki et al., 2016）、海底滑坡（Maslin et al., 2010; 房臣和张卫东，2010）以及水下井口的破坏等。导致上述工程地质风险的总根源是：天然气水合物开采造成的储层力学特性的改变（Hyodo et al., 2015a）。因此研究天然气水合物开采过程中的储层力学响应机制是揭示天然气水合物开采相关工程地质风险发生临界条件、演变规律及其对天然气水合物开采影响程度研究的基础（Hyodo et al., 2015b）。为了从机理上对海洋天然气水合物开发过程中的工程地质风险做出预判，目前所面临的首要挑战是天然气水合物储层动态力学参数、流体特性动态演化过程评价和方法的建立。

另外，除了上述与储层相关的工程地质风险外，海洋天然气水合物长期开采还面临流动安全（包括天然气水合物二次生成、砂堵等）（Mcmullen, 2011），以及可能导致的对海洋生态环境、大气环境的挑战等问题（Dickens and Quinby-Hunt, 1994; Dickens et al., 1995, 1997），虽然目前国际上已经有部分学者对上述问题进行了理论研究，但由于天然气水合物从深海开采井到最终用户端目前没有任何实践经验且实际现场试采周期较短，未来在天然气水合物商业化开采过程中，流动保障、环境效应面临的挑战仍然会任重而道远。

参 考 文 献

房臣，张卫东. 2010. 天然气水合物的分解导致海底沉积层滑坡的力学机理及相关分析. 海洋科学集刊，50：154-161.

李彦龙，刘乐乐，刘昌岭，等. 2016. 天然气水合物开采过程中的出砂与防砂问题. 海洋地质前沿，32（7）：36-43.

经济产业省. 2018. 关于砂层型甲烷水合物的第二次海洋产出试验. [2021-08-11]. http://www.meti.go.jp/committee/summary/0004108/pdf/033-05-00.pdf.

苏正，陈多福. 2006. 海洋天然气水合物的类型及特征. 大地构造与成矿学，30（2）：256-264.

孙运宝，赵铁虎，蔡峰. 2013. 国外海域天然气水合物资源量评价方法对我国的启示. 海洋地质前沿，29（1）：27-35.

吴能友，黄丽，胡高伟，等. 2017. 海域天然气水合物开采的地质控制因素和科学挑战. 海洋地质与第四纪地质，37（5）：1-11.

吴能友，李彦龙，万义钊，等 . 2020. 海域天然气水合物开采增产理论与技术体系展望 . 天然气工业，
40（8）：100-115.

叶建良，秦绪文，谢文卫，等 . 2020. 中国南海天然气水合物第二次试采主要进展 . 中国地质，47（3）：
557-568.

张炜，白凤龙，邵明娟，等 . 2017. 日本海域天然气水合物试采进展及其对我国的启示 . 海洋地质与第四
纪地质，37（5）：27-33.

祝有海 . 2017. 陆域天然气水合物资源勘查与试采取得系列成果 . 中国地质调查成果快讯，3（19-20）：
1-5.

Ahlbrandt T S, Charpentier R R, Klett T R, et al. 2000. Future oil and gas resources of the world. Geotimes,
45（6）：24-25.

Akaki T, Kimoto S, Oka F. 2016. Dynamic analysis of hydrate-bearing seabed sediments considering methane gas
production induced by depressurization. Japanese Geotechnical Society Special Publication, 2（18）：676-680.

Anderson B, Boswell R, Collett T S, et al. 2014. Review of the findings of the Ignik Sikumi CO_2-CH_4 gas hydrate
exchange field trial//Proceedings of the 8th International Conference on Gas Hydrates, Beijing, China, July
28-August 1.

Boswell R. 2009. Is gas hydrate energy within reach? Science, 325（5943）：957-958.

Boswell R, Collett T S. 2006. The gas hydrates resource pyramid. Fire in the Ice, 6（3）：5-7.

Boswell R, Schoderbek D, Collett T S, et al. 2017. The Ignik Sikumi field experiment, Alaska North Slope：
Design, operations, and implications for CO_2-CH_4 exchange in gas hydrate reservoirs. Energy Fuels, 31（1）：
140-153.

Chen D F, Su Z, Cathles L M. 2006. Types of gas hydrates in marine environments and their thermodynamic char-
acteristics. Terrestrial Atmospheric and Oceanic Sciences, 4（17）：723-737.

Chen J, Wang Y H, Lang X M, et al. 2015. Energy-efficient methods for production methane from natural gas hy-
drates. Journal of Energy Chemistry, 24：552-558.

Cherskiy N V, Tsaarev V P, Nikitin S P. 1984. Investigation and Prediction of Conditions of Accumulation of Gas
Resources in Gas Hydrate Pools（Northeast USSR and Kamchatka）. Petrol Geol, 21（2）：84-89.

Collett T S. 2009. Gas Hydrate Petroleum Systems in Marine and Arctic Permafrost Environments. Gcssepm
Proceedings, 29：6-30.

Collett T S. 2017. The evolution of gas hydrate from a gas resource to a gas reserve. Proceedings of the 9th
International Conference on Gas Hydrates（ICGH9-2017），Denver, USA.

Cottrell W F. 1955. Energy and society：the relation between energy, social change, and economic
development. New York：McGraw-Hill.

Dale M, Krumdieck S, Bodger P. 2011. Net energy yield from production of conventional oil. Energy Policy,
39（11）：7095-7102.

Dallimore S, Natural Resources Canada, 2006-08 Mallik Team. 2007. Community update on the 2006-2008
JOGMEC/NRCan/Aurora Mallik Gas hydrate production research program, Northwest Territories, Canada. Fire
in the Ice, 7（2）：6-7.

Dickens G R, Quinby-Hunt M S. 1994. Methane hydrate stability in seawater. Geophysical Research Letters,
21（19）：2115-2118.

Dickens G R, Oneil J R, Rea D K, et al. 1995. Dissociation of oceanic methane hydrate as a cause of the carbon
isotope excursion at the end of the Paleocene. Paleoceanography, 10（6）：965-971.

Dickens G R, Castillo MM, Walker J G C. 1997. A blast of gas in the latest Paleocene: simulating first-order effects of massive dissociation of oceanic methane hydrate. Geology, 25 (3): 259-262.

Digby A J. 2005. Assessment and Quantification of the Hydrate Geohazard//Offshore Technology Conference. May 2, Houston, Texas, USA.

Dobrynin V M, Korotajev Y P, Plyuschev D V. 1981. Gas hydrates: a possible energy resource//Meyer RF, Olson J C. Long Term Energy Resources. Boston, MA: Pitman: 727-729.

Feng J C, Wang Y, Li X S, et al. 2015. Influence of hydrate saturation on methane hydrate dissociation by depressurization in conjunction with warm water stimulation in the silica sand reservoir. Energy & Fuels, 29: 7875-7884.

Freij-Ayoub R, Tan C, Clennell B, et al. 2007. A wellbore stability model for hydrate bearing sediments. Journal of Petroleum Science & Engineering, 57 (1): 209-220.

Ginsburg G D, Soloviev V A. 1995. Submarine gas hydrate estimation: theoretical and empincal approaches//The 27th Annual Offshore Technology Conference, OTC 7693: 513.

Gornitz V, Fung I. 1994. Potential distribution of methane hydrates in the world's oceans. Global Biogeochemical Cycles, 8 (3): 335-347.

Hancock S H, Collett T S, Dallimore S R, et al. 2005. Overview of thermal-stimulation production-test results for the JAPEX/JNOC/GSC et al. Mallik 5L-38 gas hydrate production research well//Dallimore S R, Collett T S. Scientific Results from the Mallik 2002 Gas Hydrate Production Research Well Program, Mackenzie Delta, Northwest Territories, Canada.

Hao S Q. 2011. A study to optimize drilling fluids to improve borehole stability in natural gas hydrate frozen ground. Journal of Petroleum Science & Engineering, 76 (3): 109-115.

Harvey L DD, Huang Z. 1995. Evaluation of the potential impact of methane clathrate destabilization on future global warming. Journal of Geophysical Research Atmospheres, 100 (D2): 2905-2926.

Holbrook W S, Hoskins H, Wood W T, et al. 1996. Methane Hydrate and Free Gas on the Blake Ridge from Vertical Seismic Profiling. Science, 273 (5283): 1840-1843.

Huang L, Su Z, Wu N Y. 2015. Evaluation on the gas production potential of different lithological hydrate accumulations in marine environment. Energy, 91: 782-798.

Huang L, Su Z, Wu N Y, et al. 2016. Analysis on geologic conditions affecting the performance of gas production from hydrate deposits. Marine and Petroleum Geology, 77: 19-29.

Hyodo M, Nakata Y, Yoshimoto N. 2015a. Challenge for methane hydrate production by geotechnical engineering. Japanese Geotechnical Society Special Publication, 2 (1): 62-75.

Hyodo M, Yoneda J, Yoshimoto N, et al. 2015b. Mechanical and dissociation properties of methane hydrate-bearing sand in deep seabed. Soils & Foundations, 53 (2): 299-314.

Ignik Sikumi Gas Hydrate Exchange Trial Project Team. 2012. Ignik Sikumi gas hydrate field trial completed. Fire in The Ice, 12 (1): 1-3.

Jeffery B K, Sandler S I. 2005. Global Distribution of Methane Hydrate in Ocean Sediment. Energy & Fuels, 19 (2): 459-470.

Kakumoto M, Yoneda J, Miyazaki K, et al. 2013. Basic Study on the Frictional Strength between the Casing and Cement in a Methane Hydrate Production Well: Basic Studies of Well Stability for Methane Hydrate Development (Part 1). Journal of the Mining & Materials Processing Institute of Japan, 129: 116-123.

Khabibullin T, Falcone G, Teodoriu C. 2011. Drilling Through Gas-Hydrate Sediments: Managing Wellbore-Stability Risks. SPE Drilling & Completion, 26 (2): 287-294.

Kurihara M, Funatsu K, Ouchi H, et al. 2011. Analysis of 2007/2008 JOGMEC/NRCan/Aurora Mallik gas hydrate production test through numerical simulation//Proceedings of the 7th International Conference on Gas Hydrates, Edinburgh, Scotland, United Kingdom, July 17-21.

Kvenvolden K A. 1988. Methane hydrate-A major reservoir of carbon in the shallow geosphere? Chemical Geology, 71 (1): 41-51.

Kvenvolden K A. 1993. Gas hydrates—Geological perspective and global change. Reviews of Geophysics, 31 (2): 173-187.

Kvenvolden K A, Claypool G E. 1988. Gas hydrates in oceanic sediment. U. S. Geological Survey Open File Report, 88-216: 50.

Li D X, Ren S R, Zhang L, et al. 2016. Dynamic behavior of hydrate dissociation for gas production via depressurization and its influencing factors. Journal of Petroleum Science and Engineering, 146: 552-560.

Li J F, Ye J L, Qin X W, et al. 2018. The first offshore natural gas hydrate production test in South China Sea. China Geology, 1 (1): 5-16.

MacDonald G J. 1990. Role of methane clathrates in past and future climates. Climatic Change, 16 (3): 247-281.

Makogon Y F. 1981. Hydrates of Natural Gas. Tulsa, Oklahoma: PennWell Books: 237.

Makogon Y F. 1988. Natural Gas Hydrates: The State of Study in the USSR and Perspectives for Its Use. the Third Chemical Congress of North America, Toronto, Canada, June 5-10.

Makogon Y F. 1997. Hydrates of Hydrocarbons. Tulsa: PennWell Publishing Co.

Maslin M, Owen M, Betts R, et al. 2010. Gas hydrate: past and future geohazard. Philosophical Transactions of The Royal Society A, 368: 2369-2393.

McIver R D. 1981. Gas hydrates: a possible energy resource//Meyer R F, Olson J D. Long-Term Energy Resources. Boston: Pitman: 713-726.

Mcmullen N. 2011. How Hydrate Plugs Are Remediated//Natural Gas Hydrates in Flow Assurance, Chapter 4. Houston: Gulf Professional Publishing: 49-86.

Milkov A V. 2000. Worldwide distribution of submarine mud volcanoes and associated gas hydrates. Marine Geology, 167: 29-42.

Milkov A V. 2004. Global estimates of hydrate-bound gas in marine sediments: how much is really out there? Earth Science Reviews, 66 (3): 183-197.

Milkov A V, Sassen R. 2003. Preliminary assessment of resources and economic potential of individual gas hydrate accumulations in the Gulf of Mexico continental slope. Marine & Petroleum Geology, 20 (2): 111-128.

Milkov A V, Dickens G R, Claypool G E, et al. 2004. Co-existence of gas hydrate, free gas, and brine within the regional gas hydrate stability zone at Hydrate Ridge (Oregon margin): evidence from prolonged degassing of a pressurized core. Earth & Planetary Science Letters, 222 (3): 829-843.

Moridis G J. 2004. Numerical studies of gas production from Class 2 and Class 3 hydrate accumulations at the Mallik site, Mackenzie Delta, Canada. SPE Reservoir Evaluation & Engineering, 7 (3): 175-183.

Moridis G J, Collett T S. 2003. Strategies for gas production from hydrate accumulations under various geologic conditions. Report LBNL-52568, Lawrence Berkeley Natl. Laboratory, Berkeley, California.

Moridis G J, Collett T S. 2004. Gas production from Class 1 hydrate accumulation//Taylor C, Qwan J. Recent Advances in the Study of Gas Hydrates. New York City: Kluwer Academic: 75-88.

Moridis G J, Collett T S, Dallimore S R, et al. 2005. Analysis and interpretation of the thermal test of gas hydrate dissociation in the JAPEX/JNOC/GSC et al. Mallik 5L-38 gas hydrate production research well//Dallimore S R,

Collett T S. Scientific Results from the Mallik 2002 Gas Hydrate Production Research Well Program, Mackenzie Delta, Northwest Territories, Canada. Bulletin of Geological Survey of Canada, 585: 21.

Moridis G J, Reagan M T, Kim S J, et al. 2009. Evaluation of the gas production potential of marine hydrate deposits in Ulleung Basin of the Korean East Sea. SPE Journal, 14 (4): 759-781.

Reagan M T, Moridis G J, Zhang K. 2008. Sensitivity analysis of gas production from Class 2 and Class 3 hydrate deposits. Offshore Technology Conference, Houston, Texas, USA.

Rutqvist J, Moridis G J, Grover T, et al. 2012. Coupled multiphase fluid flow and wellbore stability analysis associated with gas production from oceanic hydrate-bearing sediments. Journal of Petroleum Science & Engineering, 93 (4): 65-81.

Sain K, Gupta H. 2012. Gas hydrate in India: potential and development. Gondwana Research, 22 (2): 645-657.

Sassen R, Sweet S T, Milkov A V, et al. 1999. Geology and geochemistry of gas hydrates, central Gulf of Mexico continental slope. Transactions Gulf Coast Association of Geological Societies, 49: 462-468.

Soloviev V A. 2002. Global estimation of gas content in submarine gas hydrate accumulations. Russian Geology and Geophysics, 43: 609-624.

Tang L G, Li X S, Feng Z P, et al. 2007. Control mechanisms for gas hydrate production by depressurization in different scale hydrate reservoirs. Energy & Fuels, 21 (1): 227-233.

Trofimuk A A, Cherskiy N V, Tsarev V P. 1977. Future Supply of Nature-Made Petroleum and Gas. New York: Pergamon Press.

Trofimuk A A, Makogon Y F, Tolkachev M V. 1981. Gas hydrate accumulations-new reserve of energy sources. Geologiya Nefti i Gaza, 10: 15-22.

Uchida S, Klar A, Yamamoto K. 2016. Sand production model in gas hydrate-bearing sediments. International Journal of Rock Mechanics & Mining Sciences, 86: 303-316.

Wegner S A, Campbell K J. 2014. Drilling hazard assessment for hydrate bearing sediments including drilling through the bottom-simulating reflectors. Marine & Petroleum Geology, 58: 382-405.

Xu W Y, Ruppel C. 1999. Predicting the occurrence, distribution, and evolution of methane gas hydrate in porous marine sediments. Journal of Geophysical Research, 104 (B3): 5081-5095.

Yamamoto K, Dallimore S. 2008. Aurora-JOGMEC-NRCan Mallik 2006-2008 gas hydrate research project progress. Fire in the Ice, 8 (3): 1-5.

Yamamoto K, Terao Y, Fujii T, et al. 2014. Operational overview of the first offshore production test of methane hydrates in the Eastern Nankai Trough. Offshore Technology Conference, Houston, Texas, USA, 5-8 May.

Yamamoto K, Nakatsuka Y, Sato R, et al. 2015. Geohazard risk evaluation and related data acquisition and sampling program for the methane hydrate offshore production test// Frontiers in Offshore Geotechnics III.

Zhang Y, Li X S, Chen Z Y, et al. 2015. Effect of hydrate saturation on the methane hydrate dissociation by depressurization in sediments in a cubic hydrate simulator. Industrial & Engineering Chemistry Research, 54 (10): 2627-2637.

Zhao J F, Fan Z, Dong H, et al. 2016. Influence of reservoir permeability on methane hydrate dissociation by depressurization. International Journal of Heat and Mass Transfer, 103: 265-276.

第二章 海洋天然气水合物 开采基础理论与技术体系

第一节 天然气水合物开采传热传质机理

一、含天然气水合物沉积物有效孔隙分形理论及渗流应用

　　含天然气水合物沉积物的有效孔隙是指孔隙内被流体占据的空间，它随着天然气水合物的生成而逐渐缩小，随着天然气水合物的分解而逐渐扩大。含天然气水合物沉积物的原始孔隙是指孔隙内被流体和固体天然气水合物共同占据的空间，它在不考虑沉积物骨架变形时不会因为天然气水合物的生成或分解而发生变化。含天然气水合物沉积物的原始孔隙结构本身就非常复杂，孔隙内固体天然气水合物的含量变化，甚至是含量相同而赋存形式的变化，进一步复杂了含天然气水合物沉积物内有效孔隙微观结构的演化，最终表现出天然气水合物开采过程中异常丰富的储层渗流物性演化现象。

　　寻求含天然气水合物沉积物渗透率演化现象与其有效孔隙结构演化信息之间的本质关联，是国内外含天然气水合物沉积物渗透率建模研究领域的热点问题。平行毛细管模型和Kozeny模型是预测土体渗透率的常用模型，基于此发展而来的含天然气水合物沉积物渗透率理论模型（Kleinberg et al., 2003；Dai and Seol, 2014），在一定程度上反映了天然气水合物含量及其赋存形式对渗透率的影响，在天然气水合物开采产能预测等数值模拟研究中有所应用。近年来，由X-CT实验获得的三维数字岩心发展而来的孔隙网络数值模型，能够直观反映孔隙尺度信息与岩心尺度物性之间的内在联系，在含天然气水合物沉积物渗透率研究方面取得了良好的应用效果（Wang et al., 2018；Zhang et al., 2020a）。然而，现有的理论模型在有效孔隙微观结构演化特征定量描述方面仍有所不足，导致其通常含有若干个物理意义不够明确的经验参数，普适性差而制约了理论模型的工程应用。

　　分形理论从研究对象本身结构出发，发现不同尺度结构存在着一致的标度关系，自诞生五十余年来获得了长足的发展（Mandelbrot, 1967）。英国伦敦帝国理工学院、华中科技大学、中国地质大学（武汉）和中国计量大学等采用物理意义明确的孔隙分形维数描述岩土材料的孔隙微观结构，促进了多孔介质宏观输运性质理论的发展，提出的迂曲毛细管束模型在岩土材料渗透率研究方面得到了广泛应用（Yu and Li, 2001；Cai et al., 2019；Xu et al., 2013）。在分形毛细管束模型的基础上考虑天然气水合物的特点，研发了含天然气水合物沉积物有效孔隙分形参数提取技术，形成了含天然气水合物沉积物有效孔隙分形理论，理论框架如图2.1所示，其核心思想是将天然气水合物和砂土共同视为固体骨架，而将流体充填的孔隙空间视为有效孔隙，含天然气水合物沉积物渗透率演化过程实质上是有

效孔隙微观结构演化过程的宏观反映（刘乐乐等，2020）。

含天然气水合物沉积物有效孔隙分形理论的核心内容主要涉及微观和宏观两个层面：在微观层面，采用分形参数量化表征含天然气水合物沉积物有效孔隙结构，以及准确描述天然气水合物形态与含量对有效孔隙微观结构分形参数的影响规律（Liu et al., 2020a, 2020b）；在宏观层面，构建含天然气水合物沉积物渗透率跨尺度分形模型，比对实验结果和测井数据具有良好的适用性（Zhang et al., 2020b；刘乐乐等，2019；Liu et al., 2019）。该理论不仅能够对含天然气水合物沉积物渗流性质研究提供支撑，还能够为含天然气水合物沉积物电学性质的理解提供帮助，比如阐述阿奇公式经验参数的内在物理含义并确定对天然气水合物的影响等（Zhang et al., 2021b）。

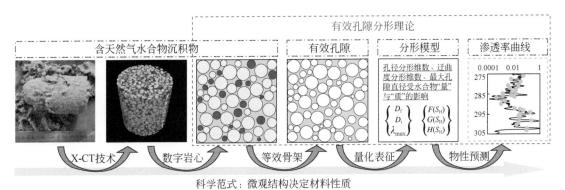

图 2.1　含天然气水合物沉积物有效孔隙分形理论框架

（一）含天然气水合物沉积物有效孔隙分形理论微观内涵

在微观层面，含天然气水合物沉积物有效孔隙分形理论采用孔径分形维数、迂曲度分形维数和最大孔隙直径等分形参数对含天然气水合物沉积物有效孔隙结构的演化过程进行量化表征。基于模拟实验与数值模拟数据，澄清了天然气水合物饱和度以及天然气水合物微观赋存形态对有效孔隙分形参数的影响规律，在给出严谨的理论数学表述前提下，合理简化后给出经验拟合公式便于工程实际应用。

在模拟实验方面，开展了天然气水合物分解过程中含天然气水合物沉积物有效孔隙结构测量辨识与量化表征工作；在数值模拟方面，基于砂土 X-CT 图像，采用自主编制的"多孔介质中天然气水合物成核生长模拟软件"（软件登记号 2019SR0851778）随机生成孔隙中心型、颗粒表面型和团簇型等不同赋存类型的水合物，使用自主研发的"一种含水合物沉积物有效孔隙的分形维数测算方法"（专利号 CN201711011461.9）提取了不同天然气水合物饱和度条件下的有效孔隙孔径分形维数，定量评估了不同孔隙直径等效方法对孔隙最大直径演化过程的影响程度。基于这些数据，获得的有效孔隙分形参数演化规律认识如下。

（1）孔径分形维数：用来表征有效孔隙结构的复杂程度，孔径分形维数越大，对应更加复杂的有效孔隙空间分布模式。结果表明，含天然气水合物沉积物有效孔隙的孔径分形维数随着天然气水合物饱和度的增加而逐渐减小；与天然气水合物饱和度相比，天然气水合物的微观赋存形式对孔径分形维数的影响较小。不妨将含天然气水合物沉积物有效孔隙的孔径分形维数除以其原始孔隙的孔径分形维数定义为归一化的孔径分形维数，此参数主要用来定量反映天然气水合物"量"与"质"对有效孔隙结构的影响。经过严密的推导，含天然气水合物沉积物有效孔隙的归一化孔径分形维数随天然气水合物饱和度变化的理论表达式如下：

$$D_{\mathrm{f}}^{*} = 1 - \frac{2 - D_{\mathrm{f},0}}{D_{\mathrm{f},0}} \frac{\ln(1 - S_{\mathrm{H}})}{\ln(\phi_0)} \tag{2.1}$$

式中：D_{f}^{*} 为有效孔隙的归一化孔径分形维数；$D_{\mathrm{f},0}$ 为原始孔隙的孔径分形维数；S_{H} 为天然气水合物饱和度；ϕ_0 为含天然气水合物沉积物的原始孔隙的孔隙度，定义为原始孔隙的体积与含天然气水合物沉积物总体积的比值。

在实际工程应用时，含天然气水合物沉积物有效孔隙的孔径分形维数演化过程可近似采用以下经验关系式描述：

$$D_{\mathrm{f}}^{*} = (1 - S_{\mathrm{H}})^{0.1 \pm 0.01} \tag{2.2}$$

（2）迂曲度分形维数：用来表征含天然气水合物沉积物内流线的迂曲程度，迂曲度分形维数越大，代表孔隙流体需要流经更曲折、更迂回的路径才可透过含天然气水合物沉积物，即渗流越困难。流线是假象的概念，实际并不存在，因此很难采用直接的手段对迂曲度分形维数进行测量。从理论体系的自闭性要求出发，提出了含天然气水合物沉积物有效孔隙迂曲度分形维数的迭代求法，即含天然气水合物沉积物有效孔隙的面孔隙度、体孔隙度、孔径分形维数和迂曲度分形维数之间存在内在的约束关系。经过理论推导，体孔隙度 Φ 可通过式（2.3）求得

$$\Phi = \frac{\pi D_{\mathrm{f}}}{4(3 - D_{\mathrm{t}} - D_{\mathrm{f}})} \left[\frac{4(2 - D_{\mathrm{f}})}{\pi D_{\mathrm{f}}} \frac{\phi}{1 - \phi} \right]^{\frac{3 - D_{\mathrm{t}}}{2}} (1 - \phi^{\frac{3 - D_{\mathrm{t}} - D_{\mathrm{f}}}{2 - D_{\mathrm{f}}}}) \tag{2.3}$$

式中：D_{f}、ϕ 和 Φ 均可通过实验数据提取，因此可以通过迭代计算确定迂曲度分形维数 D_{t}。需要说明的是，在选取 D_{f} 和 ϕ 时，应该选取研究单元中面孔隙度最小对应的数据，这主要是考虑多孔介质渗流能力由孔喉控制。

结果表明，含甲烷水合物砂土有效孔隙的迂曲度分形维数基本不受天然气水合物饱和度的影响，但是其水力迂曲度随着天然气水合物饱和度的增加而呈现出整体的上升趋势如图 2.2 所示，即天然气水合物饱和度的增加能够引起水力迂曲度的相对增大，这与前人已发表的迂曲度演化规律认识（Dai and Seol，2014）具有良好的一致性。含氙气水合物球体有效孔隙迂曲度分形维数随天然气水合物饱和度的变化过程有所不同，整体上呈现出随着天然气水合物饱和度增加而变大的趋势，可用以下经验关系式描述：

$$D_{\mathrm{t}}^{*} = 1 + \alpha S_{\mathrm{H}}^{2} \tag{2.4}$$

式中：D_{t}^{*} 为归一化的迂曲度分形维数，定义为含天然气水合物沉积物有效孔隙的迂曲度分形维数除以其原始孔隙的迂曲度分形维数；α 为经验参数，受天然气水合物的微观赋存形态控制。需要说明的是，当 $\alpha = 0$ 时迂曲度分形维数不随天然气水合物饱和度的变化而变化，即含甲烷水合物砂土的情况。可见，迂曲度分形维数演化与孔径分形维数演化相比

更为复杂，受到天然气水合物微观赋存形态的影响更明显。

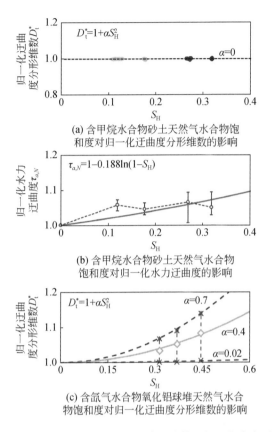

(a) 含甲烷水合物砂土天然气水合物饱
和度对归一化迂曲度分形维数的影响

(b) 含甲烷水合物砂土天然气水合物
饱和度对归一化水力迂曲度的影响

(c) 含氙气水合物氧化铝球堆天然气水合
物饱和度对归一化迂曲度分形维数的影响

图2.2　天然气水合物饱和度对归一化迂曲度分形维数和归一化水力迂曲度的影响关系

（3）最大孔隙直径：不妨将含天然气水合物沉积物有效孔隙的最大孔隙直径除以原始孔隙的最大孔隙直径定义为归一化的最大孔隙直径。对于孔隙中心型水合物而言，归一化最大孔隙直径可由以下理论模型计算：

$$\lambda^*_{\max} = 1 - \sqrt{S_H} \qquad (2.5)$$

而对于颗粒表面型水合物而言，归一化最大孔隙直径由以下理论模型计算：

$$\lambda^*_{\max} = \sqrt{1 - S_H} \qquad (2.6)$$

然而，实际沉积物孔隙中的水合物不可能是纯正的孔隙中心型或者颗粒表面型，一定是表现出多种微观赋存形式并存的状态。因而真实含天然气水合物沉积物有效孔隙归一化最大孔隙直径的演化过程更复杂，孔径分形维数演化过程需要采用以下半经验关系式进行描述：

$$\lambda^*_{\max} = 1 - (1-b)\sqrt{S_H} - bS_H^c \qquad (2.7)$$

式中：b 和 c 都是经验拟合参数，对于不同的水合物微观赋存状态，其取值不同，即表现出赋存形式敏感性。

（二）含天然气水合物沉积物有效孔隙分形理论宏观应用

含天然气水合物沉积物的绝对渗透率一般是指孔隙仅由单相流体填充时测得的渗透率，通常情况下它随着天然气水合物饱和度的增加而逐渐降低，并且不同赋存形式的天然气水合物引起的绝对渗透率弱化程度差异明显，比如孔隙中心型水合物较颗粒表面型水合物影响更为显著。含天然气水合物沉积物的相对渗透率一般是指孔隙内水和气共存状态下测得的渗透率，水相渗流和气相渗流存在明显的竞争关系，即所谓的"此强彼弱"关系。

在前人构建的多孔介质渗透率分形模型的基础上，考虑微观层面的孔隙结构量化表征数学体系，提出了含天然气水合物沉积物适用的渗透率分形模型，认为天然气水合物生成或者分解是通过改变含天然气水合物沉积物有效孔隙的孔径分形维数、迂曲度分形维数和最大孔隙直径等微观结构参数，进而导致含天然气水合物沉积物渗透率的演化，实现了渗透率预测的跨尺度关联，取得了良好的应用效果。

（1）绝对渗透率分形模型：预测结果与前人室内模拟实验渗透率测量数据符合效果良好，并且预测效果优于前人提出的理论模型，如图 2.3 所示，其中红色实线表示分形模

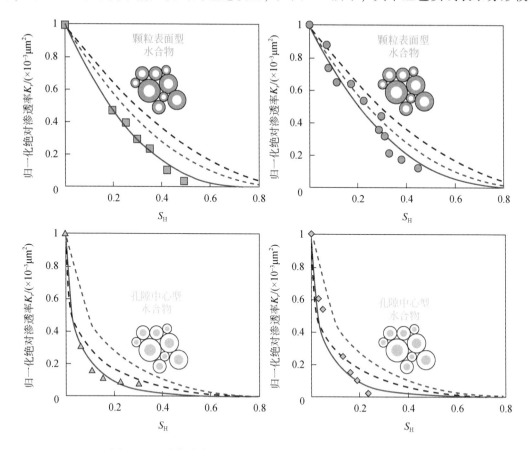

图 2.3　天然气水合物岩心样品绝对渗透率分形模型预测效果

第二章　海洋天然气水合物开采基础理论与技术体系 ·27·

型，而彩色虚线表示由前人提出的平行毛细管模型，彩色点表示前人渗透率实验数据。并且该模型应用到日本南海海槽天然气水合物储层渗透率测井曲线预测也有良好的效果，如图 2.4 所示，其中横坐标表示归一化绝对渗透率，纵坐标表示海床下深度，黑色实线为测井曲线，而黄色实心点表示分形模型预测结果。

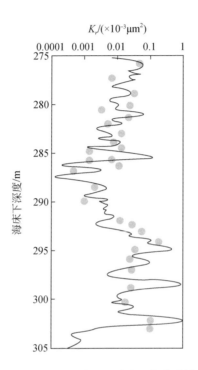

图 2.4　天然气水合物岩心样品绝对渗透率分形模型预测效果

（2）相对渗透率分形模型：基于非饱和石英砂样品 X-CT 扫描图像，同样采用分形维数表征孔隙水相和孔隙气相的空间分布特征，将孔隙水相和孔隙气相分别等效为一束迂曲毛细管之后，分别量化了水气两相分布的孔（管）径分形维数、迂曲度分形维数以及最大孔（管）径，采用预测绝对渗透率的方法预测了水气两相相对渗透率特征曲线，如图 2.5 所示。可以看出，基于 X-CT 扫描图像提取模型参数确定的相对渗透率特征曲线（点划线）与基于理想水气分布计算模型确定的相对渗透率特征曲线（实线）符合效果良好，反映了石英砂孔隙中气相倾向赋存在孔隙中心，而水相倾向赋存在颗粒表面的微观结构，这与孔隙气为非浸润相的事实相符，体现了基于微观结构图像的相对渗透率分形模型具有良好的适用性。

在上述石英砂样品水气两相相对渗透率分形模型的基础上，假想在石英砂孔隙中加入天然气水合物，结合含天然气水合物沉积物有效孔隙分形理论微观内涵，探讨了天然气水合物分解过程中，含天然气水合物沉积物内水气两相的相对渗透率特征曲线演化趋势，如图 2.6 所示。可以看出，在孔隙水饱和度相同的条件下，含天然气水合物沉积物的孔隙水相对渗透率在天然气水合物开采过程中逐渐减小，而气相的相对渗透率逐渐增大，这与孔隙尺度毛细作用力变化有着直接的联系，也与前人的研究结果一致。

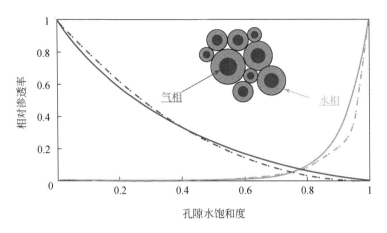

图2.5　石英砂样品水气两相相对渗透率特征曲线

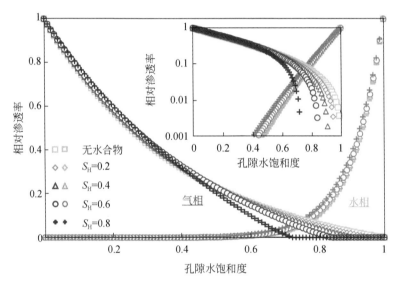

图2.6　天然气水合物对岩心样品水气两相相对浸透率特征曲线的影响

　　综上所述，运用分形理论从X-CT扫描图像出发，系统量化表征了含天然气水合物沉积物有效孔隙的分形特征，在此基础上提出了含天然气水合物沉积物绝对渗透率和相对渗透率的分形模型，形成了含天然气水合物沉积物有效孔隙分形理论，为含天然气水合物沉积物渗流物性演化机制研究提供了新思路与新方向。

二、天然气水合物储层微观出砂机理

（一）泥砂颗粒产出的基本过程及泥砂颗粒剥落机理

以井口平台产出物中见到固相颗粒作为地层出砂的最终标志，降压法开采过程中地层出砂过程包含以下基本单元：①泥砂在地质和生产条件共同作用下从基质剥离；②处于游离状态的泥砂从静止状态启动开始运移；③启动后的泥砂在气液拖曳作用和有效应力等作用下流向井底控砂介质外围；④部分泥砂穿透控砂介质进入井筒内部；⑤泥砂在气液固混合流动过程中被举升到地面井口或发生井筒沉降（图2.7）。

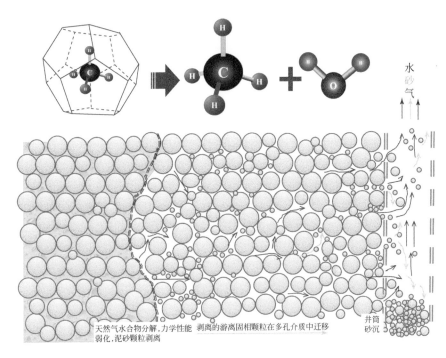

图 2.7　天然气水合物降压开采储层出砂原理示意图

在上述迁移/流动子单元中，泥砂所处的聚集状态、在气水相中的分布和运移规律都在发生实时变化，因此天然气水合物开采过程与泥砂产出规律之间呈现出非常复杂的耦合关系，各子单元既相互依赖又相互制约。但无论如何，泥砂从基质或骨架的剥落是天然气水合物开采储层发生出砂的总源头。导致天然气水合物降压开采储层泥砂剥落的机理主要可以划分为以下四个方面。

（1）剪切破坏出砂机理：与常规油气储层类似，天然气水合物储层上覆地层压力由孔隙压力与骨架应力共同承担。天然气水合物降压开采过程中，随着井底压力的降低，天然气水合物层压力也会随之降低。由于上覆地层压力维持不变，因此地层压力的降低意味着骨架所承受的应力增大。当骨架所承受的应力超过地层抗剪强度时，发生剪切破坏[图2.8（a）]。对于我国南海北部浅层天然气水合物储层而言，天然气水合物完全分解后，原有的储层"泥质+水合物"双重胶结作用逐步转化为单一的泥质胶结，导致沉积物承受上覆地层压力的能力非常小，因此天然气水合物分解区的地层泥砂被整体"挤入"井筒。由于此时沉积物的受力情况与固结储层的受力方向一致，因此仍然被认为是剪切破坏出砂的一种表现形式。

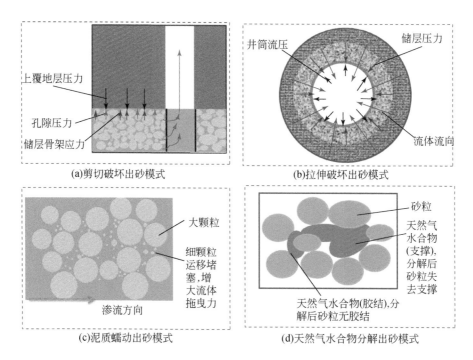

图 2.8　泥质粉砂天然气水合物降压开采储层出砂机理示意图

　　因此，对泥质粉砂天然气水合物降压开采储层而言，当天然气水合物完全分解后的挤压剪切破坏是不可避免的，为减缓出砂趋势，应尽量避免天然气水合物未分解区域内的储层整体发生剪切破坏。即通过控制压降速率和压降幅度，保证理论剪切破坏半径向地层的延伸速率小于天然气水合物分解前缘向地层的延伸速率，始终保持天然气水合物未分解区的储层不发生剪切破坏。这一点对于天然气水合物开采压降控制至关重要，这也是我国南海首次海洋天然气水合物试采中采用"小步慢跑"压降控制的根本原因之一。即通过小幅降压保证起始阶段储层不发生整体剪切破坏出砂，通过逐步提高生产压差的方式保证短期内天然气水合物储层理论剪切破坏半径始终小于天然气水合物分解前缘。

　　（2）拉伸破坏出砂机理：在天然气水合物降压开采过程中，提高井底压降能够促进天然气水合物分解速率，从一定程度上增加产能。但井底压降的增大，势必导致流体（气、水）渗流流速增大，砂粒所承受的拉伸拖曳力增大。尤其是对于泥质粉砂天然气水合物储层而言，其孔喉尺寸较小、渗透率低，气水两相渗流的毛管效应严重，液相对砂粒的拖曳力成倍增加，当砂粒所承受的拉应力超过地层抗拉强度时，会造成储层的局部性拉伸破坏出砂［图 2.8（b）］。由于我国南海神狐海域试采区天然气水合物地层埋深浅（203～277mbsf）、胶结弱，地层本身抗拉强度非常小，因此流体流速的增大很容易导致地层拉伸破坏出砂。

　　（3）泥质蠕动出砂机理：南海北部神狐海域天然气水合物储层泥质等细组分含量高，细组分的存在对沉积物骨架有一定的支撑、胶结作用，因此细组分的存在有助于缓解地层的剪切破坏和拉伸破坏出砂机理。但从另一方面考虑，天然气水合物分解将导致孔隙中含水饱和度的增大，部分泥质（如蒙脱石）发生吸水膨胀，改变原有孔隙结构，使储层发生应力敏感性与速度敏感性的叠加效应，这种情况下细组分运移不仅会降低沉积物的胶结度，而且会使流体流动渗透压增大，增加了流体的拖曳力，进一步加剧颗粒的剥落趋势，加剧出砂［图2.8（c）］。

（4）天然气水合物分解出砂机理：天然气水合物在储层中主要有接触胶结、颗粒包裹、骨架颗粒支撑、孔隙填充、掺杂和结核/裂隙充填等六种微观分布模式，根据天然气水合物微观分布模式的不同，天然气水合物分解过程对降压开采储层的出砂机理可以分为以下两个方面：①当储层中的天然气水合物以接触胶结、颗粒包裹、骨架颗粒支撑、掺杂和结核/裂隙充填形式存在时，天然气水合物分解会导致砂粒失去支撑与联结。对于泥质低渗地层，随着分解气体运移排出，还会出现"气穴或空穴"导致泥砂运移，因此天然气水合物的分解将同时加剧地层的拉伸破坏和剪切破坏程度，加剧出砂。②当储层中的天然气水合物以孔隙填充方式存在时，天然气水合物分解会增加孔隙含水量，导致地层内聚力和力学强度降低，同样也会加剧地层拉伸破坏和剪切破坏，同时孔隙黏土矿物可能吸水膨胀，堵塞喉道造成速度敏感性效应，进而促进地层出砂［图2.8（d）］。

（二）泥砂颗粒产出基本模式

泥砂从原有沉积物骨架上脱落后，地层气水两相渗流作用导致泥砂胶结状态、排列结构的变化，最终会导致地层泥砂随天然气水合物分解产生的气、水渗流以及上部荷载压实作用而发生流动，即导致地层出砂。该阶段泥砂的运移机制和规律将直接导致后续控砂方案的选择和井筒流动保障方案的设计，因此需要深入分析泥质粉砂型天然气水合物储层泥砂在地层中迁移的机理与控制因素。总体而言，天然气水合物开采过程中泥砂在地层中的迁移过程主要受地质因素、完井因素、开采因素等三个关键因素的控制。从微观角度分析，储层出砂通常需满足如下基本条件。

（1）砂粒在产出通道中必须达到被流体挟带的条件。这是天然气水合物储层出砂的瓶颈条件之一。由于水对泥砂的拖曳作用远大于气体对泥砂的拖曳作用，因此天然气水合物开采过程中泥砂产出的主要动力源是水相的渗流拖曳作用，满足该条件首先必须保证地层有充足的水源补给。对于神狐海域泥质粉砂天然气水合物储层而言，储层中富含大量的蒙脱石等黏土矿物，天然气水合物的分解过程可以被认为是黏土矿物与天然气水合物对水的"争夺"过程，天然气水合物分解产生的水被黏土矿物吸收，这种吸水过程对储层出砂是"双刃剑"：一方面，黏土矿物水化，导致黏土矿物对砂质骨架及胶结程度降低，使地层泥砂更容易从骨架或基质剥落，倾向于促进出砂；另一方面，黏土矿物（尤其是蒙脱石）的强吸水性能吸收天然气水合物分解产生的水，使分解区储层中流动的气液比急剧增大，水相相对流动能力急剧下降，由于气体对固相颗粒的拖曳作用远小于液体对固相颗粒的拖曳作用，因此黏土矿物的存在会减弱地层的出砂趋势。更重要的是，黏土矿物吸水膨胀导致流通通道堵塞，水的流动阻力增大，或者在上覆载荷作用下孔隙结构发生变化，本来存在的流通通道成为死孔隙，使天然气水合物分解的水转化为束缚水存于地层中。在极高的黏土矿物条件下（≥35%），黏土矿物的膨胀导致上述流固耦合效应加剧，地层排水作用急剧降低，造成天然气水合物开采过程中出砂趋势的减弱。

（2）砂粒从储层运移到井壁处，必须具有比自身尺寸大的产出物理通道。从孔隙尺度分析，地层泥砂的输送运移过程主要有孔隙液化、类蚯蚓洞和连续垮塌等三种基本形态（图 2.9）。孔隙液化主要是指粉砂沉积物孔隙空间中的填隙物（即泥质组分）在液体的拖曳作用下像液体一样流动起来，相当于一部分胶结较弱的微细颗粒变成流砂产出，储层孔隙基质部分"液化"，填隙物液化的直观表现是储层孔隙尺度和分形维数的改变。随着井底生产压差的增大、地层渗流作用的增强及天然气水合物分解空间的增大，沉积物中形成某些高渗透带，即类蚯蚓洞。在宏观应力、天然气水合物分解和流体冲刷的共同作用下，类蚯蚓洞逐渐扩展，发生连续垮塌，最终导致储层破坏大量出砂。

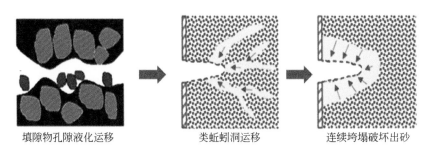

填隙物孔隙液化运移　　　　　　类蚯蚓洞运移　　　　　连续垮塌破坏出砂

图 2.9　地层泥砂运移的基本形态示意图

实际上，上述三种泥砂运移基本形态之间并无完全固定的界限，而是随着储层地质条件以及不断变化的生产条件逐步变化和过渡，分析各运移形态的主控因素及其演化规律是揭开泥砂颗粒迁移规律的基础。有效的天然气水合物降压控制方案必须保证天然气水合物储层不会发生连续垮塌破坏出砂，这是海域天然气水合物试采降压方案中考虑大量破坏出砂临界条件的基本原理。

三、天然气水合物开采热-流-固-化多场耦合行为

天然气水合物开采的基本原理是改变温度或/和压力条件使得天然气水合物处于不稳定状态。当压力低于天然气水合物的相平衡压力或者温度高于相平衡温度时，天然气水合物发生分解并逐渐由固体转化为流体（气和水）。现阶段提出的天然气水合物开采方法主要包括降压法、热激法、抑制剂注入法和二氧化碳-甲烷置换法，这些方法都是从改变天然气水合物的相平衡角度出发，使天然气水合物发生分解。然而，天然气水合物分解只是开采的第一步，只有将固体天然气水合物分解产生的气体通过一定的手段收集并加以利用才能实现开采的目的。

从物质组分角度来看，海洋含天然气水合物沉积物体系主要由固体沉积物骨架、气相的气体、液相的水和固相的天然气水合物组成，如图 2.10 所示。图 2.10 中的沉积物颗粒形成了连续的孔隙空间，气体、水和天然气水合物位于孔隙空间中，将各相的饱和度定义为

$$S_\alpha = \frac{V_\alpha}{V_p} \tag{2.8}$$

式中：V_α 为 α = 气，水，水合物的体积；V_p 为沉积物颗粒组成的总孔隙空间。由于天然气

水合物以固相存在，因此，严格意义上来说沉积物中的真实孔隙空间应扣除天然气水合物所占据的孔隙体积。定义总孔隙度为沉积物颗粒组成的原始孔隙空间与沉积物总体积之间的比值，$\phi = \dfrac{V_p}{V_t}$，而将扣除天然气水合物所占体积的孔隙空间与沉积物总体积之比定义为有效孔隙度，即 $\phi_{eff} = \dfrac{V_p - V_h}{V_t}$。

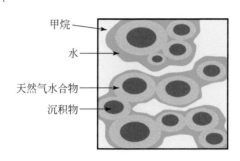

甲烷
水
天然气水合物
沉积物

图 2.10　含天然气水合物沉积物体系（Gupta et al., 2015）

天然气水合物的开采过程就是含天然气水合物沉积物体系的动态演化过程。从天然气水合物分解到气体的收集过程涉及以上物质组分的传热（thermal）、渗流（hydraulic）、固体变形（mechanical）和天然气水合物相变反应（chemical）四个相互耦合的物理化学过程，上述四个过程简称为天然气水合物开采的热-流-固-化（THMC）耦合。

（一）传热场

传热过程是指天然气水合物开发过程中的热量传递过程。热量传递有三种方式：热对流、热传导和热辐射。热对流过程是指含天然气水合物沉积物体系中的热量随着气体和水的运移而发生转移的过程，热对流只发生在流体中，与固相的沉积物颗粒无关。热对流的热量传递速率与流体的流动速度、比热和体系的温度梯度有关：

$$q = mC_p \nabla T \tag{2.9}$$

式中：q 为对流传热的热量；m 为质量流量；C_p 为流体的比热；∇T 为温度梯度。天然气水合物开发过程中的流体流动速度直接关系到开采效率，也决定了热对流的强度。

热传导过程是含天然气水合物沉积物体系中由于温度差而发生的热量传递过程。热传导同时发生在含天然气水合物沉积物体系的固体和流体中，即固体沉积物骨架、气相的气体、液相的水和固相的水合物均发生热传导过程。由于温度差是发生热传导的必要条件，而对于流体来说，温度差势必引起热对流，因此，含天然气水合物沉积物体系中的流体往往同时伴随着热对流和热传导过程。热传导受傅里叶定律控制，即热传导的热流密度与温度梯度和导热系数成正比。

$$q = -k \nabla T \tag{2.10}$$

式中：k 为导热系数。由于固相沉积物颗粒的热导系数大于液体和气体，因此，热传导主要发生在固相沉积物颗粒和天然气水合物中。

热辐射是具有温度的物体表面辐射电磁波而产生的热量传递过程。热辐射是以电磁波方式传递热量，传递过程不需要介质。热辐射的传递热量通过斯特藩–玻尔兹曼定律计算，辐射传热能力与温度的四次方成正比，含天然气水合物沉积物体系的温度通常较低（10℃），且由于沉积物固体和流体不能完全吸收辐射能量，故辐射能力较弱，通常天然气水合物的传热过程中不考虑热辐射。表征传热场的物理量为温度。天然气水合物的分解会吸收热量，故天然气水合物开采的传热过程还与天然气水合物相变的潜热相关。天然气水合物分解相变潜热由以下经验公式计算（Moridis，2014）：

$$Q_{\mathrm{h}} = m_{\mathrm{h}} C_{\mathrm{f}} (C_1 + C_2 / T) \tag{2.11}$$

式中：m_{h} 为天然气水合物分解速率；$C_{\mathrm{f}} = 33.72995\mathrm{J/kg}$，

$$C_1 = \begin{cases} 13521 \\ 6534 \end{cases}, \quad C_2 = \begin{cases} -4.02℃, & 0℃ < T \leqslant 25℃ \\ -11.97℃, & -25℃ \leqslant T \leqslant 0℃ \end{cases} \tag{2.12}$$

式（2.12）表明天然气水合物分解释放的热量与天然气水合物分解速率成正比。

（二）渗流场

天然气水合物开采过程中的渗流场是指含天然气水合物沉积物中水或/和气以及天然气水合物分解产生的水和气在沉积物多孔介质中的渗流过程。该渗流过程通常为水和气的两相渗流。多相渗流过程通过达西定律描述，即

$$v = \frac{K_{\mathrm{e}}}{\mu} \nabla p \tag{2.13}$$

式中：v 为某相流体的渗流速度；K_{e} 为该相流体的有效渗透率；μ 为该相流体的黏度；∇p 为该相流体的压力梯度。式（2.13）表明天然气水合物开采过程中的渗流速度主要与有效渗透率、压力梯度和黏度相关，其中有效渗透率起决定性作用。沉积物多孔介质的渗透率可以分为绝对渗透率和相对渗透率两类。绝对渗透率是多孔介质本身的固有属性，与流体无关。在多相渗流过程中，各相的流动互相影响，某一相的有效渗透率与该相的饱和度相关，有效渗透率与绝对渗透率的比值为相对渗透率。相对渗透率与某一相饱和度的关系曲线称为相对渗透率曲线。天然气水合物分解相变使得沉积物多孔介质的孔隙增大，渗透率也增大。

渗流是描述天然气水合物分解产生气和水流动行为的物理过程，直接决定了天然气水合物开采时的气体产出速度。通常用流体压力和流动相的饱和度来表征渗流场。值得注意的是，通常海洋含天然气水合物沉积物的胶结较差，本身可能存在未胶结的固体颗粒，且固体颗粒由于变形破坏作用可能从骨架上脱离下来，未胶结的固体颗粒和脱离的这部分固体颗粒也可能在流体作用下发生迁移或沉积。此外，天然气水合物分解也可能产生一些小的天然气水合物固体颗粒，这部分固体颗粒也可能随着流体运移。虽然渗流场描述的是流体在多孔介质中的流动，但是沉积物的固体颗粒和天然气水合物颗粒随着流体渗流而发生的运动也归为渗流场的一部分。

（三）固体变形场

含天然气水合物沉积物体系中的固体包括沉积物的骨架颗粒和天然气水合物本身，固体变形场即骨架颗粒和天然气水合物在外界荷载作用下的变形过程。通常假设天然气水合物附着在沉积物骨架颗粒上，与沉积物骨架颗粒组成复合固体材料共同承受外界荷载作

用，即沉积物和天然气水合物的变形是同步的。含天然气水合物沉积物的固体变形场通常用变形位移、应力或应变来表征。

沉积物固体变形场主要受两方面控制：荷载和沉积物复合固体材料的属性。荷载主要来源于含天然气水合物沉积物体系本身重力作用下产生的压力，同时根据有效应力原理，沉积物中孔隙压力的变化也会造成作用在沉积物骨架上的荷载变化。决定固体变形场的另一个重要因素是含天然气水合物沉积物属性，即力学性质和本构关系。天然气水合物在沉积物中起胶结作用，其会降低复合固体材料的性能，改变力学性质，从而影响固体变形。本构关系是决定固体变形的另一个重要因素。目前含天然气水合物沉积物的本构关系可以分为两大类（刘乐乐等，2016）：①在弹塑性理论框架内，以 Cam-Clay 模型和 Duncan-Chang 模型为原型，通过修正屈服函数反映天然气水合物沉积物的力学特性；②假定天然气水合物沉积物为线弹性材料，基于几何损伤理论来建立天然气水合物沉积物的本构关系。

（四）天然气水合物相变化学场

天然气水合物相变动力学主要从微观和宏观两个角度研究。微观动力学主要研究天然气水合物晶体结构中主客体分子的相互作用、结晶和生长过程等方面，而宏观动力学主要研究天然气水合物生成和分解过程中的宏观控制因素。天然气水合物相变化学场的研究主要依赖于宏观动力学。天然气水合物相变化学场是指天然气水合物在温度或者压力变化时天然气水合物生产或分解的过程。天然气水合物的相变反应可以用式（2.14）表示：

$$CH_4 \cdot (H_2O)_{N_{Hyd}} \rightleftharpoons CH_4 + N_{Hyd} \cdot H_2O \tag{2.14}$$

式中：N_{Hyd} 为水合物数。天然气水合物相变化学场主要由相平衡曲线、温度和压力决定，通常使用天然气水合物的饱和度作为表征天然气水合物相变化学场的物理量。

天然气水合物的相变有两种不同类型的描述模型：平衡模型和动力学模型。平衡模型是指天然气水合物的相变是瞬间完成的，即温度和压力满足天然气水合物的分解条件时，热量吸收足够后，天然气水合物瞬间全部分解为气和水；温度和压力满足天然气水合物的生成条件时，天然气水合物瞬间生成。在平衡模型中，天然气水合物的相变化学场是一个前缘的动边界问题，天然气水合物的相变前缘将整个区域分为天然气水合物区和无天然气水合物区。

天然气水合物相变的动力学模型是考虑天然气水合物的反应过程，即当温度和压力达到天然气水合物分解（生成）条件时，天然气水合物逐渐而非瞬间分解（生成），这一过程用天然气水合物分解（生成）速率表征。描述天然气水合物相变的动力学模型最常用的是 Kim-Bishnoi 模型（Kim et al.，1987）。该模型中天然气水合物分解或生成的气体产生或消耗的速率为

$$m_g = k_{reac} \exp\left(-\frac{\Delta E_a}{RT}\right) M_{CH_4} A_{rs}(p_e - p_g) H(p_e - p_g) \tag{2.15}$$

相应的水的生成或消耗速率以及天然气水合物的消耗或生成速率为

$$m_w = m_g N_{Hyd} \frac{M_{H_2O}}{M_{CH_4}} \tag{2.16}$$

$$m_h = -m_g \frac{M_h}{M_{CH_4}} \tag{2.17}$$

式（2.15）中的 $H(p_e-p_g)$ 为 Heaviside 函数，表示 $p_e-p_g<0$ 时，$H=0$，$p_e-p_g\geqslant0$ 时，$H=1$；p_e 为相平衡压力；p_g 为气体压力；k_{reac} 为水合物相变反应的本征反应常数，通常取 $3.6\times10^4\mathrm{mol}/(\mathrm{m}^2\cdot\mathrm{Pa}\cdot\mathrm{s})$；$E_a$ 为反应活化能，$\mathrm{J}\cdot\mathrm{mol}^{-1}$；$R$ 为普适气体常数，$R=8.314\mathrm{J}\cdot\mathrm{mol}^{-1}\cdot\mathrm{K}^{-1}$，通常 $\Delta E_a/R=9752.73\mathrm{K}$；$M_{CH_4}$ 为甲烷的摩尔质量；M_{H_2O} 为水的摩尔质量；M_h 为水合物的摩尔质量；A_{rs} 为天然气水合物相变反应的比表面积，定义为

$$A_{rs}=\Gamma_r A_s \tag{2.18}$$

其中：Γ_r 为发生相变反应的孔隙表面的比例；A_s 为孔隙比表面积。根据 Kozeny-Carman 方程，孔隙比表面积可以用式（2.19）计算（Yousif et al., 1991）：

$$A_s=\sqrt{\frac{\phi_{eff}^3}{2K}} \tag{2.19}$$

其中：K 为沉积物的渗透率；$\phi_{eff}=\phi(1-S_H)$。

式（2.15）中的 p_e 为相平衡压力，甲烷水合物的相平衡可用 Kamath-Holder 的经验关系式（Kamath and Holder, 1987）表示：

$$p_e=A_1\exp\left(A_2-\frac{A_3}{T}\right) \tag{2.20}$$

其中：$A_1=1000$，$A_2=38.98$，$A_3=8533.8$。然而，Kamath-Holder 的经验关系式适用的温度范围较窄，Moridis（2014）提出了一个适用范围更广的经验关系式：

$$p_e=\exp(A_0+A_1T+A_2T^2+A_3T^3+A_4T^4+A_5T^5) \tag{2.21}$$

其中：

$$T>0℃,\begin{cases}A_0=-1.94138504464560\times10^5\\A_1=3.31018213397926\times10^3\\A_2=2.25540264493806\times10\\A_3=7.67559117787059\times10^{-2}\\A_4=1.30465829788791\times10^{-4}\\A_5=8.86065316687571\times10^{-8}\end{cases} \tag{2.22}$$

$$T\leqslant0℃,\begin{cases}A_0=-4.38921173434628\times10\\A_1=7.76302133739303\times10^{-1}\\A_2=7.27291427030502\times10^{-3}\\A_3=3.85413985900724\times10^{-5}\\A_4=1.03669656828834\times10^{-7}\\A_5=1.09882180475307\times10^{-10}\end{cases} \tag{2.23}$$

图 2.11 是 Kamath-Holder 经验关系式和 Moridis 经验关系式计算得到的相平衡曲线图，从图 2.11 可以看出，当温度小于 273.6K 时，Kamath-Holder 关系式失效，而在温度大于 273.6K 时，Kamath-Holder 经验关系式与 Moridis 经验关系式之间存在 3% 左右的误差。

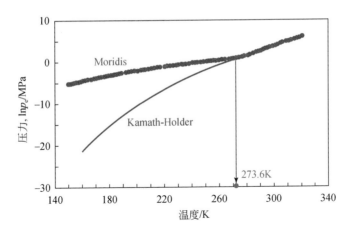

图 2.11　Kamath-Holder 经验关系式和 Moridis 经验关系式的甲烷水合物相平衡曲线对比图

在温度和压力确定后，即可用式（2.21）计算天然气水合物的相变反应速率，从而确定天然气水合物的饱和度分布。天然气水合物相变是天然气水合物开采中所独有的特征，也是影响天然气水合物开发的重要过程。值得注意的是，Kim-Bishnoi 模型将天然气水合物相变反应速率与宏观的温度、压力和动力学常数及比表面积较好地关联起来，该模型的应用十分广泛。然而，Kim-Bishnoi 模型是基于纯天然气水合物的分解过程提出来的，在引入多孔介质中的天然气水合物相变时，主要是通过修正其中的比表面积。但是比表面积的计算公式（2.19）是基于 Kozeny-Carman 方程的，而 Kozeny-Carman 方程又是基于理想化的平行圆管孔隙模型，对于非均匀的模型不适用。

（五）多场耦合特征

上述 THMC 四个物理场是天然气水合物开发中的主要物理化学过程。在含天然气水合物沉积物体系中，上述物理场之间存在耦合关系，即场之间存在相互影响。这种影响通常有两种方式，第一种方式是某一个物理场的表征变量对另一个物理场的表征变量有直接的影响，这种耦合方式称为直接耦合。如渗流场的表征变量孔隙压力直接影响了天然气水合物相变化学场的表征变量饱和度；第二种方式是某一个物理场的表征变量对另一个物理场的参数产生影响从而影响物理场表征变量，这种耦合方式称为间接耦合。如天然气水合物相变化学场会改变含天然气水合物沉积物的孔隙度和渗透率，而孔隙度和渗透率的改变则进一步会影响多相渗流的表征变量——孔隙压力。两个物理场之间的耦合往往是直接耦合和间接耦合同时发生。如天然气水合物相变除了通过改变渗透率和孔隙度来影响渗流场外，天然气水合物相变造成的气和水的变化会直接影响渗流场中的孔隙压力。THMC 的相互耦合过程如图 2.12 所示。

从控制方程的角度来说，直接耦合表示某一个物理场的表征变量对另一个物理场的控制方程存在影响，而间接耦合表示某一个物理场的表征变量对另一个物理场的控制方程的模型参数存在影响，详见第三章第五节。

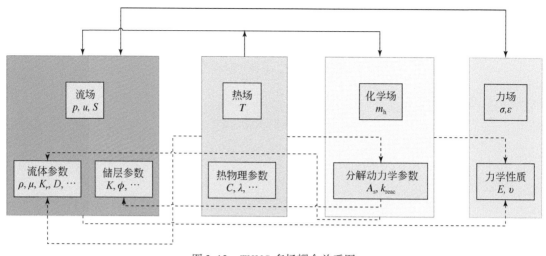

图 2.12　THMC 多场耦合关系图
实线表示直接耦合，虚线表示间接耦合

1. 直接耦合关系

天然气水合物相变化学场和渗流场：天然气水合物相变会生成或消耗气和水，气和水的质量变化直接影响了渗流场的压力，渗流场的控制方程中存在由于天然气水合物相变产生的源/汇项；反过来，渗流场的压力也直接决定了天然气水合物相变反应的速率，如式 (2.15)。

天然气水合物相变化学场和传热场：天然气水合物的生成/分解是放热/吸热反应，相变过程直接对传热场的温度产生影响，天然气水合物相变的潜热直接作用于传热场的控制方程中；反过来，传热场的温度变化也直接对天然气水合物相变存在影响，该影响是通过相平衡曲线实现的，即温度改变使得相平衡压力变化，进而影响天然气水合物的分解。

渗流场和传热场：渗流场中的流体流动通过对流传热的方式对传热场产生影响，渗流场的压力梯度（流速）存在于温度控制方程中。

渗流场和固体变形场：渗流场中的孔隙压力通过有效应力原理直接影响固体变形场的应力。

传热场和固体变形场：沉积物的温度变化会产生热应力，热应力将对固体变形场产生直接影响。

2. 间接耦合关系

天然气水合物相变化学场和固体变形场：天然气水合物在沉积物中起胶结作用，天然气水合物的相变会改变沉积物的力学性质，进而对固体变形场产生影响。天然气水合物对沉积物体系力学性质的影响主要体现在对弹性模量、内聚力的影响，可以用式 (2.24)、式 (2.25) 表示 (Gupta et al., 2015)：

$$E_{sh} = E_s + S_H^{n_c} E_h \tag{2.24}$$

$$c = C_1 \exp(C_2 S_H) \tag{2.25}$$

式中：E_s 为沉积物的弹性模量；E_h 为天然气水合物的弹性模量；E_{sh} 为含天然气水合物沉积相的弹性模量；c 为含天然气水合物沉积物的内聚力；C_1，C_2，n_c 为系数。

天然气水合物相变化学场和渗流场：天然气水合物相变改变了沉积物多孔介质的孔隙度和渗透率，从而影响渗流场。天然气水合物对渗透率的影响主要通过渗透率模型来体现，可以用 Masuda 等（1999）提出的关系式表示：

$$K = K_0(1 - S_H)^n \tag{2.26}$$

式中：K 为含天然气水合物沉积物渗透率；K_0 为无天然气水合物时的沉积物渗透率；n 为系数。即水合物影响下的渗透率满足幂率递减的规律。

反过来，渗流场的渗透率和孔隙度又改变了沉积物中的反应比表面积，进而对天然气水合物相变化学场产生影响，即公式（2.19）。

渗流场和固体变形场：含天然气水合物沉积物的固体变形会改变多孔介质的孔隙度和渗透率，从而影响渗流场。固体变形场对孔隙度和渗透率的影响用式（2.27）、式（2.28）表示（李培超等，2003）：

$$K = \frac{K_0}{1 + \varepsilon_v} \left[1 + \frac{\varepsilon_v}{\phi_0} - \frac{(\Delta p c_s)(1 - \phi_0)}{\phi_0} \right]^3 \tag{2.27}$$

$$\phi = \frac{\phi_0 + \varepsilon_v + (1 - \phi_0)\Delta p c_s}{1 + \varepsilon_v} \tag{2.28}$$

式中：ε_v 为固体变形场中的体积应变；Δp 为孔隙压力的变化值；c_s 为沉积物的压缩系数；ϕ_0 为无变形时的孔隙度。

渗流场和传热场：传热场的温度变化对渗流场中的流体性质，如黏度、气体偏差因子、密度等参数影响，从而影响渗流场的压力和饱和度。

从上述分析可以看出，天然气水合物开采是一个多场相互耦合的复杂过程。从研究对象的角度来看，THMC 四个物理场中的渗流场、天然气水合物相变化学场主要是研究多孔介质中的流体行为，而固体变形场则是研究沉积物固相的力学行为，传热场则在流体和固体中同时发生，如图 2.13 所示。因此，THMC 过程的本质是一个流固耦合问题。流体和

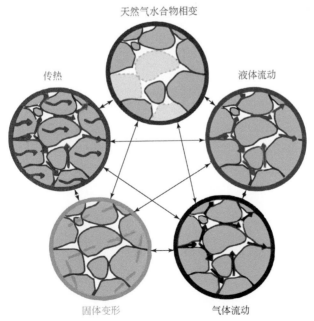

图 2.13　天然气水合物开采过程中的流固耦合行为（De La Fuente et al.，2019）

固体不同的本构关系使得两者表现出完全不同的物理行为，需要根据流体和固体性质建立相应的数学模型，同时还要考虑流体和固体之间的耦合特征，在此基础上实现天然气水合物开采多场耦合行为的预测和分析。

第二节　天然气水合物开采仿真模拟与实验测试技术

准确获得海洋天然气水合物试采目标区储层的物性参数是精确评价天然气水合物矿体、编制试采地质设计和工程设计的前提条件，而摸清含天然气水合物储层传质传热规律、阐明试采过程流体和泥砂产出特征是评价天然气水合物开采工程地质稳定性、设计降压产气调控方案的重要依据。然而，受限于海洋天然气水合物高昂的勘查成本和有限的野外测试手段，现场调查难以获得反映试采区储层物性的全部参数，因此对含天然气水合物储层多物理场演化机理的深入研究也需要更加有效的手段。仿真模拟和实验测试是系统开展天然气水合物试采技术攻关不可或缺的重要技术。

本节将重点介绍海洋天然气水合物开采多尺度、多参量仿真模拟与实验测试平台，重点阐述天然气水合物钻采工艺的室内仿真模拟技术，以及覆盖宏-微观天然气水合物分布与动态聚散过程的探测方法。基于上述研究平台和技术方法，给出南海天然气水合物试采目标区储层的主要物性参数测量结果，进而刻画出声、电、力、热、渗等多物理场演化规律。

一、构建天然气水合物开采仿真模拟与实验测试平台

天然气水合物开采仿真模拟与实验测试平台的重要特征之一是其可以实现宏-微观系列尺度下的天然气水合物仿真模拟和实验测试。在孔隙尺度上，配备了激光拉曼、固体核磁共振、扫描电镜、X-CT技术和低场核磁等联用的天然气水合物实验测试装置；在岩心尺度上，配备了天然气水合物储层声、电、力、热、渗等多物理场实验测试装置。

（一）孔隙尺度天然气水合物分析测试

天然气水合物是由气体分子和水分子在适合的温度压力环境下形成的笼形化合物，目前已知的结构类型有Ⅰ型、Ⅱ型和H型三种。已发现的海洋天然气水合物除甲烷外，均含有微量其他气体。如南大西洋和挪威海的天然气水合物分析结果显示，它们属于Ⅰ型天然气水合物，以甲烷为主要成分，含有 CO_2 和 H_2S；Cascadia 的天然气水合物样品中则存在H型结构。可以看出，由于自然环境中成藏条件的复杂性，天然气水合物结构多样。现已探明我国南海海域广泛发育的天然气水合物，其在海底以孔隙充填或裂隙充填等多种形式赋存，而确定天然气水合物结构类型、气体成分、微观分布模式及动力学过程是明确其稳定性特征，制定开采工艺的前提条件。

1. 天然气水合物激光拉曼分析测试技术

激光拉曼光谱是探测分子内、分子间结构变化的重要手段，在天然气水合物分析测试中可以提供天然气水合物结构、组分、孔穴占有率和天然气水合物指数等基础信息。此

外，利用激光拉曼还可研究天然气水合物生成和分解的动态过程（刘昌岭等，2013）。

　　甲烷等气体进入天然气水合物晶格中不同大小的孔穴后，气体分子与水分子间产生相互作用力。孔穴小，分子间作用力大，拉曼峰的位移也越大。另外，拉曼光谱强度和分子数量成正比，不同类型的天然气水合物笼形结构中包含的孔穴种类和数量不同，因此可以通过拉曼谱峰的位置和强度分析测量天然气水合物类型、天然气水合指数及天然气水合物的孔穴占有率。图 2.14 是甲烷分子分别在气、液、固（水合物）三相中 C—H 键的拉曼光谱图，可以看出，在天然气水合物中由于存在大小不同的两个孔穴，C—H 键呈现两个峰，从拉曼峰强度可判断 I 型天然气水合物的大孔穴在 2904.8cm^{-1} 处对应一个峰，小孔穴在 2915cm^{-1} 处对应另一个峰；II 型天然气水合物的大孔穴在 2903.9cm^{-1} 处对应一个峰，小孔穴在 2913.9cm^{-1} 处对应另一个峰。

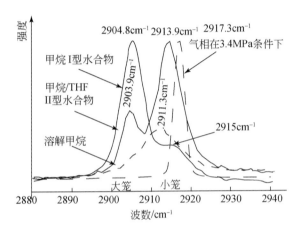

图 2.14　甲烷分子在气、液、固不同状态中呈现的拉曼光谱特征

　　通过高压毛细管装置和可控温冷热台实现低温高压环境，激光拉曼光谱可原位测试水合物的生成与分解过程，能够从分子尺度提供天然气水合物微观动力学信息（刘昌岭等，2011）。以合成过程为例，图 2.15 显示了甲烷水合物生成的高压毛细管的显微照片以及该过程中的拉曼光谱随甲烷水合物生成的变化特征。

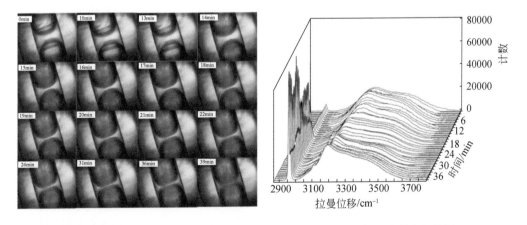

图 2.15　高压毛细管中甲烷水合物生成过程的显微照片和拉曼光谱演变特征

可以看出，甲烷水合物开始形成时，高压毛细管中气液界面发生明显变化，两个弯月形界面处出现絮状物，随着时间延长，甲烷水合物结晶逐渐增多并向溶液中间扩散，最终填满毛细管。拉曼光谱图像与此过程对应良好，甲烷水合物生成开始时，溶解态甲烷分子的 C—H 键逐渐由单峰变为双峰，并且向低波数迁移，强度迅速变大。实验表明，拉曼光谱可以准确捕捉到甲烷水合物大小笼的出现与消亡，揭示生成与分解过程的微观细节，为进一步探索天然气水合物动力学过程提供了有利方法。

2. 天然气水合物固体核磁共振分析测试技术

固体核磁共振技术通过研究原子核周围不同局域环境的中短程相互作用，获得固体物质的结构信息，这是一种重要的微观结构和动力学分析手段。其对不同结构类型天然气水合物中客体分子所处的化学环境及动力学过程具有高灵敏度，在天然气水合物测试中具有突出的优势，能够测量天然气水合物结构类型、化学组成、笼占有率等参数（孟庆国等，2011）。

天然气水合物实验对固体核磁共振测试温度要求很高，通常需对仪器进行改造。样品旋转所需的载气和驱动气均由液氮气化提供，气化后经液氮交换器降温再吹入磁体内腔，配合仪器自带控温模块实现恒温环境。相应地，固体核磁共振探头必须适应低温环境，通常要求探头的工作温度区间为 163 ~ 293K。此外，选择合适的磁场非常重要，磁场强度直接影响测试灵敏度、分辨率和化学位移的各向异性。推荐的天然气水合物测试条件：主磁场强度 7.05T，^{13}C 核磁共振频率 75.5MHz；7mm 魔角旋转宽腔高分辨率探头，转速 3kHz；高功率质子去偶脉冲，脉冲长度 1.5μs，脉冲延迟 10s。

对天然气水合物的结构及组分分析时，通常将实验获得的谱图中客体分子 ^{13}C 信号的化学位移和已知结构类型的天然气水合物样品核磁谱线进行比对。填充在天然气水合物不同笼中的客体分子 ^{13}C 都具有相应的核磁共振化学位移，以 I 型甲烷水合物为例，甲烷气体 ^{13}C 只有一条谱线（δ-10.2），而在甲烷水合物中则分裂成两个峰，分别为 δ-6.6 和 δ-4.3。表 2.1 给出了不同结构天然气水合物常见的 ^{13}C 核磁共振化学位移。

表 2.1 不同结构天然气水合物中烷烃 ^{13}C 核磁共振化学位移

组分	结构 I 型 sI		结构 II 型 sII		结构 H 型 sH		
	$5^{12}6^2$	5^{12}	$5^{12}6^4$	5^{12}	$5^{12}6^8$	$4^35^66^3$	5^{12}
甲烷	-6.6	-4.3	-8.2	-4.4		-4.5	-4.9
乙烷	7.7		6.1				
丙烷			16.7，17.5				
异丁烷			23.5，26.3				
正丁烷			13.7，25.8				

^{13}C 核磁共振不仅能够测定天然气水合物结构特征，还可进行生成与分解动力学过程研究，掌握其笼型结构的动态变化，从而提供天然气水合物微观动力学特征信息（刘昌岭等，2012a）。图 2.16 展示了氙气水合物生成过程的固体核磁监测图谱，该过程中氙气水合物在冰粒表面成核生长，大小笼的谱峰强度之比在反应起始阶段接近 1，而在平衡阶段为

3~4，反映出水合物成核结晶与快速生长过程的区别。

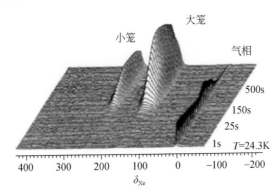

图 2.16　核磁共振测量的氙气在冰粉中生成氙气水合物（243K，58Pa）

3. 天然气水合物低场核磁共振分析测试技术

低场核磁共振与传统的固体核磁共振具有相似的测试原理，但是低场核磁共振在测量的灵活性、时间成本和测试对象多样性方面有更多优势。低场核磁共振是获得含天然气水合物沉积物孔隙半径、天然气水合物饱和度的有效手段，并可进一步预测渗透率及比表面积变化，其结果可为含天然气水合物沉积物物性参数（力学、声学、电学）响应规律研究提供基础依据。

样品的低场核磁共振横向弛豫时间谱可反映孔隙大小的分布规律，而横向弛豫时间是通过样品的表面弛豫率计算得出。研究表明，表面弛豫率与温度和静水压力相关性不高，主要受沉积物的矿物学属性控制。而天然气水合物与沉积物颗粒不同的接触形式直接影响孔隙内的固液相接触面。为获得天然气水合物合成或分解过程中表面弛豫率的演化规律，研究需要结合 X-CT 技术标定沉积物和天然气水合物的颗粒比表面积（Liu et al.，2021）。

图 2.17 给出 5 种不同含氙气水合物沉积物的孔隙形态及其对应的低场核磁表面弛豫率。可以看出，水合物包裹颗粒时，水-气-水合物接触面积完全替代水-石英-砂面积；水合物填充悬浮于颗粒间时，接触面积累加于水-石英-砂面积；水合物与颗粒接触且存在毛细作用时，在孔隙半径不变的情况下，水-气-水合物接触面积始终与水-石英-砂面积相等；水合物与颗粒接触且不受毛细作用时，水-气-水合物接触面积部分替代水-石英-砂面积。

天然气水合物降压开采效率的主控因素之一是储层渗透率，可通过饱和度与低场核磁共振测定的表面弛豫率、横向弛豫时间计算得到（Zhang et al.，2021a）。图 2.18 给出了不同天然气水合物饱和度下的渗透率变化数据，其中黄色点代表表面弛豫率为经验模型（表面弛豫率为 1）时的渗透率，红色点表示实测表面弛豫率所对应的渗透率。

对比可知，表面弛豫率取值对粗砂中的团簇状天然气水合物的渗透率计算结果影响较小；但对于孔隙充填型天然气水合物，必须引入天然气水合物引起的表面弛豫率变化因素。否则，随着天然气水合物饱和度升高，模型计算的饱和水渗透率将被严重低估。

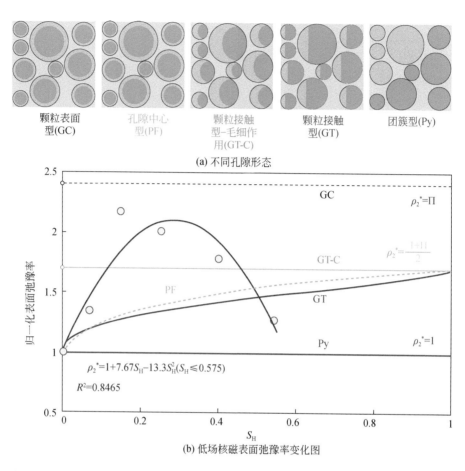

(a) 不同孔隙形态

(b) 低场核磁表面弛豫率变化图

图 2.17　氙气水合物不同填充类型和天然气水合物饱和度下的低场核磁表面弛豫率变化图

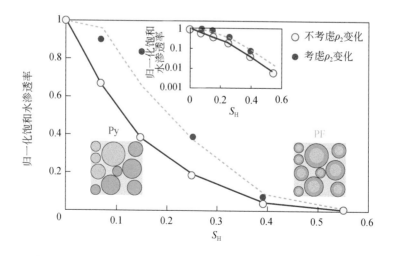

图 2.18　不同天然气水合物饱和度下归一化饱和水渗透率变化规律

4. 天然气水合物低温扫描电镜分析测试技术

扫描电镜具有高分辨率、高景深（0.1～1mm）等优势，可以对天然气水合物样品进行微观特征分析，如天然气水合物晶粒的生长与孔隙结构，表面形貌与晶粒接触关系等，可为天然气水合物成藏特征、物理性质等研究提供依据。天然气水合物分析测试用的扫描电镜需加装冷冻传输系统，包括前处理室和冷热台。另外，还可通过锂漂移硅探头液氮制冷能谱仪，鉴定样品成分（Sun et al., 2020）。

人工合成或实地获取的天然气水合物样品，在取样或运输转移过程中使用液氮保存，因此会有冰粒掺杂在天然气水合物中。由于甲烷水合物和冰在微观形貌上具有很高的相似性，因此在扫描电镜下对甲烷水合物和冰进行准确分辨是决定测试准确性的关键。

图2.19展示了低温扫描电镜观察到的甲烷水合物表面形貌。首先要对甲烷水合物与冰粒进行区别。在真空条件和电子束作用下，冰的表面比较稳定，短时间内不会发生明显变化（图2.19A）；甲烷水合物会部分分解，表面呈现微孔形貌（微孔大小为200～400nm）（图2.19D）。

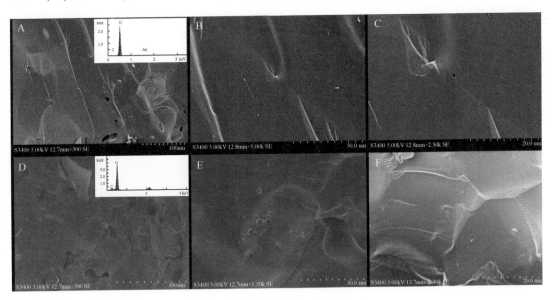

图2.19 甲烷水合物表面形貌特征

其中A、B、C为同一样品位置不同放大倍数（×300、×1000、×2500）时冰的表面形貌，D、E、F为同一样品位置甲烷水合物刚开始进样观测时不同放大倍数（×500、×1500、×2300）的表面形貌，此时甲烷水合物与冰形貌相似，表面均为致密光滑

图中D、E、F为甲烷水合物样品在−190℃条件下同一位置不同放大倍数的表面微观形貌。在进样后的第一时间进行观察，甲烷水合物表面比较致密光滑，D中显示的较大孔隙可能是生成过程中残留的甲烷气泡形成的。随着观测时间的延长（20分钟左右），甲烷水合物表面出现大量微孔，真空状态下的甲烷水合物样品在电子束作用下表面会部分分解，甲烷水合物的客体分子挥发，使原本光滑的表面表现出多孔形貌特征，其孔隙大小为200～400nm。

　　低温扫描电镜也可直接观测甲烷水合物在沉积物中的分布形态。图 2.20 展示了粒径为 0.15～0.55mm 的石英砂中甲烷水合物生成状态，可以看出合成甲烷水合物后，石英砂表面不再光滑，甲烷水合物在石英砂颗粒表面和孔隙中聚集，将石英砂颗粒胶结在一起。甲烷水合物区域中存在大小为 60～80μm 的孔隙，可能为甲烷水合物生成过程中甲烷扩散的通道。

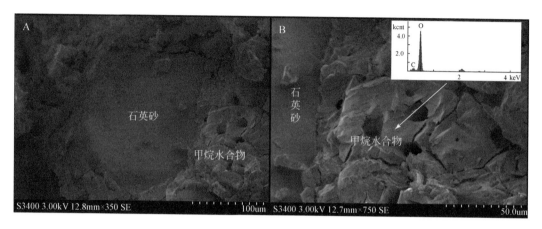

图 2.20　石英砂中甲烷水合物赋存形貌

5. 天然气水合物 X-CT 技术

　　X-CT 技术通过对含天然气水合物样品所成的二维和三维图像数据进行测试分析，达到直观、无损地观察样品内部结构，实时记录各组分形态变化并进一步计算孔隙度、饱和度、渗透率等参数，是研究天然气水合物形成分解微观行为的重要手段之一。在天然气水合物研究中，由于沉积物、游离气、天然气水合物和水等物质对 X 射线吸收系数差异，各组分密度与含量不同，在 X-CT 扫描图像中以不同灰度显示。通过计算机对灰度信息进行处理，即可获取直观的二维、三维图像数据。

　　在使用 X-CT 分析含天然气水合物沉积物（气、水、天然气水合物、砂）对应的灰度区间时（图 2.21），自由气体和砂分别较为清晰地呈现黑色和白色。但是，由于天然气水合物和纯净水密度相近，X-CT 扫描的灰度较难区分。为了解决该关键难点，经过实验测试和总结，提出两种辅助手段精细刻画 X-CT 扫描图像中的天然气水合物和自由水。一是使用高密度的盐水代替纯净水，这在海洋天然气水合物样品分析中是非常有利的；二是在测试釜中预置入已合成好的天然气水合物作为参比物，用其 X-CT 灰度测试值对未知区域的样品进行标定。上述手段在实际测试过程中取得了良好的效果。但需要指出的是，微纳米级 CT 仍存在不能摆脱不规则接触面的图像噪声影响，无法讨论砂颗粒表面粗糙度对天然气水合物颗粒附着发育的影响（张巍等，2016）。

　　在建立灰度图像分析处理技术的基础上，可以实现对天然气水合物饱和度及分布模式的研究。天然气水合物在沉积物孔隙中通常有三种微观分布模式：悬浮、接触和胶结［图 2.22（a）］。但相同饱和度下，X-CT 观察的实际情况与理想模型并非完全一致。如图 2.22（b）所示，在没有甲烷游离气的情况下，天然气水合物三种接触模式演化所对

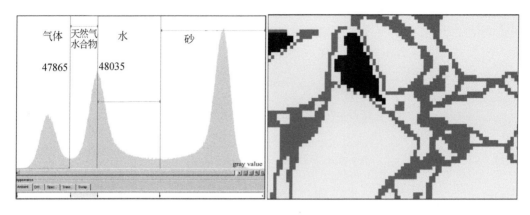

图 2.21 含天然气水合物样品的灰度分布和四组分物质的二维图像

黄色为水合物，黑色为气体，白色为砂，灰色为天然气水合物

应的临界饱和度分别是 14% 悬浮、35% 接触、51% 胶结；而如果孔隙中有甲烷游离气 [图 2.22 (c)]，天然气水合物首先围绕游离气表面生长，然后与沉积物颗粒接触。该条件下天然气水合物不经过悬浮状态，直接从接触逐渐演变为胶结。

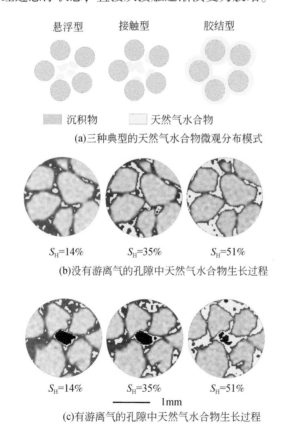

悬浮型　接触型　胶结型

沉积物　天然气水合物

(a)三种典型的天然气水合物微观分布模式

$S_H=14\%$　$S_H=35\%$　$S_H=51\%$

(b)没有游离气的孔隙中天然气水合物生长过程

$S_H=14\%$　$S_H=35\%$　$S_H=51\%$

1mm

(c)有游离气的孔隙中天然气水合物生长过程

图 2.22 天然气水合物在沉积物孔隙中的微观分布模式

　　孔隙度、孔隙大小和孔隙分布等沉积物结构特征随着天然气水合物的形成分解而变化，这些特征决定多孔介质的渗透率进而控制着天然气水合物分布模式和生成分解动力学过程。图 2.23 展示了各组分的 X-CT 三维图像，可以看出测试开始阶段孔隙中存在甲烷气泡［图 2.23（a）绿色］；自由水在孔隙和吼道中填充［图 2.23（b）红色］；黄色的天然气水合物在孔隙中呈非均匀分布［图 2.23（c）黄色］。可以看出，孔隙网络中仍然存在相互连通的通道，这对估算沉积物渗透率是很有帮助的信息［图 2.23（d）］。

(a)甲烷气泡　　　　　　　　　　　　　　　　(b)自由水

(c)天然气水合物　　　　　　　　　　　　　　(d)通道

——————— 1mm

图 2.23　含天然气水合物沉积物样品 CT 三维图像

（二）岩心尺度的天然气水合物物性参数模拟实验技术

　　以声学、电学、力学、渗透率等为代表的岩心物性参数对天然气水合物有良好的指示作用，不仅是勘查阶段确定天然气水合物矿体位置、估算饱和度的必要参数，更是精细刻画储层特征，制定开采详细设计的主要依据。开展岩心尺度的天然气水合物物性参数模拟实验是高效、准确、直接获取天然气水合物岩心物性参数，建立天然气水合物饱和度、赋存形式等耦合关系的重要手段之一。

1. 含天然气水合物沉积物声学模拟实验技术

天然气水合物的形成和分布对沉积层纵横波速度的影响机制是开展天然气水合物资源勘探和评价研究的基础。层状分布是自然界中天然气水合物储层的主要形式之一，因此地震波层速度可更准确地反映天然气水合物矿体特征。目前关于天然气水合物储层声学特性的模拟实验大都采用一维模型装置，而单一层位数据的叠加难以阐明天然气水合物对沉积物速度剖面的影响，为此青岛海洋地质研究所专门研发了一套获取含天然气水合物沉积物不同层位纵横波速度和饱和度数据的实验装置（卜庆涛等，2017）。

该系统通过 4 对纵横波一体化弯曲元声学换能器进行层速度采集，4 对双棒型时域反射探针进行不同层位天然气水合物饱和度计算。同时为进一步判断高压反应釜中天然气水合物生成分解过程，样品内部 4 个层位共布置 16 只 Pt100 温度探针。实验测试中横波频率 20kHz、纵波频率 40kHz。测量方式为交叉透射法，每个探头发射的信号由对面 4 个探头同时接收，每次测量共获取 16 个波形。

图 2.24 展示了一组甲烷水合物合成实验中纵横波速度与天然气水合物饱和度的对应

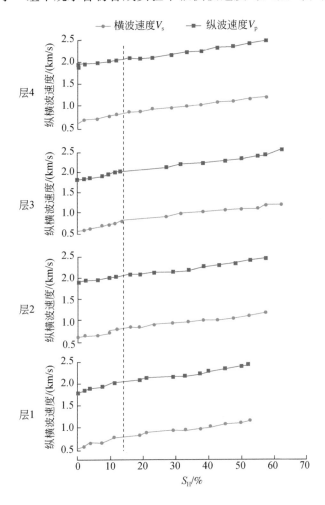

图 2.24　甲烷水合物生成过程纵横波速度与天然气水合物饱和度关系图

关系，储层分别由 0.15~0.30mm 和 0.30~0.60mm 两种粒度的沉积物交叠组成。可以看出，随着天然气水合物生成、孔隙水减少，储层的体积模量和剪切模量增加，造成纵横波速度变大，储层原先因粒度差异产生的声速差别逐渐消失。进一步证明天然气水合物填充是影响储层声速变化的最主要因素。当天然气水合物饱和度小于15%时，纵横波速度增长较快；大于15%时，纵横波速度随天然气水合物饱和度平稳增加。

利用层析成像技术可获得天然气水合物实验过程声学速度剖面结构图。超声层析成像技术是 Radon 变换和逆变换。成像过程包括数据的预处理、正演和反演。正演模型使用射线追踪构建传播路径矩阵和走时，之后利用正演结果反推和联合迭代重建算法完成反演成像。本装置发射探头与接收探头距离300mm，相邻每组探头垂直距离65mm，可据此构建260mm×300mm 的矩形模型。划分出 4×4 个单元格和 4×4 条射线，最终得到 16×16 的射线路径矩阵。图2.25为天然气水合物生成过程纵横波速度剖面，可以看出图中 3、4 层声速最高，反映该层位天然气水合物含量更高。天然气水合物生成前因层间粒度差异有明显的声速差，而随着天然气水合物逐渐填充，声波速度差异消失，进一步验证了天然气水合物是控制储层声速的重要因素之一。

在野外勘探过程中，由上而下经过非天然气水合物储层、天然气水合物稳定带、下部游离气等不同位置时，纵横波速度会产生明显波动。V_P/V_S 的变化特征比单一纵波或横波速度变化更加明显，可以利用此特征描述天然气水合物储层（卜庆涛等，2020）。V_P/V_S 变化受多种因素影响：一方面是天然气水合物生成和微观赋存模式，另一方面是含天然气

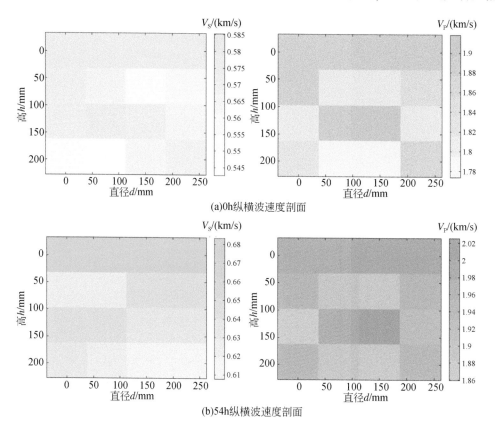

(a)0h纵横波速度剖面

(b)54h纵横波速度剖面

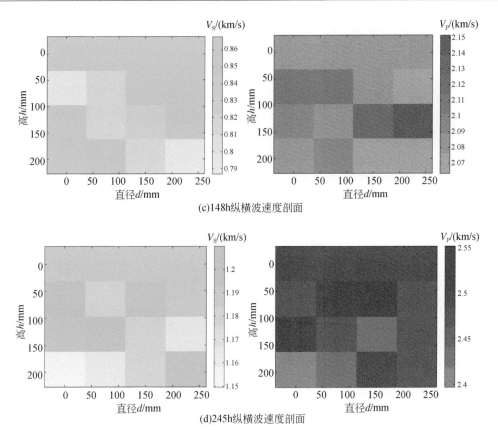

图 2.25 天然气水合物生成过程纵横波速度剖面

水合物沉积物刚性。如图 2.26 所示,极地冻土区 Mallik 5L-38 井的 V_P/V_S 与天然气水合物饱和度 S_H 的线性关系是: $V_P/V_S = 2.6783 - 0.76S_H$。而本实验获得的数据并不完全符合经

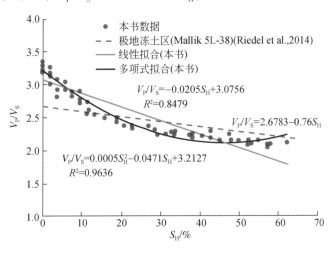

图 2.26 V_P/V_S 与天然气水合物饱和度关系图

验公式，可见若天然气水合物饱和度小于15%，实测V_p/V_s比公式计算值高；饱和度大于15%，两者较为接近。实验数据多项式拟合所得到的公式为$V_p/V_s = 0.0005S_H^2 - 0.0471S_H + 3.2127$，该公式可较好地体现纵横波变化与饱和度的关系，并进行饱和度估算。

2. 含天然气水合物沉积物电阻率模拟实验技术

电阻率测井是海洋天然气水合物勘查和试采矿体刻画的重要参数，可以用来直接确定储层深度，计算天然气水合物饱和度等。研究表明，甲烷水合物生成分解过程中电阻率的变化是排盐效应、孔隙含水量和孔隙填充方式等多种影响因素共同作用的结果。目前，天然气水合物电阻率测试技术主要是基于宏观尺度，利用不同的电阻率传感器测量整个体系电阻率的变化；实验过程中天然气水合物饱和度也是通过气体消耗量计算的平均饱和度，难以精确刻画电阻率传感器探测范围内的天然气水合物电阻率与饱和度、分布模式间的关系（孙海亮等，2019）。为此，一套电阻率与CT扫描联合测量的模拟实验被提出。

该装置具备X射线穿透式反应釜，内部电阻率探针为6环式设计，电极环自上而下均匀分布。通过多通路继电器对激励信号与测量信号通道切换，实现不同电极对之间循环测试，从而测量沉积物不同层位的电阻率数据。CT扫描设备则可在天然气水合物模拟实验过程中实时扫描电极周围沉积物的变化，从微观尺度提供研究电阻率响应变化的主控因素。此外，CT扫描数据借助VG Studio Max等三维分析软件进行处理，可测算电阻率测量区域沉积物中天然气水合物的饱和度（陈国旗等，2020）。

图2.27展示了甲烷水合物生成过程中不同层位电阻率与甲烷水合物饱和度间的相关关系。上、中、下三个层位的甲烷水合物饱和度分别是27.5%、30.72%、25.36%，依据电阻率变化趋势可将整个反应过程分为三个阶段。在甲烷水合物生成前期，随着饱和度增加电阻率并无明显变化；进入大量生成阶段后，各层位电阻率随着饱和度的增加而迅速增加；水合物生成实验后期，中层电阻率依然较快增长，原因是中层沉积物的孔隙中既有足量的自由水，也有与上部气源较为通畅的接触通道，实验后期仍可保证水合物快速合成。而上、下两层电阻率增幅放缓，表明水合物新生成量逐渐变小。

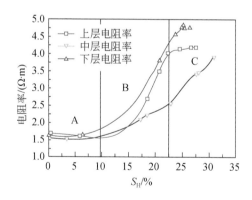

图2.27　不同层位甲烷水合物生成过程中甲烷水合物饱和度与电阻率相关关系

上述实验结果可知，天然气水合物填充方式随饱和度不同而变化，最终影响体系电阻率。将CT扫描获得的电极周围孔隙微观分布特征与电阻率曲线结合（图2.28），能够更直观地阐明含天然气水合物沉积物的电阻率变化特征。以上层电阻率变化为例，CT 截取了饱和度分别为 5.92%、18.46%、22.34%、27.50% 时刻的孔隙特征。

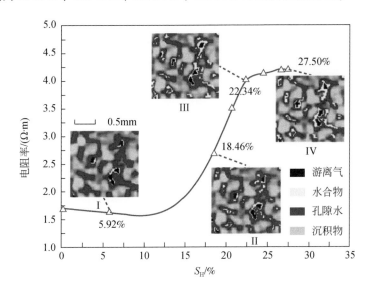

图 2.28　高压反应釜中上层沉积物电阻率与含天然气水合物沉积物孔隙分布特征的关系

在天然气水合物生成初期，天然气水合物饱和度从 0 增大到 10%，电阻率由 $1.69\Omega \cdot m$ 降至 $1.58\Omega \cdot m$，随着天然气水合物饱和度的升高，电阻率略有下降，结合 CT 图像分析其原因为天然气水合物生长初期以接触分布模式为主。天然气水合物在游离气周围沿着沉积物表面生长，生成量较少，且在远离沉积物表面的孔隙水中几乎没有天然气水合物生成，该阶段天然气水合物的填充对孔隙水连通截面阻碍作用较小。

在天然气水合物生长中期，天然气水合物饱和度由 10% 增大到 22%，电阻率由 $1.58\Omega \cdot m$ 增大到 $3.92\Omega \cdot m$，增大了约 1.5 倍，随天然气水合物饱和度的升高，电阻率快速增大。该阶段天然气水合物分布为接触与悬浮共存的分布模式，天然气水合物开始在远离沉积物表面的孔隙水中大量生成，该阶段新生成的天然气水合物以悬浮分布模式为主，对孔隙水连通截面阻碍作用较大，天然气水合物的填充作用成为影响电阻率变化的主要因素。

在天然气水合物生成的后期，天然气水合物饱和度从 20% 增大到 27.50%，电阻率由 $3.92\Omega \cdot m$ 增大到 $4.20\Omega \cdot m$，电阻率随天然气水合物饱和度的升高而增大的趋势逐渐变缓。原因在于天然气水合物在孔隙中继续生成的过程中体积逐渐变大，孔隙水中悬浮的天然气水合物聚集在一起，又与沉积物表面接触，此时孔隙中中期悬浮分布模式的天然气水合物完成向接触分布模式的转变，同时孔隙水中也有新生成的悬浮分布模式的天然气水合物，该阶段天然气水合物分布仍为接触与悬浮共存的分布模式。

3. 含天然气水合物沉积物力学参数模拟实验技术

含天然气水合物沉积物具有胶结差、强度低的特性（李彦龙等，2016；Dong et al.，2019）。天然气水合物开采过程中，由于温压场改变使得天然气水合物发生分解，引起储层强度及应力状态的改变，引起储层出砂、井壁坍塌、地层沉降及滑坡等工程问题，严重制约天然气水合物的安全高效开发。因此，准确评价和预测天然气水合物储层的力学参数（抗剪强度、弹性模量、内聚力、内摩擦角、泊松比等），揭示含天然气水合物沉积物的强度及其在开采过程中的变形规律，可以有效提高天然气水合物开采过程中工程问题预测的准确性，为天然气水合物的安全高效开采提供保障。

国内外研究人员对天然气水合物储层力学参数室内试验、本构模型及数值模拟等方法进行了深入的研究。目前主要的试验测试手段包括人工合成试验和室内三轴剪切试验及直剪试验，其中低温高压三轴剪切试验是应用最广泛的方式。通过室内试验研究可知，含天然气水合物沉积物的强度随天然气水合物饱和度的增大而增大，天然气水合物分解会导致沉积物强度降低；含天然气水合物沉积物的力学性质受到温度、围压、加载速率、沉积物性质、制样方法及测试方法等因素的影响。对于含天然气水合物沉积物强度参数的评价及预测则主要集中在建立力学参数计算模型和本构模型，包括邓肯–张模型、临界状态模型及损伤模型等，进而结合数值模拟对天然气水合物储层的力学响应特征进行分析。

从储层工程力学参数实验测试的角度，低温高压三轴剪切试验是获取含天然气水合物沉积物的力学参数最有效的途径之一。目前国内外研究人员对含天然气水合物沉积物力学特性进行了大量研究，在试样制备方法、饱和度测试技术、试验温压条件控制、剪切速率控制等方面取得了很大进步，并且对沉积物的力学参数、变形特性进行了深入分析。但在试验方法标准化、主控因素定量化、试验数据横向对比等方面，仍有大量的工作需要进一步探讨。

除此之外，直剪试验是测定含天然气水合物沉积物的抗剪强度的一种常用方法，在描述沉积物大变形条件下含天然气水合物沉积物的变形破坏规律方面适应性更强。目前，研究人员通过直剪试验对含天然气水合物砂沉积物及黏土沉积物进行了测试，结果表明含天然气水合物沉积物的力学性质受到沉积物类型的影响，剪切强度及内聚力随天然气水合物饱和度增加明显增大。直剪试验中沉积物力学特性受到法向应力影响显著，相较于三轴剪切试验沉积物的应力状态发生了改变。

深入理解天然气水合物与沉积物在剪切过程中的相互作用微观机理对于含天然气水合物沉积物的力学行为及破坏机制的研究非常重要。CT-三轴剪切试验将微观可视化与宏观力学测试相结合，能够实现可控条件下含天然气水合物沉积物的力学测试及孔隙尺度微观观测。对含天然气水合物沉积物进行孔隙尺度的观测将显著提高对沉积物在应力条件下的力学行为的理解，包括天然气水合物与沉积物颗粒的相互物理作用、体积变形以及破坏区域剪切带的发育，并且能够进一步分析沉积物变形特征与天然气水合物饱和度、天然气水合物孔隙结构特征和天然气水合物分布模式的关系，如图 2.29 所示。

此外，将室内试验与离散元、有限元等数值模拟方法相结合，综合物理试验与数值模拟结果深入分析含天然气水合物沉积物变形特性及破坏机制，这是解决目前技术问题的有效途径。

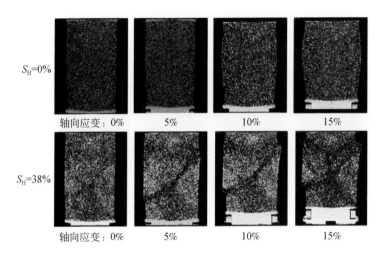

$S_H=0\%$
轴向应变: 0% 5% 10% 15%

$S_H=38\%$
轴向应变: 0% 5% 10% 15%

图 2.29 含天然气水合物沉积物剪切过程中的结构特征

4. 含天然气水合物沉积物渗透率测试技术

天然气水合物开采对流传热效率和孔隙压力消散速度受多相渗流的影响。含天然气水合物沉积物绝对渗透率和孔隙流体各相对渗透率是研究多相渗流作用的关键参数，对天然气水合物储层开采评价、产能预测和方案设计具有重要的参考价值。

目前沉积物渗透率测试方法主要分为两类：稳态法和瞬态压力脉冲法。恒定流速或恒定压差的渗透率稳态测量法通常需要较长的平衡时间，难以在富含细颗粒沉积物和高饱和度天然气水合物样品中实现，且长时间渗流极易导致孔隙流体内二次生成天然气水合物，因此该方法具有明显的局限性。瞬态压力脉冲法基于被测样品两端压差随时间衰减的关系确定渗透率，测量时不需要达到稳定渗流状态，特别适用于粉细砂、粉土和黏土等渗透性较差的样品（Liu et al.，2017）。

我国南海神狐海域天然气水合物饱和度为26%~48%，储层由陆源碎屑矿物、黏土矿物和生物碳酸盐组成，粒度分析结果表明粉砂大于70%，黏土为15%~30%，砂质成分小于10%。该类样品应使用瞬态压力脉冲法进行测试。

实验研究了含不同饱和度二氧化碳水合物海砂沉积物的渗透率变化特征。二氧化碳水合物从30%分解至0%的过程中进行了6组渗透率测量，每组重复测量3次。以水合物饱和度22.45%为例，压力随时间呈指数衰减，取对数后 $\ln\dfrac{\Delta p(t)}{\Delta p_0}$ 与时间 t 呈线性关系，如图2.30所示。对实验数据进行线性拟合，可计算出该条件下渗透率为 $3.27\times10^{-3}\,\mu m^2$。

表2.2给出含不同饱和度二氧化碳水合物海砂沉积物的渗透率测量结果。值得注意的是，饱和度30.1%时渗透率三次测量的标准差高达12.2%，远高于低饱和度的标准差，且测量耗时最长。其原因是首次测量是沉积物上下游首次受到300kPa的压力冲击，对孔隙吼道结构的影响最大，部分孔隙吼道被打通后，造成后续测量结果偏大。因此，含二氧化碳水合物海砂沉积物渗透率测量应尽量选取较小的压力差，此时脉冲压力对孔隙吼道的结构影响最小（张宏源等，2018）。

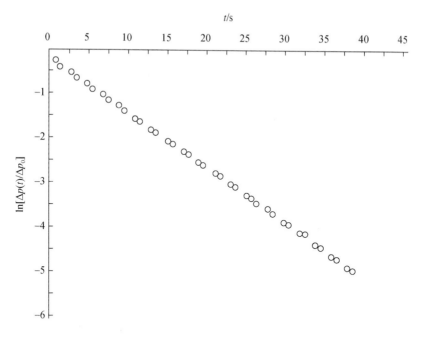

图 2.30　二氧化碳水合物饱和度 22.45% 时压差衰减数据

表 2.2　含不同饱和度二氧化碳水合物海砂沉积物渗透率测量结果

| 含水量 /% | 水合物饱和度 /% | 第一次 | | 第二次 | | 第三次 | | 平均渗透率 /($\times 10^{-3} \mu m^2$) | 无量纲渗透率 | 标准差 | 平均耗时 /s |
		拟合相关系数	渗透率 /($\times 10^{-3} \mu m^2$)	拟合相关系数	渗透率 /($\times 10^{-3} \mu m^2$)	拟合相关系数	渗透率 /($\times 10^{-3} \mu m^2$)				
38.9	0	0.950	35.2	0.969	36.5	0.980	35.6	35.8	1	0.53	4
36.6	6	0.994	11.3	0.996	11.3	0.997	10.3	11.0	0.31	0.44	12
34.8	10.6	0.998	5.80	0.998	5.61	0.998	5.53	5.65	0.16	0.11	21
33.0	15.1	0.999	3.86	0.999	3.96	0.998	3.80	3.87	0.11	0.07	33
30.2	22.5	0.999	3.27	0.999	3.17	0.998	3.11	3.18	0.09	0.07	38
27.2	30.1	0.996	2.31	0.996	2.71	0.998	2.87	2.63	0.07	0.24	75

从实验结果可以看出，随着饱和度升高，沉积物渗透率呈指数形式下降；二氧化碳水合物饱和度从 0 增至 10% 的过程中，沉积物渗透率下降了 85%，随后渗透率的下降速率变缓。

5. 含天然气水合物沉积物工程地质参数评价技术

天然气水合物试采区储层工程力学参数是钻井设计、开采施工设计的基础，在目前天然气水合物勘查、试采没有完全一体化的情况下，钻探测井航次和工程地质调查航次是分别开展的，因此有必要建立一种既能够获得储层天然气水合物分布特征，又能连续测量储层工程力学参数的原位测试技术，降低海洋天然气水合物勘探开发成本，促进天然气水合物开发的工程-地质一体化发展。

　　静力触探是被广泛使用的沉积物工程力学参数原位测试方法,它是把一定规格的锥形探头依靠机械力匀速压入沉积物中,探头压入导致锥头周围土体和孔隙流体挤压,据此可以获得锥尖阻力、侧摩阻力和超孔隙压力。静力触探和十字板、三轴压缩等技术手段结合,即可获得纵向连续的工程力学参数。

　　在此背景下自主研发一套天然气水合物储层工程地质参数评价实验系统,具备的主要功能如下:通过多功能静力触探探头在模拟天然气水合物储层内贯入,获取侧摩阻力、锥尖阻力、孔隙压力和电阻率等参数,并实时拍摄贯入路径的影像;基于不同层位的十字板剪切数据,与静力触探参数对比,获取储层工程地质参数纵向分布规律;与二维电阻率层析成像系统配合,刻画储层中天然气水合物饱和度分布及其对力学参数的影响,揭示天然气水合物储层工程地质参数响应机理。

　　在该实验模拟系统内,使用南海神狐海域表层沉积物(粉砂质黏土)进行常压下贯入测试,并与实际井位的工程地质调查数据进行对比(图 2.31),其中锥尖阻力和侧摩阻力由现场工程静力触探调查获取,电阻率为文献资料。

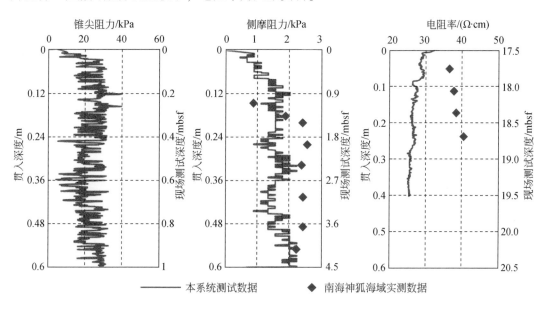

图 2.31　南海神狐海域表层沉积物静力触探测试结果

　　由图 2.31 可知,本系统对南海粉砂质黏土的测试数据与现场实测数据处于同一量级,具有可比性。室内获取的侧摩阻力和锥尖阻力与现场实测数据非常接近,但电阻率差异较大,原因可能是文献调研的现场电阻率为海底以下 17.5m 以深的数据,其压实程度、孔隙水特征与表层沉积物差异较大。

　　图 2.32 展示了不同深度十字板剪切强度数据。可以看出,反应釜内上层黏土强度约为 4kPa,中层强度略高,约为 7kPa,均处于未固结软黏土的合理强度范围内。下层沉积物数据波动很大,且趋势不明显。原因是静力触探测试结束后未重新装样,导致下层土体空洞内聚集孔隙水,使得下层土过饱和,呈现流动状态。

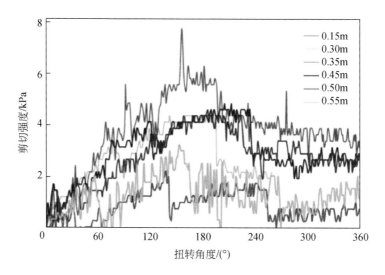

图 2.32　不同深度十字板剪切数据

二、试采目标区关键参数的精确测定

我国南海北部陆坡钻获的天然气水合物样品各具特色,神狐海域天然气水合物样品是典型的孔隙填充型水合物,肉眼不可见,天然气水合物储层砂的平均含量仅为 1.4%~4.24%,天然气水合物饱和度却高达 20%~48%;南海珠江口盆地东部海域钻获的天然气水合物样品,具有块状、脉状、结核状及分散状等多种产状类型,并且有埋藏浅、多层次等特点。对天然气水合物及其沉积物样品进行实验测试可直接提供有关天然气水合物及含天然气水合物矿体特性方面的信息(Liu et al., 2012)。

南海神狐海域钻孔位于大陆坡崎岖海底的脊部,水深 1200m 左右,钻获的含天然气水合物沉积物岩心样品编号分别为 HY-2 和 HY-3,天然气水合物肉眼不可见,是典型的分散型天然气水合物。珠江口盆地东部海域天然气水合物样品 HY-15,在沉积物中有多块肉眼可见的豆粒大的块体天然气水合物,埋深 71.13m;HY-19 样品属于肉眼不可见的分散型天然气水合物,埋深 200.94m(Liu et al., 2017)。

1. 天然气水合物形貌特征

采用低温扫描电镜(SEM)对 HY-3 和 HY-15 样品进行表面形貌特征观测。图 2.33(a)为低温下 HY-3 样品 SEM 图,可以看出含天然气水合物沉积物表面孔隙较少、相对致密、光滑,无法分辨天然气水合物和沉积物。图 2.33(b)为经升温过程 30min 左右(-40℃)后样品表面的 SEM 图,可以看出沉积物孔隙增加、表面粗糙,这是天然气水合物分解后露出沉积物本身形貌的原因,说明占据沉积物孔隙或微体古生物孔洞之间的物质为天然气水合物。能谱(EDS)分析结果显示,天然气水合物分解前样品中 C、O 的质量分数较高,表现为天然气水合物谱图特征;天然气水合物分解后,EDS 谱图显示 Si、Ca 质量分数较高,表现为沉积物谱图特征(Sun et al., 2020)。

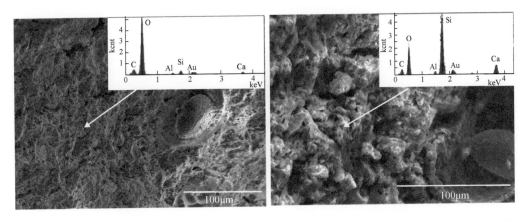

（a）天然气水合物存在时沉积物表面形貌　　　（b）经30min后天然气水合物升华时沉积物表面形貌

图2.33　HY-3样品天然气水合物分解前后表面相貌变化

图2.34显示了胶结在沉积物中的块状天然气水合物表面形貌，天然气水合物与沉积物边缘清晰。天然气水合物表面比沉积物表面光滑并存在大量独立的气泡状大孔隙，占体积的5%~15%，这些孔通常为圆形，直径大约几微米至几十微米。将天然气水合物放大至1500倍，天然气水合物表面较光滑，放大2500倍时可以看出随观察时间延长及电子束作用，天然气水合物挥发表面会出现纳米级多孔状，而冰则保持稳定，表面不随时间延长发生变化。

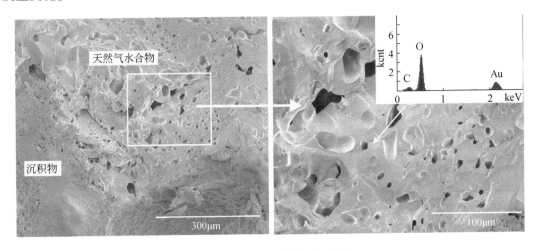

图2.34　HY-15样品表面形貌

2. 天然气水合物微观分布特征

利用X-CT对南海神狐海域HY-3样品进行观测，图2.35为HY-3样品中天然气水合物分布特征。图中黑线框内是不同大小的微生物壳体，可以很清楚地看到，在微生物壳体中有自由气体，天然气水合物多为结核状分布。因此，这些微生物壳体不仅充当了沉积物的粗砂组分，而且因其本身所具有的多孔结构而增大了沉积物孔隙空间，从而为天然气水合物富集提供了有利的生长环境和便利的储集空间。X-CT 观测的结果表明，神狐海域天然气水合物饱和度与沉积物中微生物壳体含量呈正相关（Li et al., 2019a）。

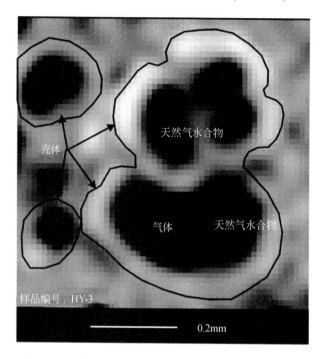

图 2.35　神狐海域 HY-3 样品中天然气水合物分布特征

3. 天然气水合物晶体结构分析

图 2.36 是激光拉曼测量的天然气水合物样品信息，甲烷气体（5MPa）只有一个峰在 2916cm⁻¹处，表示甲烷分子 C—H 键的对称伸缩。而在天然气水合物笼型结构中，该峰分裂为两个峰，分别为 2900cm⁻¹ 和 2912cm⁻¹，这种分裂主要由形成笼子的水分子的静电场扰

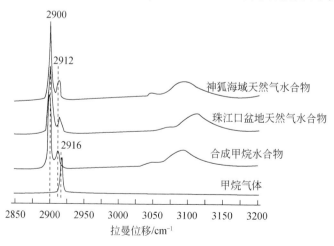

图 2.36　南海神狐海域天然气水合物、珠江口盆地天然气水合物、合成甲烷水合物及
甲烷气体在 2850～3200cm⁻¹ 的拉曼光谱图

动引起的，前者代表甲烷分子在大笼的频率，后者为甲烷分子在小笼的频率。另外，天然气水合物可清楚地看到 O—H 键（结合水）的伸缩振动峰，在 3100cm⁻¹附近，这也是鉴定是否为天然气水合物的重要标志。南海天然气水合物与合成的甲烷水合物的拉曼谱图十分相似，且大、小笼的拉曼强度比基本为 3∶1，故可判断南海北部陆坡的神狐海域、珠江口盆地的天然气水合物为Ⅰ型天然气水合物（Liu et al.，2017）。

由于 XRD 测试需要有一定量的纯水合物，神狐海域天然气水合物是分散型的，难以分离出足够量的天然气水合物进行 XRD 测试。因此，仅对珠江口盆地天然气水合物样品（HY15）进行了测试。图 2.37 为南海珠江口盆地天然气水合物样品的 XRD 谱图，可以清楚地看到天然气水合物峰，由于不是纯的天然气水合物，还含有冰峰、文石和石英峰等。基于这些 XRD 数据可计算出南海珠江口盆地天然气水合物的单位晶格参数为 11.9338Å，空间群为 $Pm3n$ ，是典型的Ⅰ型天然气水合物。

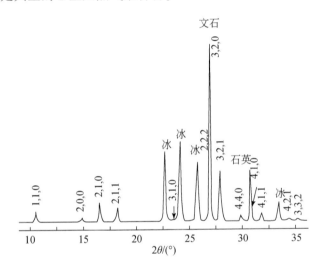

图 2.37　南海珠江口盆地天然气水合物 XRD 谱图

第三节　天然气水合物试采地质–工程一体化调控技术

一、储层刻画与目标优选技术

（一）基于井震联合的天然气水合物储层精细刻画技术

基于井资料约束的储层波阻抗反演技术是天然气水合物储层预测的关键内容，是实现储层预测从定性到定量、从地震资料预测到井震联合预测的巨大进步。天然气水合物储层预测的总体思路是：井点充分利用测井资料纵向分辨率高的特点精确刻画储层发育特征，井间充分利用地震资料横向分辨率高的特点预测储层空间展布，通过井震储层精细标定和反演参数试验确定适当的反演方法和参数，并通过验证井抽查检验对反演结果进行自检和质控，获取符合地质规律和认识的波阻抗反演结果，为天然气水合物矿体雕刻、资源量计算、孔隙度和饱和度反演工作奠定良好的基础。

1. 储层精细标定

井震精细标定是反演工作的关键环节，不仅是井、震关系的纽带，而且与储层预测结果的准确性密切相关，反演子波的提取和选择关系到储层标定的效果。储层精细标定分三步进行：首先采用初始雷克子波进行初步粗标定，针对海底、天然气水合物层顶、底界面等几个全区标志层进行标定，标定结果与前期时深标定保持一致；在初步标定的基础上，利用井旁地震道和井曲线提取最佳统计子波，用该子波重新制作合成地震记录，不断修正时深关系，使合成地震记录与井旁道地震达到最佳匹配；通过各井最佳子波提取和分析，最终确定工区综合子波，对目的层位进行标定。

在合成记录标定过程中，重点考虑如下几个关键问题。

（1）标志层的标定，海底强振幅反射和天然气水合物段顶面强振幅反射是整个研究区内的两套地震标志层，在制作合成地震记录时，以该两套标志层为依据，不断修正子波形态，使合成地震记录与井旁地震道的匹配关系一致，以保证合成记录与井旁地震道达到最佳匹配。

（2）在合成记录标定过程中，充分考虑整体波阻特征的协调性，使地震合成记录和井旁地震道整体上匹配合理。

（3）在单井标定的基础上，通过多井联合标定和连井线合成记录对比，最终确定各地层界面在地震剖面上的反射位置，完成标定。

从多井标定结果显示，天然气水合物段在测井曲线上表现为高电阻率、低声波时差、高波阻抗，地震剖面上表现为强反射特征，海底泥面和天然气水合物层顶面两个标志层强振幅反射特征明显（图2.38）；天然气水合物底界面发射特征在各井中不同，部分井显示为强振幅波谷特征，其他井中则显示为低振幅波谷特征或零相位，不同的反射特征与天然气水合物厚度和储层物性有关。

2. 天然气水合物层波阻抗反演

常用的反演方法主要有测井约束模型反演、约束稀疏脉冲反演和地质统计学反演。每种反演方法都有其优缺点及适用性。测井约束模型反演适用于井较多且构造、沉积、储层横向变化不大的情况。在天然气水合物储层厚度及电性特征纵、横方向变化都比较大的情况下不适合用该方法。约束稀疏脉冲反演方法的优势是忠实于地震信息，模型的建立只是作为空间的约束，同时补充地震缺失的低频信息，适用于井数适中、井资料平面分布相对均匀、储层纵横向变化大、储层分布地震反射特征明显、储层与非储层阻抗差异大的情况。地质统计学反演方法是近年兴起的一种比较新的储层反演方法，主要针对纵向上储层厚度较薄、横向上相变剧烈的地质情况，其最主要的特点是能利用大量井资料提高储层纵向分辨率。该方法适用于井数较多、对沉积特征和储层展布规律研究较为深入的地区，反演结果受地层模型的约束明显。

在建立合理的低频模型和提取高质量子波的基础上，选择合适的约束条件和质量控制参数进行约束稀疏脉冲波阻抗反演。在约束稀疏脉冲波阻抗反演过程中加入了多口井的波阻抗趋势硬约束、地质构造框架模型及地震数据软约束，软约束主要控制横向变化，测井

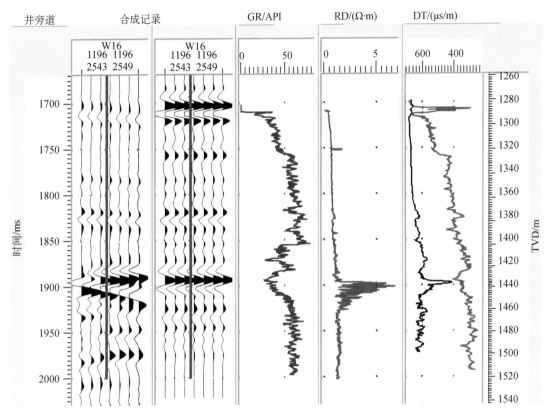

图 2.38 合成地震记录

资料硬约束控制纵向变化。

图 2.39 为连井反演波阻抗与地震波形叠合剖面图，颜色图为波阻抗反演结果，波形图为地震反射波形剖面，蓝色曲线为电阻率，白色曲线为波阻抗曲线。纵向上天然气水合物的地震波阻抗反演结果与实钻资料相吻合，横向上天然气水合物的分布沿着地震资料强反射分布，与井震标定结果和认识一致。

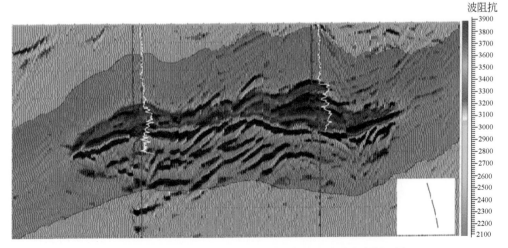

图 2.39 过 W17-W11 井反演波阻抗与地震波形叠合剖面图

3. 孔隙度反演

孔隙度是资源量计算的重要参数，通常采用从井点孔隙度平均值出发绘制孔隙度平面图为计算资源量的孔隙度参数，但这种方法对井点数值依赖性强，计算误差较大；储层反演技术为提高井间预测能力、降低误差、得到孔隙度体数据提供了可能。利用波阻抗曲线与测井解释孔隙度进行拟合，可以得到两者的拟合关系，如果拟合关系良好，则可以直接利用波阻抗反演结果求取孔隙度数据体。

对测井解释孔隙度与波阻抗曲线进行交会分析，显示出两者具有较好的拟合关系（图中红色圈中为天然气水合物段数值），表明用波阻抗直接计算孔隙度具有较高的可靠性（图2.40）。

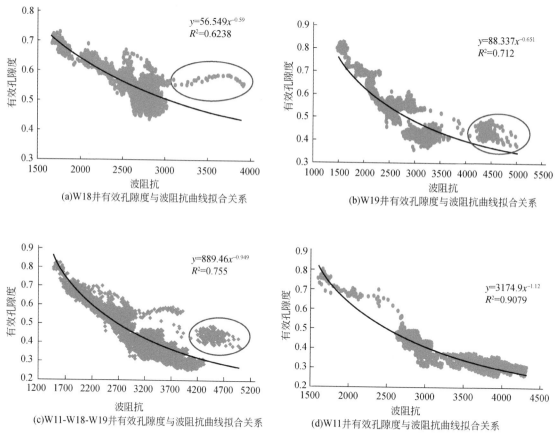

图 2.40　测井解释孔隙度与波阻抗曲线交会图

4. 饱和度反演

天然气水合物饱和度是天然气水合物资源量计算的另一个关键参数，但针对天然气水合物饱和度的测井解释难度较大，缺乏成熟的解释方法技术，目前的解释技术主要借鉴常规油气解释方法。因此，饱和度测井解释结果需要充分利用取心分析资料和孔隙水分析化验淡化饱和度进行检验和调整，才能得到相对真实的天然气水合物饱和度解释结果。

将测井解释天然气水合物饱和度与波阻抗曲线数据进行交会分析,发现两者关系发散,相关性较差(图2.41)。因此,如果直接通过波阻抗反演体预测天然气水合物饱和度,误差比较大,会直接影响对天然气水合物资源量估算结果。

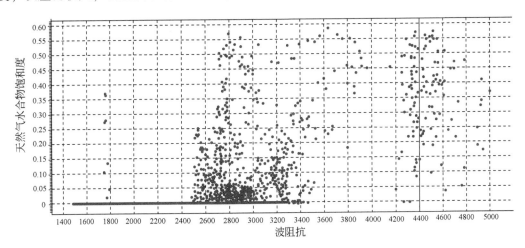

图2.41　天然气水合物饱和度与波阻抗曲线交会图

采用测井解释天然气水合物饱和度与电阻率曲线进行交会分析,得到较好的拟合结果,表明两者相关性较高(图2.42)。因此,天然气水合物饱和度的反演首先采用电阻率曲线进行曲线重构,重构一条拟声波曲线,再利用拟声波反演结果进行饱和度空间展布预测。利用拟声波反演得到的拟阻抗曲线与天然气水合物饱和度拟合,得到了较好的拟合结果(图2.43),表明可以用拟波阻抗反演预测天然气水合物饱和度。

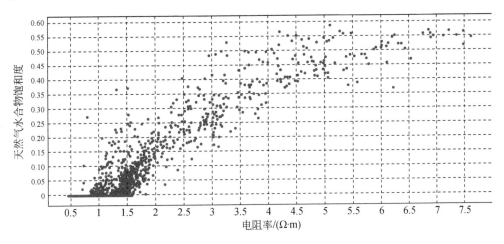

图2.42　天然气水合物饱和度与电阻率曲线关系图

(二) 基于模糊综合评判的天然气水合物开采目标评价优选技术

天然气水合物开采过程是一个复杂的系统工程,优选试采目标是天然气水合物开采取

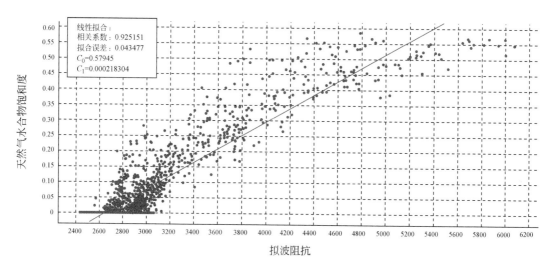

图 2.43　天然气水合物饱和度与拟波阻抗关系图

得成功的重要前提。天然气水合物开采的影响因素众多，确定合适的试采目标需要综合考虑地质因素和工程因素。在天然气水合物储层精细刻画获得的基础参数的基础上，基于模糊综合评价的方法从地质条件和工程条件两个方面对天然气水合物试采目标开展定量化的评价和分析。

地质条件方面，从我国南海神狐海域各站位天然气水合物矿体成藏产出特征着手，确定不同开采方法下，海洋天然气水合物藏开采潜力与储层各地质特征之间的相关关系。通过数值模拟研究，分析控制和影响海洋天然气水合物藏开发潜力的主要因素，确定地质影响指标权重。

工程条件方面，主要结合初选目标矿体工程地质调查、井场地球物理调查、洋流监测结果等资料，分析初选靶区试采施工的工程影响因素，评价试采区工程地质特征，揭示试采区海底地貌及浅层断层、滑坡体、洋流规律等特征，建立试采区土类型、强度参数、液化限、渗透系数、灵敏度、基桩承载力、浅层滑塌临界条件、储层稳定性、储层动态出砂临界压差等参数的评价方法体系，对比不同试采靶区在天然气水合物试采过程中可能存在的工程灾害风险，定量评价单一工程影响因素的有利值范围，建立试采区工程影响因素分析的模糊权重评价体系。

模糊综合评判方法能够较好地把各个影响参数利用统计和模糊处理，得到每个参数的试采优先级隶属度，建立评价模糊关系矩阵，进而得到一个模糊综合评判值，来定量筛选海洋天然气水合物试采目标区。

1. 模糊综合评判原理

模糊综合评判是模糊系统分析的基本分析方法之一，在科学评判、项目评审、预测与决策等方面有着广泛的应用，主要用于问题的评价和决策。

所谓综合评判，就是通过对多个相关因素的综合研究，对某一对象进行恰当地评判。一个事物往往需要多个指标刻画其本质与特征，并且人们对一个事物的评价又往往不是简单的好与坏，而是采用模糊语言分为不同程度的评语。对此可采用模糊综合评判模型加以表达。

在模糊系统分析中，有两种模糊综合评判模型，分别是主因素突出型和加权平均型。在海洋天然气水合物试采最优目标的研究中，选用加权平均型模糊综合评判模型进行评判预测。基本的模糊综合评判步骤如下。

1）建立因素集

因素集是以影响评判对象的各种因素为元素所组成的一个集合。对于海洋天然气水合物试采最优目标的研究，假定我们从 n 个方面（因素）来刻画，因素集可定义为

$$U = [u_1, u_2, \cdots, u_n] \tag{2.29}$$

式中：u_i 为各影响因素。

2）建立权重集

一般来说，各个影响因素 u_i 对所研究问题的影响程度是不同的，因此，对各影响因素要赋予相应的权重来表征，各因素权重的分配是因素集上的一个模糊子集 A_j：

$$A_j = [a_1, a_2, \cdots, a_n] \tag{2.30}$$

实际应用中，常要求 a_i 满足归一化条件和非负性条件，即

$$\sum a_i = 1; \quad a_i \geqslant 0 \quad (i = 1, 2, \cdots, n) \tag{2.31}$$

权重集 A 值是在考虑各指标所具有物理意义的重要性顺序后，根据各个指标对于评价影响的重要程度，利用层次分析法求得的，它是用一定的标度把人的主观判断进行客观定量化。

3）建立评语集

假设所有可能出现的评语有 m 个，如大、较大、中、较小、小等，那么评语集为 V：

$$V = [v_1, v_2, \cdots, v_m] \tag{2.32}$$

4）建立评价集

在综合评判过程中，评价集是待定的。由以下过程求得。

首先要进行单因素的评价。例如，因素集中的某一个因素为 u_i，那么其单因素评判结果为 V 上的模糊子集：

$$R_i = [r_{i1}, r_{i2}, \cdots, r_{im}] \quad (i = 1, 2, \cdots, n) \tag{2.33}$$

式中：R_i 为对 u_i 的单因素评价，是根据样品参数划分区间上的隶属度来表征。隶属度的确定是在对网络模拟结果统计的基础上，赋予各参数的隶属度。

多个单因素评价综合起来构成单因素评判矩阵：

$$R = \begin{bmatrix} R_1 \\ R_2 \\ \vdots \\ R_n \end{bmatrix} = \begin{bmatrix} r_{11} & r_{12} & \cdots & r_{1m} \\ r_{21} & r_{22} & \cdots & r_{2m} \\ \vdots & \vdots & & \vdots \\ r_{n1} & r_{n2} & \cdots & r_{nm} \end{bmatrix} \tag{2.34}$$

然后就可以根据权重集 A 和评判对象的单因素评判矩阵 R，得到对该评判对象的综合评判结果，为 m 元素的评价集：

$$B = A \cdot R \tag{2.35}$$

采用加权平均型模糊综合评判模型，即得评价结果 b_j：

$$b_j = \sum_{i=1}^{n} a_i r_{ij} \quad (j = 1, 2, \cdots, m) \tag{2.36}$$

2. 指标权重计算

指标权重计算是根据层次分析法计算各因素权重。所谓层次分析法，是指将一个复杂的多目标决策问题作为一个系统，将目标分解为多个目标或准则，进而分解为多指标（或准则、约束）的若干层次，通过定性指标模糊量化方法计算出层次单排序（权数）和总排序，以作为多目标（多指标）、多方案优化决策的系统方法。层次分析法是将决策问题按总目标、各层子目标、评价准则至具体的备择方案的顺序分解为不同的层次结构，然后用求解判断矩阵特征向量的方法，求得每一层次的各元素对上一层次某元素的优先权重，最后再用加权和的方法递阶归并各备择方案对总目标的最终权重，此最终权重最大者即为最优方案。这里所谓"优先权重"是一种相对的量度，它表明各备择方案在某一特点的评价准则或子目标，标下优越程度的相对量度，以及各子目标对上一层目标而言重要程度的相对量度。层次分析法比较适合于具有分层交错评价指标的目标系统，而且目标值又难于定量描述的决策问题。其用法是构造判断矩阵，求出其最大特征值，及其所对应的特征向量 $\boldsymbol{W}$，归一化后，即为某一层次指标对上一层次相关指标的相对重要性。

1）指标权重的计算步骤

步骤 1：建立层次结构模型。在深入分析实际问题的基础上，将有关的各个因素按照不同属性自上而下地分解成若干层次，同一层的诸因素从属于上层的因素或对上层因素有影响，同时又支配下层的因素或受到下层因素的作用。最上层为目标层，通常只有一个因素，最下层通常为方案或对象层，中间可以有一个或几个层次，通常为准则或指标层。当准则过多时（譬如多于 9 个）应进一步分解出子准则层。

步骤 2：构造成对比较阵。从层次结构模型的第 2 层开始，对于从属于（或影响）上一层每个因素的同一层诸因素，用成对比较法和 1-9 标度法构建成对比较阵，直到最下层。

步骤 3：计算权向量并做一致性检验。对于每一个成对比较阵计算最大特征根及对应特征向量，利用一致性指标、随机一致性指标和一致性比率做一致性检验。若检验通过，特征向量（归一化后）即为权向量；若不通过，需重新构建成对比较阵。

为了使判断定量化，一般引用 Saaty 提出的 1-9 标度法求取。1-9 标度法是根据一些客观事实和一定的科学依据而得到的，其含义见表 2.3。通过两两比较各因素相对于其上一层某因素的重要程度，依据 1-9 标度法表，即可形成判断矩阵 $\boldsymbol{P}$。

$$\boldsymbol{P} = \begin{bmatrix} C_{11} & C_{12} & \cdots & C_{1n} \\ C_{21} & C_{22} & \cdots & C_{2n} \\ \vdots & \vdots & & \vdots \\ C_{n1} & C_{n2} & \cdots & C_{nn} \end{bmatrix} = \begin{bmatrix} C_1/C_1 & C_1/C_2 & \cdots & C_1/C_n \\ C_2/C_1 & C_2/C_2 & \cdots & C_2/C_n \\ \vdots & \vdots & & \vdots \\ C_n/C_1 & C_n/C_2 & \cdots & C_n/C_n \end{bmatrix} = (p_{ij})_{n \times n} \tag{2.37}$$

式中：C_{ij} 为第 i 个因素与第 j 个因素相比的标度值，其满足：

$$C_{ii} = 1$$
$$C_{ji} = \frac{1}{C_{ij}} \quad (i,j = 1,2,\cdots,n) \tag{2.38}$$

表2.3　标度法标度表

标度	含义
1	表示两个因素相比，具有相同重要性
3	表示两个因素相比，一个比另一个稍微重要
5	表示两个因素相比，一个比另一个明显重要
7	表示两个因素相比，一个比另一个强烈重要
9	表示两个因素相比，一个比另一个极其重要
2、4、6、8	上述两相邻判断的中值
倒数	因素 i 与 j 比较得到的判断 w_{ij}，则因素 j 与 i 比较得到 $w_{ji} = 1/w_{ij}$

通过求解判断矩阵的最大特征根及对应的特征向量，确定各层因素权重及组合权重，并对各判断矩阵进行一致性检验。

最大特征向量及特征值的具体计算步骤如下。

（1）令判断矩阵 $\boldsymbol{P} = (p_{ij})_{n \times n}$，判断矩阵每一行元素的乘积 $M_i = \prod\limits_{j=1}^{n} p_{ij}$，$i = 1$, 2, $\cdots$, n。

（2）计算 M_i 的 n 次方根 $\overline{w_i}$，$\overline{w_i} = \sqrt[n]{M_i}$。

（3）对向量 $\boldsymbol{w} = [w_1, w_2, \cdots, w_n]^{\mathrm{T}}$ 归一化，即 $w_i = \dfrac{\overline{w_i}}{\sum\limits_{j=1}^{n} \overline{w_j}}$，则 $\boldsymbol{w} = [w_1, w_2, \cdots, w_n]^{\mathrm{T}}$ 为所求的特征向量。

（4）计算判断矩阵的最大特征根 $\lambda_{\max}$，$\lambda_{\max} = \sum\limits_{i=1}^{n} \dfrac{(pw)_i}{nw_i}$，式中 $(pw)_i$ 表示 pw 的第 i 个元素。

判断矩阵一致性检验步骤如下。

（1）定义 CI 为判断矩阵 $\boldsymbol{P}$ 的一致性指标，$\mathrm{CI} = \dfrac{\lambda_{\max} - n}{n-1}$，并引入随机一致性指标 RI（表2.4）。

（2）令 CR 为判断矩阵 $\boldsymbol{P}$ 的一致性比率，$\mathrm{CR} = \dfrac{\mathrm{CI}}{\mathrm{RI}}$，当 CR<0.1 时，认为判断矩阵具有满意的一致性，否则调整判断矩阵，使之具有满意的一致性。

（3）当 $n = 1$，2 时，RI=0，1；二阶的正反矩阵总是一致矩阵，无须判断。

表2.4　判断矩阵平均随机一致性指标 RI 的取值

n	1	2	3	4	5	6	7	8	9
RI	0	0	0.58	0.9	1.12	1.24	1.32	1.41	1.45

2）各因素组合权重和计算步骤

（1）计算各因素层判断矩阵特征向量 $w=[w_1, w_2, \cdots, w_n]^T$，即该层各因素相对于上一层的权重值。

（2）令上一层 m 个因素，其权重分别为 $a_1, a_2, \cdots, a_m$，本层 n 个因素 $A_1, A_2, \cdots, A_n$ 对于上层每个因素的相对权重为 $w_1^i, w_2^i, \cdots, w_n^i(i=1,2,\cdots,m)$。

（3）计算本层次每个因素的组合权重向量 W，向量值分别为 $\sum\limits_{i=1}^{m} a_i w_1^i$，$\sum\limits_{i=1}^{m} a_i w_2^i$，$\cdots$，$\sum\limits_{i=1}^{m} a_i w_n^i$。

3. 天然气水合物试采目标综合评价

根据在我国南海北部陆坡神狐海域实施的海洋天然气水合物钻探航次调查研究，四个典型站位的储层地质因素数据具体如下。

XX01 站位：平均渗透率为 $0.22\times10^{-3}\ \mu m^2$，平均有效孔隙度为 34.5%，平均天然气水合物饱和度为 22.9%，天然气水合物储层厚度为 78.36m，平均压力为 15.45MPa，平均温度为 14.73℃。工程因素方面：水深 1309.95m，海底坡度 4°，储层强度 180kPa，上覆层厚度 113m。

XX02 站位：平均渗透率为 $0.315\times10^{-3}\ \mu m^2$，平均有效孔隙度为 33.2%，平均天然气水合物饱和度为 19.4%，天然气水合物储层厚度为 43.13m，平均压力为 15.38MPa，平均温度为 14.4℃。工程因素方面：水深 1249.30m，海底坡度 3.2°，储层强度 170kPa，上覆层厚度 210m。

XX03 站位：平均渗透率为 $100\times10^{-3}\ \mu m^2$，平均有效孔隙度为 56.7%，平均天然气水合物饱和度为 30.5%，天然气水合物储层厚度为 11.56m，平均压力为 14.5MPa，平均温度为 11.22℃。工程因素方面：水深 1285.41m，海底坡度 3.8°，储层强度 160kPa，上覆层厚度 144m。

XX04 站位：平均渗透率为 $5.5\times10^{-3}\ \mu m^2$，平均有效孔隙度为 30%，平均天然气水合物饱和度为 46.2%，天然气水合物储层厚度为 17.59m，平均压力为 14.6MPa，平均温度为 9.7℃。工程因素方面：水深 1273.80m，海底坡度 1.6°，储层强度 200kPa，上覆层厚度 135m。

考虑影响海洋天然气水合物试采目标优选的主要影响因素，利用模糊综合评判法对试采目标区进行综合评价。

1）因素集和评语集的建立

天然气水合物试采目标综合评价的因素主要从工程因素和地质因素两个方面考虑，工程因素方面考虑的主要有水深、储层强度、海底坡度、上覆层厚度等一系列基于工程地质调查的参数。地质因素方面，主要考虑渗透率、孔隙度、天然气水合物饱和度、天然气水合物储层厚度、天然气水合物储层压力和温度（以下简称饱和度、储层厚度、储层压力、储层温度）六个因素。根据模糊综合评价的原理建立如下的指标体系（图2.44）。

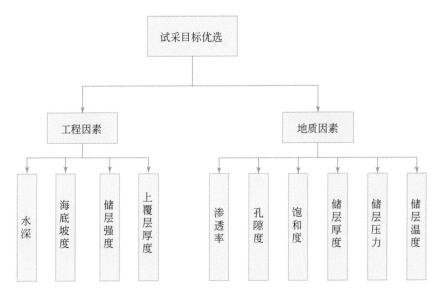

图 2.44 天然气水合物试采目标综合评价的指标体系

上述指标体系分为两个层次，主层次的因素为工程因素和地质因素两个因素，工程因素的子层次有水深、海底坡度、储层强度和上覆层厚度四个因素，地质因素的子层次有渗透率、孔隙度、饱和度、储层厚度、储层压力、储层温度六个因素。目标综合评价的过程是分别单独评价工程因素和地质因素这两个主层次下各因素的权重，再将主层次的两个因素进行权重计算，合并计算子层次的最终权重，然后与单因素评价矩阵计算得到最终的综合评价因子。

根据正交实验与 TOUGH+HYDRATE 数值模拟结果，得出海洋天然气水合物藏开采潜力的地质因素主要包括孔隙度、饱和度、渗透率、储层厚度、储层压力和储层温度。开采潜力的评价标准有绝对标准和相对标准两种，其中绝对标准包括天然气水合物试采阶段的天然气水合物分解速率、产气速率、天然气水合物累积分解气量、累积产气量、累积产水量等；相对标准仅有一个，即气水比，其物理意义是每单位产气体积下的产水量大小。研究过程中，选取累积产气量和气水比作为衡量天然气水合物试采目标站位优先推荐次序的关键评价标准，对于试采目标站位，累积产气量越高，优先级越高；气水比越低，即产水耗费及处理成本越低，经济效益越好，越适宜优先进行海洋天然气水合物的试采。

在海洋天然气水合物藏开采潜力具有显著影响的地质因素有六个，分别是孔隙度、饱和度、渗透率、储层厚度、储层压力和储层温度。TOUGH+HYDRATE 数值模拟结果表明，这六个地质因素对绝对标准和相对标准的影响次序有显著差异，对于累积产气量这一绝对标准，各储层地质因素的影响次序依次为：渗透率、孔隙度、饱和度、储层温度、储层压力、储层厚度；对于气水比这一相对标准，各储层地质因素的影响次序依次为：储层压力、渗透率、孔隙度、饱和度、储层厚度、储层温度。为综合评价天然气水合物试采目标区的优先推荐次序，建立各主要地质影响因素评判的因素集合，具体为

$$\boldsymbol{U} = [U_1, U_2, U_3, U_4, U_5, U_6] \qquad (2.39)$$

式中：U_1 为渗透率；U_2 为孔隙度；U_3 为饱和度；U_4 为储层厚度；U_5 为储层压力；U_6 为储层温度。

考虑每个地质参数的具体取值范围，结合各单因素的评判结果，又可以将其进一步细分如下。

渗透率（$\times 10^{-3} \mu m^2$）：$0 \sim 100$、$100 \sim 500$、>500；

孔隙度：$0 \sim 0.35$、$0.35 \sim 0.5$、>0.5；

饱和度：$0 \sim 0.3$、$0.3 \sim 0.5$、>0.5；

储层厚度（m）：$0 \sim 20$、$20 \sim 40$、>40；

储层压力（MPa）：$0 \sim 10$、$10 \sim 20$、>20；

储层温度（K）：$273.15 \sim 285$、$285 \sim 290$、>290。

结合矿场实际，将海洋天然气水合物藏开采潜力细分为三大类：好、中等、差。建立模糊综合评判的评语集：

$$\boldsymbol{V} = [好, 中等, 差] \qquad (2.40)$$

天然气水合物开采的工程因素主要影响施工过程，考虑的主要因素有水深、储层强度、海底坡度、上覆层厚度四个因素。建立工程因素这一子层的评价模型，因素集合为

$$\boldsymbol{U'} = [U'_1, U'_2, U'_3, U'_4] \qquad (2.41)$$

式中：U'_1 为水深；U'_2 为海底坡度；U'_3 为储层强度；U'_4 为上覆层厚度。

考虑每个工程因素的具体取值范围，结合各单因素的评判结果，将各因素进一步划分如下。

水深（m）：$0 \sim 300$、$300 \sim 500$、>500

海底坡度（°）：$0 \sim 3$、$3 \sim 5$、>5

储层强度（kPa）：$0 \sim 60$、$60 \sim 180$、>180

上覆层厚度（m）：$0 \sim 10$、$100 \sim 200$、>200

结合施工难易程度，将海洋天然气水合物藏分为三大类：好、中等、差。建立工程因素层的模糊综合评判评语集：

$$\boldsymbol{V'} = [好, 中等, 差] \qquad (2.42)$$

2）各影响因素隶属度的求取

直井开采数值模拟分析得出的结果表明：中等孔隙度对累积产气效果最佳，高孔隙度次之，低孔隙度更次之；渗透率与累积产气量之间正相关；饱和度的影响与孔隙度影响类似，即中等饱和度效果较好；天然气水合物层中等厚度效果较差（详见第四章）；利用产能与地质参数的影响曲线（图 2.45），将各影响因素的具体值进行归一化。渗透率对累积产气量影响是单调递增，可以直接根据评语集定义的参数范围对渗透率参数进行归一化，获得其隶属度；而饱和度参数对产能的影响非单调函数，则从影响曲线上读取饱和度对应的累积产气量，并用累积产气量的最大值进行归一化。

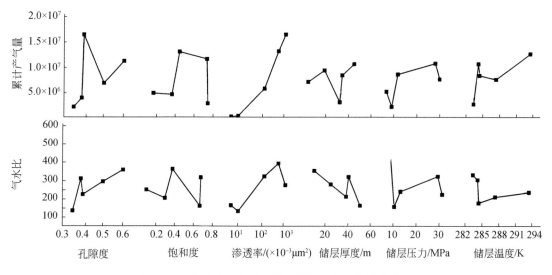

图 2.45　各地质因素对不同评价标准的平均影响关系

根据各站位的基础参数计算得到各站位的孔隙度、渗透率、饱和度、储层厚度、储层温度、储层压力的单因素评价矩阵为

$$\boldsymbol{R} = \begin{bmatrix} 0.3020 & 0.2920 & 0.6680 & 0.2820 \\ 0.0001 & 0.0002 & 0.0500 & 0.0027 \\ 0.2100 & 0.2000 & 0.2100 & 0.8200 \\ 0.7836 & 0.4313 & 0.1156 & 0.1759 \\ 0.7365 & 0.7200 & 0.5610 & 0.4850 \\ 0.7725 & 0.7690 & 0.7250 & 0.7300 \end{bmatrix} \qquad (2.43)$$

从施工情况来看，水深越大，越不利于施工，故水深对开采影响为负相关；海底坡度越小越有利于施工，故海底坡度与开采难易程度呈负相关；储层强度和上覆层厚度越大越有利于施工，故储层强度和上覆层厚度与开采难易程度呈正相关。根据工程参数与开采难易程度的相关关系，以简单的单调线性进行隶属度的计算，根据各站位的参数得到工程参数的隶属度矩阵如下：

$$\boldsymbol{R}' = \begin{bmatrix} 0.3450 & 0.3754 & 0.3573 & 0.3631 \\ 0.6000 & 0.6800 & 0.6200 & 0.8400 \\ 0.6000 & 0.5667 & 0.5333 & 0.6667 \\ 0.2260 & 0.4200 & 0.2880 & 0.2700 \end{bmatrix} \qquad (2.44)$$

3）各影响因素的权重计算

分别对各影响因素进行统计，进而根据层析分析法确定各地质因素的权重。值得注意的是，对于海洋天然气水合物藏，首先需确定其开采潜力的评价标准，然后在绝对标准或相对标准条件下对各地质因素在不同分布区间上影响开采潜力的重要次序进行分析。根据单因素评价结果，结合各因素对海洋天然气水合物藏开采潜力评价绝对标准或相对标准的影响，将各影响因素两两比较判断，得到其相对重要程度的比较标度。建立判断矩阵，依据 1-9 标度法，分别计算以累积产气量和气水比作为评价标准下各因素的权重集。表 2.5 和表 2.6 分别为以累积产气量和气水比作为评价标准时的各因素判断矩阵分布。

表 2.5　以累积产气量为评价标准时的天然气水合物层各地质因素判断矩阵表

影响因素	渗透率	孔隙度	饱和度	储层厚度	储层压力	储层温度	权重
渗透率	1	2	4	7	6	5	0.4091
孔隙度	1/2	1	3	6	5	4	0.2800
饱和度	1/4	1/3	1	4	3	2	0.1323
储层厚度	1/7	1/6	1/4	1	1/2	1/3	0.0376
储层压力	1/6	1/5	1/3	2	1	1/2	0.0554
储层温度	1/5	1/4	1/2	3	2	1	0.0855

表 2.6　以气水比为评价标准时的天然气水合物层各地质因素判断矩阵表

影响因素	渗透率	孔隙度	饱和度	储层厚度	储层压力	储层温度	权重
渗透率	1	3	4	5	1/3	6	0.2539
孔隙度	1/3	1	3	4	1/4	5	0.1496
饱和度	1/4	1/3	1	3	1/5	4	0.0877
储层厚度	1/5	1/4	1/3	1	1/6	3	0.0517
储层压力	3	4	5	6	1	7	0.4257
储层温度	1/6	1/5	1/4	1/3	1/7	1	0.0315

因为工程因素的主观因素较多，会根据技术水平的发展而呈现不同的权重结果。以文献搜集报道的结果作为权重判断的依据，得到工程因素判断矩阵表（表 2.7）。

表 2.7　工程因素权重计算判断矩阵表

影响因素	水深	海底坡度	储层强度	上覆层厚度	权重
水深	1	1/7	1/3	1/3	0.0641
海底坡度	7	1	5	3	0.577
储层强度	3	1/5	1	1/3	0.1207
上覆层厚度	3	1/3	3	1	0.2375

计算结果表明，以累积产气量作为海洋天然气水合物藏开采潜力绝对标准，各地质影响因素的权重集 A_1 = [0.4091，0.2800，0.1323，0.0376，0.0554，0.0855]，经一致性检验 CR = 0.0267<0.1，判断矩阵 A_2 满足一致性指标要求。以气水比作为海洋天然气水合物藏开采潜力相对标准，各影响因素的权重集 A_2 = [0.2539，0.1496，0.0877，0.0517，

0.4257，0.0315]，经一致性检验 CR=0.0754<0.1，判断矩阵 A_2 满足一致性指标要求。

工程因素的权重集为 A_3=[0.0641，0.577，0.1207，0.2375]，经过一致性检验 CR=0.014<0.1，判断矩阵 A_3 满足一致性指标要求。

上述过程分别确定了工程因素和地质因素两个主因素的次因素的权重，该权重最终作用到目标层还需要将工程因素和地质因素进行层次分析，获取这两个因素的权重集，见表 2.8。在现阶段，工程因素和地质因素对目标的选择影响程度一样。

表 2.8　工程因素和地质因素两个主权重判断矩阵表

影响因素	工程因素	地质因素	权重
工程因素	1	1	0.5
地质因素	1	1	0.5

最终工程因素和地质因素的子因素权重需要分别乘以主因素的权重获得最终的权重，见表 2.9。

表 2.9　最终权重计算结果

主因素	主因素权重	子因素	子因素权重	最终权重
地质因素	0.5	渗透率	0.2539	0.12695
		孔隙度	0.1496	0.0748
		饱和度	0.0877	0.04385
		储层厚度	0.0517	0.02585
		储层压力	0.4257	0.21285
		储层温度	0.0315	0.01575
工程因素	0.5	水深	0.0641	0.03205
		海底坡度	0.577	0.2885
		储层强度	0.1207	0.06035
		上覆层厚度	0.2375	0.11875

4. 综合评价

利用权重和单因素评价矩阵计算各站位的综合评价因子，综合考虑地质因素和工程因素条件下得到的评判结果矩阵 B=[0.232，0.18，0.217，0.212]。从绝对值上看，前述 4 个典型站位所属海洋天然气水合物藏的生产潜力均一般。从相对值来看，对于以上 4 个典型站位，应优先推荐 XX01 作为天然气水合物试采的目标站位。

二、降压调控技术

（一）水合物试采地质-工程一体化调控的内涵

海洋天然气水合物储层特殊的埋深和非成岩特征决定了天然气水合物开采必然和地

质、工程风险相伴相生。因此天然气水合物开采的降压调控不仅需要考虑产能的需求，更需要考虑产能因素与工程地质风险因素的匹配关系。

根据海洋天然气水合物的基本赋存特征，国际上通常将天然气水合物储层划分为渗漏型和扩散型两类。由于扩散型天然气水合物开采面临的技术门槛和环境风险均低于渗漏型天然气水合物，因此扩散型天然气水合物成为国际天然气水合物试采的优选目标。根据地层中天然气水合物赋存沉积物与邻近地层的关系及开采难易程度，Moridis 和 Collett（2003，2004）将扩散型天然气水合物分为三类，即由含天然气水合物沉积物和下伏薄层游离气组成的Ⅰ类储层，由含天然气水合物沉积物和下伏水层组成的Ⅱ类储层，由单一含天然气水合物沉积物构成的Ⅲ类储层。因此，无论是天然气水合物储层中的固态天然气水合物本身，还是处于同一体系下的水溶气或伴生游离气，都属于天然气水合物藏中非常规能源的有机组成。

以往研究以天然气水合物藏中占主体地位的固态天然气水合物为主要研究对象，基于天然气水合物稳定存在的热力学条件，提出了降压法、热激法、抑制剂注入法等以打破天然气水合物稳定存在相平衡条件的开采概念模式（图 2.46）。但实际上，上述降压法、热激法、抑制剂注入法等仅为基于天然气水合物相边界的"天然气水合物分解"方法，无法从系统的角度解决作为地层非常规能源开采的关键控制问题。对于实现天然气水合物开采而言，上述"天然气水合物分解"方法是促使天然气水合物开采的基础，但是目前尚无统一的天然气水合物开采理论，需要将上述天然气水合物分解方法与整个天然气水合物生产系统有机结合。已有的天然气水合物试采工程均证明，直接针对天然气水合物储层的开采方法（无论是降压法还是热激法或二氧化碳–甲烷置换法），不仅在工程实时调控上难度大，而且会因为各种工程问题被迫终止。

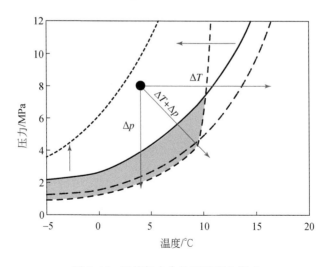

图 2.46　天然气水合物开采概念模式

无论属于哪一类天然气水合物系统，天然气水合物藏中必然存在天然气水合物本身、水、水溶气（或游离态气体）三相共存状态。以通常所述的降压法为例，如果直接对天然气水合物储层进行降压，则面临分解面小、产能低的限制，且井壁处优先分解可能导致井筒完整性破坏。如果转变生产思路，使井筒降压过程不直接作用于天然气水合物储层，而在天然气水合物下伏游离态气层或者天然气水合物底界面处进行一定的储层改造，在该界面处优先形成向地层深部延伸的高渗通道，通过控制该区域的温度场和压力场变化，使天然气水合物储层下部的游离态气体或水溶气优先产出，使与其上部相邻的固态天然气水合物实时发生分解并形成自上而下的渗流场，实现常规降压法开采中径向渗流场向双线性渗流场的转化，不仅有利于增大天然气水合物分解阵面，而且有助于缓解直接对天然气水合物储层进行分解开采带来的一系列工程问题和地质风险。

因此，对于Ⅰ类天然气水合物系统而言，降压调控的最优选择是：避开直接对天然气水合物储层操作的难度，不直接对天然气水合物储层进行降压操作，而是始终控制天然气水合物储层相邻的下部高渗通道中的温度场、压力场变化，控制由高渗通道向井筒的流动过程，通过控制高渗通道中温压场的变化，间接反馈到高渗通道顶界处天然气水合物-气-水相转化界面，实现天然气水合物-气-水相的转化，开采井抽取的气体始终为高渗通道中的水溶气和游离气，而在此过程中上部天然气水合物分解气不断向下运移转化为游离气或水溶气。通过上述温压场的传递，实际井筒控制过程中无须关注固态天然气水合物层天然气水合物分解的具体细节过程，使井筒控制过程难度大大降低，实现泥质粉砂型天然气水合物藏的持续安全开采。

因此，海洋天然气水合物地质-工程一体化调控的关键是储层压力场、温度场的控制，通过压力场、温度场的控制实现地层流场的控制和天然气水合物-气-水相转化过程的控制，并尽可能减缓地层泥砂运移堵塞概率，防止地层失稳等。总之对于Ⅰ类、Ⅱ类天然气水合物储层，一体化调控的基本过程是直接对下伏游离气层或水溶气层进行作业措施，通过下伏游离气的产出控制实现上部天然气水合物-气-水的转化控制；对于Ⅲ类天然气水合物储层而言，建议首先通过对天然气水合物储层下部地层的改造，人为"造出"一条高渗水溶气通道，然后按照Ⅰ类、Ⅱ类天然气水合物储层的控制方法进行开采。

(二) 泥质粉砂型天然气水合物开采调控的影响因素

海洋天然气水合物开采地质-工程一体化调控的核心是将整个天然气水合物开采过程作为一个整体的系统来考虑，其具体的实现过程以降压为主，可辅助加入热激法等具体的技术手段。因此，基于一体化调控思想开采天然气水合物的关键在于井底生产制度，即降压方案的制定。

由于天然气水合物开采过程必然涉及储层、井筒和井口平台的系统性变化，因此降压方案的制定必须基于系统工程的理念，综合考虑多方面的工程、地质影响因素。具体而言，影响天然气水合物降压方案制定的影响因素主要包括：地质因素、工程因素两方面。具体包括产能需求、试采周期需求、产水量需求、泥砂产出临界条件限制、井壁完整性需求、储层稳定性需求、举升系统耐砂能力的限制、井筒天然气流动保障的限制、平台泥砂处理能力的限制、井口沉降量的限制等。

(1) 产能需求：对于天然气水合物试采井而言，为了达到测试地层产气能力的目标，也为了后续产业化进程中地层综合产气能力评估或政策制定，必须要求单井产量达到一定的值。在不考虑其他因素影响的条件下，地层产能与井底压降幅度呈正相关，因此较高的压降幅度有利于提高产能。

（2）产水量需求：天然气水合物开采过程中的储层产水量取决于实际地质条件，如地层沉积物粒径、束缚水饱和度、黏土矿物含量（特别是蒙脱石）、地层微裂隙、水气相对渗透率等，并非天然气水合物分解产生的水能够全部渗流至井筒。尤其是对于泥质粉砂型天然气水合物储层而言，地层本身束缚水饱和度极高，天然气水合物分解气体快速膨胀产出导致水相渗透率急剧降低，黏土矿物的存在又加剧了地层的流固耦合效应，最终导致产水量极低。因此，当地层产水量不足以满足举升系统（通常是电潜泵或螺杆泵）的最低排量需求时，可以选择增大井底压降提高地层产水能力或者在举升管柱中设计回注管路（降低井底压降），无论哪种方式，都会对井筒的压降幅度产生影响，因此降压方案制定必须考虑产水量的影响。

（3）井壁完整性/储层稳定性需求：由于泥质粉砂型天然气水合物储层通常为弱固结或极弱固结的非成岩地层，因此天然气水合物降压开采过程中必然会导致管外井壁/地层的蠕变甚至失稳。控制井底降压幅度和降压速率是维持井筒稳定性、缓解突发性井筒破坏/储层坍塌的有效途径。因此，一定存在某一临界压降幅度和临界压降速率，当压降速率/压降幅度控制在该临界值范围之内时，能够持续生产，如果超过该临界值时，则井壁整体发生挤压剪切破坏，导致井筒生产段的砂埋或储层坍塌，不利于生产。

（4）试采周期需求：天然气水合物试采周期是降压方案制定的决定性因素之一。试采周期需求越长，越不宜采用快速降压、大压差的"破坏式"开采。对于一定的地质条件而言，一定生产压差条件下的出砂量、出水量、产气量是一定的，如果采取大压差生产，则相同生产周期内的累积产砂量越大，导致井筒砂面上升速率越快。砂面上升过快导致产层提前砂埋，生产被迫终止。

（5）泥砂产出临界条件限制：对于地层应力条件下的泥砂产出而言，通常存在某个临界压降值，当压降幅度低于该临界压降值时，地层泥砂产出趋势较弱，一旦突破该临界压降值，可能会导致地层的破坏性大量出砂；另外，模拟结果表明，降压幅度越大、压降速率越快，地层出砂速率就越快，带来的工程风险也随之增加。因此，从地层出砂的角度考虑，一方面尽可能在地层破坏性大量出砂临界压降范围以内"小步"式开采，另一方面尽可能缓慢升高井底压降幅度，保持"慢跑"节奏以避免由于快速降压导致地层突发破坏性出砂。

（6）井口沉降量的限制：天然气水合物开采过程中不可避免会发生海底沉降，海底沉降量尤其是井口沉降量不仅与天然气水合物开采动用的总量有关，还与天然气水合物开采过程中的降压路径密切相关。在试采周期需求一定的条件下，压降速率直接影响储层的变形。模拟结果表明，在某一固定压降条件下，储层的沉降主要发生在早期，随着开采的沉降量逐渐趋于稳定。从快速沉降到逐渐稳定的这段时间内储层从一个稳定状态逐渐调整过渡到另一个稳定状态。因此，从储层沉降的角度考虑，某一压降值需要维持一定时间，待储层调整到稳定状态后再进一步降压。

（7）举升系统耐砂能力的限制：举升系统耐砂能力的最薄弱环节是举升泵，泵的耐砂能力决定了整个举升系统的使用寿命。主要耐砂指标是允许通过的最大砂粒径和最大含砂浓度。不同的举升泵，其允许通过的最大砂粒径和最大含砂浓度各异，因此为了天然气水合物试采持续生产，必须保证当前产砂粒径小于电泵允许通过的最大砂粒径，且地层产水中的含砂浓度小于电泵允许通过的最大含砂浓度；出砂粒径的大小不仅要通过井底控砂方案的合理设计进行控制，更要通过合理的降压方案进行调控，通常而言，生产压差越小，产水量越少，地层出砂最大粒径和最大含砂浓度越小，因此降压方案的制定必须保证出砂粒径和含砂浓度维持远小于泵的耐受力极限。

（8）平台泥砂处理能力的限制：泥质粉砂型天然气水合物开采的出砂管控技术要求必须具备良好的平台泥砂处理流程和处理能力，日本2013年在NanKai海槽的试采工程匆匆结束暴露出严重的平台泥砂处理能力不足。因此，天然气水合物开采降压方案的制定需要在明确平台泥砂最大处理能力的基础上，通过控制井底压降梯度，控制出砂量，有效延长试采周期。

（9）井筒流动保障的限制：海洋天然气水合物开采过程中，地层及井筒都可能面临天然气水合物二次生成的风险。如果压降速率较小，则储层分解产出的气水两相在井筒上升过程中，随着温度的不断降低出现二次生成天然气水合物，堵塞管道。基于上述考虑，日本2013年第一次海洋天然气水合物试采和2017年第二次第一口井试采均采用快速降低井底压力以防止天然气水合物二次生成。但实际上，井筒压力的快速降低意味着生产压差的迅速抬升，会导致储层快速失稳、大量出砂等一系列问题。

因此，降压方案的制定应该综合考虑地层、井底、井筒、平台协调工作，充分考虑地质、工程、政策等方面的影响。上述降压方案制定需要考虑的政策因素包括：产能需求、试采周期需求。工程因素主要包括：举升系统耐砂能力的限制、平台泥砂处理能力的限制、井筒流动保障的限制、产水量需求等。地质因素包括：井壁完整性、储层稳定性、地层出砂参数、井口沉降量。对于特定的储层而言，地质因素是一定的，是通过工程手段很难弥补的，而工程因素则可以通过一定的工程手段加以弥补，如井筒流动保障的限制，可以通过向井筒中注入天然气水合物抑制剂防止天然气水合物的二次生成，举升系统耐砂能力和平台泥砂处理能力都可以通过一定的工程装备优化设计得以提升。因此，泥质粉砂型天然气水合物开采过程中降压方案制定的关键是地质因素，降压方案制定的核心是维持地层稳定，因此，"小步慢跑"是维持井壁完整性、缓解地层出砂、维持储层稳定性、防止海底过快沉降的有效手段。

（三）天然气水合物开采一体化调控的系统节点分析方法

基于系统节点分析方法，实现天然气水合物试采必须保证从储层、井筒、地面全流程的"通畅"。储层、井筒、地面三个子系统相互协调、相互制约。与井筒和地面子系统相关的关键难点主要是管流多相流的调控，其本身对地质风险的依赖程度较弱。但井筒和地面子系统的调控结果直接反馈给地层，影响工程地质风险的发展、演化。

1. 储层子系统

海洋天然气水合物储层由于较弱的沉积成岩作用，常处于松散、未固结的状态。对含天然气水合物沉积层进行钻探和开采利用，通常会破坏天然气水合物的稳定条件而使其发生分解，从而使其对沉积物颗粒间的胶结作用减小；天然气水合物分解产生的气体和水将会增大孔隙压力，降低有效应力，引起海底失稳、滑坡等地质灾害。因此，"稳定储层"

是泥质粉砂型天然气水合物储层三相控制开采理论体系的基础，未来亟待解决的科学问题主要有：①进行天然气水合物钻探和开采中海底沉积物层的力学响应评价研究，建立合适的含天然气水合物沉积物力学参数模型和本构关系；②研究海洋泥质粉砂型天然气水合物在孔隙–岩心–矿藏尺度的多相渗流机理，分析地层流体抽取过程中的温压场、渗流场、应力场动态演化规律，形成适用于泥质粉砂型天然气水合物藏的储层综合动静态评价方法及技术体系，定量化描述已分解范围、有效泄气面积等基础资料；③完善泥质粉砂型天然气水合物储层不同开采方式下的动态出砂临界压差预测方法，建立一套考虑天然气水合物相变、砂粒剥落及运移影响的多物理场耦合数学模型，揭示天然气水合物宏–微观出砂机理，从实验、模拟两方面集成孔隙分散型泥质粉砂型天然气水合物储层的出砂管理体系；④针对泥质粉砂型天然气水合物实际储层地质条件，以生产效率为目标函数，以储层稳定性、地层动态出砂界限值作为约束条件，对降压路径、生产压力、射孔策略、采气速度等生产参数进行实时优化管理，实现现有技术条件下最优试采效果。

2. 井筒子系统

井筒温压场复杂多变，在海底泥线附近存在低温、高压环境，天然气进入该区域有较大的概率会再次形成固态的天然气水合物，并随高速气流上返，而离开其生成区域后又会重新分解为气体，这种复杂的气–固–气的相变过程伴随着气体体积的剧烈变化，给井筒安全压力控制、天然气水合物持续安全生产增加了隐患。对于天然气水合物井筒三相控制理论体系，主要存在以下三个方面拟解决的重要科学问题：①考虑天然气水合物相变的井筒环空非稳态多相流动数学模型及井筒压力准确预测与控制研究，解决海洋天然气水合物的井控安全问题；②开展井筒环雾流条件下多尺度的天然气水合物生成、运移、沉积及堵塞机理研究，并进行天然气水合物生成区域动态变化的动态预测，提出高效的天然气水合物堵塞防治策略及方法；③基于天然气水合物井涌特征参数，研究地层流体侵入状态反演方法，推演地层压力不确定条件下的井筒压力变化规律。

3. 平台/地面子系统

海洋天然气水合物集输管道由于其特殊的温度、压力等操作条件，存在天然气水合物颗粒的生长、分解、聚集、破碎、沉积、挟带等行为。这些行为与管道气–液–固多相流动耦合作用相关，使流动规律极其复杂，难以准确预测流型、压降等重要参数。亟待解决的科学问题有：①结合反应釜和循环管路实验，分析介质组成、温度、压力、气液流速、临界过冷度、流型等参数对天然气水合物颗粒生长、分解的影响；②考虑管流作用下游离气、水、天然气水合物颗粒三相界面之间的传热传质机理，以及气液流速、流型对传热传质的影响规律，修正本征速率常数、传质系数、传热系数等关键参数，建立管流体系下多组分气体天然气水合物生长、分解动力学模型；③针对以气主导的系统，综合考虑天然气水合物颗粒的微观受力和流体对固相的挟带能力，研究天然气水合物颗粒在管道中的聚集和沉积规律；④以分散的颗粒群轨迹模型为基本形式，建立伴随天然气水合物颗粒生长、分解、聚集、沉积的气–液–固多相输送理论模型及求解方法。

三、泥砂产出调控技术

（一）天然气水合物开采井筒控砂设计的基本原理

井筒泥砂产出控制技术是指在一定的地层出砂规律条件下，通过优选恰当的控砂方式和控砂工艺参数设计，使地层泥砂在可控条件下以适当的速率流入井筒，保证地层稳定的同时防止井筒砂堵，以维持泥质粉砂型天然气水合物储层持续开采。控砂介质既是沟通地层和井筒的通道，又是防止地层严重出砂的关键节点。泥质粉砂型天然气水合物开采的井筒泥砂产出控制技术的基本原理类似于常规油气开采过程中的控砂措施，但在指导思想上与后者有明显不同。常规油气井筒控砂措施的根本目的是阻挡地层砂向井筒的流动，而泥质粉砂型天然气水合物开采的井筒泥砂产出控制技术优先目标是主动疏导一部分地层泥砂在可控条件下排入井筒，以达到疏通地层孔隙并尽可能维持地层稳定和流动能力的效果。与常规油气藏开发过程中的防砂问题相比，海洋天然气水合物井降压开采过程中的控砂面临更大的挑战，这种挑战主要表现在以下方面。

（1）从产能角度分析，井底流压越低，生产压差越大，越有利于天然气水合物的分解，降压开采效果越好。与该需求完全矛盾的是：生产压差越大，必将导致地层出砂越严重。即使采用充填控砂技术，在较大的生产压差下，充填层会发生运移翻转，控砂有效期极短。日本 AT1-MC 项目控砂有效期仅为 6 天，足以凸显出生产压差矛盾给天然气水合物降压开采造成的困境。

（2）海洋天然气水合物储层泥质含量高。我国南海海域前期钻探结果表明，该区域天然气水合物储层平均泥质含量在 15%~37%。如果采用传统充填控砂工艺，则极易造成泥质侵入近井挡砂层，产生很大的控砂表皮，严重制约天然气水合物井的进一步降压生产。

（3）天然气水合物分解过程中存在相变，地层的流动过程为气–液–固三相混合流动。在这种情况下，泥质对控砂介质的堵塞将进一步增大，产能严重下降。如果在追求天然气水合物分解速度的单一需求下一味增大生产压差，将导致控砂介质的破裂，控砂失效。

（4）海洋天然气水合物储层通常埋深浅，地层砂不均匀系数大，分选差，因此充填层设计难度大，单一的砾石尺寸设计很难满足同时阻挡细质砂组分和中粗砂组分的需求，因此传统的控砂工艺设计方法很难满足天然气水合物储层的设计需求，控砂效果差。

由于现场天然气水合物试采经验有限，对不同控砂方式的效果验证不充足，尚未形成一种或几种组合的极具推广应用价值的天然气水合物开采控砂方式。除 2017 年和 2020 年在中国神狐海域天然气水合物试采采用出砂控制理念进行控砂工艺参数设计外，已有历次天然气水合物试采均采用传统油气的控砂理念进行筛管精度或充填砾石层尺寸设计。

日本除 2017 年第二轮天然气水合物试采采用 GeoForm 筛管外，其余天然气水合物试采井均采用纯机械控砂方式。GeoForm 筛管的实质是机械控砂与化学控砂技术的联合，采用涂覆砂固结并膨胀（先期固结或下入井底后固结），在筛管基管外围形成固结的高孔、高强度砾石层，从而克服常规裸眼砾石充填带来的砂砾蠕动和沉降过程（图 2.47）。虽然目前尚未见 GeoForm 筛管在日本 2017 年天然气水合物试采中应用效果的公开报道，但与我国首次天然气水合物试采所使用的新型预充填筛管相比，其控砂机理决定了它的应用前景尚需进一步验证。对于 GeoForm 筛管，虽然固结的涂覆砂避免了裸眼砾石充填层的蠕动沉降，但其涂覆层完全被固定在基管外围，无法发生任何的蠕动，一旦涂覆层砾石尺寸偏大，则完全无法挡砂，反之则很容易造成泥质堵塞。而此次南海神狐海域天然气水合物试采采用的新型预充填筛管既保证了基管外砾石层不会发生沉降失稳，同时也能容许极小的砾石蠕动空间，从而有效疏通泥质堵塞物，具有一定的"自解堵"效果。因此新型预充填筛管更适合于泥质粉砂型天然气水合物开采控砂作业。

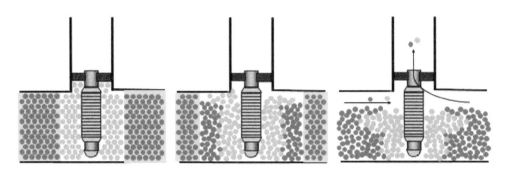

图 2.47　天然气水合物开采过程中裸眼完井+砾石充填控砂带来的砂砾蠕动和沉降过程示意图
左图为初始充填状态，中图为蠕动沉降过程，右图为最终出现充填区域亏空

控砂精度是出砂控制技术工艺参数设计的核心。井下机械筛管和充填砾石层是泥砂产出控制措施的主要构成单元，因此控砂精度设计的实质就是筛管挡砂精度或砾石层尺寸的优选。根据出砂管理体系维持地层稳定和生产持续的核心理念，泥质粉砂型天然气水合物开采控砂精度的设计既要保证地层细组分完全通过控砂充填层防止堵塞，同时也要保证地层粗组分被挡在控砂充填层外围，从而达到既疏通近井地层保证产能，又维持储层稳定的效果。

较粗的筛管挡砂精度（或砾石层尺寸）有利于降低控砂附加表皮，释放天然气水合物储层产能，但可能导致地层泥砂大量产出，增加井筒挟砂排砂压力；较细的筛管挡砂精度（或砾石层尺寸）虽然挡砂效果好，但极易发生细砂或泥质堵塞，对天然气水合物井的产能造成严重影响。因此，控砂精度设计应该从防止挡砂层堵塞和适度阻挡地层砂两方面考虑。为此，可以将原始地层砂划分为泥质、砂质两部分，砂质又由细组分和粗组分两部分构成。通过一定的控砂精度设计，保证流入控砂介质的砂质细组分和泥质能够完全被顺利排入井底，而砂质粗组分则被阻挡在控砂介质外围。基于该流程的控砂精度设计方法可以简称为"防粗疏细"，其具体实施流程如图 2.48 所示。需要指出的是，"防粗疏细"控砂精度设计中地层砂粒径的粗、细是一个相对概念，并非常规沉积物中的"粗砂"和"细砂"所对应的砂粒粒径。

地层砂特性参数是井筒控砂技术工艺参数设计的基础。目前，在常规油气井行业通常采用原始地层砂粒度分布规律进行井筒筛管挡砂精度或充填砾石层尺寸的设计。但实际上，筛管和砾石层需要"控制"的只是原始地层砂中可能被挟带运移至井壁附近的泥质组分和砂质细组分，如果完全按照原始地层砂粒度分布规律进行控砂工艺参数设计，则设计

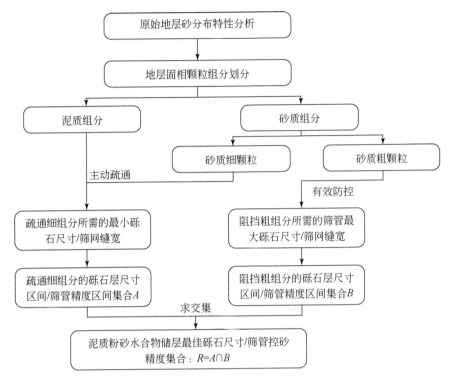

图 2.48　泥质粉砂型天然气水合物储层"防粗疏细"控砂精度设计流程

结果与实际应用条件可能不一致。这就要求必须对地层流体抽取条件下储层的出砂粒径、出砂量等参数有清晰的认识。因此，井筒泥砂控制技术严格依赖于泥砂产出规律精细刻画结果，而出砂控制技术又会对泥砂产出规律产生影响，两者具有双向耦合效应。

(二) 多级控砂设计的基本原理

通过多级控砂方法实现对天然气水合物井出砂的有效调控的基本原理如下。

(1) 采用较低的生产压差进行降压开采，控制井底流压低于天然气水合物相平衡压力0.5~2.5MPa，套管外近井地层天然气水合物分解采出的同时排出近井地带的泥质成分和粉砂质成分，只剩下粒径粗、分选系数好的均匀砂；当井口动态出砂监测设备监测含砂浓度降低到0.3‰以下时，暂停降压生产。该阶段的主要目的是排出近井地层的泥质与粉砂质成分，降低近井地层砂的不均匀系数，使近井地层砂粒粒径增大，形成地层粗砂带。

(2) 进行高速水充填防砂作业。高速水充填防砂可以在套管外的亏空区域及套管射孔炮眼中，形成管外挤压充填带砾石层，起到第二级挡砂屏障的作用。同时将去泥质粗砂带挤压至砾石层外围，起到第一级挡砂屏障作用。高速水充填带砾石尺寸的选择按照去除泥质成分的地层砂筛析数据确定，具体的砾石尺寸确定方法可以参考 Saucier 法、Karpoff 法、DePriester 方法、Schwartz 方法。简单起见，可直接取去泥质地层砂粒度中值的 5~6 倍。

(3) 选择尺寸比高速水充填带砾石层尺寸大一级的砾石进行管内循环充填，在筛套环空中形成第三级挡砂屏障。套管内的防砂筛管是第四级挡砂屏障。高速水充填和管内循环充填采用一趟管柱完成，防砂筛管作为系统第四级挡砂屏障，同时承担支撑砾石层的作用。防砂筛管挡砂精度按照式（2.45）设计：

$$W=\left(\frac{1}{3}\sim\frac{2}{3}\right)D_{50} \tag{2.45}$$

式中：W 为设计的筛管挡砂精度，mm；D_{50} 为筛套环空充填层砾石的粒度中值，mm。

（4）恢复天然气水合物井生产制度至第一阶段（井底流压低于天然气水合物相平衡压力 0.5~2.5MPa）的压差水平，然后阶梯式逐级增大生产压差至设计值。采用阶梯式逐级增大生产压差的主要目的是：充填防砂过程中充填带流体由井孔流向地层，而第四生产阶段开始，渗流带流动方向反转，充填带砾石层在流体拖曳力作用下重新排布。如果一次性增大生产压差较大，则不利于稳定"砂桥"的形成，控砂有效期将大打折扣。

多级控砂方法，促使井管附近可能发生堵塞的区域向地层深部推进，降低了泥质粉砂型天然气水合物储层发生防砂管堵塞的风险，由于地层深部发生堵塞的风险较小，造成的附加表皮系数较小，因此有利于提高降压开采天然气水合物井的后期产能。经过上述措施，在长期开采条件下天然气水合物井底由外向内依次形成粗砂带、一级砾石层充填带、二级砾石层充填带、防砂筛管等四级挡砂屏障，阶梯式增大生产压差解决了井底充填带"砂桥"形成困难的问题，从根本上解决了海洋天然气水合物储层泥质含量多、压降幅度大造成的防砂难题，提高了天然气水合物井产能（图2.49）。

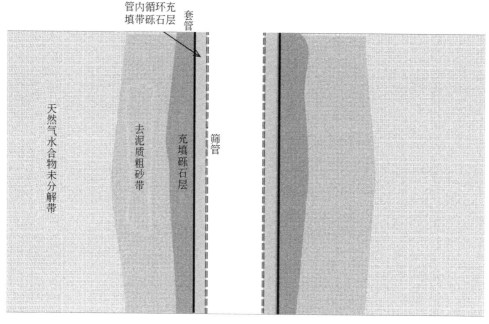

图 2.49　多级控砂模式示意图

参 考 文 献

卜庆涛，胡高伟，业渝光，等 .2017. 含水合物沉积物二维声学特性实验研究 . 中国石油大学学报（自然科学版），41（2）：70-79.

卜庆涛, 刘圣彪, 胡高伟, 等. 2020. 含水合物沉积物声学特性——实验模拟与数值模拟的对比分析. 海洋地质前沿, 36 (9): 56-67.

陈国旗, 李承峰, 刘昌岭, 等. 2019. 多孔介质中甲烷水合物的微观分布对电阻率的影响. 新能源进展, 7 (6): 493-499.

陈国旗, 李承峰, 刘昌岭, 等. 2020. 基于 CT 的含水合物沉积物电阻率测量系统设计与开发. 计算机测量与控制, 28 (8): 72-77.

李晨安, 李承峰, 刘昌岭, 等. 2017. CT 图像法计算 Berea 砂岩孔隙度. 核电子学与探测技术, 37 (5): 482-487.

李承峰, 胡高伟, 刘昌岭, 等. 2012. X 射线计算机断层扫描在天然气水合物研究中的应用. 热带海洋学报, 31 (5): 93-99.

李培超, 孔祥言, 卢德唐. 2003. 饱和多孔介质流固耦合渗流的数学模型. 水动力学研究与进展, 18 (4): 419-426.

李彦龙, 刘昌岭, 刘乐乐, 等. 2016. 含水合物沉积物损伤统计本构模型及其参数确定方法. 石油学报, 37 (10): 1273-1279.

李彦龙, 刘昌岭, 刘乐乐, 等. 2017. 含甲烷水合物松散沉积物的力学特性. 中国石油大学学报 (自然科学版), 41 (3): 105-113.

刘昌岭, 业渝光, 孟庆国, 等. 2010. 南海神狐海域及祁连山冻土区天然气水合物的拉曼光谱特征. 化学学报, 68 (18): 1881-1886.

刘昌岭, 业渝光, 孟庆国, 等. 2011. 显微激光拉曼光谱原位观测甲烷水合物生成与分解的微观过程. 光谱学与光谱分析, 31 (6): 1524-1528.

刘昌岭, 孟庆国, 业渝光, 等. 2012a. 固体核磁共振技术在气体水合物研究中的应用. 波谱学杂志, 29 (3): 465-474.

刘昌岭, 业渝光, 孟庆国, 等. 2012b. 南海神狐海域天然气水合物样品的基本特征. 热带海洋学报, 31 (5): 1-5.

刘昌岭, 李承峰, 孟庆国, 等. 2013. 天然气水合物拉曼光谱研究进展. 光散射学报, 25 (4): 329-337.

刘昌岭, 李彦龙, 刘乐乐, 等. 2019. 天然气水合物钻采一体化模拟实验系统及降压法开采初步实验. 天然气工业, 39 (6): 165-172.

刘乐乐, 张旭辉, 刘昌岭, 等. 2016. 含水合物沉积物三轴剪切试验与损伤统计分析. 力学学报, 48 (3): 720-729.

刘乐乐, 张宏源, 刘昌岭, 等. 2017. 瞬态压力脉冲法及其在松散含水合物沉积物中的应用. 海洋地质与第四纪地质, 37 (5): 159-165.

刘乐乐, 张准, 宁伏龙, 等. 2019. 含水合物沉积物渗透率分形模型. 中国科学: 物理学力学天文学, 49 (3): 034614.

刘乐乐, 刘昌岭, 孟庆国, 等. 2020. 分形理论在天然气水合物研究领域的应用进展. 海洋地质前沿, 36 (9): 11-22.

孟庆国, 刘昌岭, 业渝光, 等. 2011. 固体核磁共振测定气体水合物结构实验研究. 分析化学, 39 (9): 1447-1450.

孙海亮, 李彦龙, 刘昌岭, 等. 2019. 电阻层析成像技术及其在水合物开采模拟实验中的应用. 计量学报, 40 (3): 455-461.

张宏源, 刘乐乐, 刘昌岭, 等. 2016. 含水合物地层渗流特性实验研究进展及瞬态压力脉冲法适用性分析. 新能源进展, 4 (4): 272-278.

张宏源, 刘乐乐, 刘昌岭, 等. 2018. 基于瞬态压力脉冲法的含水合物沉积物渗透性实验研究. 实验力学，33（2）：263-271.

张巍，李承峰，刘昌岭，等. 2016. 多孔介质中甲烷水合物边界的CT图像识别技术. CT理论与应用研究，25（1）：13-22.

Bu Q, Hu G, Liu C, et al. 2019. Acoustic characteristics and micro-distribution prediction during hydrate dissociation in sediments from the South China Sea. Journal of Natural Gas Science and Engineering, 65: 135-144.

Cai J, Zhang Z, Wei W, et al. 2019. The critical factors for permeability-formation factor relation in reservoir rocks: Pore-throat ratio, tortuosity and connectivity. Energy, 188: 116051.

Dai S, Seol Y, 2014. Water permeability in hydrate-bearing sediments: a pore-scale study. Geophysical Research Letters, 41: 4176-4184.

De La Fuente M, Yaunat J, Marin-Moreno H. 2019. Thermo-Hydro-Mechanical coupled modeling of methane hydrate-bearing sediments: formulation and application. Energies, 12 (11): 2178.

Dong L, Li Y, Liu C, et al. 2019. Mechanical properties of methane hydrate-bearing interlayered sediments. Journal of Ocean University of China, 18 (6): 1344-1350.

Fuente M, Vaunat J, H Marín-Moreno. 2019. Thermo-hydro-mechanical coupled modeling of methane hydrate-bearing sediments: formulation and application. Energies, 12: 2178.

Gupta S, Helmig R, Wohlmuth B. 2015. Non-isothermal, multi-phase, multi-component flows through deformable methane hydrate reservoirs. Computational Geosciences, 19 (5): 1063-1088.

Kamath V A, Holder G D. 1987. Dissociation heat transfer characteristics of methane hydrates. AIChE Journal, 33 (2): 347-350.

Kim H C, Bishnoi P R, Heidemann R A, et al. 1987. Kinetics of methane hydrate decomposition. Chemical Engineering Science, 42: 1645-1653.

Kleinberg R L, Flaum C, Griffin D D, et al. 2003. Deep sea NMR: Methane hydrate growth habit in porous media and its relationship to hydraulic permeability, deposit accumulation, and submarine slope stability. Journal of Geophysical Research: Solid Earth, 108: 2508.

Li C, Liu C, Hu G, et al. 2019a. Investigation on the multi-parameter of hydrate-bearing sands using nano-focus X-ray computed tomography. Journal of Geophysical Research Solid Earth, 124 (4): 2018JB015849.

Li Y, Hu G, Wu N, et al. 2019b. Undrained shear strength evaluation for hydrate-bearing sediment overlying strata in the Shenhu area, northern South China Sea. Acta Oceanologica Sinica, 38 (3): 114-123.

Liu C, Ye Y, Meng Q, et al. 2012. The characteristics of gas hydrates recovered from Shenhu area in the South China Sea. Marine Geology, 307: 22-27.

Liu C, Meng Q, Hu G, et al. 2017. Characterization of hydrate-bearing sediments recovered from the Shenhu area of the South China Sea. Society of Exploration Geophysicists and American Association of Petroleum Geologists, 5 (3): SM13-SM23.

Liu L, Dai S, Ning F, et al. 2019. Fractal characteristics of unsaturated sands-implications to relative permeability in hydrate-bearing sediments. Journal of Natural Gas Science and Engineering, 66: 11-17.

Liu L, Wu N, Liu C, et al. 2020a. Maximum sizes of fluids occupied pores within hydrate-bearing porous media composed of different host particles. Geofluids, 2020: 8880286.

Liu L, Zhang Z, Li C, et al. 2020b. Hydrate growth in quartzitic sands and implication of pore fractal characteristics to hydraulic, mechanical, and electrical properties of hydrate-bearing sediments. Journal of Natural Gas Science and Engineering, 75: 103109.

Liu L, Zhang Z, Liu C, et al. 2021. Nuclear magnetic resonance transverse surface relaxivity in quartzitic sands containing gas hydrate. Energy & Fuels, 35 (7): 6144-6152.

Mandelbrot B B. 1967. How long is the coast of Britain? statistical self-imilarity and fractional dimension. Science, 156: 636-638.

Mao P, Sun J, Ning F, et al. 2020. Effect of permeability anisotropy on depressurization-induced gas production from hydrate reservoirs in the South China Sea. Energy Science & Engineering, 8 (8): 2690-2707.

Masuda Y, Fujinaga Y, Naganawa S, et al. 1999. Modeling and experimental studies on dissociation of methane gas hydrate in berea sandstone cores. 3rd International Conference on Gas hydrates. Salt Lake City, Utah.

Moridis G J. 2014. Tough + Hydrate v1.2 user's manual: a code for the simulation of system behavior in hydratebearing geologic media. California: Lawrence Berkeley National Laboratory.

Moridis G J, Collett T S. 2003. Strategies for gas production from hydrate accumulations under various geological and reservoir conditions. PROCEEDINGS, TOUGH Symposium 2003. Lawrence Berkeley National Laboratory, Berkeley, California.

Moridis G J, Collett T S. 2004. Gas production from Class 1 hydrate accumulations//Taylor C E, Kwan J T. Advances in the Study of Gas Hydrates. Boston, MA: Springer: 83-97.

Riedel M, Goldberg D, Guerin G. 2014. Compressional and shear-wave velocities from gas hydrate bearing sediments: examples from the India and Cascadia margins as well as arctic permafrost regions. Marine and Petroleum Geology, 58: 292-320.

Sun J, Li C, Hao X, et al. 2020. Study of the surface morphology of gas hydrate. Journal of Ocean University of China, 19 (2): 331-338.

Wang D, Wang C, Li C, et al. 2018. Effect of gas hydrate formation and decomposition on flow properties of fine-grained quartz sand sediments using X-ray CT based pore network model simulation. Fuel, 226: 516-526.

Xu P, Qiu S, Yu B, et al. 2013. Prediction of relative permeability in unsaturated porous media with a fractal approach. International Journal of Heat and Mass Transfer, 64: 829-837.

Yousif M H, Abass H H, Selim M S, et al. 1991. Experimental and theoretical investigation of methane-gas-hydrate dissociation in porous media. SPE Reservoir Engineering, 6: 69-76.

Yu B, Li J. 2001. Some fractal characters of porous media. Fractals, 9 (3): 365-372.

Zhang L, Ge K, Wang J, et al. 2020a. Pore-scale investigation of permeability evolution during hydrate formation using a pore network model based on X-ray CT. Marine and Petroleum Geology, 113: 104157.

Zhang Y, Liu L, Wang D, et al. 2021a. Application of low-field nuclear magnetic resonance (LFNMR) in characterizing the dissociation of gas hydrate in a porous media. Energy & Fuels, 35 (3): 2174-2182.

Zhang Z, Li C, Ning F, et al. 2020b. Pore fractal characteristics of hydrate-bearing sands and implications to the saturated water permeability. Journal of Geophysical Research: Solid Earth, 125 (3): e2D19JB018721.

Zhang Z, Liu L, Li C, et al. 2021b. Fractal analyses on saturation exponent in Archie's law for electrical properties of hydrate-bearing porous media. Journal of Petroleum Science and Engineering, 196: 107642.

第三章 海洋天然气水合物开采仿真模拟技术

第一节 海洋天然气水合物开采多物理场演化实验模拟技术

一、海洋天然气水合物开采多物理场演化问题概述

目前，国际上普遍认可的天然气水合物开采方法主要有降压法、热激法、二氧化碳–甲烷置换法以及多种方法联合使用等。其中，降压法被证明是最为经济可行的开采方法，如果配合使用热激法作为一种辅助增产提效措施则开采效果更好。降压法是通过降低天然气水合物储层孔隙压力使天然气水合物原位发生分解并在海面收集天然气的方法，降压采用的井网模式主要有竖直井、水平井和多分支井等，本质上是通过增加储层降压面积以提升产气效率。

天然气水合物分解相变是一个吸热过程，天然气水合物开采引起的储层温度降低，周围环境地层会向天然气水合物储层传递热量。研究表明，天然气水合物降压开采过程涉及以下四个物理效应（图3.1）：①渗流效应，即天然气水合物储层孔隙中的水气两相流体在开采井降压造成的孔隙压力梯度作用下而发生流动的效应，伴随着天然气水合物分解引起的水气两相流体质量增加和天然气水合物储层渗流参数的改变。②传热效应，即不同位置的天然气水合物储层之间、环境地层与天然气水合物储层之间的能量转移效应。由于渗流效应的存在，天然气水合物储层不同区域之间的传热方式既有热传导又有对流传热，而环境地层的渗透性一般较差，不易发生渗流，环境地层与天然气水合物储层之间的传热方式以热传导为主。③天然气水合物分解相变效应，即天然气水合物储层孔隙压力降低至相平衡压力之下引起的天然气水合物分解相变产生天然气和孔隙水的效应，此效应存在的前提条件是吸收足够的热量。④天然气水合物储层变形效应，即天然气水合物储层有效应力改变以及天然气水合物分解后储层软化引起的有效应力重新分布，进而天然气水合物储层发生变形的效应。上述四个物理效应在天然气水合物开采过程中相互作用，相关的多个物理场不断进行演化。如何对此多物理场演化过程进行精准预测与合理调控，是提高天然气水合物开采效率的重要基础之一，具有重要的工程意义与科学价值。

实际的天然气水合物开采多物理场演化是一个复杂的三维问题，在此以竖直井开采天然气水合物的一维地层模型为例对多物理场演化过程进行更具体的说明。天然气水合物开采过程中，根据天然气水合物分解状态的不同能够把天然气水合物储层分为三个区域：①天然气水合物完全分解区域，储层孔隙中不存在天然气水合物，只有天然气和孔隙水；②天然气水合物正在分解区域，天然气水合物饱和度小于其初始值但大于零，天然气水合物、天然气和孔隙水在储层孔隙中共存；③天然气水合物未分解区域，天然气水合物饱和度仍为其初始值，储层孔隙中通常仅含有天然气水合物和孔隙水，也可能含有天然气。这

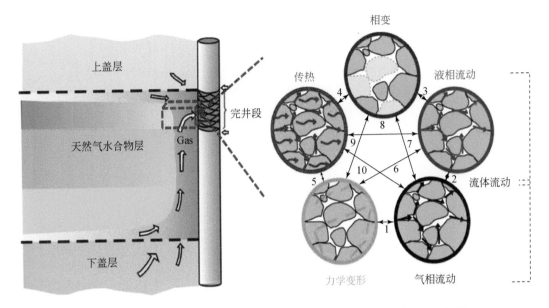

图 3.1　海洋天然气水合物开采过程中的多物理场耦合基本模式示意图（宁伏龙等，2020）

三个区域的范围在天然气水合物开采过程中不断演变，其演化特征与产气效率有着密切的联系。如果把天然气水合物未分解区域与天然气水合物正在分解区域的界面定义为天然气水合物分解相变阵面，把储层孔隙压力开始降低的界面定义为天然气水合物渗流阵面，把储层温度开始升高的界面定义为天然气水合物传热阵面，那么天然气水合物开采多物理场演化问题表现为系列阵面演化的问题，演化过程中还伴随着流体与固体之间的耦合作用。

为了研究天然气水合物降压开采多物理场演化问题，研发了天然气水合物降压开采多物理场演化实验模拟技术，通过实时测量系列阵面的演化情况来实现多物理场演化过程的有效监测，为多物理场演化规律及其主控因素研究提供技术支撑。

二、海洋天然气水合物开采多物理场演化实验装置

海洋天然气水合物开采多物理场演化实验装置主要由高压低温反应釜、孔隙流体供给模块、温度控制模块、围压加载模块、产水产气模块和数据测量采集模块组成，如图 3.2 所示。其中，高压低温反应釜内部结构与传感器布置情况如图 3.3 所示。

可以看出，反应釜轴线上布置天然气水合物储层模拟样品，样品直径为 6.0cm，长度为 100.0cm；沿样品轴向布置 5 个压力传感器和 10 个温度探头，压力传感器的间距为 20.0cm，外侧传感器到样品两端的距离为 10.0cm，温度探头间距为 10.0cm，外侧探头到样品两端的距离为 5.0cm；样品外包裹柔性胶筒以隔离样品孔隙空间与胶筒外环腔，胶筒壁厚为 0.5cm，长度为 112.0cm；反应釜侧壁与端盖为 316 不锈钢材质，工作压力上限为 30MPa，可在 -20 ~ 50℃正常工作，内径为 16.0cm，长度为 160.0cm；在反应釜侧壁外布置有制冷液环腔，制冷液环腔和反应釜端盖外布置保温层；反应釜安装于旋转支撑架上，可在水平与竖直之间任意角度旋转固定。

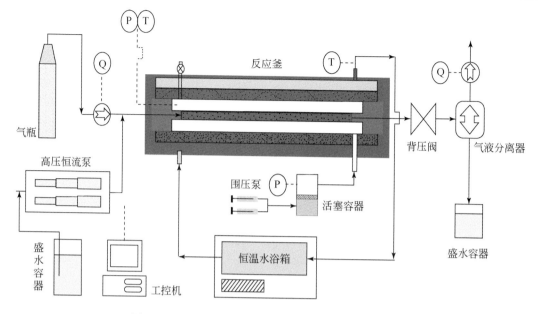

图 3.2 海洋天然气水合物开采多物理场演化实验装置

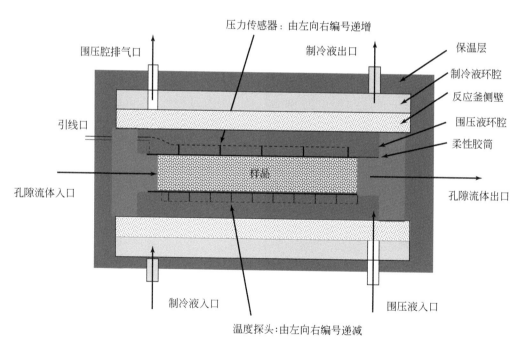

图 3.3 高压低温反应釜内部结构与传感器布置情况

孔隙流体供给模块主要包括高压气瓶、盛水容器和高压恒流泵，高压恒流泵可提供的流量上限为 50mL/min，耐压上限为 20MPa。温度控制模块主要为恒温水浴箱，温度设置下限为-20℃，温度控制精度为±0.5℃，乙二醇在制冷液环腔与恒温水浴箱组成的回路内循环，将反应釜内部热量不断挟带至恒温水浴箱以实现制冷控温。围压加载模块主要包括围压泵和活塞容器，蒸馏水在围压泵作用下进入活塞容器底部腔体，通过活塞传递压力至氟油，由氟油传递围压经柔性胶筒至样品，围压施加上限为25MPa，围压控制精度为±0.1MPa。产水与产气模块由背压阀、气液分离器和盛水容器等部件组成，背压阀为气动控制模式，压力精度为±0.1MPa；数据测量与采集模块主要包括压力传感器、温度探头、气体体积流量计、数据采集仪和工控机，压力测量精度为±0.1MPa，温度测量精度为±0.1℃，气体体积流量计能够测量产气速率和累积产气量。

三、海洋天然气水合物开采多物理场演化实验步骤

海洋天然气水合物开采多物理场演化实验材料通常采用松散沉积物、水溶液和天然气，具体的材料种类需要根据被研究的开采目标区域储层地质条件有针对性地选取。其中，常见的松散沉积物主要有砂质沉积物和泥质沉积物两类，在特定情况下也可使用玻璃珠等人造颗粒材料模拟松散沉积物。水溶液常见的有纯水、海水、溶有活性剂的水等。天然气通常使用甲烷，其纯度应满足实验要求，还可混杂一定量的乙烷和丙烷等其他烷烃类气体。

海洋天然气水合物开采多物理场演化实验步骤大体上分为样品制备与降压开采模拟两个阶段，每个阶段的主要步骤如下。

1. 样品制备阶段实验步骤

（1）根据被研究的开采目标区域储层孔隙度，计算需要装填松散沉积物的总质量，等分十份后备用。

（2）安装柔性胶筒、进口端盖、温度和压力传感器，竖向放置后装填松散沉积物，每份沉积物填入后压实至设定体积直至装填结束，严格控制样品孔隙度。

（3）将柔性胶筒及配件放入高压低温反应釜后安装出口端盖，旋转反应釜至竖直向，施加较小围压（通常不超过1MPa）后，从样品底端持续注入水溶液至样品顶端出口见水，流经样品的水溶液体积应不少于五倍样品孔隙总体积，样品饱和过程结束，记录净注入水量。

（4）旋转反应釜至水平，缓慢平稳注入甲烷气体，将设定体积的孔隙水驱替排出样品，关闭出口阀门；持续缓慢注入甲烷气体增加孔隙压力，在此过程中同步增加围压保证其至少高于孔隙压力0.5MPa，待样品孔隙压力达到设定值后（通常不低于6MPa）停止注气。

（5）开启温度控制模块，降低样品温度至合适温度（应根据孔隙压力对应的相平衡温度选定，通常不高于2.0℃）生成水合物，生成过程持续消耗甲烷导致孔隙压力逐渐降低，待孔隙压力不再降低且维持一段时间后，此阶段的水合物生成结束。如果水合物生成量不满足要求，可按需补气，即继续注入甲烷气体升高孔隙压力以进一步合成水合物，补气可进行多次。当水合物生成量满足要求时，稳定样品孔隙压力与温度至少半天以上，样品制备阶段结束。

（6）按照上述步骤制备的样品属于含有自由态甲烷的样品。根据被研究的开采目标区域储层地质条件，可能还需要制备不含自由态甲烷的样品（即水饱和样品），仅需要将

"补气"更换为"补水"即可，即通过持续注入孔隙水挤压自由态甲烷，使其压力升高以进一步生成水合物。当补水后孔隙压力不再降低时，认为样品内自由态甲烷被全部消耗，孔隙内仅存在水合物和水溶液，即水饱和样品。

（7）样品制备阶段结束后的水合物饱和度、甲烷气饱和度及水溶液饱和度根据生成前后物质守恒关系计算确定，含有自由态甲烷样品的水合物饱和度可通过孔隙水量控制，而不含自由态甲烷样品的水合物饱和度则通过注入气量控制。

2. 降压开采模拟阶段实验步骤

（1）根据被研究的开采目标区域储层地质条件，调整样品的温度条件和孔隙压力大小，待温度和压力再次稳定后可开始降压开采模拟。

（2）根据模拟压差调节反压阀门至设定值，打开出口阀门后降低出口端样品的孔隙压力，水合物开始分解，渗流阵面与水合物分解阵面等从样品降压端向另一端传播演化，甲烷气和水溶液从降压端产出，测量并记录孔隙压力、温度、产气速率、产水速率、产气量和产水量等数据。

（3）待产气和产水过程停止，并且样品温度恢复至降压开采初始状态时，实验结束。

（4）根据降压方案的不同，实验步骤可采取单步降压和多步降压等多种方式。上述实验步骤属于单步降压模式，对于多步降压模式，可在每级降压产气和产水过程停止后开始下级降压开采模拟，直至达到最终设定的压降幅度后，停止下级降压开采模拟。

四、海洋天然气水合物开采多物理场演化实验结果

以单步降压开采模拟实验为例，对海洋天然气水合物开采多物理场演化实验结果进行介绍。典型的孔隙压力演化曲线如图 3.4 所示。可以看出，孔隙压力 P5、P3 和 P1 在降压之后几乎同时开始降低，但是 P5 在短时间内直接降至零，而 P3 和 P1 在降低至 2.5MPa 后

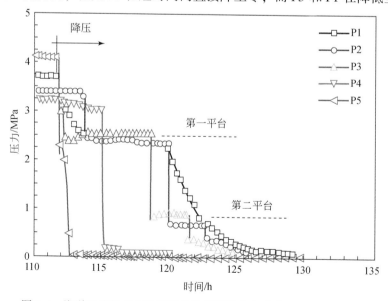

图 3.4　海洋天然气水合物开采多物理场演化实验典型孔隙压力数据

形成第一个平台期，大概 7h 后 P3 快速降低至 0.8MPa 后形成第二个平台期，大概 3h 后缓慢降至零，而 P1 在 P3 降低之后缓慢降至零；P4 在降压后缓慢降低至 3.0MPa，随后快速降至零；P2 在降压之后保持初始压力约 2h，随后快速降低至第一个平台期，持续约 6h 后快速降低至第二个平台期，持续约 3h 后缓慢降至零。总体来讲，孔隙压力 P5、P4、P3、P2 和 P1 在降压之后并未按照顺序依次降低，这是由非均匀分布水合物引起的样品联通性较差；然而，孔隙压力降低至零的顺序符合距降压端由近及远的顺序，反映了降压分解孔隙压力场的演化过程。

海洋天然气水合物开采多物理场演化实验典型的温度演化曲线如图 3.5 所示。可以看出，制冷液环腔（出口）温度 Tf 在降压之后有所降低（0.5℃），随后相对稳定在 3.5℃；温度 T1~T10 在降压之后几乎同时开始降低，降低幅度峰值在 2.5~4.0℃；然而样品两侧温度较中部温度回升更早，在 135h 时温度 T1、T2、T3、T4、T9 和 T10 基本恢复至降压前的初始温度，而 T5~T8 仍然保持着较低值；总体上，样品温度在降压后快速降低，随后按照从两侧向中间的顺序逐渐回升，反映了降压分解温度场的演化过程。此外，样品中部温度 T3~T9 在降压分解过程中均有降低至零度以下，且维持数小时甚至几十小时，导致孔隙水结冰或者二次天然气水合物生成，堵塞样品渗流通道，典型孔隙压力演化曲线中的"平台期"很好地反映了此过程。

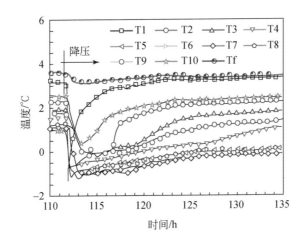

图 3.5　海洋天然气水合物开采多物理场演化实验典型的温度数据

海洋天然气水合物开采多物理场演化实验典型的产气实验数据如图 3.6 所示。可以看出，最终的累积产气量为 76ST L（ST 表示标准状态）；降压分解产气过程可以分为三个阶段：阶段 I 从降压开始持续到 113h 左右，产气速率维持在 500ST mL/min 上下，持续时间仅占总产气时间的 5.6%；阶段 II 从 113h 左右持续到 121h 左右，产气速率维持在 150ST mL/min 上下，持续时间占总产气时间的比例为 44.4%；阶段 III 从 121h 左右开始持续到结束，产气速率逐渐降低至零，持续时间占总产气时间的 50.0%。

海洋天然气水合物开采多物理场演化实验典型的热量传导过程如图 3.7 所示。综合上述三图对比分析后可以看出，快速产气阶段 I 中，样品孔隙压力 P1~P5 均有所降低，温度 T1~T10 均快速降低，样品天然气水合物均处于分解状态，故而产气速率可以达到较高

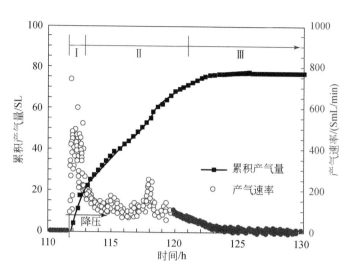

图 3.6　海洋天然气水合物开采多物理场演化实验典型的产气数据

的水平；时间发展到 113h 时，除温度 T1 和 T10 处于回升状态之外，温度 T2～T9 均处于降低状态，即样品中间天然气水合物相平衡区域内天然气水合物分解吸热引起温度降低，而两侧天然气水合物非稳定区域内因为没有天然气水合物分解，温度逐渐回升；时间发展到 119h 时，温度 T1～T6 和 T10 均开始逐渐回升，而温度 T7 基本保持不变，温度 T8 和 T9 继续降低，这反映在 0.15～0.35m 的天然气水合物仍然处于分解状态，而此范围之外的天然气水合物分解已经基本完成；时间发展到 121h 时，稳定产气阶段 II 基本结束，温度 T1～T10 均有所回升，说明样品内所有天然气水合物分解已经基本结束；阶段 III 主要是少量剩余天然气水合物分解产气以及滞留低温气体升温膨胀产气，产气速率随着温度回升逐渐变为零。

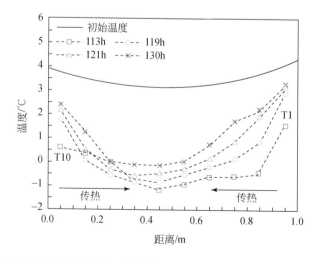

图 3.7　海洋天然气水合物开采多物理场演化实验典型的热量传导过程

　　结合数值模拟，在拟合产气历史和温度压力分布的前提下，海洋天然气水合物开采多物理场演化实验典型的天然气水合物分解阵面如图 3.8 所示，图中红色表示含有天然气水合物的样品区域。可以看出，天然气水合物饱和度分布具有明显的演化特征，天然气水合物降压开采实质上是一个较为明显的天然气水合物分解阵面由降压端向沉积物内部扩展的过程，该阵面扩展速率与天然气水合物分解产气速率关系密切，提高天然气水合物开采效率实质上需要提高天然气水合物分解阵面的扩展速率，在短时间内形成尽可能大的分解影响区，水平井和多分支井等复杂结构井的提出正是基于此原理，而渗透性良好的储层有助于天然气水合物分解阵面的扩展，这也从另外一个角度解释了为何渗透性良好的天然气水合物砂质储层具有更好的开采潜力。

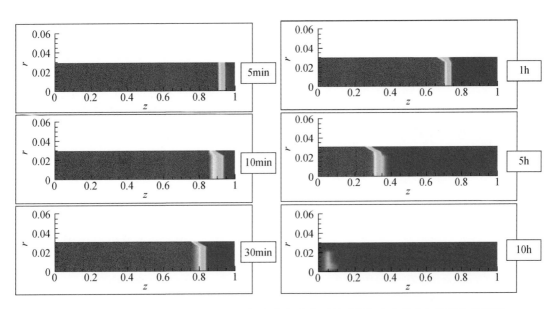

图 3.8　海洋天然气水合物开采多物理场演化实验典型的天然气水合物分解阵面演化情况

　　降压效应在快速产气阶段作用明显，孔隙压力快速演化导致天然气水合物开始分解的样品区域迅速扩大，利用自身热量可在短时间内获得可观的产气量；然而天然气水合物后续的分解完全由传热控制，天然气水合物分解吸热降低样品温度以扩大环境传热速率，待外界传热速率和天然气水合物分解吸热速率相当时，样品温度保持相对稳定，待天然气水合物分解结束之后，样品在外界传热作用下温度逐渐回升；稳定产气阶段持续时间较长，该阶段产气量是最终产气量的主体部分，占到65%，提高该阶段的稳定产气速率水平是改善中长期降压产气效率的关键。类似地，降压开采中长期产气效率达到商业化水平需要从根本上解决储层环境换热效率低下的问题，将热传导为主的换热方式升级为热对流为主的换热方式，是突破天然气水合物商业开采技术发展瓶颈的关键之一。

第二节　海洋天然气水合物开采三维模拟实验系统

本节主要介绍天然气水合物中试规模三维模拟系统和天然气水合物小型三维模拟系统的主要参数、设计原理、系统组成及这两个系统的主要功能和特点。利用该系统开展天然气水合物原位生成实验，分析了天然气水合物生成过程中影响生成速率的主要因素，并通过两组不同压降条件的降压法实验，介绍该天然气水合物开采方法的过程。

一、天然气水合物小型三维模拟系统

系统主要由三维高压反应釜、注液系统、注气系统、产水产气系统、数据采集系统组成（图3.9）。核心部件为三维高压反应釜，由316不锈钢制成，耐压25MPa，釜内为正方体，边长180mm，有效容积为5.832L。三维高压反应釜放置于恒温水浴中。注气系统中包括高压气瓶、压力调节阀、稳压器、气体流量计等。气体流量计采用北京七星D07型气体质量流量控制器，量程0~10L/min，测量精度1%。高压气瓶提供气源，包括天然气、甲烷等各种气体，气源压力9MPa。实验所用气体为99.9%的纯甲烷气体，由广东华特气体股份有限公司提供。注液系统中平流泵为北京创新通恒科技有限公司生产的P3000A制备型高压输液泵，采用双柱塞设计，压力范围为0~25MPa，流量范围为0~50ml/min，精度为±0.001mL/min。蒸汽式发生器内部有效体积4L，加热功率4kW，最高加热温度200℃，精度为±0.1℃。产水产气系统中活塞式回压阀控制出口压力，耐压25MPa，压力控制精度≤0.02MPa。进、出口的压力由瑞士Trafag公司制造的NAT8251.7425型压力传感器测定，测量范围为0~40MPa，精度为±0.1%。压力传感器均使用西安仪表厂生产的Y059型浮球式压力计进行校正，其精度为0.05级，测量范围为0.05~6MPa。气液分离器内部有效体积不小于600mL，耐压2MPa。产气量采用北京七星华创流量计有限公司D07-9C型气体流量积算仪进行计量，量程0.1~10.0L/min，准确度2%。电子天平为Sartorius公司生产的BS2202S型电子天平，量程为0~2200g，精度为0.01g。数据采集系统中，温度由Pt100铂电阻测量，测量范围为-20~200℃，精度为0.1℃。将测温探头植入三维高压反应釜内，保证探头与流体接触，同时温度传感器贴壁处与壁面绝热。电阻由H28电阻率测量仪测定。

三维高压反应釜端面开孔，并在反应釜内部布置水合物开采井，各开采井井口的分布呈水平方向三层，分别为顶层（A-A层、层A-A）、中层（B-B层、层B-B）、底层（C-C层、层C-C）、即A层、B层和C层分别距反应釜内部顶壁45mm、90mm、135mm，从上到下将反应釜分为四个相同的部分，每一部分高度相等。

在上表面上采用"9点法"分布有"田"字形的垂直井网，V1、V2、…、V9，如图3.10所示。每一点，包括上表面正方形的中心处（V5）都布置有3根垂直井管，各垂

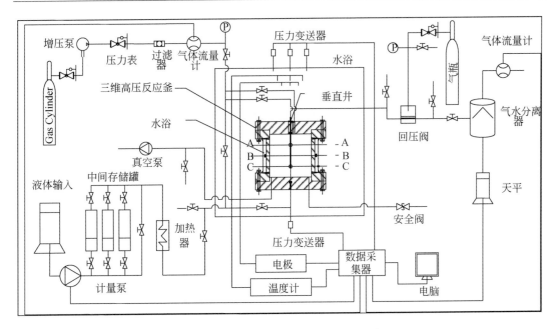

图 3.9 小型三维模拟系统的实验装置示意图

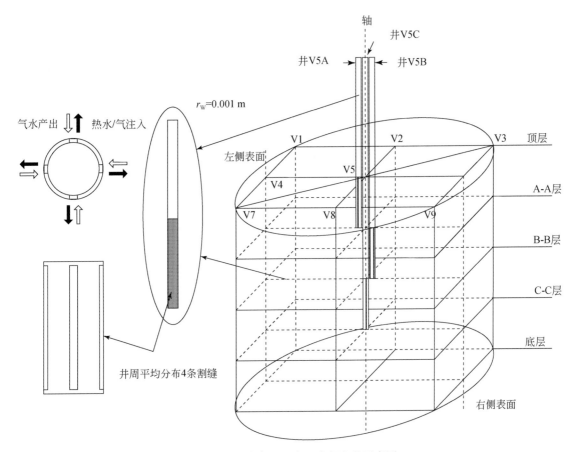

图 3.10 三维高压反应釜内部布井示意图

直井管的底部端面分别位于 A-A 层、B-B 层和 C-C 层。以中心垂直井（V5）为例，开槽位于 A-A 层的命名为井 V5A，开槽位于 B-B 层的命名为井 V5B，以此类推。在 V1、V3、V7 和 V9 处的垂直井位于内部测点形成的长方体的四个角落，且紧贴三维高压反应釜内壁。反应釜内部总共布置有 27 根垂直井。每根垂直井上对称割缝四个。

图 3.11 绘出了小型三维高压反应釜内部各层温度、电阻测点分布示意图。温度和电阻测点共分为 3 层，分别位于 A-A 层、B-B 层和 C-C 层，每一层共有 5×5＝25 个测点（温度 T1，T2，…，T25；电阻 R1，R2，…，R12），可以看出，共有 25×3 个温度测点，12×3 个电阻测点，测点均匀排布于反应釜内。以第 21 个测点 T21 为例，位于 A-A 层的温度测点命名为 T21A，位于 B-B 层的命名为 T21B，以此类推，电阻的命名类似。其中，从反应釜顶部观察，T13 在反应釜正中心处，T1、T7、T13 均分布在反应釜一角和反应釜中心点的连线上。图 3.12 为天然气水合物小型三维模拟系统照片。

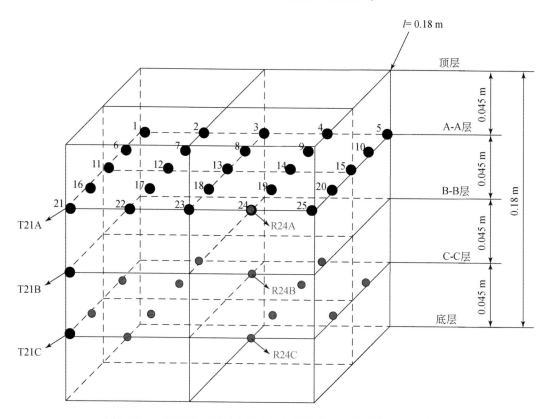

图 3.11 小型三维高压反应釜内部各层温度、电阻测点分布示意图

二、天然气水合物中试规模三维模拟系统

天然气水合物中试规模三维模拟系统与上述小型三维模拟系统不同之处在于：反应釜内部为圆柱体，空间几何尺寸为 Φ500mm×600mm，最大有效容积 117.8L，体积约为小型三维模拟系统高压反应釜的 20 倍。实验系统操作温度的控制是利用反应釜侧壁外侧的循

图 3.12　天然气水合物小型三维模拟系统

环水夹套，专门设计的步进式低温恒温室精确控制的。由于反应釜体积较大，顶层（A-A层）、中层（B-B层）、底层（C-C层），分别距反应釜内部顶壁150mm、300mm、450mm。反应釜布井的方式与小型三维高压反应釜的布井相似，只是相对位置相应增加。

图 3.13 绘出了系统内部温度和电阻测点分布示意图。温度和电阻测点共分为3层，分别位于 A-A 层、B-B 层和 C-C 层，每一层共有 7×7＝49 个测点（温度 T1，T2，…，T49；电阻 R1，R2，…，R49），则系统内部共有 49×3＝147 个温度和电阻测点。以第 43 个测点 T43 为例，位于 A-A 层的温度测点命名为 T43A，位于 B-B 层的命名为 T43B，以此类推，电阻的命名类似。其中，从反应釜顶部观察，T25 和 R25 均在反应釜正中心处，T1、T7、T43 和 T49，以及相应的 R1、R7、R43 和 R49，均分布在内部测点形成的长方体的四个角落，且紧贴三维高压反应釜内壁。

由于反应釜增大，实验过程中的产气产水及注水设备所需量程都要做相应调整，见表 3.1。平流泵为北京创新通恒科技有限公司生产的 P6000 制备型高压输液泵，采用双柱塞设计，压力范围为 0～15MPa，流量范围为 0～250mL/min，精度为±0.001mL/min。产气量采用北京七星华创流量计有限公司 D07-9E 型气体质量流量控制器和 D08-8C 型气体流量积算仪进行计量，量程为 1～100L/min，准确度为 2%。电子天平为广州市志成电子秤有限公司 ALH-30 型，量程为 30kg，精度为 2g，RS232 接口。

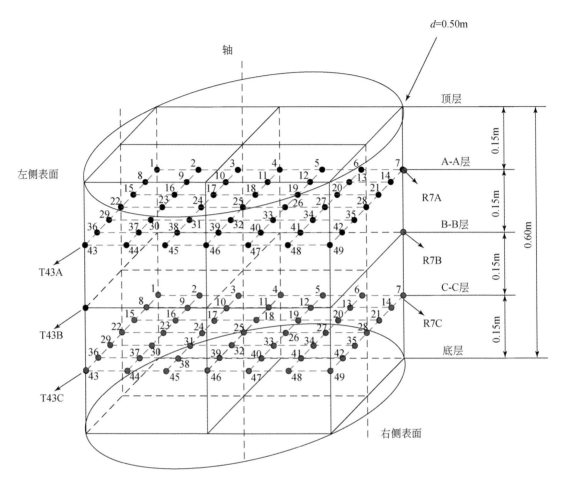

图 3.13　三维高压反应釜内部各层温度、电阻测点分布示意图

表 3.1　中试规模三维模拟系统与小型三维模拟系统物理和实验参数

物理和实验参数	中试规模三维模拟系统	小型三维模拟系统
反应釜内部形状	圆柱体	立方体
空间几何尺寸	Φ500mm×600mm	180mm×180mm×180mm
最大有效容积	117.8L	5.832L
温度控制方案	水夹套+恒温室	恒温水浴
测点分层	水平方向 3 层， 将反应釜内部 4 等分， 层间距150mm	水平方向 3 层， 将反应釜内部 4 等分， 层间距45mm
温度测点分布和数量	各层均正方形分布， 各层 7×7＝49 个， 釜内总共 49×3＝147 个	各层均正方形分布， 各层 5×5＝25 个， 釜内总共 25×3＝75 个

三、天然气水合物模拟实验过程

（一）实验方法

在实验中，将石英砂紧密地填塞进反应釜中作为多孔介质，石英砂的大小为 300~450μm，孔隙度约为 48%。随后关闭反应釜，通过两次抽真空将反应釜内的空气排出。再通过平流泵向反应釜内注入一定量的去离子水。基于中国南海神狐海域的天然气水合物藏的稳定存在温度，水浴温度设定为 8.0℃（Wang et al.，2009）。往反应釜内注入甲烷气体至反应釜内压力为 20MPa，关闭反应釜进出口阀门，在定容状态下形成天然气水合物，釜内压力逐渐下降，10~20 天后，反应釜内压力降为一定值，天然气水合物生成完成。在天然气水合物样品生成过程中，温度、压力、电阻通过数据采集系统每 5 分钟记录一次。

假定 1mol 天然气水合物中包含 5.75mol 的水分子，溶液为不可压缩流体，根据反应前后温度、压力、甲烷气体的质量，利用如下方法计算得到反应釜内天然气水合物的饱和度。

首先，在天然气水合物生成反应的 t 时刻，天然气水合物形成的物质的量（N_{ht}）与甲烷气消耗的物质的量（N_{gt}）相等，表示为

$$N_{ht} = N_{gt} \tag{3.1}$$

其中，甲烷气的消耗量可以通过反应前后温度、压力数据进行计算（Linga et al.，2009），方程如下：

$$N_{gt} = \left(\frac{PV}{zRT}\right)_{gi} - \left(\frac{PV}{zRT}\right)_{gt} \tag{3.2}$$

式中：P 为压力，MPa；V 为体积，L；R 为理想气体常数；z 为甲烷气体压缩因子；$\left(\frac{PV}{zRT}\right)_{gi}$ 为反应釜内初始的甲烷气量；$\left(\frac{PV}{zRT}\right)_{gt}$ 为在 t 时刻反应釜内的剩余甲烷气量。

所以天然气水合物生成速率可以表示为

$$R_{ht} = \left(\frac{dN_h}{dt}\right)_t = \frac{N_{h,t+\Delta t} - N_{ht}}{\Delta t}, \quad \Delta t = 5\,\text{min} \tag{3.3}$$

式中：N_h 为天然气水合物的物质的量。同时生成试验结束时的天然气水合物饱和度（S_H）定义为天然气水合物的体积占总孔隙度的体积比，表示如下：

$$S_H = \frac{N_h M_h}{\rho_h V_\phi} \tag{3.4}$$

式中：M_h 为天然气水合物的分子量，119.5g/mol；ρ_h 为天然气水合物的密度，本书取值为 0.94g/cm³；V_ϕ 为多孔介质最大孔隙体积，在小型三维模拟系统中为 2752mL，在中试规模三维模拟系统中为 51360mL。

（二）天然气水合物生成过程

本节首先以小型三维模拟系统装置中的一次天然气水合物生成实验为例，介绍天然气

水合物生成过程的特点。在本次实验中，一共有 15.8mol 甲烷气和 1050mL 水被注入至小型三维高压反应釜中。如图 3.14 所示，在天然气水合物生成实验开始后，天然气水合物逐渐生成，系统压力逐渐下降。经过 393.5h，反应釜内的系统压力下降至 12.90MPa，反应釜内一共生成 7.41mol 天然气水合物。可以容易地计算出平均天然气水合物生成速率（R_{havg}）是 0.019mol/h。在整个天然气水合物生成过程中，天然气水合物的生成速率是变化的，在生成实验的前期，生成速率较快，随后生成速率降到一个比较稳定的值。图中给出 a、b、c 三个不同时刻的开采速率：在第 20min（a），天然气水合物生成速率为 0.041mol/h，远高于第 100min（b）的生成速率 0.020mol/h；但随后压力变化不明显，在第 310min（c）天然气水合物生成速率微微下降为 0.018mol/h。由于天然气水合物生成是一个包含传热传质的反应动力学问题，影响生成的因素很多也很复杂。根据经典的天然气水合物生成动力学方程（Sun and Mohanty，2006），天然气水合物生成的速率与甲烷气逸度和天然气水合物生成相平衡逸度的逸度差相关，越大的逸度差导致越快的天然气水合物生成速度。由于反应釜内的气体只有甲烷，为了简化计算，用压力值代替逸度值。在天然气水合物生成温度（8.5℃）的条件下，相应的相平衡压力利用李小森等的逸度模型可以计算为 6.0MPa（Li et al.，2008）。对于 a、b、c 三个时间点来说，系统压力分别是 18.33MPa、16.68MPa、13.98MPa。因此相对应的逸度差分别是 12.33MPa、10.68MPa、7.98MPa。显然，天然气水合物生成速率并不和逸度差成正比，说明可能对于多孔介质中的天然气水合物生成，逸度差并不是最重要的因素。

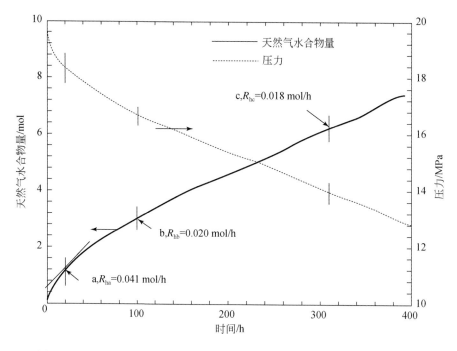

图 3.14　天然气水合物生成过程中系统压力和天然气水合物量随时间变化图

第三节　海洋天然气水合物钻采一体化模拟实验系统

　　海洋天然气水合物试开采的成本昂贵，目前天然气水合物开采技术研究仍以室内模拟实验为主。然而，已报道的天然气水合物开采技术实验研究通常在较小尺寸的模拟实验装置中进行，多关注较小尺度下天然气水合物分解产气和产水规律。由于反应釜样品尺寸较小，导致了明显的边界效应，且主导物理效应与现场实际情况不同，实验结果难以在现场得到应用。因此，有必要研发大尺寸的天然气水合物综合开采实验系统。最近几年，已有多个国家研制了一批较大尺寸的天然气水合物开采模拟实验系统，主要包括：日本产业技术综合研究所研制的大型实验装置，德国亥姆霍兹波茨坦地球科学研究中心建立的实验系统，中国科学院广州能源研究所、中国石油大学（北京）、西南石油大学研制的实验系统，这些实验系统重点关注天然气水合物藏的形成机理及其分解产气规律。

　　本节主要介绍中国地质调查局青岛海洋地质研究所自主研发的大型海洋天然气水合物钻采一体化模拟实验系统的基本构成、主要工作原理和初步仿真模拟结果。

一、实验系统的主要功能与结构组成

　　海洋天然气水合物钻采一体化模拟实验系统具备以下功能：制备符合自然条件的含天然气水合物沉积层；实时监测含天然气水合物沉积层整体和局部的天然气水合物饱和度；模拟井筒钻进样品过程中的储存动态响应规律；实施多级分步降压开采过程；实现产气、产水、产砂过程的实时监测与分离处理。

　　海洋天然气水合物钻采一体化模拟实验系统（图 3.15）主要由模型主体、供液模块、供气模块、钻采循环模块、围压加载模块、背压调节模块、生产分离模块、抽真空模块、循环制冷模块、数据处理模块等模块组成。系统整体实物图如图 3.16 所示。

二、结构组成及主要技术参数

（一）模型主体

1. 高压反应釜

　　主体高压装置模块是整个系统的核心，主要由高压反应釜、围压胶套、压力测柱、铠装温度测柱、电阻层析成像测点等部分组成。

　　其中，高压反应釜内部尺寸为 $\Phi750\text{mm}\times1180\text{mm}$，容积为 521L，采用整体锻造工艺加工。反应釜设计寿命为 30 年，工作压力 30MPa，工作温度范围为 $-20\sim50℃$。高压反应釜配置专用工作平台，方便各测点的布置、填充物及釜盖的装卸等；高压反应釜自带制冷系统，制冷速率 $2\sim3h$ 的时间内可使高压反应器从室温降低至 $-20℃$；高压反应器温度控制精度为 $\pm0.1℃$。

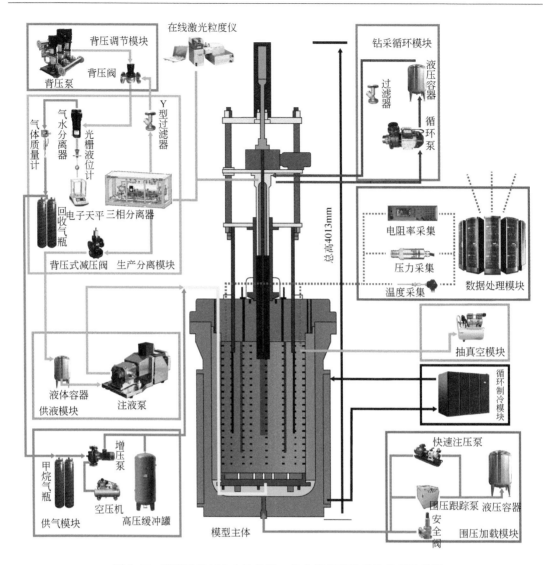

图 3.15　海洋天然气水合物钻采一体化模拟实验系统组成示意图

　　为满足不同地层围压条件的模拟，反应釜内部安装采用氯丁橡胶制成的围压胶套，围压胶套内尺寸为 $\Phi600\text{mm}\times1145\text{mm}$，厚度为 10mm，胶套上安装 320 个电阻率层析成像测点。胶套内置含天然气水合物沉积物的样品尺寸为 $\Phi600\text{mm}\times1000\text{mm}$，容积为 282.6L。围压胶套组件能够承受井筒钻进和开采模拟过程中产生的扭剪力，保证围压胶桶与传感器以及上下端盖连接处的密封性。

　　压力测柱、铠装温度测柱、电阻层析成像测点是主体高压装置模块的主要测试单元。其中压力测柱为测管式组件，分别插入沉积物 4 个层面，4 层面距离相隔均为 200mm；平面布置以轴线为中心，90° 对称距离分别为 280mm 和 440mm。铠装温度测柱由 5 个 PT100A 级铂电阻装入 1 根 316L 的 $\Phi10\text{mm}$ 钢管中，测量柱表面粗糙化处理，防止气液沿壁串流，精度为 0.1K。系统内置 6 根铠装温度测柱以获取天然气水合物成藏-开采过程中的温度场分布。沉积物内部的温压测点布局如图 3.17 所示。

图 3.16 海洋天然气水合物钻采一体化模拟实验系统实物图

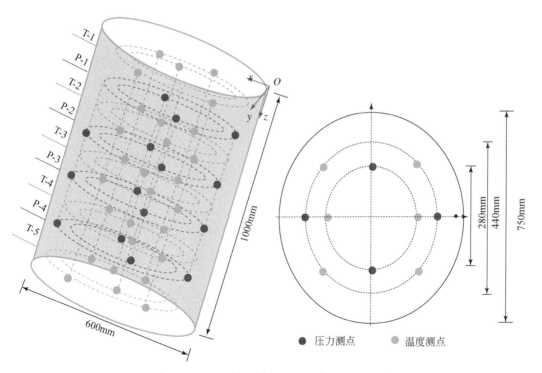

图 3.17 模拟沉积层内部温压测点布局示意图

2. 气液供给

气液供给用于天然气水合物钻采模拟仿真过程中天然气和孔隙水的供给回收，由供气模块和供液模块构成，供液模块包括液体容器、注液泵、流量计及相应的高压管阀等，供液速率为 0 ~ 500mL/min，计量精度为 ±0.5mL/min。为了满足降压、注热、二氧化碳置换、注抑制剂等多种开采过程的仿真模拟，供液模块的管阀均经过耐化学剂涂层处理，并配备相应的蒸汽发生器。

供气模块由甲烷气瓶、空压机、增压泵、高压缓冲罐、压力调节器、气体流量计及管阀件组成，用于天然气水合物生成时向反应釜提供稳定压力与流量的天然气；并满足二氧化碳置换开采仿真过程中二氧化碳的定压、定速率注入。

气液供给模块的模块设计压力比高压反应器设计压力高 5MPa（35MPa）。为满足持续成藏-开采过程的仿真，气液供给模块与生产分离模块之间设计循环回路。

3. 电阻层析成像

电阻层析成像技术可以利用不同介质（盐水、气体、沉积物、天然气水合物）的电导率差异，识别处于敏感场的电导率分布，并进行三维成像，从而识别模拟储层中的天然气水合物分布规律。本系统选用四点法电阻层析成像测量系统，测量电极安装在围压胶套上，电极沿样品轴向间隔 50mm 布置 20 层，每层电极为 16 个，共 320 个电极，每层电极均布设在胶桶圆周（图 3.18）。

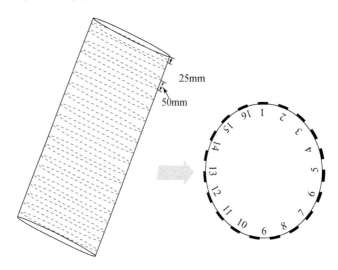

图 3.18　电极布设示意图

4. 围压加载

围压加载由围压跟踪模块、背压调节模块等组成，用于提供天然气水合物成藏-开采过程模拟中的储层围压，模块设计压力高于系统主体高压装置模块设计压力 5MPa。该模块设计定压跟踪和定压差跟踪两种模式，根据设定值自动跟踪，主要由液压容器、快速注压泵、围压跟踪泵及相应的高压管件组成。

5. 循环制冷模块

循环制冷模块是天然气水合物成藏–开采过程中储层温度模拟的必要辅助模块，包括高压反应釜冷却水夹套、制冷机组、电加热器、循环泵等设备以及步进式低温恒温室。高压反应釜温度控制精度为±0.1℃；供液模块温度控制精度为±1℃；供气模块温度控制精度为±2℃。步进式低温恒温室的尺寸为6m×6m×4m（长×宽×高），步进式低温恒温室主要放置在主体高压装置；设计室外气温不大于-40℃；室内工作温度在-20℃至室温；温度控制精度为±2℃。

（二）钻采循环模块

为了实现不同工况的天然气水合物开采室内仿真，本系统设计井筒管柱预埋和先期成藏后期钻采一体化仿真两种模式。其中钻采一体化仿真模式是本套模拟实验系统最具特色的部分，在国际天然气水合物模拟装置上属于首创。该模式可实现以下功能：模拟钻具在高压状态下钻入天然气水合物储层的现场钻采工艺过程；模拟钻井液循环过程中天然气水合物储层的物化参数响应规律；实现高压状态下钻进的同时完成井下防砂工具的安装；模拟不同工况下储层天然气水合物分解产出过程中的井筒挟砂、挟液流动规律。

1. 钻具与开采井模拟

基本设计工艺参数为：钻机旋转转速50 ~ 400r/min，动密封最大允许钻速6m/min，工作压力30MPa；循环管路流量6L/min，循环注入泵选用三缸柱塞泵，流量400L/h，电机功率15kW；泥浆搅拌速度400r/min，搅拌功率0.5kW；泥浆罐装满额定泥浆0.5 ~ 1h温度从室温降至-20℃，与高压反应釜冷却水夹套制冷机组共用。钻采一体化仿真系统基本钻井液循环钻进工艺流程如图3.19所示。

模拟动力钻具与开采井管同心安装。钻头带动模拟动力钻具和开采井管钻入模拟的天然气水合物储层，开采过程中钻杆充当内部油管，外部模拟的开采井筒上根据实际的地层需求安装筛网或砾石包裹层，以模拟开采过程中的出砂防控情况。特别地，为了达到模拟实际试采现场的目的，井管表面喷涂绝热绝缘涂层，并作表面粗糙化处理，防止气液沿壁串流、热量流失，特别是防止对层析成像电阻率试场的干扰等。

2. 仿真开采工作制度控制

天然气水合物开采工作制度仿真的两个关键仿真参数是模拟油嘴开度和井口油压。通过油嘴开度和井口油压的控制实现天然气水合物降压开采过程中井底流压、生产压降幅度、压降速率的模拟。为此，采用带计量刻度的针阀安装在气水分离器之后的气路流通通道，实现模拟油嘴的主要功能。

井口油压控制主要通过回压控制阀和回压缓冲容器等设备的联合实现，压力控制精度不大于0.1MPa。通过合理设计解决温度变化的高压实验系统出口流动状态不稳定的问题，采用全自动回压控制阀，使降压开采时回压控制可调（图3.20）。全自动回压控制阀的基本工作原理为：计算机设置压力，传感器反馈管道中的压力信号，调节器和气动调节气源配合调节管道压力；当管道压力高于或低于设置压力时，通过传感器反馈给计算机，计算机自动调节压力，使两端压力达到期望水平，从而确保出口流动状态相对稳定。

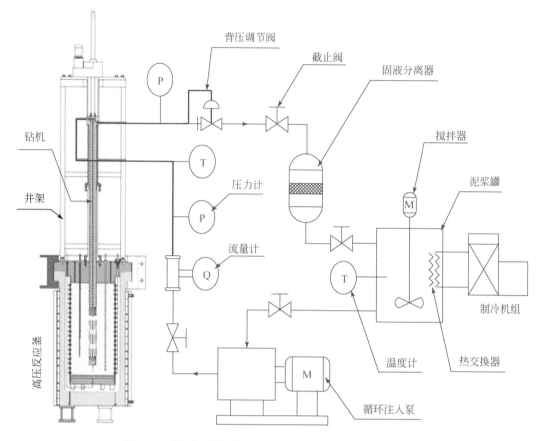

图 3.19　钻采一体化仿真模式钻井液循环钻进工艺流程图

（三）生产分离模块

生产分离模块主要用于分离天然气水合物开采过程中产出井筒的气-液-固三相并进行实时计量。主要由两级三相分离器、背压式减压阀、Y 型过滤器、光栅液位计、在线激光粒度仪、电子天平、回收气瓶、气体质量计、气水分离器、截止阀及管线等组成。

分离后的气体通过气体质量计持续计量；光栅液位计实时记录水砂混合液体积，估算混合体系中的固相含量；采用一定时间间隔分离取样的手段进行出砂量的计量。在线激光粒度仪可以实时在线记录产出地层砂的粒径随时间的变化规律。

（四）数据处理模块

数据处理模块主要由测控硬件及天然气水合物开采室内仿真实验测控软件两部分构成。测控硬件主要包括温度传感器、压力传感器、流量控制器、电阻层析成像测量仪、气液分离计量系统等数据测量设备和计算机、打印机、A/D 采集卡、I/O 控制板、软件等数据采集设备。高压反应釜温度测量精度为 ±0.1℃；高压反应釜压力测量精度为 ±0.1MPa；高压反应釜出口气体测量精度为 ±1.0SL/min；高压反应釜出口液体测量精度为 ±0.5mL/min；测量出砂速率、出砂量、出砂粒径；测量产水速率和产气速率；实时测量防砂器及

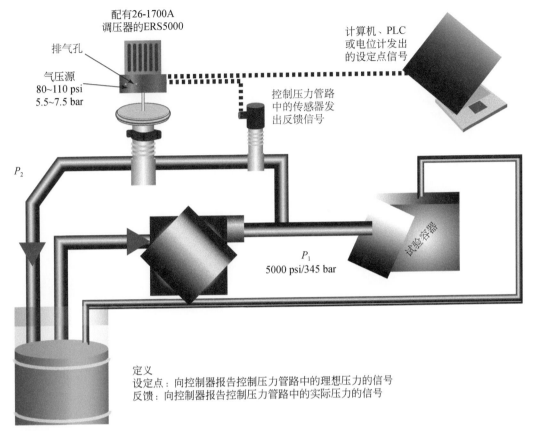

配有26-1700A
调压器的ERS5000

排气孔

气压源
80~110 psi
5.5~7.5 bar

计算机、PLC
或电位计发出
的设定点信号

控制压力管路
中的传感器发
出反馈信号

P_2

试验容器

P_1
5000 psi/345 bar

定义
设定点：向控制器报告控制压力管路中的理想压力的信号
反馈：向控制器报告控制压力管路中的实际压力的信号

图 3.20　全自动回压控制阀工作原理简图

$1psi = 6.89476 \times 10^3 Pa$；$1bar = 10^5 Pa$

其附近沉积物的温度和孔隙压力变化。

　　天然气水合物开采室内仿真实验测控软件（著作权登记号：2018SR625845）是一套与天然气水合物钻采一体化模拟装置配套研发的，专门用于天然气水合物开采过程大尺寸室内模拟仿真的测控软件平台（图 3.21）。具备数据采集、仿真数据库管理、数据粗处理、二维/三维数据呈现、开采降压程序控制、围压自动跟踪控制等功能，测控软件的主要功能模块包括：①天然气水合物开采过程仿真控制模块；②天然气水合物储层多物理场在线监测与反演模块；③天然气水合物出砂模拟与预测模块；④天然气水合物储层产气产水规律测量模块；⑤天然气水合物开采工作制度调控模块；⑥天然气水合物开采实际工况仿真模块等。

三、初步模拟实验与主要认识

　　二氧化碳水合物具有与天然气水合物相似的成藏、分解规律，且其生成条件相对温和，成藏效率高，安全性强。因此本节将以二氧化碳水合物为例，初步展示冰点附近二氧化碳水合物的降压分解规律，以验证系统可靠性并分析筛管预埋工况下的气–水–砂产出规律。

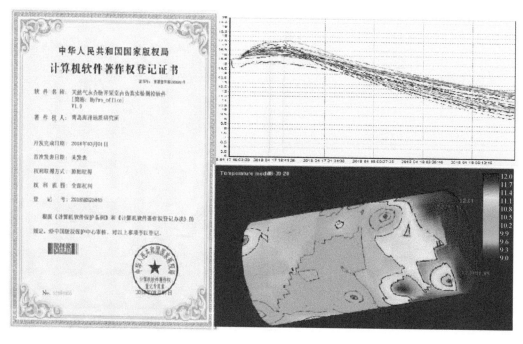

图 3.21　天然气水合物开采室内仿真实验测控软件著作权登记证书及典型测控结果显示

（一）二氧化碳水合物储层的制备

在研发的海洋天然气水合物钻采一体化模拟实验系统中制备二氧化碳水合物储层。实验用砂为石英砂与北京昌平河砂按照一定比例配比而成的混合砂，混合砂粒度分布曲线如图 3.22 所示。实验用砂最小砂粒径 0.5μm，最大砂粒径 450μm，粒度中值为 230μm，累积填砂量约为 500kg。从整体来看，离真实模拟南海储层还很远，但是已经基本接近日本 Nankai 海槽的储层粒度特征。

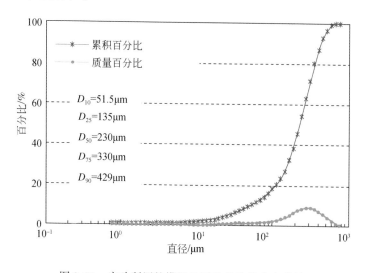

图 3.22　实验所用的模拟地层砂的粒径分布曲线

采用筛管预埋方式开展模拟仿真，根据图 3.22 所示的模拟地层砂的粒度分布曲线，选用标称挡砂精度为 $90\mu m$ 的精密筛管作为井筒控砂介质。

天然气水合物成藏过程中维持实验温度保持在 $0 \sim 2℃$，二氧化碳水合物生成过程持续 30 天，通过气体缓冲腔持续供气并维持沉积物内部平均压力在 $2.5 \sim 3.0MPa$，满足二氧化碳水合物生成的基本温压条件，生成结束后根据耗气量估算沉积物中的平均二氧化碳水合物饱和度约为 40%。

（二）开采工作制度仿真

实际开采过程中通过电潜泵泵频、井口油嘴联合调节实现对井底流压和产气速率的控制。本实验中采用气路回压和气嘴开度相结合的手段，以达到控制模拟井筒内部流压和产气速率的目的。天然气水合物开采过程中，降压速率和降压幅度是影响储层稳定性、出砂规律的主要因素，进而影响正常的开采产气过程。首先将 8mm 气嘴调至最小开度（10%），以 $1.1MPa/h$ 的降压速率将气路回压从 $2.2MPa$ 降低值 $0.2MPa$，此过程中控制储层围压降低至 $2.4MPa$，一方面始终保持储层承受的有效围压为 $0.9 \sim 1MPa$，另一方面防止有效围压过大挤毁胶套。

实验过程中气路回压、气嘴开度及绝对围压控制参数变化曲线如图 3.23 所示。气路回压降低到设定值后（$0.2MPa$，2h），调节气嘴开度，观察冰点附近二氧化碳水合物的分解产出规律。开采仿真过程中根据沉积物内部外围孔隙压力实时调节绝对围压值，以保证沉积物有效围压始终为 $0.9 \sim 1MPa$。整个开采仿真过程的工作制度主要分为"缓慢降压→稳压产气"两个阶段，以下主要依据这两个阶段分析冰点附近二氧化碳水合物的分解产出规律及储层温压演化规律。

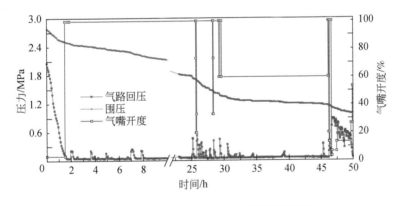

图 3.23　实验用精密筛管及实验模拟沉积物

（三）气液产出规律

开采过程中，经过两级三相分离器产出的气体通过气路产出并利用气体质量流量控制器实时记录，产出的水砂混合物通过非连续人工取样方式采集，然后进行沉淀分离。整个开采仿真过程中的产气、产水变化规律分别如图 3.24、图 3.25 所示。

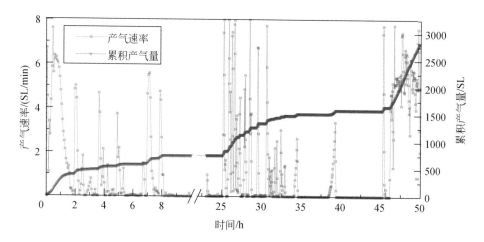

图 3.24　冰点附近二氧化碳水合物分解产气规律

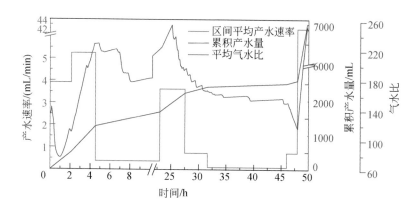

图 3.25　冰点附近二氧化碳水合物分解产水规律及气水比变化规律

在缓慢降压阶段，产气过程连续，并伴随一定的产水量。根据二氧化碳水合物相平衡条件判断，该区间产出的气体大部分为孔隙中未合成水合物的游离气，大量游离气产出过程中挟带井筒积液产出，该阶段的平均气水比维持在 70 ~ 120。

在稳压产气阶段，产气速率表现出明显的波动，二氧化碳水合物的分解产出表现为明显的非连续性，大量产气过程主要集中在三个典型时间区间（2 ~ 8h、25 ~ 33h、45 ~ 50h），而这三个时间区间的平均产水速率也明显增大。特别是在第一产气区间（2 ~ 8h）的前半程（2 ~ 4.5h），气水比急剧上升，然后维持在 190 ~ 220，直到第一产气区间结束。在第二、第三典型产气区间，平均气水比相比于产气低谷区间均表现出明显的上升，整个降压开采仿真过程中的最高气水比大于 250。在水合物分解低谷区，气水比下降，最低气水比约为 120，主要是该阶段产气速率较低，气体挟水产出量也相应降低，但总体而言，稳压产气阶段的综合气水比均高于缓慢降压阶段，主要是二氧化碳水合物分解水对产水量的贡献。

（四）开采过程储层参数演化

为了展示二氧化碳水合物开采过程中储层的整体温度场、压力场演化规律，从而为天然气水合物分解阵面演化规律提供基础，选取了典型时刻节点沉积物内部的温度场、压力场分布，分别如图 3.26、图 3.27 所示。从图中可以看出，整个开采过程中储层压力呈明显的非均匀下降趋势；起始条件下受成藏模拟过程二氧化碳水合物合成不均匀、外界温度

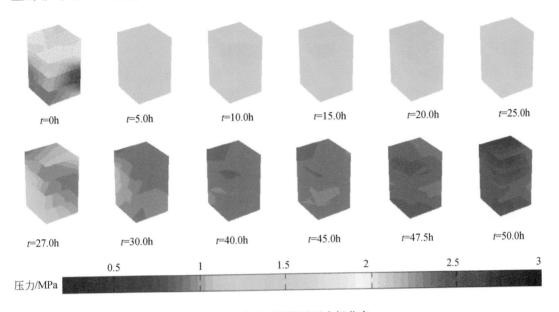

图 3.26　典型时刻储层压力场分布

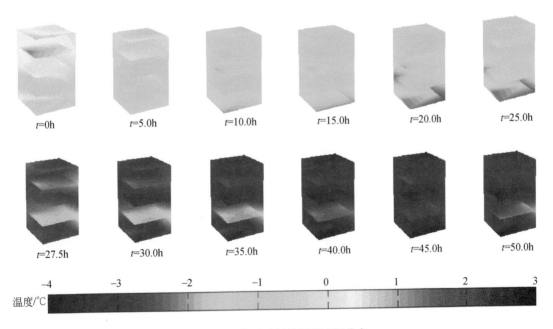

图 3.27　典型时刻储层温度场分布

不均匀等条件的影响,储层温度场表现出明显的"上高下低",随着二氧化碳水合物持续分解,储层整体温度降低且不同位置的温度趋于一致,这是二氧化碳水合物开采过程中的吸热效应和储层传热作用共同作用的结果,二氧化碳水合物分解过程储层最大的温度降幅为5℃。

结合图3.24、图3.25的产气、产水规律分析,产气速率和产水速率越快,二氧化碳水合物分解越大,导致地层温度下降越快,因此储层温度、压力波动最显著的三个阶段正好是气水集中产出的三个区间(2~8h、25~33h、45~50h)。

第四节 海洋天然气水合物试采井筒工艺参数仿真系统

天然气水合物开采期间的井筒参数监测及安全控制较常规油气资源开采更为复杂。赋存于海底的天然气水合物储层大多没有完整的圈闭构造和致密的盖层,且天然气水合物地层具有一定的坡度,通常处于非饱和的欠固结状态,天然气水合物的开采可导致地层强度大幅降低,从而可能导致井筒破坏等局部灾害和海底滑坡等大范围地质灾害,对井筒结构及地层安全性构成严重威胁。地层固、液、气三相混合物通过裸眼或防砂工具进入井筒,其固体(砂)产出与控制、气液流体流型流态、人工举升及泵效机制、流动保障与气液分离等涉及井筒安全及产能调控。可见,天然气水合物开采井筒监测及工艺参数确定是天然气水合物开发利用的技术保障,也是天然气水合物作为能源利用的前提,如何通过天然气水合物试采和开采过程对重要物理参数变化的监测,预测开采过程中可能存在的风险,以及合理改进开采方式,进而为天然气水合物开采提供支持是目前天然气水合物开采急需解决的一个关键问题。

一、海洋天然气水合物试采现场井筒参数监测

天然气水合物开采井筒安全监测技术的资料较少,在现有的天然气水合物试采项目中只有加拿大Mallik冻土带天然气水合物试采项目、日本Nankai海槽试采项目和中国南海试采项目有相关监测记录。

加拿大Mallik冻土带天然气水合物试采项目包括2002年的热激法开采以及2008年的降压法开采,天然气水合物试采过程采用测井与光纤监测技术监测。其中,测井主要采用斯伦贝谢公司的模块式地层动态测井仪,包括超声监测确定天然气水合物层饱和度、弹性常数;电阻仪确定含水量变化、天然气水合物分解范围;储层饱和度测井仪、加速器型孔隙度探测仪测量岩石孔隙度和黏土含量;元素俘获能谱仪测试岩性、绝对渗透率;核磁共振测井仪器获取流体含量变化。在开采时还采用氟化苯甲酸作为循环液体,利用其中的离子浓度对循环液体示踪,分析产出液来源。在整个试采过程采用光纤分布式温度传感器(distributed temperature sensor, DTS)对井筒温度进行监测,DTS直接捆绑于开采井套管之外,在井口到井深938.6m范围内布置,对不同深度和轴向距离的温度进行持续不断地监测,时间长达17天,包括天然气水合物热激法开采的整个过程。DTS系统测量温度平均所取时间为2.5min,温度测量误差为±0.50℃。分析发现温度测量值取决于循环液体注入

口的液体温度、地层结构和热学性能、循环液体在地层中的扩散速率等。

2013 年 3 月，日本开展了世界第一口海洋天然气水合物生产测试井，采用降压法开采天然气水合物，即通过井下电潜泵抽水降低地层井眼压力，从初始 13.5MPa 降为 4.5MPa，实现了连续 6 天的产气作业，单井产气量达到 2 万 m^3/d，但最终因出砂而被迫终止。该试采进行了多种监测活动，共钻进 1 口开采井和 3 口监测井（图 3.28），监测井的钻井作业在 2012 年 2～3 月进行，3 口监测井分别是 MC、MT1 和 MT2，其中，监测井 MC 中间灌入海水，便于后期多次测井，监测井 MT1 内部使用水泥固井，降低井筒内部液体对地层监测的影响。为有效获得整个试采作业期间的天然气水合物井筒情况，在天然气水合物监测井布置了两种类型的温度传感器，分别是光纤分布式温度传感器和阵列式电阻温度传感器。

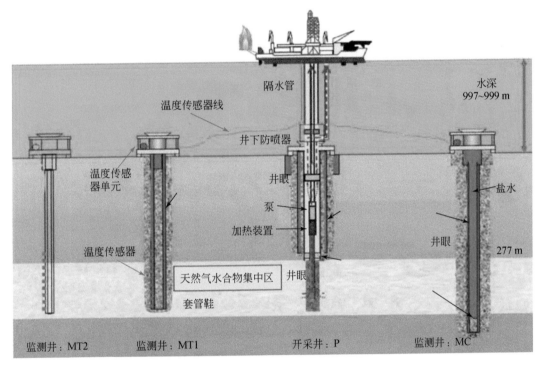

图 3.28　日本 Nankai 海槽天然气水合物试采开采井与监测井设计图〔据 Yamamoto 等（2014）修改〕

光纤分布式温度传感器和阵列式电阻温度传感器是两套独立的温度监测系统，以提高总监测系统的冗余性。光纤分布式温度传感器覆盖了整个监测井筒，而阵列式电阻温度传感器间距布置在天然气水合物层进行高精度温度监测，精度为±0.1℃。光纤分布式温度传感器采用自动/实时监测模式，系统采用水下电池供电，可以在海面无钻井船的情况下长期工作，实现长达 18 个月的水下自动监测，也可以在钻井船停留时实时存储数据上传。阵列式电阻温度传感器采用实时监测模式，只在海面有钻井船时进行。两套温度监测系统的传感器在监测井下套管时采用夹子固定在套管外侧跟随套管下井。

此试采两口监测井距离开采井分别为 21m 和 18m，监测井主要用于实时获得天然气水合物分解产气过程中的温度、压力、产气和分解范围的扩展数据。同时，对海底变形和甲烷泄漏等天然气水合物试采对环境的影响进行监测。总的来讲，天然气水合物现场试采及监测项目测试了以下数据：①地面压强、温度和循环速率；②采气总量和采气速率；③井底压强和温度；④气体、液体组分和含量；⑤电阻、超声、核磁、中子密度等参数。并根据这些监测数据计算和评价天然气水合物地层的温度和压力分布、含气量、天然气水合物储量、天然气成分、天然气水合物分解范围、岩石物性等。

此外，以上试采过程的监测也提供了很多需要深入研究的方向：①天然气水合物开采井钻探的优化设计，如何实现最大产气效率和最小化流沙问题；②需要研制监测天然气水合物地层的土力学响应参数的相应设备，用于天然气水合物开采后的地层与结构物性基础的安全性和天然气水合物开采受地层变形影响的评估；③研究开采井气水分离系统和水砂分离系统，减少输送过程中大量的能量损耗，以及避免随水气渗流运移出来的砂石堵塞管道；④如何采取有效措施弥补天然气水合物分解和气体快速渗流导致的热损耗，从而保证天然气水合物持续稳定分解，以及地层中的水气渗透路径和输送管道的通畅；⑤需要采取更加有效的隔热防腐措施，保证监测设备的精确度与使用寿命等。

我国于2017年和2020年在南海神狐海域成功实施两次天然气水合物试采，其中第一次试采过程中未布置监测井，在开采井中布设了光纤分布式温度传感器，及压力计，测量井筒不同深度的温度和压力；采用采前采后测井对比差异，监测了储层稳定性、沉降等变化情况，结果表明试采前后对储层稳定无明显影响（Li et al., 2018）。在第二次试采过程中，采用监测井监测试采过程各参数变化，结果表明，井口周边地形地貌特征稳定，未引起天然气水合物储层的滑移、海底滑坡、滑塌等地质灾害；试采过程前后，试采井周边大气、水体及甲烷含量均与背景值相当，本次天然气水合物试采没有引起甲烷泄漏；试采后海水全剖面海洋环境参数与试采前基本一致，与试采区本底值相当，试采对海水环境没有影响（叶建良等，2020）。

上述现场监测提供了宝贵的经验数据，但由于现场技术实施昂贵，且不确定性大，采用仿真模拟是掌握井筒各项参数管控的重要途径。

二、海洋天然气水合物试采井筒工艺仿真模拟

（一）井筒仿真模拟装置研发情况

关于海洋天然气水合物试采井筒仿真模拟的研究尚不多见，目前仅在部分高校、研究所开展了模拟研究尝试。例如，西南石油大学采用PVC透明管，在实验楼外墙体搭建约20余米高的举升管道，开展了气水人工举升和流体形态等工作研究。为了安全、高效、经济地解除超高压气井井筒中的天然气水合物堵塞，中国石油西南油气田公司利用自主研发的固体化学自生热解堵剂在井筒内发生化学反应所释放出的热量来溶解天然气水合物并防止其再次生成，通过调节解堵剂的添加量，来实现生热时间和生热量可调，进而将固体化学自生热解堵剂在四川盆地超高压含硫气井的解堵作业中进行了应用。

研究结果表明：①通过调整添加量，可以实现生热峰值温度（34.2~88.5℃）、生热时间（24.2~884.0min）可调，并且反应产物中包含天然气水合物抑制剂，能够抑制天然

气水合物二次生成；②随着解堵剂浓度增大，热传递速率加快，使解堵剂周围天然气水合物的分解速率增加；③随着井筒内径增大，解堵时间延长，并且从64mm增至76mm对应的解堵时间增长率小于从76mm增至102mm对应的解堵时间增长率；④热量扩散模拟计算结果与现场实际用量的吻合率超过85%，证明所建立的固体化学自生热解堵剂热量扩散模型可靠，可以用于现场解堵剂添加量的计算；⑤使用抗硫耐压140MPa的固体药剂投加装置投加固体化学自生热解堵剂，在四川盆地超高压含硫气井已应用3井次，成功解除了天然气水合物堵塞，使气井顺利恢复生产。结论认为，所形成的解堵技术针对超高压含硫气井井筒中形成的天然气水合物堵塞的解除效果好，现场操作安全简单、费用低，具有较好的应用前景。

中海石油（中国）有限公司深圳分公司和中国石油大学（华东）合作，利用室内垂直圆筒模拟深水井筒环境，实验研究了甲烷气泡表面水合物膜生长特性，提出了考虑自然对流传热的天然气水合物膜横向生长模型及天然气水合物膜厚度预测方法；分析了天然气水合物气泡变形率与莫顿数、拖曳力系数及雷诺数之间的相关性，据此建立了关井条件下井筒中含天然气水合物相变的气泡上升速度综合预测模型，并对南海某井的安全作业周期进行了预测和分析（韦红术等，2019）。通过实验和模拟分析发现，建立的天然气水合物膜横向生长模型对天然气水合物膜横向生长速率和厚度具有较高的预测精度；天然气水合物气泡变形率随莫顿数增大而减小，拖曳力系数随雷诺数增大先减小然后逐渐增大，并拟合得到了气泡变形率、拖曳力系数计算公式。研究表明，气泡表面天然气水合物的生成显著降低了气泡的上升速度，延长了安全作业周期，但气体到达海底井口后天然气水合物堵塞风险增加，现场应根据关井时间采取针对性的井控措施。

由于天然气水合物藏低温高压的特殊环境，天然气水合物分解产气过程中，井筒内会发生天然气水合物的二次生成及分解，影响井筒内的流动规律，甚至堵塞井筒。因此，研究考虑天然气水合物相变的井筒多相流流动规律，对水平井开采天然气水合物藏具有重要的意义。中国石油大学（华东）在传统水平井筒气液两相管流数学模型的基础上，结合天然气水合物生成/分解动力学模型，建立了考虑天然气水合物相变的水平井井筒多相管流模型，并对井筒气液两相流模型进行了验证，结果表明，基础数学模型可靠性强，能够保证计算结果的准确性。根据井筒内温度与天然气水合物相平衡温度分布，建立了天然气水合物生成区域的判别方法，并对考虑天然气水合物相变的井筒流动进行了规律性认识。研究表明，在同一时刻，当井筒内温度压力条件满足天然气水合物生成所需时，沿着流体流动方向，天然气水合物在井筒壁面的沉积厚度逐渐减小，井筒有效直径逐渐恢复至原始直径，产气量不断增加；随着生产时间的增加，天然气水合物在井筒壁面的沉积厚度增加，生成区域内井筒有效直径减小。对天然气水合物生成区域规律及不同生产条件下相变对井筒流动的影响规律进行研究表明，在同一时刻下，入口压力越大，生成区域越大，井口环境温度与产气量越大，生成区域越小；不同生成时间不会影响生成区域，但生成时间越长，过冷度越大，天然气水合物越容易生成；天然气水合物的生成导致井筒有效直径变小，水平段压差变大，产气剖面降低，生成区域内气体流动速度变大。

（二）井筒气液两相流流型研究进展

井筒流动一般分为单相流动和多相流动。对于单相流，一般将流动型态划分为两种，分别是层流和湍流。多相流动相较于单相流动更加复杂，这与各相的存在及其分布状况有关。就多相流动中最常见的气液两相流动来说，即使是同样份额的气液质量比，如果分布状况不同，其流体力学特性也不同。由于气液两相界面的不断变化，在流动过程中流动型态多样化，两相流动与各型态之间的过渡特征的研究，成为井筒气液两相流动的最基本最重要的问题之一。

对于气液两相流流型研究，第一阶段是通过实验借助一定的仪器来对实验中的流型进行观察，在此基础上得到经验流型图（图3.29）。其中，对于垂直井筒，流型图判断方法有 Duns 流型图（Duns and Ros，1963）和 Aziz 流型图（Aziz and Govier，1972）。垂直井筒流型有很多种划分方法，现在较为公认的垂直井筒流型分为四种：泡状流、段塞流、过度流和环状流。对于水平井筒，其流型判断方法有 Mandhane 流型图（Mandhane et al.，1974）和 Goiver 流型图（Govier and Aziz，1972）。水平井筒中，在气液两相密度差异和重力共同作用下，呈现出与垂直井筒不同的流型，液体流量不变，根据气体流量的大小，一般可分为泡状流、段塞流、分层流和环状流。

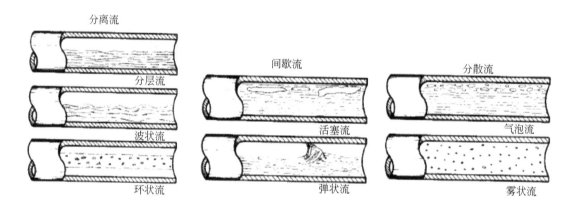

图 3.29　水平管流流型

第二阶段，国内外学者在流型图的基础上建立了流型经验公式判别法。对于垂直井筒，Kaya 等（2001）根据前人的研究，分析了气液两相垂直管流的各种流型，建立了包括垂直管气液两相流压降与持液率计算方法的流型判断机理模型。Kaya 等（2001）根据机理模型将气液两相垂直管流流型分为泡状流、分散泡状流、段塞流、过度流和环状流。对于水平井筒，Taitel 和 Dukler（1976）等建立了水平气液两相管流中各流型转变的机理模型，以及判断流型的半经验判别方法。Taitel 和 Dukler（1976）根据所建立的机理模型将水平管气液两相流流型分成五种，分别为间歇流、分层光滑流、分层波浪流、分散气泡流和环状液雾流。

除此之外，由于倾斜井的增多，对倾斜管内气液两相流的流型分布研究具有重要的实用价值。Gould 等（1974）在倾角为45°的倾斜管中，进行了以空气和水为介质的气液两相流动实验，并得到了 Gould 倾斜管流型图。之后，Barnea（1987）通过实验得到了倾角在-10°~10°的倾斜管流型图。Beggs 和 Brill（1973）通过实验，分别在倾斜度为0°、5°、10°、20°、35°、55°、75°和90°等16种实验管中，通过控制气液流量，进而观察各种情况下的流型，从而得到了水平管中所有的 7 种流型，分别为泡流、分层流、团状流、段塞流、波状流、雾流、环状流。在确定流型的同时，Beggs 和 Brill（1973）对整个流动过程中的持液率和井筒中压力梯度进行了测量。据 Beggs 和 Brill（1973）修改的水平管流型如图 3.29 所示，将水平管所有流型划分为三类：分离流、间歇流和分散流。采用 Beggs 和 Brill（1973）的方法进行流型判断，具有以下优点：①该方法适用于所有管型，包括水平管、垂直管及倾斜管；②通过校正系数校正水平管流计算结果，得到倾斜管流型；③利用内插法来判断分离流与间歇流之间过渡的流型。

（三）井筒气液固三相流动研究进展

国内外研究气液固三相流动大多是在钻井领域，在井控方面已经建立了多相流动模型，而这些模型主要是在钻井过程中气液两相流的理论上建立的。在钻井过程中，不同类型的黏土、水基钻井液、油基钻井液在井筒中会形成气液固多相流动。在多相流动过程中，由于气液两相中悬浮着固体颗粒，固体颗粒之间、固体颗粒与流体之间存在着相互作用力，因此在流动过程中颗粒与流体的速度并不相等。在钻井过程中，由于固体颗粒的存在会产生较高的摩阻力，三相流的黏度也会更大，相比于气液两相流来说更加复杂。

在我国，随着井控、欠平衡钻井技术的不断发展，从 20 世纪 80 年代以来，井筒多相流技术越来越被重视。范军等（2000）考虑了井筒与地层流体的耦合，建立了井筒含有钻屑相的气液固多相流动模型；王志远（2009）考虑天然气水合物相变研究了垂直井的环空多相流，建立了包括碎屑相、天然气水合物相的气液固多相流动的理论模型；孙宝江等（2011）在考虑井筒与油藏连续耦合的情况下，建立了欠平衡井筒含有固相的七种组分的多相流动模型，较好地解决了钻井过程中井筒多相流的流动问题；刘陈伟等（2013）在描述油包水体系管流时，建立了含天然气水合物的气液固多相流动规律的理论模型，分析研究了天然气水合物生成的影响因素及天然气水合物相变对体系流动的影响。

（四）井筒多相流动模型研究进展

由于气液两相的存在及两相自身的复杂性，两相流的流动比单相流更加复杂，处理方法也更加复杂。目前，在气液两相流体力学中，采用简化后的流动模型来处理，这些公认的多相流模型大致分为机理模型、漂移流动模型、分相流动模型、均相流动模型和流动型态模型等。

1. 均相流动模型

所谓均相流动，就是假设气液两相充分混合，将混合物看成均匀介质，两相之间不存在相对滑移，把两相流动问题转化为单相流动问题进行处理。在均相模型中，一般认为气相和液相的速度相等，并且两相介质已达到热力学平衡，均相模型优点在于用气液两相体积分数表观速度计算简单，缺点在于均相模型具有一定的局限性，对于泡状流和雾状流精确性较高，对于层状流与环状流误差较大，而对于段塞流需要进行修正。

2. 分相流动模型

分相流动模型简称分流模型，它是假设气液两相是完全分离的，其中每一相都有各自的平均流速和各自的物性参数。随着流体力学的发展，分相流动模型越来越完善，很多参数可以通过数学模型计算求得。对于不同的分相流动模型，主要的区别在于空隙率（持气率）的计算方法。持气率的准确性对结果具有较大的影响。分相流动模型建立在两个基本假设条件之上：气液相介质的平均流速是根据各自在管道中所占断面面积计算的；气液两相处于热力学平衡状态。

分相流动模型相对于传统均相流动模型，考虑了气液两相之间流速的差异，更加接近实际情况，但是分相流动模型没有考虑不同流型下的相态分布，仅仅以持气率等参数为基础，在计算过程中有一定的误差。分相模型适用于层状流、波状流和环状流。

3. 漂移流动模型

为了弥补分相流动模型与均相流动模型与实际流动的误差，学者在 20 世纪 60 年代提出了漂移流动模型。漂移流动模型的优点是在分相流动模型的基础上，不仅考虑了空隙率与流速的分布规律，且考虑了气液两相之间的相对滑移运动，使计算结果更加精确；其缺点在于缺乏对流动机构及流型过渡的考虑。

4. 机理模型

机理模型是结合流体力学与流动型来预测气液两相流流体力学特征的方法。根据多相流每个流型的动力学特性，Taitel 和 Dukler（1976）最早提出了气液两相流动的机理模型，其主要工作是首先预测流型，然后依据流型计算流动参数。Ansari 等（1994）结合 Taitel 等的研究成果，建立了垂直管气液两相流动模型及流动判断机理模型，并针对每种流型选用已有的压降机理模型。Gomez 等（2000）针对管斜角（0°~90°）建立了两相流综合压降机理模型。李相方等（2004）建立了钻井气侵期间井眼气液两相流偏微分方程组。Hasan 等（2010）在 Taitel 等机理模型的基础上，建立了一种新的流型预测机理模型，建立了井筒压降计算方法。

在考虑天然气水合物相变的多相管流数学模型中，多侧重于流体流动过程中天然气水合物发生二次生成与分解的问题，即仅关注于井筒流动保障问题。但在天然气水合物开采过程中，进入井筒之前固体挡砂介质工具测试、气-水-砂三相流体的人工举升效率以及气液固的分离效果如何，均直接影响天然气水合物开采的效能。因此，有必要在模拟现场尺度条件下，开展上述方面的研究，为天然气水合物试采提供直接参数支撑。

三、海洋天然气水合物试采井筒仿真模拟系统研发

针对海洋天然气水合物试采所急需解决的人工举升、出砂管理和流动保障等关键科学问题，经过多方调研和详细设计，项目建设了一口专门用于海洋天然气水合物试采仿真研究的实验井（图 3.30）。

实验井的主要功能是模拟电潜泵三相流体整个举升过程，通过井下和地面的检测与计量系统，实现对各种工况的模拟和实时检测与数据采集，通过对测试结果进行拟合、分

图 3.30　海洋天然气水合物试采人工举升与防砂仿真模拟实验井

析，为后期天然气水合物开采及生产提供依据，并预留功能接口，满足后续防砂工具和试采方式等试验需求。实验井完井深度 200m，由地层流体模拟配注系统、贝克休斯电潜泵举升系统和气-水-砂地面分离计量与监控系统三部分构成。

（一）实验井主要功能

为了有针对性地解决海洋天然气水合物试采面临的举升与流动保障等问题，本实验井主要具备三方面的功能：①模拟天然气水合物开采过程中从井底到地面的气-水-砂三相流动的人工举升、防砂和挟砂过程；②模拟和测试螺杆泵/离心泵在不同的工况（砂含量、气含量、排量等）下的人工举升效率、气液分离效率和挟砂能力，获得泵在气-水-砂三相举升条件下的最佳工况，为人工举升泵的优选和人工举升方案的优化提供依据；③模拟和测试不同完井防砂方式（GeoFORM、筛管等）在不同工况（砂含量、砂）下的防砂效果，为防砂方式选择和防砂工艺优化设计提供依据。

（二）实验井设计结构

实验井分为地面系统和地下井两部分。

地面系统包括模拟配注系统、分离计量系统、监测系统三部分。其中，模拟配注系统通过向井筒内注入气、水、砂三相，模拟水合物开采的流体工况；分离计量系统可将举升到地面的气、水、砂三相进行分离并分别计量；监测系统用于获取实验过程中设备的电压、电流等工作状况以及流量、温度、压力等测试数据。系统设计如图 3.31 所示。

地下井主要包括井筒、电泵、GeoFORM 防砂系统、光纤分布式温度传感器（DTS）、电子压力计，结构如图 3.32 所示。各部分主要参数与功能如下。

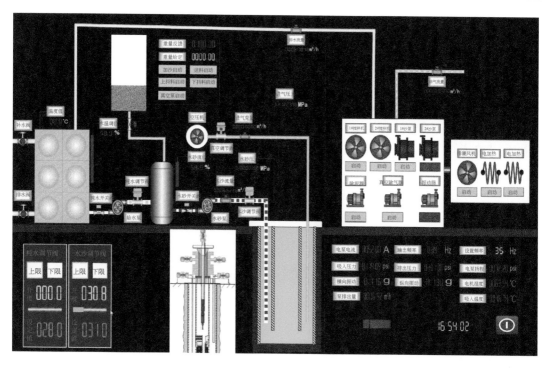

图 3.31　系统设计图

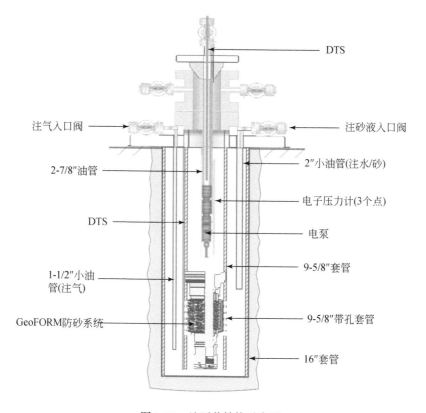

图 3.32　地下井结构示意图

井筒：200m 深，由 16″套管固井，9-5/8″套管悬挂井口模拟实际井筒，16″套管和 9-5/8″套管之间的环空中分别设计 1-2″和 1-9″油管，用于水砂注入和气体注入。

电泵：电泵下入在 9-5/8″套管中，电潜螺杆泵和电潜离心泵两种泵分别下入。

DST：两路 DTS 测试系统分别布置在 9-5/8″套管外和 2-7/8″油管中，连续测量温度分布。

GeoFORM 防砂系统：置于 9-5/8″套管的最底部，用于防砂。

电子压力仪：位于 2-7/8″油管外侧，共有三个测点，两个位于泵下方，一个位于泵上方，可测试温度和压力。

(三) 实验井测试结果与初步认识

南海北部神狐海域天然气水合物储层胶结差、沉积物粒径小、泥质含量高，在生产过程中易出砂。人工举升泵在含砂情况下的工作能力需要进行适应性分析。在建立的人工举升实验井中开展电潜离心泵的人工举升仿真实验，获取在含砂情况下泵的性能，进而对不同工况下的工作参数进行优化。应用仿真实验井，通过地面的渣浆泵将一定含砂量的水砂混合液注入井底中，通过调节井口阀门调节泵的排量，测试不同含砂量条件下泵的扬程，计算泵的效率。

图 3.33 是含砂量分别为 0.2%、0.3%、0.5%、0.7%、0.9%、1.0% 情况下泵的特

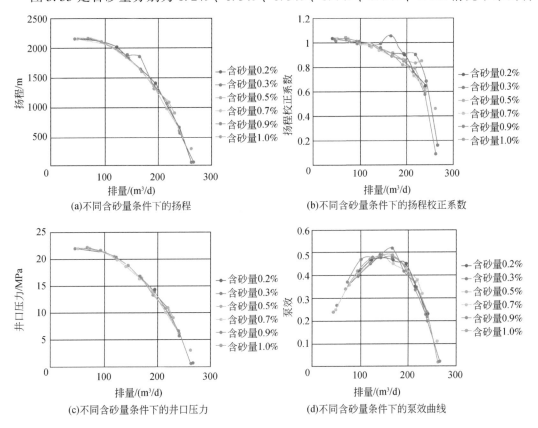

图 3.33　不同含砂量条件下的泵特性曲线

性曲线。从图 3.33 可以看出，液体中含砂量对泵的特性曲线产生影响。实际扬程比理论扬程偏小，且排量越小时，实际扬程与理论扬程的偏差越大。最大实际扬程与理论扬程差别不大，排量小于 $200m^3/d$ 时，实测扬程为理论扬程的 $80\% \sim 90\%$；排量大于 $200m^3/d$ 时，实测扬程为理论扬程的 $70\% \sim 80\%$。从图 3.33 还可以看出，在含砂量小于 1% 的条件下，含砂量的增加不会对泵的性能影响加剧。上述数据可为电潜离心泵人工举升过程中的泵挂位置的设计提供依据。从上述结果看出，实验井可以有效地应用于人工举升的研究中，为试采人工举升的优化提供服务。

第五节　海洋天然气水合物开采数值模拟技术

天然气水合物开采是一个复杂的多物理场耦合过程，通常采用实验模拟和数学模拟两种方法进行研究。这两种方法互为补充，各有优势。实验研究是探索天然气水合物生成、分解等各种机理的重要研究方法，同时也是测量天然气水合物各种物性参数的重要手段，但实验研究通常在室内进行，难以模拟真实的环境，而且只能进行短时间、小尺度的模拟；数学模拟研究不受场地时间限制，可以模拟实际尺度的问题，且成本低，但无法获得新的机理；实验模拟为数学模拟提供参数，并验证数学模型；数学模拟作为实验模拟的补充，扩大实验研究成果的应用范围。本节将介绍天然气水合物开采数值模拟的基本原理、研究进展，以及数值模拟技术在天然气水合物开采中的应用。

一、天然气水合物开采数值模拟基本原理

数学模拟基于基本的物理规律，建立描述了某一物理过程的数学模型，求解该数学模型从而研究该物理过程的演化规律。对于简单的数学模型，可以用经典的数学解析方法求得数学模型的精确解，这一类方法称为解析方法。解析方法可以直接获得物理量之间的函数关系式，物理意义明确。然而，解析方法只能求得一些简单的物理问题的解。对于复杂的物理过程，数学模型复杂，无法获得解析方法。因此，数值计算的技术逐渐应用于数学模型的求解。数值模拟是通过数值的方法求解数学模型的近似解，获得研究区的物理量的分布场，从而研究物理过程的演化规律。与解析方法不同的是，数值模拟无法得到物理量的显式函数关系。

数值模拟的一般步骤可以分为物理过程分析、数学模型建立、数值计算和结果处理等几个步骤。天然气水合物开采建模所需考虑的主要物理过程在本书第二章第一节进行了详细的阐述。数学模型的建立是用偏微分方程组及相应的边界条件描述上述物理过程。数值计算即是用数值的方法求解数学模型。其中，数学模型是整个研究过程中的核心，如果数学模型中忽略了某个基本物理过程，那么模拟的结果也绝不可能体现该物理过程的影响，这是数值模拟与实验模拟最重要也是最本质的区别。数值计算是数值模拟的关键，计算的准确性和效率直接决定了数值模拟是否可靠。

（一）天然气水合物开采的数学模型

海洋天然气水合物储层由沉积物骨架、气、水、盐分和天然气水合物等组分构成。除

了组分的概念外，还存在相态的概念，即以上组分可能呈现出气相、液相和固相，其中固相还可进一步分为天然气水合物固相、冰固相和沉积物颗粒固相三种。某一组分在不同条件下可能呈现出不同的相态。含天然气水合物沉积物体系中的组分和相态的关系如图 3.34 所示。形成天然气水合物的气体（甲烷、乙烷、二氧化碳和氮气等）主要以气相形式存在，也可能形成天然气水合物以固相存在，还可以以溶解的形式存在于液相中；水最常见的形态即是液相，形成天然气水合物时，水还可存在于天然气水合物固相中，除此之外，水在冰点以下时还可存在于冰固相中，同时水还可以以蒸汽的形式存在于气相中；天然气水合物组分仅能存在于天然气水合物固相中；盐分或者其他的抑制剂等则主要以溶解态的形式存在于液相中。沉积物骨架颗粒一般不与其他组分发生作用，主要以沉积物固相的形式存在。

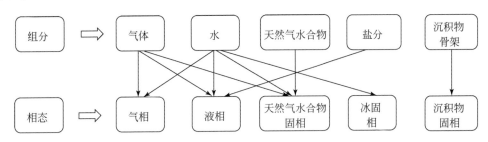

图 3.34　海洋含天然气水合物沉积物组分和相态关系图

从微观角度出发，直接模拟以上各组分和相在孔隙尺度中的行为对于工程尺度的问题来说计算量过大，无法实现。因此，必须从连续介质力学的角度出发，假设含水合物沉积物多孔介质由大量的具有一定尺度且有足够多的孔隙和沉积物骨架的表征单元体（representative elementary volume，REV）组成。REV 尺度远大于孔隙尺度，包含足够多的孔隙和骨架，且 REV 的尺度远小于研究问题的尺度，REV 上的物理量采用平均值定义。基于 REV 的假设，则可以将整个研究区域视为由无数 REV 组成的连续介质，REV 内同时存在着气相、液相、天然气水合物固相、冰固相和沉积物固相，其中气相、液相、天然气水合物固相和冰固相则填充在沉积物骨架组成的孔隙中，如图 3.35 所示。

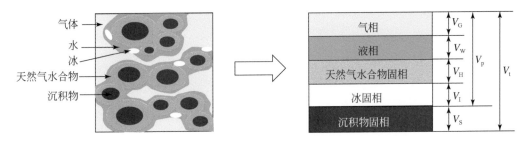

图 3.35　连续介质假设

为方便表示，用 g，w，h，i，s 分别表示上述的五种组分（气体、水、天然气水合物、盐分和沉积物骨架），用 $\kappa=g$，w，h，i 表示孔隙空间中的组分。用 $\gamma=G$，A，H，I，S 分别表示气相、液相、天然气水合物固相、冰固相和沉积物固相五种相态；其中占据孔

隙空间的相表示为 $\beta=G$，A，H，I。图 3.35 的 REV 体积为 V_t，其中气相体积为 V_G，液相体积为 V_A，天然气水合物固相体积为 V_H，冰固相体积为 V_I，沉积物骨架的体积为 V_S。其中 V_G、V_A、V_H 和 V_I 组成孔隙空间 V_p。

上述各相中，气相和液相可以在沉积物多孔介质内流动，称为流动相，用 $\alpha=G$，A 表示；天然气水合物固相、冰固相和沉积物固相则不能流动，称为不流动相。然而，海洋含天然气水合物沉积物的胶结较弱，随着天然气水合物的分解，沉积物骨架的颗粒可能脱落，并在气相和液相的作用下发生运移或沉降，此时脱落的这部分砂颗粒固相也可以视作流动相。本书在第二章第一节指出天然气水合物开采过程中涉及的传热、渗流、天然气水合物分解和固体变形四个物理场的耦合，而这其中的传热、渗流和天然气水合物分解可以视作流体力学的研究范畴，主要研究流体相的运移，该部分的研究主要侧重于天然气水合物开采的传热传质及产能；而沉积物变形则属于固体力学的研究范畴，主要研究固相的力学行为，这部分研究侧重于含天然气水合物沉积物的力学稳定性。

基于连续介质力学的理论，在由 REV 组成的介质中取空间控制体，如图 3.36 所示。对于流体部分，连续性条件有：控制体内的物质变化等于流入的物质量减去流出的物质量。整个系统的控制方程由质量守恒方程、动量守恒方程和能量守恒方程构成。需要注意的是连续性条件是针对组分而言而非相态。

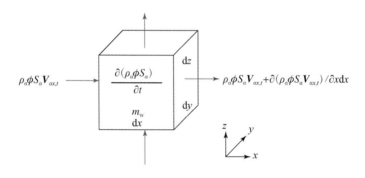

图 3.36　控制体示意图

1. 质量守恒方程

以水组分为例，给出质量守恒方程的详细推导过程。如图 3.36 所示，在 Δt 时间内从控制体 x 方向左侧流入控制体的水的质量为

$$\sum_{\alpha}(\rho_{\alpha}\phi S_{\alpha}\chi_{\alpha}^{w}\boldsymbol{v}_{\alpha x,t}\mathrm{d}y\mathrm{d}z\Delta t) \tag{3.5}$$

式中：ρ_{α} 为 α 相的密度；χ_{α}^{w} 为水组分在 α 相中的摩尔分数，而 $\alpha=G$，A，故从控制体左侧流入控制体的水由蒸汽形式的水和液态形式的水组成；$\boldsymbol{v}_{\alpha x,t}$ 为 α 相在 x 方向上相对控制体的运动速度。

而从控制体 x 方向右侧流出的水的质量可以表示为

$$\sum_{\alpha}(\rho_{\alpha}\phi S_{\alpha}\chi_{\alpha}^{w}\boldsymbol{v}_{\alpha x,t}\mathrm{d}y\mathrm{d}z\Delta t)+\frac{\partial\left[\sum_{\alpha}(\rho_{\alpha}\phi S_{\alpha}\chi_{\alpha}^{w}\boldsymbol{v}_{\alpha x,t}\mathrm{d}y\mathrm{d}z\Delta t)\right]}{\partial x}\mathrm{d}x \tag{3.6}$$

则在 Δt 时间内从该控制体 x 方向净流出的水的质量为

$$\frac{\partial\left[\sum_{\alpha}\left(\rho_{\alpha}\phi S_{\alpha}\chi_{\alpha}^{w}\boldsymbol{v}_{\alpha x,t}\mathrm{d}y\mathrm{d}z\mathrm{d}x\Delta t\right)\right]}{\partial x} \tag{3.7}$$

同理可计算 Δt 时间内，通过 y 方向和 z 方向净流出控制体的水的质量分别为

$$\frac{\partial\left[\sum_{\alpha}\left(\rho_{\alpha}\phi S_{\alpha}\chi_{\alpha}^{w}\boldsymbol{v}_{\alpha y,t}\mathrm{d}y\mathrm{d}z\mathrm{d}x\Delta t\right)\right]}{\partial y} \tag{3.8}$$

和

$$\frac{\partial\left[\sum_{\alpha}\left(\rho_{\alpha}\phi S_{\alpha}\chi_{\alpha}^{w}\boldsymbol{v}_{\alpha z,t}\mathrm{d}y\mathrm{d}z\mathrm{d}x\Delta t\right)\right]}{\partial z} \tag{3.9}$$

式中：$\boldsymbol{v}_{\alpha y,t}$，$\boldsymbol{v}_{\alpha z,t}$ 分别为 y 方向和 z 方向 α 相相对控制体的流动速度。因此，Δt 时间内水通过控制体各个面净流出的质量为

$$\sum_{\alpha}\left[\nabla\cdot\left(\rho_{\alpha}\phi S_{\alpha}\chi_{\alpha}^{w}\boldsymbol{v}_{\alpha x,t}\right)\mathrm{d}x\mathrm{d}y\mathrm{d}z\mathrm{d}t\right] \tag{3.10}$$

控制体内水的质量除了因为流动而变化外，在多相多组分体系中还存在物质的扩散，x 方向因扩散净流出控制体的水的质量为

$$\frac{\partial\left[\sum_{\alpha}\left(\phi S_{\alpha}\boldsymbol{J}_{\alpha}^{w}\mathrm{d}y\mathrm{d}z\mathrm{d}x\Delta t\right)\right]}{\partial x} \tag{3.11}$$

式中：$\boldsymbol{J}_{\alpha}^{w}$ 为水在 α 相中的质量扩散流量。与流动同理，因扩散引起的控制体内的水的质量变化为

$$\sum_{\alpha}\left[\nabla\cdot\left(\phi S_{\alpha}\boldsymbol{J}_{\alpha}^{w}\right)\mathrm{d}x\mathrm{d}y\mathrm{d}z\mathrm{d}t\right] \tag{3.12}$$

此外，天然气水合物的分解/生成会产生/消耗水，水的产生/消耗速率为 m_{w}，则控制体内单位时间水的生成/消耗的质量为

$$m_{w}\mathrm{d}x\mathrm{d}y\mathrm{d}z\Delta t \tag{3.13}$$

天然气水合物相变动力学的计算详见第二章第一节。

t 时刻控制内的水相质量为

$$\sum_{\alpha}\rho_{\alpha}\phi S_{\alpha}\chi_{\alpha}^{w}\mathrm{d}x\mathrm{d}y\mathrm{d}z \tag{3.14}$$

经过 Δt 时间，在 $t+\Delta t$ 时刻控制体的质量是

$$\sum_{\alpha}\rho_{\alpha}\phi S_{\alpha}\chi_{\alpha}^{w}\mathrm{d}x\mathrm{d}y\mathrm{d}z + \frac{\partial\left(\sum_{\alpha}\rho_{\alpha}\phi S_{\alpha}\chi_{\alpha}^{w}\mathrm{d}x\mathrm{d}y\mathrm{d}z\right)}{\partial t}\Delta t \tag{3.15}$$

故在 Δt 时间内，控制体内的水相质量增加量为

$$\frac{\partial\left(\sum_{\alpha}\rho_{\alpha}\phi S_{\alpha}\chi_{\alpha}^{w}\mathrm{d}x\mathrm{d}y\mathrm{d}z\right)}{\partial t}\Delta t \tag{3.16}$$

根据质量守恒，Δt 时间内，控制体内水相质量增加量与净流出量加上天然气水合物相变产生/消耗的水相等，即

$$\frac{\partial\left[\sum\limits_{\alpha}(\rho_\alpha\phi S_\alpha\chi_\alpha^{\mathrm{w}}\mathrm{d}x\mathrm{d}y\mathrm{d}z)\right]}{\partial t}\Delta t = m_{\mathrm{w}}\mathrm{d}x\mathrm{d}y\mathrm{d}z\Delta t + \sum_{\alpha}\left[\nabla\cdot(\phi S_\alpha\boldsymbol{J}_\alpha^{\mathrm{w}})\mathrm{d}x\mathrm{d}y\mathrm{d}z\mathrm{d}t\right]$$
$$- \sum_{\alpha}\left[\nabla\cdot(\rho_\alpha\phi S_\alpha\chi_\alpha^{\mathrm{w}}\boldsymbol{v}_{\alpha x,t})\mathrm{d}x\mathrm{d}y\mathrm{d}z\mathrm{d}t\right] \tag{3.17}$$

约去 $\mathrm{d}x\mathrm{d}y\mathrm{d}z\Delta t$ 有

$$\frac{\partial\left[\sum\limits_{\alpha}(\rho_\alpha\phi S_\alpha\chi_\alpha^{\mathrm{w}})\right]}{\partial t} = m_{\mathrm{w}} + \sum_{\alpha}\left[\nabla\cdot(\phi S_\alpha\boldsymbol{J}_\alpha^{\mathrm{w}})\right] - \sum_{\alpha}\left[\nabla\cdot(\rho_\alpha\phi S_\alpha\chi_\alpha^{\mathrm{w}}\boldsymbol{v}_{\alpha x,t})\right] \tag{3.18}$$

气体组分的质量守恒方程的推导过程与水组分相同，最终的气体组分的质量守恒方程只需将上式中的 w 改为 g 即可。

由于天然气水合物仅存在天然气水合物固相中，故不存在气和水的扩散过程。与上述气和水组分的推导过程类似，最终得到天然气水合物的质量守恒方程为

$$\frac{\partial(\rho_{\mathrm{H}}\phi S_{\mathrm{H}})}{\partial t}+\nabla(\rho_{\mathrm{H}}\phi S_{\mathrm{H}}\boldsymbol{v}_{\mathrm{H},t}) = -m_{\mathrm{H}} \tag{3.19}$$

式中：m_{H} 为天然气水合物相变消耗/生成的质量；$\boldsymbol{v}_{\mathrm{H},t}$ 为天然气水合物相对控制体的运动速度。虽然天然气水合物视作附着在沉积物颗粒上的不可流动相，但是沉积物颗粒可能因固体变形而发生运动，即在考虑固体变形时，控制体存在一个变形速度。

同理，沉积物颗粒的质量守恒方程为

$$\frac{\partial\left[\rho_{\mathrm{S}}(1-\phi)\right]}{\partial t}+\nabla\left[\rho_{\mathrm{S}}(1-\phi)\boldsymbol{v}_{\mathrm{S}}\right]=0 \tag{3.20}$$

2. 动量守恒方程

在沉积物多孔介质中，流体的渗流符合达西定律，且达西定律中的速度为流体相对沉积物颗粒的速度：

$$\boldsymbol{v}_\alpha=-\frac{KK_{r\alpha}}{\mu_\alpha}(\nabla p_\alpha-\rho_\alpha g) \tag{3.21}$$

式中：K 为多孔介质的绝对渗透率；$K_{r\alpha}$ 为 α 相的相对渗透率；μ_α 为 α 相的黏度；g 为重力加速度。

流体相对控制体的速度和流体相对沉积物的速度有如下关系式：

$$\phi S_\alpha\boldsymbol{v}_{\alpha,t} = v_\alpha+\phi S_\alpha\boldsymbol{v}_{\mathrm{S}} \tag{3.22}$$
$$\phi S_{\mathrm{H}}\boldsymbol{v}_{\mathrm{H},t} = \phi S_{\mathrm{H}}\boldsymbol{v}_{\mathrm{S}} \tag{3.23}$$

固体变形的动量守恒方程为

$$\nabla\cdot\boldsymbol{\sigma}+\rho_{\mathrm{m}}g=0 \tag{3.24}$$

式中：$\boldsymbol{\sigma}$ 为应力张量。

3. 能量守恒方程

天然气水合物开采的能量守恒方程同样采用图 3.36 所示的控制体推导，其中物理量由质量换为热量即可。从组分角度考虑，含天然气水合物沉积物体系中的热量也可视作组分的一部分，该组分同时存在于全部的相中。考虑天然气水合物分解的热效应得到的能量守恒方程为（万义钊等，2018）

$$\frac{\partial\left[\rho_A\phi S_A C_A T+\rho_G\phi S_G C_G T+\rho_H\phi S_H C_H T+\rho_S(1-\phi)C_S T\right]}{\partial t}+\nabla\cdot(\rho_A\phi S_A\boldsymbol{v}_{A,t}C_A T+\rho_G S_G\boldsymbol{v}_{G,t}C_G T)=\nabla\cdot k_{eff}\nabla T+Q_H$$

$$(3.25)$$

式中：$k_{eff}=(1-\phi)k_s+\phi S_G k_g+\phi S_A k_w+\phi S_H k_h$，$k_s$、$k_g$、$k_w$ 和 k_h 分别为沉积物颗粒、甲烷气、水和天然气水合物的热传导系数；C_A、C_G、C_H 和 C_S 分别为液相、气相、天然气水合物相、沉积物颗粒相的比热容；T 为储层温度；$\boldsymbol{v}_{A,t}$ 和 $\boldsymbol{v}_{G,t}$ 分别为液相和气相相对于控制体的速度；Q_H 为天然气水合物的相变潜热。

根据定义可知 $\sum_\beta S_\beta=1$，且有 $\sum_\kappa \chi_\alpha^\kappa=1$。

上述数学模型即为天然气水合物开采的基本数学模型，其中涉及的各项参数均可以通过相应的物理模型计算。

（二）数学模型的求解方法

数值计算的一般步骤为，首先将求解区域进行网格划分，然后在剖分的网格上离散数学模型获得线性方程组，最后求解线性方程组获得数学模型的数值解。上述过程中，最核心的部分是数学模型的离散，数值模拟最常用的离散方法有有限差分法、有限体积法和有限元法。如前文所述，天然气水合物开采多场耦合的数学模型由固体力学和流体力学两部分组成，由于两部分的研究对象和物理本质不同，在数学模型求解时往往需要采取不同的方法。流体部分侧重物质的守恒性，通常采取能确保局部守恒的有限体积法或有限差分法，而传统的有限元法不具备局部守恒性，故有限元法一般不用于求解流体问题，而主要用于固体力学问题。

下面分别介绍使用有限体积法求解流体控制方程和使用有限元法求解固体方程。

1. 有限体积法

首先将求解区域划分为有限个小的控制体，设控制体数量为 N_E，网格节点位于控制体的中心，如图 3.37 所示。将守恒方程在控制体上积分，可得

$$\int\frac{\partial\left[\sum_\alpha(\rho_\alpha\phi S_\alpha\chi_\alpha^\kappa)\right]}{\partial t}\mathrm{d}V=\int m_\kappa\mathrm{d}V+\int\sum_\alpha\left[\nabla\cdot(\phi S_\alpha\boldsymbol{J}_\alpha^\kappa)\right]\mathrm{d}V-\int\sum_\alpha\left[\nabla\cdot(\rho_\alpha\phi S_\alpha\chi_\alpha^\kappa\boldsymbol{v}_{\alpha x,t})\right]\mathrm{d}V$$

$$(3.26)$$

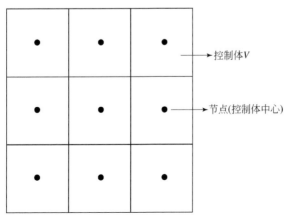

图 3.37 有限体积法控制体网格示意图

　　根据散度定理，式（3.26）中最后两项在控制体上的积分可以转化为控制体边界的积分，即

$$\int \sum_{\alpha} \left[\nabla \cdot (\phi S_{\alpha} \boldsymbol{J}_{\alpha}^{\kappa}) \right] \mathrm{d}V - \int \sum_{\alpha} \left[\nabla \cdot (\rho_{\alpha} \phi S_{\alpha} \chi_{\alpha}^{\kappa} \boldsymbol{v}_{\alpha x,t}) \right] \mathrm{d}V$$
$$= \int \sum_{\alpha} (\phi S_{\alpha} \boldsymbol{J}_{\alpha}^{\kappa}) \cdot \boldsymbol{n} \mathrm{d}\Gamma - \int \sum_{\alpha} (\rho_{\alpha} \phi S_{\alpha} \chi_{\alpha}^{\kappa} \boldsymbol{v}_{\alpha x,t}) \cdot \boldsymbol{n} \mathrm{d}\Gamma \tag{3.27}$$

式中：Γ 为控制体 V 的边界；$\boldsymbol{n}$ 为控制体 V 边界的法线向量。此时控制方程的积分可表示为

$$\int \frac{\partial \left(\sum_{\alpha} \left[\rho_{\alpha} \phi S_{\alpha} \chi_{\alpha}^{\kappa} \right] \right)}{\partial t} \mathrm{d}V = \int m_{\kappa} \mathrm{d}V + \int \sum_{\alpha} (\phi S_{\alpha} \boldsymbol{J}_{\alpha}^{\kappa}) \cdot \boldsymbol{n} \mathrm{d}\Gamma - \int \sum_{\alpha} (\rho_{\alpha} \phi S_{\alpha} \chi_{\alpha}^{\kappa} \boldsymbol{v}_{\alpha x,t}) \cdot \boldsymbol{n} \mathrm{d}\Gamma \tag{3.28}$$

式（3.28）可简化为如下形式：

$$\int \frac{\partial M^{\kappa}}{\partial t} \mathrm{d}V = \int \boldsymbol{F}^{\kappa} \cdot \boldsymbol{n} \mathrm{d}\Gamma + \int q_{\kappa} \mathrm{d}V \tag{3.29}$$

式中：M^{κ} 为组分 κ 的质量累积项；$\boldsymbol{F}^{\kappa}$ 为组分 κ 的控制体边界通量，该通量有三种类型（达西流动通量、扩散通量和热流通量）；q_{κ} 为组分 κ 的源汇项，该项可以表示天然气水合物分解/生产或流体的注入或者消耗。

　　在控制体足够小的情况下，控制体上的变量可以用该变量在该控制体上的平均值来表示，则上述质量累积项的积分可以近似写为

$$\int M^{\kappa} \mathrm{d}V \approx V_{n} M_{n}^{\kappa} \tag{3.30}$$

　　而边界上的积分则可以由所有边界上的平均值累加得到：

$$\int \boldsymbol{F}^{\kappa} \cdot \boldsymbol{n} \mathrm{d}\Gamma \approx \sum_{m} A_{nm} F_{nm}^{\kappa} \tag{3.31}$$

式中：M_{n}^{κ} 为组分 κ 在控制体 V_{n} 上的平均值；A_{nm} 为两个相邻控制体 n 和 m 之间的接触面积，如图 3.38 所示；F_{nm}^{κ} 为两个接触面之间的流量通量，根据达西定律可得

$$F_{\alpha,nm} = -K_{nm} \left[\frac{\rho_{\alpha} K_{r\alpha}}{\mu_{\alpha}} \right] \left(\frac{p_{\alpha,n} - p_{\alpha,m}}{D_{nm}} - \rho_{\alpha} g_{nm} \right) \tag{3.32}$$

式中：K_{nm} 为控制体 n 和 m 交界面上的平均值。$D_{nm} = D_{n} + D_{m}$ 为两个控制体 m 和 n 之间的距离。

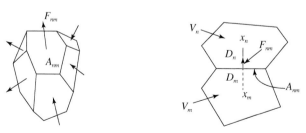

图 3.38　有限体积法中空间离散

由式（3.32）可知，从控制体 n 到控制体 m 和从控制体 m 到控制体 n 的流量通量计算公式相同，表明从控制体 m 流出的流量等于流入控制体 n 的流量，即局部守恒的。用达西定律计算边界上流量时，采用两点公式计算压力梯度，只有两个控制体中心点的连线与接触面垂直的情况下两点近似公式才成立。所以，采用上述有限体积法计算时，网格必须满足局部正交条件。上述限制给建模和网格剖分带来了一定的困难。

将式（3.30）、式（3.31）和式（3.32）代入式（3.29）中，可得

$$\frac{\partial M_n^\kappa}{\partial t} = \frac{1}{V_n} \sum_m A_{nm} F_{nm}^\kappa + q_n^\kappa \tag{3.33}$$

时间导数项可用有限差分法离散，即

$$\frac{\partial M_n^\kappa}{\partial t} = \frac{M_n^{\kappa,k+1} - M_n^{\kappa,k}}{\Delta t} \tag{3.34}$$

式中：$k+1$ 为新时刻的值。在计算时，如果式（3.33）右端项取 k 时刻的值，则称为显式格式；如果式（3.33）右端项取 $k+1$ 新时刻的值，则称为隐式格式。由于上述方程具有强非线性，故通常使用隐式格式来保证稳定性。最终离散得到的方程为

$$M_n^{\kappa,k+1} - M_n^{\kappa,k} - \frac{\Delta t}{V_n} \left(\sum_m A_{nm} F_{nm}^{\kappa,k+1} + V_n q_n^{\kappa,k+1} \right) \tag{3.35}$$

上述方程为控制体 n 上的方程，每个组分 κ 均有一个方程，一共有 N_κ 个组分，整个区域一共有 N_E 个控制体，故一共有 $N_\kappa \times N_E$ 个方程，求解上述方程组，可得到所有控制体上的变量。然而，上述方程为非线性方程，求解时采用 Newton/Raphson 迭代。上述方程中引入残差：

$$R_n^{\kappa,k+1} = M_n^{\kappa,k+1} - M_n^{\kappa,k} - \frac{\Delta t}{V_n} \left(\sum_m A_{nm} F_{nm}^{\kappa,k+1} + V_n q_n^{\kappa,k+1} \right) \tag{3.36}$$

理论上残差等于 0，但在方程线性化过程中势必引入误差。式（3.36）中引入迭代步 p，对残差泰勒展开，并取首项可得迭代公式：

$$\left| R_n^{\kappa,k+1}(x_{i,p+1}) = R_n^{\kappa,k+1}(x_{i,p}) + \sum_i \frac{\partial R_n^{\kappa,k+1}}{\partial x_i} \right|_p (x_{i,p+1} - x_{i,p}) \tag{3.37}$$

上述线性方程组采用直接法或迭代法求解，常用的线性方程组求解器有 SuperLU（Li，2005）、Pardiso（Alappat et al.，2020）、PETSc（Balay et al.，2021）、mumps（Amestoy et al.，2001）和 FASP（Hu et al.，2011）等。

上述有限体积法即为天然气水合物著名模拟器 TOUGH+HYDRATE 的核心算法。

2. 有限元法

有限元法主要应用于固体力学方程的求解。下面以线弹性本构的含天然气水合物沉积物变形方程为例，介绍有限元法。线弹性条件下的含天然气水合物沉积物的力学变形方程为

$$\begin{cases} A_1 \dfrac{\partial^2 u_x}{\partial x^2} + A_3 \dfrac{\partial^2 u_x}{\partial y^2} + A_3 \dfrac{\partial^2 u_x}{\partial z^2} + (A_2 + A_3) \dfrac{\partial^2 u_y}{\partial x \partial y} + (A_2 + A_3) \dfrac{\partial^2 u_z}{\partial x \partial z} - \alpha \dfrac{\partial p}{\partial x} = 0 \\[2mm] A_3 \dfrac{\partial^2 u_y}{\partial x^2} + A_1 \dfrac{\partial^2 u_y}{\partial y^2} + A_3 \dfrac{\partial^2 u_x}{\partial z^2} + (A_2 + A_3) \dfrac{\partial^2 u_x}{\partial x \partial y} + (A_2 + A_3) \dfrac{\partial^2 u_z}{\partial y \partial z} - \alpha \dfrac{\partial p}{\partial y} = 0 \\[2mm] A_3 \dfrac{\partial^2 u_z}{\partial x^2} + A_3 \dfrac{\partial^2 u_z}{\partial y^2} + A_1 \dfrac{\partial^2 u_z}{\partial z^2} + (A_2 + A_3) \dfrac{\partial^2 u_x}{\partial x \partial z} + (A_2 + A_3) \dfrac{\partial^2 u_y}{\partial y \partial z} - \alpha \dfrac{\partial p}{\partial z} = 0 \end{cases} \tag{3.38}$$

式中：$A_1 = 2G\dfrac{1-\nu}{1-2\nu}$；$A_2 = 2G\dfrac{\nu}{1-2\nu}$；$A_3 = G$；$G$ 为剪切模量；ν 为泊松比；u_x，u_y，u_z 为含天然气水合物沉积物的变形位移；p 为孔隙压力。

以 x 方向的位移方程为例说明有限元单元刚度方程的推导过程。先将求解区域网格离散，如图 3.39 所示，网格由单元组成，单元由节点组成，未知量位于节点上。

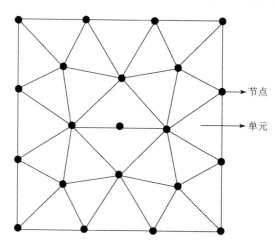

节点

单元

图 3.39　有限元网格离散

对 x 方向方程两端同乘以 x 方向位移的变分 δu_x，并在空间上积分可得

$$\int \left[A_1 \frac{\partial^2 u_x}{\partial x^2} + A_3 \frac{\partial^2 u_x}{\partial y^2} + A_3 \frac{\partial^2 u_x}{\partial z^2} + (A_2+A_3)\frac{\partial^2 u_y}{\partial x \partial y} + (A_2+A_3)\frac{\partial^2 u_z}{\partial x \partial z} - \alpha \frac{\partial p}{\partial x} \right] \delta u_x \mathrm{d}V = 0 \quad (3.39)$$

采用分步积分法，对其中的二阶导数降阶可得

$$\int \left[\begin{array}{l} \left(A_1 \dfrac{\partial u_x}{\partial x} + A_2 \dfrac{\partial u_y}{\partial y} + A_2 \dfrac{\partial u_z}{\partial z} - p \right) \dfrac{\partial \delta u_x}{\partial x} + \left(A_3 \dfrac{\partial u_x}{\partial y} + A_3 \dfrac{\partial u_y}{\partial x} \right) \dfrac{\partial \delta u_x}{\partial y} \\ + \left(A_3 \dfrac{\partial u_x}{\partial z} + A_3 \dfrac{\partial u_z}{\partial x} \right) \dfrac{\partial \delta u_x}{\partial z} \end{array} \right] \mathrm{d}V = \int F_x \delta u_x \mathrm{d}s \quad (3.40)$$

其中，

$$F_x = \left(-A_1 \frac{\partial u_x}{\partial x} - A_2 \frac{\partial u_y}{\partial y} - A_2 \frac{\partial u_z}{\partial z} \right) l_x + A_3 \left(-\frac{\partial u_y}{\partial x} - \frac{\partial u_x}{\partial y} \right) l_y + A_3 \left(-\frac{\partial u_z}{\partial x} - \frac{\partial u_x}{\partial z} \right) l_z \quad (3.41)$$

$l_x = \cos(n,x)$，$l_y = \cos(n,y)$，$l_z = \cos(n,z)$ 为方向余弦；n 为边界法线方向。

将本构方程和几何方程代入后可得

$$F_x = \sigma_x l_x + \tau_{xy} l_y + \tau_{xz} l_z \quad (3.42)$$

式（3.42）表明：F_x 为作用在边界上 s 的 x 方向的面力。

在单元 e 上将位移用插值函数表示：

$$u_x = \sum N_i u_{xi} \quad (3.43)$$

$$\delta u_x = \sum N_i \delta u_{xi} \quad (3.44)$$

将式（3.43）和式（3.44）代入式（3.40）中可得 x 方向位移的有限元单元刚度

方程:

$$k_{11}u_x + k_{12}u_y + k_{13}u_z + k_{14}p = f_1 \tag{3.45}$$

其中,

$$k_{11} = \int \left(A_1 \frac{\partial N_i}{\partial x}\frac{\partial N_j}{\partial x} + A_3 \frac{\partial N_i}{\partial y}\frac{\partial N_j}{\partial y} + A_3 \frac{\partial N_i}{\partial z}\frac{\partial N_j}{\partial z} \right) dV$$

$$k_{12} = \int \left(A_2 \frac{\partial N_i}{\partial y}\frac{\partial N_j}{\partial x} + A_3 \frac{\partial N_i}{\partial x}\frac{\partial N_j}{\partial y} \right) dV$$

$$k_{13} = \int \left(A_2 \frac{\partial N_i}{\partial z}\frac{\partial N_j}{\partial x} + A_3 \frac{\partial N_i}{\partial x}\frac{\partial N_j}{\partial z} \right) dV$$

$$k_{14} = -\int \left(N_i \frac{\partial N_j}{\partial x} \right) dV$$

$$f_1 = -\int (F_x N_j) ds$$

同理可得 y 方向位移的有限元单元刚度方程为

$$k_{21}u_x + k_{22}u_y + k_{23}u_z + k_{24}p = f_2 \tag{3.46}$$

其中,

$$k_{21} = \int \left(A_2 \frac{\partial N_i}{\partial x}\frac{\partial N_j}{\partial y} + A_3 \frac{\partial N_i}{\partial y}\frac{\partial N_j}{\partial x} \right) dV$$

$$k_{22} = \int \left(A_3 \frac{\partial N_i}{\partial x}\frac{\partial N_j}{\partial x} + A_1 \frac{\partial N_i}{\partial y}\frac{\partial N_j}{\partial y} + A_3 \frac{\partial N_i}{\partial z}\frac{\partial N_j}{\partial z} \right) dV$$

$$k_{23} = \int \left(A_2 \frac{\partial N_i}{\partial z}\frac{\partial N_j}{\partial y} + A_3 \frac{\partial N_i}{\partial y}\frac{\partial N_j}{\partial z} \right) dV$$

$$k_{24} = -\int \left(N_i \frac{\partial N_j}{\partial y} \right) dV$$

$$f_2 = -\int (F_y N_j) ds$$

F_y 为作用在边界 s 上 y 方向的面力。

z 方向位移的有限元单元刚度方程为

$$k_{31}u_x + k_{32}u_y + k_{33}u_z + k_{34}p = f_3 \tag{3.47}$$

其中,

$$k_{31} = \int \left(A_2 \frac{\partial N_i}{\partial x}\frac{\partial N_j}{\partial z} + A_3 \frac{\partial N_i}{\partial z}\frac{\partial N_j}{\partial x} \right) dV$$

$$k_{32} = \int \left(A_2 \frac{\partial N_i}{\partial y}\frac{\partial N_j}{\partial z} + A_3 \frac{\partial N_i}{\partial z}\frac{\partial N_j}{\partial y} \right) dV$$

$$k_{33} = \int \left(A_3 \frac{\partial N_i}{\partial x}\frac{\partial N_j}{\partial x} + A_3 \frac{\partial N_i}{\partial y}\frac{\partial N_j}{\partial y} + A_1 \frac{\partial N_i}{\partial z}\frac{\partial N_j}{\partial z} \right) dV$$

$$k_{34} = -\int \left(N_i \frac{\partial N_j}{\partial z} \right) dV$$

$$f_3 = -\int (F_z N_j) ds$$

上述方程即为一个单元上所有节点的方程，根据节点位置将上述所有方程叠加形成总体线性方程组，求解线性方程组即可得到所有节点上的位移。

二、天然气水合物开采数值模拟器研究进展

在上述基本原理的框架内，不同的学者和研究机构开发了专门用于天然气水合物开采的数值模拟器。不同的模拟器在天然气水合物相变模型、数值计算方法、多场耦合模型的处理等方面存在差异（卢海龙等，2021）。

（一）LBNB 系列

1. EOSHYDR

1998 年，美国劳伦斯伯克利国家实验室在其著名的多相渗流模拟器 TOUGH 框架内，增加了一个专门用于天然气水合物状态方程计算的模块 EOSHYDR。EOSHYDR 模块可以考虑水、甲烷、天然气水合物和能量四种组分，可以分析气相、液相、天然气水合物固相和冰固相四种相态。对于天然气水合物具有相平衡与动力学两种模型，同时该模块将水的热物理性质扩展到−30℃。但未考虑抑制剂，且假定气体组分为纯甲烷。

EOSHYDR2 通过耦合求解质量和能量方程，能够模拟天然气水合物藏开采过程中的非等温气渗流和相变过程。EOSHYDR2 模块可以用平衡模型和动力学处理天然气水合物的形成和分解。该模块中有气相、液相、冰固相和天然气水合物固相四种相态；考虑了天然气水合物、水、自由甲烷气、天然气水合物分解出的甲烷气、第二种自由碳氢化合物气体、天然气水合物分解出的第二种碳氢化合物气体、盐、抑制剂以及拟组分热等 9 种组分，各种组分分布在各自对应的相态中。

2. HydrateResSim

HydrateResSim 是美国国家能源技术实验室开发的开源程序代码，同样由劳伦斯伯克利国家实验室 Moridis George 教授团队开发完成。该程序更像是 TOUGH+HYDRATE 模拟器的前身，同样包括反应动力学和平衡学两种模型，可以模拟不同开发方式（主要指降压法、热激法及抑制剂注入法）下，包括气体相、液体相、冰固相与天然气水合物固相在内的四相态，以及包括水、甲烷、天然气水合物和水溶抑制剂在内的四组分以及相关反应热的演化过程。通过 HydrateResSim 模拟结果与 TOUGH+HYDRATE 模拟器模拟结果的对比，证实了两种不同模拟结果能较好吻合，但同时也指出反应表面积系数选择的重要性，为实验过程中准确测量天然气水合物反应表面积系数提出更高要求。具体对比内容，可参见文献（Gamwo and Liu，2010）。

3. TOUGH-Fx/Hydrate

2005 年美国劳伦斯伯克利国家实验室发布了 TOUGH-Fx/Hydrate 程序，该程序与 HydrateResSim 模拟器的基本原理类似，其处理的相态和组分均与 HydrateResSim 一致。该程序采用全隐式方程方式求解方程，并利用牛顿迭代法处理非线性方程组。

4. TOUGH+HYDRATE

2008 年美国劳伦斯伯克利国家实验室正式发布了专门用于天然气水合物数值模拟的

TOUGH+HYDRATE V1.0 模拟器（Moridis et al., 2008），该模拟器与 HydrateResSim 和 TOUGH-Fx/Hydrate 非常类似。TOUGH+HYDRATE 模拟器考虑了天然气水合物、水、甲烷、抑制剂、热等五种组分和固相、液相、气相、冰固相等四种相态。特别地，在动力学模型中天然气水合物既是一种组分也是一种相态，而在相平衡模型中天然气水合物仅被处理为一种相态。

5. TOUGH+HYDRATE 并行版

Zhang 等（2008）在 TOUGH+HYDRATE V1.0 版本中引入 MPI 接口，开发了并行版本的 TOUGH+HYDRATE（pTOUGH+HYDRATE），可在超算上实现大规模的天然气水合物开采数值模拟。2012 年 TOUGH+HYDRATE 发布了 V1.2 版本，改正了 V1.0 版本中存在的错误，并使用了动态内存分配方法，提高了运算性能。2014 年 TOUGH+HYDRATE 发布了 V1.5 版本。该版本基于面向对象的思想，采用模块化设计，重新定义了数据类型、特性以及输入、输出文件，以增加程序扩展性。新版本具有更强的热动力学特性，用户可自行定义子域和界面以追踪特定区域或参数的变化情况。

6. TOUGH+HYDRATE 耦合固体变形

TOUGH+HYDRATE 模拟器没有固体变形的计算，通常是将 TOUGH+HYDRATE 与其他模拟器联合使用来分析天然气水合物开采过程中的流固耦合问题。Rutqvist 和 Moridis（2007）将 TOUGH+HYDRATE 模拟器与岩土工程领域著名的有限差分模拟器 FLAC 3D 耦合，实现了天然气水合物开采过程中井筒稳定性的分析。两个模拟器间参数传递流程如图 3.40 所示。但该方法对储层参数与应力场参数的求解是分开独立进行的，未实现全部耦合同步求解。而且 FLAC 3D 是商业软件，无法从代码层面与 TOUGH+HYDRATE 进行数据传递，只能通过文件的方式实现，但文件参数的传递效率十分低下。吉林大学（Lei et al., 2015）专门开发了针对 TOUGH+HYDRATE 的力学计算模块 HydrateBiot，该模块与 TOUGH+HYDRATE 的耦合过程与图 3.40 相同，该模块最初使用的是弹性本构关系，近期升级到了理想弹塑性本构。

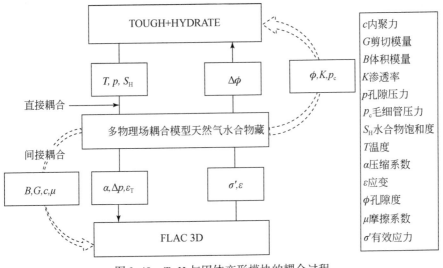

图 3.40 T+H 与固体变形模块的耦合过程

7. TOUGH+Millstone

2019 年 TOUGH+HYDRATE 模拟器引入了固体变形计算模块 Millstone，形成了 TOUGH +Millstone 模拟器（Queiruga et al., 2019）。该模拟器从代码层面实现了 TOUGH+ HYDRATE 模拟器考虑相变的非等温渗流与固体变形的耦合计算。由于 TOUGH+HYDRATE 模拟器中径向递增的矩形网格是最优的，然而这种长细比太大，不适合于有限元法的计算，TOUGH+Millstone 为了解决这一矛盾，构建了两套网格来处理。采用径向递增的矩形网格利用 TOUGH+HYDRATE 模拟器多相多组分的非等温渗流过程，同时采用非结构的四边形网格利用 Millstone 模块模拟固体变形过程，如图 3.41 所示。TOUGH+Millstone 的两套网格之间则采用插值的方式实现耦合。TOUGH+Millstone 解决了 TOUGH+HYDRATE 模拟固体变形时需要借助其他力学模块的问题，实现了代码层面的流体和固体的耦合，可实现大规模的并行计算。固体变形有限元采用与多相多组分渗流的有限体积完全不同的网格，可以更灵活地进行固体变形的计算。并且固体变形的模拟需要的网格尺度往往小于流体渗流的模拟，因此采用两套网格后，固体网格可以设计得更粗，又进一步提高了计算效率。

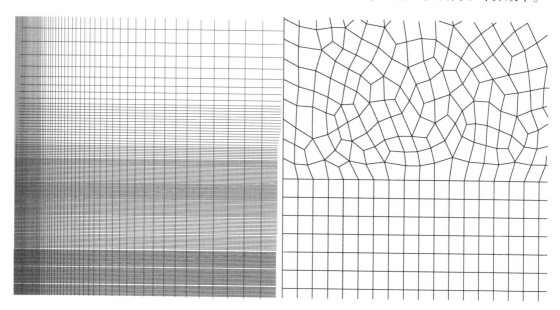

图 3.41　TOUGH+HYDRATE 模拟网格（左）和 TOUGH+Millstone 的有限元网格（右）

（二）商业软件

1. CMG-STARS

CMG-STARS 是 Computer Modelling Group's Steam, Thermal and Advanced Process Reservoir Simulator 的缩写，是 Computer Modelling Group 有限公司开发的一套常规商业油藏模拟器。CMG-STARS 包含了稳定的反应动力学和地质力学响应特征，也是最完整且灵活多变的天然气水合物模拟器之一，模拟器较 TOUGH+HYDRATE 的一个优势是前后处理功能完善。Uddin 等（2008）对模拟器中的天然气水合物反应过程进行了扩充，使得模拟器能处理包括水、二氧化碳、甲烷、二氧化碳水合物、甲烷水合物在内的五组分以及包括气相、液相和固相在内的三相变化过程，并且模拟器还经过了与麦肯齐三角洲实地天然气水合物开发试验结果的拟合。通过对储层参数的调整，提出了一种非平衡气体出溶作用模型，CMG-STARS 与试验结果能实现较好的拟合。后续包括 Gaddipati（2008）、Myshakin 等（2012）也利用该模拟器对墨西哥湾和阿拉斯加北坡实地的天然气水合物藏进行模拟，验证了试验性开发的可行性和提高开发效益的相关策略。需要指出的是，在对 CMG-STARS 与 TOUGH+HYDRATE、MH21-HYDRES、HydrateResSim 等模拟器的模拟结果对比显示，CMG-STARS 对天然气水合物开发的结果较可靠。

2. COMSOL

COMSOL Multiphysics 是 COMSOL 公司开发的基于有限元的多物理场数值仿真软件，该软件具有自定义偏微分方程的功能。Janicki 等（2017）考虑传热、渗流、天然气水合物分解动力学等多种因素，利用 COMSOL Multiphysics 对黑海地区的天然气水合物藏进行了开发评价。同年，孙翔（2017）也利用 COMSOL Multiphysics 软件建立了考虑固体变形的天然气水合物开采多场耦合模拟方法。COMSOL Multiphysics 是纯有限元方法，而传统有限元不是局部守恒的，计算存在收敛困难且容易出现非物理意义的解。

3. Fluent

Fluent 是著名的计算流体力学软件包，具有用户自定义功能。Nazridoust 和 Ahmadi（2007）在 Fluent 中添加了天然气水合物分解及生成模拟模块，可以处理天然气水合物固相、甲烷气相、水液相三种相态。Su 等（2012）利用该软件模拟了海洋环境中甲烷气体泄漏生成天然气水合物的室内三维实验过程。

（三）其他模拟器

1. MH21-HYDRES

MH21-HYDRES 也是一种被广泛使用的模拟器，2008 年由日本东京大学首次报道，后又经日本产业技术综合研究所等多家单位进一步完善补充。与 TOUGH+HYDRATE 不同的是，MH21-HYDRES 模拟器考虑的相态组分更为丰富，涵盖气体、水、冰、盐和天然气水合物在内的五种相态，以及甲烷、氮气、二氧化碳、水、甲醇和盐在内的六组分相关的各类问题。模拟器已用于验证阿拉斯加 Elbert 站位的储层特性，并进一步用来预测包括日本南海海槽与 Mallik 地区的产气潜力。Konno 等（2010b）通过对Ⅲ型天然气水合物藏降压模拟研究，发现对于高饱和度储藏而言，1~10mD 的有效渗透率将是天然气水合物开发的阈值，在超过该有效渗透率阈值后，天然气水合物的产能函数与储层温度呈正相关。在深入对南海海槽钻取的岩心样品开展的天然气水合物分解模拟研究中，证实了取心的沉积物渗透率高于有效渗透率阈值，并且天然气水合物在沉积物中以孔隙充填形式赋存。其后，Konno 等（2010a）又在水合物四相点以下开展了天然气水合物分解实验，发现在气体增产的同时也伴随着冰的生成。

2. GPRS-HYDRATE

GPRS-HYDRATE 是卡尔加里大学的研究者在斯坦福大学开发的通用模拟器 GPRS

（the General Purpose Research Simulator）基础上增加了专门用于天然气水合物模拟的模块，进而得到了 GPRS-HYDRATE 模拟器。研究者考虑了四相四组分，气相、天然气水合物相、冰相和水液相，其中水既是一种组分也是一种相态，且每种组分仅存在于相对应的相态中，忽略了甲烷在水中的溶解及水的蒸发变为气相，也忽略了盐的作用。该模拟器能够建立三维模型，利用控制体积法对非线性方程组进行求解，因考虑到冰和天然气水合物固相的存在，专门对毛细管压力和相对渗透率模型进行了修正。模拟器中对天然气水合物分解为水和气、冰融化为水采用了不同的动力学模型进行描述。在求解中，使用算子分裂法对不同的机理选择不同的时间步长以提高运算性能。

3. STOMP-HYD

STOMP-HYD 是在韩国与美国水合物联合项目资助下由西北太平洋国家实验室基于 Fortran90 语言开发的模拟器。不同于其他天然气水合物模拟开发器的重点，STOMP-HYD 能较全面地刻画甲烷–二氧化碳水合物体系的开发过程。模拟器经过不断完善，现版本能模拟包括抑制剂、水、游离甲烷、游离二氧化碳、水合物甲烷、水合物二氧化碳和能量在内的七种组分。有学者利用 STOMP-HYD 模拟器研究了 I 型冻土水合物藏内二氧化碳–甲烷置换法，指出通过降低二氧化碳注入压力可以减少水的产出与二次天然气水合物的生成。

4. QIMGHYD-THMC

QIMGHYD-THMC 是中国地质调查局青岛海洋地质研究所采用 C++语言研发的天然气水合物开采数值模拟器（万义钊等，2018）。该模拟器可以实现天然气水合物开采过程中的热–流–固–化（THMC）的耦合模拟。与其他模拟器采用有限体积法离散多相渗流和水合物相变方程不同，该模拟器引入了控制体积有限元（CVFEM）方法实现了对热–流–化三场的耦合模拟，同时采用有限元法对固体变形进行模拟，建立了一套基于 CVFEM-FEM 混合的多场耦合模拟方法。该方法可以在保证流体流动局部守恒的前提下，实现多相渗流场的主要变量与固体变形场的主要变量位于同一节点上，避免了耦合过程中的插值。同时，该模拟器可以实现在完全非结构网格的基础上实现天然气水合物开采的 THMC 耦合模拟。

三、天然气水合物开采数值模拟技术的应用

（一）数值模拟技术在产能预测中的应用

利用数值模拟技术，许多学者开展了天然气水合物开采的产能模拟，重点分析了储层特征、开采井型和开采方法对产能的影响。

Feng 等（2019）基于日本南海海槽 2013 年试采井的相关地质参数，通过数值模拟的手段，研究了渗透率各向异性对水平井、垂直井降压开采天然气水合物的影响。模拟结果指出，渗透率各向异性可以增强水平向流动，促进天然气水合物分解，较长时间保持天然气水合物储层上部的压降效果，但同时也会增加储层中的游离气体。当使用水平井进行开

采时，渗透率各向异性初期会阻碍天然气水合物分解和产气，后期会起到促进作用。当使用垂直井时，渗透率各向异性在早期对产水的影响非常小。Chen 等（2018）和 Yuan 等（2018）基于日本南海海槽的测井数据，建立了层状非均质的模型开展产能的数值模拟，并拟合了现场获得的产气量，模拟结果表明储层非均质性对开采产能具有明显的影响。

不同开采井型主要影响天然气水合物降压过程中的泄流面积从而影响产能。目前国际上已经开展的天然气水合物试验性开采均采用垂直井方式进行，而水平井、多分支井、水力压裂等各种井型及其他的储层改造方法均有学者采用数值模拟方法开展研究。Yu 等（2019）提出了双直井开采方式，其中一个垂直井用于生产，另一个垂直井主要用于维持压降水平从而促进天然气水合物分解，平均产气量可提高一个数量级。Feng 等（2019）基于日本南海海槽 2013 年试采井的相关地质参数，研究了水平井和垂直井降压开采天然气水合物的影响，结果显示，与垂直井相比，水平井一年内的产气量差异可达一个数量级。Li 等（2019）提出适用于南海黏土质粉砂型天然气水合物储层开采的大直径水平多分支井，该方法主要通过增加天然气水合物分解面积、降低压降梯度和增加井眼压力传递效率等手段增加产气率。

（二）数值模拟技术在储层稳定性评价中的应用

除了在天然气水合物开采产能预测中应用外，数值模拟技术还可以对开采过程中的储层力学响应，从而分析井筒和储层稳定性。

Rutqvist 和 Moridis（2007）将 TOUGH+HYDRATE 和 FLAC 3D 耦合，建立了天然气水合物开采力学响应分析的方法。Kimoto 等（2007）基于 THMC 多场耦合分析，实现甲烷水合物分解引发的地层沉降的预测。Qiu 等（2015）利用 MH21-HYDRES 和 3D FE 地质力学模拟器分析了日本南海海槽天然气水合物藏降压开采过程中井筒完整性及海底面沉降。万义钊等（2018）采用自主开发的模拟器分析了我国南海神狐海域垂直井开采过程中的储层稳定性；Jin 等（2018）分析了水平井降压开采我国南海神狐海域天然气水合物储层的力学响应，结果表明开采初期沉降量占总沉降量的一半以上。孙嘉鑫（2018）采用 TOUGH+HYDRATE 和 FLAC 3D 耦合方法对南海天然气水合物藏钻采条件下井壁及储层响应特性进行模拟分析，较全面地评价了钻进及降压开采过程中井壁稳定、地层沉降和开采潜能等情况。

当前天然气水合物开采的数值模拟中使用最广泛的模拟器是 TOUGH+HYDRATE。国内外学者使用该模拟器，进行了大量的数值模拟研究，对天然气水合物开采的效果评价、开采方案设计、开采过程中的力学稳定性等多方面开展了研究。然而，数值模拟往往需要输入大量的参数，许多参数的确定都是从实验室测试得到的结果，而实验室内测试时的温度压力状态与原位存在较大差别，因此，实验室测试的参数能否应用于现场模拟值得商榷。数值模拟中许多参数都是借鉴常规油气，比如相对渗透率模型，然而考虑天然气水合物以后，含天然气水合物沉积物的孔隙结构发生了明显变化，且随着天然气水合物的分解，孔隙结构也是一个动态演化的过程，这些常规油气中使用的模型是否能直接应用于天然气水合物也需要进一步验证。

数值模拟器给研究者带来了方便，使得研究者可以不用关心模拟器的具体实现细节，仅需要通过输入参数就可获得计算结果，大大降低了天然气水合物数值模拟的难度。模拟器是一个"黑匣子"，利用"黑匣子"开展研究时，输入参数获得计算结果的过程并不复杂，然而，有效的输入不一定可以获得有效的输出，错误的输入必定获得错误的输出。因此，在利用数值模拟器开展研究时，需要对物理规律和数值模拟基本原理有一定了解，而且不能仅做数值模拟，还需要结合实验模拟。一方面，数值模拟只能获得已知物理规律的结果，而无法发现新的物理规律，需要通过实验进一步认识所研究的问题，并利用实验获得准确的模型参数；另一方面，数值模拟方法和模拟器的准确性需要通过实验模拟的结果进行验证。因此，数值模拟和实验方法两者应该要有机结合。

参 考 文 献

范军，王西安，韩松. 2000. 油气层渗流与井筒多相流动的耦合及应用. 重庆大学学报（自然科学版），S1：154-157.

高永海. 2007. 深水油气钻探井筒多相流动与井控的研究. 东营：中国石油大学（华东）.

李相方，庄湘琦，隋秀香，等. 2004. 气侵期间环空气液两相流动研究. 工程热物理学报，25（1）：73-76.

李玉星，冯叔初. 1999. 管道内天然气水合物形成的判断方法. 天然气工业，19（2）：116-119，16.

刘昌岭，李彦龙，孙建业，等. 2017. 天然气水合物试采：从实验模拟到场地实施. 海洋地质与第四纪地质，37（5）：12-26.

刘陈伟，李明忠，梁晨，等. 2013. 含水合物的油包水体系流动数值模拟. 应用力学学报，30（4）：574-580，649.

卢海龙，尚世龙，陈雪君，等. 2021. 天然气水合物开发数值模拟器研究进展及发展趋势. 石油学报，1-16.

宁伏龙，窦晓峰，孙嘉鑫，等. 2020. 水合物开采储层出砂数值模拟研究进展. 石油科学通报，5（2）：182-203.

孙宝江，王志远，公培斌，等. 2011. 深水井控的七组分多相流动模型. 石油学报，32（6）：1042-1049.

孙嘉鑫. 2018. 钻采条件下南海水合物储层响应特性模拟研究. 武汉：中国地质大学（武汉）.

孙翔. 2017. 考虑水合物分解影响的沉积物力学行为数值模拟研究. 大连：大连理工大学.

万义钊，吴能友，胡高伟，等. 2018. 南海神狐海域天然气水合物降压开采过程中储层的稳定性. 天然气工业，38（4）：117-128.

王志远. 2009. 含天然气水合物相变的环空多相流流型转化机制研究. 东营：中国石油大学（华东）.

韦昌富，颜荣涛，田慧会，等. 2020. 天然气水合物开采的土力学问题：现状与挑战. 天然气工业，40（8）：116-132.

韦红术，杜庆杰，曹波波，等. 2019. 深水油气井关井期间井筒含天然气水合物相变的气泡上升规律研究. 石油钻探技术，47（2）：42-49.

杨健，冯莹莹，张本健，等. 2020. 超高压含硫气井井筒内天然气水合物解堵技术. 天然气工业，40（9）：64-69.

叶建良，秦绪文，谢文卫，等. 2020. 中国南海天然气水合物第二次试采主要进展. 中国地质，47（3）：557-568.

Alappat C，Basermann A，Bishop A R，et al. 2020. A recursive algebraic coloring technique for hardware-efficient symmetric sparse matrix- vector multiplication. ACM Transactions on Parallel Computing，7（3）：1-37.

Amestoy P R, Duff I S, L'Excellent J-Y, et al. 2001. A fully asynchronous multifrontal solver using distributed dynamic scheduling. SIAM Journal on Matrix Analysis and Applications, 23 (1): 15-41.

Ansari A M, Sylvester N D, Sarica C, et al. 1994. A Comprehensive Mechanistic Model for Upward Two-Phase Flow in Wellbores. SPE Production & Facilities, 9 (2): 143-151.

Aziz K, Govier G W. 1972. Pressure dropin in wells producing oil and gas. Journal of Canadian Petroleum Technology, 11 (3): 3-4.

Balay S, Abhyankar S, Adams M, et al. 2021. PETSc Users Manual: ANL-95/11-Revision 3.15.

Barnea D. 1987. A unified model for predicting Flow-pattern transitions for the whole range of pipe Inclinations. International Journal of Multiphase Flow, 13 (1): 1-12.

Beggs D H, Brill J P. 1973. A study of two-phase flow in inclined pipes. Journal of Petroleum Technology, 25 (5): 607-617.

Chen L, Feng Y C, Kogawa T. 2018. Construction and simulation of reservoir scale layered model for production and utilization of methane hydrate: the case of Nankai Trough Japan. Energy, 143: 128-140.

Duns H, Ros N C J. 1963. Vertical flow of gas and liquid mixtures in Wells//The 6th world Petroteam Congress, Frankfurt am Main, Germany. WPC-10132.

Feng Y, Chen L, Suzuki A, et al. 2019. Numerical analysis of gas production from layered methane hydrate reservoirs by depressurization. Energy, 166: 1106-1119.

Gaddipati M. 2008. Code comparison of methane hydrate reservoir simulators using CMG STARS. West Virginia: West Virginia University.

Gamwo I K, Liu Y. 2010. Mathematical modeling and numerical simulation of methane production in a hydrate reservoir. Industrial and Engineering Chemistry Research, 49 (11): 5231-5245.

Gomez L E, Shoham O, Schmidt Z, et al. 2000. Unified mechanistic model for steady-state two-phase flow: horizontal to vertical upward flow. SPE Journal, 5 (3): 339-350.

Gould T L, Tek M R, Katz D L. 1974. Two-phase flow through vertical, inclined, or curved pipe. Journal of Petroleum Technology, 26 (8): 915-926.

Govier G W, Aziz K. 1972. The flow of complex mixtures in pipes. Journal of Fluid Mechanics, 65 (4): 825-827.

Gupta S, Helmig R, Wohlmuth B. 2015. Non-isothermal, multi-phase, multi-component flows through deformable methane hydrate reservoirs. Computational Geosciences, 19 (5): 1063-1088.

Hasan A R, Kabir C S, Sayarpour M. 2010. Simplified two-phase flow modeling in wellbores. Journal of Petroleum Science and Engineering, 72 (1): 42-49.

Hu X, Liu W, Qin G, et al. 2011. Development of a fast auxiliary subspace pre-conditioner for numerical reservoir simulators//SPE Reservoir Characterisation and Simulation Conference and Exhibition, Abu Dhabi, UAE.

Janicki G, Schlüter S, Hennig T. 2017. Numerical simulation of gas hydrate exploitation from subsea reservoirs in the Black Sea. Energy Procedia, 125 (1): 467-476.

Jin G R, Lei H W, Xu T F, et al. 2018. Simulated geomechanical responses to marine methane hydrate recovery using horizontal wells in the Shenhu area, South China Sea. Marine and Petroleum Geology, 92: 424-436.

Kaya A S, Sarica C, Brill J P. 2001. Mechanistic modeling of two-phase flow in deviated wells. SPE Production & Facilities, 16 (3): 156-165.

Kim H C, Bishnoi P R, Heidemann R A, et al. 1987. Kinetics of methane hydrate decomposition. Chemical Engineering Science, 42 (7): 1645-1653.

Kimoto S, Oka F, Fushita T, et al. 2007. A chemo-thermo-mechanically coupled numerical simulation of the subsurface ground deformations due to methane hydrate dissociation. Computers and Geotechnics, 34（4）: 216-228.

Konno Y, Masuda Y, Hariguchi Y, et al. 2010a. Key Factors for depressurization-induced gas production from oceanic methane hydrates. Energy & Fuels, 24（3）: 1736-1744.

Konno Y, Oyama H, Nagao J, et al. 2010b. Numerical analysis of the dissociation experiment of naturally occurring gas hydrate in sediment cores obtained at the Eastern Nankai Trough, Japan. Energy & Fuels, 24（12）: 6353-6358.

Kwon O, Ryou S, Sung W. 2001. Numerical modeling study for the analysis of transient flow characteristics of gas, oil, water, and hydrate flow through a Pipeline. Korean Journal of Chemical Engineering, 18（1）: 88-93.

Lei H W, Xu T F, Jin G R. 2015. TOUGH2Biot—a simulator for coupled thermal-hydrodynamic-mechanical processes in subsurface flow systems: application to CO_2 geological storage and geothermal development. Computers & Geosciences, 77（C）: 8-19.

Li J, Ye J, Qin X, et al. 2018. The first offshore natural gas hydrate production test in South China Sea. China Geology, 1（1）: 5-16.

Li X S. 2005. An overview of SuperLU: algorithms, implementation, and user interface. ACM Transactions on Mathematical Software, 31（3）: 302-325.

Li X S, Zhang Y, Li G, et al. 2008. Gas hydrate equilibrium dissociation conditions in porous media using two thermodynamic approaches. Journal of Chemical Thermodynamics, 40（9）: 1464-1474.

Li Y L, Wan Y Z, Chen Q. 2019. Large borehole with multi-lateral branches: a novel solution for exploitation of clayey silt hydrate. China Geology, 2（3）: 333-341.

Linga P, Haligva C, Nam S C, et al. 2009. Gas hydrate formation in a variable volume bed of silica sand particles. Energ&Fuel, 23（11）: 5496-5507.

Mandhane J M, Gregory G A, Aziz K. 1974. A flow pattern map for gas—liquid flow in horizontal Pipes. International Journal of Multiphase Flow, 1（4）: 537-553.

Masuda Y, Konno Y, Iwama H, et al. 2008. Improvement of near wellbore permeability by methanol stimulation in a methane hydrate production well//Offshore Technology Conference. Houston, Texas, USA. OTC-19433_MS.

Moridis G J. 2003. Numerical studies of gas production from methane hydrates. SPE Journal, 8（4）: 359-370.

Moridis G J. 2014a. User's manual for the hydrate v1.5 option of TOUGH+ v1.5: a code for the simulation of system behavior in hydrate-bearing geologic media. California: Lawrence Berkeley National Laboratory.

Moridis G J. 2014b. TOUGH+HYDRATE v1.2 user's manual: a code for the simulation of system behavior in hydrate-bearing geologic media. California: Lawrence Berkeley National Laboratory.

Moridis G J, Apps J, Pruess K, et al. 1998. EOSHYDR: A TOUGH2 module for CH_4-hydrate release and flow in the subsurface. Ernest Orlando Lawrence Berkeley National Laboratory, Berkeley, CA（US）.

Moridis G J, Kowalsky M B, Pruess K. 2005. TOUGH-Fx/HYDRATE v1.0 user's manual: a code for the simulation of system behavior in hydrate-bearing geologic media. California: Lawrence Berkeley National Laboratory.

Moridis G J, Kowalsky M B, Pruess K. 2008. TOUGH+HYDRATE v1.0 user's manual: a code for the simulation of system behavior in hydrate-bearing geologic media. California: Lawrence Berkeley National Laboratory.

Myshakin E M, Gaddipati M, Rose K, et al. 2012. Numerical simulations of depressurization-induced gas production from gas hydrate reservoirs at the Walker Ridge 313 site, northern Gulf of Mexico. Marine and

Petroleum Geology, 34 (1): 169-185.

Nazridoust K, Ahmadi G. 2007. Computational modeling of methane hydrate dissociation in a sandstone core. Chemical Engineering Science, 62 (22): 6155-6177.

Qiu K, Yamamoto K, Birchwood R, et al. 2015. Well-integrity evaluation for methane-hydrate production in the deepwater Nankai Trough. SPE Drilling and Completion, 30 (1): 52-67.

Queiruga A F, Moridis G J, Reagan M T. 2019. Simulation of gas production from multilayered hydrate-bearing media with fully coupled flow, thermal, chemical and geomechanical processes using TOUGH+Millstone. Part 2: geomechanical formulation and numerical coupling. Transport in Porous Media, 128 (1): 221-241.

Rutqvist J, Moridis G J. 2007. Numerical studies on the geomechanical stability of hydrate-bearing sediments. OTC-18860. paper presented at the Offshore Technology Conference. Houston, Texas, U. S. A.

Shahbazi A. 2010. Mathematical modeling of gas production from gas hydrate reservoirs. Calgary: University of Calgary.

Su K H, Sun C Y, Dandekar A, et al. 2012. Experimental investigation of hydrate accumulation distribution in gas seeping system using a large scale three-dimensional simulation device. Chemical Engineering Science, 82 (1): 246-259.

Sun X F, Mohanty K K. 2006. Kinetic simulation of methane hydrate formation and dissociation in porous media. Chemical Engineering Science, 61 (11): 3476-3495.

Taitel Y, Dukler A E. 1976. A model for predicting flow regime transitions in horizontal and near horizontal gas-liquid Flow. AIChE Journal, 22 (1): 47-55.

Uddin M, Coombe D, Law D, et al. 2008. Numerical studies of gas hydrate formation and decomposition in a geological reservoir. Journal of Energy Resources Technology, 130 (3): 0325011-03250114.

Vysniauskas A, Bishnoi P R. 1983. A kinetic study of methane hydrate Formation. Chemical Engineering Science, 38 (7): 1061-1072.

Wang C F, Zhang Z L, Wang Y L, et al. 2009. A novelazide copper complex: [[Azido {bis [2-(piperidin-1-ylmethyl) pyridine]} copper (II)] perchlorate] hydrate. Russian Journal of Coordination Chemistry, 35 (10): 789-792.

White M D, Oostrom M. 1996. STOMP subsurface transport over multiple phases: user's guide. Washington: Pacific Northwest National Laboratory.

Yamamoto K, Yoshihiro T, Tesuya F, et al. 2014. Operational overview of the first offshore production test of methane hydrates in the Eastern Nankai Trough. OTC-25243-MS. Offshore Technology Conference held in Houston, Texas, USA, 5-8 May 2014.

Yu T, Guan G, Abudula A, et al. 2019. Gas recovery enhancement from methane hydrate reservoir in the Nankai Trough using vertical wells. Energy, 166: 834-844.

Yuan Y L, Xu T F, Xia Y L, et al. 2018. Effects of formation dip on gas production from unconfined marine hydrate-bearing sediments through depressurization. Geofluids, 2018: 11.

Zhang K, Moridis G J, Wu Y S, et al. 2008. A domain decomposition approach for large-scale simulations of flow processes in hydrate-bearing geologic media. the 6th International Conference on Gas Hydrates. Vancouver, British Columbia, Canada.

第四章　海洋天然气水合物开采产气潜力评价

第一节　海洋天然气水合物藏典型赋存特征

自 20 世纪 90 年代以来，全球范围内的大洋钻探计划（Ocean Drilling Program，ODP）、综合大洋钻探计划（Integrated Ocean Drilling Program，IODP）以及一些国家层面的天然气水合物专项调查项目相继开展，使得人们对野外实地海洋天然气水合物赋存情况有了更加深入的研究。尤属布莱克海台、韩国郁陵盆地、卡斯卡迪亚大陆边缘天然气水合物脊、日本南海海槽以及我国南海神狐海域等地区研究程度较高，相关数据也已不断公开。从这些数据中发现，不同海洋天然气水合物赋存与分布特征存在较大差异。例如，日本南海海槽天然气水合物充填于粗粒砂质沉积物中，而我国神狐海域天然气水合物却主要以浸染状充填于细粒粉砂–粉砂质黏土层，且天然气水合物饱和度较高，这在全球海洋天然气水合物赋存特征中是绝无仅有的。又如，日本南海海槽天然气水合物饱和度较高，高达 68% 以上，而布莱克海台内则广泛分布低饱和度的天然气水合物，天然气水合物饱和度低于 10%。这是由于天然气水合物的富集成藏是合适的温压环境，充足的烃类气体、水分子来源，相应的流体载体和运移通道，以及良好的储集条件等众多因素共同作用的结果，不同地质背景下的天然气水合物势必具有不同的产出特征。

本节主要在文献调研的基础上，综合分析全球各典型海洋天然气水合物藏赋存与产出特征，为后续天然气水合物藏开发潜力影响的地质因素提炼及不同地质因素对开采影响模拟过程中开采模型建立奠定有效的数据资料。

一、布莱克海台

全球首次海洋含天然气水合物沉积物样品钻井是 1996 年于布莱克海台进行的 ODP 164 钻探航次实施的。布莱克海台位于美国东南部海岸的被动边缘，以中新世以来（广泛发育）富微体化石泥质黏土和钙质泥质黏土充填为主要特征，地理位置示意图如图 4.1 所示（Ginsburg et al.，1996）。

在 ODP 164 航次第二阶段的钻探中，选取了位于布莱克海台南侧海脊内的 994、995 与 997 站位（图 4.1），作为从无明显 BSR 区域至 BSR 非常发育且清晰可见区域的钻井横截面。图 4.2 为过三站位横截面的地震剖面，994 站位位于 BSR 不可见横截面的末端，而 995 与 997 站位 BSR 非常明显，这也表明天然气水合物可以在无明显 BSR 的区域产出。995 与 997 站位海水深度约 2775m，ODP 164 航次在两站位钻井深度为 705～750mbsf。相关地震曲线、测井曲线、孔隙水地球化学和岩心温度等测试数据表明，天然气水合物存在于海底以下 190～450m 的沉积物中，特别是在 190～240m 与 380～450m 的层段内。在海底以下 0~190m 深度范围内虽未见含天然气水合物证据，但在该范围内随着深度增加沉积物含气量也逐渐增加。海底 450m 深度以下且特别是在海底 450~470m 范围内的沉积物中存在游离气，即表明在布莱克海台天然气水合物层以下聚集游离气层。海底以下 190~450m 的取样测试发现，天然气水合物组成气体主要为甲烷，占气体总量的 99%，此外还有少量二氧化碳、乙烷等其他烃类气体（Dickens et al.，1997）。压力岩心取样数据的氯化物浓度分析显示，天然气水合物含量最高占沉积物体积的 14% 左右。基于井孔电阻率测井曲线数据计算得到的天然气水合物含量占沉积物体积的 1%~11%（Collett and Ladd，2000）。总体而言，推测出的天然气水合物产生于无明显沉积结构扰动的细粒沉积物孔隙中或者在大型空穴（可能是结构和断裂构造）内以块状天然气水合物形式存在。在这些岩性不均一沉积物中细粒天然气水合物的分布呈现出强烈的多样性。多种来源数据（如可见的天然气水合物、岩心温度、氯化物浓度、测井曲线）显示天然气水合物的大小为几厘米至几米的范围不等。天然气水合物含量多样性的岩心解释不明；沉积物的地球化学分析也未能为这些多样给出合理解释。但是，详细的粒度分析显示氯化物含量越低天然气水合物含量越高，且通常为较粗粒沉积物（Paull and Matsumoto，2000）。

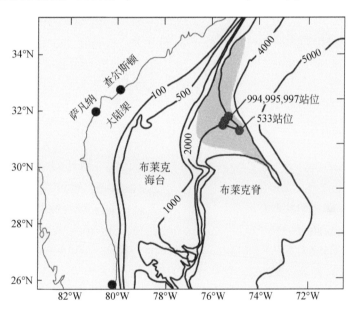

图 4.1　北美东部大陆边缘示意图

图中已标出深海钻探计划（Deep Sea Drilling Program，DSDP）76 航次的 553 站位与 ODP 164 航次 994、995 和 997 三个站位；红色阴影区域内天然气水合物赋存于 BSR 之上；图中等深线单位为 m（Ginsburg et al.，2000）

以布莱克海台 995 站位作为重点参考对象，该站位水深为 2778.5m，海底温度为 3.0℃，虽然在该站位未钻探到肉眼可见的天然气水合物样品，但测井曲线数据显示天然气水合物层位于海底以下 190~240m（厚 50m）。孔隙水氯化物浓度测试显示部分天然气水合物饱和度高达 10%（Paull et al.，1996），不同计算方法得到的沉积物孔隙度不尽相同，但计算值均较高，处于 50%~70%。该站位地温梯度为 33.7~36.9℃/km（Collett and Ladd，2000）。根据 995 站位 190~240m 层位内 125 个沉积物样品粒度分析显示含天然气

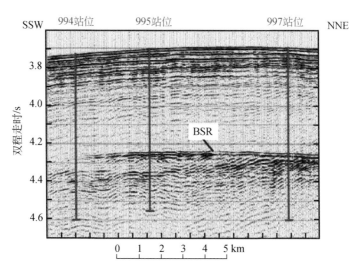

图 4.2　ODP 164 航次 994、995 与 997 站位内的地震曲线
在 995 与 997 站位存在明显的 BSR，但在 994 站位未见 BSR 证据（Ginsburg et al.，2000）

水合物层位沉积物粒度较非天然气水合物层位沉积物粒度更粗，整个天然气水合物层位沉积物粒度平均值为 0.00678mm（Ginsburg et al.，2000）。取心数据进一步分析显示沉积物密度为 2.60~2.85g/cm³，甲烷溶解度为 60mL，海水盐度为 35.0g/kg。

二、韩国郁陵盆地

　　由韩国地球科学和矿物资源研究所领导的几个政府研究机构和民营企业组成的一只研究队伍，分别于 2007 年（UBGH-1）与 2010 年（UBGH-2）在韩国郁陵盆地内进行了天然气水合物钻探考察，均发现在海底以下存在含天然气水合物沉积物。郁陵盆地位于其东海的西南角，盆地西部由一个窄且陡峭的大陆坡限制，北部由一众多脊和槽形成的山丘围绕，盆地南部和东部较为宽广但地层存在轻微倾斜。盆地水深 1500~2300m，逐渐向北边和东北边加深（Ryu et al.，2013）。盆地中心的沉积厚度大约为 5km，在南部增加至 10km（Park et al.，2008）。地震地层分析表明郁陵盆地由早中新世至第四纪四个连续沉积物组成（Park et al.，2008）。

　　在 UBGH-1 航次钻取的含天然气水合物沉积物样品位于水深 1800~2100m 的海底以下 150m 的深度范围内。该航次三个钻探站位内天然气水合物形成于岩石矿脉与富含黏土岩的沉积层内，或作为孔隙填充物赋存于粉砂-砂岩层内。甚至发现在其中 UBGH-1-10 站位内含天然气水合物的砂/粉砂岩层厚达 130m，另外，在 UBGH-1-9 站位也发现相似的厚达 100m 的含天然气水合物沉积层。图 4.3 为 UBGH-1 航次内三个取心站位的测井-钻井电阻率曲线。孔隙水淡化分析显示含天然气水合物砂岩层的天然气水合物平均最大饱和度约 30%。且该航次三个取心站位内岩心孔隙水和天然气水合物样品内气体水合物均为甲烷。

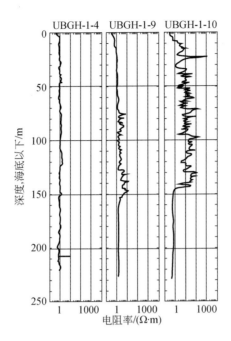

图 4.3　UBGH-1 航次三个取心站位的测井–钻井电阻率曲线（Park et al., 2008）
高电阻率区域（超过 1Ω·m）通常为含天然气水合物沉积层

UBGH-1 航次巨厚层的勘探结果证实了郁陵盆地内赋存天然气水合物，为了进一步调查盆地内天然气水合物的资源分布、寻找潜在的近海开采试验的有利站位，在 2010 年 9 月于盆地内进行了 UBGH-2 天然气水合物钻探航次。UBGH-2 航次选择了 11 个既定钻探站位进行调查，如图 4.4 所示。获取的岩心样品船上分析表明，甲烷水合物呈弥散状充填于浊积砂体内，或者在深海/半深海泥（特别是在烟囱构造）纹理和结核中呈裂隙充填。该航次的电缆测井与取心工作证实了大量火山碎屑与硅质碎屑砂体储藏的出现可能是部分或全盆地范围内浊流事件沉积的结果，这可能是郁陵盆地内天然气水合物的大量富集与产出的有利保证。

以 UBGH-2 航次最北部的 UBGH-2-6 站位为例，其水深 2160m，天然气水合物层位于海底以下 140m 泥层之下（Ryu et al., 2013），天然气水合物层厚 20m，为含天然气水合物砂层与黏土层夹层，平均孔隙度为 55%，天然气水合物饱和度平均为 50%。该站位直接测得地温梯度为 0.0869℃/m（由 128mbsf 与 189mbsf 深度上的温度分别为 15.75℃、21.05℃确定，同时解得海底温度为 4.63℃），根据天然气水合物层赋存深度及地温梯度计算得到天然气水合物层底界温度与压力分别为 18.534℃、23.63MPa（Ryu et al., 2013；Moridis et al., 2013）。含天然气水合物砂岩层渗透率数据未知，但依沉积物类型，我们可以合理估算储层渗透率为 $5×10^{-13}m^2$（Moridis et al., 2013）。

三、水合物脊

2002 年 7 月 7 日至 2002 年 9 月 2 日，旨在确定加积脊与邻近陆坡盆地内天然气水合

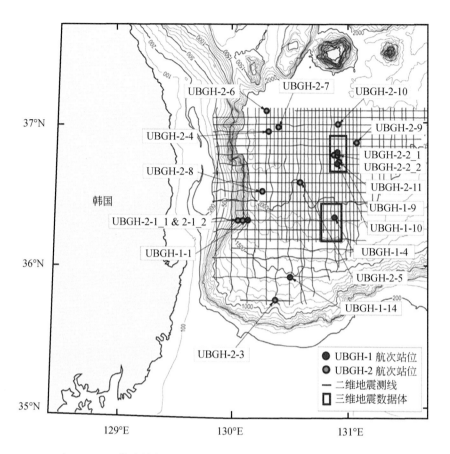

图 4.4　UBGH-1 与 UBGH-2 航次钻探站位以及钻探期间的地震波数据覆盖区域（Lee et al., 2008）

物分布和浓度的 ODP 204 航次在卡斯卡迪拉大陆边缘的天然气水合物脊内的 9 个站位实施了测井与取心工作（Tréhu et al., 2004a, 2005）。本航次调查了甲烷及其他气体运移至天然气水合物稳定区域的运移机制，获得了控制原位天然气水合物物理性质的制约因素（Tréhu et al., 2003a）。ODP 204 航次发现：①在天然气水合物脊南部顶峰附近海底以下约 30m 范围内存在高度富集的天然气水合物，在蕴含甲烷气体的同时含有相当数量的多烃气体；②顶峰附近的高氯化物含量预示天然气水合物形成的时间较近且较快速；③在顶峰近表面气体天然气水合物的沉积的侧向延伸可以根据反向散射和地震信号绘制；④顶峰以外的区域在上部约 45mbsf 范围内无天然气水合物存在；⑤在约 45mbsf 至天然气水合物稳定区域基底之间，天然气水合物呈透镜状，可能是受沉积物物理性质的控制；⑥在天然气水合物脊东部陆坡盆地内，天然气水合物浓度相当低，但是在靠近天然气水合物稳定区域基底可能存在 12m 厚的较高浓度的天然气水合物层；⑦通常由不同的物理和化学分析方法近似估计的天然气水合物分布和浓度结果较一致等。

世界天然气水合物脊是卡斯卡迪拉增生楔内一长 25km、宽 15km 的洋脊，形成于胡安·德富卡板块以约 4.5cm/a 的速率向北美板块之下俯冲，褶皱和逆冲断层广泛发育，如图 4.5 所示。俯冲板块内的沉积物包括大量砂质与粉砂质浊积岩。天然气水合物脊南部顶

峰水深约 800m，北部顶峰水深约 600m。与布莱克海台部分站位存在明显 BSR 证据不同
（994 站位不存在 BSR，995、997 站位存在 BSR），天然气水合物脊内普遍存在 BSR
（Tréhu et al.，2004b）。

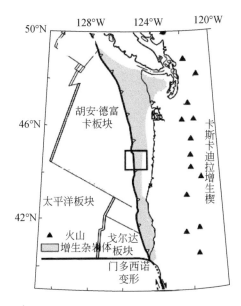

图 4.5　卡斯卡迪拉俯冲区域增生楔内天然气水合物脊构造环境（Tréhu et al.，2004b）

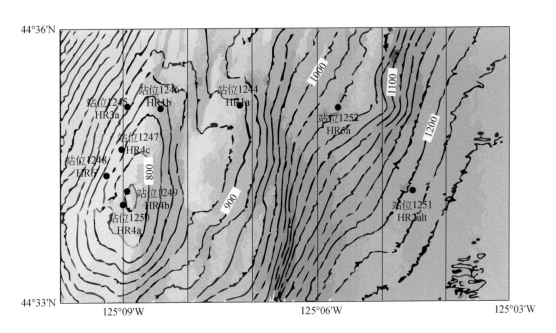

图 4.6　天然气水合物脊南部区域等深线图及 ODP 204 航次各站位位置（Tréhu et al.，2004b）

ODP 204 航次将既定的 9 个钻探站位（图 4.6）分为两组，1245 站位与 1247～1250
站位形成南北向的剖面，记录南部天然气水合物脊天然气水合物系统从北翼至顶峰的演

化；1245、1246、1244、1252 与 1251 站位则形成东西向剖面，用以比较南部天然气水合物脊东西翼与邻近陆坡盆地的差异。钻探结果显示，所有站位的岩性都是相似的，含有大量浊积物，以及一些碎屑流及少量灰层。其中灰层是天然气水合物之下出现最高振幅的原因，在影响流体汇聚与控制系统天然气水合物分布中起到重要作用。与布莱克海台相比，天然气水合物脊处 BSR 之下的游离气较少（陈弘，2003）。密度法和标准阿尔奇公式的初步计算结果显示，ODP 204 航次 1247B 和 1250F 钻孔的天然气水合物储层孔隙度分别介于 51.6%~58.9% 和 53.2%~60.6%，天然气水合物饱和度分别介于 0~18.0% 和 0~33.0%（Tréhu et al.，2005）。

　　以天然气水合物脊东翼水深 895m 的 1244 站位作为参考标准，该站位距离南部顶峰北东向约 3km（Tréhu et al.，2003b）。岩心红外热成像显示大量结点和/或分散型天然气水合物层位于海底之下 45~125m（80m）范围内。海底温度为 3.96℃，由井底温度测量所得该站位地温梯度为 61℃/km（Tréhu et al.，2003b），可以计算出天然气水合物层底部温度为 11.585℃（85m），按照静水压力可计算出天然气水合物层压力为 10.60MPa；孔隙水氯化物浓度分析显示天然气水合物占沉积物孔隙空间的 2%~8%（Tréhu et al.，2003a），沉积物孔隙度为 65%（Tréhu et al.，2004b）。

四、日本南海海槽

　　日本 1995 年通过经济、贸易和工业部建立了首个大型国家天然气水合物研究项目，随后在整个全球天然气水合物研究（MH21 Research Consortium，2008）中起领导作用。2001 年，经济、贸易和工业部发起了一个覆盖面广泛的天然气水合物项目"日本甲烷水合物钻探项目"，该项目由甲烷水合物 2001 联盟（MH21）执行，用于评价南海海槽区域内深水天然气水合物的资源前景（Tsuji et al.，2009）。

　　南海海槽位于日本岛西南海域，沿着日本岛弧系的俯冲带和菲律宾海板块从南西向北东延伸超过 900km，自北向南连接东海盆地和四国盆地（Uchida et al.，2004；Tsuji et al.，2004）。海槽底热流值具有西南高（120~180mW/m²）、东北低（40~80mW/m²）的特征，局部分布极不均匀（Kinoshita et al.，2008）。ODP 190 航次钻井测得四国盆地北部地温梯度大约为 56℃/km，水深 3000m 处稳定带厚度接近 350m（Moora et al.，2001）；而东海盆地的钻井资料表明，水深 950~1000m 海域，天然气水合物稳定带厚度为 250~300m（Takahashi et al.，2001）。

　　从 1999/2000 首个研究钻探以来，2001 年和 2002 年在南海海槽进行了一系列地震波调查，并于 2004 年初成功实施多井钻探，旨在验证 BSR 与天然气水合物赋存之间的相关关系，具体调查位置如图 4.7 所示。在 2004 年的钻探项目中，共钻取 16 个站位，在重要的 4 个站位对含天然气水合物砂岩层位进行取心，并利用多种井底地球物理测井工具进行分析。大量岩心分析结果确定了三种天然气水合物产出类型：①孔隙充填的砂质水合物；②孔隙充填的泥砂质水合物；③中等粒度沉积物中的结节状或裂隙充填巨厚层水合物（Uchida and Tsuji，2004）。在 1、2 站位内观察到的天然气水合物为块状天然气水合物，4、13 站位则为孔隙充填天然气水合物（图 4.8）。这些取心的含天然气水合物的砂层为厚几厘米至1m的极细粒–细粒浊流沉积的产物,特别是半远洋泥质沉积和浊积水道砂体构成的泥砂交互层。然而,在4站位含天然气水合物砂岩层总厚度达50m(282~332mbsf),并且,在4站位110~265mbsf深度范围内地震波曲线显示"尖峰"电阻率的区域也被解释为含天然气水合物层。13站位含天然气水合物砂岩层的总厚度为100m(95~197mbsf)。相分析表明含天然气水合物砂体为海下扇系统内的分流河道至扇缘内。保压取心和井下测井数据分析显示砂岩层孔隙内的平均天然气水合物饱和度为55%~68%不等,局部范围内天然气水合物的饱和度可高达80%,平均沉积物孔隙度为39%~41%(Uchida and Tsuji, 2004),是有利的开采目标。另外,Fujii等(2008)也指出在南海东部天然气水合物游离气含量约为1.1万亿 m^3,并且大约一半的天然气水合物富集于砂岩储层中。

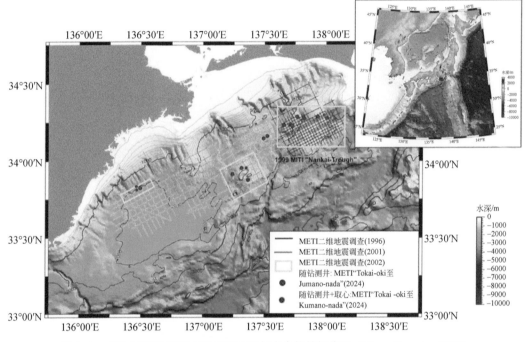

图 4.7　二维/三维地震调查位置及天然气水合物钻探位置(Noguchi et al., 2011)

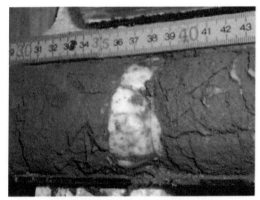

(a)2站位泥–粉砂层内层状天然气水合物

(b)2站位黏土–粉砂层内层状或块状天然气水合物

(c)13站位砂岩层内164.3mbsf　　　　　　　　　(d)13站位砂岩层内162.8mbsf
深度上的孔隙充填水合物　　　　　　　　　深度上的孔隙充填水合物

图4.8　层状/块状以及孔隙充填天然气水合物产出形貌

　　对于东海冲内的13站位，该站位水深722m，含天然气水合物砂岩层为93～197mbsf（厚104m），海底温度为4.5℃，实地测得原地温度为10.2℃，静水压力推算出的原地压力为8.6MPa，天然气水合物孔隙度为0.39，饱和度为0.68（占储层砂体体积）（Fujii et al., 2009）。并且根据Uchida等（2009）测得的该站位沉积物粒径为187.5μm，储层沉积物粒径与渗透率的相关性将在本章第二节介绍。

五、墨西哥湾

　　墨西哥湾盆地以新生代沉积物充填和盐底辟为主要地质背景，区域的特征地质现象包括陆坡内微小盆地、块状滑塌、浅层盐底辟之上的地堑构造，以及大型生长断层等（Bryant et al., 1990；Collett et al., 2009）。其中，广泛发育的盐体活动显著影响了墨西哥湾油气资源和天然气水合物的分布特征。

　　在实际的天然气水合物勘探研究中，1970年DSDP Leg 10航次首次发现了墨西哥湾内有天然气水合物的直接证据，当时从深水Sigsbee平原和Campeche湾内采得了富天然气岩心样品（Ruppel et al., 2008）。在DSDP Leg 96航次中，在Orca盆地内20～40mbsf采得大量天然气水合物样品。2005年墨西哥湾联合工业计划（Joint Industry Project，JIP）初始阶段主要研究了天然气水合物赋存对不同粒径沉积物的物理性质的影响，并构建了可预测的井孔稳定性模型。JIP初始阶段主要关注在墨西哥湾最普遍且最难评价的钻井中赋存于黏土沉积物中的低饱和度的天然气水合物。JIP钻探站位于北部海湾和中部斜坡水深约1300m的两个截然不同的地质环境内，分别为Keathley峡谷和Atwater峡谷。虽然在Keathley峡谷钻井内未发现天然气水合物，但存在一系列与含天然气水合物相关的标志。例如，井底测量的高电阻率表明，在KC151-2钻井中220～300mbsf范围内可能存在天然气水合物（Collett，2005）。并且Lee和Collett（2008）利用井孔电阻率与Archie关系量化推测KC151-2钻井内平均天然气水合物饱和度为10%，在一些薄层段甚至超过40%。KC151-2井孔内电阻率测井的正弦曲线进一步表明在220～300mbsf层位内包含大量近于垂直的裂隙构造（Collett，2005；Hutchinson et al.，2008）。充填型天然气水合物构造是天然气水合物饱和度局部升高的最有可能的解释。

　　在 JIP 航次确认天然气水合物存在的基础上，2009 年春墨西哥湾 JIPⅡ航次收集了含天然气水合物砂岩储层的随钻测井数据（高度富集），证实了墨西哥湾储藏级砂体中蕴含高浓度天然气水合物。最终 JIPⅡ航次仅在三个站位（WR313、GC955 与 AC21）内进行了随钻测井工作，两航次钻探站位参见图 4.9。WR313 站位位于墨西哥湾 Terrebonne 小型盆地，GC955

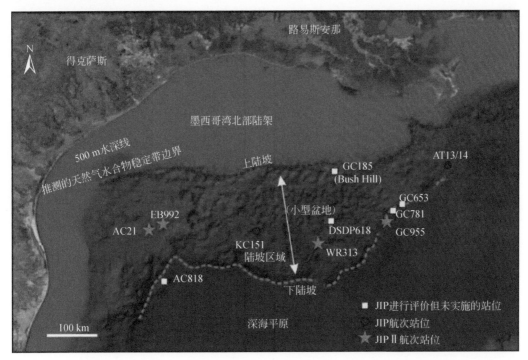

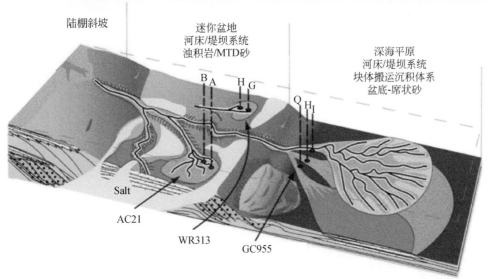

图 4.9　墨西哥湾 JIP Ⅱ航次天然气水合物钻探站位及北部一般沉积模式

（Boswell et al.，2012；苏明等，2015）

站位临近 Green Canyon 的口部，钻井在这两处都揭示了天然堤砂体地层的存在。AC21 站位位于 Alaminos Canyon 延伸区域北部的 Diana 小型盆地之中。

　　JIP Ⅱ 航次在 WR 313 站位钻取 WR313-G 与 WR313-H 两口钻井，如图 4.10 所示。两口钻井目标层位分别为上覆"蓝色"层位、中部"橙色"层位，以及下部沉积年代最老的"绿色"层位。两口钻井内探测的"蓝色"层位均位于推测的天然气水合物稳定区域底部（Base of gas hydrate stability zone，BGHS）之上，中部"橙色"层位在一口钻井内位于 BGHS 之上，在另一口钻井内位于 BGHS 以下；而"绿色"层位仅在一口钻井内探测到，位于 BGHS 以下（图 4.10）。WR313-G 井目标层位为"蓝色"层位，WR313-G 井随钻测井数据表明在厚层黏土主导层位内存在一富砂岩层，该富砂岩层由薄层层间砂与页岩层组成。该层位钻井深度为 836mbsf，电阻率与声学性质测井均显示该钻井内天然气水合物为孔隙充填，含天然气水合物砂层总厚度约 11m，天然气水合物饱和度通常高于 40%，平均天然气水合物饱和度为 67%（Collett et al.，2012）。"蓝色"层位平均孔隙度为 0.35（Frye et al.，2012），该站位水深 2000m（Collett et al.，2012），地温梯度为 19.5℃/km（McConnell et al.，2009）。该区域研究发现，当水深超过 1000m 时，海底温度为 4~5 ℃，进而由地温梯度可估算出天然气水合物层底温度为 20.3℃，由静水压力计算得到天然气水合物层基底压力为 29.29MPa。

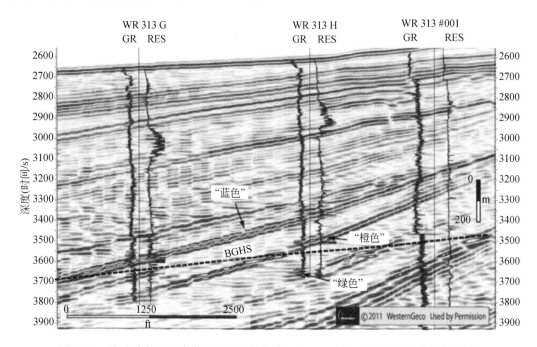

图 4.10　墨西哥湾 JIP Ⅱ 航次 WR 313 站位内 WR313-G 与 WR313-H 钻井地震测线，
以及推测的小型盆地内的 BGHS 位置

图中"蓝色"、"橙色"、"绿色"均为含天然气水合物目标层位（Boswell et al.，2012）；WR313#001
为 2001 年钻探的工业钻井

六、印度

印度天然气水合物研究经历了 2006 年的国家天然气水合物项目 NGHP 01 航次与 2013 年的 NGHP 02 航次，自西向东横跨印度半岛被动大陆边缘和安达曼汇聚大陆边缘。在为期 113.5 天的 NGHP 01 航次中共在 21 个站位的 39 口钻井中进行了勘探，证实在 Krishna-Godavari（戈达瓦里）、Mahanadi 和安达曼盆地内存在天然气水合物。该航次发现了最丰富的天然气水合物资源（Krishna-Godavari 盆地内的 10 站位），记载了最厚层且最深部的天然气水合物稳定区（安达曼河内的 17 站位），并且在 Mahanadi 盆地内建立了完整发育的天然气水合物系统（19 站位），如图 4.11 所示。NGHP 01 勘探站位的井下测井数据、红外热成像、孔隙水分析与保压取心图像表明天然气水合物的存在主要受裂隙构造和/或粗粒（主要为富砂质）沉积物控制。NGHP 01 航次中 9 个站位内（NGHP-01-03、NGHP-01-05、NGHP-01-

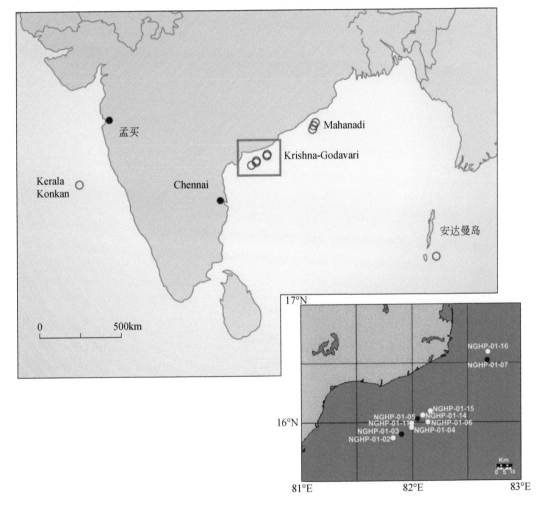

图 4.11　印度国家天然气水合物项目（NGHP 01）研究区域以及 Krishna-Godavari
盆地内勘探位置图 [由 Collett 等（2008）改编]

07、NGHP-01-14、NGHP-01-15、NGHP-01-16、NGHP-01-17、NGHP-01-19、NGHP-01-20 站位）富集天然气水合物藏的部分受储集砂体控制，然而，NGHP-01-10、NGHP-01-12、NGHP-01-13、NGHP-01-21 站位天然气水合物则受裂隙控制。NGHP-01-10 站位内发现的厚130m 主要由裂隙控制的天然气水合物藏位于裂隙黏土岩主导系统内，在该系统内天然气水合物富集于垂直和近垂直的一次海底泄露相关的气体通道内。其他站位（NGHP-01-02、NGHP-01-04、NGHP-01-05、NGHP-01-06、NGHP-01-07、NGHP-01-08、NGHP-01-09、NGHP-01-11 站位）井下电阻率图像分析表明有很多孤立的、明显受地层控制的弥散性天然气水合物藏最终形成于提供甲烷运移通道的、垂直至近垂直于裂隙相关的、由水平或近水平粗粒可渗透沉积层（主要为砂岩）组成的"联合"储藏内。

以位于盆地中部的 NGHP-01-05 为研究目标，站位水深 945m，随钻测井的电阻率曲线显示 56~94mbsf（38m）深度范围内储层电阻率升高，为含天然气水合物沉积层（Shankar and Riedel，2011）。由中子测井推算储层孔隙度介于 50%~70%（平均孔隙度约为 60%），电阻率测井所得该站位内天然气水合物饱和度平均为 0.38。海底温度 7.1℃，地温梯度为 44℃/km（Shankar and Riedel，2011），天然气水合物藏主要沉积物类型为以黏土为主的粉砂质–砂质沉积（Collett et al.，2008）。由静水压力可计算得到天然气水合物层底界温度为 11.236℃，压力为 10.79MPa。

七、我国南海海域

大陆边缘作为大陆与海洋转换的过渡区域，是油气资源富集的有利地带（Hartnett et al.，1998）。南海位于欧亚、印澳和太平洋等三大板块的交汇处，北接中国大陆，南至马来西亚–印度尼西亚，约 2900km；东邻菲律宾群岛，西靠越南，约 1600km，总面积达 $350×10^4km^2$，是西太平洋大陆边缘最大的边缘海（Hayes and Nissen，2005；Franke et al.，2011）。自西向东，包括莺歌海盆地、琼东南盆地、珠江口盆地、台西南盆地等一系列新生代含油气盆地（主要呈北东向与华南海岸平行，莺歌海盆地呈东西向展布），如图 4.12 所示。南海平均水深为 1212m，中央部分平均水深超过 4000m，最大水深达 5559m。

区域地质研究表明，新生代以来，南海北部大陆边缘沉积了巨厚的沉积层，厚度可达 1000~7000m，沉积物中有机碳含量为 0.46%~1.9%，具有巨大的油气资源潜力（阎贫等，2005）。自 2007 年起，我国海洋天然气水合物钻探计划先后于南海神狐（2007 年 GMGS-1 航次与 2015 年 GMGS-3 航次）、东沙海域（2013 年 GMGS-2 航次）和琼东南海域（2018 年 GMGS-4 航次与 2019 年 GMGS-5 航次）进行了实地天然气水合物钻探，证实在我国南海北部陆坡蕴含丰富的天然气水合物资源（吴能友等，2007，2009）。

（一）神狐海域

神狐海域水深 300~3500m，位于一级构造单元珠江口盆地南部的白云凹陷内。在地理上，神狐海域位于南海北部陆坡中部神狐暗沙与东沙群岛之间（吴能友等，2007，2009）。珠江口盆地位于南海北部大陆边缘的中段，是中生代末期以来由陆缘张裂活化而形成的张性断陷盆地。白云凹陷位于珠江口盆地南部坳陷带中珠二坳陷东部，是珠江口盆

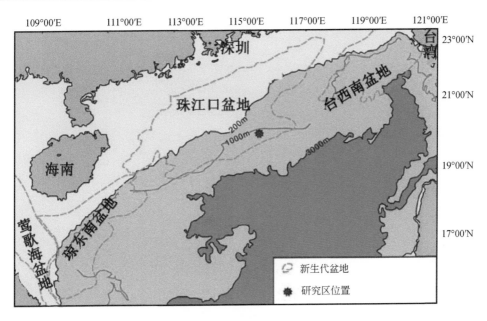

图 4.12　南海北部陆坡示意图及主要的含油气盆地位置（Wu et al., 2011）

地最大的富生烃凹陷，面积约 12000km²，最大沉积厚度近 10000m，平均厚度超过 5000m（朱伟林，2010）。基于"天然气水合物油气"的概念，该区域内具备天然气水合物稳定存在的温度–压力条件、丰富气源、合适的天然气水合物形成水源、气体运移通道与有效的储藏岩体等特征，有利于天然气水合物的成藏。

　　2007 年 GMGS-1 航次最终通过两个航段的钻探，在神狐海域共完成了钻探站位 8 个，并在 SH1、SH2、SH3、SH5 与 SH7 站位进行了取心，在其中的 SH2、SH3 和 SH7 站位内取得了天然气水合物样品（Wu et al., 2007；Yang et al., 2008；Wu et al., 2011；Wu et al., 2013）（图 4.13）。天然气水合物主要以弥散状充填于沉积物中。钻探工程包括钻探、电缆测井、取心、原位温度测量、孔隙水取样及样品采集等工作，并在现场对岩心进行了 X-射线影像、红外扫描、孔隙水地球化学、气体组分等测试分析。

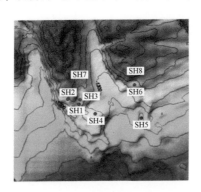

图 4.13　GMGS-1 航次神狐海域天然气水合物钻探区站位分布图（吴时国等，2009）

　　在 GMGS-1 航次钻探计划中每个站位均有两口钻井，一口用于识别浅滩气体灾害而进行电缆测井的"先导孔",另一口(远离先导孔 10~15m)则用于取样与测试。

1. SH2 站位

　　SH2A 先导孔的测井曲线很好地反映了天然气水合物的存在(图 4.14),根据测井结果分析,确定了该井含天然气水合物深度区间为 195~220m(25m),在 SH2B 孔相应的深度准确地采获了天然气水合物沉积物岩心。SH2 站位天然气水合物位于天然气水合物稳定带之上单一的 25m 厚地层中,天然气水合物饱和度在 25%~46%,天然气水合物含量约占地层体积的 10%~19%(地层孔隙度 39%)。沉积物粒度分析表明该井由 70% 的粉砂和 30% 的泥组成黏土。另外,气体组分测试分析表明,甲烷为主要气体成分,且存在较低浓度的乙烷(0.01%~0.1%)。

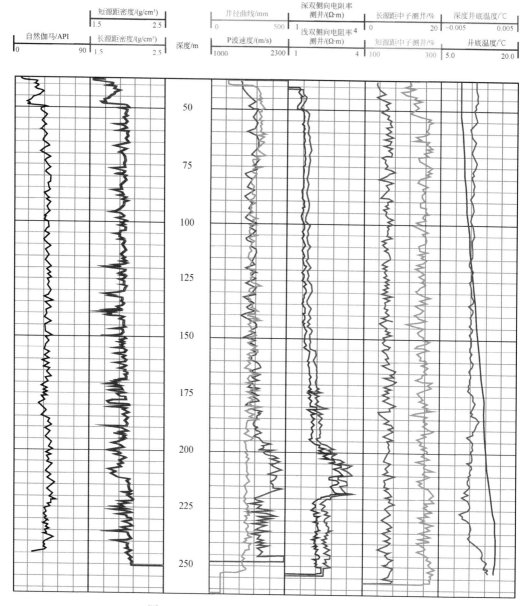

图 4.14　GMGS-1 航次 SH2A 孔电缆测井曲线

2. SH3 站位

SH3 站位测井资料显示天然气水合物位于稳定带底以上约 10m 地层中（图 4.15），根据孔隙水淡化分析得出该站位天然气水合物饱和度最高为 26%。气体测试分析结果表明甲烷为碳氢气体主要成分，甲烷与乙烷比值为 1200。

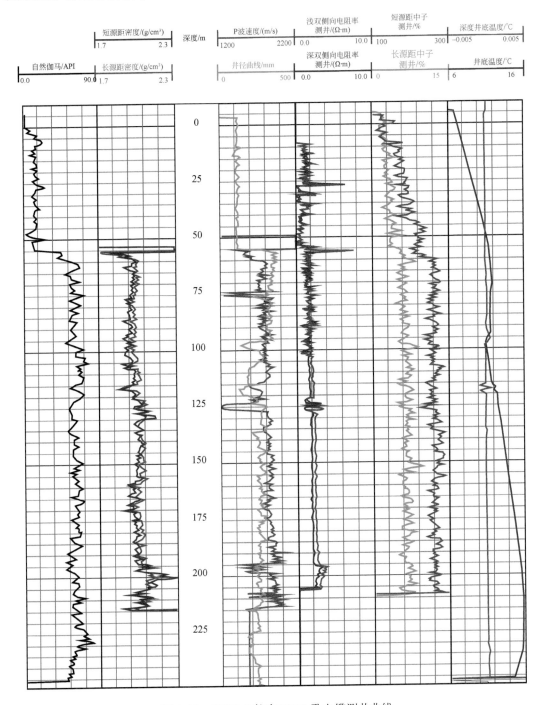

图 4.15 GMGS-1 航次 SH3A 孔电缆测井曲线

3. SH7 站位

SH7 站位钻探结果显示，该站位天然气水合物在很多方面与 SH2 站位相似，如 SH7 站位含天然气水合物位于 155 ~ 180mbsf 深度的一层 25m 厚沉积层内，但天然气水合物富集程度比 SH2 站位差异很大，在含天然气水合物沉积物层的上部 10m 层段内天然气水合物饱和度高于 20%，且最高为 44%。

（二）东沙海域

2013 年 GMGS-2 航次天然气水合物钻探区位于南海北部陆坡东沙群岛附近，海水深度 400 ~ 2400m，距离台湾岛西南的高雄市直线距离 164km，覆盖面积 326.5km²，水深变化范围为 750 ~ 2000m，地形从西北向东南呈斜坡状，等深线相对平直，呈北东—南西走向；北部等值线宽缓、平直，说明西半部分北边地形相对平坦，这里即所谓"九龙甲烷礁"的位置所在，而南部水深逐级下降，呈现典型陆架至陆坡转折带特征。东半部分以两条西北—东南走向的大型海底沟横穿为主要特征，该两条海沟在北部呈平行状，至南端汇合成一条近南北向的大型海沟延伸至钻探区以外。

GMGS-2 航次在东沙海域 664 ~ 1420m 范围内对 13 个站位进行了天然气水合物钻探工作（图 4.16），其中 10 个站位进行了随钻测井工作，在另外三个站位仅开展井下电缆测井。在 GMGS2-01、GMGS2-04、GMGS2-05、GMGS2-07、GMGS2-08、GMGS2-09、GMGS2-11、GMGS2-12 与 GMGS2-16 站位发现明显的天然气水合物测井指标参数异常。在其中 5 个站位（GMGS2-05、GMGS2-08、GMGS2-09、GMGS2-16、GMGS2-07 站位）进行了钻探取心工作，均获得了含天然气水合物岩心样品，且样品中甲烷气含量>99%。通过现场对样品观察及岩心测试分析，天然气水合物呈层状、块状、脉状及弥散状等形态产出，如图 4.17 所示。五个取心站位的分析测试结果如下。

图 4.16　GMGS-2 航次天然气水合物钻探站位位置实物图

图 4.17　GMGS-2 航次采集的天然气水合物样品的形貌特征
图 1、2 为块状，图 3、4 为层状，图 5、6 为结核状，图 7 为脉状，图 8 为弥散状

1. GMGS2-08 站位

该站位水深 798m，钻井深度为海底以下 138m。随钻测井数据显示在该站位与
GMGS2-16 站位有明显的 P 波速度异常与电阻率异常，如图 4.18 所示。在 GMGS2-08 站位
内共完成了四个取心孔，在其中一取心孔保压岩心中获得了厚约 20cm 的单层块状天然气
水合物。该站位天然气水合物呈上下两层富集，上层厚约 14m，分布深度在海底以下 9～
23m，且其中电阻率最大值为 17.5Ω·m，层段内声波速率略有增加，并在 9mbsf 深度上最
大值为 1662.2m/s，层段内天然气水合物以团块状、结核状或脉状形式赋存；下层厚度约
33m，分布深度为 66.4～98mbsf，与印度 NGHP01-10B 站位相似，该层段内天然气水合物
多以层状、块状形式赋存，显示较好的天然气水合物资源潜力。在深度 58～62mbsf 范围
内，层位呈现高电阻率与高声波异常，且密度也较高（最大值 2.3g/cm³），进一步解释为
碳酸盐岩。该站位自上而下发育灰绿色含碳酸盐结核黏土，并伴生浅黄色自生碳酸盐岩；
中部为角砾碳酸盐岩和多孔角砾灰岩，角砾占沉积物体积含量的 70% 以上，以浸染状分布
于浅灰色细粒自生碳酸盐和方解石基质中；下部以粉砂质黏土为主，并伴生泥质碳酸盐
岩，天然气水合物富集层岩性特征独特。

2. GMGS2-16 站位

数据显示该站位天然气水合物赋存于两个主要层位：①近海底的 13～29mbsf 层位，
其天然气水合物主要呈脉状产出；②196mbsf 深度开始的孔隙充填型的天然气水合物，天
然气水合物饱和度高达 55%。并且，在天然气水合物层位开始的 196mbsf 深度上，储层高
度不可渗，扮演流体盖层的角色。

3. GMGS2-05 站位

该站位天然气水合物主要呈弥散状分布于海底以下 198～204m 深度内，天然气水合物
饱和度高达孔隙空间 31%。该站位天然气水合物富集层被认为仅位于天然气水合物稳定区
底界之上，为天然气水合物开发创造了有利的热力学性质。地震数据解释该站位 BSR 位于

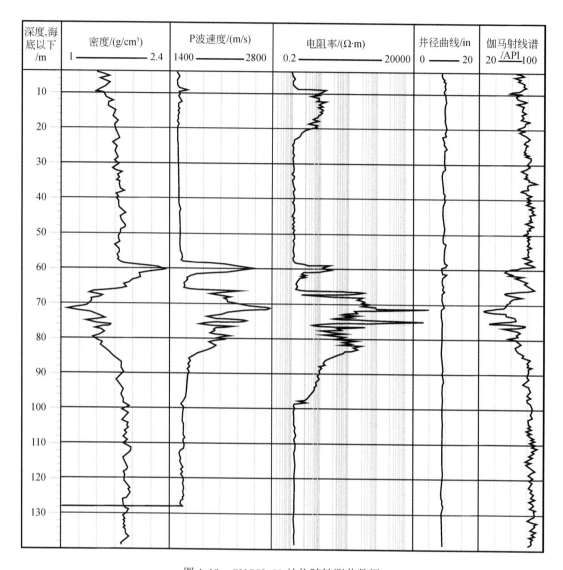

图 4.18 GMGS2-08 站位随钻测井数据

海底以下 208m 的深度, 在 198 ~ 204mbsf 范围内呈现出电阻率异常与声波速率异常。在该站位内未测量温度数据。孔隙水淡化分析显示, 天然气水合物饱和度为 23% ~ 31%。站位内气体分析数据表明, 烃类气体主要为甲烷, 天然气水合物以 I 型为主。

4. GMGS2-09 站位

该站位测井和取心位于已知的碳酸盐岩丘上, 其中 GMGS2-09A 钻孔位于碳酸盐岩丘的边缘, GMGS2-09B 位于碳酸盐岩丘上, 两口钻孔相距 200m, 纵向高度相差 62m。GMGS2-09A 的随钻测井数据显示无明显的天然气水合物存在证据, 但是 P 波速率数据显示 64 ~ 86mbsf 层位内少量游离气存在的证据。GMGS2-09B 岩心显示天然气水合物赋存于两个层位: 近海底的碳酸盐岩壳以下以及深部 99mbsf 以下, 后者天然气水合物饱和度达 25%。在 GMGS2-09 站位 107mbsf 的深度上测得储层温度为 9.5℃。三个岩心样品

（W09B-3M、W09B-4H、W09B-5H）均显示明显的天然气水合物证据，深度依次为6mbsf、10mbsf、22mbsf。天然气水合物主要呈脉状、层状形式。与5H样品不同，W09B-8H样品显示均匀的热异常，表明天然气水合物主要为弥散性分布，孔隙水淡化分析显示天然气水合物饱和度介于17%~25%。

5. GMGS2-07 站位

在GMGS2-07站位取心受限，但尽管如此，根据有限数据的热异常与孔隙水淡化分析显示，天然气水合物赋存层位为50~70mbsf，最小天然气水合物饱和度为10%~12%。由于井底底部出现孔隙水淡化现象，并且在GMGS2-07B钻孔内肉眼可见不断鼓出的气泡，证实该站位仍是天然气水合物在不断形成的活动站位。气体分析也显示，该站位内主要烃类气体为甲烷，平均甲烷与乙烷气体比值约3500。

（三）琼东南海域

南海北部神狐海域西南方向的琼东南盆地，如图4.19所示，处于被动大陆边缘，主要为半远洋黏质粉砂和粉质黏土沉积物，也是另一个气源条件丰富的天然气水合物有利成矿区。继2015年中国地质调查局在区域内"海马冷泉"区取得块状渗漏型天然气水合物样品后，2018年与2019年相继在该区域内开展了两次天然气水合物深部钻探。GMGS-5航次在W01、W07、W08和W09四个站位六个取心孔（W01B、W07B、W08B、W08C、W09B和W09C）内取得了块状、脉状及层状天然气水合物样品，如图4.20所示。GMGS-6航次进一步证实了琼东南深水区是有利的天然气水合物赋存条件，也是迄今勘探的与韩国郁陵盆地、墨西哥湾和印度Krishna-Godavari盆地等区域相似的渗漏型天然气水合物，具有有利的资源前景和开发前景（Wei et al., 2019；Ye et al., 2019）。

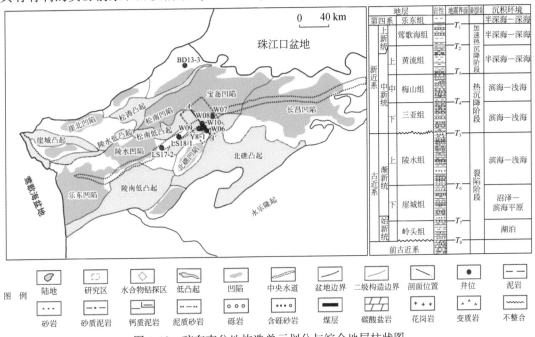

图4.19　琼东南盆地构造单元划分与综合地层柱状图

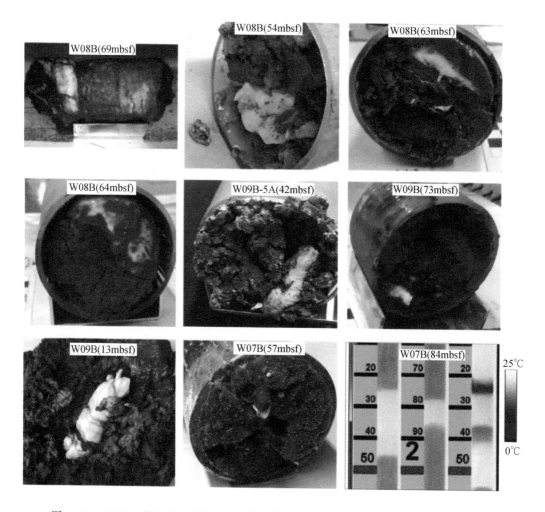

图 4.20　GMGS-5 航次琼东南盆地内取得的块状天然气水合物样品和样品红外热成像图

1. W01 站位

W01 站位水深 1719 ~ 1818m，与其他三个取心站位水深相近。利用氯离子浓度分析和分解过程量化产气方式均未显示有天然气水合物存在证据。且测得 W01 站位地温梯度为 65℃/km，为四个站位最低值。而计算出的天然气水合物稳定区域高达 237 ~ 272mbsf，又明显高于其他站位。

2. W07 站位

利用氯离子浓度估算得的 W07 站位天然气水合物饱和度为 0 ~ 44%（平均 17%），而基于样品分解测得的天然气水合物饱和度却为 0 ~ 6%（平均 3.7%），明显低于前者推演结果。基于温度测量计算的该站位地温梯度为 104℃/km，天然气水合物稳定区域位于 136 ~ 162mbsf。

3. W08 站位

W08 站位水深 1737.4m，测得地温梯度为 102℃/km，天然气水合物稳定区域位于 138~161mbsf。气体组分分析显示除甲烷外，还含有乙烷、丙烷等重烃气，超 10%。利用氯离子浓度与样品分解得到的天然气水合物饱和度分别为 0~92%（平均 33%）、0~53%（平均 17.4%）。尽管在 W08B-5A 钻孔 0.85~1.0m 长度内 CT 扫描图像无明显的天然气水合物存在证据，但是利用样品分解计算得到 10.7% 的天然气水合物饱和度表明天然气水合物也呈弥散状分布于该钻孔内。在该站位不同深度上钻取到厘米至分米的自生碳酸盐岩，自生碳酸盐岩内部显示孔隙与裂隙。

4. W09 站位

W09 站位测得地温梯度为 113℃/km，计算得到的天然气水合物稳定区域位于 125~145mbsf。利用氯离子浓度与样品分解得到的天然气水合物饱和度分别为 0~89%（平均 27%）、0~40%（平均 19.8%）。

第二节　储层岩性对海洋天然气水合物藏产气潜力的影响

地质特征不仅影响天然气水合物成藏，更有研究表明地质赋存特征对天然气水合物的开采潜力也有显著影响（Seol and Lee，2013；吴能友，2013；Bhade and Phirani，2015）。Boswell 和 Collett（2006，2011）在资源金字塔理论中也指出不同赋存特征的天然气水合物藏开采潜力不同，并指出最具有开采潜力的海洋天然气水合物藏类型为砂质天然气水合物藏，但是未给出具体的定量数值证据用以支撑该理论。本章节针对这一知识空白，采用数值模拟的方法，定性分析了不同岩性天然气水合物藏开采潜力差异，以及在降压开采过程中各储藏特征的演化规律，综合分析不同岩性天然气水合物藏开采潜力优劣以及在开采过程中所面临的各种技术、环境问题。

一、海洋天然气水合物藏类型划分

（一）神狐海域不同站位沉积物粒径差异

第四章第一节介绍了我国南海神狐海域 2007 年天然气水合物钻探结果，随后在对含天然气水合物样品的粒径分析实验时发现，对于 GMGS-1 的不同站位含天然气水合物沉积物岩性存在一定差异（图 4.21）。例如，SH2 站位沉积物主要为粉砂岩，其中砂质含量低于 12%；而 SH7 站位则主要为较粗粒的砂岩。相关的沉积物粒径分布差异如图 4.21 所示（Liu et al.，2010）。

（二）沉积物类型与储层渗透率相关关系

在石油工业领域，储藏通常可以按照沉积物粒径划分为以下四类：黏土质藏、粉砂质藏、砂质藏与砾岩藏，对应的沉积物粒径范围见表 4.1。然而，对于海洋天然气水合物藏

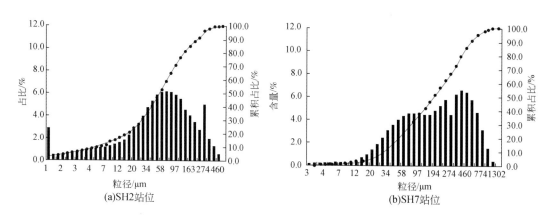

图 4.21 GMGS-1 航次 SH2、SH7 站位含天然气水合物沉积物的粒径分布（Liu et al., 2012）

而言，由于长距离的搬运、风化和压实作用，所形成的天然气水合物藏粒度通常较细，最大的沉积物粒度也不会超过粗砂粒径，我国南海神狐海域天然气水合物藏即如此。因此，在海洋天然气水合物藏仅发育三类天然气水合物藏：黏土质藏、粉砂质藏与砂质藏。

表 4.1 天然气水合物藏按照沉积物粒径的划分类型

储藏类型	粒径范围/mm	平均粒径（$\bar{d}$）/mm
黏土质藏	<0.005	0.003
粉砂质藏	0.005 ~ 0.05	0.009
砂质藏	0.05 ~ 2	0.098
砾岩藏	>2	2.5

注：平均粒径为调和平均值。

根据不同岩性天然气水合物藏的沉积物粒径，有如下两种储层渗透率计算方法。

1. 第一种估算方法

基于理想化紧密堆积理论，将天然气水合物藏沉积物粒径理想化为均一粒径的理想化球体堆积，按照 Kozeny-Carman 经验公式可推导出理想化均一球体充填形式的渗透率为（孔祥言，1999）

$$K = \frac{\kappa \phi^3}{\tau S^2} \tag{4.1}$$

式中：κ 为与毛细管横截面形状有关的 Kozeny 常数，对于正方形，$\kappa = 0.5619$，对于等边三角形，$\kappa = 0.5974$，对于窄条长方形，$\kappa = 2/3$，毛细管的截面形状是较复杂的，κ 值总在 $0.5 \sim 0.6$；τ 为流体流动路径长度与沉积物粒径之比的平方，称为迂曲度，值为 $2.2 \sim 2.4$，通常，Kozeny 常数与迂曲度比值为 0.23；ϕ 为储层孔隙度；S 为单位体积内沉积物内孔隙的表面积。

通常对于沉积物随机装填，有

$$\phi = 0.36, \quad S = \frac{1.896}{\bar{r}} = \frac{3.792}{\bar{d}} \tag{4.2}$$

式中：$\bar{r}$, $\bar{d}$ 分别为沉积物颗粒的平均半径和平均直径，故得到储层的渗透率为

$$K = \frac{\kappa \phi^3}{\tau S^2} = 0.23 \times 0.36^3 \times \frac{\bar{d}^2}{3.792^2} = 7.463 e^{-4} \bar{d}^2 \qquad (4.3)$$

即渗透率正比于沉积物粒径的平方。

2. 第二种估算方法

实际天然气水合物藏形成过程中，沉积物颗粒并非随机任意堆积，成藏的沉积物有其特定的流体运移规律，Moridis（2003）就根据 Kozeny-Carman 经验公式推导出另外一种储层渗透率公式：

$$K = \frac{\phi^3}{180 (1-\phi)^2} \bar{d}^2 \qquad (4.4)$$

式中：ϕ 为储层孔隙度；$\bar{d}$ 为沉积物颗粒的平均粒径。可以发现，在该种估算方法中，储层渗透率不仅正比于沉积物粒径平方，而且与储层孔隙度存在一种混合关系，即使储层孔隙度为 36%，得到不同岩性储层的渗透率的差值也高达 15.2%，见表 4.2。这一较高差值在研究中不可忽视，且明显会随储层孔隙度不同而有所差异，所以在接下来的数值模拟中，我们采用第二种估算方法来估算不同岩性天然气水合物藏的渗透率。

表 4.2　不同岩性天然气水合物藏按两种方法计算的渗透率

储藏类型	平均粒径/mm	第一种估算方法计算的渗透率/($\times 10^{-3} \mu m^2$)	第二种估算方法计算的渗透率/($\times 10^{-3} \mu m^2$)	差值/%
黏土质藏	0.003	6.7167	5.6953	15.2
粉砂质藏	0.009	60.450	51.258	15.2
砂质藏	0.098	716.75	6077.5	15.2

二、数值模型与模拟方法

（一）模拟程序 TOUGH+HYDRATE

研究中采用的数值模拟软件 TOUGH+HYDRATE 代码是由美国劳伦斯伯克利国家实验室开发的 TOUGH+系列，专门针对多孔介质中多组分、多相流流动和热流问题开发的（Moridis et al., 2008）。利用天然气水合物相平衡及动力形成与分解模型，TOUGH+HYDRATE 代码可以模拟包括水、甲烷、天然气水合物和抑制剂在内的四组分、四相（气相、液相、固体冰相与固体水合物相）在内的天然气水合物系统（尤其是甲烷水合物藏）的非等温气体释放、相态变化以及流体和热流动等，具体内容如下：

（1）在可能出现的相态中划分各物质组分。

（2）地质系统中流体相（气体、液体）的运移。

（3）相应的热对流与运移。

（4）由传导、对流、辐射、天然气水合物反应（分解/合成）、相变潜热（冰融化、

水汽化或蒸汽冷凝)、气体溶解及抑制剂溶解所引起的热交换。

(5) 平衡或动力天然气水合物反应(分解或者合成)。

(6) 水中溶解气或抑制剂(如盐类或乙醇)的对流与分子扩散运动。

(7) 任何天然气水合物分解方法(如降压法、热激法和抑制剂注入法)以及几种方法的联合使用。

在代码编写过程中,潜在的物理、热动力及数学模型简化假设控制在较低水平,具体潜在假设如下。

(1) 在研究条件下,模拟区域内遵循达西定律。

(2) 在溶解气和抑制剂的运移过程中,机械分散作用相比对流是很小的(忽略机械分散作用,模拟储存空间与运行时间都将大幅减少)。

(3) 天然气水合物的压缩和热膨胀系数与冰相同。

(4) 结冰时的地质介质变化(地层冻胀)未被考虑,并且压力效果(由流体与冰相密度差异引起的)通过地层高孔隙压缩性调节。

(5) 溶解盐类不随水结冰而降低。当盐类存在时,不允许液体相的消失。这类简化是相当必要的,也是基于对该类情况实际条件的边界定义,并且在该类条件下无法准确知道天然气水合物–盐类相关反应的基本原理和量化关系,再者这类简化也是计算需求的考虑。

(6) 溶解的抑制剂浓度不会影响水相的热物理性质。

(7) 在研究的温度、压力范围内抑制剂是不易挥发的物质。这一假设是基于有限的实际情况及计算的需要。

(8) 研究的压力<100MPa。尽管 TOUGH+HYDRATE 代码中用以精确描述天然气水合物热物理性质的压力可高达 1000MPa,但是因为对于压力<100MPa 时迭代的运行时间变为 3～4 倍,所以该高压选项是不可能实现的。

关于模拟器更详细的介绍可参见本书第三章第四节内容。

(二) 地质模型与井布置

在模拟中,所研究的几何地质模型参照苏正等对于 SH2 站位的模型。厚 40m 的天然气水合物层(hydrate-be aring layer, HBL)处于可渗透的上下地层之间,上下地层厚度取 20m,被认为是足够描述 30 年开采井周期内天然气水合物系统的热流变化情况以及整个开采过程中的压力场分布(Su et al.,2012a)。为了保证系统开采的有效性,假设在系统的顶部与底部存在一层较薄的不渗透边界,以防止在开采过程中产出的气体与热量垂向运移,特别是气体扩散以及下伏海水的渗入。开采井半径取 Moridis 在模拟中常用的 0.1m。在该研究中开采井的穿孔井段长 10m,位于天然气水合物层的中部,这种开采井的设计可以使得上下地层成为一层封闭地层,而使得开采仅在天然气水合物层中进行,同时也阻止了下伏含水层中的水渗入。研究区域采用圆柱体模型,径向研究范围为−80～80m,但是由于地质模型的对称性,仅讨论研究区的右半部(正数部分),如图 4.22 所示。

(三) 参考模拟条件

在缺乏实地勘探数据的条件下,部分天然气水合物系统属性可以参考已发表的文献,

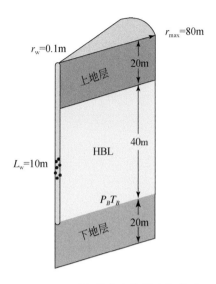

图 4.22 研究的水合物藏几何模型

见表4.3（Su et al., 2012b；Su et al., 2013）。系统沉积物孔隙度为38%，沉积物密度为2750kg/m³。基于第二种渗透率估算方法可以得到不同岩性天然气水合物藏的渗透率，结果见表4.4（Su et al., 2011）。钻探结果和地球化学分析表明，在神狐海域天然气水合物藏内甲烷含量超过96%，在研究中假设天然气水合物为纯甲烷水合物。天然气水合物藏的初始饱和度与海洋盐度分别为30%与3%。

表 4.3 神狐海域天然气水合物藏赋存特征与初始条件

参数	数值
天然气水合物层厚度	40m
含水层（上下地层）厚度	20m
初始压力 p_B	14.58MPa
初始温度 T_B（HBL底界）	10.76℃
气体组分	100% CH_4
初始饱和度	$S_{H0} = 0.3$，$S_{A0} = 0.7$
孔隙水盐度	3%
沉积物渗透率 $K_r = K_z$	参见表4.4
颗粒格架密度 ρ_R	2750kg/m³
孔隙度 ϕ	38%
干岩热导率 $k_{\Theta RD}$	1.0W/（m·K）
湿岩热导率 $k_{\Theta RW}$	3.1W/（m·K）
热导率计算模型	$k_{\Theta C} = k_{\Theta RD} + (S_A^{1/2} + S_H^{1/2})(k_{\Theta RW} - k_{\Theta RD}) + \phi S_I k_{\Theta I}$

参数	数值
毛细管压力模型	$p_c = -p_0 \left[(S^*)^{(-1/\lambda)} - 1 \right]^{(1-\lambda)}$ $S^* = (S_A - S_{irA})/(1 - S_{irA})$
S_{irA}	0.19
λ	0.45
p_0	0.1MPa
相对渗透率模型	$K_{rA} = \left(\dfrac{S_A - S_{irA}}{1 - S_{irA}} \right)^n$ $K_{rG} = \left(\dfrac{S_G - S_{irG}}{1 - S_{irA}} \right)^n$ 原始孔隙介质模型
n	3.572
S_{irG}	0.02
S_{irA}	0.20

注：$k_{\Theta C}$ 为复合热导率；$k_{\Theta I}$ 为冰相热导率；S_{irA} 为束缚水饱和度；S_{irG} 为残余气饱和度。

表4.4　研究的不同岩性水合物藏所对应渗透率值

储藏类型	平均粒径/mm	渗透率/（$\times 10^{-3}\ \mu m^2$）
黏土质藏	0.003	7.1374
粉砂质藏	0.009	64.236
砂质藏	0.098	7616.4

（四）网格离散化与模拟细节

由于开采井附近天然气水合物反应更剧烈，所以在模拟中采用混合网格离散化。如图4.23所示，天然气水合物藏模型沿径向（r）划分为50个网格，其中靠近井附近的最初三个网格宽0.2m，随后沿径向网格宽度呈指数增加。沿 z 向划分为112个网格，其中HBL及其相邻区域（即上覆层的底部与下伏层的顶部）以0.5m宽度进行划分，在 z 方向远离HBL区域网格划分更稀疏，以1.0m为单位进行，在靠近边界附近则以更稀疏的2.0m宽度进行划分。最终，一共得到 $50 \times 112 = 5600$ 个网格单元，其中5390个为活动网格单元，其余为边界单元。天然气水合物系统的上下边界为恒温恒压的非活动网格。这种非均一的网格划分能有效刻画地质属性与开采演化的空间分布。

（五）初始条件与开采扰动

本节研究的天然气水合物藏模型HBL底界位于平均海平面以下1410m深度，假设海底以下沉积物中压力分布遵循静水压力分布，则由深度可计算得到HBL的初始压力为14.58MPa（Moridis et al., 2009）。在天然气水合物温压平衡曲线上，可以得到为HBL底部的

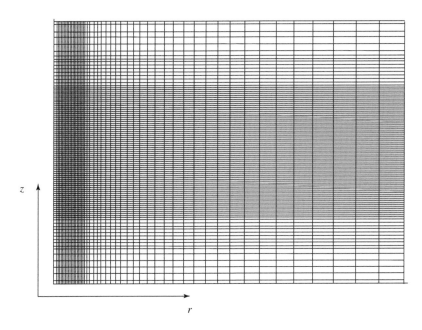

图 4.23　天然气水合物藏模型网格划分示意图

平衡温度。但是，为了保证天然气水合物藏的有效扰动，天然气水合物层初始温度应略低于平衡温度，如表 4.3 所示。已知研究区地温梯度为 0.047℃/km（Su et al.，2012a），可以确定天然气水合物系统的上下边界温度，最终通过运行程序得到整个区域内的温度分布。

　　此时得到的天然气水合物藏系统处于稳定状态，当无外界扰动时天然气水合物不会发生分解。本研究中，我们采用定压降压法进行天然气水合物的稳定扰动，一是由于定压降压法可以使天然气水合物藏在分解过程中随天然气水合物饱和度降低（渗透率增加），开采速率随之增加，使开采更为有效；二是由于定压降压法可以有效控制开采井孔压力，减少因为过度降压引起的二次天然气水合物甚至冰的形成。定压降压法采用的降压幅度一般略高于天然气水合物四相点压力 p_Q，本研究中我们采用 $p_w=3\text{MPa}$ 的压力进行定压降压开采。

三、天然气水合物分解、产气情况及储藏演化

（一）产气产水特征

　　图 4.24 为不同岩性天然气水合物藏在 30 年降压开采中天然气水合物分解速率 Q_r 的演化。由于开采之初天然气水合物藏与井孔压差最大，天然气水合物分解速率 Q_r 最高，随着开采的进行，因天然气水合物发生分解系统压力降低，开采井与 HBL 之间的压差会逐渐降低，所以天然气水合物分解速率 Q_r 从开始之初就呈下降趋势，事实上这与实验室定压降压分解天然气水合物的实验现象也是一致的（Li et al.，2012a）。砂质天然气水合物藏（SHR）在开采初期天然气水合物就呈现快速分解，随后分解速率逐渐下降，这与实验室内砂岩介质中天然气水合物分解实验结果一致（Zhou et al.，2009；Li et al.，2012b；

Zhao et al., 2015）。然而粉砂质天然气水合物藏（SIHR）、黏土质天然气水合物藏
（CHR）却不然，在整个开采过程中天然气水合物分解速率呈现不同程度的下降。这可能
是由于在砂质天然气水合物藏中形成的降压驱动力较大，从而整个研究区域内天然气水合
物快速响应。

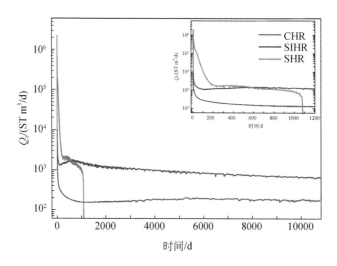

图4.24　不同岩性天然气水合物藏内天然气水合物分解速率变化

　　即使天然气水合物分解速率逐渐下降，在开采之初的100天内，砂质天然气水合物藏
内天然气水合物分解速率也远高于粉砂质天然气水合物藏，且高于黏土质天然气水合物藏
的平均分解速率（500ST m³/d，标准温度下）。这也表明，在固有渗透率较高的粗粒沉积
物中天然气水合物更有利分解。在开采100天后，砂质天然气水合物藏与黏土质天然气水
合物藏内分解速率逐渐下降，而粉砂质天然气水合物藏内分解速率则呈现小幅增加，直至
开采的第640天。这主要是由于在粉砂质天然气水合物藏开采中，储层渗透率随着天然气
水合物的分解减少而逐渐增加，从而进一步加大储层压力传递，促进天然气水合物分解。
事实上，随着天然气水合物分解而渗透率增加这一现象也会发生在黏土质天然气水合物藏
与砂质天然气水合物藏的开采过程中，但其结果表象会有所不同。例如，在黏土质天然气
水合物藏内，由于天然气水合物分解较缓慢，故储层渗透率增加不会太快。而对于砂质天
然气水合物藏，由于前期的天然气水合物分解较快速，天然气水合物总量被大部分消耗
完，开采后期天然气水合物分解速率较低，不足以引起储层渗透率的快速增加。在这个过
程中，粉砂质天然气水合物藏增加的天然气水合物分解速率与砂质天然气水合物藏降低的
天然气水合物分解速率在 $t=550$ 天内达到相等，为1700ST m³/d（这一值也是砂质天然气
水合物藏天然气水合物的平均分解速率）。在640天以后，粉砂质天然气水合物藏天然气
水合物分解速率逐渐下降，直至30年开采终止。在大约1080天时，砂质天然气水合物藏
的天然气水合物分解速率突然骤降，而与此同时，黏土质天然气水合物藏内的天然气水
合物分解则有所增加（由于渗透率的增加）。这与100天时粉砂质天然气水合物藏分解速率
出现小幅增加现象一致。甚至，黏土质天然气水合物藏这一天然气水合物分解速率增加的

现象在开采后期更为明显，这与粉砂质天然气水合物藏所出现的增加后又下降的现象有所不同。也体现了黏土质天然气水合物藏在开采过程中开采优势逐渐增加的趋势。在30年的降压开采过程中，黏土质天然气水合物藏与粉砂质天然气水合物藏平均天然气水合物分解速率分别为 180ST m³/d 与 600ST m³/d，且系统天然气水合物总量分别剩余86.3% 和 27.9%。

尽管砂质天然气水合物藏内天然气水合物分解速率在1080天时突然骤降，但是在这整个1080天的开采过程中其累积分解量 V_r 仍然为三者榜首，为1700万 m³，如图4.25所示。事实上，如果2013年南海海槽保持20000m³/d的平均开采速率持续开采1080天得到的21600万 m³也将处于这个数量级。砂质天然气水合物藏的天然气水合物累积分解量明显高于粉砂质天然气水合物藏与黏土质天然气水合物藏，且粉砂质天然气水合物藏与黏土质天然气水合物藏进行比较时，粉砂质天然气水合物藏不仅累积分解量高于黏土质天然气水合物藏，在整个开采过程中，粉砂质天然气水合物藏的天然气水合物分解速率也是一直高于黏土质天然气水合物藏，且开采结束时储藏内剩余更少天然气水合物。

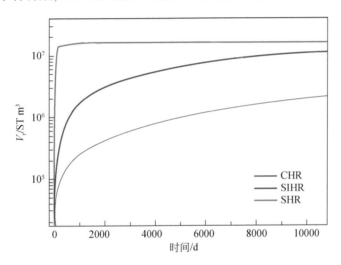

图4.25　不同岩性天然气水合物藏内天然气水合物累积分解量变化

图4.26为不同岩性天然气水合物藏在整个开采过程中天然气水合物累积产水量 M_w 变化。可以看到，三条曲线在整个开采过程中持续上升，表示随着开采进行在采出分解气的同时也在持续不断地产出大量分解水这一副产物。由内嵌放大图可以看到，粉砂质天然气水合物藏在开采550天后累积产水量超过砂质天然气水合物藏，这与两者天然气水合物藏内天然气水合物分解速率变化一致（如前面所讨论，粉砂质天然气水合物藏在550天后天然气水合物分解速率超过砂质天然气水合物藏）。另外，由于1080天内砂质天然气水合物藏内天然气水合物已完全分解，所以在其后所采的水主要为原位孔隙水。在前面天然气水合物分解速率与累积分解量的讨论中，我们得出粉砂质天然气水合物藏产气潜力高于黏土质天然气水合物藏，而从产水量这一标准来看，虽然粉砂质天然气水合物藏天然气水合物分解速率和累积分解量都较高，但相应地也产生了大量的水，将产出的淡水抽到海水表面会造成额外的能量消耗，使其天然气水合物开采优势被削弱，所以需引入累积气水比

（R_{gw}）这一相对标准来评价天然气水合物藏产气潜力。

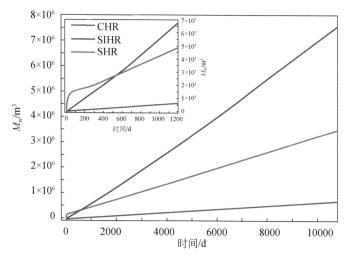

图 4.26　不同岩性天然气水合物藏内天然气水合物累积产水量变化

由图 4.27 显示，砂质天然气水合物藏比预期更理想，其天然气水合物分解特征（Q_r，V_r）在三种不同岩性天然气水合物藏中表现最有优势，图 4.27 的累积气水比 R_{gw} 也更具吸引力。砂质天然气水合物藏在其整个分解过程中（1080 天）累积气水比 R_{gw} 的平均值为 9.04，明显高于黏土质天然气水合物藏的平均值（7.16）与粉砂质天然气水合物藏的平均值（4.64），并且砂质天然气水合物藏在其开采的第 150 天，累积气水比 R_{gw} 高达 45。同时这也证明若按照相对标准，黏土质天然气水合物藏开采优势强于粉砂质天然气水合物藏。值得注意的是，黏土质天然气水合物藏与粉砂质天然气水合物藏的 R_{gw} 差值逐渐增大，这也证明了黏土质天然气水合物藏在开采后期相对标准评价时优势高于前期，这也与前面提到的黏土质天然气水合物藏内天然气水合物分解速率在后期有增加趋势相一致。

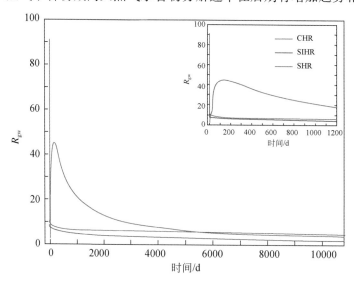

图 4.27　不同岩性天然气水合物藏内天然气水合物累积气水比变化

以上这些观察到的绝对标准（Q_r、V_r、M_w）与相对标准（R_{gw}）的结果均显示，砂质天然气水合物藏产气潜力在三种不同岩性天然气水合物藏中占绝对优势。此外，粉砂质天然气水合物藏和黏土质天然气水合物藏比较发现，绝对标准下粉砂质天然气水合物藏开采更有利，但在相对标准下却相反，即黏土质天然气水合物藏开采更具优势。因为降压法被认为是 II 型天然气水合物藏最有利的开采方法，所以我们有理由推测无论以何种开采方法，在绝对标准下的开采潜力是砂质天然气水合物藏优于粉砂质天然气水合物藏且优于黏土质天然气水合物藏，而在相对标准下的开采潜力则是砂质天然气水合物藏优于黏土质天然气水合物藏且优于粉砂质天然气水合物藏，但是这种推测还有待进一步认证。

（二）特征参数的空间演化特征

除了天然气水合物分解、气体产出特征外，天然气水合物藏开采过程中还涉及一些与之相关的操作和环境问题，为更全面地评价不同岩性天然气水合物藏的开采潜力，还需研究天然气水合物藏开采过程中的特征参数演化特征。主要包括天然气水合物饱和度演化，能直观反映在不同岩性天然气水合物藏中降压法对天然气水合物分解程度的影响差异；气相饱和度演化，能进一步揭示气体采集的相关问题，即开采难度预测；天然气水合物藏内温度和盐度演化，能揭示开采过程对环境的影响。另外，这些特征参数在开采中的演化规律也能更好地揭示天然气水合物分解、气体与水的产出特征。

1. 黏土质天然气水合物藏特征参数演化

图 4.28 揭示了黏土质天然气水合物藏在开采过程中天然气水合物饱和度的演化规律。由于整个开采过程中仅部分天然气水合物发生分解，我们只研究了 $r<40m$ 区域内天然气水合物饱和度的分布。在模拟的最初两年①时间内，天然气水合物分解区域仅发生在开采井附近，且天然气水合物的分解界面以 $z=-40m$（即开采井的中心轴线位置）为轴呈良好的对称性，如图 4.28（a）~（c）所示。在该过程中，天然气水合物分解界面不断往 HBL 内部迁移。随着开采过程的进行，开采井附近对称的分解界面逐渐破坏，且 HBL 顶部与底界开始发生分解，这与海洋天然气水合物藏降压开采普遍现象一致。与此同时，从饱和度分布图可以看到在开采井附近分解界面的上部生成二次天然气水合物，这可能是由于分解产生的天然气在运移至开采井时遇到合适的温压条件（主要为温度条件，如图 4.30 所示）而生成的。随着开采的进行上部已经生成的二次天然气水合物逐渐消失，转而在开采井附近分解界面的下部再次生成，并且在开采的最终（30 年）所生成的二次天然气水合物的饱和度达到最大值。这是由于在下部最初生成的二次天然气水合物形成一个天然障壁，阻碍了天然气进一步向开采井流动，从而加剧了二次天然气水合物的生成。

图 4.29 为与图 4.28 时间节点相同的气相饱和度分布显示，天然气水合物分解产生的天然气聚集于天然气水合物已发生分解的区域，被天然气水合物分解界面圈闭，并且在由开采井至分解界面的方向气相饱和度逐渐增加。除此之外，还可以看到在天然气水合物层底界也存在气体富集，但富集浓度较低仅为 3%。随着开采的进行，气相饱和度富集形状

---

① 此处 1 年按 360 天算。

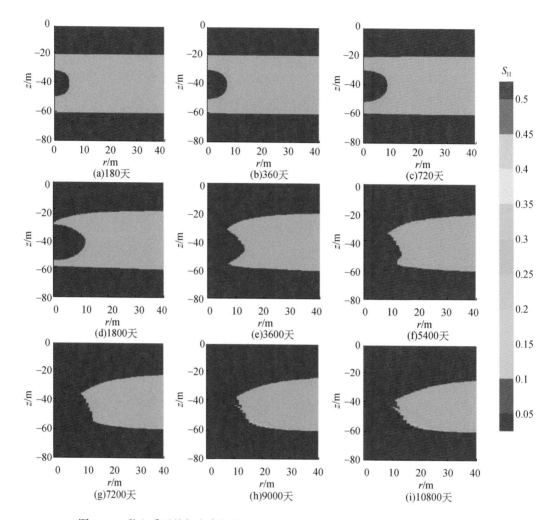

图 4.28　黏土质天然气水合物藏在开采过程中天然气水合物饱和度的空间分布

注：按 360 天为 1 年

逐渐演化为蝌蚪状，这是 HBL 底界天然气水合物的不断分解与二次天然气水合物形成的屏障作用共同作用的结果。在图 4.29（e）~（f）内 HBL 底部分解界面可以看到较高 S_G，这为二次天然气水合物的形成提供充足物源，并且与图 4.28 中天然气水合物浓度的分布规律一致。随着开采的进行，黏土质天然气水合物藏内天然气水合物分解速率逐渐降低，蝌蚪状的气体富集形状也逐渐缩短［图 4.29（e）~（i）］。

　　图 4.30 为黏土质天然气水合物藏在开采过程中系统温度的分布演化，在开采最初的 1 年时间内，系统温度减少的区域出现在天然气水合物分解区域内，并且由于天然气水合物分解反应为吸热反应，所以沿着分解界面温度逐渐下降。但是，由于周围介质的热传导作用，随后该低温区域温度又逐渐回升。值得注意的是，该温度升高轨迹变化可以解释为图 4.28 二次天然气水合物形成与消失的原因。而且，在 HBL 上部剧烈分解（图 4.28）将导致该区域温度的逐渐下降，如图 4.30（c）~（f）所示。随着分解气体的不断产出，

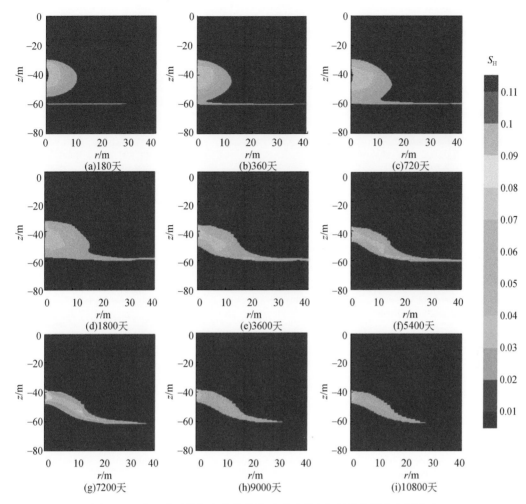

图 4.29　黏土质天然气水合物藏在开采过程中气相饱和度的空间分布

储藏的部分热量也将被带至井孔附近，使得沿着气体流动轨迹温度也将逐渐增加 [图 4.30（f）~（i）]。这也可以解释为何二次天然气水合物仅出现在温度较低的 HBL 分解界面的底部。

　　作为天然气水合物分解对于环境的显著影响效果，图 4.31 描绘了整个天然气水合物藏内液态相盐度 X_i 的演化。通常剧烈的天然气水合物分解活动将释放大量淡水，从而导致盐度显著下降，所以盐度变化可以视为天然气水合物分解强弱程度的象征。由图 4.28 的天然气水合物分解情况，在开采井附近区域盐度将降低，这一现象在盐度分布演化中证实，如图 4.31（a）~（b）所示。随着时间地进行，在 HBL 顶部与底部也出现天然气水合物的剧烈分解，所以在这两个区域盐度也逐渐下降，如图 4.31（c）~（f）所示。随之在 HBL 层位中部出现一高盐度带，位于开采井的中轴线上。事实上，这一现象是天然气水合物剧烈分解反应与产物收集过程中水的重力作用共同作用的结果。最高的 X_i 出现在蝌蚪尾部，这是由于二次天然气水合物在形成过程中淡水消耗导致的 [图 4.31（f）~（h）]。随着开采过程中产物的不断产出，最高 X_i 也逐渐下降。

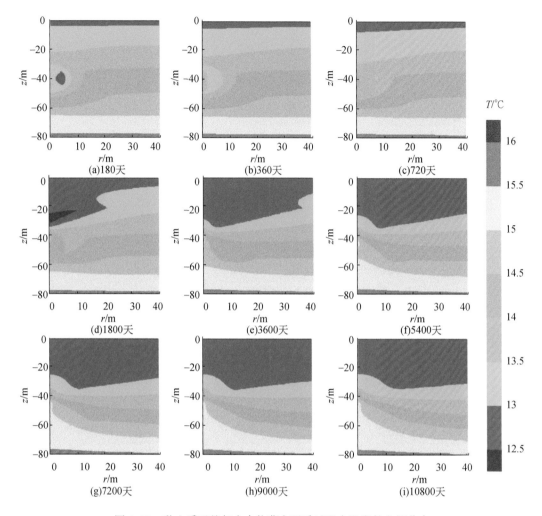

图 4.30　黏土质天然气水合物藏在开采过程中温度的空间分布

2. 粉砂质天然气水合物藏特征参数演化

图 4.32 与图 4.33 为粉砂质天然气水合物藏在降压开采过程中天然气水合物饱和度与气相饱和度的空间分布。与图 4.28 不同的是，在开采初期不仅开采井周围天然气水合物发生剧烈分解，在 HBL 的顶部天然气水合物分解也较剧烈。虽然图 4.28 与图 4.32 在相同时刻的天然气水合物饱和度分布特征完全不同，但是可以发现图 4.32（d）与图 4.28（i）相似。似乎表示粉砂质天然气水合物藏天然气水合物分解特征是黏土质天然气水合物藏内天然气水合物分解特征的滞后现象。与图 4.28 相似，但是较图 4.28 更明显的是，粉砂质天然气水合物藏内二次天然气水合物最初于 1800 天时形成于分解界面之上，且随着反应的进行二次天然气水合物含量逐渐减小。与黏土质天然气水合物藏相比，粉砂质天然气水合物藏较为剧烈的天然气水合物分解反应导致在开采结束时仅有少量天然气水合物剩余。

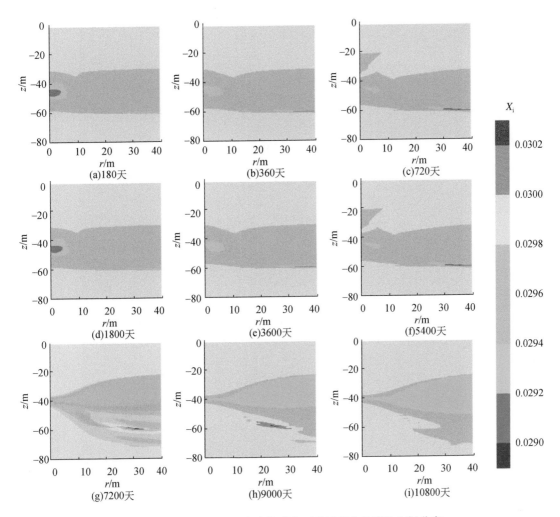

图4.31　黏土质天然气水合物藏在开采过程中盐度的空间分布

　　图4.33的气相饱和度分布显示在开采初期气体富集区域与粉砂质天然气水合物藏开采后期气体富集形式相似,为缩短的蝌蚪状。然而,显而易见的是在粉砂质天然气水合物藏内从3600天［图4.33（e）］开始直至开采结束,气体富集区域极为有限。这表明具有较高渗透率的天然气水合物藏不仅有利于天然气水合物的快速分解,而且产出的天然气也能更及时有效地被开采出来。

　　图4.34为粉砂质天然气水合物藏在开采过程中温度的分布演化。由于开采初期天然气水合物层上部的剧烈分解,导致沿上部天然气水合物分解界面系统温度显著下降,如图4.34（a）~（e）所示。与此同时,随着分解气不断从系统流向开采井并被采出,在开采井附近温度增加［图4.34（a）~（i）］。这一温度升高现象在HBL下部天然气水合物分解界面也出现。整个粉砂质天然气水合物藏系统温度下降幅度较黏土质天然气水合物藏开采更明显。

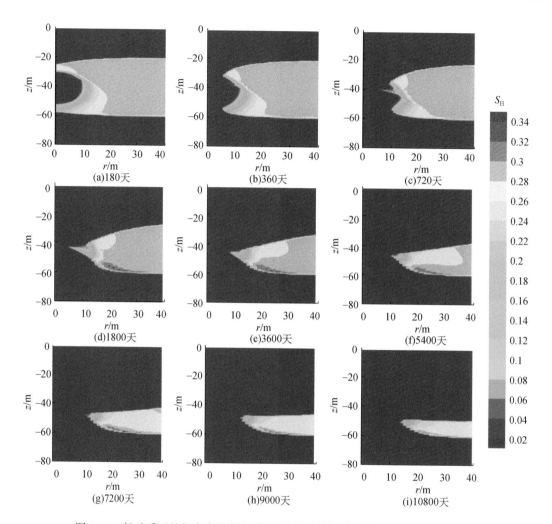

图 4.32　粉砂质天然气水合物藏在开采过程中天然气水合物饱和度的空间分布

图 4.35 为粉砂质天然气水合物藏在开采过程系统盐度分布。图 4.35（a）~（c）中靠近 HBL 顶部的低盐度区域是天然气水合物剧烈分解产生大量水稀释该区域盐度所致，这与图 4.32（d）~（f）结果一致，也进一步证实了前面所提到的粉砂质天然气水合物藏内天然气水合物分解为黏土质天然气水合物藏天然气水合物分解的滞后表现。但是，随着天然气水合物不断分解产出水，由于重力作用和系统较高渗透率作用使得下伏层 X_i 逐渐降低 [图 4.35（e）~（i）]。值得注意的是，直至开采结束下伏层内盐度也仍然保持在这一个较低水平，表明粉砂质天然气水合物藏在降压开采后期将对环境有不利影响。

3. 砂质天然气水合物藏特征参数演化

由砂质天然气水合物藏内天然气水合物饱和度的空间分布演化（图 4.36）可知，图 4.24 砂质天然气水合物藏内天然气水合物在约 1080 天分解中断的原因可以得到有效地解释——天然气水合物分解完全 [图 4.36（d）]。这也是为何在接下来的讨论中我们只研究砂质天然气水合物藏在开采 3 年内的特征参数演化的原因。图 4.36（a）显示在天然气

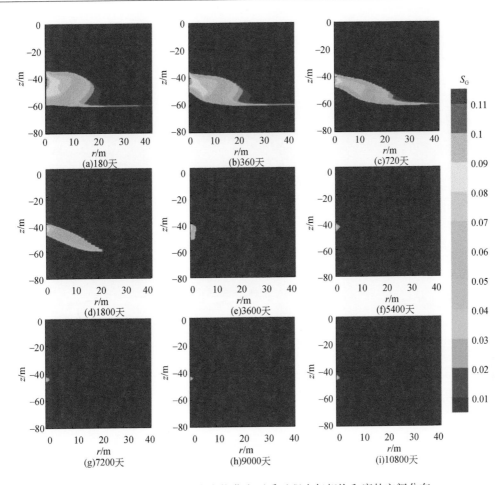

图 4.33 粉砂质天然气水合物藏在开采过程中气相饱和度的空间分布

水合物层顶部天然气水合物饱和度较高，表明在天然气水合物层底部天然气水合物分解更剧烈，这与黏土质、粉砂质天然气水合物藏内天然气水合物层上部分解更剧烈不同。这可能是由于砂质天然气水合物藏连通性更好，天然气水合物层底部较高的原位压力能有更有利的压力差降，使得天然气水合物更容易分解。但是由图 4.36 可知，最高天然气水合物饱和度也仅为 0.06，这表明大部分天然气水合物已在开采的 180 天内发生分解。随着开采的进行，天然气水合物分解界面逐渐远离开采井。特别是在开采的 720 天，在天然气水合物层底部 S_H 增加，表明有二次天然气水合物生成，但随后二次天然气水合物逐渐消失直至天然气水合物完全分解。

由于砂质天然气水合物藏的快速分解，大量分解气聚集于天然气水合物藏内，如图 4.37 所示。可以发现天然气水合物分解释放天然气主要以层状富集，且越靠近上边界气相饱和度越高，这在黏土质天然气水合物藏与粉砂质天然气水合物藏内尚未出现过。这一现象也强调了在砂质天然气水合物藏内不渗透上边界存在的必要性。在缺乏不渗透边界时，分解产生的天然气会逸散至海水表面，从而使得砂质天然气水合物藏的气体采集更具技术挑战并造成环境污染（CH_4 温室效应高于 CO_2 二十多倍）（Nimblett et al., 2005）。

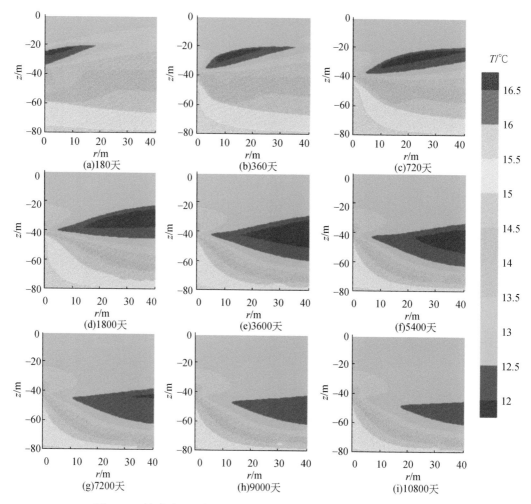

图 4.34　粉砂质天然气水合物藏在开采过程中系统温度的空间分布

　　砂质天然气水合物藏在开采过程中系统温度分布如图 4.38 所示，天然气水合物分解的吸热反应，导致天然气水合物分解的区域温度逐渐降低。这一现象与 Zhou 与 Haligva 在石英砂介质中天然气水合物降压开采实验结果一致（Zhou et al., 2009；Haligva et al., 2010）。低温区域出现在 HBL 层中部，这与黏土质、粉砂质天然气水合物藏特性完全不同。随着开采的进行，低温区域逐渐变窄，这是由于天然气水合物分解速率下降导致的，与粉砂质天然气水合物藏开采后期特征一致 ［图 4.34（e）~（i）］。

　　与天然气水合物饱和度分布特征一致，由于天然气水合物的剧烈分解导致低盐度出现在 HBL 层底部，如图 4.39 所示。这与砂质天然气水合物藏温度分布演化也是一致的。然而，不同于粉砂质天然气水合物藏的盐度分布演化特点，在更为粗粒沉积物的砂质天然气水合物藏内也未出现像粉砂质天然气水合物藏内整个下伏层盐度不可逆转的降低现象。这是由于砂质天然气水合物藏内渗透率更高，高于粉砂质天然气水合物藏两个数量级，在这种高渗透率作用下分解水相比于由于重力作用的下沉更易被采出，该特点使得降压开采砂质天然气水合物藏更值得被考虑。

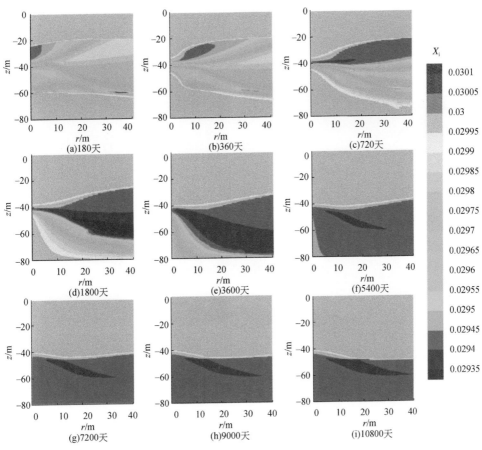

图 4.35　粉砂质天然气水合物藏在开采过程中系统盐度的空间分布

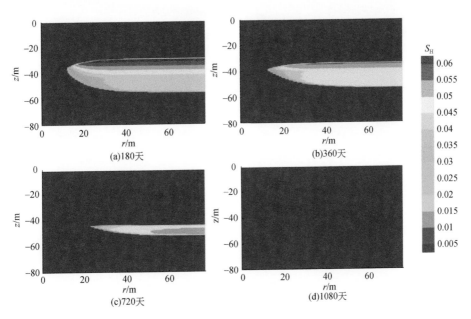

图 4.36　砂质天然气水合物藏在开采过程中天然气水合物饱和度的空间分布

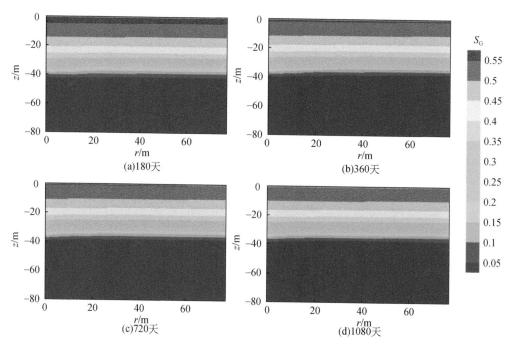

图 4.37　砂质天然气水合物藏在开采过程中气相饱和度的空间分布

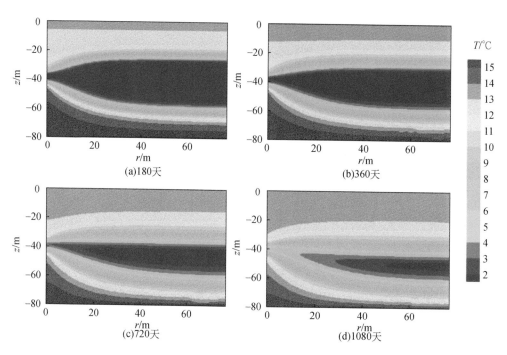

图 4.38　砂质天然气水合物藏在开采过程中系统温度的空间分布

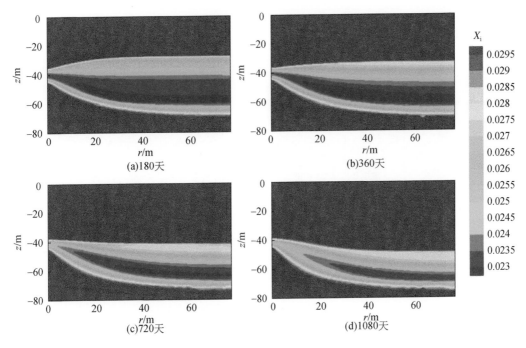

图 4.39　砂质天然气水合物藏在开采过程中系统盐度的空间分布

(三) 与日本南海海槽试开采结果对比

全球首次海洋天然气水合物藏实地试开采于 2013 年 3 月 12 日在日本南海海槽北部陆坡的 Daini-Atsumi Knoll 区域内的 AT1 站位上进行。由于开采过程中大量出砂而不得不在 6 天后停止，最终总共产出 11.9 万 m³天然气（Fujii et al., 2009；Boswell, 2013）。基于目标站位 AT1 内广泛的地球物理测井与压力取心数据的综合地质与地球物理结果，我们对实地试开采目标区采用垂直单井降压法进行模拟开采，井孔压力恒定 3MPa（Yamamoto et al., 2014）。图 4.40 显示了 AT1 站位天然气水合物藏实地试采结果与神狐海域砂质天然气水合物藏模拟结果对比，可以发现实际试开采天然气水合物产出速率与模拟结果较接近，这也有力地证明了研究中使用的 TOUGH+HYDRATE 模拟器的有效性。但是，对于实际试开采，在 6 天时间内平均产气速率 Q_p、产水速率 Q_w分别为 20000ST m³/d 与 200m³/d，即产水速率与产气速率摩尔比近似为 6∶1。事实上，该值刚好为天然气水合物分解反应摩尔体积比（在甲烷水合物系统中，甲烷水合物分解一般形式为 $CH_4 \cdot 6H_2O = CH_4 + 6H_2O$），这表明在实地天然气水合物试开采中无原位孔隙水产出。然而这在实际天然气水合物藏开采中是不可能实现的，只有可能是将分解产物提取到地表以前已经在海底进行了相关的气水分离操作。

图 4.40 也显示了所研究的砂质天然气水合物藏与 Daini Atsumi Knoll 实地试开采结果的对比。可以发现，实地试开采产气、产水速率均低于神狐海域砂质天然气水合物开采结果。而这归功于两地天然气水合物藏实际赋存特征的差异。例如，在实地试开采区域天然气水合物层厚度为 60m，而模拟的砂质天然气水合物藏天然气水合物层厚 40m；实地试开采含

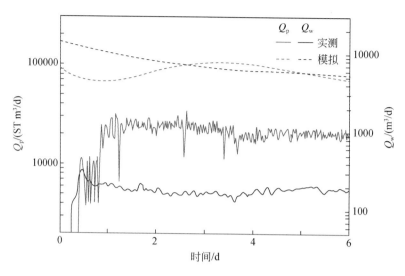

图 4.40 神狐海域砂质天然气水合物藏模拟结果与 Daini-Atsumi Knoll 天然气水合物实地试采结果对比

天然气水合物沉积物孔隙度为 40%~60%，而模拟的砂质天然气水合物藏沉积物孔隙度仅为 38%，两者天然气水合物藏的其他赋存特征如表 4.5 所示。同为砂质天然气水合物藏降压开采，两者天然气水合物藏平均甲烷产出速率处于同一数量级，分别为 20000ST m^3/d 与 80000ST m^3/d。但考虑到两者天然气水合物藏赋存差异时，实地试开采 120000ST m^3 的总产气量也可与砂质天然气水合物藏内 518000ST m^3 相比拟。因此，可以认为模拟评价结果是合理有效的，可用于指导今后的海域不同岩性天然气水合物藏的实地试开采。

表 4.5 神狐海域砂质天然气水合物藏与 Daini-Atsumi Knoll 试开采天然气水合物藏特征、开采结果对比

天然气水合物储藏特征	神狐海域砂质天然气水合物藏	Daini-Atsumi Knoll 试开采天然气水合物藏
天然气水合物层厚度/m	40	60
水天然气合物初始饱和度/m	30	50~80
储层孔隙度/%	38	40~60
天然气水合物层压力/MPa	14.58	13.63
天然气水合物层温度/℃	10.76	14.25
平均甲烷产出速率/(ST m^3/d)	80000	20000
总产气量/ST m^3	518000	120000

　　本节采用数值模拟的方法研究了垂直单井降压法开采我国神狐海域不同岩性天然气水合物藏的产气潜力差异特征。在实地钻探结果分析的基础上，将海洋天然气水合物藏根据储集体岩性特征划分为黏土质天然气水合物藏、粉砂质天然气水合物藏与砂质天然气水合物藏，对应的沉积物粒径分别为 <0.005mm、0.005~0.05mm 及 0.005~2.0mm。利用 Kozeny-Carman 经验公式，可以推算得到各岩性天然气水合物藏平均渗透率，分别为 7.137× $10^{-15}m^2$、6.4236× $10^{-14}m^2$ 及 7.6164× $10^{-12}m^2$。经过研究，取得了如下认识。

（1）在三种不同岩性天然气水合物藏中，砂质天然气水合物藏开采潜力最优，具体表现为在整个开采过程中天然气水合物平均分解速率最高，为 1700ST m^3/d，天然气水合物累积分解量也最高，为 1.7×10^7ST m^3，同时 3 年开采过程中平均累积气水比亦最高，达 9.04。

（2）粉砂质天然气水合物藏与黏土质天然气水合物藏在整个开采过程中天然气水合物分解速率与累积气水比不断减小，天然气水合物累积分解量与累积产水量逐渐增加。粉砂质天然气水合物藏产气能力优于黏土质天然气水合物藏，但是其累积气水比却不理想，仅为 4.64。

（3）可以推断无论采用何种开采方法，若以绝对标准评价，砂质天然气水合物藏产气潜力优于粉砂质天然气水合物藏且优于黏土质天然气水合物藏；若以相对标准评价，则为砂质天然气水合物藏优于黏土质天然气水合物藏且优于粉砂质天然气水合物藏。但是这仅为合理推断，需要进一步研究验证。

（4）天然气水合物藏内特征参数的空间分布演化显示，在黏土质天然气水合物藏与粉砂质天然气水合物藏内天然气水合物层顶部分解反应较底部更为剧烈。某种程度上，粉砂质天然气水合物藏可被视为黏土质天然气水合物藏的滞后现象，并且在粉砂质天然气水合物藏开采后期对环境造成一定破坏。

（5）在砂质天然气水合物藏内天然气水合物剧烈分解界面位于天然气水合物层底部，这与黏土质天然气水合物藏、粉砂质天然气水合物藏不同。并且砂质天然气水合物藏在开采过程中对不渗透率边界的需求使得砂质天然气水合物藏的降压开采面临更具挑战性的技术与环境问题。

第三节　海洋天然气水合物藏产气潜力储层特征影响综合评价

通常情况下，水深超过 300m 的海底都满足天然气水合物成藏所需要的温度和压力条件（Kvenvolden，1995）。然而由常规油气系统概念发展而来的"天然气水合物油气系统"（gas hydrate petroleum system）的概念，却认为整个天然气水合物系统成藏应是由以下 6 个要素共同作用的结果：①天然气水合物稳定温度–压力条件；②气体来源；③充足的水源；④气体运移通道；⑤合适的储集岩层；⑥埋藏时间（Collett et al.，2009）。

通过全球范围内的实地钻探项目发现，海底以下广泛发育天然气水合物资源。其中典型的天然气水合物钻探航次分别为印度 NGHP 01、NGHP 02 航次，中国南海 GMGS-1、GMGS-2、GMGS-3 航次，韩国 UBGH-1、UBGH-2 航次，日本 MH21 计划，天然气水合物脊内 ODP 204 与 IODP 311 航次，墨西哥湾内 JIP Ⅰ 与 JIP Ⅱ 航次，以及布莱克海台内 ODP 164 航次，一共七处典型的海洋天然气水合物钻探。在第四章开头已介绍过，上述典型天然气水合物藏研究实例揭示，海洋天然气水合物藏赋存特征差异明显。如在日本南海海槽北部陆坡 Daini-Atsumi Knoll 海域天然气水合物趋于在粗粒浊积砂体内富集，而我国南海神狐海域内含天然气水合物沉积物多为细粒黏土–粉砂岩（Zhang et al.，2007；Tsuji et al.，2009）。在布莱克海台内天然气水合物饱和度较低为 14% 左右，而在墨西哥湾内天然气水合物饱和度较高，高于 40% 的沉积物孔隙体积，并且平均值为 67% 左右。即使在南海有限的钻探区域内不同站位的含天然气水合物沉积层厚度也有差异，例如 SH3 站位天然气水合物层厚 10m，而在 SH7 站位天然气水合物层厚 25m（GMGS 1，2007）。以上"不均匀"地质特征构成了海域特定区域内天然气水合物藏典型特征，并且有研究发现，不同天然气水合物藏赋存特征的差异势必对天然气水合物产气潜力造成显著影响，从而导致天然气水合物资源勘探评价的难度增大（Boswell and Collett，2011）。

一、储层地质因素对开采潜力的影响——单一因素影响分析

国内外已有不少学者对天然气水合物开采过程中各项参数与产气潜力的影响关系开展了研究，发现天然气水合物开发潜力与天然气水合物储层特征密切相关，天然气水合物储层各项地质参数的变化都会引起产气速率变化，其中最受关注的地质参数包括孔隙度、初始饱和度、储层渗透率、储层导热系数、储层上下盖层的渗透性以及储层的初始温度和初始压力。

（一）孔隙度对产气潜力的影响

孔隙度是指介质中水、气、天然气水合物的体积占多孔介质总体积的比例。当孔隙度较小时，多孔介质骨架含量就较高，孔隙容纳天然气水合物及其他流体的能力较低，也意味着储层的流体疏导能力较差，压力在这种天然气水合物储层中的传递能力不足，降压分解效果较差。有学者通过天然气水合物降压开采数学模型，得到不同孔隙度对天然气水合物分解产气速率 Q_p 的影响关系（白玉湖等，2010），如图 4.41 所示。可以看出在开采前期含天然气水合物地层的孔隙度越大，天然气水合物分解产气速率反而较低，但从长时间来看，天然气水合物储层的孔隙度越大，天然气水合物分解产气速率也越大，且平稳产气期也越长。

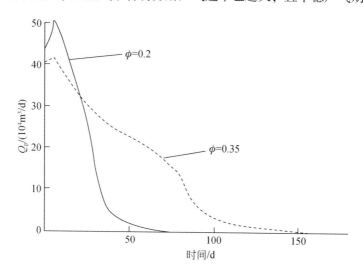

图 4.41　天然气水合物层孔隙度对产气速率的影响（白玉湖等，2010）

（二）饱和度对产气潜力的影响

天然气水合物的饱和度是指储层孔隙中天然气水合物含量占沉积物孔隙总体积的比例，它是表征天然气水合物藏中天然气水合物聚集程度的量度。在其他储层特征相同的条件下，当天然气水合物饱和度较高，即系统中天然气水合物含量较高时，天然气水合物分解会产生更多的气体，但固相天然气水合物的存在降低了储层的流体疏导能力，影响压力的传递效果。如图 4.42 所示（梁海峰，2009），在初始阶段，天然气水合物饱和度越高时，累积产气量反而较低，但到后期，随着压力的传递，天然气水合物分解和累积产气量都会提高，因此从长时间来说高饱和度有利于提高产气潜力。

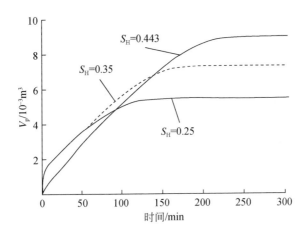

图 4.42　天然气水合物饱和度对累积产气量的影响（梁海峰，2009）

（三）渗透率对产气潜力的影响

渗透率表征天然气水合物储层中的流体流动能力，是影响天然气水合物分解和产气的重要因素。当天然气水合物储层的渗透率较高时，表明系统渗透性和流体疏导性较好，从而储层中的压力传递效率较好，也能使天然气水合物分解产生的气体高效地流向开采井。如图 4.43 所示，利用降压分解模型分析了不同地层绝对渗透率对天然气水合物藏产气开发累积产气量 V_p 的影响（陈科，2005），发现在天然气水合物藏其他条件不变的情况下，地层绝对渗透率越大，天然气水合物藏的累积产气量越多。

（四）储层热导率对产气潜力的影响

沉积物热导率是沉积物导热特性的参数。其物理意义是，沿热传导方向，在单位厚度沉积物两侧的温度为 1℃ 时，单位时间内所通过的热流，指示了天然气水合物储层传播热量的能力。天然气水合物分解是一个吸热过程，对于天然气水合物储层，若其热导率 k_r 越大，则在单位时间多孔介质中有更多的热量传递到天然气水合物分解前缘，则对天然气水合物分解有更好的促进作用。图 4.44 显示了储层热导率分别为 1.5W/（m·K）和 8W/（m·K）条件下天然气水合物藏产气速率随时间变化的关系（梁海峰，2009）。可以发现，在其他参

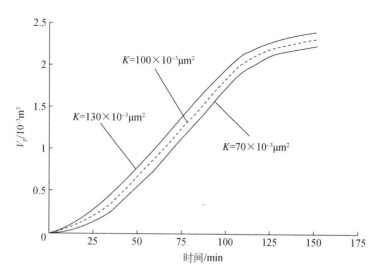

图 4.43　水合物储层渗透率对累积产气量的影响（陈科，2005）

数相同的条件下，在开采前期随着储层热导率的增加，天然气水合物产气速率增加；在开采后期随着储层热导率的增加，天然气水合物产气速率反而减小，但总体而言热导率对天然气水合物藏产气速率的影响很小。

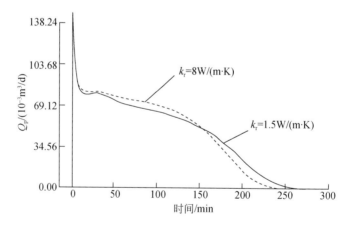

图 4.44　天然气水合物储层热导率对产气速率的影响（梁海峰，2009）

（五）上下地层渗透性对产气潜力的影响

天然气水合物储层上下地层的不同渗透性对天然气水合物产气潜力也有影响，当天然气水合物储层上下地层均不渗透时，天然气水合物开发中的降压效果将大大增强，从而提高天然气水合物分解速率。Li 等（2010）在进行天然气水合物藏降压开采的数值模拟时，通过改变天然气水合物储上下地层的渗透特性，分析其天然气水合物开采效果的影响（Li et al.，2010），结果如图 4.45 所示。在开采初期不同渗透性上下地层的天然气水合物产气速率相当；但之后具有不渗透的上下地层（上下盖层）的天然气水合物藏分解产气速率略高于具有上盖层的天然气水合物藏气体产出速率，更明显高于渗透的上下层（无盖层）的天然气水合物藏的气体产出速率；在开采后期，无盖层天然气水合物藏的气体产出速率跌幅较大，但有盖层天然气水合物藏的气体产出维持相对稳定。因此，盖层存在有利于天然气水合物藏的高效开发。

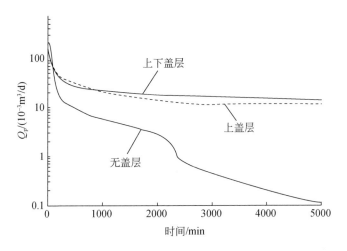

图4.45　有无上下盖层对产气速率的影响（Li et al.，2010）

（六）储层初始温度对产气潜力的影响

天然气水合物分解是一个吸热过程，初始温度较高的天然气水合物藏能极大地提供天然气水合物分解所需要的热量，使得天然气水合物更易分解。如图4.46所示（Jiang et al，2012），天然气水合物藏初始温度对产气速率 Q_p 影响较大。在开采初期（180天之前），天然气水合物藏初始温度越高，天然气水合物分解快速，产气速率越大；但在开采后期（180天以后），天然气水合物藏初始温度越高，天然气水合物分解产气速率反而越小，这是因为开采后期产出的气体以溶解气为主，而低温体系中水的气体溶解度较高，因此，低温天然气水合物藏开采后期的产气量较大。

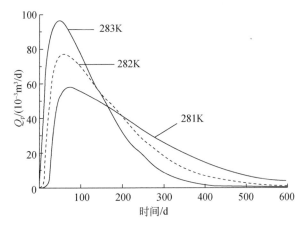

图4.46　储层初始温度对产气速率的影响（Jiang et al.，2012）

（七）储层初始压力对产气潜力的影响

实际的天然气水合物藏降压开采时，开采井设置在天然气水合物层或天然气水合物层下方，通过降低开采井压力使天然气水合物失稳分解。对于相同温度的天然气水合物藏，其天然气水合物相平衡压力也相同。当储层初始压力越大时，离相平衡压力将越远，压力降低过程需要更长的时间实现，压力传递缓慢，天然气水合物分解效果较差。图 4.47 显示了天然气水合物储层初始压力对降压开发效率的影响（Zatsepina et al.，2011），其中选取的温度条件均为 12℃，而压力分别为 10MPa、20MPa，在相同的天然气水合物藏初始温度和井孔压力条件下，储层的初始压力越小，天然气水合物分解越快，且平稳产气期也越长，天然气水合物藏的产气速率越大。但是在常见的海洋天然气水合物系统中，天然气水合物储层压力往往处在相平衡边界附近，采用一定的井孔压力开采时，储层初始压力越长，则储层与井孔之间的压力差越大，压力传递越快，且引起天然气水合物分解的驱动压力差越大，必然促使天然气水合物更快的分解。

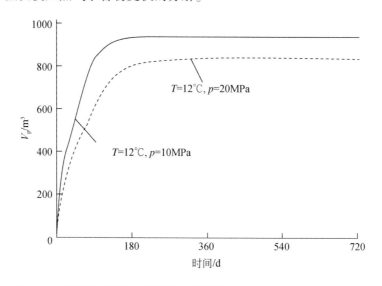

图 4.47　储层初始压力对累积产气量的影响（Zatsepina et al.，2011）

天然气水合物藏初始温压条件、渗透率、饱和度等，都是与天然气水合物开采潜力关系密切的地质参数，发现在其他条件和参数不变的情况下，天然气水合物储层孔隙度增加，天然气水合物分解产气速率越快；天然气水合物饱和度越高，初始产气速率越低，但总体产气开发效益较高；天然气水合物储层绝对渗透率越大，天然气水合物分解和产气效率越高；天然气水合物储层导热系统对天然气水合物分解产气效率影响不大；盖层的存在有利于提高天然气水合物的分解速率和长期稳定产气；天然气水合物储层初始温度越高越有利于天然气水合物快速分解；当储层初始压力越大，且离天然气水合物相平衡边界越近时，天然气水合物产气速率越大。

然而以上内容的研究仅基于其他地质因素相同的情况，分析单一地质因素变化对天然气水合物藏开发潜力的影响，对实际天然气水合物藏勘探开发目标藏的选取有一定的指导作用。但是全球海洋天然气水合物藏分析显示，不同天然气水合物藏往往各项地质因素均有较大差异，无法通过以上研究综合判断天然气水合物的产气开发效率。亟须对各项地质因素进行综合分析，利用正交试验实现各项地质因素对天然气水合物藏开发效率的敏感性排序，并对各项地质因素进行优化，得到最有利降压开采的海洋天然气水合物藏赋存特征组合，以期指导实地海洋天然气水合物藏的勘探开发。

二、地质因素对开采潜力影响——正交综合分析

本节讨论了包括储层孔隙度（ϕ）、储层渗透率（K）、天然气水合物饱和度（S_H）、天然气水合物储层厚度（H）以及天然气水合物储层温压（T，p）在内的六大地质因素对天然气水合物藏产气开发潜力造成显著响应。各地质因素的特征取值来源于第二章讨论过的全球典型海洋天然气水合物钻探航次的天然气水合物藏赋存特征值，在综合讨论各地质因素不同特征取值时，我们采用了正交设计的统计方法设计模拟实验。量化海洋天然气水合物藏产气潜力的效率采用绝对标准与相对标准评价，其中，绝对标准包括水合物分解速率（Q_r）、产气速率（Q_p）、天然气水合物累积分解量（V_r）、累积产气量（V_p）以及累积产水量（M_w）；相对标准指开采过程中累积气水比（R_{gw}）。

（一）正交设计与正交表

自 Fisher 1925 年在《研究工作中的统计方法》一书中提出"试验设计"，又在 1935年出版专著《试验设计》以来，试验设计受到全世界的重视和推广。1925 年日本的田口玄一在日本东海电报公司运用 L_{27}（3^{18}）正交表进行正交试验获得成功后，正交试验设计在日本的工业生产中得到迅速推广，取得了巨大的经济效益。

在科学研究中，常常遇到多因素、多指标、多水平试验的问题，试验方案设计的好，可以达到事半功倍的效果。否则，试验次数急剧增加，而且试验结果仍不能令人满意，无论从时间、人力、资金等方面都造成了极大的浪费。正交设计是运用"均衡分散性"和"整齐可比性"两条正交性原理，构造出各种正交表，通过正交表科学地安排多因素试验的一种方法（唐明和陈宁，2009）。

利用正交试验设计主要可以解决以下三方面问题。

（1）寻找最优的生产工艺。通过试验从各因素各水平中寻找最好的指标组合，解决生产中急需解决的工艺组合问题，提高工业产量与质量，降低成本和能耗。

（2）分析评价因素与考核指标的关系，通过试验可以发现，因素水平变化时考核指标相应变化，从而可以找到因素与指标之间的内在规律，从而科学有效地指导生产实验。

（3）分析评价因素的主次。通过对试验结果的分析和评价，可以找出哪些因素是影响考核指标的主要因素，哪些因素是次要因素，最终解决生产中的关键问题。

基于正交设计的以上优势，使得正交设计方法已广泛地应用于科学、工业及商业领域。

正交设计的基本程序是设计试验方案与处理试验结果。设计试验方案的主要步骤又分为：①明确试验目的，确定试验指标；②确定需要考察的因素，选取适当的水平；③选用

合适的正交表；④进行表头的设计；⑤编制试验方案。

通常，正交表以 $L_m(N^P)$ 表示，其中 L 是 Latin 的第一个字母，表示正交表；m 表示正交表的行数或部分试验的组合处理数，即用该正交表安排试验时，应实施的试验次数；N 表示正交表同一列中出现的不同数值个数或因素的水平数，不同数值表示因素的不同水平；P 表示正交表的列数或正交表最多能安排的因素数；$L_m(N^P)$ 括号内的 N^P 表示 P 个因素 N 水平全面试验时的组合处理数。如下 $L_4(2^3)$ 与 $L_9(3^4)$，为简单的二水平三因素正交设计与三水平四因素正交设计的试验组合，试验次数分别为 4 次与 9 次。其中 N_{ij} 表示第 i 因素的第 j 水平数。

$$L_4(2^3) = \begin{bmatrix} N_{11} & N_{21} & N_{31} \\ N_{11} & N_{22} & N_{32} \\ N_{12} & N_{21} & N_{32} \\ N_{12} & N_{22} & N_{31} \end{bmatrix}$$

$$L_9(3^4) = \begin{bmatrix} N_{11} & N_{21} & N_{31} & N_{41} \\ N_{11} & N_{22} & N_{32} & N_{42} \\ N_{11} & N_{23} & N_{33} & N_{43} \\ N_{12} & N_{21} & N_{32} & N_{43} \\ N_{12} & N_{22} & N_{33} & N_{41} \\ N_{12} & N_{23} & N_{31} & N_{42} \\ N_{13} & N_{21} & N_{33} & N_{42} \\ N_{13} & N_{22} & N_{31} & N_{43} \\ N_{13} & N_{23} & N_{32} & N_{41} \end{bmatrix}$$

通常正交表具有以下基本性质。

1. 正交性

在任何一列中各水平都出现，且出现的次数相等，使得试验中包含所有因素的所有水平，任意两列之间不同水平的所有可能组合都出现，且出现的次数相等，使得任意二因素间都是全面试验。

2. 均衡分散性

正交性保证了部分试验中所有因素的所有水平信息及两两因素间的所有组合信息无一遗漏，即虽然正交表安排的只是部分试验，但却能够了解到全面试验的情况。从这个意义上讲，均衡分散性有时又称代表性。同时，由于正交表的正交性，部分试验的试验点必然均衡地分散在全面试验的试验点中，分散性带来的"冒尖性"用正交表安排试验容易出现好结果。图 4.48 是利用正交表 $L_4(2^3)$ 安排二水平三因素试验的试验点空间分布示意图。图中圆点即为正交表 $L_4(2^3)$ 中的试验点，括号内的三位数字是试验点的组合情况，如 (1，1，1) 即为由三个因素 1 水平组合形成的试验点。很明显，4 个试验点均衡地排列在 6 个面、12 条棱上，不偏不倚，在立方体的上下两个平面上均有两个试验点，在立方体的左右两个平面上也有两个试验点，在立方体的前后两个平面上也有两个试验点，且每个因素每个水平均出现了两次，具有很强的均衡分散性。因此，正交试验的结果与全面试验的优化结果应有一致的趋势。

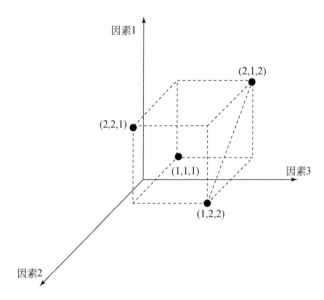

图 4.48　$L_4(2^3)$　正交设计的二水平三因素试验组合的空间分布示意图

●为二水平三因素的四种组合类型

3. 综合可比性

由于正交表的正交性，任意一列各水平出现的次数都相等，任两列间所有可能的组合出现的次数都相等，因此就使得任一因素各水平的试验条件相同。这就保证了在每列因素各个水平的效果比较中，其他因素的干扰相对较小，从而能最大限度地反映该因素不同水平对试验指标的影响，这种性质即为综合可比性。

（二）地质影响因素的正交设计

在本节研究中，所研究的天然气水合物藏的产气潜力为正交设计的目标指标，目标指标的影响因素包括以上提到的储层孔隙度（ϕ）、储层渗透率（K）、天然气水合物饱和度（S_H）、天然气水合物储层厚度（H）以及天然气水合物储层温压（T、p）。在明确试验指标、确定考察因素的基础上，为各因素选取适当的水平。因素水平设置的太少不能很好地反映考察指标随参数变化的规律，设置得太多则试验次数迅速增加，权衡考虑为每个因素取 5 个水平值，各水平值来源于全球典型天然气水合物藏实际赋存特征值，见表 4.6。

表 4.6　各地质影响因素 5 个水平值

孔隙度/%	天然气水合物饱和度/%	渗透率/（$\times 10^{-3}\,\mu m^2$）	储层厚度/m	储层压力/MPa	储层温度/K
50	10	128	50	31.16	284.19
39	68	1000	40	8.6	283.35

续表

孔隙度/%	天然气水合物饱和度/%	渗透率/(×10⁻³ μm²)	储层厚度/m	储层压力/MPa	储层温度/K
35	67	500	11	29.29	293.45
60	38	10	38	10.79	284.386
40	30	5	25	13.38	287.3

对于以上五水平六因素的因素组合，由正交表一共应安排 25 次设计。然而，值得注意的是，因为天然气水合物藏只在一定范围内的温压条件下稳定存在，所以并不是所有构建的因素组合都合理有效。如假设在所有Ⅱ型甲烷水合物藏内，利用 HYDOFF 软件判断在给定温度（或压力）条件下海洋天然气水合物藏稳定最低压力（或最高温度）条件（Sloan and Koh，2008）。当正交设计中压力（或温度）低于最低压力（或高于最高温度）时，天然气水合物藏处于非稳态，在自然界条件下无法稳定存在。在所有天然气水合物藏模型中，海水盐度取 3%。由 HYDOFF 计算得到以下七组温度与压力组合天然气水合物藏处于非稳态：（10.79MPa，287.3K），（8.6MPa，293.45K），（8.6MPa，284.386K），（13.38MPa，293.45K），（8.6MPa，287.3K），（10.79MPa，293.45K）以及（8.6MPa，284.19K）。因此，最终得到 18 组稳定条件的天然气水合物藏组合形式，见表 4.7。

表 4.7　正交设计中稳定条件的各地质影响因素参数组合

组合	地质影响因素参数					
	孔隙度/%	天然气水合物饱和度/%	渗透率/(×10⁻³ μm²)	储层厚度/m	储层压力/MPa	储层温度/K
1	50	10	128	50	31.16	284.19
2	50	68	1000	40	8.6	283.35
3	50	67	500	11	29.29	293.45
4	50	38	10	38	10.79	284.386
5	50	30	5	25	13.38	287.3
6	39	68	500	38	13.38	284.19
7	39	67	10	25	31.16	283.35
8	39	30	128	40	29.29	284.386
9	35	68	10	50	29.29	287.3
10	35	67	5	40	10.79	284.19
11	35	38	128	11	13.38	283.35
12	35	30	1000	38	31.16	293.45
13	60	68	5	11	31.16	284.386
14	60	38	1000	25	29.29	284.19
15	60	30	500	50	10.79	283.35
16	40	10	5	38	29.29	283.35
17	40	67	1000	50	13.38	284.386
18	40	38	500	40	31.16	287.3

(三) 数值模型与模拟方法

1. 地质模型与井布置

在所有天然气水合物藏模型中，天然气水合物层上盖层与下盖层厚度均取 30m，经研究表明 30m 的地层厚度能满足精确模拟整个开采井周期（30 年）内系统的热流变化情况以及整个开采过程中的压力场分布需要。另外，为了确保天然气水合物系统的有效开采，假设在所有天然气水合物藏模型的上下边界均为一层较薄的不渗透边界，以防止在开采过程中产出的气体与热量垂向运移，特别是气体的扩散与下伏含水层向上渗透。

如图 4.49 所示，模拟中垂直井位于天然气水合物系统中部，其中垂直井射孔段均为 10m 位于天然气水合物储层中部，内部有效半径 0.1m。为了使得上下地层各自成为一封闭地层，使开采仅在天然气水合物储层内进行，同时也阻止了下伏含水地层内水的向上渗入，增加副产物水的产出负荷。实际上开采井内部并不是在多孔介质中流动的，需要采用 Navier-Stokes 方程描述，然而该种描述的求解需要设计较短时间的步长，以及较长的程序运行时间，所以在研究中我们假设井孔内流体在"拟多孔介质中"流动，此拟多孔介质内孔隙度为 1.0，渗透率高达 $1000 \times 10^{-3} \mu m^2$，且不存在毛细管压力作用，相对渗透率也与井孔内相对饱和度呈线性关系。

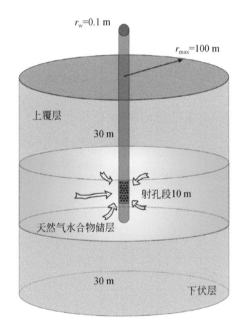

图 4.49　天然气水合物系统降压开采示意图

2. 参考模拟条件

研究中所有天然气水合物藏均采用圆柱体模型，模型最大范围为 100m，在外边界无物质流动。由于地质模型的对称性，模拟研究中仅讨论模型的右半部（正坐标部分）。开采井位于系统中部，在研究中采用定压降压法进行天然气水合物开采模拟，井孔压力固定为天然气水合物系统原位压力的 0.2 倍。采用定压降压法开采的主要原因是定压降压法能更好地适用不同横向渗透性的天然气水合物藏，且在开采过程中定压降压法能有效地抑制冰的形成。特别是在系统有效渗透率较低时，定压降压法能有效提高产气速率。天然气水合物系统其他流体、热属性参数见表 4.8。

表 4.8　天然气水合物系统性质与初始条件

参数	数值
含水层（上下地层）厚度	30m
开采井井径 r_w	0.10m
研究区域半径 r_{max}	100m
气体组分	100% CH_4
孔隙水盐度	3%
干岩热导率 $k_{\Theta RD}$	1.0W/（m·K）
湿岩热导率 $k_{\Theta RW}$	3.1W/（m·K）
热导率计算模型	$k_{\Theta C}=k_{\Theta RD}+(S_A^{1/2}+S_H^{1/2})(k_{\Theta RW}-k_{\Theta RD})+\phi S_I k_{\Theta I}$
毛细管压力模型	$p_c=-p_0\left[(S^*)^{(-1/\lambda)}-1\right]^{(1-\lambda)}$ $S^*=(S_A-S_{irA})/(1-S_{irA})$
S_{irA}	0.19
λ	0.45
p_0	0.1MPa
相对渗透率模型	$k_{rA}=\left(\dfrac{S_A-S_{irA}}{1-S_{irA}}\right)^n$ $k_{rG}=\left(\dfrac{S_G-S_{irG}}{1-S_{irA}}\right)^n$ 原始孔隙介质模型
n	3.572
S_{irG}	0.02
S_{irA}	0.20

3. 网格离散化

因为在正交优化中存在五种不同的天然气水合物藏几何模型（天然气水合物储层厚度水平为 5），所以为精确刻画天然气水合物藏在分解过程中的物理化学变化，采用五种不同的网格划分标准。对于天然气水合物储层厚度为 50m、40m、38m 的一类天然气水合物藏，天然气水合物储层内沿 z 轴方向均匀划分为 0.5m 厚的网格。在这一类天然气水合物藏内远离天然气水合物储层区域网格划分单元更宽，以 1.0m 单元格为主，在靠近上下边界区域以更宽的 2.0m 与 5.0m 单元格进行网格划分。对于天然气水合物储层厚度为 11m 与 25m 的天然气水合物系统，考虑到射孔井段长度的影响，在这一类天然气水合物藏内进行为更精细的网格剖分。主要做法为，在天然气水合物储层内按0.25m单元格进行网格划分，在上下地层主要以0.5m与1.0m单位进行划分，在靠近上下边界时采用2.0m单位网格进行更为稀疏的网格划分。所有的天然气水合物系统沿径向划分为50个单元格，其中靠近开采井附近最初的三个单元格宽0.2m，随后网格宽度呈指数增加。最终，按照天然气水合物层厚水平数的顺序，各天然气水合物系统共划分为50×136个、50×134个、50×136个、50×112个、550×192个单元，模拟中假设天然气水合物分解为相平衡分解反应，则共产生对应的27200个、26800个、27200个、22400个、38400个方程。

4. 初始条件

在模拟中最重要也是最复杂的环节是确定天然气水合物藏的初始条件，包括储层压力、温度及天然气水合物饱和度的分布。通常，假设海底以下沉积物中压力遵循静水压力，这与实地天然气水合物藏勘探结果一致。已知天然气水合物储层压力及储藏模型可以计算整个天然气水合物系统中的压力分布。实地勘探结果显示不同天然气水合物藏赋存区域地温梯度为1.5～5.0℃/100m不等（Collett and Ladd，2000；GMGS 1，2007；Fujii et al.，2009；McConnell et al.，2009；Shankar and Riedel，2011），在本节选取3.5℃/100m作为所有天然气水合物藏模型平均地温梯度，以此确定天然气水合物层上下地层的温度。最后不断调整上下边界温度、压力条件，并运行TOUGH+HYDRATE直至得到既定天然气水合物层温压条件（表4.7）的稳定天然气水合物系统。

（四）产气产水特征

在本节，我们讨论不同地质因素正交设计组合在最大试采周期（720天）内的开采潜力，见表4.9。在所有组合中，720天内累积产气量最低$1.44×10^5 m^3$，最高$2.78×10^7 m^3$，累积气水比从最低0.0107至最高0.523不等。

表4.9 最大试采周期内18个正交设计组合的降压开采结果

组合	Q_r /(ST m^3/s)	Q_p /(ST m^3/s)	V_r /ST m^3	V_p /ST m^3	M_w /kg	R_{gw}
1	0.0558	0.112	$5.55×10^6$	$9.35×10^6$	$2.32×10^9$	0.249
2	0.0483	0.0679	$5.23×10^6$	$5.17×10^6$	$2.71×10^9$	0.523
3	0.203	0.268	$1.27×10^7$	$1.92×10^7$	$8.27×10^9$	0.430
4	0.00284	0.00542	$2.38×10^5$	$3.43×10^5$	$4.61×10^7$	0.134
5	0.0015	0.00277	$1.38×10^5$	$1.75×10^5$	$2.42×10^7$	0.138
6	0.046	0.0705	$3.19×10^6$	$5.41×10^6$	$2.29×10^9$	0.423
7	0.00121	0.00518	$8.74×10^4$	$2.14×10^5$	$3.88×10^7$	0.181
8	0.0525	0.08	$3.73×10^6$	$6.07×10^6$	$1.99×10^9$	0.328
9	0.00424	0.00627	$2.59×10^5$	$3.51×10^5$	$2.95×10^7$	0.084
10	0.00321	0.00249	$2.05×10^5$	$1.58×10^5$	$4.10×10^6$	0.0259
11	0.015	0.0263	$4.87×10^5$	$1.87×10^6$	$7.33×10^8$	0.391

续表

组合	Q_r /(ST m³/s)	Q_p /(ST m³/s)	V_r /ST m³	V_p /ST m³	M_w /kg	R_{gw}
12	0.0322	0.0172	$2.02×10^7$	$6.08×10^6$	$2.56×10^8$	0.042
13	$2.95×10^{-4}$	0.00299	$2.23×10^4$	$1.44×10^5$	$3.47×10^7$	0.240
14	0.189	0.348	$1.81×10^7$	$2.78×10^7$	$1.45×10^{10}$	0.521
15	0.0636	0.0839	$3.25×10^6$	$5.86×10^6$	$1.84×10^9$	0.314
16	$9.5×10^{-4}$	0.00506	$6.12×10^4$	$3.14×10^5$	$7.96×10^7$	0.254
17	0.575	0.449	$3.90×10^7$	$2.69×10^7$	$2.88×10^8$	0.0107
18	0.175	0.254	$1.54×10^7$	$2.23×10^7$	$9.08×10^9$	0.408

图 4.50 为具有代表性正交组合 3、10、13、14 与 17 的降压开采结果对比。作为试采目标天然气水合物藏，需满足具有较高的产气速率与累积产气量，与此同时整个过程中累积气水比应较低，预示着在产出大量气体的同时产水较少，减少了举升水的能量消耗与花费。因此，在五个代表性组合内，组合 13 的天然气水合物藏具有最差的产气潜力，其产气速率及累积产气量均较低（产气速率不超过 260 ST m³/d），而累积气水比较高，达 240。组合 17 天然气水合物藏具有较理想的开采优势（具体表现在较高的产气速率，同时累积水气比处在较低水平，仅为 0.0107）。尽管组合 3 天然气水合物藏也产生较高的产气速率与较高的累积产气量，但其开采潜力的优势被大量水的产出而削弱，被认为是不具有商业开采潜力的天然气水合物藏赋存特征组合。另外由图 4.50 可知，组合 14 的天然气水合物分解与产气特征与组合 3 极为相似，这也表明具有不同天然气水合物赋存特征组合的天然气水合物藏可能产生相似的开采效果。

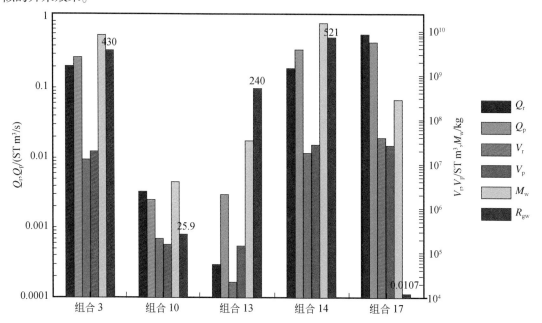

图 4.50　720 天时组合 3、组合 10、组合 13、组合 14 与组合 17 正交试验组合的开采情况对比

观察产水量最低的组合 10 可以发现，组合 10 也是最低孔隙度 35% 与最低渗透率 $5\times10^{-3}\,\mu m^2$ 水平值组合的天然气水合物藏。具有最高累积产气量的组合 14 也具有最高的累积产水量，并且组合 14 也恰好为最高孔隙度 60% 和最高渗透率 $1000\times10^{-3}\,\mu m^2$ 水平值组合的天然气水合物藏。组合 14 与组合 17 相比，在同具有最高渗透率 $1000\times10^{-3}\,\mu m^2$ 时即使孔隙度水平从 60% 降到 40%，两者天然气水合物藏也具有较高的累积产气量，分别为 $2.78\times10^7\,ST\,m^3$ 与 $2.69\times10^7\,ST\,m^3$。表 4.9 显示累积产气量整体随着渗透率降低而减少，如图 4.51 所示。这一结果刚好与 Su 等（2012）的研究结果一致，并且在其研究中还指出当其他地质因素保持不变时，随着有效渗透率的较低，产水量降低且下降幅度更大，从而导致累积气水比增加。

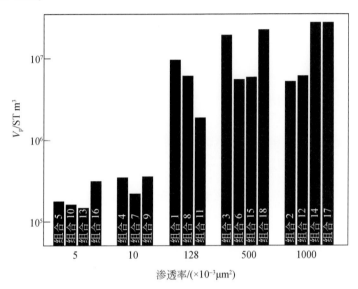

图 4.51 累积产气量与渗透率水平的相关关系趋势

在表 4.9 中组合 13 与组合 16 天然气水合物藏中天然气水合物分解速率为所有正交组合中的最低值，分别为 $2.95\times10^{-4}\,m^3/s$ 与 $9.5\times10^{-4}\,m^3/s$。这主要是由于对于低温天然气水合物藏，赋存压力较高时天然气水合物藏更稳定，使得降压开采效率越低。这也可以很好地解释具有最低渗透率水平值的组合 5 与组合 10 天然气水合物分解速率不出现极低值的原因。因此，可以得到在天然气水合物赋存温度下，若天然气水合物藏赋存压力越靠近天然气水合物相平衡压力值，即储层压力越低时，则天然气水合物藏更易扰动，引起天然气水合物更快的分解。值得注意的是，仅组合 10、组合 12 与组合 17 天然气水合物藏内天然气水合物分解速率高于产气速率，这表示在该组合天然气水合物藏内天然气水合物分解产生甲烷气体未能被及时采出，而是在天然气水合物藏内富集成藏。这与该组合天然气水合物藏累积产气量情况一致。至于为何仅在这三组天然气水合物藏内存在该现象尚不能给出明确解释，因为研究涉及六种不同的地质因素且各地质因素具有不同的水平值组合，还有待进一步深入研究。

（五）储层地质影响因素的极差分析

为进一步研究各地质影响因素对天然气水合物藏开采的重要性，即对天然气水合物产气潜力的主次因素讨论最优水平值组合，我们对各组正交设计天然气水合物藏产气产水特征进行了极差分析。

表 4.10 为各类地质影响因素对 720 天时天然气水合物分解速率的极差分析结果。其中对于某一地质影响因素而言，L_i 表示该因素第 i 水平值（表 4.6）所对应所有天然气水合物藏天然气水合物分解速率（表 4.7 与表 4.9）的平均值。各因素极差值 Range 为该因素（$L_1 \sim L_5$）最大最小值之差。相应地，可以得到地质影响因素对其他评价标准的分析极差，如图 4.52 ~ 图 4.54 所示。由极差大小可以确定各地质影响因素对评价指标的主次关系，即极差较大的地质影响因素对评价标准的影响较为重要，极差较小的地质影响因素对评价标准的影响则较为次要。故由极差分析结果，可以得到对于天然气水合物分解速率与气体产出速率而言，各地质影响因素的影响大小顺序依次为孔隙度、渗透率、天然气水合物饱和度、储层厚度、储层压力、储层温度；各地质影响因素对天然气水合物累积分解量影响的大小顺序依次为渗透率、孔隙度、储层温度、天然气水合物饱和度、储层压力、储层厚度；各地质影响因素对累积产气量影响的大小顺序依次为渗透率、孔隙度、天然气水合物饱和度、储层温度、储层压力、储层厚度；各地质影响因素对累积产水量影响的大小顺序依次为渗透率、孔隙度、天然气水合物饱和度、储层压力、储层温度、储层厚度；各地质影响因素对累积气水比影响的大小顺序为储层压力、渗透率、孔隙度、天然气水合物饱和度、储层厚度、储层温度。

表 4.10 地质影响因素各水平值对天然气水合物藏天然气水合物分解速率的极差分析（ST m³/s）

参数	孔隙度	天然气水合物饱和度	渗透率	储层厚度	储层压力	储层温度
L_1	0.06236	0.02839	0.0411	0.1747	0.05285	0.0736
L_2	0.03322	0.02471	0.2113	0.06968	0.04834	0.02582
L_3	0.01366	0.1957	0.1219	0.07286	0.09007	0.1178
L_4	0.08443	0.09548	0.002759	0.02049	0.02321	0.1577
L_5	0.2503	0.03745	0.001488	0.06403	0.1594	0.06014
Range	0.2366	0.171	0.2098	0.1542	0.1362	0.1319

1. 对天然气水合物分解速率和产气速率的影响

图 4.52 显示储层孔隙度与渗透率无论对天然气水合物分解还是对气体、水的产出均有显著影响，而储层压力则被认为是影响累积气水比的主要因素。对于储层孔隙度与渗透率对天然气水合物藏开采的显著影响这一结论与 Su 等（2012）在神狐海域 SH3 站位天然气水合物藏降压开采模拟结果一致。孔隙度不仅影响天然气水合物可能的富集空间，而且作为运移通道会影响开采过程中流体运移。另外，孔隙度差异也会影响储层沉积物骨架含量，孔隙度越高，储层沉积物骨架含量越低，在开采过程中供给天然气水合物分解的潜热越低，这些作用使得孔隙度成为影响天然气水合物分解和产气速率的最主要因素。

在整个开采过程中，天然气水合物分解的驱动力为储层与井孔间压力差。较高的天然气水合物储层渗透率，不仅有利于减压过程中压力传递，而且能加速流体在储层内流动，导致天然气水合物藏出现较高天然气水合物分解速率与产气速率。如图 4.55 与图 4.54 所示地质影响因素不同水平值对天然气水合物分解速率与产气速率的平均影响关系。渗透率不影响储层内天然气水合物总含量，也不影响整个过程中潜热供给，使得渗透率因素仅次于孔隙度因素，成为天然气水合物分解与产气过程中第二重要的地质影响因素。

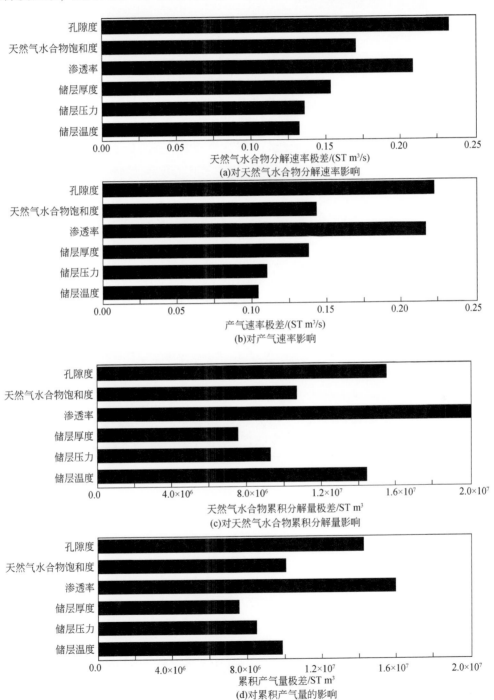

(a)对天然气水合物分解速率影响

(b)对产气速率影响

(c)对天然气水合物累积分解量影响

(d)对累积产气量的影响

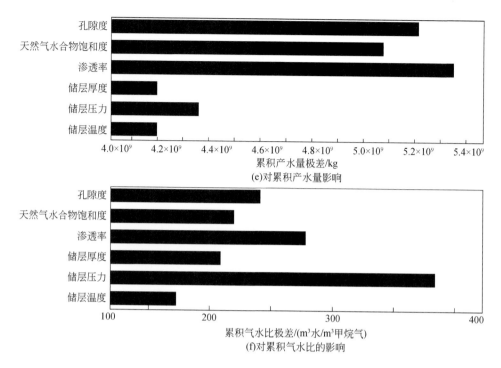

(e)对累积产水量影响

(f)对累积气水比的影响

图4.52 各地质影响因素对评价指标影响的极差排序

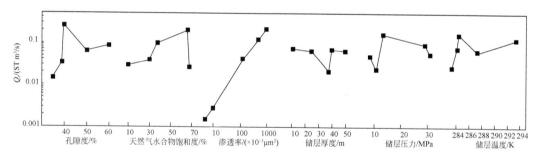

图4.53 各地质影响因素不同水平值与天然气水合物分解速率（Q_r）的平均影响关系

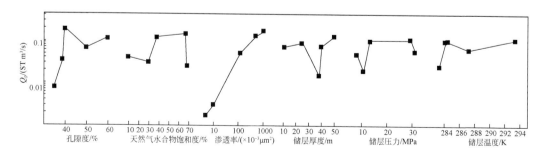

图4.54 各地质影响因素不同水平值与产气速率（Q_p）的平均影响关系

如图 4.52 所示，相比于储层孔隙度与渗透率因素，天然气水合物饱和度表现出对天然气水合物分解速率与产气速率影响均较小。然而事实上，前人研究结果显示，天然气水合物饱和度对天然气水合物藏开采影响显著，但是研究结论不一致甚至出现相反研究结论。例如，在海洋Ⅱ天然气水合物藏降压开采模拟研究中，Moridis 与 Su 指出天然气水合物饱和度越低，气体产出速率越高（Moridis et al., 2009；Su et al., 2012）。但是在墨西哥湾更深埋藏天然气水合物藏模拟却显示相反结论，在开采后期，随着天然气水合物饱和度越低，气体产出速率越低（Moridis and Kowalsky, 2006）。通常，普遍认为天然气水合物饱和度越高，储层有效孔隙度越低，势必降低储层压力的传递与流体流动的效果，从而降低天然气水合物藏在开采过程中的分解速率与产气速率。然而，该普遍认识仅与如图 4.53 与图 4.54 所示的天然气水合物饱和度超过 67% 时的研究结果相符。并且图 4.53 与图 4.54 也显示中–高水平天然气水合物饱和度（38%~67%）的天然气水合物藏具有较高的天然气水合物分解速率与产气速率。

储层厚度与孔隙度及天然气水合物饱和度，共同构成了天然气水合物资源量的重要量化指标。截至目前，极少的研究关注了储层厚度对开采潜力的影响。通常，储层厚度较大时，天然气水合物藏矿体资源量较多。然而，图 4.52 却显示相比于储层孔隙度、渗透率与天然气水合物饱和度而言，储层厚度对天然气水合物分解速率与产气速率影响均较小。并且在图 4.54 与图 4.55 中，储层厚度对天然气水合物累积分解量、累积产气量、累积产水量影响更小，为所有地质影响因素中最次要位置。究其原因，可能是在 720 天的降压开采中，系统中仅有部分天然气水合物发生分解，所以天然气水合物资源量对天然气水合物分解速率与产气速率影响均较小。事实上，这也可以从侧面解释对资源量起关键作用的天然气水合物饱和度因素在对天然气水合物开采潜力的影响不如储层孔隙度与渗透率强烈这一现象。

图 4.52 显示储层温压条件对天然气水合物分解速率与产气速率影响最为次要。并且，相比于储层温度条件，即使温度几个水平值取值高达 10℃，天然气水合物分解速率与产气速率对储层压力更为敏感。然而，该敏感性在图 4.52（c）（d）对天然气水合物累积分解量与累积产气量研究时结论又相反。事实上，在整个定压降压开采过程中，天然气水合物分解速率与产气速率会随时间变化，所以对于商业开采而言，累积产气量才更为受关注。

2. 对天然气水合物累积分解量与累积产气量的影响

尽管天然气水合物累积分解量与累积产气量分别由对应的天然气水合物分解速率与产气速率决定，但是其与各地质影响因素的关系却与图 4.52 不同。这主要是由于天然气水合物分解速率与产气速率随时间而变化，累积分解量与累积产气量为整个研究过程中的累积效果，本研究中天然气水合物分解速率与产气速率仅为最长试开采时间 720 天所对应的时间节点，只能反映某一特定时刻的现象。这也就是说，对开采潜力进行评价时需要给天然气水合物系统既定一研究时间段，才能使得研究对比更有意义。

根据极差分析，天然气水合物累积分解量的各地质影响因素的影响大小顺序为渗透率、孔隙度、储层温度、天然气水合物饱和度、储层压力、储层厚度。水力扩散因素作为最主要的影响因素，在最长试采周期内比结构特征因素对天然气水合物分解更为敏感，这在累积产气量结果分析中亦如此。重要的水力扩散因素对天然气水合物藏开采的影响主要体现在两个方面，一方面通过影响持续的降压传递，另一方面当天然气水合物分解甲烷气体不能被及时有效地从井孔中产出，其在天然气水合物藏内富集势必增加了天然气水合物藏的原位压力，进而削弱了降压传递效果，影响天然气水合物的持续分解。所以，可以推测，在整个试开采周期内，一定存在某些时刻储层孔隙度与渗透率对天然气水合物分解速率和产气速率影响的大小顺序与720天时相反。

值得注意的是，天然气水合物资源量衡量指标（天然气水合物饱和度与储层厚度）对天然气水合物累积分解量与累积产气量的影响更为次要，主要表现在影响天然气水合物累积分解量排序中，天然气水合物饱和度仅排在第四位，位于储层温度因素之后，且储层厚度排在最后，为影响最次要的因素。这也证实天然气水合物资源量对整个试开采的产气潜力较为次要，这是由于试开采周期内仅部分天然气水合物发生分解。但是，不可否认的是，在整个长期开采过程中，天然气水合物资源量势必对天然气水合物藏开采潜力产生影响，所以这也再一次强调了在天然气水合物藏开采潜力评价过程中时间周期选择的重要性。

对天然气水合物分解速率与产气速率最为次要的影响因素——储层温度，对天然气水合物累积分解量影响较为主要，位于所有影响因素中的第三位，仅排在渗透率与孔隙度因素之后。由于天然气水合物仅赋存于一定的温度–压力范围内，当天然气水合物储层压力相同时，由 Moridis 天然气水合物温压相图可知高温天然气水合物藏更接近天然气水合物相平衡状态，更容易被扰动发生分解（Moridis，2003）。此外，高温天然气水合物藏可以为天然气水合物分解提供更高潜热，加速天然气水合物分解，从而提高整个开采过程中天然气水合物累积分解量。

各地质影响因素对累积产气量影响排序与其对天然气水合物累积分解量影响排序相似，所不同的是天然气水合物饱和度较储层温度对累积产气量影响更重要。且天然气水合物饱和度对累积产气量的影响如其对产气速率影响一样，目前尚存在争议。一般认为天然气水合物饱和度越高，可为天然气水合物藏提供更丰富的气体来源，会产生更高的累积产气量。然而，Su 等（2012）研究表明，天然气水合物饱和度越高累积产气量反而越小。并且 Moridis 等人也发现，在开采初期天然气水合物饱和度越低累积产气量越高，然而在开采后期这种相关趋势刚好相反，天然气水合物饱和度较低累积产气量亦较低（Moridis and Reagan，2007）。这是由于，在开采初期，天然气水合物饱和度越高，在增加天然气水合物藏资源量的同时也将降低储层的有效孔隙度，从而降低天然气水合物藏的有效渗透率。所以，在天然气水合物藏开采靶区选择时，应尤为关注不同天然气水合物藏富集程度，在保证前期开采潜力的同时也应考虑天然气水合物藏资源量。

3. 对累积产水量、累积气水比的影响

各地质影响因素对累积产水量影响排序与其对累积产气量影响排序相似，除了天然气水合物储层温度、压力因素重要性排序有所差异。天然气水合物储层温度对累积产气量更为敏感，天然气水合物储层压力则对累积产水量更为敏感。这一结论与海洋弥散型低饱和度天然气水合物藏开采特征一致，在其研究中，天然气水合物储层压力对累积产水量影响较对累积产气量影响更为显著，且在相同温度条件下，累积产气量变化较累积产水量变化更为显著（Moridis and Sloan，2007）。这两方面的现象在本研究中也得到证实。

对于天然气水合物储层压力而言，在相同温度条件下，储层压力越高，天然气水合物藏与井孔压力差越大，从而导致累积产水量增加。然而，由于天然气水合物储层压力增加天然气水合物稳定性也相应增强，从而导致累积产气量将减小，这就进一步加剧了累积气水比的增加。因此，储层压力条件为累积气水比的最重要影响因素，如图4.52（f）所示。另外，有意思的是，相比于其他地质影响因素，天然气水合物储层温度对累积气水比影响较小。

以上研究显示，对于不同的评价标准，天然气水合物藏地质影响因素的影响敏感性有所不同。在对天然气水合物藏勘探开发之前，应先选择最为关注的研究标准，再进行实地天然气水合物藏目标区的优选。例如，要求在最长试开采结束时还具有最高的产气速率，则在实地天然气水合物藏选择时应更为关注储层的孔隙特征；若要求在最长试开采周期内获得最少产水量，则在实地天然气水合物藏选择时应最先考虑储层的渗透率特性；若要求在试采周期内，获得可被接受的累积气水比，则在实地天然气水合物藏选择时应尤为注意天然气水合物储层压力特征。当试采过程中要求同时考虑多项产出特征时，则应综合考虑各地质影响因素特征。

（六）实地开采靶区选取

原则上，天然气水合物藏的商业开采应满足较高的产气速率，然而，天然气水合物藏在定压降压过程中，产气速率随时间而变化，不能保证在整个天然气水合物藏开采中均处在较高水平。所以在研究中，往往更重视平均产气速率。而平均产气速率在同一研究时间段内，则可以由累积产气量这一物理量诠释。基于以上讨论结果可知，储层渗透率、孔隙度、天然气水合物饱和度对累积产气量的影响较为敏感，排在地质影响因素的前三位，在实际天然气水合物藏开采站位选择时应更为关注。图4.55为各地质影响因素不同水平值对累积产气量的平均影响关系，可以发现，渗透率与累积产气量呈正相关，而孔隙度和天然气水合物饱和度与累积产气量不存在某种单调性，而是呈现"凸函数"关系。因此，我们可以得到，天然气水合物藏开采优势随着渗透率增加而增加，即砂质天然气水合物藏将具有最有利的开采前景。这一问题也在Huang等（2015）的早期研究中得到证实。除此之外，图4.55也显示具有中等孔隙度（即40%孔隙度）与中-高天然气水合物饱和度（38%~67%）的天然气水合物藏将产生较高累积产气量，应该作为开采的目标天然气水合物藏。在墨西哥湾与日本南海海槽内均具有此类特征的天然气水合物藏（Frye et al.，2012；Fujii et al.，2009）。

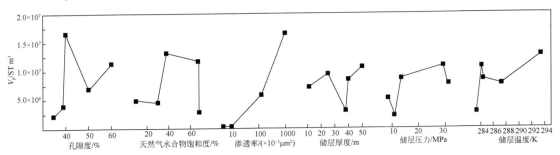

图4.55　各地质影响因素不同水平值与累积产气量（V_p）的平均影响关系

　　另外，为了满足商业开采的需求，目标天然气水合物藏应具有较低的累积气水比。尽管天然气水合物储层压力为累积气水比的主要影响因素，但储层渗透率、孔隙度对累积气水比的影响也较明显。图 4.56 为各地质因素不同水平值与累积气水比的平均影响关系趋势，由图 4.56 可知储层压力较低（10.79～13.38MPa），且具有较低渗透率（128×10^{-3}μm^2）、较低孔隙度（35%、40%）的天然气水合物藏在试开采过程中将产生较低的累积气水比。例如，正交设计研究中的组合 17 天然气水合物藏模型，该天然气水合物藏在试开采周期内累积气水比较为理想，仅为 10.7。事实上，海洋天然气水合物钻探结果显示在自然界中存在该类型天然气水合物藏，并且其降压潜力已被实地试开采证实，即日本南海海槽 Daini-Atsumi Knoll 海域内赋存天然气水合物藏，其储层孔隙度介于 39%～41%，且天然气水合物赋存于 13.63MPa 压力环境，天然气水合物饱和度介于 55%～68%（Fujii et al.，2009；Boswell et al.，2013；Fujii et al.，2015）。

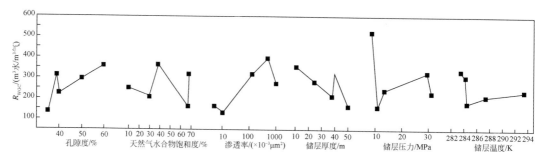

图 4.56　各地质影响因素不同水平值与累积气水比的平均影响关系

　　综上，本小节在分析天然气水合物开采过程中各项地质参数对产气潜力的影响关系时，发现对天然气水合物开采潜力影响密切相关的参数及与开采潜力的响应关系，即在其他条件和参数不变的情况下：天然气水合物储层孔隙度增加，天然气水合物分解产气速率越快；天然气水合物饱和度越高，初始产气速率较低，但总体产气开发效益较高；天然气水合物储层绝对渗透率越大，天然气水合物分解速率和产气速率越高；天然气水合物储层热导率对天然气水合物分解产气速率影响不大；盖层的存在有利于提高天然气水合物的分解速率和气体的长期稳定生产；天然气水合物储层初始温度越高越有利于天然气水合物快速分解；当储层初始压力越高，且离天然气水合物相平衡边界越近时，天然气水合物藏产气速率越高。

　　在此基础之上，我们又利用正交设计方法讨论了包括储层孔隙度、渗透率、天然气水合物饱和度、储层厚度以及储层温压条件在内的，对天然气水合物藏产气开发潜力造成影响的六因素条件，研究发现，利用垂直井定压降压法开采天然气水合物藏，在最长试开采周期内，各地质因素对累积产气量的影响大小顺序依次为渗透率、孔隙度、天然气水合物饱和度、储层温度、储层压力、储层厚度；各地质影响因素对累积气水比的影响大小顺序依次为储层压力、渗透率、孔隙度、天然气水合物饱和度、储层厚度、储层温度。具有较高储层渗透率（通常为砂岩水合物藏）、中等孔隙度（40%）及中–高等天然气水合物饱和度（38%～67%）的天然气水合物藏降压开采将产生较高的累积产气量，但考虑水的产出时，天然气水合物层初始压力较低（10.79 ~ 13.38MPa）的天然气水合物藏将产生较低的累积气水比，应该作为试开采的目标天然气水合物藏。

第四节　海洋天然气水合物产能地质因素评价及应用

继 2013 年日本在 6 天时间内从南海海槽砂质天然气水合物藏成功开采出 12 万 m³ 天然气后，我国也相继在 2017 年和 2020 年成功实施了两轮天然气水合物试采，从第一次为期 60 天时间内累积产出 30 万 m³ 天然气，到第二次利用水平钻采技术达到日产 2.87 万 m³ 的产气速率，成功实现了从"探索性试采"向"试验性试采"的重大跨越。两次试采极大提升了我国能源战略部署，同时也为进一步的天然气水合物开采产业化提出了更高的要求。

截至 2021 年，包括 2017 年与 2020 年的两次天然气水合物试开采在内，我国在南海海域已开展了 6 次天然气水合物钻探航次，不同天然气水合物藏特征差异也被进一步证实。其中就包括赋存特征存在明显差异的 XX01 ~ XX04 站位。由于保密协议的关系，四个站位的具体位置不详细介绍，仅在表 4.11 中列出相应天然气水合物赋存基本特征，并以此为依据来评价相似的海洋天然气水合物藏。图 4.57 刻画出四个站位天然气水合物藏赋存深度、厚度、孔隙度等在内的各项特征差异。

表 4.11　XX01 ~ XX04 站位天然气水合物藏赋存特征

站位	HBL 顶界水深/m	HBL 底界水深/m	HBL 层厚/m	孔隙度/%	固有渗透率/($\times 10^{-3}$ μm²)	天然气水合物饱和度/%
XX01	1356.66	1525.83	78.36	34.5	0.22	22.9
XX02	1459.99	1510.00	43.13	33.2	0.32	19.4
XX03	1319.35	1439.19	11.56	56.7	100.00	30.5
XX04	1411.75	1429.47	17.59	48.3	5.50	46.2

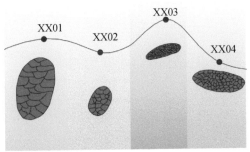

图 4.57　XX01 ~ XX04 站位天然气水合物藏特征对比示意图

图中沉积物大小刻画出储层资源量，由储层厚度、孔隙度与天然气水合物饱和度共同确定；

沉积物内纹理结构是对储层渗透性的刻画，纹理越密集代表储层渗透性越好

一、四个站位天然气水合物藏的开采潜力初步预测

在影响天然气水合物产能的地质因素中储层渗透率、孔隙度与天然气水合物饱和度作为最具影响的参数，其对产能的平均影响如图 4.55 所示。将 XX01~XX04 站位储层相关特征参数投点至图 4.55，发现在四个取心站位天然气水合物藏赋存条件内，累积产气量与渗透率、天然气水合物饱和度、孔隙度均近乎呈正相关关系，如图 4.58 所示。其中，作为渗透率与孔隙度均最高的 XX03 站位，毫无疑问应为最有利开采前景站位。XX01、XX02 和 XX04 三站位比较，XX04 站位天然气水合物藏渗透率分别为 XX01 站位与 XX02 站位的 25 倍与 17 倍。尽管 XX02 站位储层孔隙度小于 XX01 站位，但相差不大。在尚无各地质影响因素对累积产气量影响权重时，我们仅讨论对累积产气量最为敏感的因素渗透率，由于其与累积产气量呈指数正相关，因此可以推测三站位累积产气量依次为 XX04>XX02>XX01。由此，四个取心站位天然气水合物藏累积产气量大小依次为 XX03 站位、XX04 站位、XX02 站位、XX01 站位。

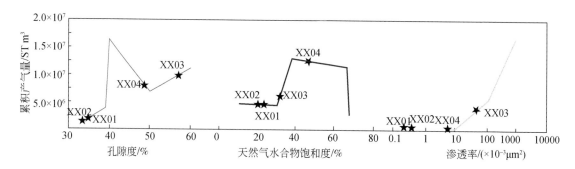

图 4.58　XX01~XX04 站位储藏特征在平均影响图中投点

这一结论的推测是在前期研究成果的基础上，由单纯分析天然气水合物藏赋存特征得到的合理估计。另外，为了探究四个取心站位的具体降压开采产气潜力，同时验证推测结果的可靠性，我们又进一步对各站位天然气水合物藏进行了降压开采数值模拟研究。

二、四个站位天然气水合物藏降压开采数值模拟

（一）天然气水合物温度压力计算

四个站位海水深度依次为 1243.66m、1249.99m、1175.35m、1276.75m，各站位含天然气水合物沉积层顶距海底深度依次为 113m、210m、144m、135m。早期天然气水合物探勘表明，海底沉积物内压力分布遵循静水压力分布：

$$p = p_0 + \rho g (h + h_{sea})$$

式中，p_0 为大气压，0.101MPa；ρ 为海水密度，$1.035 \times 10^3 kg/m^3$；g 为重力加速度，$9.8 m/s^2$；h 与 h_{sea} 分别为含天然气水合物沉积层距离海底深度与海水深度，m。根据各站

位含天然气水合物沉积层埋深，可以计算各站位天然气水合物层压力。当缺少地层温度数据时，参考2007年 GMGS-1 航次钻探数据，即海底温度 3.5℃，区域地温梯度 0.047℃/km。由此计算得到各站位 HBL 温度压力条件，见表 4.12。

表 4.12　XX01 ~ XX04 站位含天然气水合物沉积层温度压力特征

站位	温度/℃	压力/MPa
XX01	14.73	15.45
XX02	14.4	15.38
XX03	11.22	14.5
XX04	9.7	14.6

（二）地质模型与开采方法

在本节研究中，各站位天然气水合物藏降压开采的地质模型如图 4.49 所示。模拟研究区为柱体，各站位 HBL 厚度见表 4.11，天然气水合物层上下地层均取 30m 的渗透层，能满足精确模拟开采过程中整个系统热流与温压场分布的需要。此外，为了保证天然气水合物系统开采的有效性，在四个天然气水合物藏模型的上下边界均为一层厚 0.001m 的不渗透地层，以防止开采过程中气体与热量的垂向运移。这种假设条件下得到的各天然气水合物藏开采潜力为开采上限值。同样地，模拟采用的垂直井位于柱体天然气水合物系统中部，其中射孔段长 10m（图 4.49），位于天然气水合物储层中部，使得天然气水合物系统上下地层各成一封闭层位，开采仅在天然气水合物储层内进行，防止下伏含水地层流体流向井孔，增加水的产出负荷。开采井内部有效半径为 0.1m，井孔内流体的流动并不是多孔介质内的流动，需要利用 Navier-Stokes 方程描述，会加大模拟时长。研究中常假设井孔内流体是在遵循达西定律的"拟多孔介质"中流动，此拟多孔介质具有 100% 的孔隙度，渗透率高达 $1000 \times 10^{-3} \mu m^2$，且不存在毛细管作用。天然气水合物系统其他属性与流体运移特征也如表 4.3 中介绍过的相关模型与参数取值。

（三）网格离散化

本节采用天然气水合物藏开采模型与本章第二节一致，网格划分方式也相同，越靠近开采井附近天然气水合物分解越剧烈，故该区域网格划分也越精细。以各站位 HBL 厚度特点，XX01、XX03 与 XX04 站位在 HBL 层内沿 z 轴方向以 0.20m 为单位进行网格划分，XX02 站位在 HBL 层沿 z 轴方向以 0.25m 为单位进行网格划分。XX02、XX03 与 XX04 站位天然气水合物藏模型在靠近上下边界区域的网格划分越稀疏，依次由 0.50m、1.0m 单元网格增加至边界附近的 2.0m 单元网格；而 XX01 站位天然气水合物藏模型在靠近上下边界区域内网格则主要以 0.5m、1.0m、2.0m 及 5.0m 为单位进行划分。最终四个站位天然气水合物藏模型（按自然排序）沿（z，r）方向共划分为 198×50 个、134×50 个、160×50 个、190×50 个单元格，依次对应产生 39600 个、26800 个、32000 个、38000 个耦合方程。

（四）初始条件与开采方法

模拟过程中最关键部分即确定天然气水合物藏的稳定初始条件，包括储层压力、温度及天然气水合物饱和度分布。在研究中通常假设海底沉积物内的压力遵循静水压力分布，已知储层埋藏深度、海水深度、海水密度，可以计算储层内各点压力。根据天然气水合物温压平衡曲线，可以得到 HBL 稳定赋存的最高平衡温度 T_e。在储藏模型中，由于 HBL 底部刚好位于或略高于天然气水合物稳定区域（GHSZ）底界，在研究中取站位 HBL 底部温度均略低于 T_e，得到各站位天然气水合物层底部赋存温压条件见表 4.13，再由区域地温梯度及储藏几何模型，可计算得到天然气水合物藏模型各点温度分布。初始化得到的天然气水合物藏处于稳定状态，当无外界扰动时天然气水合物将不发生任何分解，这与自然界实际天然气水合物藏赋存特征一致。

在天然气水合物的几种常见开采方法中，降压法被认为是唯一经济有效、技术可行的开采方法，其有效性也在 2013 年日本南海天然气水合物试开采中得到证实。本研究中采用定压降压法进行天然气水合物的开采，一方面是因为定压降压法可以保证天然气水合物藏产气速率随着天然气水合物饱和度降低，随着渗透率的增加也不断增加，有效增加开采效率；另一方面定压降压法能有效控制井孔压力，有效控制储层开采压力降，防止因过高压力降造成二次天然气水合物甚至冰的生成。定压降压法采用的降压幅度一般略高于天然气水合物四相点压力 p_Q，在第四章研究中，对于四个站位天然气水合物藏降压幅度均采用 $p_w = 3.0$MPa。

表 4.13　各站位天然气水合物底部的温度压力值

参数	XX01	XX02	XX03	XX04
HBL 底部温度/℃	14.60	14.34	11.07	11.08
HBL 底部压力/MPa	15.46	15.19	14.67	14.84

（五）四个站位产气产水规律

图 4.59 ～ 图 4.61 为 XX01 ～ XX04 站位天然气水合物藏 20 年内模拟降压开采结果。当仅考虑气体产出时，四个站位产气潜力为 XX03>XX04>XX02>XX01，这与上一节仅基于天然气水合物赋存特征推测结论一致。整个开采过程中，四个储层内 Q_p 总是高于 Q_r，表明总是有一定量的原位溶解气随着储层压降而被采出。另外，由于孔隙结构和产出流体的黏滞性，仍有一定量的游离气富集于储层内（气相饱和度空间分布演化图可证实）。对于 II 型储层，低天然气水合物饱和度储层对应高水饱和度，对于较低渗透率的储层达到有效降压的关键必定会导致大量水的产出。由于上下地层是可渗透的，储层天然气水合物分解吸热反应使温度下降又增加了组分水的甲烷溶解度。以上几种效果共同作用导致了产气速率高于天然气水合物分解速率。

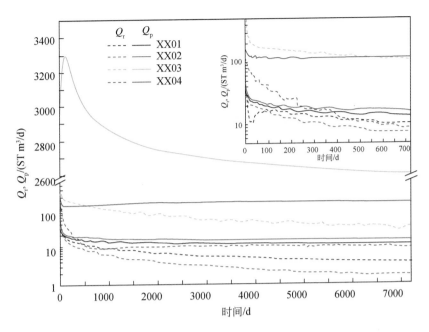

图 4.59　XX01～XX04 站位天然气水合物分解速率与产气速率演化规律

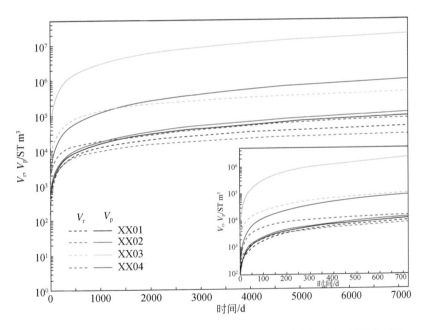

图 4.60　XX01～XX04 站位天然气水合物累积分解量与累积产气量演化规律

作为天然气水合物资源量最低的 XX03 站位（图 4.59）在整个开采过程中天然气水合物分解速率与产气速率均表现出最高值。XX03 站位的产气速率在开采之初即呈现指数型增长，并在开采的第 97 天达到产气最高值 3300ST m³/d，随后产气速率呈现快速下降趋势。这一气体产出特征与常规砂质天然气水合物藏模拟实验现象一致。然而在 XX01、

XX02 和 XX04 站位中，由于天然气水合物藏渗透率较低，产气速率特征曲线与 XX03 站位不同。

　　XX02 与 XX03 站位天然气水合物分解曲线演化较相近，由开采之初即开始不断下降。但是对比这两个站位的天然气水合物藏特征并无相似之处，但两者天然气水合物资源量相当，相似的天然气水合物分解速率变化是否与资源量有关还有待进一步确定。

　　四个站位天然气水合物累积分解量（V_r）与累积产气量（V_p）的演化如图 4.60 所示。无论是在最长试开采周期（720 天）内或整个 20 年开采周期内，累积产气量均为 XX03>XX04>XX02>XX01。这与前面预测的四个站位产能结论一致，也在一定程度上证实了早期关于地质储层特征对产能影响研究的正确性，即储层渗透率、孔隙度与天然气水合物饱和度是影响天然气水合物累积产气量的最关键的三个地层参数。

　　整体而言，累积产气量满足 XX03>XX04>XX02>XX01，但天然气水合物的累积分解量关系为 XX03>XX04>XX01>XX02，表明在 XX02 站位中溶解气的产出量高于 XX01 站位。对比 XX01 和 XX02 站位，储层特征参数除天然气水合物储层厚度和埋深以外，其他特征均相似，因此溶解气产出量可能与这两者有关。对于渗透率较高的 XX03 和 XX04 站位，气体产出量在整个开采过程中均高于天然气水合物分解量。

　　图 4.61 追踪了四个站位内的累积产水量（M_w）和相对评价标准累积气水比（R_{gw}）的变化情况。四个站位天然气水合物藏开采过程中 M_w 和 R_{gw} 变化趋势与累积产气量演化一致，显示从开采之初天然气水合物就剧烈分解，随后增加速率减慢，这也是天然气水合物藏开采的典型现象。四个站位天然气水合物藏的产水量与产气量一致，即 XX03>XX04>XX02>XX01，即高产气天然气水合物藏产水量也较高。最具产气潜力的 XX03 站位产水量

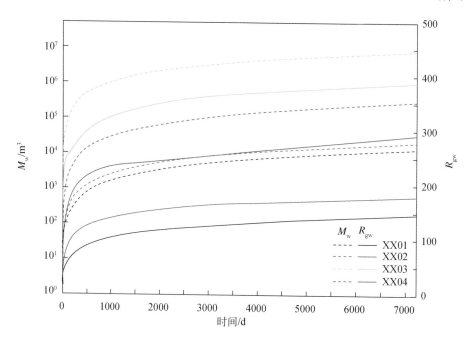

图 4.61　XX01 ～ XX04 站位天然气水合物累积产水量与累积气水比演化规律

也最高，最终导致 R_{gw} 也最高，因此以相对评价标准而言，XX03 站位天然气水合物产能较差。图 4.62 显示，在 XX01、XX02 和 XX04 站位天然气水合物累积气水比 R_{gw} 呈现出两个阶段。第一阶段，降压操作开始 R_{gw} 增加至区域最大值，随后逐渐降低到较低值，并且该过程仅持续不超过一天。在第二阶段 R_{gw} 逐渐增加，直至开采结束。在这三个天然气水合物藏内，XX02 站位的第一阶段最短，XX04 站位持续时间最长。然而，在第二阶段 XX04 站位天然气水合物藏 R_{gw} 增加速率最快，XX01 站位天然气水合物藏 R_{gw} 增加速率最缓慢。XX03 站位天然气水合物藏 R_{gw} 则完全不同，在第一阶段就开始逐渐降低，这也使得具有最高渗透率的 XX03 站位在开采之初就显示出更有利的开发前景。

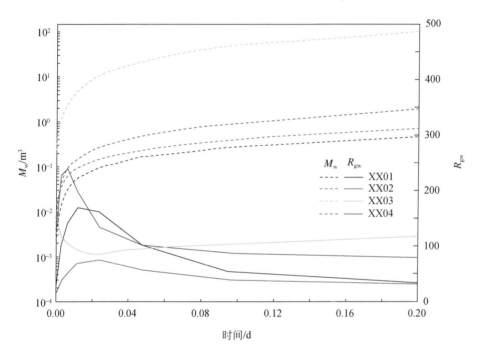

图 4.62　XX01～XX04 站位累积产水量与累积气水比在开采之初 0.2 天的演化规律

　　尽管 XX01～XX04 站位天然气水合物藏产能特征显示四个天然气水合物藏均未达到商业开发标准，但 XX03 站位由于其较快的产气速率，较其他三个站位表现出更好的产气潜力，值得被更多的关注。

（六）XX03 站位天然气水合物藏内关键特征参数演变

　　揭示 XX03 站位在开采过程中关键特征参数的空间演化过程能更好地解释为何会在该站位内取得最高产气量。如图 4.63 所示，在整个开采过程中降压的影响区域仅为井周的 20m 半径范围内。随着开采的进行，压降作用的范围虽然有所扩大，但扩大区域较小。这也是由于在 XX03 站位开采后期储层有效渗透率较低导致的。尽管在四个典型站位内，XX03 站位固有渗透率最高，但根据第四章第四节储藏分类依据，XX03 站位仍属于粉砂质天然气水合物藏。图 4.64 展示了开采过程中储层温度演变过程，在井周附近，靠近天然气水合物上覆层的温度在开采过程中逐渐下降，而靠近天然气水合物下伏层的温度则逐渐增加。温度的空间演化规律也是由天然气水合物的吸热分解反应导致的。在天然气水合物饱和度的空间演化图 4.65 中，在天然气水合物储层下部也能看见剧烈的天然气水合物分解反应，天然气水合物饱和度不断减少。而图中温度较高的区域则只能归因于开采流体向井筒流动时自身的热供给。

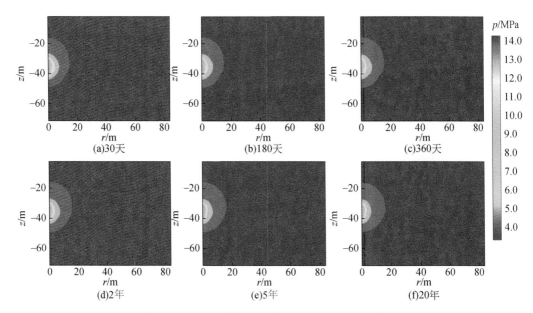

图 4.63　XX03 站位在开采过程中压力的空间演化

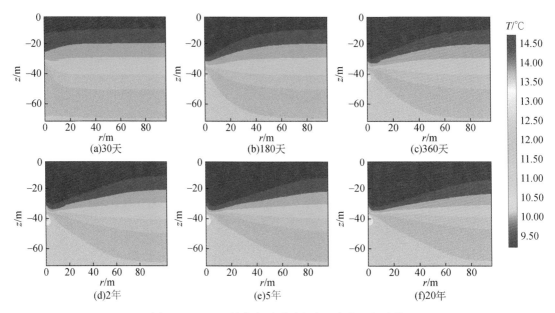

图 4.64　XX03 站位在开采过程中温度的空间演化

图 4.65 表明，在开采之初，井周天然气水合物分解较为剧烈，随着开采的进行，在天然气水合物储层上下边界均显示天然气水合物分解界面，界面处天然气水合物饱和度逐

渐降低。在天然气水合物储层上边界分解区域甚至超过图 4.63 中压降影响区域，也说明在天然气水合物储层上边界剧烈的天然气水合物分解驱动力一部分来自上覆层的沉积物潜热。在 20 年的开采最后，可以看到在图 4.65 中有少量二次天然气水合物的生成，生成区域也位于天然气水合物储层的上下分解界面处。并且，天然气水合物储层上分解界面上的二次天然气水合物较下分解界面离开采井更近，这是天然气水合物分解、采出气体和储层盐度演变共同作用的结果，与图 4.64 中体系温度演化和图 4.66 中盐度演化情况完全一致。

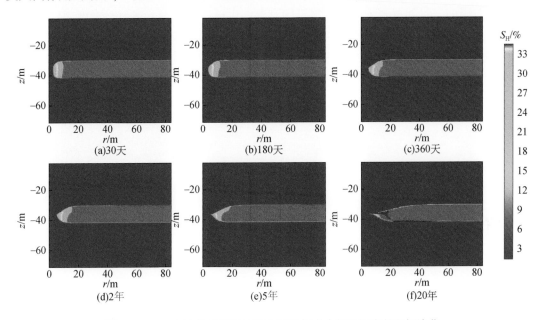

图 4.65　XX03 站位在开采过程中天然气水合物饱和度的空间演化

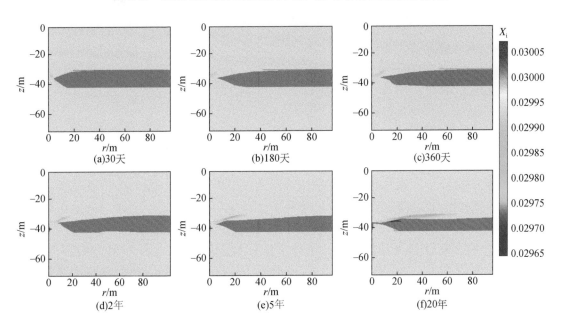

图 4.66　XX03 站位在开采过程中盐度的空间演化

由于天然气水合物分解产出淡水会稀释原位孔隙水盐度，因此天然气水合物分解势必导致对应的原位孔隙水盐度降低。这也是图4.66中盐度演化特征与图4.65中天然气水合物饱和度的演化特征一致的原因。在图4.66中，井周、天然气水合物储层上下界面均呈现较低的盐度分布，并且在图4.65中天然气水合物储层上界面剧烈化学反应导致在该位置孔隙水盐度低于天然气水合物储层底界。

整个体系内气相饱和度演化规律如图4.67所示。可以清楚地看出，储层内气体富集量是相当有限的，且随着开采的进行富集的游离气也被逐渐采出。这与图4.60中XX03站位天然气水合物累积分解量与累积产气量关系一致。若在开采过程中使用某种手段降低原位水的产出量，由于累积产水量包含很大一部分的溶解气，因此可以推测天然气水合物藏累积产气量也将随之降低。

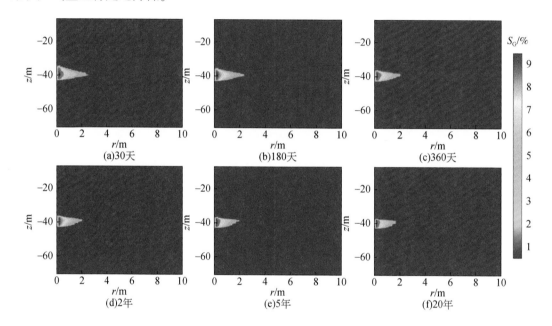

图4.67　XX03站位在开采过程中气相饱和度的空间演化

（七）开采设计对 XX03 站位产气的影响

在天然气水合物藏不同赋存特征的站位中选取最有利的开采目标是获得高产气潜力的最根本的办法。不同地区甚至同一区域不同站位天然气水合物藏的特征也可以存在较大差距，储层特征也是决定产气潜力的不可控因素——地质因素。与此同时，在优选了目标站位后，仍可以通过不同的开采设计来进一步提高天然气水合物藏产能，即产能潜力可控因素——开采工艺。例如，在定压降压开采中增大降压幅度，为天然气水合物分解创造更大的分解驱动力，从而影响天然气水合物分解半径，使产气量增加。进一步地，更大范围天然气水合物分解半径内溶解气的产出也将增加储层产能。一系列实验与数值模拟研究已经证实了该结论。此外，不同的射孔方式也将影响天然气水合物产出。Moridis就指出，当储层天然气水合物饱和度高达70%时，覆盖天然气水合物层及下伏含水层5m长度的射孔方式将导致更高的产气速率和更长的开采时间。这是由于更长轴向射孔能增加天然气水合物层和上下地层的流通。最近新加坡国立大学天然气水合物研究组通过实验也证实，不同完井方式对天然气水合物分解过程中气水产量的影响不可忽视。因此，针对XX03 站位天然气水合物藏，进一步探究了不同降压幅度和射孔方式对其开采影响关系。

图 4.68 ~ 图 4.70 为不同降压下 XX03 站位的产气产水规律。不同分解压力下，气体和水的产出特征变化趋势较一致。较低开采压力势必引起较大的降压差，导致更剧烈的天然气水合物分解驱动力，从而使得储层天然气水合物分解速率与产气速率均增加。在定压降压过程中，产气速率在开采之初即呈现指数增加，达到最高值后，随着井周天然气水合物的逐渐消耗，天然气水合物分解速率与产气速率也逐渐降低。在较大幅度降压体系下，系统产气速率达到最大值时间更长。这是由于在较大幅度降压条件下，天然气水合物分解更剧烈，天然气水合物资源量和潜热消耗速率更快，因此达到最大值的时间更长。在图 4.69 中，开采压力 $p_w = 0.2p_0$ 条件下，天然气水合物最终分解量为 424000ST m^3，是开采压力 $p_w = 0.4p_0$ 条件下累积分解量的 1.25 倍，是开采压力 $p_w = 0.4p_0$ 条件下累积分解量的 0.9 倍。整个开采过程中开采压力越低，累积产气量越高。且图 4.70 也表明，开采压力越低，累积产水量和累积气水比也较高，这是由大量产水是达到较低开采压力的必要条件所导致。产出的大量水在开采过程中运输至甲板将增加开采成本，并且处理不当，若大量水泄漏至海底也将破坏区域生态环境，因此这类天然气水合物藏开发更具挑战性。在 $p_w = 0.1p_0$ 条件下最终累积产气量是 2.87×10^7ST m^3，累积气水比为 390，是 $p_w = 0.1p_0$ 条件下累积产气量的 1.44 倍。尽管较低的开采压力增加了产水，但增加量有限，因此针对 XX03 站位相似的天然气水合物藏而言，较低的降压压力是能有效提高开采潜力的。但是需要指出的是，若降压压力过低，则可能会有二次天然气水合物生成的风险。生成的二次天然气水合物可能形成天然屏障阻碍天然气水合物分解气的产出，从而反过来制约产气潜力，因此在天然气水合物开采过程中，特别是开采后期，使用降压法开采时更应引起注意。

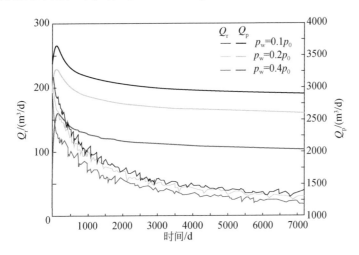

图 4.68 XX03 站位在不同降压幅度下天然气水合物分解速率与产气速率对比

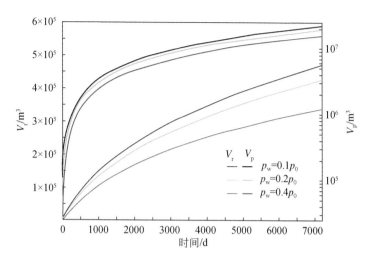

图 4.69　XX03 站位在不同降压幅度下天然气水合物累积分解量与累积产气量对比

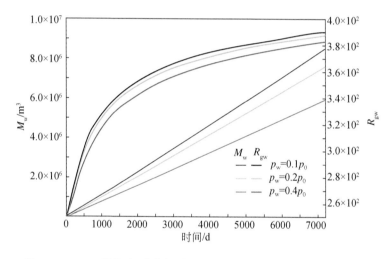

图 4.70　XX03 站位在不同降压幅度下累积产水量与累积气水比对比

　　关于射孔方式对天然气水合物开采的影响，主要探讨以下四种方式：①作为射孔方案的基准，射孔段长 10m，位于天然气水合物储层中心；②增加射孔段至天然气水合物层纵向全覆盖；③仅在天然气水合物层上半段进行射孔；④仅在天然气水合物层的下半段进行射孔，如图 4.71 所示。对应模拟结果如图 4.72 ~ 图 4.74 所示。

　　如图 4.72 不同射孔方式下对应天然气水合物分解速率与产气速率对比显示，尽管在天然气水合物分解速率相当的情况下，增加轴向射孔长度仍有利于气体产出。这也进一步说明了，在产出的气体中有相当一部分溶解甲烷气。射孔段的增加会增加天然气水合物分解面积，也增加了天然气水合物储层与上下含水层的连通性。在 XX03 站位中，天然气水合物储层仅为 11.56m，全天然气水合物储层的射孔方式较基准射孔方式仅增加 1.56m 的射孔段，在气体产出上的增产效果也有限。另外，由于全射孔段增加了与上下含水层的连通性，也更利于上下含水层内水的产出，这也是为何在图 4.74 中观察到产水曲线增加的原因。

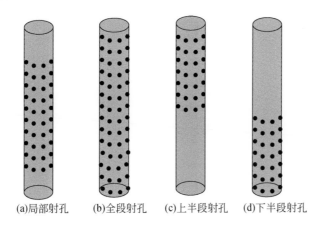

(a)局部射孔　(b)全段射孔　(c)上半段射孔　(d)下半段射孔

图 4.71　不同射孔方式示意图

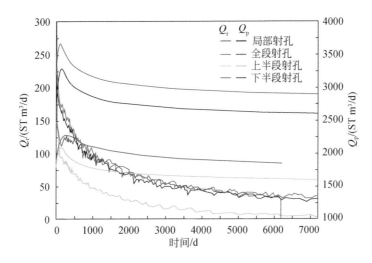

图 4.72　XX03 站位在不同射孔方式下天然气水合物分解速率与产气速率对比

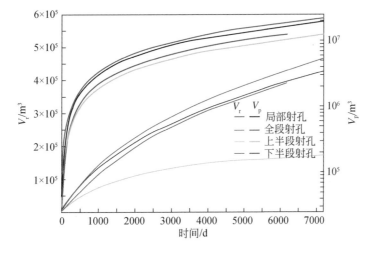

图 4.73　XX03 站位在不同射孔方式下水合物累积分解量与累积产气量对比

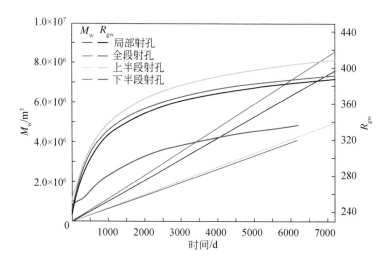

图 4.74　XX03 站位在不同射孔方式下累积产水量与累积气水比对比

　　对比下半段射孔方式，上半段射孔方式下天然气水合物分解速率在开采之初急剧增加后下降速率更快。这是由网格处理时，定压降压设定的开采井内边界网格离上覆含水层更近引起的，上覆含水层内孔隙水较下伏层更易流向开采井。这一结果从侧面证实，在射孔操作时，当上下含水层非不可渗透时，射孔段在轴向上应尽量远离上下含水层。上半段射孔的高产水在图 4.74 中也再一次得到证实。这与新加坡国立大学天然气水合物研究组所开展的实验研究结论刚好相反，在实验研究中，我们得到下半段射孔方式较上半段射孔产水量更大。两者结论的差异性主要是由于在实验中，生成的天然气水合物体系为非均质性的，其次尺寸差异也可能是造成结论相反的关键因素。

　　在降压开采的最长试采周期（720 天）之后，图 4.72 显示下半段射孔方式下天然气水合物分解速率与局部射孔、全段射孔方式相似。然而，下半段射孔方式下天然气水合物分解在 6170 天后由于在开采井周围天然气水合物分解界面处二次天然气水合物的生成而终止。二次天然气水合物在分解界面处成为天然屏障阻碍了天然气水合物的进一步分解，在该种情况下，短暂注热法的使用可能会使形成的二次天然气水合物分解，使系统天然气水合物的分解继续下去。

　　图 4.73 中天然气水合物累积分解量与累积产气量的变化曲线对比表明，尽管在上半段射孔天然气水合物分解量较少，但是其产气量却较高。产出的气体中一部分也被认为是来自溶解气。并且，上半段射孔的产出溶解气较全射孔段更高，因此才导致在图 4.74 中出现上半段射孔累积气水比 R_{gw} 最高。较出乎预期的是，下半段射孔方式 R_{gw} 最低。由于在下半段射孔方式下有较高的产气量，因此综合认为，下半段射孔方式是最有利的开采设计。

　　综上所述，进一步的数值模拟结果显示，无论以累积产气量或平均产气速率，四个取心站位的产气潜力由大到小依次为 XX03>XX04>XX02>XX01。这一结论与利用地质参数对产能影响投点图分析结论一致，在一定程度上有效证明了评价方式的可靠性。即对于海洋天然气水合物藏，储层渗透率、孔隙度和天然气水合物饱和度对天然气水合物开采产气潜力影响最显著，今后的海洋天然气水合物钻探或试开采选址时，应优先考虑。在针对最有利产气潜力的 XX03 站位，进一步降低开采压力，并将射孔方式设计在天然气水合物层的下部更能收到较好的产气、产水效果。

参 考 文 献

白玉湖，李清平，赵颖，等.2010. 水合物藏降压开采实验及数值模拟. 工程热物理学报，31（2）：295-298.

陈弘.2003. ODP Leg 204 航次在卡斯凯迪亚大陆边缘水合物脊钻探的初步结论. 中国地质学会海洋地质专业委员会，中国海洋学会海洋地质分会. 海洋地质环境与资源学术研究会. 中国，广州.

陈科.2005. 水合物气藏降压开采机理研究. 成都：西南石油大学.

孔祥言.1999. 高等渗流力学. 合肥：中国科学技术大学出版社.

梁海峰.2009. 多孔介质中甲烷水合物降压分解实验与数值模拟. 大连：大连理工大学.

苏明，匡增桂，乔少华，等.2015. 海域天然气水合物钻探研究进展及启示（I）：站位选择. 新能源进展，2（3）：116-130.

唐明，陈宁.2009. 工程试验优化设计. 北京：中国计量出版社.

吴能友，张海啟，杨胜雄，等.2007. 南海神狐海域天然气水合物成藏系统初探. 天然气工业，27（9）：1-6，125.

吴能友，杨胜雄，王宏斌，等.2009. 南海北部陆坡神狐海域天然气水合物成藏的流体运移体系. 地球物理学报，52（6）：1641-1650.

吴能友，黄丽，苏正，等.2013. 海洋天然气水合物藏产气潜力地质评价指标：理论与方法. 天然气工业，33（7）：11-17.

吴时国，董冬冬，杨胜雄，等.2009. 南海北部陆坡细粒沉积物天然气水合物系统的形成模式初探. 地球物理学报，52（7）：1849-1857.

阎贫，刘海龄，邓辉.2005. 南沙地区下第三系沉积特征及其与含油气性的关系. 大地构造与成矿学，29（3）：391-402.

朱伟林.2010. 南海北部深水区油气地质特征. 石油学报，31（4）：521-527.

Bear J. 1972. Dynamics of fluids in porous media. New York：Elsevier.

Bhade P，Phirani J. 2015. Gas production from layerd methane hydrate reservoirs. Energy，82：686-696.

Boswell R. 2013. Japan completes first offshore methane hydrate test-methane successfully produced from deepwater hydrate layers. Newsletter，13（2）：1-2.

Boswell R，Collett T S. 2006. The gas hydrates resource pyramid. Fire in the Ice，6（3）：5-7.

Boswell R，Collett T S. 2011. Current perspectives on gas hydrate resources. Energy & Environment Science，4（4）：1206-1215.

Boswell R，Hunter R，Collett T S，et al. 2008. Investigation of gas hydrate bearing sandstone reservoirs at the "Mount Elbert" stratigraphic test well，Milne Point，Alaska//Proceedings of the 6th International Conference on Gas Hydrates（ICGH 2008）：10.

Boswell R，Frye M，Shelander D，et al. 2012. Architecture of gas-hydrate-bearing sands from Walker Ridge 313，Green Canyon 955，and Alaminos Canyon 21：Northern deepwater Gulf of Mexico. Marine and Petroleum Geology，34（1）：134-149.

Bryant W R，Bryant J R，Feeley M H，et al. 1990. Physiographic and bathymetric characteristics of the continental slope，northwest Gulf of Mexico. Geo-Marine Letters，10（4）：182-199.

Collett T S. 2005. Gulf of Mexico Gas Hydrate JIP Drilling Program downhole logging program. Cruise Report of the Gulf of Mexico Gas Hydrate Bint Industry Project：1-12.

Collett T S, Ladd J. 2000. Detection of gas hydrate with downhole logs and assessment of gas hydrate concentrations (saturations) and gas volumes on the Blake Ridge with electrical resistivity log data. Proceedings of the Ocean Drilling Program: Scientific Results, 164: 179-191.

Collett T S, Johnson A H, Knapp C C, et al. 2009. Natural gas hydrates: a review//Collett TS, Johnson A H, Knapp C, et al. Natural gas hydrate- Energy Resource Potential and Associated Geologic Hazards: AAPG Memoir 89.

Collett T S, Riedel M, Cochran J R, et al. 2008. Indian continental margin gas hydrate prospects: results of the Indian National Gas Hydrate Program (NGHP) Expedition 01//Proceedings of the 6th International Conference on Gas Hydrates (ICGH 2008). Vancouver, British Columbia, Canada.

Collett T S, Lewis R E, Winters W F, et al. 2011. Downhole well log and core montages from the Mount Elbert gas hydrate stratigraphic test well, Alaska North Slop. Marine and Petroleum Geology, 28 (2): 561-577.

Collett T S, Lee M W, Zyrianova M V, et al. 2012. Gulf of Mexico gas hydrate joint industry project leg II logging-while-drilling data acquisition and analysis. Marine and Petroleum Geology, 34 (1): 41-61.

Dallimore S R, Collett T S. 2005. Scientific results from the Mallik 2002 Gas hydrate production research well program, mackenzie delta, Northwest Territories, Canada. Bulletin of Geological Survey of Canada, 585: 140.

Dickens G R, Paull C K, Wallace P. 1997. Direct measurement of in situ methane quantities in a large gas-hydrate reservoir. Nature, 385: 426-428.

Franke D, Barckhausen U, Baristeas N, et al. 2011. The continent-ocean transition at the southeastern margin of the South China Sea. Marine and Petroleum Geology, 28 (6): 1187-1204.

Frye M, Shedd W, Boswell R. 2012. Gas hydrate resource potential in the Terrebonne Basin, Northern Gulf of Mexico. Marine and Petroleum Geology, 34 (1): 150-168.

Fujii T, Saeki T, Kobayashi T, et al. 2008. Resource assessment of methane hydrate in Eastern Nankai Trough, Japan//the 2008 Offshore Technology Conference held in Houston, Texas, U. S. A. May 5-8.

Fujii T, Nakamizu M, Tsuji Y, et al. 2009. Methane- hydrate occurrence and saturation confirmed from core samples, eastern Nankai Trough, Japan//Collett T, Johnson A, Knapp C, et al. Natural Gas Hydrates-Energy Resource Potential and Associated Geologic Hazards. AAPG Memoir, 89: 385-400.

Fujii T, Suzuki K, Takayama T, et al. 2015. Geological setting and characterization of a methane hydrate reservoir distributed at the first offshore production test site on the Daini- Atsumi Knoll in the Eastern Nankai Trough, Japan. Marine and Petroleum Geology, 66 (2): 310-332.

Ginsburg G, Soloviev V, Matveeva T, et al. 2000. Sediment grain- size control on gas hydrate presence, Site 994, 995 and 997//Proceedings of the Ocean Drilling Program: Scientific Reasults, 164: 237-245.

Haligva C, Linga P, Ripmeester J A, et al. 2010. Recovery of methane from a variable-volume bed of silica sand/hydrate by depressurization. Energy & Fuels, 24: 2947-2955.

Hartnett H E, Keil R G, Hedges J I, et al. 1998. Influence of oxygen exposure time on organic carbon preservation in continental margin sediments. Nature, 391 (6667): 572-575.

Hayes D E, Nissen S S. 2005. The South China sea margins: implications for rifting contrasts. Earth and Planetary Science Letters, 237 (3-4): 601-616.

Huang L, Su Z, Wu N Y. 2015. Evaluation on the gas production potential of different lithological hydrate accumulations in the marine environment. Energy, 91: 782-798.

Hutchinson D R, Hart P E, Ruppel C, et al. 2008. Geologic framework of the 2005 Keathley Canyon gas hydrate research well, northern Gulf of Mexico. Marine Petroleum Geology, 25 (9): 906-918.

Jiang X X, Li S X, Zhang L N. 2012. Sensitivity analysis of gas production from Class 1 hydrate reservoir by depressurization. Energy, 39 (1): 281-285.

Kinoshita M, Kanamatsu T, Kawamura K, et al. 2008. Heat flow distribution on the floor of Nankai Trough off Kumano and implications for the geothermal regime of subducting sediments. JAMSTEC Report of Research and Development, 8: 13-28.

Kvenvolden K A. 1993. Gas hydrate- geological perspective and global change. Reviews of Geophysics- Richmond Virginia Then Washington, 31 (2): 173-188.

Kvenvolden K A. 1995. A review of the geochemistry of methane in natural gas hydrate. Organic Geochemistry, 23 (11): 997-1008.

Lee M W, Collett T S. 2008. Integrated analysis of well logs and seismic data to estimation gas hydrate concentrations at Keathley Canyon, Gulf of Mexico. Marine and Petroleum Geology, 25 (9): 924-931.

Li G, Moridis G J, Zhang K N, et al. 2010. Evaluation of gas production potential from marine gas hydrate deposits in Shenhu area of South China Sea. Energy & Fuels, 24 (11): 6018-6033.

Li G, Li B, Li X S, et al. 2012a. Experimental and numerical studies on gas production from methane hydrate in porous media by depressurization in pilot-scale hydrate simulator. Energy & Fuels, 26 (10): 6300-6310.

Li X S, Yang B, Zhang Y, et al. 2012b. Experimental investigation into gas production from methane hydrate in sediment by depressurization in a novel pilot-scale hydrate simulator. Applied Energy, 93: 772-732.

Liu C L, Ye Y G, Meng Q G, et al. 2010. The characteristics of gas hydrates recovered from Shenhu area in the South China Sea. Marine Geology, 307: 22-27.

Moore G F, Taira A, Klaus A. 2001. Leg 190 summary. Proceedings of the Ocean Drilling Program, Initial Report, 190: 1-87.

Moridis G J. 2003. Numerical studies of gas production from methane hydrates. SPE Journal, 8 (4): 359-370.

Moridis G J, Collett T S. 2003. Strategies for gas production from hydrate accumulatioins under various geologic conditions. Report LBNL-52568. Berkeley: Lawrence Berkeley Natl. Laboratory.

Moridis G J, Collett T S. 2004. Gas production from Class 1 hydrate accumulation//Taylor C, Qwan J. Recent Advances in the Study of Gas Hydrates. New York: Kluwer Academic: 75-88.

Moridis G J, Reagan M. 2007a. Gas production from oceanic Class 2 hydrate accumulations//OTC 18866, 2007 Offshore Technology Conference, Houston, Texas, USA, 30 April-3 May 2007.

Moridis G J, Sloan E D. 2007b. Gas production potential of disperse low- saturation hydrate accumulations in oceanic sediments. Journal of Energy Conversion and Management, 48 (6): 1834-1849.

Moridis G J, Kowalsky M B, Pruess K. 2008. TOUGH+Hydrate v1. 0 User's Manual: A Code for the Simulation of System Behavior in Hydrate- Bearing Geologic Media Lawrence Berkeley National Laboratory Paper LBNL-0149E- Rev.

Moridis G J, Reagan M T, Kim S J, et al. 2009. Evaluation of the gas production potential of marine hydrate deposits in Ulleung Basin of the Korean East Sea. SPE Journal, 14 (4): 759-781.

Moridis G J, Kim J, Reagan M T, et al. 2013. Feasibility of gas production from a gas hydrate accumulation at the UBGH2-6 site of the Ulleung Basin in the Korean East Sea. Journal of Petroleum Science and Engineering, 108: 180-210.

Nimblett J, Shipp R, Strijbos F. 2005. Gas hydrate as a drilling hazard: examples from global deepwater settings//Offshore Technology Conference, Houston, Texas.

Noguchi S, Shimoda N, Takano O, et al. 2011. 3- D internal architecture of methane hydrate- bearing turbidite channels in the eastern Nankai Trough, Japan. Marine and Petroleum Geology, 28 (10): 1817-1828.

Park K P, Bahk J J, Kwon Y, et al. 2008. Korean National Program Expedition Confirms Rich Gas Hydrate Deposits in the Ulleung Basin, East Sea. Fire In the Ice, Methane Hydrate Newsletter, 8 (2): 6-9.

Paull C K, Matsumoto R. 1996. Leg 164 overview. Ocean Drilling Program, 164: 3-10.

Paull C K, Matsumoto R, Wallace P J, et al. 1996. Proceedings of the Ocean Drilling Program, Initial reports, 164: College Station, TX. 175-240.

Ruppel C, Boswell R, Jones E. 2008. Scientific results from Gulf of Mexico Gas Hydrate Joint Industry Project Leg 1 drilling: introduction and overview. Marine and Petroleum Geology, 25 (9): 819-829.

Ryu B J, Collett T S, Riedel M, et al. 2013. Scientific results of the Second Gas Hydrate Drilling Expedition in the Ulleung Basin (UBGH2). Marine and Petroleum Geology, 47: 1-20.

Schoderbek, David, Martin, et al. 2012. North Slope hydrate fieldtrail: CO_2/CH_4 exchange//Proceedings Arctic Technology Conference, December 3-5, 2012, Houston, Texas: 17.

Seo J, Lee H. 2013. Natural gas hydrate as a potential energy resource: from occurrence to production. Korean Journal of Chemical Engineering, 30 (4): 771-786.

Shankar U, Riedel M. 2011. Gas hydrate saturation in the Krishana-Godavari basin from P-wave velocity and electrical resistivity logs. Marine and Petroleum Geology, 28 (10): 1768-1778.

Sloan E D, Koh C A. 2008. Clathrate hydrates of natural gases. 3 ed. New York: Marcel Dekker Inc.

Su Z, Cao Y C, Wu N Y, et al. 2011. Numerical analysis on gas production efficiency from hydrate deposits by thermal stimulation: application to the Shenhu Area. South China Sea. Energies, 4 (12): 294-313.

Su Z, He Y, Wu N Y, et al. 2012a. Evaluation on gas production potential from laminar hydrate deposits in Shenhu Area of South China Sea through depressurization using vertical wells. Journal of Petroleum Science and Engineering, 86: 87-98.

Su Z, Moridis G J, Zhang K N, et al. 2012b. A huff-and-puff production of gas hydrate deposits in Shenhu area of South China Sea through a vertical well. Journal of Petroleum Science and Engineering, 86: 54-61.

Su Z, Huang L, Wu N Y, et al. 2013. Effect of thermal stimulation on gas production from hydrate deposits in Shenhu area of the South China Sea. Science China: Earth Science, 56 (4): 601-610.

Takahashi H, Yonezawa T, Takedomi Y. 2001. Exploration for natural hydrate in Nankai-Trough wells offshore Japan//Offshore Technology Conference, Houston, Texas. April 2001. OTC-13040-MS.

Takahashi M, Yasuhara K. 2001. Hydrostatic and non-hydrostatic compressive stresses-induced permeability change in Kimachi sandstone//Frontiers of Rock Mechanics and Sustainable Development in the 21st Century-Proceedings of the 2001 ISRM International Symposium-2nd Asian Rock Mechanics Symposium.

Tréhu A M, Bohrmann G, Rack F, et al. 2003a. Leg 204 summary. Proc ODP Init Repts, 204: 1-75.

Tréhu A M, Bohrman G, Rack F, et al. 2003b. 3. SITE 1244. Proceedings of the Ocean Drilling Program, Initial Reports, 204.

Tréhu A M, Flemings P B, Bangs N L, et al. 2004a. Feeding methane vents and gas hydrate deposits at south Hydrate Ridge. Geophysical Research Letters, 31 (23): 1-4.

Tréhu A M, Long P E, Torres M E, et al. 2004b. Three-dimensional distribution of gas hydrate beneath southern Hydrate Ridge: constraints from ODP Leg 204. Earth and Planetary Science Letters, 222 (3-4): 845-862.

Tréhu A M, Torres M E, Bohrmann G, et al. 2005. Leg 204 synthesis: Gas hydrate distribution and dynamics in the central Cascadia accretionary complex. Proceedings of the Ocean Drilling Program: Scientific Results, 204: 5884-5891.

Tsuji Y, Ishida H, Nakamizu M, et al. 2004. Overview of the MITI Nankai Trough wells: A milestone in the evaluation of methane hydrate resources. Resource Geology, 54 (1): 3-10.

Tsuji Y, Fujii T, Hayashi M, et al. 2009. Methane-hydrate occurrence and distribution in the eastern Nankai Trough, Japan: Findings of the Tokai-oki to Kumano-nada methane-hydrate drilling program//Collett T, Johnson A, Knapp C, et al. Natural gas hydrates—energy resource potential and associated geologic hazards. AAPG Memoir, 89: 385-400.

Uchida T, Tsuji T. 2004. Petrophysical properties of natural gas hydrates-bearing sands and their sedimentology in the Nankai Trough. Resource Geology, 54 (1): 79-87.

Uchida T, Lu H L, Tomaru H, et al. 2004. Subsurface occurrence of natural gas hydrate in the Nankai Trough Area: Implication for gas hydrate concentration. Resource Geology, 54 (1): 35-44.

Uchida T, Waseda A, Namikawa T. 2009. Methane accumulation and high concentration of gas hydrate in marine and terrestrial sandy sediments//Collett A, Johnson A, Knapp C. Natural gas hydrates-energy resource potential and associated geologic hazards. AAPG Memoir, 89: 401-413.

Wang P, Prell W L, Blum P, et al. 2000. Exploring the Asian Monsoon through Drilling in the South China Sea. Proceedings of the Ocean Drilling Program: Initial Report, 184: 1-77.

Wei J G, Liang J Q, Lu J G, et al. 2019. Characteristics and dynamics of gas hydrate systems in the northwestern South China Sea- Results of the fifth gas hydrate drilling expedition. Marine & Petroleum Geology, 110: 287-298.

Wu N Y, Zhang H Q, Su X, et al. 2007. High concentrations of hydrate in disseminated forms found in very fine-grained sediments of Shenhu area, South China Sea. TERRA NOSTRA, 1 (2): 236-237.

Wu N Y, Zhang H Q, Yang S, et al. 2010. Gas Hydrate System of Shenhu Area, Northern South China Sea: Geochemical Results. Journal of Geophysical Research, 62 (7): 64-69.

Wu N Y, Zhang G X, Liang J Q, et al. 2013. Progress of gas hydrate research in Norther South China Sea. Advances in New and Renewable Energy, 1 (1): 80-94.

Yamamoto K, 2009. Production Techniques for methane hydrate resources and field test programs. Journal of Geography, 118 (5): 913-934.

Yamamoto K, Terao Y, Fujii T, et al. 2014. Operational overview of the first offshore production test of methane hydrates in the eastern Nankai Trough//Proceeding of offshore technology conference. May 5-8. Houston, Texas, USA.

Yang S, Zhang H Q, Wu N, et al. 2008. High concentration hydrate in disseminated forms obtained in Shenhu area, North Slope of South China Sea//the 6th International Conference on Gas Hydrates (ICGH 2008). Vancouver, B. C., Canada.

Ye J L, Wei J G, Liang J Q, et al. 2019. Complex gas hydrate system in a gas chimney, South China Sea. Marine & Petroleum Geology, 104: 29-39.

Zatsepina O, Pooladi-Darvish M, Hong H. 2011. Behavior of gas production from Type III hydrate reservoirs. Journal of Natural Gas Science and Engineering, 3 (3): 496-504.

Zhang G X, Li J, Cheng H R, et al. 2007. Distribution of organochlorine pesticides in the Northern South China Sea: implications for outflow and air-sea exchang. Environmental Science & Technology, 41 (11): 3884-3890.

Zhao J F, Zhu Z H, Song Y C, et al. 2015. Analyzing the process of gas production for natural gas hydrate using depressurization. Applied Energy, 142: 125-134.

Zhou Y, Castaldi M J, Yegulalp T M. 2009. Experimental investigation of methane gas production from methane hydrate. Industrial & Engineering Chemistry Research, 48 (6): 3142-3149.

第五章 地质因素对天然气水合物 开采产能的影响

海洋天然气水合物开采产能主要受三方面因素影响：开采井型、开采方法及被开采储层地质条件。不同的开采工艺可有效提高天然气水合物开采产能，但其提高程度主要基于储层资源量。只有在明确地质因素对产能影响的基础上讨论开采工艺才能更加行之有效。为了更好地掌握不同天然气水合物储层的开采响应特性和渗流规律，本章将重点探讨不同地质因素对天然气水合物开采产能的影响。

第一节 典型地质因素对天然气水合物开采产能 影响研究进展

天然气水合物储层的绝对渗透率、相对渗透率、孔隙度、天然气水合物饱和度、温压条件、盐度、沉积物岩性、粒度、热导率等基础物性参数影响着天然气水合物开采过程中储层内流体流动和产出行为（Moridis，2004；Reagan et al.，2008；Feng et al.，2015；Zhang et al.，2015；Sun et al.，2017；吴能友等，2017）。本节主要针对天然气水合物储层类型、岩性、构造特征、天然气水合物饱和度和绝对渗透率对水合物开采的影响展开论述。

一、储层类型对开采的影响

海洋天然气水合物储层通常被分为四种类型（详见第一章）。这四种类型的天然气水合物储层在自然界中所占的比例分别约为14%、5%、6%和75%（Yang et al.，2017）。其中，Ⅳ类储层中天然气水合物含量最大，但由于其分散分布于沉积物中，可采性最差（吴能友等，2017）。Ⅲ类储层在自然界中分布最广泛，如日本 Nankai 海槽、Mallik 多年冻土带、阿拉斯加北坡和中国南海海域等地均可见（Lu et al.，2018）。Ⅱ类储层在阿拉斯加北坡、中国神狐海域、韩国郁陵盆地等地区也广泛分布（Zhao et al.，2021a）。Ⅰ类储层被认为是最有前景的开采储层（Konno et al.，2017），这主要是由于：① 在天然气水合物层–气层界面处，天然气水合物赋存的温压条件处于相平衡条件附近，开采时天然气水合物更易分解和产气；② 天然气水合物储层伴生下伏游离气层，开采时游离气的同步产出对于总采气量的提高具有重要贡献（Moridis and Kowalsky，2006；Moridis and Reagan，2011；Moridis，2013）。

开展Ⅰ类储层和Ⅲ类储层的开采模拟研究具有重要的现实意义。但值得注意的是，海洋天然气水合物储层中也普遍存在不同天然气水合物储层类型组合而成的混合型天然气水合物储层，如韩国郁陵盆地 UBGH-2-6 站位和印度 Krishna-Godavari 盆地 NGHP-02-09 站位的天然气水合物储层，均为Ⅱ类储层和Ⅲ类储层组成的混合型天然气水合物储层（Moridis et al., 2019a, 2019b）。此类天然气水合物储层在开采过程中的传质传热过程比单类天然气水合物储层的开采过程更为复杂，针对此类储层进行开采模拟研究同样具有重要的指导意义。

二、储层岩性对开采的影响

根据 Boswell 和 Collett（2006）提出的揭示天然气水合物资源潜力与开采难度的"天然气水合物资源金字塔"，海洋低渗黏土质沉积物中天然气水合物资源潜力和开采难度均最大，海洋砂质天然气水合物储层开采难度较低但资源量较少。根据世界各海域钻获的天然气水合物实物样品的分析结果可知，印度 Krishna-Godavari 盆地的天然气水合物主要发育在细粒泥质沉积物裂隙中（Mishra et al., 2020）；美国墨西哥湾、日本 Nankai 海槽和韩国郁陵盆地的天然气水合物储层则多为粗砂沉积物（Ryu et al., 2009；Yamamoto, 2015；Daigle et al., 2015）。我国南海海域天然气水合物储层主要为细粒沉积物。天然气水合物主要分布在富含有孔虫的粉砂质黏土或黏土质粉砂中（Liu et al., 2012；Su et al., 2012；Sun et al., 2017；Zhang et al., 2020a；Kang et al., 2020），具有高孔隙度、低渗透率和较高的天然气水合物饱和度（宁伏龙等, 2020）。由此可见，自然界海洋天然气水合物储层的岩性差异较大。

从实验模拟的角度，近年来诸多学者针对不同岩性的天然气水合物储层进行了开采模拟研究。在实验模拟方面，大多数研究都是在实验室合成的粒径为 200~450μm 的多孔介质中进行（Zhao et al., 2020a）。模拟涵盖了垂直井、水平井和多井井网（Li et al., 2012, 2013；Heeschen et al., 2016；Liang et al., 2018），同时也考虑了不同初始天然气水合物饱和度、不同绝对渗透率和不同开采方式等对产能的影响（Okwananke et al., 2019；Guo et al., 2020；Chen et al., 2020a），并提出了一系列增产方法，如低频电加热辅助降压法和多步降压联合注热法等（Guo et al., 2020；Zhao et al., 2021b）。考虑到粗砂的流动性、渗透性和传热性等物理性能可能与真实海洋沉积物的物理性能差异较大。近年来，学者尝试在自然界实际黏土质沉积物样品中合成甲烷水合物进行开采模拟研究。Zhao 等（2020a）将南海天然黏土质沉积物作为多孔基质，在其中合成甲烷水合物后研究了不同生产压力和降压梯度条件下，含甲烷水合物沉积物的产气量。结果表明，较低的降压幅度（0.5MPa）可使甲烷水合物分解率提高 18.92%。并指出储层感热在有效产气过程中起主导作用。总体而言，砂质天然气水合物储层中的开采模拟研究已取得巨大的进展，但因纯泥质沉积物和砂泥互层的沉积物中生成理想的天然气水合物较为困难，且实验设备不一定能满足实现泥质储层中天然气水合物开采的要求，当前针对含泥质沉积物中天然气水合物开采的相关研究仍十分不足。

在数值模拟方面，Huang 等（2015）研究发现砂质天然气水合物储层比黏土质天然气水合物储层的产气情况更好。Han 等（2017）也发现砂质天然气水合物储层中压力的传递速率比黏土质天然气水合物储层的压力传递速率更快。上述研究均证实了砂质天然气水合物储层中的天然气水合物更易被开采的事实。但在砂泥互层的天然气水合物储层中，天然气水合物的分解和产气行为更为复杂。Moridis 等（2019a）基于印度 Krishna-Godavari 盆地 NGHP-02-09 站位的地质参数建立了砂泥互层的天然气水合物储层模型，分别采用单垂直井和多点井网系统进行开采模拟，并对产能进行了全面的评估。结果表明，若采用单垂直井进行开采，虽然有利于长期产气，但不能完全隔离砂泥互层型储层中的含水层，导致产出的气体主要来源于储层中的溶解气，而不是天然气水合物分解产生的气体，进而导致产水过多。若采用多点井网系统进行降压开采，可在一定程度上提高开采产能。Feng 等（2019a）基于日本 Nankai 海槽的相关地质参数建立了砂泥互层的天然气水合物储层模型，分别采用垂直井和水平井进行了定压降压开采模拟。结果表明，采用水平井开采天然气水合物比采用垂直井进行开采更有利于提高砂泥互层天然气水合物储层的开采产能。但当采用水平井进行降压开采时，中部泥质储层的渗透率和下伏砂质储层的初始天然气水合物饱和度极高或极低，不利于长期产气。由此可见，在砂泥互层的天然气水合物储层中，不同岩性的含天然气水合物沉积物在开采过程中存在不同的响应方式，显著影响产气产水行为。

综上所述，考虑沉积物岩性对天然气水合物开采的影响时，在实验模拟方面，应针对泥质天然气水合物储层、非均质天然气水合物储层展开更为深入的研究。在数值模拟方面，无论是实验尺度还是矿藏尺度的相关研究，都应注重揭示储层非均质性对产能的影响规律。

三、构造特征对开采的影响

地层倾角的存在是地层结构非均质性的重要体现（Myshakin et al.，2016）。然而，已有的开采模拟研究中，学者主要聚焦在水平地层，忽视了天然气水合物储层的倾角可能对开采产能造成的影响。事实上，实地钻探数据和大量地震数据均显示海洋天然气水合物通常赋存于起伏地层中（Chatterjee et al.，2014），无论是日本 Nankai 海槽（Zhou et al.，2014；Tamaki et al.，2017）、土耳其黑海（the Black Sea，Turkey）（Riboulot et al.，2018）、印度 Krishna-Godavari 盆地（Wegner and Campbell，2014）、韩国郁陵盆地（Bahk et al.，2013）、美国墨西哥湾（Boswell et al.，2012），还是我国南海的天然气水合物地层均是如此（Zhu et al.，2019；Zhang et al.，2020）。

针对多年冻土带天然气水合物的研究表明，开采过程中，天然气水合物储层响应特征及产气产水规律明显受到地层倾角的影响（Myshakin et al.，2016）。事实上，海洋天然气水合物储层的起伏程度要高于多年冻土带天然气水合物储层的起伏程度。例如，日本 Nankai 海槽 AT1 区天然气水合物储层倾角约为 20°（Tamaki et al.，2017）。南海北部神狐海域的天然气水合物储层倾角差异较大，最大倾角约为 25°（Yuan et al.，2018；Song et al.，2019）。Yuan 等（2018）研究表明，海洋倾斜黏土质天然气水合物储层的开采动态与水平天然气水合物储层的开采动态不同。倾角的存在会对储层的初始温压分布造成显著影响，进而会影响开采过程中流体的运移和生产行为（Sun et al.，2019a），尤其是水在储层孔隙中的分布及流动性（Yamamoto et al.，2019）。此外，上覆倾斜地层的封盖能力也会明显影响天然气水合物储层的短期产气情况（Kurihara et al.，2010）。在日本 Nankai 海槽第二次天然气水合物现场试验之前，多项理论研究表明，地层倾角对短期生产没有显著影响（Kurihara et al.，2010；Zhou et al.，2014）。但实际生产结果表明，可能是储层构造高部位的流体损坏了防砂装置，导致地层严重出砂（Yamamoto et al.，2017）。由此可见，天然气水合物储层倾角的存在会对产气造成不可忽视的影响。Chen 等（2020b）基于数值模拟的研究手段，研究了储层倾角和其他储层物性参数对天然气水合物分解产气行为的影响。结果表明，对于倾角为 10° 的海洋天然气水合物储层，渗透率降低 50%，可达到相同的产量。综上所述，实际天然气水合物生产中，地层倾角的存在必然会对开采行为造成影响。然而，目前大多数的模拟都理想地假设天然气水合物储层是水平分布的，不同开采方式下，地层倾角对天然气水合物储层产气量的影响尚不清楚。因此，地层倾角对海洋天然气水合物储层产能的影响仍需进一步探讨。

四、天然气水合物饱和度对开采的影响

天然气水合物开采过程中的最大产气速率受储层初始天然气水合物饱和度的影响（Almenningen et al.，2019）。自然界中天然气水合物的分布比较复杂，但模拟研究时，学者通常将其简化为均质体或认为其分布具有一定的层序（Kim et al.，2017；Moridis，2004；Moridis and Reagan，2007；Tak et al.，2013；Yin et al.，2018，2020；Yu et al.，2019a）。因此，基于实际地质数据来建立非均质性储层模型可提高实际储层中天然气水合物开采模拟的准确性（Ajayi et al.，2018；Jin et al.，2018）。然而，目前学者主要是采用局部测井数据代表层状分布的天然气水合物饱和度，建立了二维非均质模型进行开采模拟。如 Yuan 等（2017）基于日本 Nankai 海槽的地质参数建立了非均质天然气水合物储层模型，考虑天然气水合物饱和度、渗透率和孔隙度的非均质分布，对层状天然气水合物储层的开采特征进行了研究。结果表明，天然气水合物分解行为受储层垂向非均质结构的影响显著，呈现出独特的分解前缘。Xia 等（2020）根据 Mallik 2L-38 井的测井资料和样品分析结果，建立了非均质层状天然气水合物储层模型，研究了射孔段对产气性能的影响。结果表明，在非均质层状天然气水合物储层中，射孔段的位置和长度对天然气水合物分解行为具有显著影响，产气性能主要受射孔段长度的影响。Mao 等（2020）基于南海神狐海域 SH2 站位的地质参数，建立了层状天然气水合物储层模型和均质天然气水合物储层模型，对比了两种黏土质天然气水合物储层中，天然气水合物饱和度对降压开采产能的影响。结果表明，采用均质天然气水合物饱和度建立的天然气水合物储层会呈现更好的产气效率。由此可见，天然气水合物开采行为易受储层非均质天然气水合物饱和度的影响。

然而，自然界地层中天然气水合物的分布很少表现出上述全均质或层状分布的情况。Riley 等（2019）基于阿拉斯加北坡非均质天然气水合物储层的相关地质参数，研究了天然气水合物饱和度分布情况不同时天然气水合物的产气规律后发现，天然气水合物饱和度的局部变化会导致产气量出现显著变化。因此，基于实际地质参数，建立与实际情况一致的三维非均质天然气水合物储层模型进行开采模拟，可以最大限度地模拟真实地层的开采过程。然而，在仿真模拟三维非均质天然气水合物储层的开采情况时，学者目前主要基于设定可能存在的非均质天然气水合物饱和度建立三维模型。如 Uddin 等（2014）首先利用

Mallik 多年冻土带的三维地震资料量化天然气水合物储层的真实非均质分布状况，然后基于量化后的数据建立了三维储层模型进行开采模拟，分别考虑了非均质天然气水合物储层与均质天然气水合物储层具有相同的初始天然气水合物饱和度时的开采情况，以及非均质天然气水合物储层的初始天然气水合物饱和度比均质天然气水合物储层的初始水合物饱和度少，但两者相对分布情况相同时的开采情况。研究结果发现，所有模拟案例呈现了相似的产气趋势，但与均质天然气水合物储层中的产气量相比，采用非均质天然气水合物储层时，最高产气量均出现了延迟的现象。然而，精准评估地层中天然气水合物饱和度仍是目前面临的一个难点和热点。在仿真模拟研究中，即使是使用了实际测试数据，也可能与它所代表的实际情况存在不同。目前学者正在不断提出新方法评估地层中的天然气水合物饱和度，并取得了一定的进展（Jana et al.，2017；Wang et al.，2020a）。不言而喻，三维尺度上天然气水合物饱和度精准测量的实现将会为仿真模拟实际地层情况、准确揭示不同天然气水合物储层的产能响应规律和大幅提高数值模拟的准确性奠定坚实的基础。

五、渗透率对开采的影响

渗透率是天然气水合物储层中控制流体流动的最重要参数，也是判断天然气水合物储层是否具有开采潜能的重要指标（Dai et al.，2019）。储层的渗透率对降压开采产气过程中压力传递、传热传质过程、流体流动模式和流动速度均会产生显著影响（Konno et al.，2016；Feng et al.，2019b）。Huang 等（2016）通过对天然气水合物饱和度、储层渗透率、孔隙度、储层厚度、初始压力、初始温度这六个主要地质参数进行评估后指出，渗透率对产气量的影响最为明显。目前，渗透率对多孔介质中多相流体流动、天然气水合物分解过程和产气潜力的影响已经得到了广泛的研究（Phirani et al.，2009；Liang et al.，2010；Mahabadi and Jang，2014；Zhao et al.，2016；Sun et al.，2017；Song et al.，2018；Wang et al.，2018；Hou et al.，2018）。总体而言，储层渗透率对天然气水合物开采产能的影响较为显著，产气量会随着绝对渗透率的增加而提高（Moridis et al.，2009；Moridis and Reagan，2007）。此外，合理利用渗透率对产能的影响可适当提高开采效率，如 Zhao 等（2020b）在我国南海神狐海域的细粒天然气水合物储层中，验证了在上下盖层中增加人工非渗透阻挡层（artificial impermeable barriers）可显著提高天然气水合物开采效率。然而，上述研究主要基于渗透率各向同性的假设，考虑了渗透率量级对产能的影响。相比而言，渗透率各向异性在天然气水合物开采产能的影响研究很少被考虑。

储层的渗透率各向异性是指对于一个三维空间体，同一时间内流体在 x，y，z 方向上通过的量存在差异。在当前的研究中，学者普遍采用 r_{rz} 值，即 K_r/K_z（横向渗透率/垂向渗透率），近似代表整个储层的渗透率各向异性（Strandli and Benson，2013）。事实上，无论是砂岩（Birkholzer et al.，2009），还是黏土（Tiab and Donaldson，2015），渗透率各向异性是沉积物特有的一种属性。由于不规则颗粒、应力诱导效应、时效裂纹等因素，含天然气水合物沉积物普遍存在渗透率各向异性的现象（Bhade and Phirani，2015；Fujii et al.，2015；Myshakin et al.，2016；Han et al.，2017；Yoneda et al.，2018）。目前，根据野外实测资料和岩心数据，学者发现印度 Krishna-Godavari 盆地、Mahanadi 盆地、Mallik 多年冻土带和日本 Nankai 海槽等地的含天然气水合物沉积物均存在渗透率各向异性的现象（Uddin et al.，2014；Dai et al.，2019；Feng et al.，2019b；Boswell et al.，2019a）。其中，Dai 等（2019）对印度海域获得的保压天然气水合物岩心样品进行了渗透率各向异性的实验测试，发现天然气水合物饱和度为 80% 的岩心样品的渗透率各向异性值大约为 4.24。Yoneda 等（2018）同样对印度 Krishna-Godavari 盆地的保压岩心样品进行了垂向和水平向流体流动的实验测试。结果显示，渗透率各向异性值为 4。由此可见，自然界中的含天然气水合物沉积物可能普遍存在渗透率各向异性的现象，但由于缺少足够的野外实测资料和岩心数据，很多地区的天然气水合物储层是否存在渗透率各向异性的情况仍不明确。此外，由于测量技术的限制，很难准确获得天然气水合物储层的渗透率各向异性值。因此，天然气水合物储层中渗透率各向异性的相关研究还较少。

目前，渗透率各向异性对天然气水合物开采产能的影响主要还是借助数值模拟的研究手段进行。基于该方法，学者初步进行了Ⅲ类天然气水合物储层中，渗透率各向异性对天然气水合物开采产能影响的研究。在砂质天然气水合物储层的开采模拟研究中，Reagan 等（2008）基于美国墨西哥湾 AC818 区块的地质参数，采用不同的渗透率各向异性值，即 10 和 20，建立了渗透率不同的砂质天然气水合物储层模型，研究了渗透率各向异性对开采产能的影响。结果表明，储层的渗透率各向异性值越大，越不利于开采产能的提高。然而，针对 Black Ridge 砂层的产气量预测表明，储层具有高横向渗透率利于甲烷流体的运输（Chatterjee et al.，2014）。Zhou 等（2014）基于 2013 年日本 Nankai 海槽天然气水合物试开采储层的地质数据建立了砂泥互层储层，模拟了三种不同降压方式下的产气量。结果表明，在存在渗透率各向异性的天然气水合物储层中，增大横向渗透率有利于天然气水合物分解和流体横向流动，产气量和产水量均显著提高。随后，Feng 等（2019b）也发现，在日本 Nankai 海槽砂泥互层天然气水合物储层中，采用水平井进行降压开采时，储层的渗透率各向异性会促进天然气水合物分解，提高天然气采收率。然而，Yu 等（2019a）在该地层中利用水平井进行开采模拟时却发现，渗透率各向异性虽然可降低产水量，但却不利于产气量的提高。除了砂质天然气水合物储层，学者也对其他岩性的储层进行了相关研究。Han 等（2017）对不同岩性的天然气水合物储层利用垂直井进行降压开采模拟。结果发现，渗透率各向异性会阻止流体的垂向流动，开采过程中会显著影响温度、压力等物理场的演变。与粉砂质储层和黏土质储层相比，渗透率各向异性的砂质储层产气潜力更低。综上所述，在Ⅲ类天然气水合物储层中，渗透率各向异性对流体流动会产生显著影响。一般而言，提高横向渗透率有利于天然气水合物分解和流体在水平方向的移动，有利于增加产气。然而，大部分学者提出的砂质天然气水合物储层中渗透率各向异性可增产的结论与其他学者如 Reagan 等（2008）和 Yu 等（2019a）的研究结论并不一致。并且不同岩性天然气水合物储层中，不同开采方式是否会对产气规律产生不同的影响并不十分清楚。鉴于上述争论，渗透率各向异性对不同Ⅲ类天然气水合物储层开采产能的影响仍需进行深入研究。

此外，针对Ⅰ类天然气水合物储层，Jiang 等（2012）指出在我国南海Ⅰ类天然气水合物储层中进行降压开采时，较高的绝对渗透率可以加快天然气水合物分解速率。相似的开采行为也体现在其他学者的研究中（Grover et al.，2008；Sun et al.，2017；Merey and Longinos，2018）。然而，当前关于渗透率各向异性对Ⅰ类天然气水合物储层天然气采收率的影响报道的较少。当此类天然气水合物储层存在渗透率各向异性时，储层开采响应特征还尚不十分清楚。

综上所述，基于天然气水合物储层普遍存在渗透率各向异性、天然气水合物饱和度非均质性、构造非均质性等事实，如果在进行天然气水合物开采模拟时不考虑储层本身的复杂性，可能会错估流体在不同方向的流动能力和物理场演化，降低产能评价的可信度。为了明确自然界中的天然气水合物系统和准确预测天然气水合物商业化产气能力，迫切需要对天然气水合物储层特征，尤其是渗透率各向异性、非均质天然气水合物饱和度、地层倾角等对典型天然气水合物储层开采产能的影响加强研究。

第二节　渗透率各向异性对天然气水合物开采的影响——以南海天然气水合物储层为例

我国南海蕴藏着大量的天然气水合物资源（吴能友等，2007，2017；Li et al.，2018）。中中新世以来，南海神狐海域经历了强烈的构造沉降，高沉积速率为天然气水合物的赋存创造了适宜的地质条件（Xie et al.，2006；Wang et al.，2020b）。为了优选该地区的天然气水合物试采站位，中国地质调查局在南海北部海域开展了一系列的勘探钻采。2007年5月，第一次天然气水合物钻探航次GMGS-1在南海北部陆坡神狐海域SH2、SH3和SH7站位中证明了甲烷水合物的存在（吴能友等，2007，2009）（图5.1）。其中，SH2站位的含天然气水合物沉积物属于典型的Ⅲ类天然气水合物储层。随后，2015年，在第二次和第三次（GMGS-2&GMGS-3）天然气水合物的勘探考察中，发现W18、W19等站位赋存大量的天然气水合物，其中，W19站位含天然气水合物沉积物

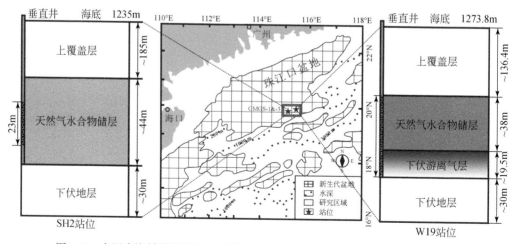

图5.1　中国南海神狐海域SH2站位、W19站位的分布位置及储层条件示意图
［据吴能友等（2009）；Sun 等（2017）修改］

为典型的Ⅰ类天然气水合物储层（Sun et al., 2017；Zhang et al., 2020）。此外，2017年中国首次海洋天然气水合物试采成功的W17站位的天然气水合物储层类型也为Ⅰ类天然气水合物储层。因此，我国南海海域是进行Ⅰ类和Ⅲ类黏土质天然气水合物储层降压开采产能研究的有利场地。

虽然我国2017年和2020年在黏土质天然气水合物储层中成功完成了两次海洋天然气水合物试开采（Li et al., 2018；Qin et al., 2020），但平均采收率仍远未达到商业生产水平。因此，促进天然气水合物储层中天然气水合物的高效开采是当前亟待解决的问题。神狐海域黏土质粉砂天然气水合物储层或粉砂质黏土天然气水合物储层的绝对渗透率均较低，单直井的生产能力有限。多井系统在能源生产方面具有巨大的潜力。Yu等（2020）指出在低渗天然气水合物储层中，采用多井系统有利于提高天然气采收率。学者通过数值模拟的研究手段，已初步证实多水平井系统和多垂直井系统在提高天然气水合物生产效率方面的优越性（Wang et al., 2013, 2014；Jin et al., 2019；Moridis et al., 2019a；Liu et al., 2020；Yu et al., 2019b, 2020）。因此，本节的研究主要基于数值模拟的手段，采用SH2站位和W19站位的相关地质参数建立天然气水合物储层模型（图5.1），利用多点垂直井网系统进行降压开采模拟（图5.2），研究渗透率各向异性对产能的影响。同时，也对非均质天然气水合物饱和度、绝对渗透率、气相饱和度、降压开采压力等参数进行敏感性分析。模拟结果有助于了解渗透率各向异性对不同类型天然气水合物储层天然气采收率的影响，并为类似天然气水合物储层的经济安全开采提供一些开采优选策略。

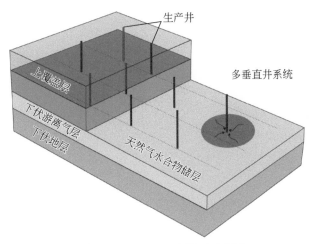

图5.2 多垂直井系统模型示意图

一、中国南海神狐海域SH2站位

根据南海神狐海域SH2站位的实测地质资料，本节将重点讨论渗透率各向异性对Ⅲ类天然气水合物储层开采产能的影响。

（一）地质背景

2007 年，中国地质调查局在南海神狐海域 SH2、SH3 和 SH7 站位采集了多个天然气水合物样品。岩心样品分析表明，神狐海域水深 1108 ~ 1245m，海底以下 153 ~ 229m 处存在 10 ~ 43m 厚的含天然气水合物地层。天然气水合物饱和度为 26% ~ 48%，孔隙度为 33% ~ 48%。天然气水合物分解气中甲烷含量为 96.1% ~ 99.82%。含天然气水合物地层的海底温度为 3.3 ~ 3.7℃，地温梯度为 43 ~ 67.7℃/km。其中，SH2 站位的天然气水合物主要位于水深 1235m，海底 185 ~ 229m 黏土质沉积物中。孔隙度约为 40%，盐度为 3.05%。海底温度主要为 3.9℃。SH2 站位的储层主要是Ⅲ类天然气水合物储层，上覆盖层和下伏地层均饱和水，储层的绝对渗透率为 10mD，湿岩热导率为 3.1W/(m·K)，干岩热导率为 1.0W/(m·K)。

（二）模型构建

利用 TOUGH+HYDRATE 数值模拟软件，基于 SH2 站位的地质参数，建立了厚度为 104m 的轴对称圆柱形天然气水合物储层模型（图 5.3）。本节主要分析多垂直井系统中按规则区域布设的一口垂直井的生产动态，故模型的径向边界设定为 200m。由于天然气水合物层中部的实际天然气水合物饱和度较高，因此在该范围内布设了一口射孔井段长度为 23m 的垂直井，半径为 $r_w = 0.1m$。

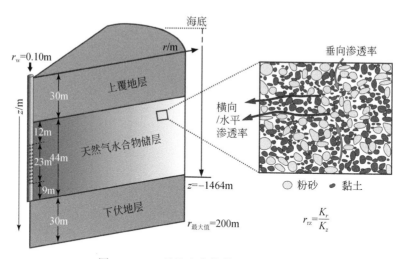

图 5.3　SH2 站位水合物储层模型示意图

表 5.1 总结了模拟储层的主要物性参数。储层中非均质天然气水合物饱和度如图 5.4 所示，天然气水合物饱和度最高可达 47%。为了更好地模拟现场实际情况，模拟时采用天然气水合物饱和度的加权平均值，并考虑渗透率各向异性对天然气采收率的影响。天然气水合物饱和度加权平均值的计算主要依据表 5.2 的数值和公式（5.1）进行：

天然气水合物饱和度加权平均值＝［天然气水合物饱和度（第 1 层）＊厚度（第 1 层）+…+天然气水合物饱和度（第 15 层）＊厚度（第 15 层）］/(229-185)　　　(5.1)

表 5.1　天然气水合物储层的主要地层和物性参数

参数	数值	参数	数值
天然气水合物储层厚度	44m	孔隙度 ϕ_1（上覆盖层）	42%
上覆地层和下伏地层的厚度	30m	孔隙度 ϕ_2（下伏地层）	38%
模拟储层半径	200m	孔隙度 ϕ_3（天然气水合物储层）	40%
气体成分	100% CH_4	干岩热导率 $k_{\Theta RD}$	1.0W/(m·K)
上覆地层和下伏地层的绝对渗透率	$K_r = K_z = 10 \times 10^{-3} \mu m^2$	湿岩热导率 $k_{\Theta RW}$	3.1W/(m·K)
盐度	3.05%	天然气水合物储层底部压力	15.24MPa
颗粒密度	2600kg/m^3	天然气水合物储层底部温度	14.65℃
地温梯度	46.953℃/km	S_{irA}	0.5
比热容	1000 J/(kg·℃)	S_{irG}	0.05
压缩系数	1.00×10^{-8} Pa^{-1}	n_G	3
开采压力	4.5MPa	n	5
相对渗透率模型（Moridis et al., 2008）	$K_{rA} = (S_A^*)^n$, $K_{rG} = (S_G^*)^{n_G}$ $S_A^* = (S_A - S_{irA})/(1 - S_{irA})$ $S_G^* = (S_G - S_{irG})/(1 - S_{irA})$	毛细管压力模型（van Genuchten, 1980）	$p_c = -p_0 \left[(S^*)^{-1/\lambda} - 1 \right]^{1-\lambda}$, $S^* = (S_A - S_{irA})/(S_{mxA} - S_{irA})$

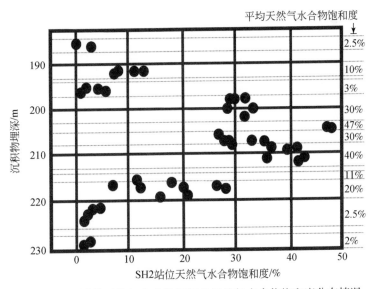

图 5.4　SH2 站位天然气水合物储层的天然气水合物饱和度分布情况

表 5.2　SH2 站位天然气水合物储层的天然气水合物饱和度分布表

层	深度/mbsf	天然气水合物饱和度/%
1	185 ~ 188	2.5
2	188 ~ 190	0
3	190 ~ 193	10
4	193 ~ 194.5	0
5	194.5 ~ 197	3
6	197 ~ 203	30
7	203 ~ 205.5	47
8	205.5 ~ 208	30
9	208 ~ 213	40
10	213 ~ 214.5	0
11	214.5 ~ 216.5	11
12	216.5 ~ 220	20
13	220 ~ 226	2.5
14	226 ~ 228	0
15	228 ~ 229	2

（三）网格划分

二维储层模型共离散为 28710［90（r）×319（z）］个网格。上覆地层的最顶部和下伏地层的最底部被设定为储层边界，即非活动网格，共 180 个网格，$\Delta z = 0.001$m。储层边界的温度和压力在模拟开采过程中保持恒定。垂直方向上，由于井周存在显著的热量和质量传递，在天然气水合物储层中采用了较细的网格划分方式（$\Delta z = 0.1 \sim 0.5$m）；远离储层的其他区域采用了较粗的网格划分方式（$\Delta z > 0.5$m）。径向第一个网格的大小为 0.1m，其余网格随着 r 的增大呈指数增长。储层模型由于对称性，最外侧边界假定为无渗流边界，即没有外部流体或热源可以越过模型的最外侧边界。模拟过程中天然气水合物的分解采用平衡模型。

（四）初始化条件

由于天然气水合物分散在海底附近固结较弱的沉积物中，可以认为沉积物中的孔隙水与海底水发生了交换，即沉积物孔隙水压力为静水压力（Hyndman et al., 1992）。孔隙压力可通过式（5.2）计算获取（Song et al., 2002）：

$$p_{pw} = p_{atm} + \rho_{sw}g(h + z) \times 10^{-6} \tag{5.2}$$

式中：p_{pw} 为孔隙压力，MPa；p_{atm} 为标准大气压力，0.101325MPa；ρ_{sw} 为平均海水密度，

kg·m^3；g 为重力加速度，m/s^2；h 为水深，m；z 为海底沉积物的深度，m。通过拟合方程（Wu and Hu，1995）得到平均海水密度为 1054kg/m^3。通过水深（此处为 1235m）可以计算获取模拟系统的初始压力分布情况，包括天然气水合物储层底部（$z = -229$m）的压力。通过地温梯度，可以计算获得储层最顶部和最底部的初始温度（表 5.1）。根据天然气水合物温压曲线（Moridis et al.，2008），可以验证以上初始化条件满足天然气水合物稳定分布条件。

选取降压开采压力时，考虑的第一因素是储层在开采过程中的气体生产能力，第二是安全性。本小节的研究主要根据现场试验的实际情况选择降压开采压力。根据以往研究（Fujii et al.，2013），采用垂直井进行开采时，较优的开采方案是保持一个恒定的降压开采压力。一些现场实际天然气水合物开采试验也表明了定压开采的有效性（Konno et al.，2017；Chen et al.，2018；Yu et al.，2019c），如日本海上首次试采时采用的定压降压开采压力接近 4.5MPa。井内恒压 $p = 4.5$MPa，略高于甲烷水合物四相点压力，可排除二次天然气水合物和冰的生成。此外，定压降压开采有利于控制井眼压力，适用于大多数不同渗透率的天然气水合物储层的开采（Li et al.，2011）。SH2 站位天然气水合物储层的初始温压条件与日本海洋天然气水合物储层的初始温压条件类似，均为高温高压环境。因此，本小节的研究采用 4.5MPa 的恒定压力进行天然气水合物降压开采。在降压开采模拟过程中，开采井单元被当作模型的内边界。根据 Moridis 等（2009）的研究，可将开采井单元作为一种"伪多孔介质"，并假定井内流动满足达西定律。该"伪多孔介质"的孔隙度为 1，渗透率通常设定为 $K_r = K_z = 5000000 \times 10^{-3} \mu m^2$，毛细管压力为 $p_c = 0$MPa。在本节的所有模拟研究中，均假设水和出砂已得到妥善处理。

（五）模拟结果和敏感性分析

1. 天然气水合物储层的渗透率设定

目前，沉积物中的横向渗透率与垂向渗透率的比值（$r_{rz} = K_r/K_z$）一般介于 2 ~ 10（Lai et al.，2016；Boswell et al.，2019b），故本节研究的模型设置成不同的渗透率各向异性值，分别为 1、5 和 10（表 5.3，图 5.3）。这些值和实际天然气水合物储层的渗透率各向异性测试数据（Uddin et al.，2014；Yoneda et al.，2018；Boswell et al.，2019a；Dai et al.，2019）以及大多数数值模拟中采用的一般假设值较一致（Han et al.，2017；Feng et al.，2019b）。需注意的是，对于松散天然气水合物储层，垂向渗透率可能大于横向渗透率。根据 Yoneda 等（2018）的研究结果，天然气水合物储层的渗透率各向异性值可以在天然气水合物分解过程中从 4 降低到 0.5。此外，压裂技术等储层改造技术在天然气水合物开采研究中的应用日益广泛（Sun et al.，2019b）。这些新技术可以使天然气水合物储层的垂向渗透率大于横向渗透率。因此，我们也研究了天然气水合物储层的垂向渗透率大于横向渗透率时，即 $r_{rz} = 1$、1/5 和 1/10 时，渗透率各向异性对产气的影响（表 5.3）。根据 SH2 站位天然气水合物储层的相关地质数据，模型的绝对渗透率设定在（10 ~ 100）× $10^{-3} \mu m^2$。

表 5.3 SH2 站位数值模拟案例

案例	横向渗透率/（×10⁻³ μm²）	垂向渗透率/（×10⁻³ μm²）	r_{rz}
Case1	10	10	1
Case2	50	10	5
Case3	100	10	10
Case4	10	50	1/5
Case5	10	100	1/10

2. 渗透率各向异性对产能的影响

图 5.5 显示了当 r_{rz} 不同时，天然气水合物被降压开采时，井筒产气速率（Q_g），井筒产水速率（Q_w），天然气水合物累积分解产气量（V_R），累积井筒产气体积（V_g），井筒总产水量（V_w）和气水比（R_{gw}）随时间的演化过程。

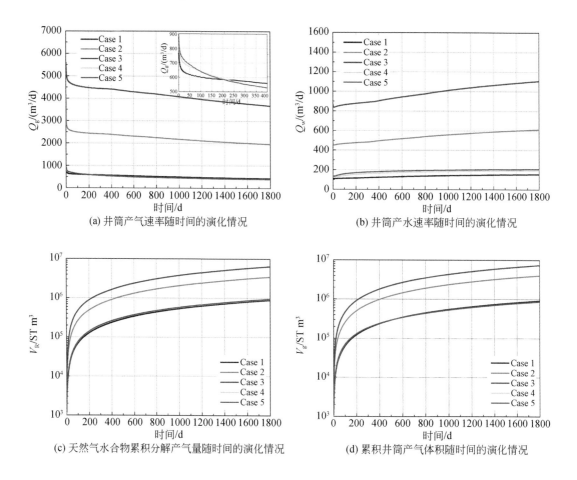

(a) 井筒产气速率随时间的演化情况

(b) 井筒产水速率随时间的演化情况

(c) 天然气水合物累积分解产气量随时间的演化情况

(d) 累积井筒产气体积随时间的演化情况

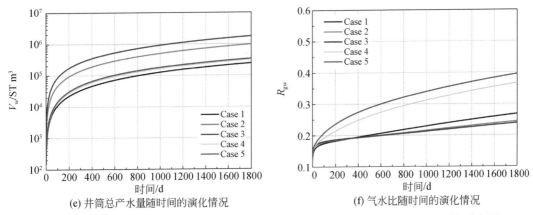

图 5.5 储层具有不同 r_{rz} 时，井筒产气速率（Q_g）、井筒产水速率（Q_w）、天然气水合物累积分解产气量（V_R）、累积井筒产气体积（V_g）、井筒总产水量（V_w）和气水比（R_{gw}）随时间的演化情况

（a）开采进行 230 天时，Case 1，Case 4 和 Case 5 的产气速率详细显示在右上方的小图中

从图 5.5（a）中可以看出，在不同案例中，Q_g 随着开采时间的增加均呈现逐渐下降的趋势。在降压开采早期，Q_g 非常高，主要是由于开采井与储层之间存在较高的压差，井筒周围的天然气水合物分解较快，产气速率较高；随着开采的进行，当开采井附近的天然气水合物分解完全时，天然气水合物分解面积不断扩大；在开采后期，Q_g 逐渐降低，可能的原因是：①远离井筒的分解前缘存在较低的压降梯度；②可能有一部分由天然气水合物分解释放出的气体溶解于地层水中，甚至通过渗透性盖层逸出。从图 5.6 中可以明显看到，地层中的天然气水合物在分解前缘发生了分解作用，但在天然气水合物储层上部没有观察到游离气体。上覆地层为可渗透层，天然气水合物储层下部的压力高于天然气水合物储层上部的压力（图 5.7）。因此，天然气水合物分解释放出的游离气可通过渗透性上覆层逸出。这一推测也可以在之前的研究中得到证实（Su et al.，2010；Li et al.，2011；Sun et al.，2015，2016）。

相比而言，Case 2（$r_{rz}=5$）和 Case 3（$r_{rz}=10$）中的 Q_g 明显高于 Case 1（$r_{rz}=1$）、Case 4（$r_{rz}=1/5$）和 Case 5（$r_{rz}=1/10$）中的 Q_g。由此可见，当 $r_{rz}\geqslant1$ 时，横向渗透率与垂向渗透率的比值越高，产气速率越高。而当垂向渗透率大于横向渗透率时，Q_g 基本不受渗透率各向异性变化的影响。发生这一现象的原因可能是上覆地层和下伏地层均为可渗透层，大量涌入天然气水合物储层的水削弱了地层的降压产气能力 [图 5.6（b）]。当储层的横向渗透率高于垂向渗透率时，较高的横向渗透率利于天然气水合物径向分解，阻碍上下地层中的流体进入开采井，从而有效提高 Case 2 和 Case 3 的降压效果 [图 5.7（a）]。

此外，在开采 230 天左右时，Case 1 的 Q_g 超过 Case 4 和 Case 5 的 Q_g，这主要是由于在开采早期，当储层的垂向渗透率大于横向渗透率时，天然气水合物垂向分解的驱动力更大。因此，位于射孔段上下位置的天然气水合物更容易快速分解，致使 Case 5 在开采早期的产气速率最高。然而，当储层的垂向渗透率较高时，随着开采的进行，射孔段上下位置的天然气水合物饱和度不断降低，大量涌入开采井的水会降低降压开采效果 [图 5.6（b）]。同时，高垂向渗透率也利于甲烷气因浮力作用而向上逃逸。因此，在开采进行 230

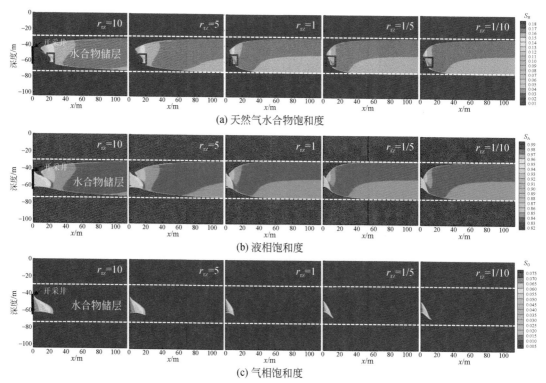

图 5.6　Case 1 ~ Case 5 中，天然气水合物饱和度、液相饱和度（S_A）和气相饱和度在开采
进行 1800 天时的分布图

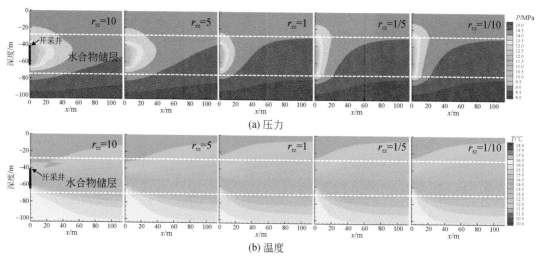

图 5.7　Case 1 ~ Case 5 中，压力和温度在开采进行 1800 天时的分布图

天后，不同案例存在与早期相反的产气现象。

图 5.5（b）呈现了 5 年开采时间内，五个案例的 Q_w（r_{rz} = 10、5、1、1/5 和 1/10）。在开采过程中，不同案例的 Q_w 均随着开采的进行不断增多。相比而言，高横向渗透率的

储层更利于流体流动和天然气水合物分解，Q_w 相应地也呈现更高的值。尽管在 Case 1、Case 4 和 Case 5 这三个案例中，垂向渗透率对产气的影响非常微弱，但 Q_w 受到了一定程度的影响。这主要是由于高垂向渗透率更利于增加上下可渗透地层中水的产出。此外，当横向渗透率明显大于垂向渗透率时，Q_w 明显增加。这一现象的发生主要是由于横向渗透率越高，降压效果越高，更利于产水。

五个案例的 V_R 在开采早期均明显增加，但增加速率随着开采的进行逐渐降低［图 5.5（c）］。这主要是由于在模拟过程中，我们采用了恒定的降压开采压力进行天然气水合物开采。开采初期，开采井与天然气水合物储层之间形成高压差，天然气水合物快速分解。随着开采的不断进行，储层中天然气水合物分解区域逐渐扩大，天然气水合物分解前缘距离开采井较远，压降梯度逐渐降低。同时，大量的水从可渗透的上下地层中流入天然气水合物储层，也削弱了压降的影响［图 5.6（b）］。因此，开采后期，储层内气体的增量并不明显。此外，储层总产气量 V_R 也会受到渗透率各向异性的影响。增加横向渗透率可以明显加快天然气水合物分解速率，但垂向渗透率的增加对天然气水合物分解没有显著影响。这主要是由于高横向渗透率会加强降压开采效果［图 5.7（a）］，扩大天然气水合物分解面积［图 5.6（a）］。

在天然气水合物开采过程中，V_g 的演化规律与 V_R 的演化规律类似［图 5.5（d）］。Case 3 在五年内的 V_g 为 7 455 298m³。而 r_{rz} 较低的案例，如 Case 4 和 Case 5 中，累积井筒产气体积较低，分别为 869 093m³ 和 870 768m³。根据模拟结果，一些释放的气体可能由于高渗透率各向异性而留在天然气水合物储层中，或由于浮力而逃逸，如 Case 4 和 Case 5 中呈现 V_g 降低的情况。而有些溶解气可能会对产气效益产生重要影响，如 Case 2 和 Case 3 中呈现 V_g 增加的情况，这和 Moridis 等（2009）和 Zhang 等（2019）的研究结果类似。上述情况主要由不同的储层条件所决定。

此外，当储层其他条件一致时，横向渗透率越高的储层，V_w 越高［图 5.5（e）］。这主要是由于在横向渗透率越高的储层中，降压效果越好。对比不同高垂向渗透率的储层（$r_{rz}=1$、1/5 和 1/10）的井筒总产水量可发现，垂向渗透率越高，产水量也呈现越高的趋势。这主要因为随着垂向渗透率的增加，更多的水从可渗透的地层渗入天然气水合物储层。

R_{gw} 是评价天然气水合物储层生产效率的相对标准，主要用于评价生产潜力。如图 5.5（f）所示，R_{gw} 随着时间的推移而迅速增加，这是因为在储层的垂向渗透率增加后，可渗透性的上覆地层可快速对天然气水合物储层中的水进行补充。相比之下，当天然气水合物储层的横向渗透率逐渐增加时，储层表现出不同的产气行为。开采进行 360 天后，在 Case 2 和 Case 3 中，储层的产水速率虽然有所增加，但产气速率的增加更为明显。因此，R_{gw} 的增长主要呈现出随着 r_{rz} 的增大而减小的现象。综上所述，采用垂直井进行开采，高渗透率各向异性天然气水合物储层的开采性能要优于具有低渗透率各向异性的天然气水合物储层的开采性能。这一模拟结果与 Feng 等（2019b）在日本 Nankai 海槽砂泥互层天然气水合物储层中的天然气水合物开采模拟研究结果一致。

3. 天然气水合物饱和度非均质分布特征的影响

如前所述，本研究采用天然气水合物饱和度的加权平均值。为了研究不同天然气水合物饱和度，即加权平均得到的天然气水合物饱和度（16.5%）和非均质天然气水合物饱和度（图 5.4）对于存在各向同性渗透率和各向异性渗透率的海洋天然气水合物储层开采产能的影响，我们设置了五个案例，即 Case 6 ~ Case 10（表 5.4）。为了更好地进行比较，天然气水合物储层的其他物理性能与表 5.3 中案例的储层参数一致。

表 5.4　渗透率不同的模拟案例设置

案例	横向渗透率/（×10⁻³ μm²）	垂向渗透率/（×10⁻³ μm²）	天然气水合物饱和度/%
Case 6	10	10	0 ~ 47
Case 7	50	10	0 ~ 47
Case 8	100	10	0 ~ 47
Case 9	10	50	0 ~ 47
Case 10	10	100	0 ~ 47

　　图 5.8 呈现了 Case 1 ~ Case 10 五年内的具体开采情况。从图 5.8 中可以发现，进行天然气水合物降压开采时，采用均质天然气水合物饱和度和非均质天然气水合物饱和度的模拟储层，开采产能具有较大差别，但渗透率各向异性对产能的影响在上述两种储层中总体呈现相似的演化规律。

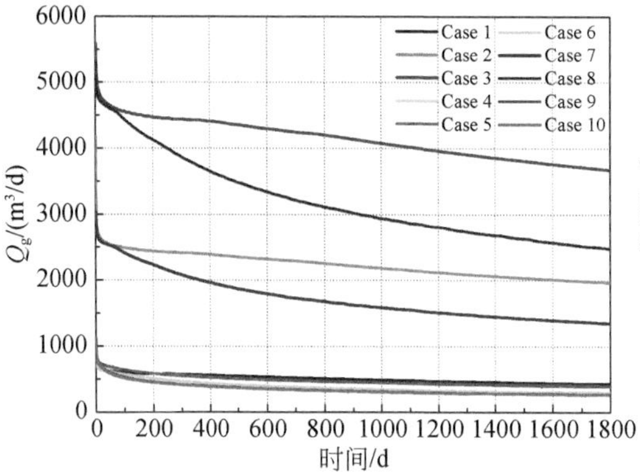

(a) 井筒产气速率随时间的演化情况

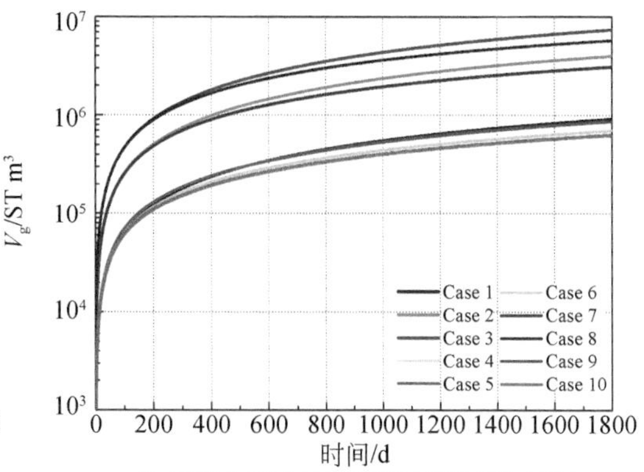

(b) 累积井筒产气体积随时间的演化情况

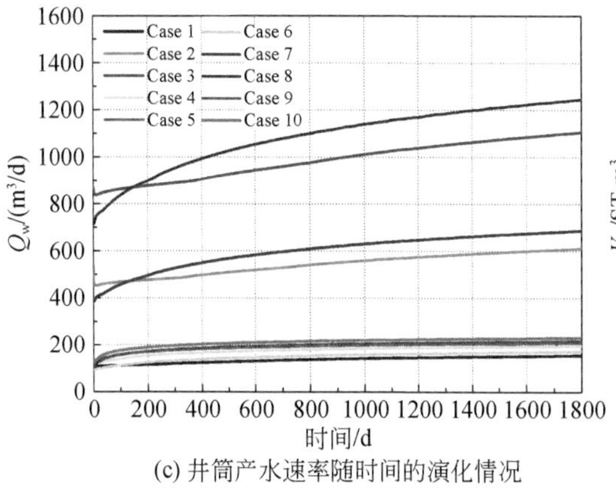

(c) 井筒产水速率随时间的演化情况

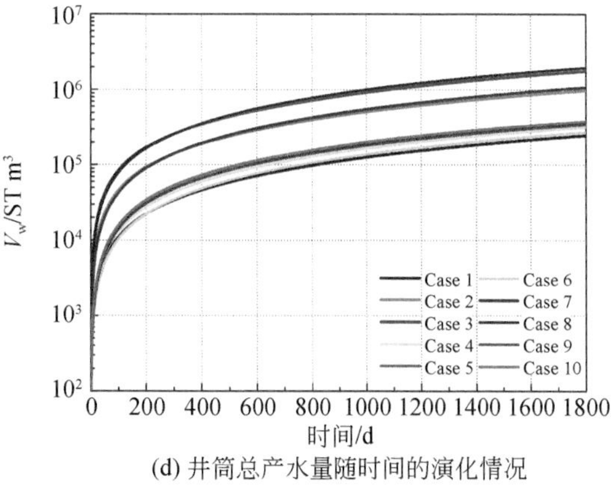

(d) 井筒总产水量随时间的演化情况

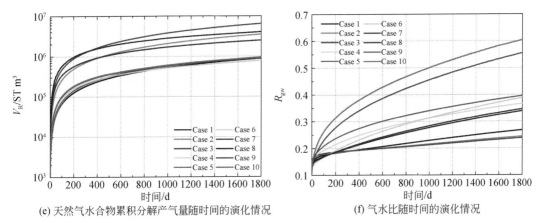

(e) 天然气水合物累积分解产气量随时间的演化情况　　(f) 气水比随时间的演化情况

图5.8　渗透率各向异性和水合物饱和度影响下，当储层的 r_{rz} 不同时，对应的井筒产气速率（Q_g）、累积井筒产气体积（V_g）、井筒产水速率（Q_w）、井筒总产水量（V_w）、天然气水合物累积分解产气量（V_R）和气水比（R_{gw}）随时间的演化情况

　　图5.8（a）（b）中分别呈现了十个案例的 Q_g 和 V_g。从图5.8（a）和图5.8（b）中可以发现，采用平均天然气水合物饱和度的案例（Case 1～Case 5）的产气情况和采用实际分层非均质饱和度的案例（Case 6～Case 10）在开采早期的产气情况没有明显的区别。这主要是由于无论采用何种天然气水合物储层，开采井附近的天然气水合物初始饱和度较高，在降压开采初期有较充足的天然气水合物进行快速分解，故不同储层中开采初始产气差异较小。在开采后期，采用均质天然气水合物储层模型的预测结果要高于采用非均质天然气水合物储层模型的预测结果。这主要是由于随着开采的进行，天然气水合物分解前沿不断扩大，非均质天然气水合物储层上下段的天然气水合物在降压作用下几乎分解完全［图5.9（a）］，上下地层的水易渗入降低降压效果。此外，非均质天然气水合物饱和度储层中部的天然气水合物饱和度较高，有效渗透率较低，对天然气的采出形成抑制作用（Sun et al.，2017）。因此，与均质储层相比，非均质天然气水合物储层的整体降压效果更易被减弱，产气情况更差。此外，从图5.8中可以看到，r_{rz} 越高，两个模型呈现的产气情况的差异越明显。这主要是由于采用非均质天然气水合物饱和度的储层的最上部储层和最下部储层的天然气水合物饱和度不同，开采过程中的有效渗透率也不同，进而对产能造成了不同程度的影响。

　　图5.8（c）（d）中分别呈现了十个案例的 Q_w 和 V_w。从图5.8（c）（d）中可以发现，与采用非均质天然气水合物饱和度的储层相比，采用均质天然气水合物饱和度的储层在开采初期的产水情况更好。可能的原因是：相比于非均质天然气水合物储层的顶部和底部的天然气水合物饱和度，均质天然气水合物储层的顶部和底部的天然气水合物饱和度更高，开采过程中的整体降压效果也更好，故均质天然气水合物储层在开采初期能释放出更多的水。然而，非均质天然气水合物储层内存在多层不同天然气水合物饱和度的天然气水合物地层，开采过程中不同的有效渗透率导致径向分解速率存在差异，储层中部较厚的高饱和度天然气水合物层会释放更多的气体，在一定程度上抑制水的流动，故均质天然气水合物

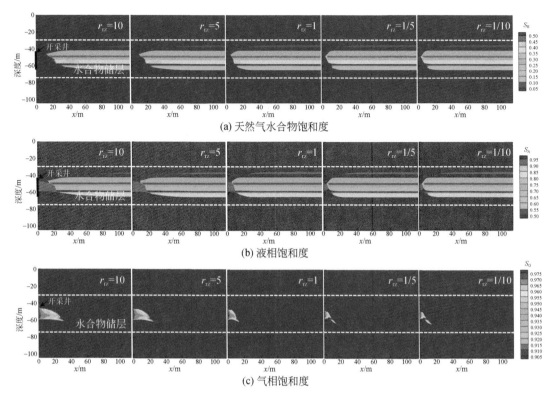

图 5.9　Case 6～Case 10 中，天然气水合物饱和度、液相饱和度和气相饱和度在开采
进行 1800 天时的分布场图

储层在开采初期的产水情况更好。在开采后期，非均质天然气水合物储层的产水情况更好。这是因为非均质天然气水合物储层的顶部和底部的天然气水合物饱和度更低，随着开采的进行，天然气水合物不断分解，顶部和底部天然气水合物层的"阻塞效应"逐渐消失，进而提高了可渗透地层中水的采出（图 5.9）。此外，非均质天然气水合物储层的低饱和度天然气水合物层中，初始有效渗透率较高，可能在一定程度上也增加了产水量。同时，两种不同天然气水合物饱和度的储层的 V_w 也存在一定差异。Case 3 和 Case 6 在开采进行 1800 天时的 V_w 分别约为 245446.87m^3 和 272377.82m^3。

如前所述，开采过程中两种天然气水合物储层中的降压效果不同。因此，如图 5.8（e）所示，天然气水合物分解产气的情况也不同。此外，从图 5.8（f）可见，如果采用加权平均天然气水合物饱和度建立储层模型，进行渗透率各向异性对天然气水合物开采产能的影响研究，总体产气效率会被高估。因此，未来在进行数值模拟预测时，应采用非均质天然气水合物饱和度进行储层建模。

4. 绝对渗透率的影响

为了充分探讨渗透率各向异性对低渗黏土质天然气水合物储层降压开采的影响，进一步设置了绝对渗透率为 $(1～10)×10^{-3}\mu m^2$ 的五个案例进行相关研究（表 5.5）。

表5.5 绝对渗透率不同的案例设置

案例	横向渗透率/（×10⁻³μm²）	垂向渗透率/（×10⁻³μm²）	天然气水合物饱和度/%
Case 11	1	1	16.5
Case 12	5	1	16.5
Case 13	10	1	16.5
Case 14	1	5	16.5
Case 15	1	10	16.5

图5.10呈现了渗透率各向异性对低渗透天然气水合物储层降压开采的影响规律。从图5.10可以发现，降低地层绝对渗透率会明显降低总产气量。与低渗天然气水合物储层相比（图5.5），高渗天然气水合物储层中压力传递的更快，天然气水合物分解更明显。但无论是在渗透率为（10~100）×10⁻³μm²的天然气水合物储层中，还是在渗透率为（1~10）×10⁻³μm²的天然气水合物储层中，各向异性渗透率对流体产出具有相似的影响。如图5.10（a）和图5.10（b）所示，在绝对渗透率为（1~10）×10⁻³μm²的天然气水合物储层中，当$r_{rz}≥1$时，随着r_{rz}的增加，井产气速率和井产水速率明显增加。此外，当r_{rz}<1时，相对较高的垂向渗透率对产气量影响不大，这与渗透率为（10~100）×10⁻³μm²的天然气水合物储层中的开采情况相似。与图5.5（c）中呈现的情况进行对比可发现，在渗透率为（1~10）×10⁻³μm²的天然气水合物储层中，当垂向渗透率大于横向渗透率时，渗透率各向异性对总产气量的影响更为显著[图5.10（c）]。这主要是因为在渗透率为（1~10）×10⁻³μm²的天然气水合物储层中，天然气水合物反应较弱，渗透率各向异性对天然气水合物分解和开采产能的影响更为明显。从图5.10（d）和图5.11（a）中可以看出，在渗透率为（1~10）×10⁻³μm²的天然气水合物储层中，横向渗透率越高，降压效果越好，V_g越高。与图5.5（d）的模拟结果相比，也可以看出类似的演变趋势。此外，从图5.10（c）和图5.10（d）中可见，高垂向渗透率的天然气水合物储层中的天然气水合物分解气明显大于开采井产气，这表明大量的气体留在储层中或者从可渗透上覆地层逃逸而出。然而，储层的横向渗透率越高，越利于气体产出。这主要是由于高横向渗透率利于加快流体流动并提高降压效果，如图5.11所示。图5.10（e）呈现了具有不同r_{rz}值的天然气水合物储层的产水情况，从图5.10（e）的演化曲线和图5.11（d）的场图分布中可发现，渗透率各向异性对产水的影响较大。这可能是由于渗透率为（1~10）×10⁻³μm²的天然气水合物储层中天然气水合物分解速度较慢，渗透率稍有提高，天然气水合物分解便明显加快。此外，如图5.10（f）所示，在绝对渗透率为（1~10）×10⁻³μm²的天然气水合物储层中，高横向渗透率虽利于提高产气，却不利于增加R_{gw}。

本小节通过数值模拟的研究手段，研究了渗透率各向异性对Ⅲ类黏土质天然气水合物储层降压开采的影响。同时，对天然气水合物饱和度和渗透率的影响进行了敏感性分析，得出以下结论：①渗透率各向异性对天然气水合物开采具有显著影响。增大天然气水合物储层的垂向渗透率对天然气采收率的影响有限。增大天然气水合物储层的横向渗透率，产

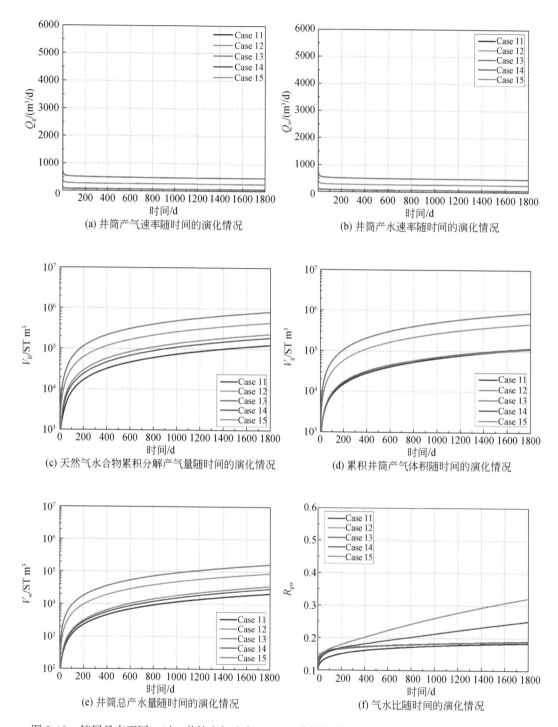

图 5.10　储层具有不同 r_{rz} 时，井筒产气速率（Q_g）、井筒产水速率（Q_w）、天然气水合物累积分解产气量（V_R）、累积井筒产气体积（V_g）、井筒总产水量（V_w）和气水比（R_{gw}）随时间的演化情况

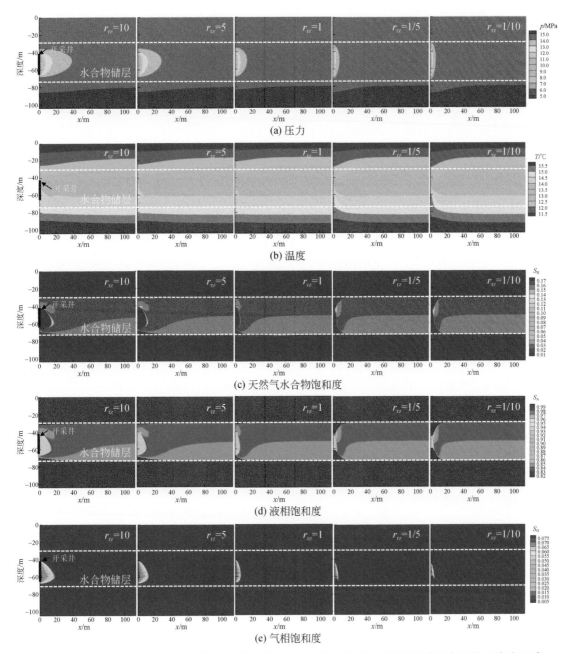

图 5.11　Case 11～Case 15 中，压力、温度、天然气水合物饱和度、液相饱和度和气相饱和度在开采进行 1800 天时的分布场图

气量和产水量均会增加。②采用非均质天然气水合物饱和度建立储层模型进行降压开采模拟的结果与采用均质天然气水合物饱和度建立储层模型模拟的开采情况存在差异。在相同开采条件下，采用均质天然气水合物饱和度建立的储层模型，其产气潜力会被高估。当横向渗透率大于垂向渗透率时，这种区别更加明显。因此，在今后的预测中，应采用非均质

天然气水合物饱和度建立储层模型预测开采情况。③在渗透率为（10~100）×10^{-3} μm^2 的天然气水合物储层中，高横向渗透率有利于提高产能，而在渗透率为（1~10）×10^{-3} μm^2 的天然气水合物储层中，高横向渗透率虽利于产气，但气水比反而降低。因此，在黏土质天然气水合物储层中进行开采时，有必要考虑渗透率各向异性对开采产能的影响。此外，可以采用增产技术尽可能提高高渗天然气水合物储层的横向渗透率。然而，在低渗天然气水合物储层中进行天然气水合物开采时，渗透率各向同性的沉积物可能更适合作为开采目标。

二、中国南海神狐海域 W19 站位

首先，我们根据南海神狐海域 W19 站位的实测地质资料建立了Ⅰ类天然气水合物储层模型，研究了不同初始气相饱和度对Ⅰ类天然气水合物储层产气的影响。然后，进一步分析了天然气水合物储层和游离气层的绝对渗透率（包括各向异性渗透率和各向同性渗透率）和不同降压压力对天然气水合物开采产能的影响，同时定量计算了上下地层中流体对总产水量的贡献以及天然气水合物开采过程中不同渗透率天然气水合物储层中二次天然气水合物的生成量，确定了天然气水合物分解率与天然气水合物二次生成量、井筒产气速率的关系。

（一）地质背景

W19 站位天然气水合物储层为典型的Ⅰ类天然气水合物储层（Wan et al.，2018）。现场钻井和测井显示，在水深 1273.6m，海底以下 136.4~174.4m 处存在一个 38m 厚的高饱和度天然气水合物储层（孙嘉鑫，2018）。该站位的含天然气水合物沉积物岩性以粉砂质黏土和黏土质粉砂为主，孔隙度为 50%，绝对渗透率为 10×10^{-3} μm^2，黏土含量为 17.2%~44.2%，粉砂含量为 55.6%~80.1%（Zhang et al.，2020）。下伏游离气层主要分布在 174.4~193.9m，绝对渗透率较低，平均为 2mD。现场测量显示，海底的温度大约为 4℃。沉积物的湿岩热导率为 2.917W/（m·K），干岩热导率为 1.0W/（m·K）。储层的上下地层均完全饱和水，绝对渗透率均为 1.16×10^{-3} μm^2。

（二）模型构建

本节利用 TOUGH+HYDRATE 数值模拟软件，基于 W19 站位的地质参数，建立了半径为 200m、厚度为 393.9m 的轴对称圆柱形天然气水合物储层模型（图 5.12）。其中，上覆地层的厚度为 136.4m，一直延伸至海底表面。下伏地层延伸至足够厚的深度以确保在天然气水合物开采过程中底边界的温度和压力不变（经过优选，采用厚度为 200m 的下伏地层）。模型的顶部边界和底部边界被设置为流动边界，可以补充天然气水合物系统中开采出的水。垂直开采井位于模拟储层的中心，半径为 0.1m，射孔段从天然气水合物储层延伸至游离气层，长度共为 57.5m。建立的储层和开采井代表了多垂直井系统的一部分。

天然气水合物饱和度最高可达 55.6%（图 5.12）。为了更好地确定含气饱和度和渗透率对开采产能的影响，本小节研究采用整个天然气水合物储层的天然气水合物饱和度的加权平均值，即 24.36%。具体计算方式见第四章第二节第一部分内容。表 5.6 总结了模拟过程中采用的主要储层参数和物性参数。

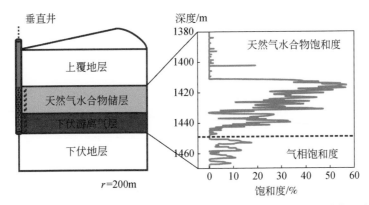

图 5.12 W19 站位天然气水合物储层模型和天然气水合物饱和度分布示意图

表 5.6 天然气水合物储层模型的主要参数和边界条件（Sun et al., 2017; Mao et al., 2021a）

参数	数值	参数	数值
天然气水合物储层厚度	38m	孔隙度 ϕ_1（上覆盖层）	60%
气层厚度	19.5m	孔隙度 ϕ_2（下伏地层）	51%
上覆地层厚度	136.4m	孔隙度 ϕ_3（水合物储层和气层）	50%
下伏地层厚度	200m		
天然气水合物饱和度	24.36%（平均值）	盐度	3.5%
气相饱和度	5.24%（平均值）	气体组成	100% CH_4
天然气水合物储层的绝对渗透率	$K_r = K_z = 10.00 \times 10^{-3} \, \mu m^2$	模拟储层半径	200m
气层的绝对渗透率	$K_r = K_z = 2.00 \times 10^{-3} \, \mu m^2$	压缩系数	$1.00 \times 10^{-8} \, Pa^{-1}$
上覆地层和下伏地层的绝对渗透率	$K_r = K_z = 1.16 \times 10^{-3} \, \mu m^2$	天然气水合物储层底部初始压力	14.80MPa
颗粒密度	2700kg/m³	天然气水合物储层底部初始温度	14.44℃
地温梯度	60 ℃/km	开采压力	4.5MPa
比热容	1000 J/（kg·℃）	S_{irA}	0.5
压缩系数	$1.00 \times 10^{-8} \, Pa^{-1}$	S_{irG}	0.05
干岩热导率 $k_{\Theta RD}$	1.0W/（m·K）	n	5
湿岩热导率 $k_{\Theta RW}$	2.917W/（m·K）	n_G	3
相对渗透率模型（Moridis et al., 2008）	$K_{rA} = (S_A^*)^n$, $K_{rG} = (S_G^*)^{n_G}$ $S_A^* = (S_A - S_{irA})/(1 - S_{irA})$ $S_G^* = (S_G - S_{irG})/(1 - S_{irA})$	毛细管压力模型（van Genuchten, 1980）	$p_c = -p_0 \left[(S^*)^{-1/\lambda} - 1 \right]^{1-\lambda}$, $S^* = (S_A - S_{irA})/(S_{mxA} - S_{irA})$

（三）网格划分

二维储层模型共离散为 29340 ［90（r）×326（z）］个网格。上覆地层的最顶部和下伏地层的最底部被设定为储层边界，即非活动网格，共 180 个网格，温度和压力在模拟开采过程中保持恒定。沿着 r 方向，网格被非均匀地划分。20m 内划分了 45 个网格，井周的网格最小，为 0.1m。此外，假定最外侧的边界不发生流动。同时，由于天然气水合物储层和游离气层在开采过程中的热传质作用显著，沿着 z 方向，天然气水合物储层和游离气层中的网格也被精细划分（$\Delta z = 0.1 \sim 0.5$m），上下地层的网格大小随深度的增大而逐渐增大（$\Delta z > 0.5$m）。模型的最上面和最下面被设置成非常薄的网格（$\Delta z = 0.001$m）以确保模拟得到的是真实的边界行为。

（四）初始化

Ⅰ类天然气水合物储层的初始化过程采用 Moridis 等（2007，2019c）提出的方法。初始化过程中，主要将Ⅰ类天然气水合物储层划分为两个区域：区域①由顶部边界、上覆地层、天然气水合物储层以及非常薄的一层含天然气水合物层底部（气体、水和天然气水合物共存）组成；区域②由非常薄的一层含天然气水合物层底部、游离气层、下伏地层和底部边界组成。区域①中主要采用已知的天然气水合物饱和度、顶部和底部已知的压力和温度进行初始化。区域②重复上述过程。然后，稍微调整底部边界的温度，直至两个区域内的热流完全相同。最后，利用 TOUGH+HYDRATE 软件在不设置降压开采的情况下，对整个系统进行快速的平衡模拟。最终，得到正确的初始结果，如图 5.13 所示。其中，天然气水合物储层的底部初始压力为 14.80MPa。根据天然气水合物的压力–温度平衡曲线，对应的相平衡温度约为 14.54℃。与实际地层中的温度（14.44℃）相比，天然气水合物可稳定存在。

本小节的模拟研究同样采用 4.5MPa 的恒定压力进行天然气水合物开采。同样，开采井单元设定为一种"伪多孔介质"，并假定井内流动满足达西定律。"伪多孔介质"的孔隙度取值为 1，渗透率设置为 $K_r = K_z = 5000000 \times 10^{-3} \mu m^2$，毛细管压力为 $p_c = 0$MPa。

（五）模拟结果和敏感性分析

1. 不同初始气相饱和度的天然气水合物储层产气情况

1）初始气相饱和度设置

W19 站位下伏游离气层初始气相饱和度范围为 0 ~ 16.9%（图 5.12），平均为 5.24%。值得注意的是，Ⅰ类天然气水合物储层的下伏游离气层会对产气行为产生显著的影响。因此，在进行数值模拟时，采用准确的游离气层初始气相饱和度进行储层建模，可以得到更真实的模拟结果。然而，在实际测量时，不同的测量方法可能会获得不同的游离气层含气饱和度，增加模拟预测的不可靠性。为了考虑气相饱和度对开采结果的影响，本小节首先研究了五年开采时间内，不同初始气相饱和度对Ⅰ类天然气水合物储层产气的影响。根据 W19 站位获取的地质数据，我们将气相饱和度（S_G）设置为 3.24% ~ 11.24%（表 5.7）。

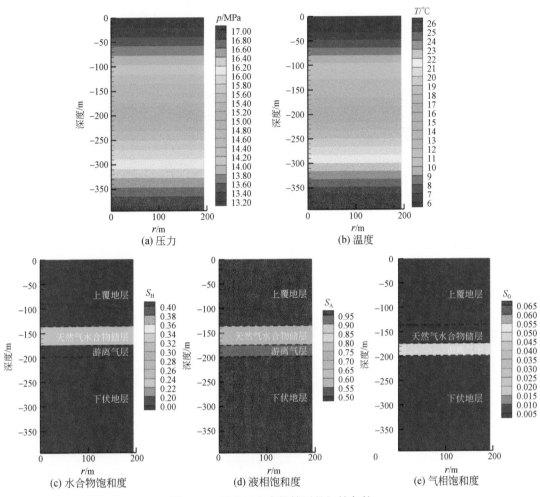

图 5.13　天然气水合物储层的初始条件

表 5.7　不同的气相饱和度设置

案例	气相饱和度/%
Case 1	3.24
Case 2	5.24
Case 3	7.24
Case 4	9.24
Case 5	11.24

2）产气产水情况

图 5.14（a）呈现了五年内 Case 1～Case 5 的 Q_g 演化情况。开采早期，井筒周围天然气水合物快速分解产气，气层的游离气也同时被产出，故 Q_g 非常大。随着开采的进行，天然气水合物分解前缘和开采井之间的压力梯度逐渐减小，且持续的降压开采减低了井筒附近的游离气饱和度，导致 Q_g 逐渐降低。模拟结果表明，Case 5（即 $S_G = 11.24\%$）的 Q_g

显著高于 Case 1（即 $S_G = 3.24\%$）和 Case 2（$S_G = 5.24\%$），且初始 S_G 越高，Q_g 越高，而低 S_G（<5.24%）的 I 类天然气水合物储层对天然气采收率无明显影响。可能的原因是，在模拟中，束缚气饱和度被设定为5%（$S_{irG} = 0.05$）（表5.6），导致游离气层的初始气相饱和度低于或接近5%时，总产气量没有明显变化。相比之下，初始 S_G 较高（>5%）可以显著提高产气速率。但即使是在 Case 5 中，Q_g 的最大值也介于 $900 \sim 2400 \mathrm{m^3/d}$，远低于商业生产水平。

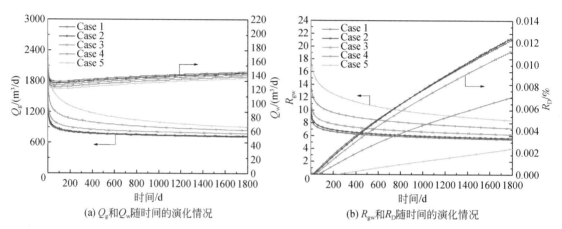

(a) Q_g 和 Q_w 随时间的演化情况　　　　　　　(b) R_{gw} 和 R_D 随时间的演化情况

图 5.14　在不同的初始气相饱和度下，井筒产气速率（Q_g）、井筒产水速率（Q_w）、气水比（R_{gw}）、
天然气水合物分解率（R_D）随时间的演化情况

在五年的开采模拟时间，Q_w 呈现先减小后逐渐增大的趋势。开采早期，Q_w 减小的原因可能是井筒附近的压力梯度随着开采的进行而逐渐减小。而后，随着天然气水合物分解区域的逐渐扩大，上覆渗透地层的流体逐渐侵入天然气水合物储层。同时，天然气水合物分解释放出的水和开采井周气体的降低也可能促进水的开采（图5.15）。此外，储层中游离气层的初始气层饱和度也会对产水情况造成显著影响。Case 1 和 Case 2（$S_G < 5.24\%$）的 Q_w 值高于其余三个案例，这一现象较容易得到解释：在多相渗流的情况中，每一相的运移都会受到另一相的干扰。当游离气层具有较高的初始含水饱和度时，产水速率会被提高。

如图 5.14（b）所示，开采初期，R_{gw} 相对较高；但随着开采的进行，井筒附近的游离气逐渐减少，渗透层的水逐渐流入开采井，降低了 R_{gw}。相比而言，R_{gw} 随气相饱和度的增大而增加，特别是在初始游离气饱和度较高的情况下，即 Case 3 ~ Case 5 的 R_{gw} 更高。

此外，从图 5.14（b）可见，气相饱和度的增加可能会导致整个模拟系统中天然气水合物分解率 R_D 的降低，其原因可能是在天然气水合物开采过程中，天然气水合物层–气层界面或者天然气水合物分解前缘附近生成了二次天然气水合物。相比而言，游离气层中较高的初始气相饱和度更有利于二次天然气水合物的生成（图5.15）。这可能是由于在开采早期，天然气水合物生成速率大于天然气水合物分解速率，导致不同案例的 R_D 一开始没有天然气水合物分解，甚至呈现负值。游离气层的初始气相饱和度越高，天然气水合物层–气层界面或者天然气水合物分解前缘附近生成的二次天然气水合物就越多。因此，整个系统的初始分解时间随着游离气层初始气相饱和度的增加而不断延后。Case 1 ~ Case 5 在

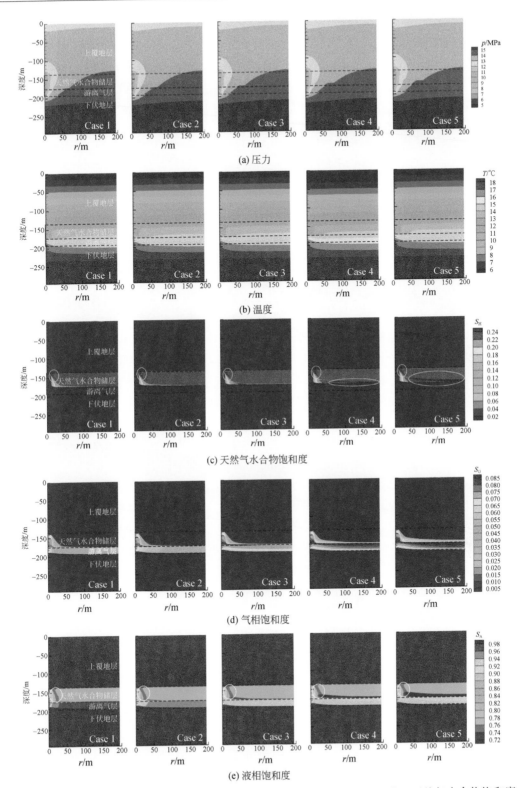

图 5.15　不同初始气相饱和度的条件下，开采 1800 天时，储层的压力、温度、天然气水合物饱和度、
气相饱和度和液相饱和度的空间分布
为了清晰地展示含合物层和游离气层的物理场分布情况，只显示了 100m 的下伏地层，下同

五年开采时间内的天然气水合物分解率小于 1.25%，意味着天然气水合物的分解程度受到了极大的限制，而天然气水合物分解和产气潜能也明显受到下伏游离气层初始气相饱和度的影响（图 5.14、图 5.15）。因此，在产能评价中，初始气相饱和度是一个关键的敏感参数。

　　3）场图分布

　　为了更直观地辨别 Case 1 ~ Case 5 的差异，图 5.15 呈现了开采五年后，储层的物理场分布情况。

　　如图 5.15（a）所示，井周沉积物中可以观察到明显的压力下降。但由于储层的绝对渗透率极低，所有案例中明显发生压降的区域都在距离开采井 35m 的范围内。这些结果验证了图 5.14（a）中 I 类黏土质天然气水合物储层具有低产气量的结果。此外，随着初始气相饱和度的增加，天然气水合物层–气层界面附近降压作用的影响区域逐渐降低。可能的原因是，当初始气相饱和度增加时，更多的游离气受浮力作用向上运移后进入天然气水合物储层，抑制了该界面附近的降压效果，尤其是在下伏游离气层具有较高的气相饱和度时。同时，随着初始气相饱和度的增加，上覆地层中的压降面积也会随着增大。这可能是因为下伏游离气进入天然气水合物储层后生成了二次天然气水合物，极大程度地降低了天然气水合物储层的有效渗透率，从而使得上覆地层中的压降传递效果更好。

　　由于天然气水合物分解引起的吸热反应，分解前缘的上部出现明显的温度"下沉"现象［图 5.15（b）］。在射孔井段下部位置出现了明显的等温线向上移动并合并的现象。造成这一现象的原因是，渗透性下伏地层中的高温流体向上流动进入开采井，抵消了天然气水合物分解引起的温度下降。此外，含有较高初始气相饱和度的地层中，等温线的上移现象比低气相饱和度的地层中的等温线上移现象更明显。这主要是温度较高的游离气体因浮力进入天然气水合物储层所致［图 5.15（d）］。同时，部分游离气体在适当的压力和温度下可生成二次天然气水合物，也会释放出一定的热量［图 5.15（c）］。

　　如图 5.15（c）所示，Case 1 ~ Case 5 的储层中，天然气水合物分解前缘呈规则形状。无论储层含有多少初始气相饱和度，天然气水合物完全分解的面积几乎没有差异。这一结果主要由于除了下伏游离气层的气相饱和度差异较小外，整个模拟系统的初始条件均相同。因此，下伏游离气层的初始气相饱和度可能会显著影响天然气的采收率。此外，下部天然气水合物储层在水平方向上的天然气水合物分解前缘要比上部天然气水合物储层的分解前缘距离开采井更远。这主要是由于下伏地层的高温流体向上运移加速了天然气水合物的分解。此外，在天然气水合物分解前缘上部还能观察到少量的二次天然气水合物生成。这主要是由于天然气水合物分解时产生的吸热作用和稀释作用导致天然气水合物分解前缘的温度和盐度显著降低，加上地层中天然气水合物因压降释放的部分游离气体向上迁移，更有利于在天然气水合物分解前缘上部生成二次天然气水合物。相比而言，当地层具有较高的初始气相饱和度（>9.24%）时，这些高饱和度气体会在一定程度上阻碍天然气水合物的分解，并易在天然气水合物层–气层界面生成二次天然气水合物。其主要原因是下伏游离气层的游离气体在界面附近会因浮力作用进入天然气水合物储层，而该区域又位于天然气水合物的稳定区，故游离气体容易在界面上部生成天然气水合物。相比之下，当初始气相饱和度降至 5.24% 以下时，不同案例中的天然气水合物饱和度的变化较小，类似的结果也可以从图 5.14 中得出。

图 5.15（d）呈现了含有不同初始气相饱和度的天然气水合物储层经过五年的开采后，气相饱和度的空间分布。从图 5.15（d）中可见，高饱和度的游离气主要分布在开采井附近。这主要是由于天然气水合物分解后释放出的气体和下伏游离气层中的游离气体在压差作用下，在井筒附近大量聚集。在 Case 4 和 Case 5 中，天然气水合物层-气体层界面附近气体浓度较高。其原因可能是二次天然气水合物的生成降低了有效渗透率，阻碍了游离气体向上运移（Seol and Myshakin，2011）。随着下伏地层中气相饱和度的增加，天然气水合物层-气层交界面以下的聚集程度更明显，这主要是浮力作用引起的。而当下伏游离气层的初始气相饱和度较低时，则未出现此类现象。这主要是因为下伏游离气层几乎没有气体逸出，特别是当初始气相饱和度小于 5% 时。

图 5.15（e）呈现了含有不同初始气相饱和度的储层经过五年的开采后，液相饱和度的空间分布情况。由于液相饱和度依赖于天然气水合物和游离气的分布。在天然气水合物储层靠近开采井附近可以观察到一个明显的垂向低液相饱和度区。大量游离气在该区域周围聚集，同时在分解前缘生成二次天然气水合物，进而降低了液相饱和度。同样地，下伏游离气层的高气相饱和度有利于气体运移和二次天然气水合物生成，导致天然气水合物层-气层交界面附近液相饱和度较低。相比而言，下伏游离气层的初始气相饱和度越高，该区域的液相饱和度越低。

2. 不同气相饱和度天然气水合物储层中，渗透率各向异性对产能的影响

1）渗透率各向异性设置

如上所述，初始气相饱和度低于 5.24% 的 I 类天然气水合物储层对天然气采收率没有明显影响。初始气相饱和度越高，Q_g 越高；而大于 9.24% 的气相饱和度会阻碍天然气水合物分解，在天然气水合物层-气层界面生成二次天然气水合物。因此，本小节的研究主要基于初始气相饱和度为 5.24% 和 9.24% 的 I 类天然气水合物储层进行。初始气相饱和度为 5.24% 和 9.24% 的天然气水合物储层分别代表了初始气相饱和度较低的天然气水合物储层和初始气相饱和度较高的天然气水合物储层。

Case 6 ~ Case 21 可研究五年内含有不同初始气相饱和度的储层中，不同渗透率（各向同性渗透率和各向异性渗透率）对天然气水合物开采效率的影响（表 5.8 和表 5.9）。r_{rz} 值分别设置为 1、5 和 10。天然气水合物层的各向同性渗透率和各向异性渗透率范围介于 10×10^{-3} ~ $100\times10^{-3}\,\mu m^2$；气层的各向同性渗透率和各向异性渗透率为 2×10^{-3} ~ $20\times10^{-3}\,\mu m^2$。

表 5.8　含有不同渗透率的低气相饱和度天然气水合物储层的模拟案例

案例	天然气水合物储层的渗透率			气层的渗透率		
	$K_r/(\times10^{-3}\,\mu m^2)$	$K_z/(\times10^{-3}\,\mu m^2)$	r_{rz}	$K_r/(\times10^{-3}\,\mu m^2)$	$K_z/(\times10^{-3}\,\mu m^2)$	r_{rz}
Case 2	10	10	1	2	2	1
Case 6	50	50	1	2	2	1
Case 7	100	100	1	2	2	1
Case 8	50	10	5	2	2	1

续表

案例	天然气水合物储层的渗透率			气层的渗透率		
	$K_r/(\times10^{-3}\,\mu m^2)$	$K_z/(\times10^{-3}\,\mu m^2)$	r_{rz}	$K_r/(\times10^{-3}\,\mu m^2)$	$K_z/(\times10^{-3}\,\mu m^2)$	r_{rz}
Case 9	100	10	10	2	2	1
Case 10	10	10	1	10	10	1
Case 11	10	10	1	20	20	1
Case 12	10	10	1	10	2	5
Case 13	10	10	1	20	2	10

表5.9　含有不同渗透率的高气相饱和度天然气水合物储层的模拟案例

案例	天然气水合物储层的渗透率			气层的渗透率		
	$K_r/(\times10^{-3}\,\mu m^2)$	$K_z/(\times10^{-3}\,\mu m^2)$	r_{rz}	$K_r/(\times10^{-3}\,\mu m^2)$	$K_z/(\times10^{-3}\,\mu m^2)$	r_{rz}
Case 4	10	10	1	2	2	1
Case 14	50	50	1	2	2	1
Case 15	100	100	1	2	2	1
Case 16	50	10	5	2	2	1
Case 17	100	10	10	2	2	1
Case 18	10	10	1	10	10	1
Case 19	10	10	1	20	20	1
Case 20	10	10	1	10	2	5
Case 21	10	10	1	20	2	10

2）低气相饱和度天然气水合物储层中，不同渗透率对产能的影响

a. 天然气水合物储层的渗透率不同

如图 5.16（a）所示，开采初期，Q_g 较高，但随着开采的进行，降压区域不断扩大，Q_g 逐渐降低。随着天然气水合物储层渗透率的增加，包括各向同性渗透率和各向异性渗透率的增加，Q_g 增加。然而，不同的渗透率各向异性值对五年内的产气情况影响不同。当储层的其他参数一致，天然气水合物储层具有高渗透率时，生产行为会明显增强，因为高渗透率表明储层中的流体运移通道和压力传递效果更好。在高渗透率的储层中，即 Case 7 和 Case 9 中，可以明显看到天然气水合物分解程度更高，产气情况更好［图 5.17（a）］。这一现象在前人的研究中也曾被报道（Jiang et al.，2012；Merey and Longinos，2018）。同样地，在渗透率较高的天然气水合物储层中，井周高饱和度气体的分布范围也更大，且当垂向渗透率较大时，高饱和度气体的分布更为明显［图 5.17（b）］。这一现象的发生主要是由于来自气层或者由天然气水合物分解产生的游离气会快速向上运移并聚集在低渗透上覆地层之下。可发现 Case 7 和 Case 9 中，上覆地层–天然气水合物层交界面生成的二次天然气水合物更多。

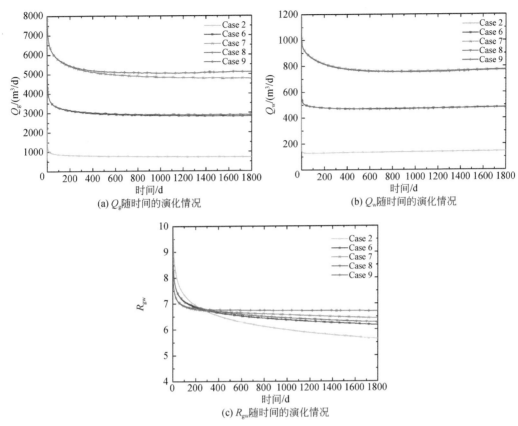

(a) Q_g随时间的演化情况

(b) Q_w随时间的演化情况

(c) R_{gw}随时间的演化情况

图5.16 低气相饱和度天然气水合物储层具有不同渗透率的条件下，井筒产气速率（Q_g）、
井筒产水速率（Q_w）、气水比（R_{gw}）随时间的演化情况

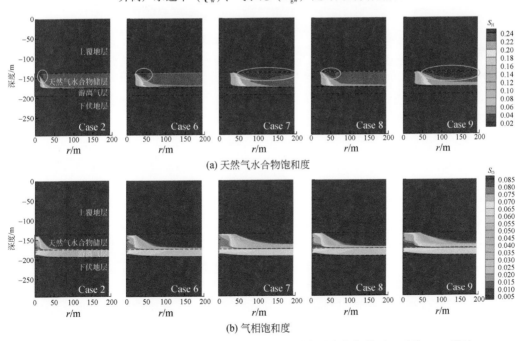

(a) 天然气水合物饱和度

(b) 气相饱和度

图5.17 低气相饱和度天然气水合物储层具有不同渗透率的条件下，开采1800天时，
储层的天然气水合物饱和度和气相饱和度的空间分布情况

此外，储层具有高渗透率（包括各向异性渗透率和各向同性渗透率）时，整个模拟系统的产水量会被增大，但渗透率是否具有各向异性对产水的影响不明显。如图5.16（b）所示，储层具有高渗透率时，产水更有利。主要是由于天然气水合物的快速分解和水在储层内的快速运移。

在开采初期，渗透率增强导致的产气倍数低于产水倍数。因此，Case 6～Case 9 的 R_{gw} 均低于 Case 2 的 R_{gw} [图5.17（c）]。然而，随着开采的进行，Case 6～Case 9 的产气增量逐渐大于产水增量，不同案例的 R_{gw} 演化呈现出差异变化，Case 6～Case 9 的 R_{gw} 不断增大，且较高的各向异性渗透率更有利于开采后期 R_{gw} 的增大。这一结果与低渗透Ⅲ类天然气水合物储层的产气动态预测较为一致（Mao et al.，2020）。因此，在长期生产过程中，尽可能提高Ⅰ类黏土质天然气水合物储层的横向渗透率可以提高产气能力和开采效率。

b. 气层的渗透率不同

当气层的渗透率不同时，尽管初始气相饱和度较低，随着下伏游离气层的渗透率增加，更多的游离气可以被采出 [图5.18（a）]。如图5.19（b）所示，随着下伏游离气层的渗透率的增加，在井筒附近可以观察到较高的气相饱和度，说明 Case 10～Case 13 比 Case 2 更易采出更多的游离气。从整个模拟系统在开采1800天时的 S_H 和 S_G 的分布场图来看（图5.19），Q_g 的增加主要来源于下伏游离气层，并不是主要来源于天然气水合物分解产生的气体。在所有的案例中，天然气水合物的分解面积和二次天然气水合物的生成分布情况近似一致 [图5.19（a）]。此外，气层的渗透率无论是各向同性还是各向异性，对总产气量影响较小。这主要是由于天然气水合物储层的渗透率较低，游离气层的垂向渗透率即使增大，对天然气水合物储层的降压效果的影响也不明显，且甲烷主要从水平方向被采出，而非垂直方向被采出。因此，渗透率无论是各向同性还是各向异性，对开采的结果没有显著影响。

从图5.18（b）可见，高渗透性气层可以增加储层的产水量。渗透率越高，特别是各向同性渗透率越高，气层运移通道越好，产水越多。当储层各个方向的渗透率增加时，可以促进水的采出。因此，提高低初始气相饱和度的游离气层的渗透率并不能有效提高 R_{gw} [图5.18（c）]。类似的结果与孙嘉鑫（2018）的预测非常相似。但气层的渗透率各向异性较高，可以在一定程度上增加 R_{gw}。究其原因，可能是由于气层垂向渗透率的降低会阻碍下伏可渗透性地层的水被抽取，在一定程度上减少了水的产出。

c. 生产行为的定量比较

如上所述，无论是天然气水合物储层还是下伏游离气层，储层的渗透率较高时，利于提高产气、产水，但当气层的渗透率较高时，不利于提高 R_{gw}，且天然气水合物储层中的高渗透率也不能在开采早期增加 R_{gw}。此外，无论是天然气水合物储层还是游离气层，横向渗透率越高，在长期生产过程中生产情况则越好（图5.16、图5.18）。这一小节，我们选择了产气速率、产水速率的平均值和上下地层补充水量与总开采水量的比值（PWIT）来进一步综合比较具有不同渗透率的 Case 2 和 Case 6～Case 13 五年内的开采情况。如图5.20所示，天然气水合物储层具有较高的渗透率，不仅有利于提高产气，也有利于提高产水。气层的渗透率较高可以提高产气，但增气效果不是非常明显。此外，各向异性渗透率对产气量的贡献较小。例如，与 Case 7 的平均 R_{gw} 相比，Case 9 的 R_{gw} 更高。

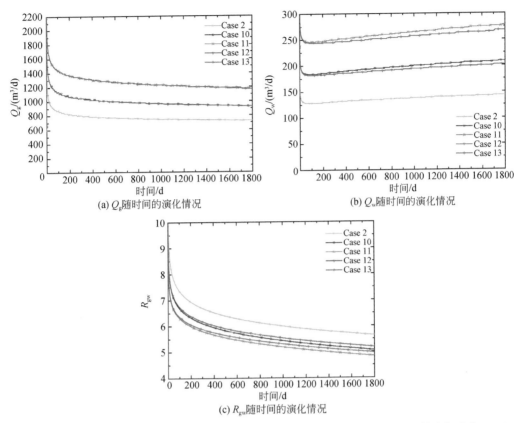

(a) Q_g随时间的演化情况

(b) Q_w随时间的演化情况

(c) R_{gw}随时间的演化情况

图 5.18　低气相饱和度天然气水合物储层中，气层具有不同渗透率的条件下，井筒产气速率（Q_g）、井筒产水速率（Q_w）、气水比（R_{gw}）随时间的演化情况

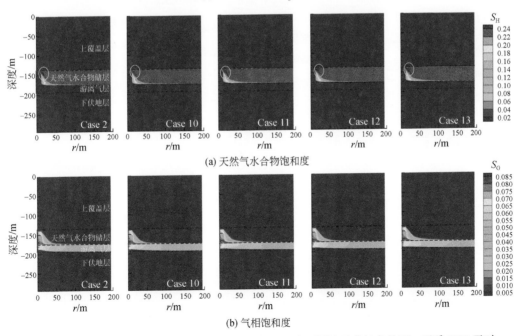

(a) 天然气水合物饱和度

(b) 气相饱和度

图 5.19　低气相饱和度天然气水合物储层中，气层具有不同渗透率的条件下，开采 1800 天时，储层的天然气水合物饱和度和气相饱和度的空间分布情况

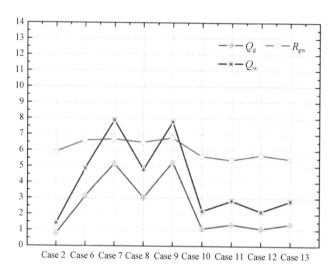

图 5.20　开采五年后，Case 2 和 Case 6 ~ Case 13 的平均井筒产气速率（Q_g）、
井筒产水速率（Q_w）、气水比（R_{gw}）

呈现的 Q_g = 实际平均 Q_g，m³/（天·1000）；呈现的 Q_w = 实际平均 Q_w，m³/（天·500）

以 Case 2 为例，我们也给出了关键界面水流入速率随时间的变化过程。如图 5.21（a）所示，天然气水合物储层顶部的水流入速率大于气层底部的水流入速率。原因可能是：①重力作用更利于水向下流动；②天然气水合物储层的有效渗透率较高，从而增加了上覆地层水的侵入。显然地，从天然气水合物储层上部进入的水和气层下部进入的水的总量小于水的总产出量。与 Case 2 相比，天然气水合物储层的渗透率增大时，PWIT 明显下降，如 Case 6 ~ Case 9［图 5.21（b）］。此外，当渗透率存在各向异性时，可能对 PWIT 会产生轻微影响，如 Case 6 和 Case 8，两个案例的 PWIT 并不相同。

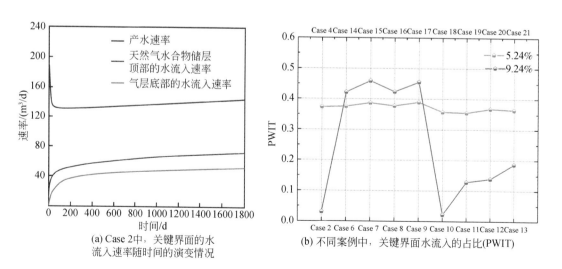

(a) Case 2 中，关键界面的水
流入速率随时间的演变情况

(b) 不同案例中，关键界面水流入的占比(PWIT)

图 5.21　关键界面的水流情况

总而言之，对于含低初始气相饱和度的Ⅰ类天然气水合物储层而言，具有高渗透率，尤其是天然气水合物储层的横向渗透率越高，其产气潜力越大。

3）高气相饱和度天然气水合物储层中，不同渗透率对产能的影响

a. 天然气水合物储层的渗透率不同

如图5.22（a）所示，在高渗透率的天然气水合物储层中，当初始气相饱和度相对较高时（9.24%），可以促进产气。这主要是因为增加天然气水合物储层的渗透率有助于增强降压作用，加速天然气水合物的分解。这些过程可以通过天然气水合物饱和度的空间分布直接揭示。从图5.23（a）可以看出，储层渗透率越高，井筒周围的天然气水合物完全分解区域越大。然而，天然气水合物储层渗透率的增加也利于气体因浮力向上逸出，并在天然气水合物储层顶部生成二次天然气水合物［图5.23（b）］。

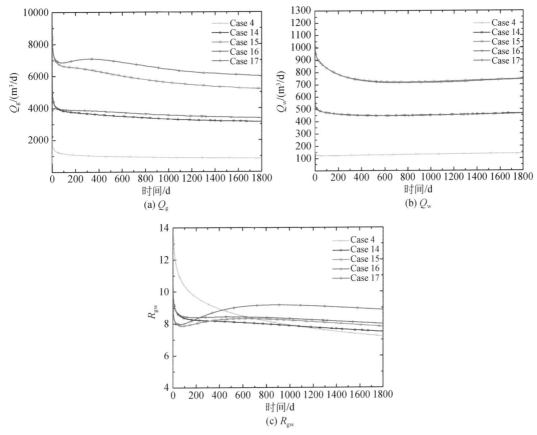

图5.22 高气相饱和度天然气水合物储层具有不同渗透率的条件下，井筒产气速率（Q_g）、井筒产水速率（Q_w）、气水比（R_{gw}）随时间的演化情况

高渗透率储层的运移通道更利于流体运移，也利于在开采过程中天然气水合物的分解产水［图5.22（b）］。开采过程中，气层不断降低的气相饱和度也利于下伏地层中水的流动，进而增加了Case 14~Case 17中水的产出量。相比之下，在低渗天然气水合物储层中进行天然气水合物开采的早期，R_{gw}相对较高，但在长期生产过程中，出现了相反的情况

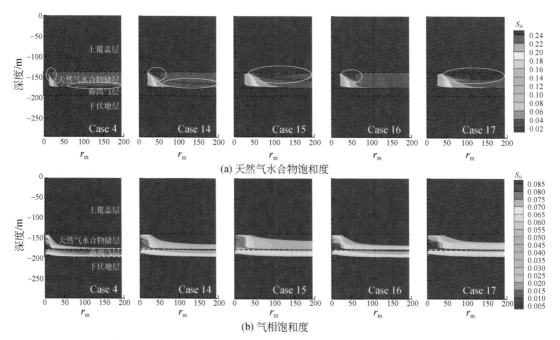

图 5.23　高气相饱和度天然气水合物储层具有不同渗透率的条件下，开采 1800 天时，
储层的天然气水合物饱和度和气相饱和度的空间分布情况

［图 5.22（c）］。究其原因，可能是渗透率增强的天然气水合物储层中，水在早期较容易被提取，导致气体的开采程度较低，故 R_{gw} 降低。然而，随着开采的进行，产气速率的增加幅度大于产水速率的增加幅度。因此，Case 14 ~ Case 17 的 R_{gw} 在开采过程中逐渐超过 Case 4。这一发现表明，天然气水合物储层具有较高的渗透率对提高天然气采收率具有积极意义。

储层渗透率各向异性对产气量的影响较为显著［图 5.22（a）］。具有各向异性渗透率的天然气水合物储层的产气量比具有各向同性渗透率的储层产气量大，且横向渗透率越大，差异越显著。造成这种现象的原因是，天然气水合物储层中的渗透率各向异性可以有效地阻止流体沿垂直方向流动，从而在水平方向上增加降压作用和天然气水合物分解作用。如图 5.23（a）所示，Case 14 和 Case 15 中，天然气水合物储层中部生成的二次天然气水合物会抑制流体的流动，从而在一定程度上降低天然气产量。但是，Case 15 的产水情况与 Case 17 的产水情况没有显著的差异［图 5.22（b）］。一个可能的原因是，甲烷和水的黏度不同，在开采储层中，水的黏度较高，故渗透率各向异性对产水影响不大。

综上所述，I 类天然气水合物储层的含天然气水合物地层具有高各向异性渗透率更利于长期产气，且 r_{rz} 越大，开采效率提高的时间会越早。

b. 气层的渗透率不同

高气相饱和度的 I 类天然气水合物储层的下伏游离气层具有不同渗透率时，生产行为也不同。如图 5.24（a）所示，具有高渗透率的气层更利于提高产气速率。高渗透率也利于提高流体输送能力，这在一定程度上会促进产水，但效果有限［图 5.24（b）］。因此，随着气层渗透率的增加，R_{gw} 也随之提高［图 5.24（c）］，但增高趋势随着开采的进行逐渐降低。当储层的其他参数保持不变时，相比于各向同性渗透率，气层具有各向异性渗透率更利于采气，且横向渗透率越大，增产效果越好。此外，在分解前缘和天然气水合物层-气层的交界面处还可以观察到二次天然气水合物的生成［图 5.25（a）］。相比而言，气层的渗透率为各向异性时，二次天然气水合物的生成量越少。这主要是由于气层垂向渗透率越低，气体向上自由运移到天然气水合物储层内的量就越少，故在天然气水合物层-气层的交界面，生成的二次天然气水合物就越少。总体而言，对于高气相饱和度的 I 类天然气水合物储层而言，提高其气层渗透率，特别是气层的横向渗透率，可以在数年内提高产气效率，但这种优势会随着开采的进行逐渐消失。

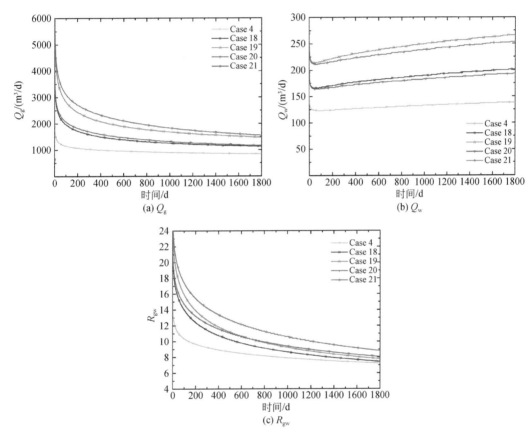

图 5.24　高气相饱和度天然气水合物储层中，气层具有不同渗透率条件下，井筒产气速率（Q_g）、
井筒产水速率（Q_w）、气水比（R_{gw}）随时间的演化情况

c. 生产行为的定量比较

如上所述，对于高气相饱和度的 I 类天然气水合物储层，增加天然气水合物储层或下伏游离气层的渗透率有利于流体提取和气体采出。与各向同性渗透率相比，无论是天然气水合物储层还是游离气层，高横向渗透率更有利于降低 Q_w，提高 Q_g 和 R_{gw}。然而，天然气水合物储层的高渗透率不利于提高开采早期的 R_{gw}。

这一小节，我们也对五年内 Case 4 和 Case 14 ~ Case 21 的平均产气产水情况和 PWIT 进行综合比较。如图 5.26 所示，当天然气水合物储层的渗透率较高时，天然气水合物分

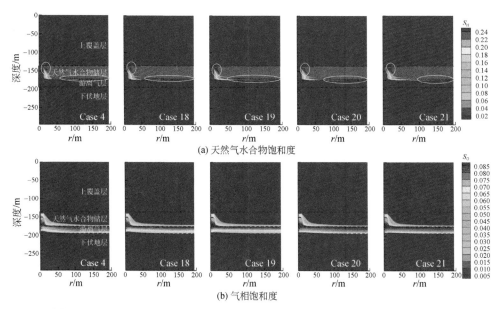

图 5.25　高气相饱和度天然气水合物储层中，游离气层具有不同渗透率的条件下，开采 1800 天时，
储层的天然气水合物饱和度和气相饱和度的空间分布情况

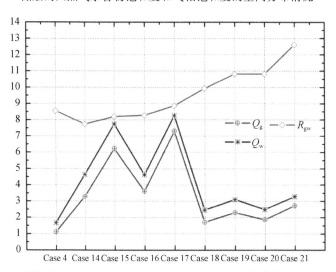

图 5.26　开采五年后，Case 4 和 Case 14 ~ Case 21 的平均井筒产气速率（Q_g）、
井筒产水速率（Q_w）、气水比（R_{gw}）

注：呈现的 Q_g = 实际平均 Q_g，$m^3/$（天·1000）；呈现的 Q_w = 实际平均 Q_w，$m^3/$（天·500）

解和流体采出效率增高。Case 14 ~ Case 17 的平均 Q_g 和平均 Q_w 显著提高。当储层渗透率增加 10 倍时，Case 17 的平均 Q_g 从 1100m^3/d 增加到 7290m^3/d。此外，随着天然气水合物储层渗透率的提高，PWIT 显著降低 [图 5.21（b）]。然而，从平均 R_{gw} 来看，天然气水合物储层的高渗透率并不都有利于提高 R_{gw}。需要注意的是，各向异性渗透率会显著影响 R_{gw}，当 r_{rz} 大于 10 时，会显著提高 R_{gw}。在气层渗透率增大的情况下，渗透率各向异性对产能造成的影响比较明显，即 Case 14 ~ Case 17 的 R_{gw} 更高。Case 21 的 R_{gw} 在 Case 14 ~ Case 21 中

最大，达 12.6。但在 Case 21 中，气层的渗透率较大，PWIT 显著降低。综上所述，具有较高的初始气相饱和度的 I 类天然气水合物储层的渗透率各向异性越高，即 $r_{rz}>10$，越利于提高长期产气能力。

4) 渗透率各向异性情况下，天然气水合物分解率与二次天然气水合物生成量、产气速率的关系

在天然气水合物开采过程中，二次天然气水合物的生成会导致储层渗透率的降低，甚至堵塞（White et al.，2011）。如上述天然气水合物分布场图所示，即图 5.15、图 5.17、图 5.19、图 5.23 和图 5.25，二次天然气水合物生成于天然气水合物分解前缘和/或天然气水合物层–气层交界面。而二次天然气水合物的生成主要取决于不同的储层条件，如气相饱和度和初始绝对渗透率不同。因此，明确二次天然气水合物生成与产气情况的关系可以优化天然气水合物的开采策略（Reagan et al.，2010）。目前，一般通过天然气水合物饱和度的空间分布来定性识别二次天然气水合物的生成情况（Seol and Myshakin，2011），较少有研究定量分析二次天然气水合物对天然气水合物分解和产气性能的影响。因此，我们定量计算了开采五年后的二次天然气水合物生成量，探讨了二次天然气水合物的生成量对实际天然气水合物分解率（R_D^*）与视天然气水合物分解率（R_D）造成的差异。同时，我们对天然气水合物分解率（包括 R_D^* 和 R_D）与产气速率的关系也进行了分析。

a. 天然气水合物分解率和二次天然气水合物生成量的关系

在天然气水合物开采过程中，天然气水合物储层中生成二次天然气水合物在场图中的表现是对应区域呈现较高的 S_H，本研究中红色区域为生成的二次天然气水合物的分布区域。为了得到不同案例的场图中红色区域代表的实际天然气水合物量，我们采用了两种方法进行天然气水合物量的计算，即①储层平均天然气水合物饱和度（场图中橘色区域的平均饱和度）乘以红色区域的孔隙体积；②每个网格实际天然气水合物饱和度乘以其对应的体积累积值，并对结果进行比较。定量计算结果表明，在不同案例中，虽然采用了两种方法进行二次天然气水合物生成量的计算，但两种方法计算得到的结果的误差主要在 0.19%~1.06%，在允许的误差范围内。因此，我们采用了式（5.3）和式（5.4）分别计算了二次天然气水合物的生成量（V_3）和 R_D：

$$V_3 = V_1 - V_2 \tag{5.3}$$
$$R_D = V_4 - V_3/V_5 \tag{5.4}$$

式中：V_1 为红色区域天然气水合物的体积；V_2 为该区域对应的未分解天然气水合物的体积，可通过上述提及的方法计算获得；V_4 为天然气水合物的实际分解体积；V_5 为天然气水合物储层中，天然气水合物被开采前的原始总体积。经过计算，所有情况下 V_3 的值如表 5.10 所示。R_D^* 与 R_D 的差值如图 5.27 所示。

表 5.10　不同案例中，二次天然气水合物的生成量（m^3）

Case 2	Case 6	Case 7	Case 8	Case 9	Case 10	Case 11	Case 12	Case 13
14.38	251.87	10467.53	259.77	11557.28	22.58	29.60	29.18	40.63
Case 4	Case 14	Case 15	Case 16	Case 17	Case 18	Case 19	Case 20	Case 21
2184.29	2552.52	12392.91	476.94	11289.69	3742.65	3265.37	1528.44	857.58

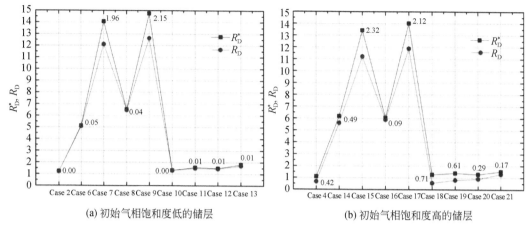

(a) 初始气相饱和度低的储层　　　　　(b) 初始气相饱和度高的储层

图 5.27　不同案例五年内 R_D^* 和 R_D 的差异

图中数字代表 R_D^* 和 R_D 的差值

　　如表 5.10 所示，在初始气相饱和度低的天然气水合物储层中，具有较高渗透率的天然气水合物储层或游离气层会生成较多的二次天然气水合物。天然气水合物储层或游离气层渗透率越高，二次天然气水合物生成越多，且渗透率存在各向异性时，更利于增加二次天然气水合物的生成量。相比之下，气层的渗透率较高时，不同渗透率对二次天然气水合物生成的影响较小。但在初始气相饱和度高的天然气水合物储层中，渗透率变化对二次天然气水合物生成的情况存在较明显的差异。当储层的渗透率为各向同性时，无论是天然气水合物储层还是气层，渗透率越高，生成的二次天然气水合物越多。当天然气水合物储层或气层的渗透率为各向异性时，不同案例的二次天然气水合物生成情况存在较大差异，即天然气水合物储层中，高渗透率可能有助于生成二次天然气水合物，而气层的渗透率较高可能会抑制二次天然气水合物的生成。因此，Ⅰ类天然气水合物储层的各向异性渗透率对开采过程中二次天然气水合物的生成量具有明显影响。

　　图 5.27 显示了不同案例在五年开采期内 R_D^* 与 R_D 的差异。对于初始气相饱和度较低的Ⅰ类天然气水合物储层，从图 5.27（a）可以看出，只要天然气水合物储层的渗透率增加 5 倍以上，二次天然气水合物的生成对天然气水合物分解率的影响则较明显，但游离气层的渗透率造成的影响则较小。Case 9 中二次天然气水合物的生成显著影响了天然气水合物的分解率。随着横向渗透率的增加，R_D^* 从 Case 2 的 1.25 增加到 Case 9 的 14.83，差值为 2.15。对于初始气相饱和度较高的Ⅰ类天然气水合物储层，二次天然气水合物的生成也会对天然气水合物分解率造成较为显著的影响。从图 5.27（b）可以发现，二次天然气水合物的生成导致了较小的 R_D，这意味着二次天然气水合物的生成降低了该类储层的产气能力。相比之下，Case 15 中的二次天然气水合物生成量最大，对天然气水合物分解速率的影响最明显。

　　b. 天然气水合物分解率与产气速率的关系

　　通过 Spearman's rank 关联系数（Thrailkill et al.，2010），我们进一步确定了天然气水合物分解率和五年内平均产气速率之间的关系。由表 5.11 可知，不同案例中，R_D^* 和 R_D 与产气速率高度相关。这一结果表明，Ⅰ类天然气水合物储层的产气动态与天然气水合物分解情况密切相关。

表 5.11　**Spearman's rank 关联系数**

相关参数	初始气相饱和度低的 I 类天然气水合物储层的产气速率	初始气相饱和度高的 I 类天然气水合物储层的产气速率
R_D^*	0.979	0.983
R_D	0.979	0.967

对于初始气相饱和度较低的 I 类天然气水合物储层，产气速率与 R_D^*、R_D 的关系较为一致，表明二次天然气水合物生成对产气速率的影响较小。这主要是因为二次天然气水合物生成于分解前缘上部或天然气水合物储层顶部（图 5.17、图 5.19），对产气性能影响不大。但对于初始气相饱和度较高的 I 类天然气水合物储层，产气速率与 R_D 的相关性低于产气速率与 R_D^* 的相关性，说明产气速率受二次天然气水合物生成的影响。产生这种现象的原因可能是，二次天然气水合物在天然气水合物储层中部或天然气水合物层–气层交界面生成，从而显著影响了开采过程中天然气水合物的分解行为和流体运移（图 5.23、图 5.25）。

综上所述，在不同渗透率的 I 类天然气水合物储层中，产气速率与天然气水合物分解率具有较高的相关性。较高的渗透率会加速压力传递，导致更明显的天然气水合物分解，从而提高天然气水合物分解产气的性能。因此，天然气水合物分解量是影响类似 I 类天然气水合物储层产气动态的主要因素之一。

3. 渗透率各向异性和气相饱和度不同的情况下，降压压力对产能的影响

降压压力是影响天然气水合物产气的重要因素之一（Zhang et al., 2016）。我们进一步设置了 18 个案例，考虑了 6MPa 开采条件下，不同开采压力对 I 类天然气水合物储层生产性能的影响（表 5.12）。

表 5.12　**不同渗透率和气相饱和度的数值模拟案例设置**

气相饱和度	案例	天然气水合物储层的渗透率			气层的渗透率		
		$K_r/(\times10^{-3}\mu m^2)$	$K_z/(\times10^{-3}\mu m^2)$	r_{rz}	$K_r/(\times10^{-3}\mu m^2)$	$K_z/(\times10^{-3}\mu m^2)$	r_{rz}
5.24%	Case 22	10	10	1	2	2	1
	Case 23	50	50	1	2	2	1
	Case 24	100	100	1	2	2	1
	Case 25	50	10	5	2	2	1
	Case 26	100	10	10	2	2	1
	Case 27	10	10	1	10	10	1
	Case 28	10	10	1	20	20	1
	Case 29	10	10	1	10	2	5
	Case 30	10	10	1	20	2	10

续表

气相 饱和度	案例	天然气水合物储层的渗透率			气层的渗透率		
		$K_r/(\times 10^{-3}\,\mu m^2)$	$K_z/(\times 10^{-3}\,\mu m^2)$	r_{rz}	$K_r/(\times 10^{-3}\,\mu m^2)$	$K_z/(\times 10^{-3}\,\mu m^2)$	r_{rz}
9.24%	Case 31	10	10	1	2	2	1
	Case 32	50	50	1	2	2	1
	Case 33	100	100	1	2	2	1
	Case 34	50	10	5	2	2	1
	Case 35	100	10	10	2	2	1
	Case 36	10	10	1	10	10	1
	Case 37	10	10	1	20	20	1
	Case 38	10	10	1	10	2	5
	Case 39	10	10	1	20	2	10

　　图 5.28 呈现了不同开采压力和渗透率条件下，初始气相饱和度较低的 I 类天然气水合物储层的 Q_g 和 R_{gw} 随时间的演化情况。从图 5.28 可以看出，初始气相饱和度较低的 I 类天然气水合物储层中，当其他参数不变时，Q_g 随开采压力的减小而增大。这主要是因为开采井与天然气水合物储层之间的高压差加速了天然气水合物分解和气体的产出。Case 7 与 Case 9 的差异略大于 Case 24 与 Case 26 的差异，这表明在较低的开采压力下，渗透率各向异性对产气量的影响更为显著。此外，较低的井底压力和较高的渗透率可以在一定程度上增加 R_{gw}。天然气水合物储层的渗透率增加时，R_{gw} 的增加幅度更为明显。图 5.29 呈现了在不同开采压力和渗透率条件下，初始气相饱和度较高的 I 类天然气水合物储层的 Q_g 和 R_{gw} 随时间的演化情况。对于初始气相饱和度较高的 I 类天然气水合物储层，如果井底压力降低，其他参数保持不变，也有利于提高 Q_g 和 R_{gw}。与 Case 33 与 Case 35 的预测结果相比，Case 15 与 Case 17 的预测结果差异较小。综上所述，较低的开采压力更利于提高 I 类天然气水合物储层的产气能力。

　　本小节系统研究了绝对渗透率和降压开采压力对不同初始气相饱和度的 I 类天然气水合物储层的产能影响。同时，定量分析了二次天然气水合物生成、天然气水合物分解率和

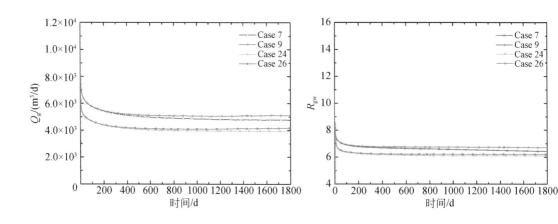

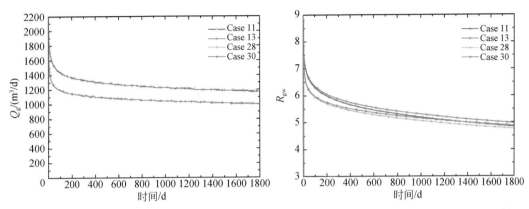

图 5.28　在不同开采压力下，初始气相饱和度较低的I类天然气水合物储层的 Q_g 和 R_{gw} 随时间的演化情况

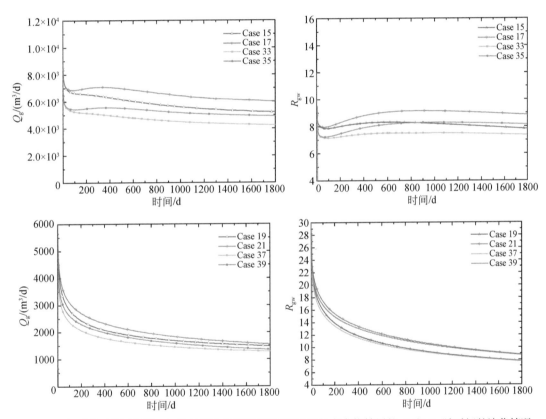

图 5.29　在不同开采压力下，初始气相饱和度较高的I类天然气水合物储层的 Q_g 和 R_{gw} 随时间的演化情况

上下地层中的地层水对开采效率的影响。得出以下结论：①具有低初始气相饱和度的 I 类天然气水合物储层的产能较低。虽然具有高初始气相饱和度的 I 类天然气水合物储层的产能更好，但容易在天然气水合物层-气层交界面附近生成二次天然气水合物，降低天然气水合物分解率。因此，应将游离气层的初始气相饱和度作为 I 类天然气水合物储层开采评

价的关键敏感参数之一。②对于低初始气相饱和度的Ⅰ类天然气水合物储层，天然气水合物层的绝对渗透率越高，特别是横向渗透率越高，产气性能越好，同时能降低PWIT。但天然气水合物储层具有越高横向渗透率时，更易生成二次天然气水合物。当天然气水合物层的绝对渗透率增加5倍以上时，二次天然气水合物的生成对天然气水合物分解率会造成影响显著。对于高初始气相饱和度的Ⅰ类天然气水合物储层，当天然气水合物层或气层的绝对渗透率较高时，开采能力更强。且横向渗透率越高，长期开采性能越好，PWIT越低。但当渗透率各向异性值大于5时，横向渗透率越大，二次天然气水合物生成越多，在一定程度上会降低天然气水合物的分解率。③Ⅰ类天然气水合物储层的产气速率与天然气水合物分解率具有较高的相关性。较低的开采压力有利于提高不同渗透率的Ⅰ类天然气水合物储层的产气性能。天然气水合物分解率和降压开采值是影响Ⅰ类天然气水合物储层生产性能的重要因素。

第三节　地层倾斜对天然气水合物开采的影响
——以日本 Nankai 海槽为例

　　倾斜天然气水合物储层在自然界中分布广泛（图5.30）。截至目前，日本已在 Nankai 海槽进行了两次天然气水合物试开采。这两次试开采均在倾角约为20°的天然气水合物储层中进行，且两次试开采结果得到的实时产气产水情况已公开发表，可为储层倾角对天然

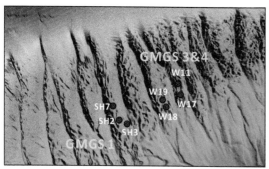
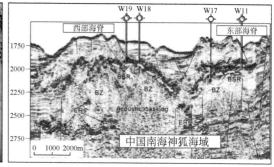

(a) 中国南海神狐海域

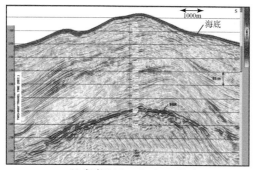

(b) 印度Krishna-Godavari盆地

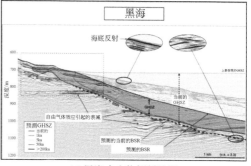

(c) 黑海水合物倾斜储层

图 5.30　倾斜天然气水合物储层

［据 Riboulot 等（2018）；Wegner 和 Campbell（2014）；Zhang 等（2020）修改］

气水合物开采影响的理论研究提供大量数据支撑。为此，本节基于数值模拟的研究手段，采用 2013 年日本 Nankai 海槽天然气水合物储层现场试采资料，首先在倾角为 20°的倾斜天然气水合物储层中进行了垂直井降压开采天然气水合物的拟合验证。证实所建地质模型和参数取值的可靠性后，进行了位于不同构造位置的水平井降压开采天然气水合物的模拟，分析了储层的响应特性和渗流规律，揭示了开采产能差异。本节可以加强储层特征对天然气水合物开采产能影响的认识，揭示海洋天然气水合物开采过程中储层倾角对开采响应的影响机制，从而为海洋天然气水合物开采方案设计提供理论基础和科学依据。

一、地质背景及模型建立

自然界中含天然气水合物地层起伏形态各异，倾角不一。为了研究储层倾角对天然气水合物开采产能的影响，本节选取起伏地层的典型部位［图 5.31（a）］，基于 2013 年日本 Nankai 海槽试开采站位的地质参数和地形参数，利用 TOUGH+HYDRATE 软件，建立了地层倾角约 20°的三维地质模型进行了开采模拟。

根据已有公开报道文献资料，日本 Nankai 海槽试开采站位约 63m 厚的天然气水合物储层可划分为 GHBS1 储层、GHBS2 储层和 GHBS 储层三层，各层厚度分别为 14m、15m、33m。其中，GHBS1 储层和 GHBS3 储层主要为高天然气水合物饱和度和高渗砂质天然气水合物储层，GHBS2 储层主要为低渗泥质天然气水合物储层［图 5.31（b）］。详细的储层的物性参数

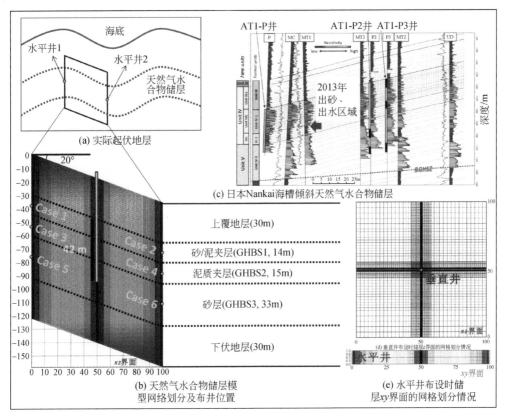

图 5.31　倾斜储层模型构建示意图

和网格划分可参见 Sun 等（2016）和 Mao 等（2021b）。模型的上下边界均为恒温、恒压边界；两侧垂直边界假定没有热量和流体通过。具体初始化结果如图 5.32 所示。

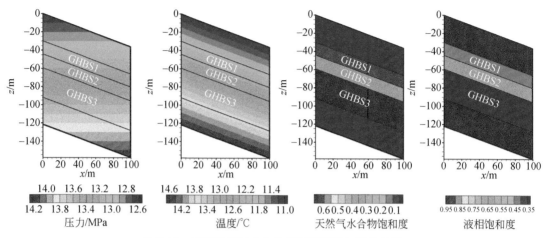

图 5.32　倾斜天然气水合物储层模型的初始化结果

二、2013 年垂直井试采结果验证

　　首先，将垂直井布设于三维倾斜天然气水合物储层的中心 [图 5.31（b）、图 5.31（d）]，采用 TOUGH+HYDRATE 并行版（Zhang et al.，2008）进行了垂直井定压降压开采倾斜天然气水合物储层的模拟。通过将模拟的产气速率、产水速率与实际报道数据进行拟合比较，验证所建模型的可靠性和参数取值的准确性。

　　所建三维模型尺寸为 100m（x）×100m（y）×120m（z），网格共计 5850（xy）× 128（z）= 748800 个 [图 5.31（c）]。由于井眼附近传热传质比较剧烈，所以对井周网格进行了加密处理。在 x 轴方向采用不等间距的划分方式，最小网格尺寸为 0.1m，最大网格尺寸为 4.0m，同样在 y 轴方向也采用了类似划分方式，网格尺寸介于 0.1～3.0m，z 轴方向网格尺寸为 1.0m。前期研究表明上述网格划分能够满足天然气水合物藏数值模拟精度要求（Moridis and Reagan，2007）。根据现场开采的实际情况，垂直井的完井段由 GHBS1 储层顶部延伸至 GHBS3 储层中部，共计 42m（Sun et al.，2016）。井底压力设定为 4.5MPa。

　　模拟结果表明，产气预测结果与实际试采数据拟合效果较好，但产水速率与试采结果存在一些偏差（图 5.33）。前期预测结果同样表明，产水速率较难与现场实际完全吻合（Huang et al.，2015；Sun et al.，2016；Yuan et al.，2017；Feng et al.，2019a）。可能的原因是：一方面，实际天然气水合物试采时，井筒内会采用防砂措施，在一定程度上会降低产水量（Yamamoto et al.，2019）；另一方面，现有的相对渗透率模型可能与实际天然气水合物分解过程中的相对渗透率演化存在偏差，从而造成产水速率拟合效果不佳（何斌，2017）。总的来说，模拟获取的产水情况能够较贴近实际产出数据。因此，本小节所建的倾斜模型及选取的主要参数可运用于水平井开采预测研究。

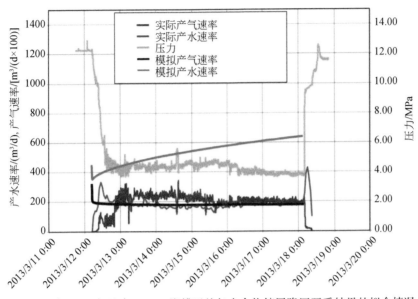

图 5.33　与 2013 年日本 Nankai 海槽天然气水合物储层降压开采结果的拟合情况

[据 Yamamoto 等（2014）修改]

三、水平井开采模拟研究

为了简化水平井开采预测研究，本节以倾斜天然气水合物储层中单位长度的水平井作为研究对象。模型尺寸设定为 100m（x）×1m（y）×120m（z），对应的网格数量为 500（xy）×249（z）= 124500 个 [图 5.31（b）和图 5.31（e）]。在 x 轴方向，采用不等间距的网格划分方式，其中最小网格为 0.1m，最大网格为 1.0m；在 y 轴方向，网格划分均为 0.5m；在 z 轴方向，天然气水合物储层的网格为 0.5m，并对井周网格进行了加密处理。水平井分别布设于天然气水合物储层不同的构造部位 [图 5.31（b）]，即 GHBS1 储层（Case 1 和 Case 2）、GHBS2 储层（Case 3 和 Case 4）和 GHBS3 储层（Case 5 和 Case 6）的上倾处和下倾处（表 5.13）。模拟时采用 4.5MPa 进行定压开采。模拟结果假设水平井沿 y 轴方向延伸 100m。

表 5.13　水平井布设于不同天然气水合物储层不同的构造部位的案例

位置	案例	位置	案例
GHBS1 上倾处	Case 1	GHBS1 下倾处	Case 2
GHBS2 上倾处	Case 3	GHBS2 下倾处	Case 4
GHBS3 上倾处	Case 5	GHBS3 下倾处	Case 6

四、模拟结果与讨论

图 5.34 呈现了水平井位于不同构造部位时，产气产水的演化情况。图 5.35 ~ 图 5.37 呈现了水平井布设在不同构造位置进行开采时的物理场分布情况。

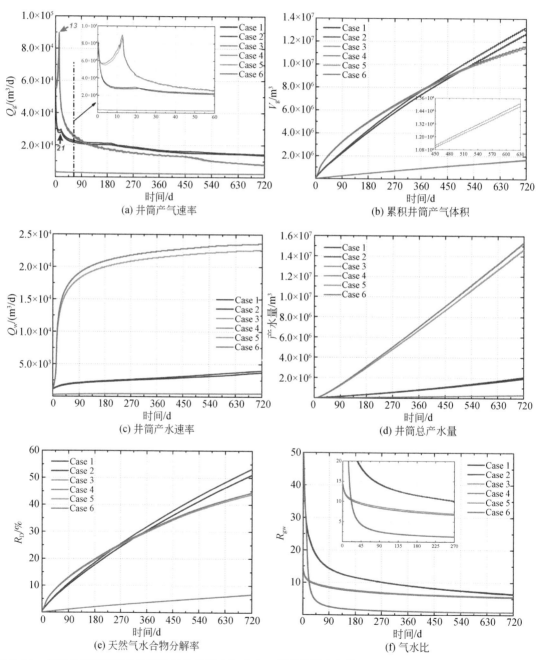

图 5.34　水平井位于不同构造部位时的井筒产气速率、累积井筒产气体积、井筒产水速率、井筒总产水量、天然气水合物分解率和气水比的演化情况

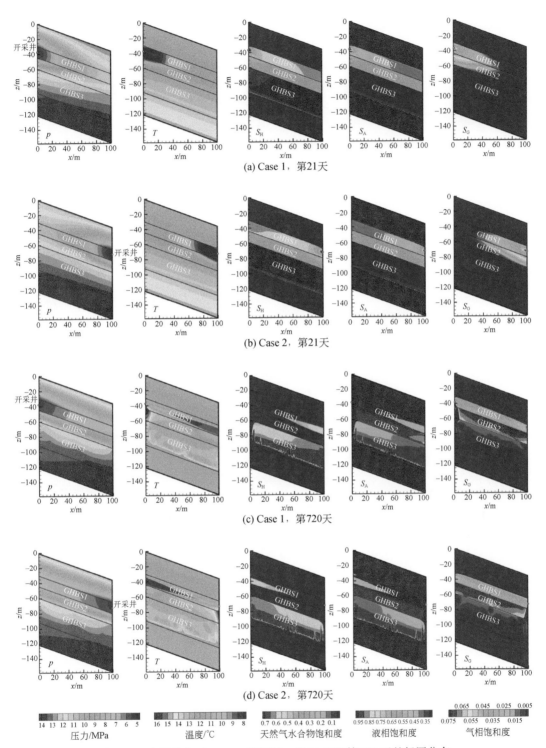

(a) Case 1，第21天

(b) Case 2，第21天

(c) Case 1，第720天

(d) Case 2，第720天

压力/MPa　温度/℃　天然气水合物饱和度　液相饱和度　气相饱和度

图 5.35　水平井位于 GHBS1 储层时，第 21 天和第 720 天的场图分布

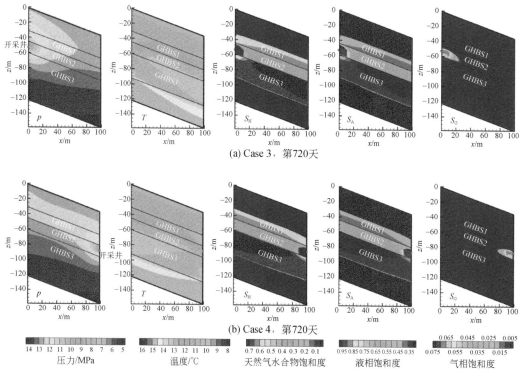

(a) Case 3，第720天

(b) Case 4，第720天

14 13 12 11 10 9 8 7 6 5
压力/MPa

16 15 14 13 12 11 10 9 8
温度/℃

0.7 0.6 0.5 0.4 0.3 0.2 0.1
天然气水合物饱和度

0.95 0.85 0.75 0.65 0.55 0.45 0.35
液相饱和度

0.065 0.045 0.025 0.005
0.075 0.055 0.035 0.015
气相饱和度

图 5.36　水平井位于 GHBS2 储层时，第 720 天的场图分布

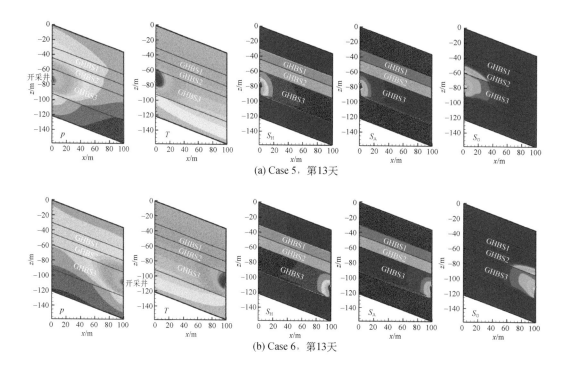

(a) Case 5，第13天

(b) Case 6，第13天

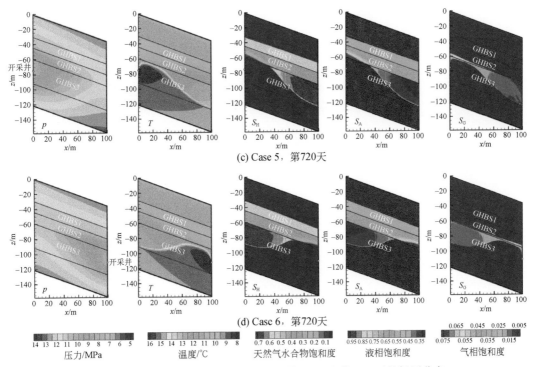

(c) Case 5，第720天

(d) Case 6，第720天

图 5.37　水平井位于 GHBS3 储层时，第 13 天和第 720 天的场图分布

（一）井筒产气速率和累积井筒产气体积

位于 GHBS3 储层的水平井开采进行到第 13 天左右时，产气速率存在一个明显的转折点，累积产气量的增幅也在此之后逐渐降低 ［图 5.34（a）］。推测其原因可能是开采进行 13 天后，位于 GHBS3 储层内水平井下部的天然气水合物分解完全，使得分解后的高渗储层和下覆地层直接沟通，水流上涌通道被打开，对产气速率造成了影响（图 5.37）。同样地，位于 GHBS1 储层内的水平井的上部天然气水合物在大约 21 天后分解完全（图 5.35），Case 2 的产气速率也有所下降。与 Case 6 相比，Case 5 的拐点出现的时间稍晚，这说明了地层倾斜对天然气水合物分解行为会产生影响。

在同一倾斜砂质天然气水合物储层中，即 GHBS1 储层或 GHBS3 储层中，水平井布设在构造低部位时的产气速率和产气量要优于其位于储层构造高部位时的产气情况 ［图 5.34（a）和图 5.34（b）］，即 Case 2 和 Case 6 的产气情况优于 Case 1 和 Case 5 的产气情况。从平均日产气速率中也可看出水平井位于构造低部位时，产气更佳（表 5.14）。Case 2 比 Case 1 的平均日产气速率高 768.03m³/d，Case 6 比 Case 5 的平均日产气速率高 216.06m³/d。在倾斜储层中，虽然构造高部位储层初始压力略低于构造低部位储层的初始压力，但开采过程中孔隙压力分布主要受驱动压差的影响，重力作用的影响十分微弱，传热流体由高压力处逐渐往低压力处运移，最终进入开采井。如图 5.35 和图 5.37 所示，天然气水合物分解过程中，最大压降发生在井壁周围。在相同降压幅度情况下，低构造部位储层的开采压差下降略高，井周天然气水合物分解较快，气/水运移时的压差驱动力更大。

因此，Case 2 和 Case 6 相较于 Case 1 和 Case 5 情况下的天然气水合物储层分解更多 [图 5.34 (e)、图 5.35 和图 5.37]。Case 2 中部分分解气体还会因为浮力作用向上运移聚集于上覆低渗泥质储层之下 [图 5.35 (d)]。在渗透率较低的倾斜泥质天然气水合物储层 (GHBS2 储层) 中，水平井位于不同构造部位时的开采产能相差不大，影响十分微弱 [图 5.34 (e) 和图 5.36]。如表 5.14 所示，水平井位于 GHBS2 储层构造低部位时，天然气水合物分解产气量仅略有增加，平均日产气速率比位于构造高部位的水平井的平均日产气速率高 44.35m³/d。总体而言，水平井位于天然气水合物储层构造低部位时的产气情况更佳。Case 2 的天然气水合物分解率略高于 Case 1 的天然气水合物分解率 [图 5.34 (e)]，这表明水平井位于倾斜天然气水合物储层的构造低部位时，产气能力更强。

表 5.14　水平井位于储层不同构造部位时的平均日产气速率和平均日产水速率 （m³/d）

储层	构造高部位的平均日产气速率	构造低部位的平均日产气速率	平均日产气速率差值	构造高部位的平均日产水速率	构造低部位的平均日产水速率	平均日产水速率差值
GHBS1	17630.48	18398.51	768.03	2703.38	2888.61	185.23
GHBS2	2339.29	2383.64	44.35	419.80	444.85	25.05
GHBS3	15953.46	16169.52	216.06	20388.13	21296.98	908.85

日本 Nankai 海槽天然气水合物储层由于岩性差异可将其分为三层不同的含天然气水合物子层。以产气情况更佳的 Case 2、Case 4 和 Case 6 为例，通过对比其两年内的产气情况可发现，水平井布设于 GHBS2 储层时 (Case 4) 的产气情况远不如 Case 2 和 Case 6 中水平井的产气情况，这与前期日本 Nankai 海槽未考虑地层起伏时的开采模拟预测结果十分相似 (Feng et al., 2019a)。将 Case 2 和 Case 6 的开采情况进行对比后可知，水平井位于 GHBS3 储层进行天然气水合物开采时，短期产气情况更好。这是因为低渗 GHBS2 储层起到了屏障的作用，将上下高渗透层 GHBS1 储层和 GHBS3 储层分开 (Yu et al., 2019c)，从而促进了短期降压开采效果。短期采出的气体主要源自布设水平井对应储层内的天然气水合物分解 (图 5.35 和图 5.37)。此外，与 GHBS1 储层相比，GHBS3 储层厚度更大，天然气水合物储量更多。这些因素共同促使天然气水合物分解产气，Case 6 也呈现出更好的产气速率。然而，对于长期开采而言，水平井位于 GHBS1 储层时的产气效果更好。位于 GHBS1 储层构造低部位的水平井在开采 98 天左右后超过同样位于 GHBS3 储层构造低部位的水平井的产气速率 [图 5.34 (a)]。这主要由于多层天然气水合物储层的产气潜力高，即当水平井布设于 GHBS1 储层时，即使布井储层的天然气水合物分解完全，GHBS2 储层和 GHBS3 储层也会提供天然气水合物分解气。如图 5.35 所示，当开采进行 720 天后，GHBS2 储层的天然气水合物基本完全分解，GHBS3 储层下部的天然气水合物发生部分分解。此外，如表 5.14 所示，与 GHBS3 储层不同构造部位的水平井的平均日产气速率相比，Case 1 和 Case 2 中，位于不同构造部位的水平井的平均日产气速率差异更为明显，这表明 GHBS1 储层的产气行为更易受到储层倾斜的影响。

（二）井筒产水速率和井筒总产水量

水平井位于倾斜天然气水合物储层不同构造位置进行降压开采时，产水情况同样存在差异。如图 5.34（c）和图 5.34（d）所示，水平井位于 GHBS1 储层和 GHBS3 储层的构造低部位时，井筒产水速率与产水量均大于水平井位于构造高部位时的产水情况。从平均日产水速率也可看出水平井位于构造高部位时的产水更少（表 5.14）。当水平井位于砂质储层构造低部位进行降压开采时，储层高部位的水体在压差作用和重力作用的双重影响下会流向储层的构造低部位；但当水平井位于砂质储层构造高部位时，除了降压幅度带来的影响外，水体流动需要克服重力带来的阻力，在一定程度上降低了产水量，故水平井位于构造低部位时产水更多。此外，水平井位于同一储层不同构造部位的产水速率随着开采过程的进行，差别逐渐增大。以 Case 5 和 Case 6 为例，当水平井位于储层构造高部位时，井眼下部的天然气水合物逐渐分解完全，下伏地层中的自由水逐渐进入天然气水合物储层后，产水速率相应加快（图 5.37）。但随着开采地持续进行，由于水平井位于储层构造低部位时的驱动压差更大，且天然气水合物分解释放出的水量也较多，加之重力的辅助作用，故而使得水平井位于构造低部位时产水情况更明显。除了高渗高饱和度的 GHBS1 储层和 GHBS3 储层外，在低渗 GHBS2 储层中，产水情况也存在差异。Case 3 和 Case 4 的平均日产水速率相差 25.05m³（表 5.14）。虽然 GHBS2 储层的渗透率较 GHBS1 储层和 GHBS3 储层低，但开采压差和重力作用仍在倾斜储层中发挥了积极作用（图 5.37），这一结果对我国南海低渗黏土质天然气水合物储层中的开采具有一定的指导意义。总体而言，水平井位于构造高部位进行天然气水合物开采时，产水量会有所减少。

以 Case 2、Case 4 和 Case 6 以例，对比不同井位布设情况可知，水平井布设于低渗 GHBS2 储层时（Case 4）的产水情况远低于 Case 2 和 Case 6。而对比 Case 4 和 Case 6 的开采情况可知，Case 6 在两年内的井筒产水速率高于 Case 2 的产水速率，尤其是第 13 天后，Case 6 的产水速率和累积产水量明显增加。这一现象的发生主要由于位于水平井下部的天然气水合物在第 13 天之后完全分解，下伏地层的高温流体上涌通道形成，促使天然气水合物分解，增加产水（图 5.37）。此外，GHBS3 储层在垂直方向上的绝对渗透率较大（800mD），利于流体产出。且 GHBS2 储层的渗透率较低，可阻止砂质 GHBS1 储层和砂质 GHBS3 储层之间流体的流动。因此，GHBS1 的产水受 GHBS3 储层和下伏储层的影响程度较低。此外，如表 5.14 所示，GHBS3 储层中 Case 5 和 Case 6 的产水速率差异比 GHBS1 储层中 Case 1 和 Case 2 的产水速率差异更明显，这表明 GHBS3 的产水情况更易受到地层倾斜的影响。

（三）气水比

如前所述，水平井布设在 GHBS3 储层的构造低部位时，短期产气更佳；在两年的生产过程中，水平井位于 GHBS1 储层的构造低部位更利于提高产气。在产水方面，将水平井布置在 GHBS1 储层的构造高部位处，可以降低产水。总的来说，位于不同储层、不同构造位置的水平井产气情况越好，其对应的产水也越多。图 5.34（e）呈现的结果也表明，当水平井布设在倾斜天然气水合物储层的构造低部位时，天然气水合物分解率更高。因此，我们进一步利用气水比来比较不同水平井的产能。

从图 5.34（f）可见，开采进行 20 天内，水平井位于 GHBS1 储层和 GHBS3 储层时，R_{gw} 最高，而开采井移至 GHBS2 储层时，R_{gw} 最低。开采过程的中后期，水平井布设于

GHBS1 储层时，R_{gw} 最高，而水平井布设于 GHBS3 储层时，R_{gw} 最低。此外，布设于 GHBS1 储层或 GHBS2 储层的水平井在 720 天内进行开采时，R_{gw} 值近似。总体而言，虽然位于不同构造位置的水平井进行天然气水合物开采的产气量和产水量有明显差异，但 R_{gw} 却相差不大。这与我国南海神狐海域低渗倾斜天然气水合物储层的降压开采结果相似 (Yuan et al., 2018)。

　　本节以日本 Nankai 海槽水合物储层为例，模拟研究了不同构造位置的水平井降压开采天然气水合物时的储层响应特征和渗流规律，得到以下结论：①水平井布设于倾斜泥质天然气水合物储层时，产气情况最差；水平井布设于下部倾斜砂质天然气水合物储层中利于短期产气；水平井布设于上部倾斜砂质天然气水合物储层中时，长期采气性能更好。②水平井布设在倾斜砂泥互层天然气水合物储层的构造低部位时，产气产水均较多；水平井布设于上部倾斜砂质天然气水合物储层中的产气动态和布设于下部倾斜砂质天然气水合物储层中的产水动态对水平井布设位置的变化更敏感。当水平井布设于同一倾斜天然气水合物储层中时，气水比与水平井布设的构造位置无关。因此，即使在同一层位，采用相同的开采方法，位于倾斜天然气水合物储层不同构造位置的开采井的产气量也会有所不同。当然，除了考虑产能外，最佳布设井位的确定还取决于钻井成本和其他因素。

参 考 文 献

陈强, 吴能友, 李彦龙, 等. 2020. 块状甲烷水合物分解动力学特征及其影响因素. 天然气工业, 40 (8): 141-148.

何斌. 2017. 海洋天然气水合物试开采数值模拟及方案优化. 长春: 吉林大学.

宁伏龙, 梁金强, 吴能友, 等. 2020. 中国天然气水合物赋存特征. 天然气工业, 40 (8): 1-24.

孙嘉鑫. 2018. 钻采条件下南海水合物储层响应特性模拟研究. 武汉: 中国地质大学 (武汉).

吴能友, 张海啟, 杨胜雄, 等. 2007. 南海神狐海域天然气水合物成藏系统初探. 天然气工业, 27 (9): 1-6.

吴能友, 杨胜雄, 王宏斌, 等. 2009. 南海北部陆坡神狐海域天然气水合物成藏的流体运移体系. 地球物理学报, 52 (6): 1641-1650.

吴能友, 黄丽, 胡高伟, 等. 2017. 海域天然气水合物开采的地质控制因素和科学挑战. 海洋地质与第四纪地质, 37 (5): 1-11.

Ajayi T, Anderson B J, Seol Y, et al. 2018. Key aspects of numerical analysis of gas hydrate reservoir performance: Alaska North Slope Prudhoe Bay Unit "L- Pad" hydrate Accumulation. Journal of Natural Gas Science and Engineering, 51: 37-43.

Almenningen S, Fotland P, Fernø M A, et al. 2019. An experimental investigation of gas-production rates during depressurization of sedimentary methane hydrates. SPE Journal, 24 (2): 522-530.

Bahk J J, Kim G Y, Chun J H, et al. 2013. Characterization of gas hydrate reservoirs by integration of core and log data in the Ulleung Basin, East Sea. Marine and Petroleum Geology, 47: 30-42.

Bhade P, Phirani J. 2015. Gas production from layered methane hydrate Reservoirs. Energy, 82: 686-696.

Birkholzer J T, Zhou Q, Tsang C-F. 2009. Large-scale impact of CO_2 storage in deep saline aquifers: a sensitivity study on pressure response in stratified systems. Int J Greenh Gas Control, 3: 181-194.

Boswell R, Collett T. 2006. The gas hydrates resource pyramid. Natural Gas & Oil, 304: 285-4541.

Boswell R, Collett T S, Frye M, et al. 2012. Subsurface gas hydrates in the northern Gulf of Mexico. Marine and

Petroleum Geology, 34（1）: 4-30.

Boswell R, Yoneda J, Waite W F. 2019a. India National Gas Hydrate Program Expedition 02 summary of scientific results: Evaluation of natural gas- hydrate- bearing pressure Cores. Marine and Petroleum Geology, 108: 143-153.

Boswell R, Myshakin E, Moridis G, et al. 2019b. India National Gas Hydrate Program Expedition 02 summary of scientific results: Numerical simulation of reservoir response to Depressurization. Marine and Petroleum Geology, 108: 154-166.

Chatterjee S, Bhatnagar G, Dugan B, et al. 2014. The impact of lithologic heterogeneity and focused fluid flow upon gas hydrate distribution in marine sediments. Journal of Geophysical Research: Solid Earth, 119（9）: 6705-6732.

Chen L, Feng Y, Okajima J, et al. 2018. Production behavior and numerical analysis for 2017 methane hydrate extraction test of Shenhu, South China Sea. Journal of Natural Gas Science and Engineering, 53: 55-66.

Chen L, Feng Y, Merey S, et al. 2020b. Numerical investigation on gas production from Shenhu（China）: Influence of layer inclination and horizontal Inhomogeneities. Journal of Natural Gas Science and Engineering, 82: 103509.

Chen X, Yang J, Gao D, et al. 2020a. Unlocking the deepwater natural gas hydrate's commercial potential with extended reach wells from shallow water: review and an innovative method. Renewable and Sustainable Energy Reviews, 134: 110388.

Dai S, Kim J, Xu Y, et al. 2019. Permeability anisotropy and relative permeability in sediments from the National Gas Hydrate Program Expedition 02, offshore India. Marine and Petroleum Geology, 108: 705-713.

Daigle H, Cook A, Malinverno A. 2015. Permeability and porosity of Hydrate- bearing sediments in the northern Gulf of Mexico. Marine and Petroleum Geology, 68: 551-564.

Feng J C, Wang Y, Li X S, et al. 2015. Effect of horizontal and vertical well patterns on methane hydrate dissociation behaviors in Pilot-scale hydrate Simulator. Applied Energy, 145: 69-79.

Feng Y, Chen L, Suzuki A, et al. 2019a. Numerical analysis of gas production from layered methane hydrate reservoirs by Depressurization. Energy, 166: 1106-1119.

Feng Y, Chen L, Suzuki A, et al. 2019b. Numerical analysis of gas production from Reservoir- scale methane hydrate by depressurization with a horizontal well: The effect of permeability Anisotropy. Marine and Petroleum Geology, 102: 817-828.

Fujii T, Noguchi S, Takayama T, et al. 2013. Site selection and formation evaluation at the 1st offshore methane hydrate production test site in the Eastern Nankai Trough, Japan//Presented at the 75th EAGE Conference and Exhibition-Workshops, London, UK.

Fujii T, Suzuki K, Takayama T, et al. 2015. Geological setting and characterization of a methane hydrate reservoir distributed at the first offshore production test site on the Daini- Atsumi Knoll in the eastern Nankai Trough, Japan. Marine and Petroleum Geology, 66: 310-322.

Grover T, Moridis G J, Holditch S A. 2008. Analysis of Reservoir Performance of Messoyakha Gas Hydrate Reservoir//SPE Annual Technical Conference and Exhibition. Denver, Colorado, USA: Society of Petroleum Engineers.

Guo X, Xu L, Wang B, et al. 2020. Sediment through Step-wise depressurization combined with thermal Stimula- tion. Applied Energy, 276: 115438.

Han D, Wang Z, Song Y, et al. 2017. Numerical analysis of depressurization production of natural gas hydrate from different lithology oceanic reservoirs with isotropic and anisotropic Permeability. Journal of Natural Gas

Science and Engineering, 46: 575-591.

Heeschen K U, Abendroth S, Priegnitz M, et al. 2016. Gas Production from Methane Hydrate: a Laboratory Simulation of the Multistage Depressurization Test in Mallik, Northwest Territories, Canada. Energy & Fuels, 30 (8): 6210-6219.

Hou J, Ji Y, Zhou K, et al. 2018. Effect of hydrate on permeability in porous media: Pore-scale micro-Simulation. International Journal of Heat and Mass Transfer, 126: 416-424.

Huang B, Tian H, Li X, et al. 2016. Geochemistry, origin and accumulation of natural gases in the deepwater area of the Qiongdongnan Basin, South China Sea. Marine and Petroleum Geology, 72: 254-267.

Huang S, Kang B, Cheng L, et al. 2015. Quantitative characterization of interlayer interference and productivity prediction of directional wells in the multilayer commingled production of ordinary offshore heavy oil Reservoirs. Petroleum Exploration and Development, 42 (4): 533-540.

Hyndman R D, Foucher J P, Yamano M, et al. 1992. Deep sea Bottom-simulating-reflectors: calibration of the base of the hydrate stability field as used for heat flow Estimates. Earth and Planetary Science Letters, 109 (3): 289-301.

Jana S, Ojha M, Sain K, et al. 2017. An approach to estimate gas hydrate saturation from 3-D heterogeneous resistivity model: A study from Krishna-Godavari basin, Eastern Indian Offshore. Marine and Petroleum Geology, 79: 99-107.

Jiang X, Li S, Zhang L. 2012. Sensitivity analysis of gas production from Class I hydrate reservoir by Depressurization. Energy, 39 (1): 281-285.

Jin G, Lei H, Xu T, et al. 2018. Simulated geomechanical responses to marine methane hydrate recovery using horizontal wells in the Shenhu area, South China Sea. Marine and Petroleum Geology, 92: 424-436.

Jin G, Lei H, Xu T, et al. 2019. Seafloor subsidence induced by gas recovery from a Hydrate-bearing sediment using multiple well System. Marine and Petroleum Geology, 107: 438-450.

Kang D, Lu J, Zhang Z, et al. 2020. Fine-grained gas hydrate reservoir properties estimated from well logs and lab measurements at the Shenhu gas hydrate production test site, the northern slope of the South China Sea. Marine and Petroleum Geology, 122: 104676.

Kim A R, Kim H S, Cho G C, et al. 2017. Estimation of model parameters and properties for numerical simulation on geomechanical stability of gas hydrate production in the Ulleung Basin, East Sea, Korea. Quaternary International, 459: 55-68.

Konno Y, Jin Y, Yoneda J, et al. 2016. Hydraulic fracturing in Methane-hydrate-bearing Sand. RSC Advances, 6 (77): 73148-73155.

Konno Y, Fujii T, Sato A, et al. 2017. Key Findings of the World's First Offshore Methane Hydrate Production Test off the Coast of Japan: Toward Future Commercial Production. Energy & Fuels, 31 (3): 2607-2616.

Kurihara M, Sato A, Ouchi H, et al. 2010. Prediction of production test performances in Eastern Nankai trough methane hydrate reservoirs using 3D reservoir model//Society of Petroleum Engineers Offshore Technology Conference.

Lai K H, Chen J-S, Liu C W, et al. 2016. Effect of medium permeability anisotropy on the morphological evolution of two Non-uniformities in a geochemical dissolution System. Journal of Hydrology, 533: 224-233.

Li G, Li X, Yang B, et al. 2013. The use of dual horizontal wells in gas production from hydrate Accumulations. Applied Energy, 112: 1303-1310.

Li J, Ye J, Qin X, et al. 2018. The first offshore natural gas hydrate production test in South China Sea. China Geology, 1 (1): 5-16.

Li L, Cheng Y, Zhang Y, et al. 2011. A Fluid-solid coupling model of wellbore stability for hydrate bearing Sediments. Procedia Engineering, 18: 363-368.

Li X-S, Yang B, Zhang Y, et al. 2012. Experimental investigation into gas production from methane hydrate in sediment by depressurization in a novel Pilot-scale hydrate Simulator. Applied Energy, 93: 722-732.

Liang H, Song Y, Liu Y, et al. 2010. Study of the permeability characteristics of porous media with methane hydrate by pore network Model. Journal of Natural Gas Chemistry, 19 (3): 255-260.

Liang Y, Liu S, Zhao W, et al. 2018. Effects of vertical center well and side well on hydrate exploitation by depressurization and combination method with wellbore Heating. Journal of Natural Gas Science and Engineering, 55: 154-164.

Liu C, Ye Y, Meng Q, et al. 2012. The characteristics of gas hydrates recovered from Shenhu Area in the South China Sea. Marine Geology, 307-310: 22-27.

Liu Y, Hou J, Chen Z, et al. 2020. A novel natural gas hydrate recovery approach by delivering geothermal energy through Dumpflooding. Energy Conversion and Management, 209: 112623.

Lu J, Zhao S, Sun Y, et al. 2018. Gas production peaks in China: research and strategic proposals. Natural Gas Industry B, 5 (4): 371-379.

Mahabadi N, Jang J. 2014. Relative water and gas permeability for gas production from hydrate- bearing sediments. Geochemistry, Geophysics, Geosystems, 15 (6): 2346-2353.

Mao P, Sun J, Ning F, et al. 2020. Effect of permeability anisotropy on depressurization- induced gas production from hydrate reservoirs in the South China Sea. Energy Science & Engineering, 8 (8): 2690-2707.

Mao P, Sun J, Ning F, et al. 2021b. Numerical simulation on gas production from inclined layered methane hydrate reservoirs in the Nankai Trough: a case study. Energy Reports. https://doi. org/10. 1016/j. egyr. 2021. 03. 032

Mao P, Wu N, Sun J, et al. 2021a. Numerical simulations of depressurization- induced gas production from hydrate reservoirs at site GMGS3-W19 with different free gas saturations in the northern South China Sea. Energy Science & Engineering, 9 (9): 1416-1439.

Merey S, Longinos S N. 2018. Numerical simulations of gas production from Class 1 hydrate and Class 3 hydrate in the Nile Delta of the Mediterranean Sea. Journal of Natural Gas Science and Engineering, 52: 248-266.

Mishra C K, Dewangan P, Sriram G, et al. 2020. Spatial distribution of gas hydrate deposits in Krishna-Godavari offshore basin, Bay of Bengal. Marine and Petroleum Geology, 112: 104037.

Moridis G J. 2004. Numerical Studies of Gas Production From Class 2 and Class 3 Hydrate Accumulations at the Mallik Site, Mackenzie Delta, Canada. SPE Reservoir Evaluation & Engineering, 7 (3): 175-183.

Moridis G J. 2013. Feasibility of gas production from a gas hydrate accumulation at the UBGH2-6 site of the Ulleung basin in the Korean East Sea. Journal of Petroleum Science and Engineering, 108: 180-210.

Moridis G J, Kowalsky M. 2006. Gas production from unconfined Class 2 oceanic hydrate accumulations// Economic Geology of Natural Gas Hydrate. Berlin/Heidelberg: Springer-Verlag: 249-266.

Moridis G J, Reagan M T. 2007. Strategies for Gas Production From Oceanic Class 3 Hydrate Accumulations// Offshore Technology Conference. Houston, Texas, U. S. A.

Moridis G J, Reagan M T. 2011. Estimating the upper limit of gas production from Class 2 hydrate accumulations in the permafrost: 2. Alternative well designs and sensitivity analysis. Journal of Petroleum Science and Engineering, 76 (3-4): 124-137.

Moridis G J, Kowalsky M B, Karsten P. 2007. Depressurization- Induced Gas Production From Class- 1 Hydrate Deposits. SPE Res Eval & Eng, 10: 458-481.

Moridis G J, Collett T S, Boswell R, et al. 2008. Toward production from gas hydrates: assessment of resources, technology and potential//SPE unconventional reservoirs conference. Society of Petroleum Engineers.

Moridis G J, Reagan M T, Kim S J, et al. 2009. Evaluation of the gas production potential of marine hydrate deposits in the Ulleung Basin of the Korean East Sea. Spe J., 14: 759-781.

Moridis G J, Reagan M T, Queiruga A F, et al. 2019a. Evaluation of the performance of the oceanic hydrate accumulation at site NGHP-02-09 in the Krishna-Godavari Basin during a production test and during single and multi-well production Scenarios. Marine and Petroleum Geology, 108: 660-696.

Moridis G J, Reagan M T, Queiruga A F, et al. 2019b. System response to gas production from a heterogeneous hydrate accumulation at the UBGH2-6 site of the Ulleung basin in the Korean East Sea. Journal of Petroleum Science and Engineering, 178: 655-665.

Moridis G J, Reagan M T, Queiruga A F. 2019c. Gas Hydrate Production Testing: Design Process and Modeling Results//Offshore Technology Conference. Houston, Texas.

Myshakin E M, Ajayi T, Anderson B J, et al. 2016. Numerical simulations of Depressurization-induced gas production from gas hydrates using 3-D heterogeneous models of L-Pad, Prudhoe Bay Unit, North Slope Alaska. Journal of Natural Gas Science and Engineering, 35: 1336-1352.

Okwananke A, Hassanpouryouzband A, Vasheghani Farahani M, et al. 2019. Methanerecovery from gas Hydrate-bearing sediments: an experimental study on the gas permeation characteristics under varying pressure. Journal of Petroleum Science and Engineering, 180: 435-444.

Phirani J, Mohanty K K, Hirasaki G J. 2009. Warm water flooding of unconfined gas hydrate reservoirs. Energy & Fuels, 23 (9): 4507-4514.

Qin X, Liang Q, Ye J, et al. 2020. The response of temperature and pressure of hydrate reservoirs in the first gas hydrate production test in South China Sea. Applied Energy, 278: 115649.

Reagan M T, Kowalsky M B, Moridis G J, et al. 2010. The effect of reservoir heterogeneity on gas production from hydrate accumulations in the permafrost//The SPE Western Regional Meeting held in Anaheim, California, USA, 27-29 May 2010.

Reagan M T, Moridis G J, Zhang K. 2008. Sensitivity Analysis of Gas Production From Class 2 and Class 3 Hydrate Deposits//The Offshore Technology Conference, Houston, Texas, USA, May 2008.

Riboulot V, Ker S, Sultan N, et al. 2018. Freshwater lake to Salt-water sea causing widespread hydrate dissociation in the Black Sea. Nature Communications, 9 (1): 117.

Riley D, Marin-Moreno H, Minshull T A. 2019. The effect of heterogeneities in hydrate saturation on gas production from natural Systems. Journal of Petroleum Science and Engineering, 183: 106452.

Ryu B-J, Riedel M, Kim J H, et al. 2009. Gas hydrates in the western Deep-water Ulleung Basin, East Sea of Korea. Marine and Petroleum Geology, 26 (8): 1483-1498.

Seol Y, Myshakin E. 2011. Experimental and numerical observations of hydrate reformation during depressurization in a core-scale reactor. Energy & Fuels, 25 (3): 1099-1110.

Song B, Cheng Y, Yan C, et al. 2019. Seafloor subsidence response and submarine slope stability evaluation in response to hydrate dissociation. Journal of Natural Gas Science and Engineering, 65: 197-211.

Song G, Li Y, Wang W, et al. 2018. Numerical simulation of hydrate slurry flow behavior in Oil-water systems based on hydrate agglomeration modelling. Journal of Petroleum Science and Engineering, 169: 393-404.

Song H, Jiang W, Zhang W, et al. 2002. Progress on marine geophysical studies of gas hydrates. Progress Geophys, 17 (2): 224-229.

Strandli C W, Benson S M. 2013. Diagnostics for reservoir structure and CO_2 plume migration from multilevel pressure measurements. Energy Procedia, 37: 4291-4301.

Su K, Sun C, Yang X, et al. 2010. Experimental investigation of methane hydrate decomposition by depressurizing in porous media with 3-Dimension device. Journal of Natural Gas Chemistry, 19 (3): 210-216.

Su Z, Cao Y, Wu N, et al. 2012. Numerical investigation on methane hydrate accumulation in Shenhu Area, northern continental slope of South China Sea. Marine and Petroleum Geology, 38 (1): 158-165.

Sun J, Ning F, Li S, et al. 2015. Numerical simulation of gas production from Hydrate-bearing sediments in the Shenhu area by depressurising: the effect of burden permeability. Journal of Unconventional Oil and Gas Resources, 12: 23-33.

Sun J, Ning F, Zhang L, et al. 2016. Numerical simulation on gas production from hydrate reservoir at the 1st offshore test site in the eastern Nankai Trough. Journal of Natural Gas Science and Engineering, 30: 64-76.

Sun J, Zhang L, Ning F, et al. 2017. Production potential and stability of Hydrate-bearing sediments at the site GMGS3-W19 in the South China Sea: a preliminary feasibility study. Marine and Petroleum Geology, 86: 447-473.

Sun J, Ning F, Liu T, et al. 2019b. Gas production from a silty hydrate reservoir in the South China Sea using hydraulic fracturing: a numerical simulation. Energy Science & Engineering, 7 (4): 1106-1122.

Sun X, Luo T, Wang L, et al. 2019a. Numerical simulation of gas recovery from a Low-permeability hydrate reservoir by depressurization. Applied Energy, 250: 7-18.

Tak H, Byun J, Seol S J, et al. 2013. Zero-offset vertical seismic profiling survey and estimation of gas hydrate concentration from borehole data from the Ulleung Basin, Korea. Marine and Petroleum Geology, 47: 204-213.

Tamaki M, Fujii T, Suzuki K. 2017. Characterization and prediction of the gas hydrate reservoir at the second offshore gas production test site in the Eastern Nankai Trough, Japan. Energies, 10 (10): 1678.

Thrailkill K M, Chan-Hee J, Cockrell G E, et al. 2010. Enhanced excretion of vitamin d binding protein in type 1 diabetes: a role in vitamin d deficiency? J Clin Endocr Metab, 96 (1): 142-149.

Tiab D, Donaldson E C. 2015. Petrophysics: theory and practice of measuring reservoir rock and fuid transport properties. Amsterdam: Elsevier, Gulf Professional Publishing.

Uddin M, Wright F, Dallimore S, et al. 2014. Seismic correlated Mallik 3D gas hydrate distribution: effect of geomechanics in non-homogeneous hydrate dissociation by depressurization. Journal of Natural Gas Science and Engineering, 20: 250-270.

van Genuchten M Th. 1980. A closed-form equation for predicting the hydraulic conductivity of unsaturated soils. Soil Science Society of America Journal, 44 (5): 892-898.

Wan Y, Wu N, Hu G, et al. 2018. Reservoir stability in the process of natural gas hydrate production by depressurization in the shenhu area of the south China sea. Natural Gas Industry B, 5 (6): 631-643.

Wang B, Fan Z, Zhao J, et al. 2018. Influence of intrinsic permeability of reservoir rocks on gas recovery from hydrate deposits via a combined depressurization and thermal stimulation approach. Applied Energy, 229: 858-871.

Wang X, Liu B, Jin J, et al. 2020a. Increasing the accuracy of estimated porosity and saturation for gas hydrate reservoir by integrating geostatistical inversion and lithofacies constraints. Marine and Petroleum Geology, 115: 104298.

Wang X, Wang Y, Tan M, et al. 2020b. Deep-water deposition in response to sea-level fluctuations in the past 30 kyr on the northern margin of the South China Sea. Deep Sea Research Part I: Oceanographic Research Papers, 163: 103317.

Wang Y, Li X, Li G, et al. 2013. A three-dimensional study on methane hydrate decomposition with different methods using five-spot well. Appl. Energy, 112: 83-92.

Wang Y, Li X, Li G, et al. 2014. Experimental study on the hydrate dissociation in porous media by five-spot thermal huff and puff method. Fuel, 117: 688-696.

Wegner S A, Campbell K J. 2014. Drilling hazard assessment for hydrate bearing sediments including drilling through the Bottom-simulating Reflectors. Marine and Petroleum Geology, 58: 382-405.

White M D, Wurstner S K, McGrail B P. 2011. Numerical studies of methane production from Class 1 gas hydrate accumulations enhanced with carbon dioxide Injection. Marine and Petroleum Geology, 28 (2): 546-560.

Wu X, Hu M. 1995. A model for calculating the density of mixed-salt brines and its application. J Univ Pet China, 19: 42-46.

Xia Y, Xu T, Yuan Y, et al. 2020. Effect of perforation interval design on gas production from the validated hydrate-bearing deposits with layered heterogeneity by depressurization. Geofluids, 1-20.

Xie X, Müller R D, Li S, et al. 2006. Origin of anomalous subsidence along the Northern South China Sea margin and its relationship to dynamic Topography. Marine and Petroleum Geology, 23 (7): 745-765.

Yamamoto K. 2015. Overview and introduction: pressure core-sampling and analyses in the 2012-2013 MH21 offshore test of gas production from methane hydrates in the eastern Nankai Trough. Marine and Petroleum Geology, 66: 296-309.

Yamamoto K, Terao Y, Fujii T, et al. 2014. Operational overview of the first offshore production test of methane hydrates in the Eastern Nankai Trough//Offshore Technology Conference.

Yamamoto K, Kanno T, Wang X, et al. 2017. Thermal responses of a gas hydrate-bearing sediment to a depressurization operation. RSC Advances, 7: 5554-5577.

Yamamoto K, Wang X, Tamaki M, et al. 2019. The second offshore production of methane hydrate in the Nankai Trough and gas production behavior from a heterogeneous methane hydrate Reservoir. RSC Advances, 9 (45): 25987-26013.

Yang M, Fu Z, Jiang L, et al. 2017. Gas recovery from depressurized methane hydrate deposits with different water saturations. Applied Energy, 187: 180-188.

Yin Z, Moridis G, Chong Z R, et al. 2018. Numerical analysis of experimental studies of methane hydrate dissociation induced by depressurization in a sandy porous medium. Applied Energy, 230: 444-459.

Yin Z, Zhang S, Koh S, et al. 2020. Estimation of the thermal conductivity of a heterogeneous CH_4-hydrate bearing sample based on particle swarm optimization. Applied Energy, 271: 115229.

Yoneda J, Oshima M, Kida M, et al. 2018. Permeability variation and anisotropy of gas Hydrate-bearing pressure-core sediments recovered from the Krishna-Godavari Basin, offshore India. Marine and Petroleum Geology, 13.

Yu T, Guan G, Abudula A, et al. 2019a. Application of horizontal wells to the oceanic methane hydrate production in the Nankai Trough, Japan. Journal of Natural Gas Science and Engineering, 62: 113-131.

Yu T, Guan G, Abudula A, et al. 2019b. 3D visualization of fluid flow behaviors during methane hydrate extraction by hot water Injection. Energy, 188: 116110.

Yu T, Guan G, Abudula A, et al. 2019c. Gas recovery enhancement from methane hydrate reservoir in the Nankai Trough using vertical Wells. Energy, 166: 834-844.

Yu T, Guan G, Abudula A, et al. 2020. 3D investigation of the effects of Multiple-well systems on methane hydrate production in a low-permeability reservoir. Journal of Natural Gas Science and Engineering, 76: 103213.

Yu T, Guan G, Abudula A, et al. 2021. Numerical evaluation of free gas accumulation behavior in a reservoir during methane hydrate production using a Multiple-well System. Energy, 218: 119560.

Yuan Y, Xu T, Xin X, et al. 2017. Multiphase flow behavior of layered methane hydrate reservoir induced by gas production. Geofluids, 2017: 1-15.

Yuan Y, Xu T, Xia Y, et al. 2018. Effects of formation dip on gas production from unconfined marine hydrate-bearing sediments through depressurization. Geofluids, 2018: 1-11.

Zhang G, Liang J, Lu J, et al. 2015. Geological features, controlling factors and potential prospects of the gas hydrate occurrence in the east part of the Pearl River Mouth Basin, South China Sea. Marine and Petroleum Geology, 67: 356-367.

Zhang J, Li X, Chen Z, et al. 2019. Numerical simulation of the improved gas production from low permeability hydrate reservoirs by using an enlarged highly permeable well wall. J Petrol Sci Eng, 183: 106404.

Zhang K N, Moridis G J, Wu Y S, et al. 2008. A domain decomposition approach for large-scale simulations of flow processes in hydrate-bearing geologic media//Proceedings of the 6th International Conference on Gas Hydrates. ICGH 2008. Vancouver, British Columbia, Canada.

Zhang L X, Zhao J F, Dong H S, et al. 2016. Magnetic resonance imaging for in-situ observation of the effect of depressurizing range and rate on methane hydrate dissociation. Chem Eng Sci, 144: 135-143.

Zhang W, Liang J, Wei J, et al. 2020. Geological and geophysical features of and controls on occurrence and accumulation of gas hydrates in the first offshore Gas-hydrate production test region in the Shenhu area, Northern South China Sea. Marine and Petroleum Geology, 114: 104191.

Zhao E, Hou J, Liu Y, et al. 2020b. Enhanced gas production by forming artificial impermeable barriers from unconfined hydrate deposits in Shenhu area of South China Sea. Energy, 213: 118826.

Zhao E, Hou J, Ji Y, et al. 2021a. Enhancing gas production from Class II hydrate deposits through depressurization combined with Low-frequency electric heating under dual horizontal Wells. Energy, 233: 121137.

Zhao E, Hou J, Du Q, et al. 2021b. Numerical modeling of gas production from methane hydrate deposits using Low-frequency electrical heating assisted depressurization method. Fuel, 290: 120075.

Zhao J, Fan Z, Wang B, et al. 2016. Simulation of microwave stimulation for the production of gas from methane hydrate sediment. Applied Energy, 168: 25-37.

Zhao J, Liu Y, Guo X, et al. 2020a. Gas production behavior from Hydrate-bearing fine natural sediments through optimized step-wise depressurization. Applied Energy, 260: 114275.

Zhou M, Soga K, Xu E, et al. 2014. Numerical study on Eastern Nankai Trough gas hydrate production test// Offshore Technology Conference. Houston, Texas.

Zhu C, Cheng S, Li Q, et al. 2019. Giant submarine landslide in the South China Sea: evidence, causes, and implications: 5. Journal of Marine Science and Engineering, 7 (5): 152.

第六章 开采工艺对天然气水合物开采产能的影响

第一节 天然气水合物开采降压模式研究

降压法在经济性和环境影响方面具有很大的优势，是一种简单高效的天然气水合物开采方法，西伯利亚西北部麦索雅哈气田的开采实践证明了这一点（Mazurenko et al.，2009）。一直以来，鉴于降压开采的优点，吸引了各国科研工作者的关注。为了证实天然气水合物开采的技术可行性和积累更多的规模开采的实践经验，本章通过一套天然气水合物中试规模三维模拟系统（PHS，117.8L）进行天然气水合物生成和降压开采的实验研究。

一、降压开采实验过程

实验的装置以及天然气水合物生成的过程由第三章给出，本次天然气水合物生成实验注水 32.20 L，注入甲烷气体直到反应釜内压力接近 20MPa，关闭进出口阀门使得整个系统保持恒容条件，当天然气水合物生成实验结束之后（8.27MPa），开始进行降压开采实验。反应釜内天然气水合物饱和度（体积）约为 30%，水和气的饱和度分别为 44% 和 26%。首先，将回压设定到预定值（4.7MPa），然后将出口阀门打开，反应釜中的压力逐渐下降到回压设定的压力并保持恒定，天然气水合物开始分解，甲烷气体与水从开采井释放出来，本章将垂直中心井 V5A、V5B 和 V5C 同时使用，统一为 Well V5，作为本章降压的开采井。当没有明显的气体产出时，可认为开采结束，将反应釜的压力缓慢释放到一个大气压。在开采实验结束后，将与开采实验中出水量相同质量的去离子水从反应釜入口注入，以保证每次实验反应釜中水的饱和度相同。实验数据由数据采集仪与电脑采集记录。

二、实验结果及讨论

本节就中试规模三维模拟系统（PHS，117.8 L）多孔介质中天然气水合物的降压开采与小型三维模拟系统（CHS）降压开采实验结果进行对比，实验条件相似，详见表6.1。

表 6.1　PHS 和 CHS 的实验条件和结果对比

实验条件		参数	PHS	CHS
客观条件		有效体积/L	117.8	5.8
		开采压力/MPa	4.7	4.5
		天然气水合物饱和度/%	30	33
		环境温度/℃	8.0	8.0
		石英砂大小/μm	300~450	300~450
产气时期	释放自由气	R_s/[L/(min·L)]	0.185	0.602
	混合产气	R_s/[L/(min·L)]	0.249	0.678
	分解产气	$x=10\%$　R_s/[L/(min·L)]	0.0709	0.2400
		t/min	21	3.3
		$x=20\%$　R_s/[L/(min·L)]	0.0238	0.1480
		t/min	125	10.8
		$x=30\%$　R_s/[L/(min·L)]	0.0161	0.1296
		t/min	278	18.5
		$x=40\%$　R_s/[L/(min·L)]	0.0086	0.0888
		t/min	692	36
		$x=60\%$　R_s/[L/(min·L)]	0.0045	0.0551
		t/min	1965	87
		$x=80\%$　R_s/[L/(min·L)]	0.0033	0.0405
		t/min	3544	158
	降压时期	Q_w/(g/L)	9.11	161.30
	稳压时期	Q_w/(g/L)	3.07	1.22

注：R_s 为单位体积产气速率。

（一）实验过程中的压力变化

图 6.1 给出了 PHS 降压过程中反应釜内压力和平均温度随时间变化的过程。从图 6.1 可以看出，每个分解过程可以分为三个阶段。第一阶段为自由气释放阶段（0~0.33h）。在此过程中，反应釜中的自由气体被释放出来，反应釜中的压力逐渐降低，但是压力一直高于天然气水合物的平衡分解压力。因此，反应釜内平均温度没有明显变化，焦耳-汤姆逊效应的影响有些轻微变小。在第二阶段中（0.33~0.67h），反应釜中的压力继续下降并降低到平衡分解压力以下，天然气水合物开始分解。因此，反应釜中压力的下降速度减缓。A 点的系统压力和平均温度分别是 6.10MPa 和 8.6℃，通过 Li 等（2008）的逸度模型，沉积物中该温度下 A 点对应的天然气水合物平衡分解压力为 6.12MPa，基本与上述实验结果相符。在第三阶段中（0.67h~实验结束），反应釜中的压力降低到预定的开采压力，天然气水合物继续分解并且压力保持恒定。由于外部环境的传热，反应釜内平均温度逐渐增加，类似的现象也可以从 CHS 的实验中观察到。

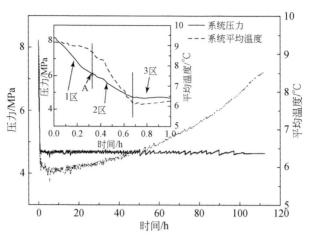

图 6.1　在 PHS 降压过程中反应釜内压力和平均温度随时间变化的曲线

（二）实验过程中的产气变化

图 6.2 给出了 PHS 和 CHS 在实验过程中累积产气量随时间变化的曲线图。该产气过程可以分为三个阶段：自由气释放、混合产气和天然气水合物分解产气。以 PHS 产气为例，第一阶段产气量相对高并且基本稳定。第二阶段，反应釜压力降到天然气水合物平衡分解压力以下，天然气水合物分解开始，产气速率保持稳定。第三阶段，开采压力与设定压力一致，天然气水合物持续分解，产气速率明显低于自由气和混合气释放阶段，最终减小到 0，当速率持续为 0 时，分解结束。从图 6.2 可以看出，PHS 的整体产气时间要远大于 CHS，从而说明天然气水合物沉积层大小对产气量和产气速率有影响。PHS 和 CHS 的自由气和混合气释放时间分别为 40min 和 36.5min，PHS 稍大于 CHS 是因为该过程中 PHS 的降压速率低于 CHS。在天然气水合物分解产气过程中，反应釜压力恒定，PHS 和 CHS 的产气时间分别为 6081min 和 300min，该过程 PHS 的产气时间是 CHS 的 20.3 倍，表明天然气水合物沉积层规模对自由气和混合气释放影响较小，而对分解气的释放有显著的影响。

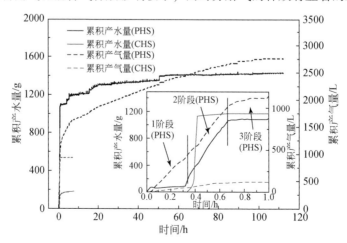

图 6.2　PHS 和 CHS 降压开采过程中累积产气量、累积产水量随时间变化曲线

　　图6.3是PHS在产气过程中第一阶段、第二阶段和第三阶段的累积产气量和平均产气速率图。从图6.3可以看出，第三阶段（天然气水合物分解产气阶段）的累积产气量要远高于第一阶段和第二阶段，该阶段产气量占整体产气量的63%。然而，该阶段的平均产气速率低，抑制了整个开采过程的开采效率，因此，第三阶段开采率的提高是获得天然气水合物降压开采高产气的关键因素，类似规律也可以从CHS的实验中得出。为了分析第三阶段的产气变化规律，我们计算了PHS和CHS在累积产气量不同百分比时的产气速率和产气时间，见图6.4和图6.5。图6.4和图6.5表明在累积产气量的第一个10%时，产气速率相对高。随着天然气水合物分解的进行，产气速率降低，尤其是分解产气的60%~100%，产气速率相对低并且下降缓慢，然而开采时间占到整个分解产气时间的70%左右。因此，在分解产气的后40%时，应该寻找方法来提升开采效率。

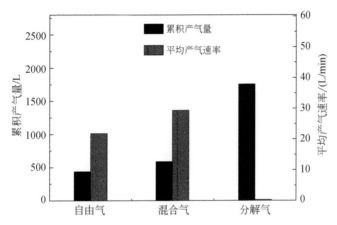

图6.3　在PHS中不同产气阶段累积产气量和平均产气速率

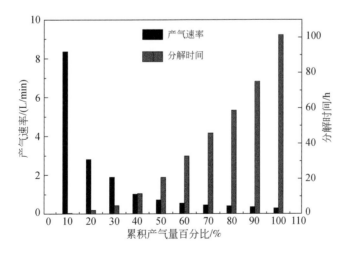

图6.4　在PHS分解产气阶段不同累积产气量百分比下产气速率和分解时间

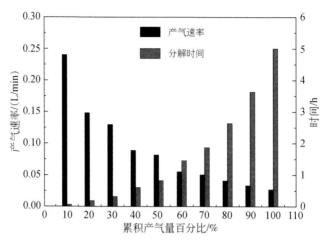

图6.5　在 CHS 分解产气阶段不同累积产气量百分比下产气速率和分解时间

为了进一步阐述天然气水合物沉积层大小在产气方面的影响，我们对 PHS 和 CHS 关于产气速率和产气时间在不同累积产气量百分比（x）方面进行了研究。由于两个模拟装置的有效体积不同，直接比较意义不大。因此，我们计算了沉积层的单位体积产气速率 R_s。从表 6.1 可以看出，两个模拟系统在实验过程中都随百分比 x 的增加，R_s 减小，而开采周期增加。同一百分比 x，PHS 的 R_s 要小于 CHS 的 R_s，而 PHS 的开采周期要大于 CHS。我们同样计算了不同 x 时 PHS 的 R_s 和 CHS 的 R_s 之比 R_{PC}，以及 PHS 的开采周期 t 和 CHS 的开采周期 t 之比 t_{PC}。当 x 取 10%、20%、30%、40%、60% 和 80% 时，R_{PC} 分别为 0.295、0.161、0.124、0.097、0.082 和 0.081，t_{PC} 分别为 6.36、11.57、15.03、19.22、22.59 和 22.43。由此可知，随着 x 从 0 增加到 40%，R_{PC} 减少而 t_{PC} 增加；当 x 从 40% 增加到 100%，R_{PC} 和 t_{PC} 基本保持不变。这说明在分解产气阶段，随着 x 从 0 增加到 40%，R_{PC} 减少幅度和 t_{PC} 增加幅度 PHS 要高于 CHS，然而，随着 x 从 40% 增加到 100%，天然气水合物沉积层大小对 R_{PC} 和 t_{PC} 影响不大。

（三）　实验过程中的产水变化

图 6.2 也给出了 PHS 和 CHS 实验过程中累积产水量随时间变化的关系。从图 6.2 中 PHS 的产水曲线可以看出，在释放自由气的初始阶段（0~3.0min），有少量水随着气体释放而从反应釜内产出，这部分水可能是来自井管里的残留水。之后的 3~20min 无水产出，直到 20min 后才有水产出。该过程是水从周围流向反应釜的中心井，填充了开采井附近的孔隙（该驱动力是反应釜的压力和设定的开采压力之差）。在混合气开采时期，系统压力降到天然气水合物分解的平衡压力以下，天然气水合物开始分解，该过程以几乎恒定的产水速率持续产水。在产气过程的第三阶段，系统压力等于设定压力，产水速率同样明显减小。该过程的产水是由于气水夹带的结果而不是驱动力（系统压力和设定开采压力之差）的影响，因为该驱动力此时为 0。随着天然气水合物持续分解为气和水，产水缓慢，随着产气率减少，产水率降低。然而，在 CHS 实验过程中，产气过程的第一阶段和第二阶段的产水率相对高，产气过程的第三阶段，几乎没有水产出。表 6.1 同样给出了 PHS 和 CHS

实验中天然气水合物沉积层中单位体积天然气水合物藏的产水量 M_w。在产气过程的第一阶段和第二阶段，产水受驱动力的影响，PHS 的 M_w 明显低于 CHS 的 M_w。这可能是固定驱动力下的天然气水合物藏越大，单位长度下的流动阻力也越大，从而减少了水流的能力，因此，天然气水合物藏越大水流入开采井越难。产气过程的第三阶段，PHS 和 CHS 的 M_w 要明显低于第一阶段和第二阶段，然而，该阶段 PHS 的 M_w 高于 CHS 的 M_w。这是由于，CHS 主要是在第一阶段和第二阶段产水。然而，由于气水夹带作用，在第三阶段 PHS 还有少量水产出。

（四）实验过程中的温度变化

图 6.6 给出了 PHS 在开采过程中 T1B、T9B、T17B 和 T25B 的温度曲线图。由于反应釜的轴对称性，T1、T9、T17 和 T25（温度传感器的分布图见第三章图 3.13，T1B、T9B、T17B 和 T25B 分别位于 T1、T9、T17 和 T25 的 B-B 层）是一条直线上等距离的 4 个温度测点，代表反应釜内从边缘到中心的温度。以点 T9B 为例，反应釜内温度变化可以分为四个阶段。温度变化的第一阶段（0~0.33h）对应图 6.1 和图 6.2 中的释放自由气阶段。由于该阶段无天然气水合物分解，温度变化不明显。第二阶段（0.33~0.67h）对应混合产气阶段，该阶段温度明显降低，归因于天然气水合物分解吸热，导致系统温度迅速降到最低点。温度变化的第三阶段（0.67~50.6h）和第四阶段（50.6h~开采结束）对应于天然气水合物分解产气阶段。第三阶段天然气水合物分解持续，T9B 点的温度在最低点基本保持稳定，说明该阶段天然气水合物分解所需热量近似环境提供热量。第四阶段 T9B 点天然气水合物分解基本完成，该点温度从最低温度逐渐上升到环境温度。从图 6.6 可以看出，不同测点的温度变化在开始两个阶段基本一致。然而，在第三阶段和第四阶段，从 T1B 到 T25B 由外及内温度依次增加，该点温度上升导致该点天然气水合物分解。在第一阶段和第二阶段，天然气水合物分解主要是系统压力减少的原因。由于沉积物的高孔隙度

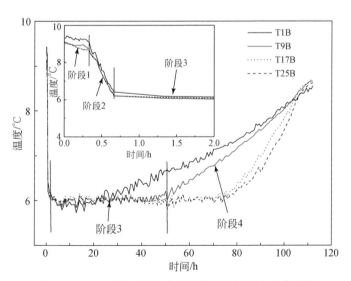

图 6.6 在 PHS 降压开采中不同测点的温度变化曲线图

和渗透率,各测点压力降低幅度相同,各测点温度变化程度相同。然而,在第三阶段和第四阶段,温度变化主要受环境传热的制约。周围环境的供热主要是从反应釜壁到反应釜中心的持续热传递,从其他各层的测点也可以看到类似的现象。

图6.7给出了PHS中天然气水合物沉积层随时间变化的温度空间分布图。本节我们使用开采过程中当前时刻的温度减去初始时刻的温度(差值)来表征温度的变化特征。图6.7(a)给出了第7分钟的温度空间分布,该时刻是自由气释放过程和温度变化的第一阶段,从图6.7(a)中可以看出各测点温度没有发生明显变化,同样现象见图6.6。图6.7(b)给出了第31分钟的温度空间分布,该时刻是温度变化的第二阶段,相对初始时刻,该时刻由于吸热分解温度变低,各区域温度降低基本相同。图6.7(c)给出了系统压力达到设定压力时的温度空间分布,即第1145分钟,处于温度变化的第三阶段,该时刻各测点温度达到最低点。图6.7(d)和(e)分别是第4500分钟和第6000分钟的温度空间分布。反应釜内各点温度不相同,近井区的温度要低于远井区的温度,这是因为热量是从反应釜壁传递到反应釜中心的。

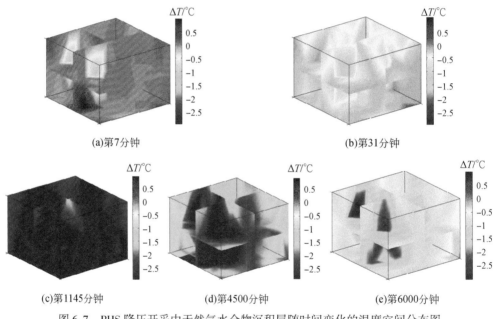

(a)第7分钟　　　　　　　　　　　　　　(b)第31分钟

(c)第1145分钟　　　　　(d)第4500分钟　　　　　(e)第6000分钟

图6.7　PHS降压开采中天然气水合物沉积层随时间变化的温度空间分布图

在CHS的实验中,各点的温度变化有上升的阶段(天然气水合物的二次生成)。然而,在PHS的实验中看不到该现象。从表6.1中可以看出,在降压阶段,PHS内沉积物中的单位体积产水量要明显低于CHS。当系统压力高于天然气水合物分解的平衡压力时,沉积物中流动的水遇甲烷再次生成天然气水合物,而天然气水合物生成放热导致系统温度升高。如上所述,在各种驱动力的作用下,随着天然气水合物沉积物的增大,单位长度的流动阻力增大,导致水的流动能力减小。该过程同样减少了水气接触面,导致天然气水合物生成概率降低,因此,在大体积的PHS降压开采过程中,几乎没有二次天然气水合物的生成以及温度上升阶段(PHS的有效体积大约是CHS的20.3倍)。

天然气水合物分解吸热,进一步引起平衡分解压力的降低。因此,降压分解的效果较低,为了研究降压开采的温度变化对开采过程的影响,我们做出了反应釜内各测点平均温度、点 T25B 的温度和环境温度下的平衡分解压力的变化曲线,见图 6.8。

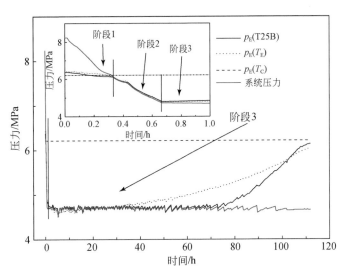

图 6.8　在 PHS 中,平均温度(T_E)、T25B 温度和环境温度(T_C)对应的平衡分解压力(p_E)
以及系统压力随时间变化的曲线图

同时给出了系统压力作为对比。T_E 是系统的平均温度,T_C 是环境温度,p_E 是相应温度下天然气水合物平衡分解压力。从图 6.8 可以看出,在天然气水合物分解的前期(压力变化的第二阶段),随着系统压力的降低,系统平均温度和 T25B 温度下对应的天然气水合物平衡分解压力降低。因此,该阶段天然气水合物分解的驱动力(天然气水合物分解平衡压力与系统压力之差)相当小,并且远小于系统压力与环境温度对应的平衡分解压力之差。也说明天然气水合物分解消耗天然气水合物沉积物的显热,在一定时期内天然气水合物分解主要受降压速率的控制。然后,反应釜内的平均温度对应的平衡分解压力增加。这归因于天然气水合物量的减少,天然气水合物分解所需热量逐渐小于环境供热量。T25B 温度对应的平衡分解压力与系统压力在长时间内保持一致,那是因为 T25B 在反应釜的中心,热量传递最慢,温度上升也最慢。在产气的第三阶段,反应釜的压力降低到设定的开采压力,由于第二阶段沉积物的显热已经消耗完,产气速率降低。事实上,该阶段分解的主要驱动力是环境的热传导。开采过程中,CHS 中关于天然气水合物藏的温度变化特点等与 PHS 的温度变化特点等相似。

(五)　实验过程中的电阻变化

一般来说,天然气水合物的电阻要高于水或气的电阻,低于气体在天然气水合物相、气相和水相等体系中的电阻。天然气水合物沉积物产气的过程中,天然气水合物逐渐分解成水和气,引起沉积物电阻随时间而变化。因此,天然气水合物分解过程中电阻变化可以用来表征天然气水合物沉积物的变化特征。

图6.9给出了PHS天然气水合物降压分解过程中比电阻随时间变化的空间分布图。比电阻是天然气水合物分解过程中某时刻的电阻值与初始时刻的电阻值的比值。图6.9（a）给出了第7分钟的比电阻空间分布，该时刻在自由气释放阶段（产水之前），可以看出，反应釜内各测点的比电阻基本不发生变化，这是由于自由气释放过程天然气水合物没有分解，反应釜内水和天然气水合物的饱和度都没有发生明显变化。图6.9（b）给出了第31分钟的比电阻空间分布，处于混合气释放过程，该阶段天然气水合物开始分解，导致沉积物中电阻减小。从图6.9（b）可以看出，底部区域的比电阻要高于上部区域的比电阻，这是因为，在开采实验之前，天然气水合物持续生成时间约为1451.5h，在这生成过程中，由于重力作用反应釜内的水流向底部区域，导致底部天然气水合物饱和度要高于顶部区域。在混合气释放阶段，反应釜内天然气水合物通过吸收沉积层显热导致天然气水合物分解。一定量的显热可以供一定量的天然气水合物吸热分解，由于开采前反应釜底部天然气水合物的饱和度要高于顶部，因而顶部天然气水合物分解率要高于底部，导致顶部区域的电阻减少得更多。在CHS的产气过程中，沉积层的电阻变化受到天然气水合物分解和气水流动的影响。在CHS的降压阶段，由于开采井内的水向上流动，底部含气量增加，含水量减少，导致底部区域的电阻比顶部区域更高。在PHS中，天然气水合物沉积层中单位体积产水量要明显低于CHS，因而水流动产生的电阻变化相对小，沉积物中的电阻变化主要来源于天然气水合物分解造成的天然气水合物饱和度减少。

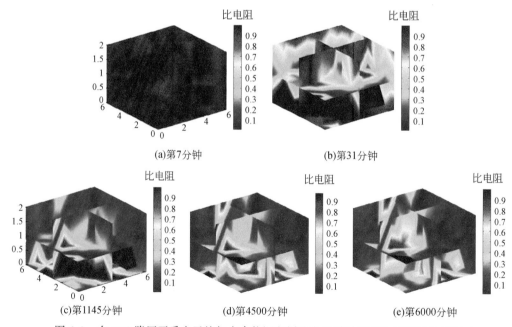

(a)第7分钟　　　　　　　　(b)第31分钟

(c)第1145分钟　　　　　(d)第4500分钟　　　　　(e)第6000分钟

图6.9　在PHS降压开采中天然气水合物沉积层比电阻随时间变化的空间分布图

图6.9（c）和（d）给出了第1145分钟和第4500分钟的比电阻空间分布图，反应釜中电阻持续减小，并且底部区域的比电阻要高于顶部区域的比电阻。图6.9（e）给出了第6000分钟的比电阻分布，该时刻天然气水合物分解基本完成。相对天然气水合物开采的初始时刻，该时刻电阻明显减小，并且各点的比电阻在大部分区域基本相同。

第二节 天然气水合物开采注热模式研究

一、热吞吐法开采

热吞吐法，又叫周期循环热激法（cyclic steam stimulation，CSS），被广泛应用在石油开采行业，主要用于提高石油开采率（Sayegh and Maini，1984；Vittoratos，1991；Leaute and Carey，2007），该方法在20世纪60年代首先由Shell石油公司在Venezuela石油开采项目中偶然发现。热吞吐法包括三个主要步骤：①注热阶段，通过注入井将高温的热水、蒸汽或者其他高温介质注入所要开采的地层中；②焖井阶段，关闭井口，经过一定的时间使地层温度升高；③生产阶段，打开开采井进行开采操作。一般热吞吐法中，注入井和开采井是同一口井。

本节利用天然气水合物小型三维模拟系统，用单一垂直井下的热吞吐法模拟天然气水合物开采过程，通过对开采过程的压力、温度、电阻等物理量变化的实时测量，研究热吞吐法开采天然气水合物过程中矿藏内的传热传质过程。并且通过改变注热温度和注热量，研究不同注热条件对热吞吐法开采天然气水合物的影响。最后通过设计无焖井热吞吐法，研究热吞吐法中焖井对开采天然气水合物效果的影响。

将8162g石英砂填塞进反应釜中作为多孔介质，石英砂的大小为300~450μm，孔隙率约为48%。通过平流泵向反应釜内注入1537mL去离子水。基于中国南海神狐海域的天然气水合物藏的稳定存在温度，水浴温度设定为8.0℃（Wang et al.，2015）。

13.4mol甲烷气体注入反应釜内，至反应釜内压力为20MPa，关闭反应釜进出口阀门，在定容状态下生成甲烷水合物，反应釜内压力逐渐下降，10~14天后，反应釜内压力降为13.5MPa。假定1mol甲烷水合物中包含5.75mol的水分子，溶液为不可压缩流体，根据反应前后温度、压力、甲烷的质量，计算得到反应釜内甲烷水合物的饱和度为33.5%。

在水浴温度不变的条件下，将预热罐温度设为注热温度，待其温度稳定后，设定注热水流速为40mL/min，利用旁通阀预热管路，预热完成后打开进口阀开始注热。生产压力由回压阀控制，调节回压阀，设定生产压力为6.5MPa。热吞吐开采实验开始前釜内温度为8.0℃，利用Li等（2008）给出的模型计算，得到在8.0℃时体系的相平衡压力为5.7MPa，此时产气压力高于此时甲烷水合物的相平衡压力，甲烷水合物无法分解。随后利用热吞吐法进行甲烷水合物开采模拟实验。

热吞吐法开采甲烷水合物的过程中包括了降压和注热两种方法，可以表述为一种联合方法（Bayles et al.，1986；Li and Zhang，2010）。图6.10是热吞吐法开采甲烷水合物的示意图，这种开采方案主要包括三个阶段：注热阶段、焖井阶段和生产阶段（Ceyhan and Parlaktuna，2001）。

本实验在小型三维模拟系统中进行，采用位于最下层的垂直中心井C作为注热井，而最上层的垂直中心井A作为开采井（图6.11）。注热阶段，以40mL/min往注热井注入一

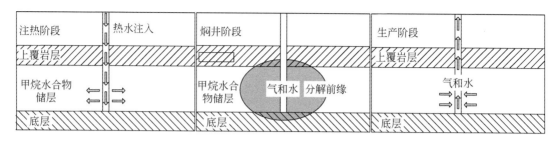

图 6.10　热吞吐法开采甲烷水合物的示意图

定量的热水，所注入的热水的初始温度保持恒定。注热完成后关闭进口阀，进入焖井阶段；焖井期间系统压力缓慢上升，当系统压力不再上升时，焖井结束；生产阶段，打开开采井阀门，当系统压力下降至设定的产气压力时，关闭阀门。至此，这一轮吞吐过程结束，开始下一轮热吞吐周期。

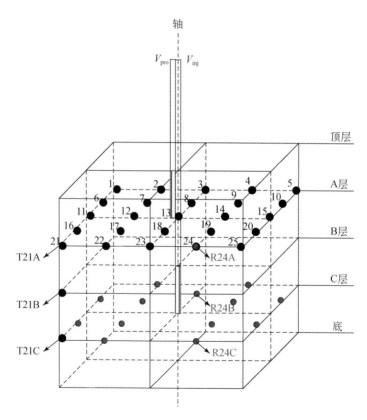

图 6.11　小型三维模拟系统用热吞吐法开采甲烷水合物布井示意图

当热吞吐开采达到一定轮次，焖井期间压力上升幅度接近 0，认为不再有甲烷水合物分解，本组单一垂直井热吞吐开采实验结束。

实验结束后将反应釜静置 1 小时后，调节回压阀将系统压力缓慢降低至大气压，释放剩余甲烷。甲烷水合物生成实验过程中通过数据采集系统每 5 分钟采集一次数据，开采实验过程中每 10 秒钟采集一次数据，包括温度、压力、电阻、产气量、产水量、注水量等。

本节利用中心垂直井进行了多组热吞吐开采甲烷水合物的实验。表 6.2 给出了具体的实验条件。其中 Run1、Run2 分别为注入 8℃、130℃ 热水的空白对照实验，用于得出热吞吐法开采结束的判断依据，Run3 为注热温度 130℃，注热时间为 5min 的开采模拟实验。Run4 和 Run5 是在不改变 Run3 注热时间的基础上，提高注热温度至 160℃ 和 190℃ 的开采模拟实验；Run6 和 Run7 是在不改变 Run3 注热温度的基础上，提高注热时间至 7.5min 和 10min 的开采模拟实验。

表 6.2　热吞吐法模拟开采甲烷水合物实验条件

实验	水浴温度 /℃	开采压力 /MPa	注热温度 /℃	注热速率 /(mL/min)	注热时间 /min	初始天然气水合物饱和度/%	热吞吐轮次
Run1	8	6.5	8	40	5	0	1
Run2	8	6.5	130	40	5	0	1
Run3	8	6.5	130	40	5	33.5	15
Run4	8	6.5	160	40	5	33.5	14
Run5	8	6.5	190	40	5	33.5	10
Run6	8	6.5	130	40	7.5	33.5	13
Run7	8	6.5	130	40	10	33.5	11

二、热吞吐法开采实验结果

本节首先以热吞吐法模拟开采甲烷水合物实验 Run3 为例，研究热吞吐法开采甲烷水合物过程中的物理规律。

（一）单轮注热的温度变化

在 15 轮热吞吐中，每一轮注热都包括注热、焖井、生产三个阶段。我们以第 3 轮注热为例研究单轮热吞吐中温度传递规律，其他各轮次都有相似规律。点 1B、7B 与 13B 是在一条直线上距离井口由远到近的三个测点。热水从中心井 13B 注入，热量通过多孔介质中的流动和传导向四周传递。

图 6.12 给出了第 3 轮热吞吐出口压力及点 13B、7B 与 1B 的温度变化。由图 6.12 可知，注热阶段（0~6min），系统压力迅速升高；焖井阶段（6~30min），系统压力缓慢升高，当压力不再升高时，焖井结束，在此过程中系统压力在 7.5MPa 左右，此压力下甲烷水合物的相平衡温度为 11℃；生产阶段（>30min），压力迅速下降。

图 6.12 中点 13B、7B 与 1B 的温度依次变化，13B 点处于井口上，温度随注热时间延

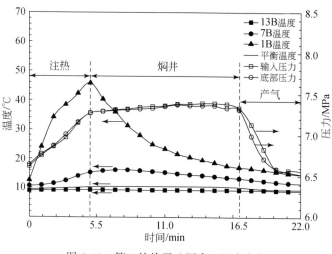

图 6.12　第 3 轮热吞吐压力、温度变化

长而升高，在注热结束时达到最大值；7B 点在注热 2min 时温度开始上升，在焖井开始 2min 后达到最大值；而 1B 点温度几乎不变。这是因为热量由中心点扩散向四周构成热流推进面，推进面依次通过点 13B、7B 与 1B，造成了温度依次变化。由于热量通过多孔介质传热消耗、分解甲烷水合物消耗热量及上下地层边界损耗热量，温度逐渐降低，当热流推进面达到点 1B 时，温度已经低于 11℃，也就是低于甲烷水合物的平衡温度，分解驱动力为零，无法分解甲烷水合物。

图 6.13 给出了在第 3 轮注热中 6 个时刻的三维温度场分布。从图 6.13 可以看出，以中心注热点为中心，热流随时间向四周扩散，最终衰弱。在没有注热前，系统内所有点的温度几乎保持相同，与环境温度相同。在注热 3 分钟后，中心温度升高且热量向四周扩散。6 分钟时注热结束，中心温度达到最高，并且周围温度也相应升高，热流开始向四周推进。从 6 分钟到 30 分钟，是焖井阶段。第 15 分钟时周围温度继续升高但中心温度下降，说明热流向外扩展，热量开始消耗。20 分钟到 30 分钟，远井区域温度没有变化并且中心温度逐渐下降到接近环境温度，也就是 0 时刻的温度，是因为系统的热量几乎消耗完全，甲烷水合物也在此刻停止分解，焖井阶段结束。

（二）多轮注热温度的变化

图 6.14 给出了第 3、6、9、12、15 轮热吞吐焖井结束时刻的温度场分布，第 3 轮注热的热流推进面范围较小，并且几乎没有到达壁面，可能是因为大部分热量集中于中心，主要用于中心区域的甲烷水合物分解，通过上下盖层的热量损耗较少。第 6、9 轮的注热热流推进面持续推进，可能是因为热量继续分解周边区域的甲烷水合物，热量影响范围逐渐增大，并且在此过程中热量开始通过上下地层损耗。第 12、15 轮注热热流推进面几乎没有推进，可能是因为热量主要由多孔介质传热以及上下地层边界传热损耗，无法再向周边发展分解更多的天然气水合物，此时注热能量达到最大影响范围。由此可以得出，热流推进面随轮次增加向外扩展，最终会达到最大影响范围。之后，即使继续展开注热吞吐，

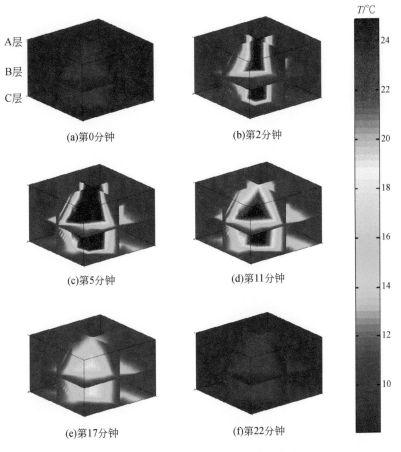

A层
B层
C层

(a)第0分钟　　　　　　(b)第2分钟

(c)第5分钟　　　　　　(d)第11分钟

(e)第17分钟　　　　　　(f)第22分钟

图 6.13　第 3 轮热吞吐三维温度场分布

体系热流推进面也不会再进一步向外展开。实验证明对于单一垂直井热吞吐法开采甲烷水合物，我们只需要一口垂直井就可以成功地进行开采活动。这种开采方法的局限性在于，单井进行热吞吐法开采存在最大影响范围，但在实际天然气水合物藏开采中，当天然气水合物大量存在且超过了热吞吐法的最大影响范围时，无法依靠一口井开采完全，需要添加更多垂直井或者选择其他开采方式。

(三) 压力变化

图 6.15 给出了空白实验一（Run1）、空白实验二（Run2）和热吞吐开采实验（Run3）中第 3 轮热吞吐时的系统压力随时间的变化图。Run1、Run2 是在环境温度 8℃时，向反应釜中打入一定量的甲烷至系统压力为 6.5MPa，并且在甲烷水合物还没有生成条件下的空白对照实验。空白实验的目的在于研究单独向反应釜注水对系统压力的影响，同时导出判定热吞吐法开采结束的依据。

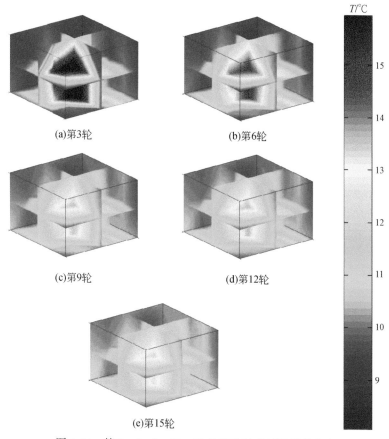

(a)第3轮　　　　　　　(b)第6轮

(c)第9轮　　　　　　　(d)第12轮

(e)第15轮

图 6.14　第 3、6、9、12、15 轮焖井结束时温度场分布

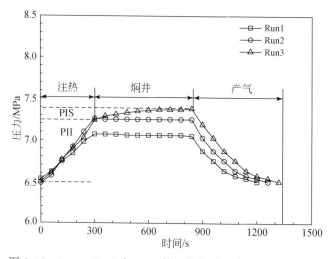

图 6.15　Run1、Run2 和 Run3 第 3 轮热吞吐时压力变化对照图

Run1 在 0~300 s 的注水过程中注入 200mL 8℃的冷水，系统压力由 6.50MPa 上升至

7.05MPa 左右，这是由于在注入阶段，注入了不可压缩的水，压缩反应釜内的自由气，导致压力上升。注热阶段压力上升幅度称为"注热压力升"（pressure increase during injection，PII）。在 300 ~ 850 s 的焖井阶段压力一直保持 7.05MPa 不变，这是由于焖井阶段反应釜内各相比例不再变化，压力保持稳定。在 850 ~ 1350 s 的生产阶段，由于产气，系统压力下降至生产压力（6.5MPa）。Run2 在 0 ~ 300 s 的注水过程中注入 130℃的热水 200mL，压力由 6.50MPa 上升至 7.25MPa 左右，这是由于注入水压缩反应釜内的自由气，同时带入热量加热反应釜内的自由气导致压力上升。在 300 ~ 850 s 的焖井阶段压力一直保持 7.25MPa 不变，这是由于反应釜内各相比例没有变化，并且热量耗散缓慢，所以压力保持稳定。在 850 ~ 1350 s 的生产阶段，系统压力下降至生产压力。Run3 中第 3 轮热吞吐是在反应釜中存在甲烷水合物的条件下，0 ~ 250 s 注入 130℃的热水 200mL，注入过程中压力由 6.50MPa 上升至 7.30MPa 左右，主要由于注入水压缩反应釜内的自由气，并且带入热量加热反应釜内的自由气并分解甲烷水合物释放甲烷。在 250 ~ 850 s 的焖井阶段中压力持续上升，由 7.30MPa 上升至 7.40MPa，这是由于焖井阶段中随着注入热量的持续扩散，甲烷水合物不断分解，导致压力上升；850 s 时，压力不再上升，表明甲烷水合物不再分解，此时焖井阶段结束。焖井期间压力上升幅度称为"焖井压力升"（pressure increase during soaking，PIS）。焖井结束后进入生产阶段（250 ~ 850 s），系统压力下降至生产压力。

Run1、Run2 的注热压力升分别为 0.55MPa、0.75MPa。其中，Run1 的注热压力升仅仅是由于注水作用，而 Run2 的注热压力升是由于注水和加热的双重作用，而 Run2 的注热压力升仅比 Run1 高 0.2MPa。说明注热阶段的压力上升主要是由于注入不可压缩的水压缩反应釜内的自由气，而带入的热量加热反应釜内的自由气引起的压力上升较少。对比 Run2 和 Run3，由于 Run3 中第 3 轮热吞吐的注热压力升与 Run2 的几乎相同，说明在 Run3 第 3 轮热吞吐的注热阶段甲烷水合物几乎没有分解。

Run1 和 Run2 的热吞吐空白实验中焖井压力升为 0，是由于反应釜内没有甲烷水合物分解；而 Run3 中第 3 轮热吞吐的焖井压力升为 0.1MPa，是由于甲烷水合物不断分解，释放甲烷改变压力。所以随着热吞吐法开采甲烷水合物的进行，当热吞吐中焖井压力升为 0 时，表明此时热吞吐法焖井阶段没有甲烷水合物分解，可以认为在此轮甲烷水合物热吞吐开采实验结束。

以上面讨论的判定实验结束的方法进行甲烷水合物热吞吐开采实验，如表 6.2 所示，Run3 在注热温度为 130℃，注热时间为 5min 的条件下进行了 15 轮热吞吐；Run4、Run5 在不改变 Run3 的注热时间的基础上，提高注热温度为 160℃和 190℃分别进行了 14 轮热吞吐和 10 轮热吞吐；Run6、Run7 在不改变 Run3 的注热温度的基础上，提高注热时间为 7.5min 和 10min 分别进行了 13 轮热吞吐和 11 轮热吞吐。发现注热的温度越高，热吞吐法开采甲烷水合物所进行的轮次就越少，这是由于注热温度越高分解甲烷水合物的驱动力越高，甲烷水合物分解速度也越快。同样，注热时间越长，轮次也越少，这是由于注热量的提高，热量所影响的范围相应变大，反应釜中的甲烷水合物分解变快。

（四）比电阻

电阻可以表征天然气水合物藏的变化规律，由于天然气水合物的电阻大于水，一般来说随着天然气水合物分解，天然气水合物电阻下降（Zhou et al., 2007）。但在实际测量中电阻还受到温度和多孔介质内水气流动的影响，会出现不同程度的影响。

在本实验中所用的电阻探头在反应釜中测量的距离不一致，所以单纯的比较电阻的大小没有意义，在这里我们利用实验过程中实时的电阻与实验开始前的电阻的比值（称为比电阻）作为表征参数。

我们把电阻测点分为近井区和远井区考虑，近井区处于垂直中心井周围，包括测点 7、9、17、19 的 A、B、C 三层。远井区处于边界周围，包括测点 2、4、6、10、16、20、22、24 的 A、B、C 三层。

图 6.16（a）给出了开采过程中近井区的 7B、19B 两个测点比电阻与温度的变化图。由两个测点对比，可以看出近井区 19B 的比电阻在实验的前 75min，也就是前 3 轮注热中出现短暂急速上升，可能由于天然气水合物大量分解，产气量大，气体充斥于孔隙中导致电阻升高。产气后，随气体放出，电阻迅速下降。并且在此过程中比电阻总体趋势下降，是因为注热导致天然气水合物的分解引起了电阻的下降。从 75min 开始，实验比电阻总体趋势保持不变，并有规律的波动。波动是由于注热吞吐过程中该点的温度发生变化，波动与温度变化呈相反趋势，此时电阻主要与温度有关，进而表示此点天然气水合物已经完全分解。

而对于近井区 7B 来说比电阻在实验的前 25min 就急剧的上升和下降，并在 25min 后随温度波动，表明 7B 点天然气水合物在前 25min 就分解完成。近井区其他电阻具有相似规律。

图 6.16（b）给出了开采过程中远井区的 6B、20B 测点比电阻的变化图。对于远井区，存在两种情况。

以测点 6B 为例，前 20min，第 1 轮注热中，电阻变化不大，可能是由于此时热量还没有影响到远井区；随着注热轮次增加，20～75min，也就是第 2、3 轮热吞吐，电阻总体趋于下降，这是天然气水合物分解造成的；之后实验中电阻随温度波动，可能是由于此点天然气水合物已经不再分解，或者此点已经没有天然气水合物存在。在此过程中，电阻随温度的波动减小，可能是由于远井区温度变化较小。

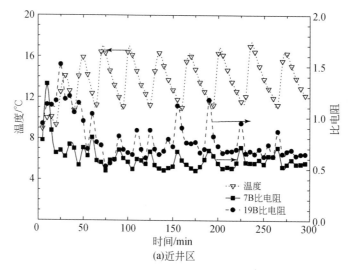

(a)近井区

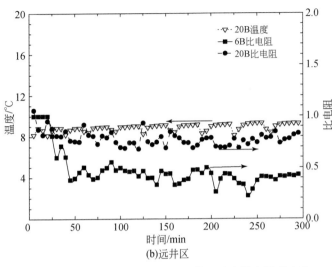

图6.16　开采过程中近井区和远井区比电阻和温度变化

以测点20B为例，注热全程电阻几乎没有明显变化，可能是因为注热能量未能达到20B点，此处的天然气水合物并没有分解，或者是此点没有天然气水合物存在。6B与20B位置完全对称，但电阻变化并不同，说明注热能量由中心向四周扩散，但并不完全各向均匀，可能是由于局部渗流场与导热的不同。远井区其他电阻也具有相似规律。

（五）移动边界消融问题

气体水合物注热分解认为存在一个移动的分解前沿（Selim and Sloan，1990），分解前沿隔开了水合物可分解区域和不可分解区域。在一轮次热吞吐过程中，分解前沿会随着注热进行明显向外扩张，并在焖井阶段继续缓慢向外扩张并分解水合物，在焖井结束时达到这一轮次热吞吐热量所影响的最大范围（Li et al.，2011a，2011b）。

利用Li等（2008）给出的模型可以计算出每一时刻下系统压力所对应的相平衡温度，以此平衡温度绘制等温面，就是此时反应釜内水合物的分解前沿。即在等温面以内的区域，温度高于相平衡温度，是水合物可分解区域；而在等温面以外的区域，温度低于相平衡温度，是不可分解区域。

由前面的论述我们可以知道在每一轮注热中，热量以注热点为中心向外发散。由中心向外温度逐渐降低。由图6.15可知，注热后反应釜内的压力在7.5MPa左右，对应的相平衡温度为11℃。所以在反应釜内温度高于11℃的区域水合物可以分解。

图6.17给出了第3轮热吞吐过程中不同时间下11℃的三维等温面，等温面所包围的范围温度高于11℃，此区域温度高于相平衡温度，是水合物可分解区域；而在等温面之外的区域温度低于相平衡温度，是水合物不可分解区域。所以我们可以近似地认为此等温截面就是移动分解界面。可以看出0min时由于反应釜残余上一轮热吞吐余留的热量，所以11℃等温面较小；0~5min的注热过程中等温面不断扩大。5~17min是焖井阶段，其中5~11min的焖井阶段等温面变化不大，11~17min时等温面逐渐缩小，是由于热量通过上

下地层损失，导致反应釜内温度逐渐下降。17min 后开始产气，温度持续下降，回到和 0min 相似的状态，即反应釜内温度高于 11℃的区域较小。

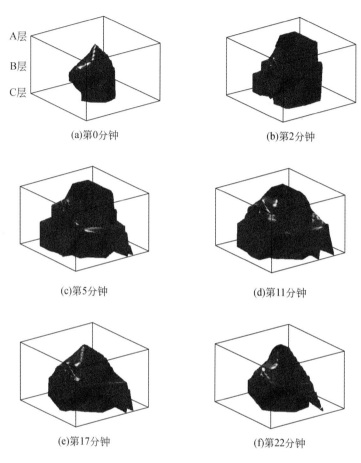

图 6.17　第 3 轮热吞吐不同时间的 11℃三维等温面

图 6.18 给出了 Run3 热吞吐开采实验中第 1、5、10、15 轮焖井结束时的分解前沿对比。第 1 轮［图 6.18（a）］到第 5 轮［图 6.18（b）］分解前沿变化较大，表明水合物分解区域扩大较快。正如之前图 6.14、图 6.15 的分析，前 4~5 轮压力、产气和产水变化都比较剧烈。但 4~5 轮后分解前沿的扩张减慢，从第 5 轮到第 10 轮［图 6.18（c）］的变化明显小于第 1 轮到第 5 轮，最终在第 15 轮［图 6.18（d）］达到最大范围。此时，分解前沿以内的水合物分解完全，系统压力不再上升，并且再多轮次的热吞吐也无法使分解前沿再扩大，此时的分解前沿就是这一组开采实验的"最大分解前沿"。而此时分解前沿所包围的水合物可分解区域就是这一组热吞吐法开采水合物的最大影响区域。

图 6.19 是 Run3 热吞吐开采实验中第 1、5、10、15 轮焖井结束时比电阻的三维空间分布图，通过切片体现三维空间，通过颜色变化体现比电阻变化。对比可以发现第 1 轮［图 6.19（a）］到第 5 轮［图 6.19（b）］电阻变化比较剧烈，第 5 轮到第 10 轮［图 6.19（c）］电阻变化减小，而第 10 轮到第 15 轮［图 6.19（d）］电阻分布几乎不变。在第 15

轮时热吞吐法开采实验结束，只有反应釜壁周围的水合物还没分解。与图6.18对比可知，电阻的变化规律与分解前沿推进的规律相同，从而验证了分解前沿的存在。

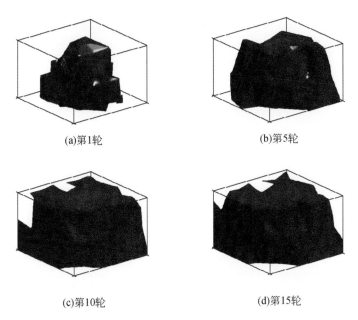

(a)第1轮　　　　　　　　　　　(b)第5轮

(c)第10轮　　　　　　　　　　　(d)第15轮

图6.18　Run3 热吞吐开采实验中第1、5、10、15 轮焖井结束时的分解前沿对比

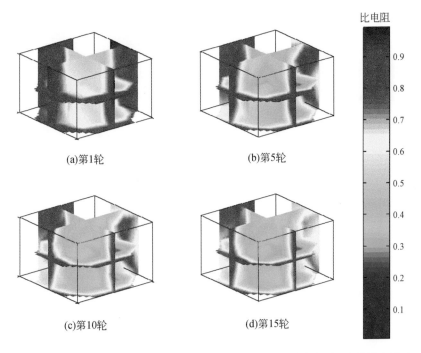

(a)第1轮　　　　　　　　　　　(b)第5轮

(c)第10轮　　　　　　　　　　　(d)第15轮

图6.19　Run3 热吞吐开采实验中第1、5、10、15 轮焖井结束时比电阻空间分布

三、五点井网

　　本章所研究的天然气水合物开采实验均是利用单一垂直井进行的降压法或热吞吐法开采天然气水合物。而且目前国际上无论实际天然气水合物藏试开采，还是实验模拟开采都使用的单一井开采方法。研究未涉及多井联合对天然气水合物开采的影响。本节在五点垂直井布井法的多井系统下，采用热激法开采天然气水合物模拟实验。研究在此方法下天然气水合物的产水产气以及传热传质等特点，并且通过改变流速研究不同流速对开采天然气水合物的影响，通过改变产气压力研究在相平衡压力以上及相平衡压力以下采用热激法开采天然气水合物的区别。

　　五点布井法是一种广泛用于油气藏开采的多井系统。其特点在于在一个正方形区域中，中心点存在一口注入井，在四角分别存在四口开采井（Hematpour et al.，2011；Farzaneh et al.，2010）。通过"镜面效应"可将此布井扩展至大地层中（Moridis and Kowalsky，2005）。

　　在小型三维模拟系统中进行五点井网下的热激法开采天然气水合物实验，布井方式如图6.20所示。其中注热井处于反应釜中心，并且注热井口位于C层；而四口开采井位于反应釜四角，并且位于A层，这样安排井口是因为热量和气体是由下至上流动的，所以注

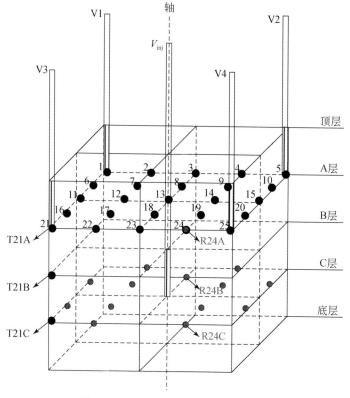

图 6.20　五点垂直井布井方式示意图

热井位于下层有助于热量的扩散，而开采井位于上层有助于气体的流动产出。

四、五点井网热激法开采模拟实验

（一）实验过程

在实验开始之前，将大约900mL的去离子水和13.4mol的甲烷注入至小型三维模拟系统的高压反应釜中，反应釜压力升至20MPa。经过14~20天的天然气水合物生成，反应釜压力从20MPa降至13.5MPa，经过计算此时天然气水合物饱和度约为36.0%。此时认为天然气水合物样品生成完毕。为保证实验结果的可对比性，均采用此种方法生成天然气水合物开采实验中的开采样品。

在天然气水合物开采实验过程中，水浴温度一直稳定在8℃。通过设定蒸汽发生器温度确定注入热水温度；通过设定平流泵流速确定注入热水流速。在注热进行之前，需要将管线进行预热，通过打开位于井口上部的旁通阀，对注热管线进行预热。并且通过回压阀控制出口产气压力。在本节中环境温度8℃所对应的相平衡压力通过Li等（2008）的逸度模型可以计算为5.7MPa。在此之后，打开注热井开始不间断地注热水；并同时打开开采井，通过回压阀控制出口压力为某一稳定值。经过超过1.5h的注热水过程，产气速率逐渐降为0。表明反应釜中没有更多的天然气水合物分解。此时宣布本组五点井网热激法开采天然气水合物实验结束。实验结束后，将反应釜中的剩余气放空，系统压力回归大气压。在天然气水合物开采过程中，温度、压力、电阻、产水量、产气量、注水量等物理量通过数据采集系统每10秒采集一次。

为研究五点井网热激法开采天然气水合物的效果和规律。在小型三维模拟系统中进行了三组实验，实验条件如表6.3所示。三组实验的注热温度相同，均为160℃；但注热速率不同，分别为40mL/min、20mL/min和10mL/min。

表6.3　五点井网热激法开采天然气水合物的实验条件

实验	水浴温度 /℃	产气压力 /MPa	注热温度 /℃	注热速率 /（mL/min）	初始天然气水合物 饱和度/%
Run 1	8.0	6.5	160.0	40.0	35.9
Run 2	8.0	6.5	160.0	20.0	36.0
Run 3	8.0	6.5	160.0	10.0	36.1

（二）产水产气过程

图6.21为天然气水合物开采实验过程中产气量、产水量和注水量随时间变化图。如图6.21所示，在不同注热速率的影响下，Run1~Run3的产气时间依次为90min、184min、546min。其中Run1所选择的注热速率最高，为40mL/min；而Run3实验最低，为10mL/min。实验结果表明越高的注热速率会导致越短的开采时间。这是因为天然气水合物分解是吸热反应，而越高的注热速率可以让单位时间向天然气水合物藏供给的热

量越高，所以导致更快的天然气水合物分解速率，从而缩短开采时间。

在三组天然气水合物开采实验中，以 Run2 为例进行详细分析五点井网热激法开采天然气水合物过程。在此实验过程中，一共 3680mL 的 160℃ 的热水以 20mL/min 的速率通过中心垂直井注入反应釜。在上述时间中，四口开采井也同时打开，用于连续的产气和产水，并且产气速率随时间增加而降低。这说明，当热水注入至天然气水合物藏后，注入井口附近的天然气水合物立即开始分解，但随着天然气水合物分解区域不断扩大，由于多孔介质热传导消耗和边界的热耗散导致热量在传递到注入井较远的区域时，热水温度下降，从而导致产气速率降低。

产水过程并不是和产气过程同时开始的。产气是在实验开始的时刻就存在，而实验开始的前 17min 并没有水产出，在 17min 之后，产水速率逐渐增加并趋于稳定。稳定后的产水速率和注热速率相同，均为 200mL/min。这可能是由于在注热开始前，天然气水合物藏中存在很多自由孔隙。因此，在注热的前 17min，自由孔隙逐渐被热水填满，随后水开始通过开采井产出，并且最终保持和注热速率相同。

在全部三组天然气水合物开采模拟实验中，Run1～Run3 的产气总量分别为 177.5 L、176.0 L、172.6L，这表明不同的注热速率对最终产气量的影响并不大。这可能是由于本实验方法采用五点井网布置。在此布井方式下，不间断地注入热水，扫过整个反应釜内的天然气水合物藏，所以只要时间足够长，反应釜中的全部天然气水合物都可以被热水提供的热量分解。Run1～Run3 的产水总量分别为 3283mL、3320mL、5123mL，而注水总量分别为 3600mL、3660mL、5450mL。实验结果表明，随着注热速率的降低，注水总量和产水总量反而相应升高。这主要是由于当注热速率降低，注热过程中沿程热损失增加，从而降低了注入反应釜的热量利用率，所以需要注入更多热水。同时，更大量的热水注入量导致了更大的产水量。

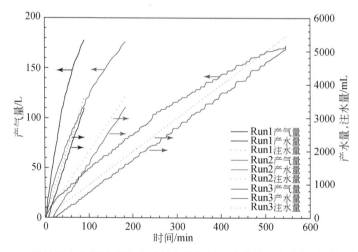

图 6.21 天然气水合物开采实验过程中产气量、产水量和注水量随时间变化图

通过上面的讨论，可以知道注入的一部分热水会保留在反应釜内用于填充多孔介质孔隙。所以，注入水与产出水的差就是注入水的保留量。本节通过研究反应釜内注入水的保

留量，分析五点井网热激法中的传热过程。

对于三组五点井网热激法分解天然气水合物实验 Run1～Run3，注入水的保留量分别是 317mL、340mL、327mL，这表明注热速率对注入水的保留量几乎没有影响。相似的现象也已经在工业应用中的五点注水采油法被研究（Aronofsky and Ramey，1956）。水在多孔介质中所流过的路径是由多孔介质本身特性决定的，而在三组五点井网热激法分解天然气水合物实验中所用的多孔介质是相同的，总孔隙都是 2752mL。因此，对于本节的三组实验来说，大约仅有 12% 的有效孔隙被注入热水占据，也就是说，其余 88% 的孔隙中的天然气水合物并不能直接接触到注入的热水，这些天然气水合物是通过热传导传递热量进行分解的。所以在五点井网热激法开采水合物的过程中，热传导的影响范围要大于热对流。

（三）温度与比电阻变化过程

图 6.22 显示的是 Run1～Run3 实验中温度测点 13B、7B、1B 的温度变化。如图 6.22 所示，温度测点 13B 位于注热井井口，随着注热过程的开始，井口温度在几分钟内迅速升高至最大值。此最大值就是注热井的井口温度。对于 Run1～Run3 实验来说，井口温度分别为 93℃、43℃、20℃，也就是说井口温度随着注热速率的降低依次降低，这是由于注热速率的降低导致注热沿程管线的热损失增大，从而注入热水的温度降低。温度测点 7B 位于注热井与开采井的中点，其温度在注热几分钟之后开始升高，并达到最大值，对于 Run1～Run3 实验来说，分别是 55℃、32℃、14℃。对于位于开采井的测点 1B 来说，也出现相似的现象，不同之处在于开始升温的时间更推迟，并且最大温度也更低。实验结果表明，反应釜温度自注热井口至开采井口依次降低，这是由于热量在从注热井向开采井的传递过程中通过天然气水合物分解吸热、边界传热、多孔介质吸热消耗。并且温度的依次变化也表明热量的传递方向是由中心向四周扩散，从而可以推断天然气水合物也是由中心向四周逐渐分解。

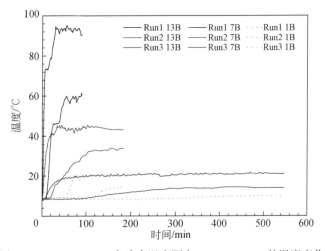

图 6.22　Run1～Run3 实验中温度测点 13B、7B、1B 的温度变化

以 Run2 为例，图 6.23 是在小型三维模拟系统中高压反应釜中五点井网热激法实验

的不同时刻下的三维温度空间分布图。图 6.23（a）~（f）分别是开采实验中第 0 分钟、第 36 分钟、第 72 分钟、第 108 分钟、第 144 分钟和第 180 分钟的温度分布图。在注热开始前[图 6.23（a）]，反应釜内的所有温度测点均与水浴温度保持一致（8℃）；在注热开始后的第 36 分钟［图 6.23（b）］，在注热井周围的区域，温度已经上升并且开始向四周传递；在注热的第 72 分钟［图 6.23（c）］，反应釜的中心温度已经达到最高值，并不再升高，但可以看出温度仍持续向四周传递；从注热的第 108 分钟到第 180 分钟的温度云图［图 6.23（d）~（f）］可以看出，天然气水合物藏中心温度已经不再变化，但是在开采井区域的温度仍然在持续上升。这表明热量已经在反应釜中充分扩散开。需要重视的是，如上文中所讨论的，从注热后的第十几分钟，产水就已经开始。也就是说，在注热开始后的很短时间内，注入的水就已经覆盖整个天然气水合物藏，但是热量的传递贯穿整个天然气水合物开采过程。这主要是因为注入的热量被首先接触到的天然气水合物分解所消耗，流过天然气水合物层的注入水的热量已经被充分消耗，所以导致注入热水的传热和传质不同步。

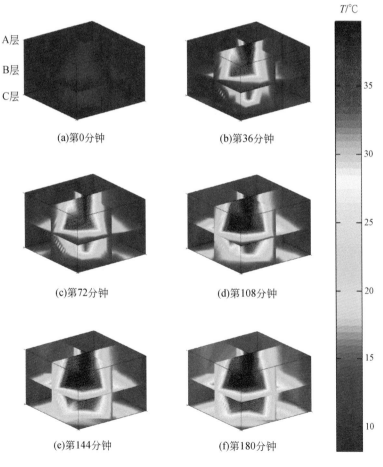

图 6.23　五点井网热激法的不同时刻下的三维温度空间分布图

　　在本节中，同样采用比电阻（实时电阻与 0 时刻电阻之比）作为水合物存在的特征参数，表征天然气水合物的分布情况。其原理已经在之前的章节中介绍。图 6.24 是小型三维模拟系统中高压反应釜进行的 Run2 的不同时刻下比电阻三维空间分布图。图 6.24（a）~（f）分别对应的是第 0 分钟、第 36 分钟、第 72 分钟、第 108 分钟、第 144 分钟、第 180 分钟的比电阻分布。图 6.24 的时间点选择与图 6.23 相同，同样的比电阻的分布变化也与温度的分布变化相似。可以从图 6.24 中发现，天然气水合物是从中心注热井区域向四周开采井区域逐渐扩展的。也就是说，天然气水合物的分解过程和注入热量的传热过程相一致的。可以推测出，在五点井网热激法开采天然气水合物的过程中也存在天然气水合物分解界面，此分解界面随着热量的传递而从注热井向开采井扩展。此外，本节中其他实验的温度和比电阻空间变化都拥有相似的变化规律，这里不做赘述。

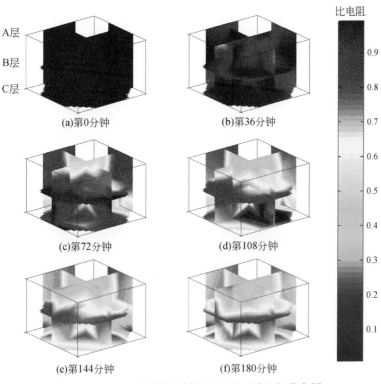

图 6.24　Run2 在不同时刻下比电阻三维空间分布图

（四）移动分解界面

　　正如之前的章节所描述的，在天然气水合物分解过程中存在移动分解界面（Li et al.，2011a，2012）。分解界面定义为将天然气水合物分解区域和不分解区域分开的界面，并且天然气水合物分解主要是发生在分解界面上和分解界面所包围的区域。此界面随着天然气水合物分解而移动。

　　仍然以 Run2 为例，图 6.25 是五点井网热激法开采天然气水合物实验 Run2 过程中的移动分解界面三维空间图。图 6.25（a）~（f）分别对应的是开采过程的第 0 分钟、第 36

分钟、第 72 分钟、第 108 分钟、第 144 分钟、第 180 分钟。如图 6.25 所示,在注热开始前[图 6.25 (a)],反应釜内的天然气水合物都处于稳定状态,并不存在分解界面。这主要是由于反应釜内的初始温度为 8℃,此温度低于开采压力 6.5MPa 所对应的平衡温度 9.3℃。在 36~108min [图 6.25 (a) ~ (d)] 的注热阶段,移动分解界面迅速膨胀,这说明注入热量迅速向周围扩散,并分解天然气水合物。在 108~180min [图 6.25 (d) ~ (f)] 的注热阶段,水合物分解区域的扩大逐渐减慢,这是由于热量在远离注热井的区域通过壁面的热损失加大,并且温度也相应降低,所以分解天然气水合物的速度也相应降低,导致在注热前期分解界面的推进速度要快于注热后期的推进速度。这一结论也与之前温度、比电阻的相关讨论结果相一致。最后,在第 180 分钟 [图 6.25 (f)] 分解界面几乎扩展至整个反应釜,这表明反应釜内的几乎全部区域的天然气水合物都可以通过五点井网热激法完全分解。并且天然气水合物分解界面的变化规律与比电阻空间分布变化相似,从这两方面可以确定天然气水合物移动分解界面的存在和比电阻表征天然气水合物存在情况的正确性。

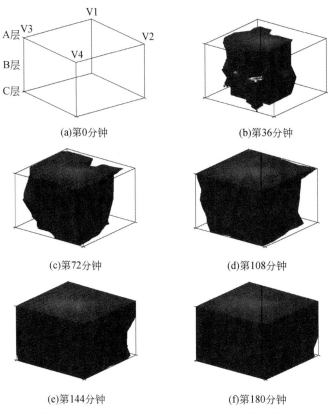

(a)第0分钟　　　　　　　　　　(b)第36分钟

(c)第72分钟　　　　　　　　　　(d)第108分钟

(e)第144分钟　　　　　　　　　　(f)第180分钟

图 6.25　Run2 过程中的移动分解界面三维空间图

(五) 开采率

开采率 (Li et al., 2011a, 2011b) 是衡量油气开发水平高低的一个重要指标。在本节中定义为,在现有开采方式下,从天然气水合物藏中分解的天然气水合物占总天然气水合物量的比例。

开采率计算方法如下：

$$\phi = \frac{m_{\mathrm{diss}}}{m_{\mathrm{hyd}}} \tag{6.1}$$

式中：m_{diss} 为已分解的天然气水合物量；m_{hyd} 为开采实验前反应釜内的天然气水合物总量。

图 6.26 给出了各组实验开采率随时间的变化图。如图 6.26 所示，对于实验 Run1 ~ Run3，最终开采率分别为 94.6%、92.6%、94.5%。每组实验的最终开采率几乎一致并且都接近 100%。表明对于五点井网热激法开采天然气水合物，注热速率并不影响最终开采率，并且由于利用五点井网法多井系统，注入热量可以在天然气水合物藏充分扩散，导致天然气水合物藏的天然气水合物几乎完全分解。但是在每组开采实验中仍然有约 5% 的天然气水合物没有被分解。这可能是由于在某些靠近边界的小区域，通过边界的热损失和热量的供应达到平衡，使得温度无法上升到平衡分解温度以上，导致这些小区域内的天然气水合物无法分解。

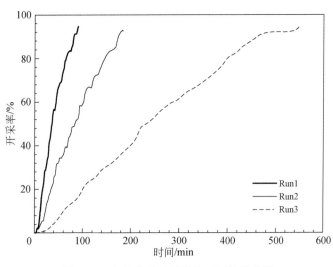

图 6.26　各组实验开采率随时间的变化图

（六）产出速率

产出速率定义为，累积产量与时间之比（Li et al.，2011a，2011b）。在实际矿藏中只有产出速率达到一定值时，才能达到商业开采的价值。

产出速率（产气速率）的计算方法如下：

$$V_t = \frac{Q_t}{t} \tag{6.2}$$

式中：Q_t 为 t 时刻的累积产气体积；t 为产气时间。

图 6.27 给出了各组实验产气速率随时间的变化图。如图 6.27 所示，对于实验 Run1 ~ Run3，产气速率在注热开始的初始几分钟达到最大，由于注入的热水迅速分解井口周围的天然气水合物，并且如上节温度分析的结果，注热温度在井口附近最高，所以天然气水合物分

解速率和产气速率也最高。对于实验 Run1 ~ Run3，最大的产气速率分别是 3.08L/min、1.93L/min、0.73L/min。此后，产气速率逐渐降低，并降至最终产气速率。对于 Run1 ~ Run3，最终产气速率为 1.97L/min、0.95L/min、0.32L/min。实验结果表明越高的注热速率导致越快的产出速率。这主要是由于天然气水合物分解是一个吸热的化学反应，更大的能量供给速度会加快天然气水合物的分解速率；并且更快的注热速率导致更高的井口温度，会提高天然气水合物分解驱动力从而提高天然气水合物分解速率。

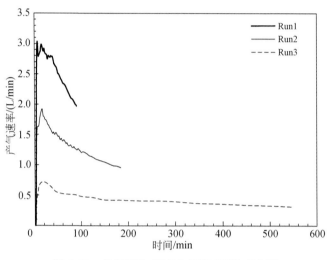

图 6.27　各组实验产气速率随时间的变化图

（七）能量效率

利用能量效率（Li et al., 2012）对开采甲烷水合物的方法进行效率评价。能量效率定义为开采所得甲烷气体的总热值与输入能量之比。

能量效率计算方法如下：

$$\xi = \frac{Q_t \cdot M_{gas}}{C_w \cdot M_w \cdot (T_0 - T)} \tag{6.3}$$

式中：M_w 为注入热水的质量，g；T_0 为通过管线热损失后的井口温度，℃；T 为环境温度，取 8℃；M_{gas} 为甲烷的热值，取 37.6 MJ/m^3；C_w 为水的比热容，取 4.2×10^3 J/（kg·K）。

图 6.28 是各组实验的能量效率随时间的变化图。如图 6.28 所示，在注热开始的前 5 ~ 10min，Run1 ~ Run3 的能量效率增长至最大值，分别为 11.0、27.9、48.7；随后，慢慢降低至最终的能量效率，分别为 5.9、13.0、20.0。能量效率的增长和降低的现象与上节中产出速率变化相似，其原因也相似，都是由于注热井口区域的天然气水合物分解较快，而远离注热井的天然气水合物分解较慢。

由图 6.28 可以看出，越高的注热速率反而会导致越低的能量效率。这主要是由于较高的注热速率会导致更高的井口温度，而井口温度与环境温度的温差越大，会导致更多的热量通过边界耗散，并不能充分应用于天然气水合物分解。所以随着注热速率的提高，能量效率会相应降低。

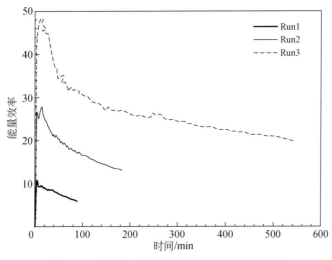

图 6.28　各组实验的能量效率随时间的变化图

第三节　天然气水合物降压与加热联合开采研究

　　本节为研究多种天然气水合物开采方法的联合，尤其是降压法和热吞吐法的联合对天然气水合物开采的影响，自主设计了热吞吐法联合降压法、五点井网热吞吐法进行天然气水合物开采实验研究。首次利用能量效率、热效率、开采率和平均产气速率四个因子建立能量评价体系。用此评价体系得出本节最优开采方法，为未来天然气水合物开采方法的选取提供依据。

一、热吞吐法联合降压法

　　热吞吐法联合降压法包括四个过程：预降压阶段、注热阶段、焖井阶段和生产阶段。布井方式与热吞吐法相同。预降压阶段，设定产气压力低于天然气水合物相平衡压力，打开开采井阀门，当系统压力下降至设定的产气压力时，关闭出口阀门。注热阶段、焖井阶段和生产阶段与传统热吞吐法相同。当热吞吐循环开采达到一定轮次时，焖井期间压力上升幅度接近 0，认为不再有天然气水合物分解，本组单一垂直井降压热吞吐开采实验结束。

（一）压力变化

　　图 6.29 是热吞吐法联合降压法开采过程的系统压力随时间的变化图。如图 6.29 所示，热吞吐法联合降压法 0~10min 进行预降压阶段，系统压力由 6.5MPa 降至 5.6MPa，低于此时的相平衡压力。10~330min 以 5.6MPa 为生产压力共进行了 11 轮热吞吐开采实验。以第 4 轮热吞吐为例，热吞吐也包括注热阶段（a~b），以 40mL/min 的速度向反应釜注入 200mL 的 130℃热水，系统压力由 5.6MPa 到 6.3MPa；焖井阶段（b~c），系统压力由 6.3MPa 到 6.5MPa；产气阶段（c~d），系统压力由 6.5MPa 到 5.6MPa。

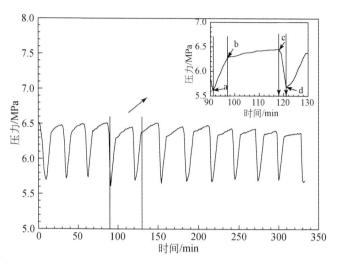

图 6.29　热吞吐法联合降压法开采过程的系统压力随时间的变化图

（二）温度变化

图 6.30（a）~（d）分别是热吞吐法联合降压法开采天然气水合物第 4 轮热吞吐注热开始、注热结束、焖井结束和产气结束时刻的温度场分布。温度场变化规律与传统热吞吐法（图 6.13）相似。图 6.30（a）与图 6.13（a）对比可以发现，同样在注热开始时刻，图 6.30（a）温度低于图 6.13（a），是由于热吞吐法联合降压法的生产压力为 5.6MPa，低于反应釜内天然气水合物的相平衡压力，天然气水合物分解吸热导致反应釜内温度低于环境温度。图 6.30（b）与图 6.13（c）对比可以发现，热吞吐法联合降压法的中心高温区域小于传统热吞吐法，这是由于降压引起天然气水合物分解，使得注热量在注热过程中被消耗；图 6.30（c）和图 6.30（d）同样比 6.13（e）和 6.13（f）温度低，这主要是由于热吞吐法联合降压法比传统热吞吐法有更低的天然气水合物相平衡分解温度，使得天然气水合物更快分解，消耗热量。

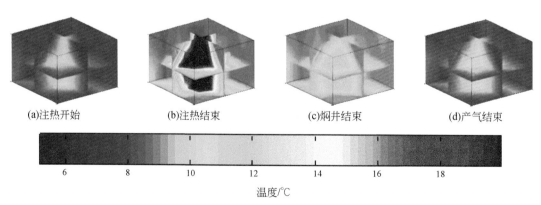

图 6.30　热吞吐法联合降压法开采天然气水合物第 4 轮热吞吐过程温度场分布

（三）产气产水变化

图 6.31 是热吞吐法联合降压法开采过程的累积产气量、累积产水量和注水量随时间的变化图。如图 6.31 所示，在 0~10min 的预降压阶段中，产气量约为 50 L，这是由于反应釜内自由甲烷气释放，并且降压引起天然气水合物分解释放甲烷。在 10~335min 一共 11 轮热吞吐开采实验中，注热阶段、焖井阶段与传统热吞吐相似；产气阶段，前 5 轮热吞吐的产气量较高，约 20L/循环；5 轮之后随轮次增加产气量逐渐降低至 10 L/循环，高于传统热吞吐法后期的 5L/循环，是由于注热和降压双重驱动力导致天然气水合物分解加快。最终总产气量为 198.6 L。预降压阶段产水量较低，约 50 g；在热吞吐过程中，产水量约为 200 g/循环，几乎与注入量相同，是由于在前几轮热吞吐过程中注入热水将自由孔隙填满，所以注水量与产水量平衡。

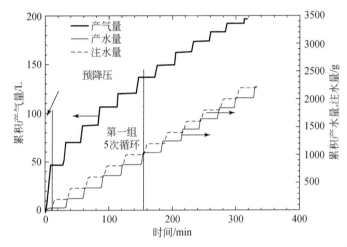

图 6.31　降压热吞吐法累积产气量、累积产水量和注水量随时间的变化图

二、五点井网热吞吐法

五点井网热吞吐法结合了热吞吐法和五点井网热激法。其开采过程与热吞吐法相似，也是由多个轮次的热吞吐组成，但布井方式采用五点井网。每一轮次的热吞吐法也包括：注热阶段、焖井阶段、生产阶段。在注热阶段，打开注入井进行一段时间的注热，但与传统热吞吐法不同的是，位于注热井周围的开采井始终打开，并且在注热阶段保持反应釜压力不变；在焖井阶段，开采井与注热井全部关闭；在生产阶段，再次打开开采井产水产气使得系统压力下降至生产压力，本节中生产压力选取 6.5MPa。

（一）温度压力变化

图 6.32 是五点井网热吞吐法模拟开采天然气水合物实验的系统压力和系统温度随时间的变化图。如图 6.32 所示，实验过程总共包括 10 轮次热吞吐。每一轮次包括注热、焖井和生产三个阶段。如图 6.32 的局部放大图所示，以第五轮为例，从第 88 分钟（a）至

第93分钟（b）为注热阶段，在此期间由注热井向反应釜以40mL/min的速率注入130℃的热水200mL，并且压力维持在产气压力6.5MPa；位于注热井井口的温度测点13B在此期间迅速升高至最大值55.7℃；位于注热井与开采井之间的温度测点7B逐渐升高至18.1℃；而位于开采井V1井口附近的温度测点1B几乎不变。这表明在注热阶段，热量注入天然气水合物藏并开始向四周扩散。从第93分钟至第125.5分钟（c）为焖井阶段，在此阶段中开采井和注热井均关闭，系统压力逐渐从6.50MPa升高至6.84MPa，这是由于天然气水合物在反应釜内被不断分解，并释放甲烷气，导致压力升高。同时，13B点的温度立即开始下降，但7B点的温度首先升高至19.7℃，然后再缓慢下降，这表明在焖井阶段热流持续向周围扩散，并逐渐用于天然气水合物分解。相似的现象在热吞吐开采实验中也被观察到，这说明五点井网热吞吐法的传热过程与热吞吐法是相似的。从第125.5分钟到第127分钟（d）是产气过程，在此过程中开采井再次被打开，开始产水产气，系统压力再次减低至6.5MPa。温度测点的温度都略下降，这是由于降压过程导致天然气水合物分解，并分解天然气水合物藏显热，引起全反应釜的温度同时下降。

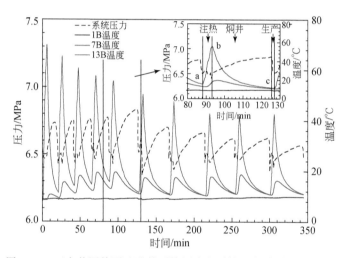

图6.32　五点井网热吞吐法的系统压力和系统温度随时间的变化图

　　此外，还可以从图6.32中发现焖井时间随着注热轮次的增加而延长。这可能是由于随着开采的进行，天然气水合物逐渐由注入井区域向开采井区域分解，所以被分解的天然气水合物距离注热井越来越远，导致分解天然气水合物需要更长的热传递时间。

　　为了研究利用五点井网热吞吐法开采天然气水合物实验过程中的传热过程。图6.33绘出了五点井网热吞吐法实验中第5轮热吞吐不同时刻的三维温度场分布图。图6.33（a）~（d）分别对应图6.32中的a~d时刻。图6.33（a）为注热开始的时刻，天然气水合物藏温度都接近环境温度8℃；图6.33（b）为注热结束时刻，由于注热的影响，注热井区域的温度快速上升；图6.33（c）为焖井结束时刻，开采井区域的温度升高，但注热井温度下降，表明热量由注热井持续向开采井传递；图6.33（d）为产气结束时刻，全部天然气水合物藏的温度都有所下降，这是由于降压过程导致天然气水合物分解并消耗显热导致的。由图6.33得出的所有结论均和图6.32保持一致。

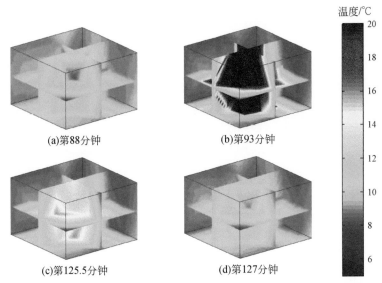

(a)第88分钟　　　　　　(b)第93分钟

(c)第125.5分钟　　　　　(d)第127分钟

图6.33　五点井网热吞吐法开采实验中第5轮次热吞吐不同时刻的三维温度场分布图

（二）产水产气变化

图6.34是通过五点井网热吞吐法开采天然气水合物模拟实验过程中的累积产水量、累积产气量和注水量。仍然以第5轮热吞吐为例研究单轮次中的产水、产气变化。如图6.34中的局部放大图所示，注热阶段，一共通过注热井注入热水200mL，同时开采井采出甲烷气约7.8 L，水160.0mL；焖井阶段，产水、产气、注水值均不变；生产阶段，通过开采井从天然气水合物藏中产气7.2 L，并且产水40.0mL。

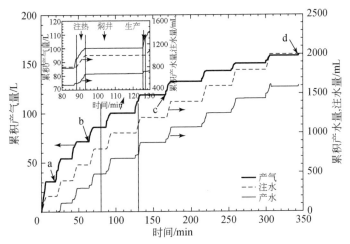

图6.34　五点井网热吞吐法开采天然气水合物过程中的累积产水量、
累积产气量和注水量变化

对于整个开采过程中的产气可以描述如下：每轮次热吞吐的产气量由第一轮的41.9 L

下降至 6.6 L。这是由于在前几轮的热吞吐过程中，位于注热井周围的天然气水合物迅速被分解，导致天然气水合物分解量较大；但随着轮次增加，天然气水合物距注热井的距离逐渐增大，而热量传递会通过多孔介质的热阻及边界热损失消耗，降低了远离注热井区域天然气水合物分解的速率，从而降低了每轮次的产气量。在 10 轮次的五点井网热吞吐开采实验之后，累积产气量为 159.5 L。另外，对于产水，第 1 轮的热吞吐实验中并没有水产出，此后随着注热轮次的增加，每轮次的产水量迅速增加，并达到每轮次的注水量和产水量的平衡，这个现象已经在前文中第 5 轮热吞吐过程的描述中被提及。原因也与前文所描述的其他注热法相似，是由于在注热实验前期所注入的热水被保留在反应釜中以填充反应釜中多余的自由孔隙。随后，当自由孔隙逐渐被填满，在剩余的热吞吐法开采实验中，产水量就与注水量一致。

(三) 移动分解界面

图 6.35 是五点井网热吞吐法开采天然气水合物过程中移动分解界面的三维空间图。图 6.35（a）~（d）对应的是图 6.34 中所标记的 a~d 时刻的分解界面，也就是第 1 轮、第 3 轮、第 6 轮和第 10 轮热吞吐焖井结束时刻的分解界面。由前文分析可知，在热吞吐焖井结束时刻，为一轮次热吞吐中分解界面最大时。由图 6.35 可知，从第 1 轮至第 3 轮，移动分解界面迅速扩张，说明在这三轮次的热吞吐开采中热量迅速扩散，导致天然气水合物分解区域迅速扩大；而从第 3 轮至第 10 轮热吞吐可以发现，分解界面的扩张速度逐渐减慢；并最终在第 10 轮达到最大分解界面。此时反应釜内的大多数天然气水合物已经被分解完毕，但是可以发现仍有少数位于边界附近的区域并没有被分解边界包围，这意味着这些区域的天然气水合物无法被分解，这可能是由于在这些区域的热量提供和热量耗散达到平衡，使得温度无法上升至天然气水合物分解相平衡温度以上，从而导致天然气水合物无法分解。这也就是，最大分解界面不仅在普通热吞吐法开采过程中存在（Li et al., 2011a，2011b），在五点井网热吞吐法开采过程中也同样存在。

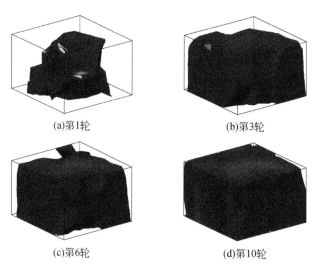

(a)第1轮　　　　　　　　　　(b)第3轮

(c)第6轮　　　　　　　　　　(d)第10轮

图 6.35　五点井网热吞吐法开采天然气水合物过程中移动分解界面的三维空间图

三、对比热吞吐法联合降压法、热吞吐法、降压法和无焖井热吞吐法

(一) 能量效率和热效率

利用能量效率和热效率 (Li et al., 2006)，对热吞吐法开采天然气水合物进行效率评价。能量效率定义为开采所得甲烷的总热值与输入能量之比；热效率定义为用于天然气水合物分解的热量与输入热量的比值。

能量效率计算方法如下：

$$\xi = \frac{Q_t \cdot M_{gas}}{C_w \cdot M_w \cdot (T_0 - T) + W} \tag{6.4}$$

式中：Q_t 为 t 时刻的累积产气体积；M_w 为注入热水的质量；W 为泵功；T_0 为通过管线热损失后的井口温度；T 为环境温度，取 8℃；M_{gas} 为甲烷的热值，取 37.6 MJ/m³；C_w 为水的比热容，取 $4.2×10^3$ J/(kg·K)。其中

$$W = W_{inj} + W_{pro} \tag{6.5}$$

式中：W_{inj} 为注入泵功，定义为将水注入高压反应釜所需能量；W_{pro} 为产出泵功，定义为产出水所需能量。

图 6.36 是各组实验能量效率随时间的变化图。如图 6.36 所示，对于传统热吞吐法开采天然气水合物的能量效率，0~13min 为第 1 轮热吞吐的注热和焖井阶段，没有甲烷产出，所以能量效率为 0；13~18min，随着第 1 轮热吞吐产气阶段的进行，能量效率迅速上升；18~650min，在剩下的 14 轮热吞吐开采中，能量效率在第 4 轮热吞吐产气阶段结束时刻 (125min) 达到最大值，为 13.58，并在 5~15 轮之后的热吞吐过程中能量效率呈阶梯式下降，最终在最后一轮热吞吐时降为 9.44。热吞吐法联合降压法开采天然气水合物实验，0~10min 的预降压过程，由于产气量大，产水较少，能量效率迅速上升至 6000 左右；12~17min，在第 1 轮热吞吐中，随着热量的注入，能量效率迅速下降至 41，在一共 11 轮的热吞吐开采实验中能量效率一直呈阶梯式下降，最终降为 15.6。无焖井热吞吐开采实验，在第 4 轮热吞吐产气结束时能量效率达到最高，为 10.5，并在 5~15 轮之后，能量效率随轮次的增加呈阶梯式下降，最终降为 7.94。对于降压法开采天然气水合物，在 0~50min 由于降压初期产气量大，能量效率迅速上升；50~100min 由于产气速率下降，产水量上升，能量效率略有下降；100~2380min 由于产水停止，并持续产气，能量效率持续缓慢上升，最终能量效率为 11000。

四种开采方式中降压法开采天然气水合物能量效率最高，是由于降压法开采没有注入能量，并且产水量较少。热吞吐法联合降压法由于引入降压驱动力，产气量大大提高并且热吞吐轮次减少，所以能量效率明显高于传统热吞吐法。而无焖井热吞吐法由于产气量少，并且热吞吐轮次多，所以能量效率最低。

热效率计算方法如下：

$$\eta = \frac{m_{diss} \cdot M_{hyd}}{C_w \cdot M_w \cdot (T_0 - T)} \tag{6.6}$$

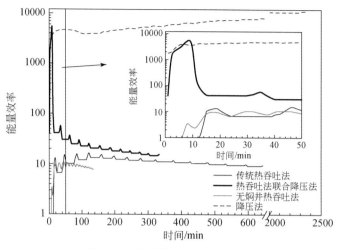

图 6.36　能量效率随时间变化图

式中：m_{diss} 为天然气水合物分解的摩尔数，根据天然气水合物开采阶段的产气量可以计算出 m_{diss}；M_{hyd} 为甲烷水合物的分解热，54.1kJ/mol。传统热吞吐法的热效率为 0.58，热量通过反应釜壁面和产气过程向外耗散；热吞吐法联合降压法的热效率为 0.90，是由于引入降压驱动力，使得天然气水合物更快分解，更快地吸收注入热量，使得热量损耗减少；无焖井热吞吐法的热效率为 0.47，是由于没有焖井过程，热量无法充分扩散，热量无法被充分利用于分解天然气水合物，所以热效率最低。因为降压法不输入热量，所以不存在热效率。

（二）开采率对比

图 6.37 给出了各组实验开采率随时间的变化图。如图 6.37 所示，四种开采方式的开采率随时间推移不断升高，表明天然气水合物不断分解最终达到最高。传统热吞吐法、热吞吐法联合降压法、无焖井热吞吐法和降压法的最终开采率分别为 79.7%、99.2%、60.0% 和 97.9%。传统热吞吐法存在最大分解前沿，无法完全分解反应釜内的天然气水合物（Li et al., 2011a）。对于降压法和热吞吐法联合降压法，由于引入降压驱动力使得整个反应釜的天然气水合物都可以分解，使采率接近 100%，所以对于单井开采天然气水合物来说，单纯的热吞吐法开采率较低，引入降压驱动可以大大提高天然气水合物的开采率。而无焖井热吞吐法开采率低于传统热吞吐法，是由于热量扩散不充分，所以焖井过程可以有效提高开采率。

图 6.38 是各组实验开采结束后比电阻分布图。如图 6.38 所示，对于传统热吞吐法和无焖井热吞吐法在开采结束时，中心区域比电阻下降，周围区域比电阻仍然较高，说明天然气水合物在中心区域已分解，周围区域未分解，并且无焖井热吞吐法开采区域小于传统热吞吐法开采区域。对于热吞吐法联合降压法和降压法开采结束时刻，整个反应釜内的比电阻均下降，说明天然气水合物已经几乎完全分解。这与图 6.37 得出的结果具有一致性，并且直观地表现了不同开采方式对天然气水合物藏的影响。

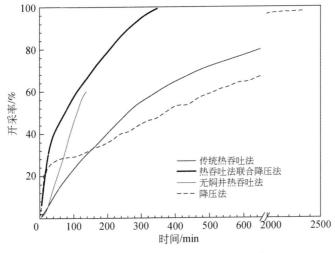

图 6.37　四种方法的开采率随时间的变化图

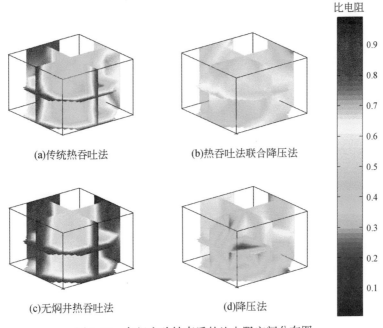

(a)传统热吞吐法　　　　　　　(b)热吞吐法联合降压法

(c)无焖井热吞吐法　　　　　　(d)降压法

图 6.38　各组实验结束后的比电阻空间分布图

(三) 产气速率对比

图 6.39 给出了各组实验产气速率随时间的变化图。如图 6.39 所示,对于传统热吞吐法开采天然气水合物的产气速率,在第 2 轮热吞吐产气阶段结束(第 48 分钟)时产气速率达到最大值,为 0.68L/min,在 2 轮之后产气速率呈阶梯式下降,在最后一轮热吞吐时降为 0.26L/min。对于热吞吐法联合降压法开采甲烷水合物过程,0~10min 的预降压过程,产气速率迅速上升至 2.7L/min;10~340min,在一共 11 轮的热吞吐开采实验中产出

速率一直呈阶梯式下降，最终降为 0.55L/min。无焖井热吞吐开采实验，在第 2 轮热吞吐产气结束时产气速率达到最高，为 1.19L/min，并在第 2 轮之后，呈阶梯式下降，最终降为 0.96L/min。对于降压法开采天然气水合物，在 0～12min 产气速率迅速上升至最高，为 3.2L/min；12～2380min 持续下降，最终产气速率为 0.08L/min。

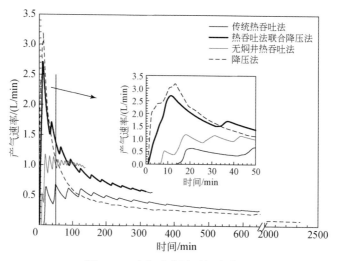

图 6.39　产气速率随时间变化图

降压法的前 12min 产气速率较大，但由于开采总时间长，最终产气速率极低；热吞吐法联合降压法前期产气速率与降压法接近，由于热吞吐法带入大量热量，使得天然气水合物开采时间大大缩短，最终产气速率高于降压法和传统热吞吐法。因为无焖井热吞吐法耗时最短，所以最终产气速率最高。

（四）效率评价系统

表 6.4 给出了传统热吞吐法、热吞吐法联合降压法、无焖井热吞吐法和降压法四种单一垂直井开采天然气水合物方法的最终能量效率、热效率、开采率和产气速率。如表 6.4 所示，不同的开采方式拥有各自的优点和缺点，比如降压法有极高的能量效率，但是产气速率较低；无焖井热吞吐法有最高的产气速率，但能量效率、热效率和开采率都最低。

表 6.4　不同开采方法的最终能量效率、热效率、开采率和产气速率

参数	传统热吞吐法	热吞吐法联合降压法	无焖井热吞吐法	降压法
能量效率	9.44	15.6	7.94	11000
热效率	0.58	0.90	0.47	—
开采率/%	79.7	99.2	60.0	97.9
产气速率/(L/min)	0.26	0.55	0.96	0.08

本章建立统一的效率评价方法，用于比较不同的开采方式的优劣，并筛选出最优方案。能量效率、热效率、开采率和产气速率都是体现开采方法经济性的参数，数值越高表

示此方法越具有经济价值，但当某一数值过低时，不具有开采价值。也就是说能量效率、热效率、开采率和产气速率等四个参数具有某一参考下限值，当一种开采方式的四个参数都高于参考下限值时，才具有开采价值。例如，本节中降压法的产出速率过低不具备开采价值，而无焖井热吞吐法的能量效率和开采率过低也不具备开采价值。而对比热吞吐法和热吞吐法联合降压法，可以发现热吞吐法联合降压法的能量效率、热效率、开采率和产气速率都优于传统热吞吐法。所以热吞吐法联合降压法为四种方法中的最优方法。

第四节　天然气水合物二氧化碳置换开采效率影响研究

利用化学势差驱动天然气水合物分解被认为是一种经济、可靠的甲烷产出方式，常见的化学势差驱动分解方式有抑制剂注入法和气体置换法。对于气体置换法，由于二氧化碳水合物相比于甲烷水合物具有更加温和的热动力学条件，便提出向天然气水合物储层注入二氧化碳气体置换产出甲烷的方式（Ebinuma，1993）。

二氧化碳置换开采甲烷水合物其原理是在一定温度、压力条件下，二氧化碳水合物容易生成并保持稳定，而甲烷水合物则会分解。将二氧化碳注入天然气水合物储层不但可以实现天然气水合物的开采，还可以同时将温室气体二氧化碳以水合物的形式埋藏于海底（图6.40），维持海底地层稳固，减小地质灾害的风险。无论从全球环境、海底沉积物的稳定性，还是促进人类合理开发、利用天然气水合物资源等角度来看，该方法的研究都具有重要的科学和现实意义。

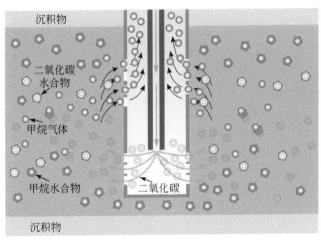

图6.40　二氧化碳-甲烷置换法示意图［据Jia等（2020）修改］

自2002年以来，国际上已先后进行的几次天然气水合物试采中，降压法、热激法和二氧化碳-甲烷置换法均在不同地区的试采中得以应用。加拿大Mallik地区在2002年、2007年分别通过热激法和降压法进行试采（Dallimore and Collett，2005；Dubreuil-Boisclair et al.，2012），日本南海海槽于2013年、2017年分别进行了两次降压法试采（Zhou，2014；Yamamoto et al.，2014，2019；Yoshihiro et al.，2015），Alaska地区于2011~2012年尝试采用二氧化碳-甲烷置换法进行试采（Schoderbek et al.，2012；Zhang et al.，2013；

Kvamme，2015），但因置换效率低，后来采用降压法，使生产持续 6 周，这是除中国南海神狐海域两次成功试采外，生产持续时间较长的一次试开采。由试采经验得出，降压法是目前公认的最具商业开发潜力的开采方式。而热激法热损失太大、效率低、经济性差；二氧化碳-甲烷置换法反应十分缓慢，置换率较低，单独使用这两种方法远远不能满足商业开采的需求（Collett et al.，2011）。虽然二氧化碳-甲烷置换法低置换效率制约了该方法的现阶段应用，但鉴于此方法的良好环境和经济等多重效益，研究者始终坚持对该方法的理论应用进行研究。

在 2017 年第九届国际天然气水合物大会上，二氧化碳-甲烷置换法成为热点话题，各国研究者对二氧化碳-甲烷置换法的相关理论和应用进行了广泛和深入的报道。美国 Majid 与德国 Schicks 团队对二氧化碳-甲烷置换法的机理和应用进行了系统研究，并对获得的从微观到宏观实验至野外实施可能性等方面的成果进行总结（Schicks，2017）。衡量二氧化碳-甲烷置换法是否具有应用可行性最直接的参数是置换效率，因此对影响置换效率的因素进行研究尤为重要。对于置换效率的研究主要采用宏观实验手段，目前研究中以二氧化碳注入条件对置换效率影响的实验居多，如注入二氧化碳的形态、置换温度等（Masaki，2005；周薇等，2008；He et al.，2011；祁影霞等，2012；孙建业等，2015；Judith and Schicks，2017）。但是影响二氧化碳置换甲烷水合物效率的除了二氧化碳注入条件，更取决于含甲烷水合物沉积层固有的储层物性参数，如沉积物类型、水合物饱和度、水合物赋存形式；气-水渗透性是控制置换过程的关键，表现为甲烷水合物表面的二氧化碳水合物层和含天然气水合物储层的渗透性，而决定天然气水合物储层渗透性的内在因素是沉积层固有的储层物性参数。

现有对二氧化碳置换机理方面的研究，多采用微观实验手段。主要利用拉曼光谱、X-射线衍射、核磁共振等先进的分析仪器对置换过程中天然气水合物结构变化与气体交换过程进行研究，普遍接受的观点是置换过程的驱动力为甲烷水合物相与注入二氧化碳相之间的化学势梯度，致使甲烷从天然气水合物晶体中逸出而二氧化碳进入天然气水合物晶体结构中（Wang et al.，2015；Judith and Schicks，2017；Lee and Seo，2017）。此外，很多学者进行分子动力学模拟来对置换机理进行研究，结果表明置换反应发生在天然气水合物表面，由于气体扩散的限制，置换过程会减慢甚至停止。

一、二氧化碳-甲烷置换实验装置

自行设计了天然气水合物开采实验装置，用来进行沉积物中二氧化碳置换甲烷水合物实验，实验装置（图 6.41）主要包括高压反应釜、控温系统、温度压力传感器、TDR-100 时域反射仪（TDR）、数据采集系统。装置主体高压反应釜为纵向结构，工作压力为 0 ~ 30MPa，内筒直径为 68mm，高为 650mm，置换实验松散沉积物装填高度为 380mm。高压反应釜底部安装了 3 支长度为 140mm、340mm 和 580mm 的同轴型 TDR 探针，用来测量沉积物不同层位天然气水合物饱和度的变化。釜内气相和沉积物中的温度通过纵向安装在 TDR 内的 Pt100 热电阻测量，精度为 0.1K，T1、T2 和 T3 分别测量气相、气相与沉积物界面处、沉积物中的温度。反应釜内的压力通过连接在入口处的压力传感器测量，测量范围为 0 ~ 35MPa。系统温度控制通过装有乙二醇溶液的恒温低温循环器来实现，温度调控范围为-30 ~ 80℃，恒温波动为±0.05℃。

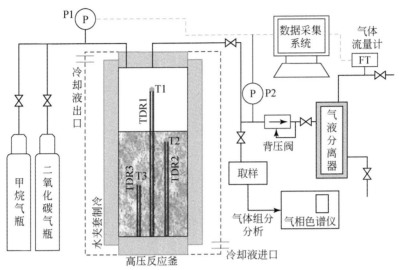

图 6.41　天然气水合物开采实验装置示意图

二、实验过程与方法

(一) 甲烷水合物合成过程

首先用去离子水清洗高压反应釜并烘干，将海砂逐层装填于高压反应釜，每层装填时用溶液饱和，封闭高压反应釜，对系统抽真空后注入甲烷气体至设定压力并静置24h；最后开启控温系统使高压反应釜温度降低至 1.5℃ 以生成甲烷水合物。此外，合成过程中进行三次升降温以制备甲烷水合物分布均匀的沉积物样品。当温度、压力和 TDR 波形稳定至少 24h 之后甲烷水合物合成过程结束。

(二) 置换过程

(1) 气态二氧化碳注入。降低高压反应釜温度至-20℃（远远低于甲烷水合物在常压下分解十分缓慢的温度条件）（李遵照等，2008）并稳定 1h，在 10s 之内放出高压反应釜内气态甲烷至零表压，注入气态二氧化碳至设定压力值，记此时刻为置换反应的时间零点。

(2) 气体样品分析。在时间零点采集气体样品并利用 Thermo GC1100 型气相色谱仪测量气样组分及含量（贺行良等，2012），将高压反应釜迅速升温至设定值，间隔一定时间采集气样并测量其组分含量，当单次气样体积不足高压反应釜内气体总体积的 0.2% 时，采集气样对温度和压力的影响可以忽略不计。

(3) 置换反应结束。待反应 8 ~ 10 天之后，气样组分及含量几乎不变时，迅速将高压反应釜放空至零表压，关闭水夹套制冷系统，待甲烷水合物完全分解且高压反应釜温度和压力稳定后，再次采集气样并测量其组分及含量。

（三）计算方法

1. 甲烷水合物饱和度

生成过程中甲烷水合物饱和度采用 TDR 技术测定，该技术通过测量沉积物介电常数的变化来确定沉积物含水量的变化，进而反映甲烷水合物饱和度的变化。饱和沉积物中甲烷水合物饱和度 S_H 可以通过式（6.7）进行计算：

$$S_H = 1 - \frac{\theta_w}{100\phi} \tag{6.7}$$

式中：ϕ 为海砂沉积物的孔隙率，本实验取值为 38% ；θ_w 为海砂沉积物中孔隙水的体积分数，采用式（6.8）进行确定（Wright et al., 1998）：

$$\theta_w = -11.968 + 4.506\varepsilon - 0.146\varepsilon^2 + 0.00214\varepsilon^3 \tag{6.8}$$

式中：ε 为沉积物的介电常数。

2. 置换效率

置换效率 γ 采用式（6.9）进行计算：

$$\gamma = \frac{n_{CH_4} - n_{CH_4}^*}{n_{CH_4,\,Hydrate}} \tag{6.9}$$

式中：n_{CH_4} 为高压反应釜内气相中甲烷摩尔数，置换反应时间零点的 n_{CH_4} 记为 $n_{CH_4}^*$ ；$n_{CH_4,\,Hydrate}$ 为合成过程结束后固态水合物含有的甲烷摩尔数。

n_{CH_4} 采用式（6.10）进行计算：

$$n_{CH_4} = m_{CH_4} \frac{Z p_g V_g}{RT} \tag{6.10}$$

式中：m_{CH_4} 为高压反应釜内气相中甲烷的摩尔百分比，由气相色谱仪分析气样后确定；p_g 为高压反应釜内气体压力，Pa；V_g 为高压反应釜内气相所占体积，本实验取值为 $0.98 \times 10^{-3} m^3$ ；T 为温度，K；Z 为气体压缩因子；R 为理想气体常数。

$n_{CH_4,\,Hydrate}$ 采用式（6.11）进行计算：

$$n_{CH_4,\,Hydrate} = S_H^* \frac{\phi V_s \rho_H}{M_H} \tag{6.11}$$

式中：S_H^* 为置换反应过程中甲烷水合物饱和度初始值，由 TDR 技术测定；ρ_H 为甲烷水合物密度，kg/m^3 ；V_s 为含水合物沉积物所占体积，本实验取值为 $1.38 \times 10^{-3} m^3$ ；M_H 为甲烷水合物摩尔质量，kg/mol。置换速率为置换效率对时间的一阶导数，s^{-1} 。

三、二氧化碳注入条件对置换效率的影响

（一）温度

温度是二氧化碳置换效率主要控制因素，在 $0.15 \sim 0.25mm$ 的石英砂甲烷水合物体系

中，甲烷水合物饱和度为 43% 左右，用注入压力为 3.0MPa 的气态二氧化碳进行置换反应，当置换温度分别为 -1℃、1.5℃、2.5℃、3.5℃ 时，二氧化碳置换效率在 1 天之内分别快速增加至 14%、17%、17% 和 14%，随后的 6 天内分别缓慢增加至 20%、25%、29% 和 35%（图 6.42）。置换反应过程可以分为初期的快速反应和随后的缓慢反应两个阶段，随着置换温度的增加，快速反应阶段结束时的置换效率变化不大，而缓慢反应阶段的置换效率有很大的变化。反应一周后，最终置换效率随置换温度变化曲线如图 6.43 所示，置换温度越高，最终的置换效率越大；最终的置换效率随置换温度升高而增加的速率在 1.5℃ 以下比较小，1.5℃ 以上则明显变大。

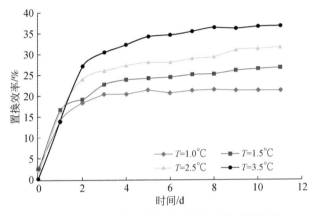

图 6.42　不同置换温度条件下置换效率变化规律

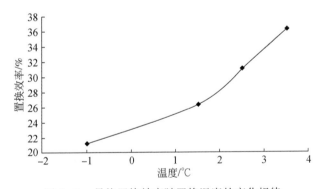

图 6.43　最终置换效率随置换温度的变化规律

置换温度增加对快速反应阶段置换效率的影响比较小，主要是因为此阶段的甲烷气体由表层甲烷水合物分解产生，而实验中甲烷水合物饱和度初始值基本一致，即表层甲烷水合物含量基本相当，产生的甲烷量也基本相同；而置换温度越高，缓慢反应阶段的置换效率增加越大，因为此阶段的甲烷气体由深层甲烷水合物分解产生，而深层甲烷水合物分解过程受溶解态气体在孔隙水或者冰内的扩散过程所控制，置换温度的增加导致扩散系数的变大，即溶解态气体扩散速率增加，二氧化碳进入沉积物深部以及甲烷从深部扩散至上覆气室均变得更加容易。李遵照等（2008）同样进行了二氧化碳置换甲烷水合物的实验研究，他们的结果也表明，温度对二氧化碳置换甲烷水合物的影响较为明显，升高温度有利于置换反应的进行。

置换反应条件为 3.0℃、3.25MPa 时，纯水体系 100h 的置换效率可达到 6.93%。

（二）二氧化碳注入压力

在甲烷水合物饱和度为 40.5% 左右的 0.15～0.25mm 石英砂体系中，置换温度为 2.5℃，注入气态二氧化碳压力分别为 2.16MPa、2.54MPa、3.03MPa、3.46MPa。置换开始阶段（置换开始至 2 天内），置换效率与置换出的甲烷量均增加较快，呈线性变化（图 6.44）；不同置换压力条件下，置换速度不同，置换压力越低，置换效率增加越快，置换出的甲烷气体量越多。置换反应进行 2 天后，置换效率、置换出的甲烷量增加缓慢，气相中甲烷和二氧化碳含量的变化速度缓慢；置换压力越小，气相中二氧化碳和甲烷含量变化越明显，置换效率增加幅度越大，置换第 10 天置换压力为 2.16MPa 时置换效率增加 10.58%，压力为 3.46MPa 时置换率仅增加了 4.42%。置换 10 天后实验结束，当注入气态二氧化碳压力为 2.16MPa、2.54MPa、3.03MPa、3.46MPa 时，最终置换效率分别为 40.21%、31.73%、24.87%、22.38%，置换效率随置换压力的变化关系如图 6.45 所示，置换效率随注入二氧化碳压力的升高而减小，置换压力范围较低时，置换压力对置换效率的影响要大于置换压力范围较高时的影响。

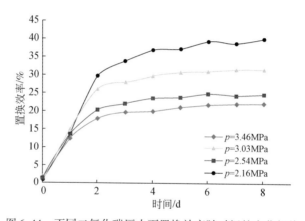

图 6.44　不同二氧化碳压力下置换效率随时间的变化规律

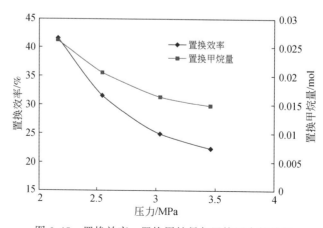

图 6.45　置换效率、置换甲烷量与置换压力的关系

不同置换压力下甲烷水合物分解驱动力相同，主要是外部压力对甲烷气体逸出的阻力作用差异，外部压力越高，甲烷分子越难以突破气泡包裹而逸出，导致前期置换效率较低；且随着气体压强的升高，分子间的平均自由行程减小，气态分子扩散减弱，因此压力越高，二氧化碳扩散速度越慢，从而导致置换压力越低，置换效率增加幅度大。置换压力为 2.16MPa 时置换效率增加 10.58%，而置换压力为 3.46MPa 时置换效率仅增加了 4.42%。

（三）二氧化碳形态

在甲烷水合物饱和度为 45% 左右的石英砂体系内，注入气态二氧化碳和液态二氧化碳进行置换，图 6.46、图 6.47 为注入气态二氧化碳和液态二氧化碳过程中，随时间增加，置换效率、置换速率的变化情况。最终注入气态二氧化碳置换效率高于注入液态二氧化碳置换效率。相对液态二氧化碳，注入气态二氧化碳置换速率开始较缓慢，之后逐渐加快；注入液态二氧化碳时，置换速率开始较快，随后逐渐减慢。液态二氧化碳注入时，在沉积物表面发生反应，且速率较快，但表面上生成的二氧化碳水合物会阻碍液态二氧化碳向深层渗透，并且液态二氧化碳分子间作用力较大，二氧化碳分子气化也需要一定的能量；注入气态二氧化碳时，虽然表面生成的二氧化碳水合物层会阻碍二氧化碳渗透，但是相对液态二氧化碳，气态的流动性较好，能持续渗透至内部，置换效率较高。

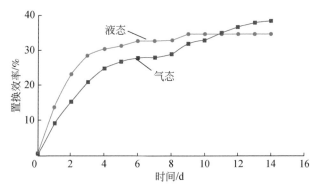

图 6.46　分别注入两种相态二氧化碳置换效率

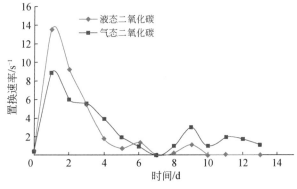

图 6.47　两种相态二氧化碳置换速率曲线

　　周锡堂等（2013）研究了二氧化碳乳状液置换甲烷水合物的动力学，结果表明，在二氧化碳水合物稳定、甲烷水合物不稳定的温压条件下，液态二氧化碳置换甲烷水合物时，经过24～96h的置换，置换效率可以达到8.1%～18.6%，以90∶10、70∶30和50∶50（二氧化碳的质量分数∶水的质量分数）的二氧化碳乳状液置换水合物中的甲烷时，经过24～96h的置换，置换效率分别为13.1%～27.1%、14.1%～25.5%和14.6%～24.3%。即同等条件下乳状液的置换效率比液态二氧化碳的置换效率要明显得高，在开始阶段，含水多的乳状液置换效率高一些，但后期阶段该乳状液的置换效率却低一些，这主要是乳状液带入的水和二氧化碳会生成水合物，产生的热量导致少量甲烷水合物分解，释放出甲烷。

（四）二氧化碳-氮气混合气

　　根据置换原理，二氧化碳在置换甲烷水合物时，二氧化碳只能填充中笼，小笼内甲烷分子不能被置换出来。利用二氧化碳-氮气混合气体置换甲烷水合物，不仅能够置换出小笼内的甲烷，而且生成的二氧化碳-氮气混合气体水合物要比纯二氧化碳水合物更加稳定（Guo et al., 2011）。实验室内，在0.15～0.25mm石英砂含甲烷水合物体系中，甲烷水合物饱和度为47%，置换温度为2.5℃，采用二氧化碳-氮气混合气进行置换，注入二氧化碳-氮气混合气体的压力为3.0MPa，混合气中的氮气含量分别为0、25%、60%。

　　置换过程中，气相甲烷含量和二氧化碳含量的变化趋势在三组置换实验中基本相同（图6.48）。前40h（快速反应阶段）氮气的含量对气相中甲烷含量的变化影响不明显。随着置换反应的进行，40h以后（缓慢反应阶段）不同氮气含量的置换实验中气相甲烷含量的变化和二氧化碳含量的变化开始出现差异，这一阶段纯二氧化碳的置换实验气相中甲烷变化量最小，氮气含量为25%的气相中甲烷变化量最大，增加幅度分别为0.038mol和0.097mol。置换开始时，二氧化碳与甲烷水合物接触充分；注入气体的压力相同，置换温度相同，甲烷水合物分解驱动力也一样。随着置换的持续进行，含氮气的情况下，由于氮气分子直径较小，可以填充到小笼内，释放更多甲烷，而且氮气的存在可以减少二氧化碳水合物对甲烷水合物的覆盖，增加了二氧化碳向甲烷水合物内部渗透。从图6.49中还可以看出，氮气的含量并不是越高越好，氮气含量为60%时，甲烷含量的变化只有0.069mol。

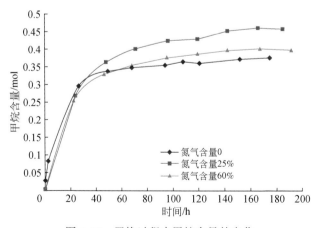

图6.48　置换过程中甲烷含量的变化

为了对比氮气含量对置换效率的影响情况，取置换反应进行180h时气相中甲烷的含量，计算出不同氮气含量下的置换效率，如图6.49所示。二氧化碳中加入氮气后的置换效率要高于不加氮气的置换效率，但是，加入氮气的量并不是越多越好，氮气含量为0、25%和60%的置换效率分别为28.03%、32.62%和28.82%。这是由气体水合物的相平衡条件决定的，日本的Ohgaki等（1996）在实验室中对单组分纯气体水合物进行了研究，发现在同一温度下，当气体蒸气压升高时，生成天然气水合物的先后顺序分别是硫化氢、异丁烷、丙烷、乙烷、二氧化碳、甲烷和氮气。氮气水合物的相平衡压力高于甲烷和二氧化碳，根据二氧化碳置换甲烷的动力学可以推出纯氮气置换甲烷水合物在动力学上并不可行。二氧化碳中加入适量的氮气能够增加置换效率，但是如果二氧化碳中氮气含量过高，对置换效率的影响并不明显。

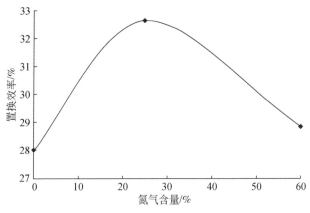

图6.49　氮气含量对最终置换效率的影响

已有的研究成果表明采用二氧化碳–氮气混合气体注入会更容易置换水合物笼中的甲烷分子，可提高置换开采效率。但是置换后的甲烷–氮气混合气体分离难度大成本高，对此，Sun等（2019）提出了二氧化碳–氢气混合气体置换法，氢气分子更容易进入水合物小笼替换甲烷，且甲烷–氢气混合气体分离相对容易。

四、甲烷水合物储层性质对置换效率的影响

（一）水合物饱和度

在0.15~0.25mm石英砂含甲烷水合物体系中，置换温度为2.0℃，注入二氧化碳压力为2.5MPa，甲烷水合物饱和度分别为18.12%、33.65%、42.15%、56.13%时，不同甲烷水合物饱和度初始值二氧化碳的置换效率随时间变化曲线如图6.50所示。可以看出，置换效率在2天之内（快速反应阶段）分别快速增加至44%、18%、16%和17%，水合物饱和度越小，其置换速率越快，置换效率增加越大；随后的5天内（缓慢反应阶段）置换速率变得缓慢，从置换效率增加幅度看，饱和度越小，置换效率的增加幅度较大，饱和度为18.13%和56.13%，对应的置换效率增加了7.14%和2.11%。

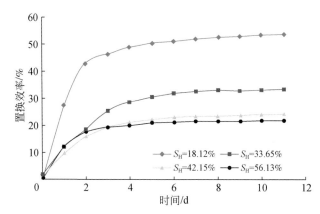

图 6.50　不同初始甲烷水合物饱和度条件下的置换效率变化

最终置换效率及最终置换出的甲烷量随甲烷水合物饱和度初始值变化曲线如图 6.51 所示。甲烷水合物饱和度初始值越大，最终的置换效率越小，而最终置换出的甲烷量越大，这与 Yuan 等（2013）利用液态二氧化碳开展的置换实验得到的规律相同。当甲烷水合物饱和度初始值小于 42% 时，最终的置换效率与甲烷水合物饱和度初始值呈线性关系，当甲烷水合物饱和度初始值大于 42% 时，最终的置换效率随甲烷水合物饱和度初始值减小明显减小。

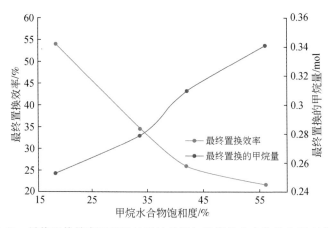

图 6.51　最终置换效率及置换的甲烷量随初始甲烷水合物饱和度变化规律

快速反应阶段中初始甲烷水合物饱和度为 18.12% 的置换效率明显增加，这说明在甲烷水合物饱和度初始值处于 18% ~ 34% 某值时，二氧化碳可置换的表层甲烷水合物分布深度有所增加，导致表层甲烷水合物分解产生的甲烷量变大，即置换效率明显增加；缓慢反应阶段的置换速率及置换效率取决于二氧化碳向沉积物深层的扩散速率，气体在固体中的速率小于在液体中的扩散速率，饱和度越大，自由水越少，二氧化碳向沉积物内部的扩散速率越慢，置换速率较慢，沉积物内部的甲烷水合物分解较少，置换效率低。初始甲烷水合物饱和度越高，表层置换出甲烷量越多，所以最终气相中置换出的甲烷量为饱和度 56.1% 大于饱和度 18.1%。

(二) 沉积物粒径

在四种不同粒径（0.09~0.125mm、0.18~0.25mm、0.355~0.5mm、0.5~0.7mm）石英砂中生成甲烷水合物，进行二氧化碳置换反应，置换温度为1.5℃，注入二氧化碳气体压力为3.0MPa，甲烷水合物饱和度均为50%左右（图6.52）。

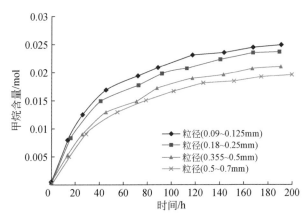

图 6.52 置换过程中气相中甲烷含量的变化

置换反应过程中，不同石英砂粒径条件下气相中甲烷含量变化不同。沉积物粒径越小，甲烷含量增加速度越大，而且沉积物粒径对气相各组分含量变化的影响主要在置换反应早期。粒径越小的沉积物体系中，颗粒的表面积越大，合成水合物的表面积也越大，这就加大了甲烷水合物与二氧化碳的接触面积，置换反应比较容易进行，置换出的甲烷和消耗的二氧化碳的量也就越多。但是，初期的置换反应生成的二氧化碳水合物覆盖在甲烷水合物表面，使得后续置换反应很难进行，所以粒径对置换反应后期的影响较小。

置换实验结束后，计算出不同粒径石英砂中甲烷水合物最终置换效率，从图6.53中可以看出，石英砂粒径越小，置换效率越大。但是，石英砂粒径的大小对置换效率的影响并不明显。四种不同石英砂粒径（0.09~0.125mm、0.18~0.25mm、0.355~0.5mm、0.5~0.7mm）下的最终置换效率分别为27.78%、26.43%、23.67%、21.93%，相差不大。

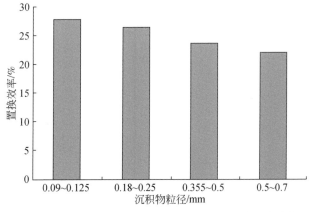

图 6.53 不同粒径石英砂中甲烷水合物的最终置换效率

　　自然界中大量水合物分布在泥质粉砂沉积层中，而对于泥质沉积物中甲烷水合物的二氧化碳置换研究关注较少。Pan 等（2020）研究了黏土对二氧化碳/氮气（摩尔比 1∶4）置换沉积物中甲烷水合物置换效率的影响，结果表明，蒙脱石的存在对二氧化碳置换的抑制作用明显大于高岭石和伊利石，在含有高岭石和伊利石的含甲烷水合物沉积物中，置换效果在置换早期比较显著，而蒙脱石对水的较强吸附性在置换中起了主导作用，导致置换效果差。

　　二氧化碳置换效率的影响除了上述因素，与开采井网、二氧化碳注入方式等工程施工也密切相关，在注入方式上模拟实验结果表明，间歇式注入比连续快速注入可获得更高的置换效率（Sun et al.，2019）。因此，根据影响因素的作用规律，通过储层改造、注入环境及模式等方面的调控，以期二氧化碳置换能够发挥现实作用（图 6.54）。

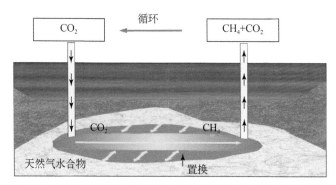

图 6.54　二氧化碳注采示意图 ［据 Sun 等（2019）修改］

参 考 文 献

贺行良，夏宁，刘昌岭，等 . 2012. FID/TCD 并联气相色谱法测定天然气水合物的气体组成 . 分析测试学报，31（2）：206-210.

李遵照，郭绪强，陈光进，等 . 2007. CO_2 置换甲烷水合物中 CH_4 的实验和动力学 . 化工学报，58（5）：1197-1203.

李遵照，郭绪强，王金宝，等 . 2008. CO_2 置换法开发不同体系 CH_4 水合物的实验 . 天然气工业，28（5）：129-132.

祁影霞，喻志广，闫辉，等 . 2012. CO_2 置换甲烷水合物热力学影响因素实验研究 . 石油与天然气化工，3：285-288.

孙建业，刘乐乐，王小文，等 . 2015. 沉积物中甲烷水合物的 CO_2 置换实验 . 天然气工业，35（8）：56-62.

周锡堂，樊栓狮，梁德青 . 2013. CO_2 乳状液置换天然气水合物中 CH_4 的动力学研究 . 天然气地球科学，24（2）：259-264.

周薇，樊栓狮，梁德青，等 . 2008. 二氧化碳压力对甲烷水合物置换速率的影响 . 武汉理工大学学报（交通科学与工程版），32（3）：548-550.

Ahmad A A M, Ray B, Zachary M A, et al. 2017. A review of methane gas recovery from gas hydrates coupled with carbon dioxide sequestration. Proceedings of the 9th International Conference on Gas Hydrates, Denver, Colorado USA，June 25-30.

Aronofsky J S, Ramey H J. 1956. Mobility ratio-its influence on injection or production histories in 5-Spot water flood-discussion. Journal of Detroleum Technology, 8 (9): 205-210.

Bayles G A, Sawyer W K, Anada H R, et al. 1986. A steam cycling model for gas-production from a hydrate reservoir. Chemical Engineering Communications, 47: 225-245.

Ceyhan N, Parlaktuna M. 2001. A cyclic steam injection model for gas production from a hydrate reservoir. Energy Source, 23: 437-447.

Collett T S, Lewis R E, Winters W F, et al. 2011. Downhole well log and core montages from the Mount Elbert gas hydrate stratigraphic test well, Alaska North Slope. Journal of Marine and Petroleum Geology, 28 (2): 561-577.

Dallimore S R, Collett T S. 2005. Scientific results from the Mallik 2002 gas hydrate production research well program, Mackenzie Delta, Northwest Territories, Canada, Geological Survey of Canada. Bulletin, 585: 140.

Dubreuil-Boisclair C, Gloaguen E, Bellefleur G, et al. 2012. Non-Gaussian gas hydrate grade simulation at the Mallik site, Mackenzie Delta, Canada. Marine & Petroleum Geology, 35 (1): 20-27.

Ebinuma T. 1993. Method for dumping and disposing of carbon dioxide gas and apparatus therefore. United States Patents s261490A, 5261490.

Farzaneh S A, Ghazanfari M H, Kharrat R, et al. 2010. An experimental and numerical ionvestigation of solvent injection to heavy oil in Fractured Five-Spot Micromodels. Petrol Sci Technol, 28: 1567-1585.

Guo K H, Yang T, Bi Y, et al. 2011. Experiment on quadruple phase states of carbon dioxide and methane mixed hydrates//Proceedings of the Seventh International Conference on Gas Hydrates. Edinburgh, Scotland, United Kingdom.

Hematpour H, Mardi M, Edalatkhah S, et al. 2011. Experimental study of polymer flooding in low-viscosity oil using one-quarter five-spot glass micromodel. Petroleum Science Technology, 29: 1163-1175.

He Y, Rudolph E S J, Zitha P L J, et al. 2011. Recovery of methane hydrates by CO_2 injection: experimental investigation//Proceedings of the 7th International Conference on Gas Hydrates, United Kingdom.

Jia W, Song S, Li C, et al. 2020. Predictions on CH_4 recovery factors using the CO_2 replacement method to develop natural gas hydrate resources. Journal of CO_2 Utilization, 41: 101238.

Judith M, Schicks E. 2017. From leb to field, from micn-test of technologies for the production of hydrate bondod CH_4 via CO_2 sepnestration in hydrates//Proceedings of the 9th International Conference on Gas Hydrates, Dever, Colorado, USA, Jane25-30.

Kvamme B. 2015. Feasibility of simultaneous CO_2 storage and CH_4 production from natural gas hydrate using mixtures of CO_2 and N_2. Canadian Journal of Chemistry, 10: 21-30.

Leaute R P, Carey B S. 2007. Liquid addition to steam for enhancing recovery (LASER) of bitumen with CSS: results from the first pilot cycle. Journal of Canadian Petroleum Technology, 46: 22-30.

Lee Y, Seo Y. 2017. Experimental verification of CH_4-CO_2 or CH_4-Flue gas replacementthat occurs in various gas hydrate structures//Proceedings of the 9th International Conference on Gas Hydrates, Denver, Colorado USA, June 25-30.

Lee Y, Shin C, Baek Y, et al. 2011. A study on the dissociation behavior of gas hydrate using the steam stimulation//Proceedings of the Seventh International Conference on Gas Hydrates. Edinburgh, Scotland, United Kingdom.

Li G, Zhang K. 2010. The use of huff and puff method in a single horizontal well in gas production from marine gas hydrate deposits in the Shenhu Area of the South China Sea//International Oil & Gas Conference and Exhibition.

Beijing, China.

Li G, Tang L, Huang C, et al. 2006. Thermodynamic evaluation of hot brine stimulation for natural gas hydrate dissociation. Journal of Chemical Industry and Engineering (China), 57: 2033-2038.

Li X S, Zhang Y, Li G, et al. 2008. Gas hydrate equilibrium dissociation conditions in porous media using two thermodynamic approaches. Journal of Chemical Thermodynamics, 40: 1464-1474.

Li X S, Wang Y, Li G, et al. 2011a. Experimental Investigations into Gas Production Behaviors from Methane Hydrate with Different Methods in a Cubic Hydrate Simulator. Energy & Fuel, 26: 1124-1134.

Li X S, Wang Y, Li G, et al. 2011b. Experimental investigation into methane hydrate decomposition during three-dimensional thermal huff and puff. Energy & Fuel, 25: 1650-1658.

Li X S, Wang Y, Duan L P, et al. 2012. Experimental investigation into methane hydrate production during three-dimensional thermal huff and puff. Applied Energy, 94: 48-57.

Masaki O. 2005. Replacement of CH_4 in the hydrate by use of liquid CO_2. Energy Conversion and Management, 46: 1680-1691.

Mazurenko L L, Matveeva T V, Prasolov E M, et al. 2009. Gas hydrate forming fluids on the NE Sakhalin slope, Sea of Okhotsk. Geological Society London Special Publications, 319: 51-72.

Moridis G J, Kowalsky M. 2005. Gas production from unconfined Class 2 hydrate accumulations in the oceanic sub-surface//Max M, Johnson A H, Dillon W P, et al. Economic Geology of Natural Gas Hydrates: Kluwer Academic. Plenum Publishers: 249-266.

Ohgaki K, Takano K, Sangawa H, et al. 1996. Methane exploitation by carbon dioxide from gas hydrates-phase equilibria for CO_2-CH_4 mixed hydrate system. Journal of Chemical Engineering of Japan, 29 (3): 478-483.

Pan D B, Zhong X P, Zhu Y, et al. 2020. CH_4 recovery and CO_2 sequestration from hydrate-bearing clayey sediments via CO_2/N_2 injection. Journal of Natural Gas Science and Engineering, 83: 103503.

Sayegh S G, Maini B B. 1984. Laboratory evaluation of the CO_2 huff-N-puff process for heavy oil-reservoirs. Journal of Canadian Retroleum Technology, 23: 29-36.

Schicks J M. 2017. From lab to field, from micro to macro-test of technologies for the production of hydrate bonded CH_4 via CO_2 sequestration in hydrates//Proceedings of the 9th International Conference on Gas Hydrates, Denver, Colorado USA, June 25-30.

Schicks J M, Spangenberg E, Heeschen K U, et al. 2017. From micro to macro: experimental investigations of the CO_2/N_2-CH_4 exchange process in gas hydrates under conditions similar to the ignik sikumi field trial in different scales//Proceedings of the 9th International Conference on Gas Hydrates, Denver, Colorado USA, June 25-30.

Schoderbek D, Martin K L, Howard J, et al. 2012. North slope hydrate fieldtrail: CO_2/CH_4 exchange// Proceedings Arctic Technology Conference, December 3-5, Houston, Texas: 17.

Selim M S, Sloan E D. 1990. Hydrate dissociation in sediment. SPE Reservoir Engineering (Society of Petroleum Engineers), 5 (2): 245-251.

Sun Y F, Wang Y F, Zhong J R, et al. 2019. Gas hydrate exploitation using CO_2/H_2 mixture gas by semi-continuous injection-production mode. Applied Energy, 240 (APR. 15): 215-225.

Vittoratos E. 1991. Flow regimes during cyclic steam stimulation at cold lake. Journal of Canadian Petroleum Technology, 30: 82-86.

Wang F F, Liu C L, Lu W J, et al. 2015. In situ Raman spectroscopic observation of the temperature-dependent partition of CH_4 and CO_2 during the growth of double hydrate from aqueous solution. Canadian Journal of Chemistry, 93: 970-975.

Wright J F, Chuvillin E M, Dallimore S R, et al. 1998. Methane Hydrate formation and dissociation in fine sands at temperature near 0°//Proceedings of 7th International permafrost Conference, Yellowknife, Canada.

Yamamoto K, Teraro Y, Fujii T, et al. 2014. Operational overview of the first offshore production test of methane hydrates in the eastern Nankai Trough//Offshore Technology Conference, 5-8 May, Houston, Texas, USA.

Yamamoto K, Wang X, Tamaki M, et al. 2019. The second offshore production of methane hydrate in the Nankai Trough and gas production behavior from a heterogeneous methane hydrate reservoir. RSC Advances, 9 (45): 25987-26013.

Yoshihiro K, Yonedab J, Egawaa K, et al. 2015. Permeability of sediment cores from methane hydrate deposit in the Eastern Nankai Trough. Marine & Petroleum Geology, 66: 487-495.

Yoshihiro M, Hideyuki M, Shigemi N, et al. 2011. Methane recovery from hydrate-bearing sediments by N_2-CO_2 gas mixture injection: experimental investigation on CO_2-CH_4 exchange ratio//Proceedings of the 7th International Conference on Gas Hydrates, United Kingdom.

Yuan Q, Sun C Y, Liu B, et al. 2013. Methane recovery from natural gas hydrate in porous sediment using pressurized liquid CO_2. Energy Conversion and Management, 67: 257-264.

Zhang Y, Sunarso J, Liu S, et al. 2013. Current status and development of membranes for CO_2/CH_4 separation: a review. International Journal of Greenhouse Gas Control, 12 (1): 84-107.

Zhou M. 2014. Numerical study on the history matching of Eastern Nankai Trough hydrate gas production test//Proceedings of the 8th International Conference on Gas Hydrates, Beijing, China.

Zhou X T, Fan S S, Liang D Q, et al. 2007. Use of electrical resistance to detect the formation and decomposition of methane hydrate. Journal Nature Gas Chemistry, 16: 399-403.

Zhou X T, Fan S S, Liang D Q, et al. 2008. Replacement of methane from quartz sand-bearing hydrate with carbon dioxide-in-water emulsion. Energy & Fuels, 22: 1759-1764.

第七章 井型结构对天然气水合物开采产能的影响

第一节 天然气水合物垂直井开采产能模拟

一、概述

开采井是以开发天然气水合物为目的，在地层中钻出的具有一定深度的圆柱形孔眼。开采井是将地下天然气水合物储层所蕴含的天然气资源提升到地上进而加以充分利用的必不可少的信息和物质通道。按照设计的井眼轴线不同，开采井可划分为主井分别是垂直井和水平井的两种类型，如图7.1所示。

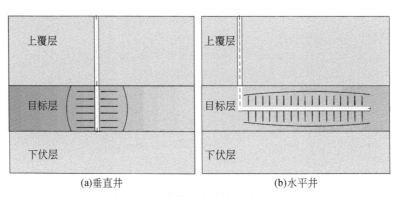

(a)垂直井   (b)水平井

图 7.1 垂直井和水平井开采示意图

垂直井简称直井，垂直井的井眼轴线是一条铅垂线。海洋天然气水合物开采垂直井的井身结构包括短套管（导管）、表层套管、技术套管和生产套管等。其中，短套管是井位置稳定的固定结构，主要用于隔绝深水浅表泥层，加固井口位置的地层，提高深水井口的稳定性。表层套管主要用于形成钻井液循环通道，加固地表不稳定的疏松地层和水层，安装井口防喷器。短套管和表层套管作为海上井口的主要持力结构，在内外表面与海底沉积物的摩擦力、与土壤接触后的支撑力以及内外筒底部端面支撑力的三种主要作用力的综合影响下，有效降低钻井过程中井口下沉风险和井口倾斜风险。技术套管又称中间套管，当钻井遇到极不稳定地层时，技术套管可用于封隔复杂地层，防止喷、漏、卡、塌等恶性事故的发生，技术套管的层次和下入深度根据地质和钻井条件确定。理论上垂直井设计的目标点、井眼轨迹所有点与井口处在同一条铅垂线上，但由于地层倾角、钻具结构等地质、工程因素限制，实际钻井中完全的垂直井是很难做到的，井眼轨迹或多或少都将偏离铅垂线，但这并不妨碍它们被称为垂直井。

垂直井历史悠久，井身结构简单，工艺技术成熟，最初的石油工业上的钻井活动都是从垂直井开始的。海洋天然气水合物实地的钻探和试采工作还处于初步发展阶段，为获得地下含天然气水合物和储集岩分布情况所钻的井，均选用结构简单，技术成熟的垂直井结构。对于海洋天然气水合物的试采领域，2013 年日本在 Nankai 地区进行了世界上首例海洋天然气水合物储层试采工作（Yamamoto et al.，2014），和 2017 年中国在中国南海神狐海域的第一次天然气水合物试采（Li et al.，2018），都是采用垂直井。在垂直井开采模拟中，Kurihara 等（2011）使用自研的 MH 模拟器对 2008 年阿拉斯加北坡 Elbert Mount 的 C2 MDT 试采数据进行历史拟合，并基于调整和拟合的地层相关物理化学参数，使用单垂直井法预测不同开采方法的长期开采效果。结果表明，使用单垂直井开采方式，预测的 50 年累积天然气产量能达到 $2.16 \times 10^6 \sim 8.22 \times 10^8 m^3$，影响累积产气量的关键因素是储层的初始温度和开采方法。苏正等（2012）以南海北部陆坡神狐海域天然气水合物成藏特征为依据，构建了通过单垂直井对天然气水合物进行注热开采的数值模型，并利用 TOUGH+HYDRATE 模拟了利用单垂直井对天然气水合物藏进行热激法开采的潜力，并与相同幅度的降压开发进行了效率对比。研究显示，单垂直井在整个天然气水合物储层的热源辐射半径很小，天然气水合物受热分解速率缓慢，而且在注热和降压联合开采中，注热作业对天然气水合物分解的贡献很低，天然气水合物分解主要由降压引起。Zhao 等（2013）根据祁连山 DK-3 区块冻土层的调查数据，使用 TOUGH+HYDRATE 研究了单垂直井降压法开采天然气水合物的产气效率，在 1.5MPa 降压压力下，天然气水合物分解的平均产气速率约为 188 STm^3/d，储层平均总产气速率约为 539 STm^3/d。模拟研究指出，在该区块使用单垂直井降压法开采冻土天然气水合物沉积层在经济效益方面是不合适的，需要使用其他更优的开采策略（例如水平井或减压和热增产的组合）。Li 等（2011a）在一种新型水合物模拟器（CHS）中利用单垂直井，通过数值模拟和实验，研究热吞吐法在多孔介质中天然气水合物的产气行为。热吞吐法包括注入阶段、闷井阶段和生产阶段，在实验室条件下热吞吐法开采天然气水合物具有很大的潜力。在垂直单井产气过程中，天然气产量与初始天然气水合物饱和度、注入的热水温度和注入速率有关。Boswell 等（2019）根据印度国家天然气水合物计划（NGHP-02）在孟加拉深水湾两个站点（NGHP-02-09 和 NGHP-02-16）调查数据，研究了单垂直井降压法开采天然气水合物时的地层响应。结果表明，在较厚储层中，天然气水合物分解前沿可能主要是沿着垂直井向四周扩张的；而在薄层储层中，分解前沿则是从垂直井出发，沿着上下储层边缘的水平方向进行扩展。他提出天然气水合物的采出会导致地层固结、大量产水和细颗粒沉积物的运移，会影响产气率，而垂直井的使用，使复杂井下情况的处理更加简单高效。对于海洋天然气水合物初步勘探开发，确保经济性与安全性至关重要。由于技术可靠、经济成本低的特点，垂直井是当前及未来相当长一段时间进行天然气水合物试采的主力井身结构。

二、垂直井开采的室内实验和数值模拟

本节针对单垂直井开展数值模拟工作，选用一口垂直井开采的实验与数值模拟的经典

例子（Li et al., 2014c），该例子建立在中国科学院广州能源研究所自行研制的天然气水合物中试规模三维模拟系统（PHS）进行的三维体系多孔介质中天然气水合物生成特性与热吞吐开采过程的实验研究基础上（Li et al., 2011a; Li et al., 2014b; Wang et al., 2014），针对单垂直井开采方式，通过实验和数值模拟相结合的方法，分析多孔介质中天然气水合物生成与分解的变化规律，以及天然气水合物生成过程中温度、压力和天然气水合物饱和度的空间分布变化。天然气水合物生成与分解过程都处于高压反应釜内部，反应釜看似一个不可窥视的"黑盒"，利用数值模拟的方法，解释这一"黑盒"中单垂直井的天然气水合物开采过程。

（一）实验方法和过程

PHS 的详细介绍见第三章第二节。在模拟单垂直井开采时，靠近端部 150mm 的部分为实际用于气水产出的层段，在该层段上沿开采井井管横截面均匀分布 4 个刻槽，流体通过该刻槽注入或流出反应釜。若在反应釜外将同一开口处的 3 根垂直井连通，则可作为一根完整的垂直井使用，其从上表面延伸至 C-C 层。例如将 Well V5A、Well V5B 和 Well V5C 连通后便统一为垂直中心井 Well V5，如图 3.10 所示。

在 PHS 中开展不同条件下多孔介质中甲烷水合物开采实验与数值模拟研究。首先将粒径为 $300 \sim 450\ \mu m$ 的石英砂紧密地填进反应釜中，形成孔隙度为 43.5% 的多孔介质，并用真空泵对系统进行两次排空，排出孔隙中残余的空气等杂质。然后设定低温恒温室和循环水夹套的运行温度为 8.7℃，利用 Li 等（2008）提出的天然气水合物相平衡模型计算得到该温度下的相平衡压力为 6.07MPa。待温度稳定后，向反应釜注入 210.7mol 纯甲烷气与 31.34kg 的去离子水，使系统压力上升至约 19.56MPa，远远高于运行温度下的相平衡压力。接着关闭所有进出口阀门，甲烷水合物在定容条件下开始生成。整个生成过程持续大约 32 天，系统压力持续降低到 8.27MPa，此时生成实验结束。表 7.1 给出了甲烷水合物生成与分解实验条件及结果，包括生成前后以及释放自由气以后的系统状态。

表 7.1　甲烷水合物生成与分解实验条件及结果

参数	数值
PHS 高度 h	0.60m
PHS 直径 d	0.50m
PHS 体积	117.8 L
孔隙度 ϕ	43.5%
石英砂密度 ρ_R	2600kg/m³
气体组分	99.9% CH_4
盐度	0
生成前初始温度	14.29℃
生成前初始压力	19.56MPa

续表

参数	数值
自由气释放结束时刻温度（T_0）	5.88℃
自由气释放结束时刻压力（p_0）	4.76MPa
平均开采压力 p	4.68MPa
开采前初始水合物饱和度，初始液相饱和度	$S_{H0}=27\%$，$S_{A0}=37\%$

甲烷水合物生成结束以后，采用图 3.10 所示的垂直中心井 Well V5 进行定压降压法开采甲烷水合物的分解实验研究。首先将回压阀压力调至系统压力，打开反应釜垂直中心井出口阀门，缓慢降低回压阀压力，释放釜内自由气和水，使系统压力逐渐降低。当压力下降到 $p_0=4.76$MPa 的时候，设定回压阀压力为 4.70MPa，作为定压降压法的开采压力，甲烷水合物在此条件下开始分解，分解释放出的气体和水通过开采井流出，并由气体流量计和电子天平分别计量。自由气释放阶段持续时间为 52min，该阶段结束时刻即为甲烷水合物分解实验及数值模拟的初始时刻，初始平均温度为 $T_0=5.88$℃，三相初始饱和度分别为 $S_{H0}=27\%$，$S_{G0}=36\%$，$S_{A0}=37\%$。

（二）数学模型及初始条件

本节以 TOUGH+HYDRATE 并行版三维数值模拟器为平台，天然气水合物相变采用平衡模型，对 PHS 中天然气水合物进行了单一垂直井定压降压法开采数值模拟研究。TOUGH+HYDRATE 并行版包括两个子模块来描述多孔介质中天然气水合物生成或分解过程：平衡模型与动力学模型。在平衡模型中，天然气水合物被看作一个相态，天然气水合物反应没有时间效应，当温度和压力条件合适时天然气水合物即发生瞬时生成或分解；而在动力学模型中，天然气水合物既是一个相态，也是一个组分，其反应过程受动力学效应的影响，反应速率通过单独的动力学方程描述，因此比相平衡模型多一个自由度。在数值模拟计算过程中，采用"主变量转换法"（primary variable switch method，PVSM）耦合求解模型方程的主要变量，次要变量通过其他本构方程求出。这种求解方法有效地处理了天然气水合物反应过程中的相变问题。对于多孔介质中的气液多相流动，由于流动速度一般很低，因此采用经典的达西定律计算流体速度，这样可避免直接求解复杂的动量方程，且不需要与质量平衡方程耦合求解，从而降低计算量，提高计算效率。

图 7.2 给出了 PHS 天然气水合物藏生成数值模拟的网格划分示意图。由于圆柱形 PHS 具有对称性，将其划分为一个沿中轴线对称的二维网格。其中，沿 r 方向划分为 47 份，沿 z 方向划分为 102 份，整个模拟区域总共划分为 47×102=4794 个网格，包括 4600 个内部活动网格和 194 个边界网格。在 PHS 内部沿 r 方向（$0<r\leqslant0.25$m），总共划分为不均匀的 46 个网格单元，网格间距 Δr 从 0.002m 增加到 0.007m；沿 z 方向（-0.30m$<z<$ 0.30m），均匀划分为 100 个网格，网格间距 $\Delta z=0.006$m。最上端（$z>0.30$m）和最下端（$z<-0.30$m）为反应釜的上下表面边界网格，厚度为 0.007m，而 $r>0.25$m 的网格则代表反应釜的最外层圆柱边界，厚度也为 0.007m。所生成的网格足够小，能够满足数值模拟精度要求，可精确捕获天然气水合物生成过程中系统特性变化。在整个数值模拟过程中，

所有的边界网格保持非渗透性，具有不变的温度和压力条件，与反应釜内部介质只有热量交换，没有质量传递。对于本节研究的天然气水合物生成模拟，在无抑制剂条件下，以上网格划分总共产生 19176 个耦合方程需同时求解。

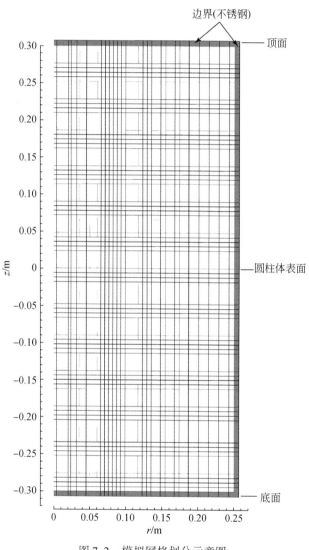

图 7.2　模拟网格划分示意图

表 7.2 给出了 PHS 天然气水合物藏系统特性及开采模拟参数，其中系统的绝对渗透率（$K = 50000 \times 10^{-3} \ \mu m^2$）及相关的渗透率模型参数是通过第三章介绍的渗透率测试装置测量得到的。反应釜内多孔介质的干岩热导率 $k_{\Theta RD}$ 取 $1.0 W/(m \cdot K)$，饱和水状态下的热导率 $k_{\Theta RW}$ 取 $3.1 W/(m \cdot K)$。实验所用甲烷气浓度为 99.9%，故模拟中假设气体组分为 100% 甲烷。去离子水盐度（质量分数）为 0。模拟初始时刻为实验中自由气释放结束时刻，数值模拟中的初始压力为 $p_0 = 4.76 MPa$。初始温度则由 TOUGH+HYDRATE 并行版中甲烷水合物相平衡模型计算得到，为 $T_0 = 6.00 ℃$，与实验中 147 个温度传感器所测平均温度值

5.88℃基本一致。该压力条件下天然气水合物分解前初始饱和度分别为 $S_{H0} = 27\%$ ，$S_{G0} = 36\%$ ，$S_{A0} = 37\%$ ；边界温度 T_B 由反应釜壁面处的温度传感器测得。

表7.2　PHS 天然气水合物藏系统特性及开采模拟参数表

参数	数值
绝对渗透率 $K_r = K_z$	$50000 \times 10^{-3}\ \mu m^2$
孔隙度 ϕ	43.5%
盐度	0
干岩热导率 $k_{\Theta RD}$	$1.0 W/(m \cdot K)$
湿岩热导率 $k_{\Theta RW}$	$3.1 W/(m \cdot K)$
复合热导率模型	$k_{\Theta C} = k_{\Theta RD} + (S_A^{1/2} + S_H^{1/2})(k_{\Theta RW} - k_{\Theta RD}) + \phi S_I k_{\Theta I}$
毛细管压力模型	$p_c = -p_{01}\left[(S^*)^{-1/\lambda} - 1\right]^{1-\lambda}$ $S^* = (S_A - S_{irA})/(1 - S_{irA})$
S_{irA}	0.19
λ	0.45
p_{01}	0.1 MPa
相对渗透率模型	$k_{rA} = (S_A^*)^n$ ，$k_{rG} = (S_G^*)^{nG}$ $S_A^* = (S_A - S_{irA})/(1 - S_{irA})$ $S_G^* = (S_G - S_{irG})/(1 - S_{irA})$
n	3.572
n_G	3.572
S_{irG}	0.394
S_{irA}	0.20

由于开采井内的流体流动属于一般流体力学中的管内流动，需要用 Navier-Stokes 方程进行描述（Moridis et al.，2004）。为了避免求解上的困难，假设开采过程中井内流体在"伪多孔介质"中流动，遵循达西定律。将开采井网格的渗透率设置为较大值 $K = 5000000 \times 10^{-3}\ \mu m^2$ ，孔隙度为 $\phi = 1.0$ ，毛细压力为 $p_c = 0$ 。

（三）结果分析与讨论

1. 产气产水规律

图7.3 给出了定压降压法开采过程中 PHS 出口累积产气量 V_p 随时间变化的实验及数值模拟结果曲线。可以看出，在开采前期约 1000min 以内，产气速率较高，累积产气量迅速增加，这是因为这一时期反应釜壁面离天然气水合物分解前沿距离较近，由釜壁向天然气水合物传热速率较快，导致壁面附近区域天然气水合物迅速分解，释放出甲烷气。随后在较长时间内，产气速率呈现出比较平稳的状态，累积产气量稳定增加，表明定压降压法开采天然气水合物能够获得较长时期的稳定产气。当开采进行到大约 6000min 时，产气速

率迅速下降，累积产气量最终达到 2300 L 并保持不变，说明反应釜内天然气水合物已分解完毕。

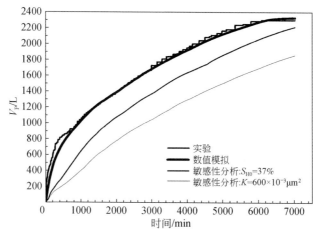

图 7.3 天然气水合物分解过程中累积产气量随时间变化曲线

图 7.4 给出了定压降压法开采过程中 PHS 出口累积产水 m_w 随时间变化的实验及数值模拟结果曲线。可以发现，整个过程中产水速率也随着时间逐渐下降，与图 7.3 所示产气曲线的增长方式基本一致。另外，图 7.4 中的实验产水曲线呈现出一定的不连续性，这是因为在气体和水从反应釜四周区域向开采井流动过程中，由于开采井附近孔隙中气液分布的不均匀性，流过来的水首先占据开采井附近的自由孔隙，气体则能够顺利从井筒排出。当液相水饱和度增加到一定程度时，在气体夹带以及反应釜内的压力作用下，开采井附近孔隙中的自由水便以较快速度从反应釜内释放出来，造成某些时刻产水量突然增大的现象。而在数值模拟中由于假设反应釜内气液分布是均匀的，因此所得产水曲线相对平滑。开采结束时，总的产水量仅仅只有大约 360 g，远远低于开采初始时刻反应釜内自由水以及天然气水合物中所含水的总量 30.3kg，表明天然气水合物分解出的水基本停留在多孔介

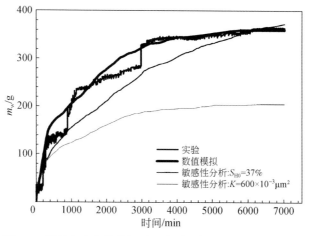

图 7.4 天然气水合物分解过程中累积产水随时间变化曲线

质孔隙中，反应釜中的气体相比于水更容易开采出来，意味着降压开采过程中液相水主要是由产出的甲烷气夹带出来的。

图7.5绘出了定压降压法开采过程中反应釜内剩余天然气水合物质量m_H随时间变化的实验及数值模拟结果曲线。初始时刻，天然气水合物总质量为13.85kg。随着降压开采的进行，由于反应釜壁面及周围环境不断向釜内天然气水合物藏传递热量，天然气水合物质量持续减少，在$t=6000$min以后反应釜内已基本没有天然气水合物存在，分解率达到99%以上，说明采用定压降压法能够达到完全开采天然气水合物的目的。另外从图7.5中可以看出，天然气水合物分解速率随时间逐渐下降，其原因是随着开采过程的持续进行，天然气水合物分解前沿从靠近反应釜壁面位置处不断向内部收缩，分解前沿面积逐渐减小，而它与釜体壁面的距离则不断增大，导致周围环境向天然气水合物区域的传热速率随时间缓慢降低。

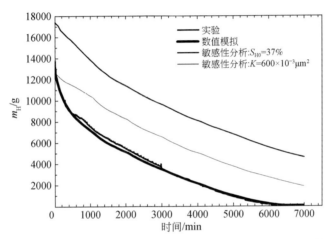

图7.5 天然气水合物分解过程中反应釜剩余天然气水合物质量m_H随时间变化曲线

2. 温度空间分布

图7.6绘出了天然气水合物分解过程中反应釜内温度空间分布随时间变化的实验及数值模拟结果。图7.6（a1）、（b1）和（b2）中所示的温度测点，包括T7A、T7B、T7C···T25A、T25B、T25C···T43C和T49C。在图7.6（a1）中，T28A的坐标为$r=0.1768$m和$z=0.15$m；而图7.6（b2）中T7A的坐标为$r=0.25$m和$z=0.15$m。图7.6（b1）所示的T25A、T25C、T28C和T28A组成的实线矩形区域与图7.6（a1）相应区域相同，而图7.6（b2）所示的T25A、T25C、T7C和T7A组成的虚线矩形区域也与图7.6（a1）相应区域相同。所选取的时间点包括$t=0$min、2500min、3500min和5500min。

从图7.6（a1）~（a4）可以看出，靠近反应釜不锈钢壁面的温度测点（T1、T7、T43和T49）所测温度值随时间显著增加，并且它们在每一时刻均略微低于壁面边界温度T_B，表明周围环境能够提供足够的热量通过PHS釜体壁面传递到反应釜内部供天然气水合物分解。通过对比图7.6的实验与数值模拟结果可以得到：①温度空间分布及其演变过程的实验和模拟预测结果吻合良好；②PHS内温度梯度的演变特性；③天然气水合物藏整体温度

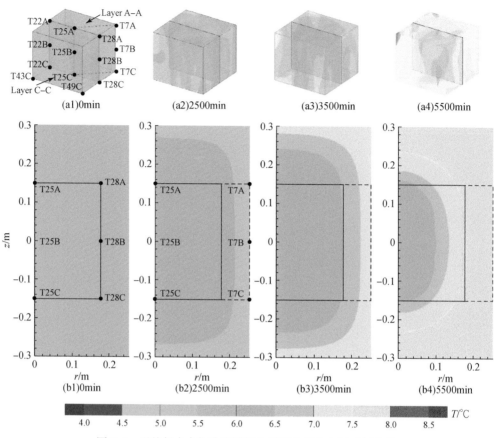

图 7.6　天然气水合物分解过程中温度空间分布随时间变化

随时间上升，尤其是在靠近 PHS 不锈钢壁面的区域温升更明显；④PHS 中心区域（$r=0$，$z=0$）温升有限，且在反应釜内部存在一个低温区域，其温度 $T<6.5℃$。其中，②和③是由较高温度边界向天然气水合物未分解区域的持续传热影响和控制的，④则是因为该低温区域对应于天然气水合物未分解区，是由天然气水合物的相平衡温度所决定的。从壁面高温区向釜内低温区的热量传递促进了天然气水合物的持续分解。

　　从以上分析可以发现，本节所得到的累积产气量、产水量、反应釜内剩余天然气水合物质量以及温度空间分布等随时间变化的数值模拟结果均与实验结果吻合良好，从而验证了本节所采用的数学模型及数值模拟器的有效性和可靠性。环境向天然气水合物藏的传热是定压降压法开采过程中控制天然气水合物分解的主导因素。

　　3. 天然气水合物饱和度空间分布

　　图 7.7 给出了天然气水合物分解过程中反应釜内天然气水合物饱和度 S_H 空间分布随时间变化的数值模拟结果。通过图 7.3～图 7.6 中实验与模拟结果的对比，我们已经验证了数值模型的有效性。因此，虽然无法在实验中对反应釜内天然气水合物饱和度的空间分布进行直接测量，但是可以通过数值模拟预测出降压开采过程中反应釜内 S_H 的空间分布，以对天然气水合物分解动态过程进行更直观的描述。图 7.7 中实线与虚线所围区域与图

7.6 相同。

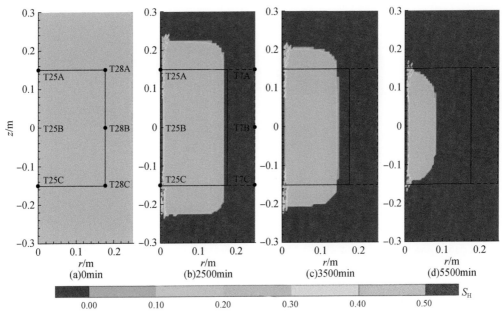

图 7.7 分解过程中天然气水合物饱和度空间分布随时间变化

从图 7.7 可以看出：①整个反应釜被天然气水合物分解前沿分割成两个区域，前沿包围形成的天然气水合物未分解区和靠近壁面的只含气液两相的天然气水合物已分解区；②天然气水合物分解前沿逐渐从反应釜壁面位置向中心移动；③天然气水合物未分解区域对应于图 7.6 中的低温区；④分解前沿面积随时间逐渐减小；⑤在开采井附近局部区域天然气水合物饱和度高于初始饱和度 $S_{H0} = 27\%$。其中，①证明了天然气水合物分解界面是存在的，气体和水由该界面上的天然气水合物释放出来，天然气水合物的分解过程是一个移动界面过程（Makogon，1997；Yousif et al.，1991）；②动界面是由持续上升的壁面温度 T_B 以及壁面传热引起的；③表明天然气水合物分解所需热量等于周围环境传递到分解前沿处的热量，天然气水合物未分解区域温度基本保持稳定，而已分解区域温度则逐渐上升，如图 7.6 所示；④给出了图 7.3 ~ 图 7.5 中天然气水合物分解速率以及产气产水速率均逐渐降低的原因；⑤说明在定压降压法开采过程中，由于降压及气液流动的影响，在开采井附近会有少量的二次天然气水合物生成。

4. 压力空间分布

图 7.8 给出了天然气水合物分解过程中反应釜内压力 p 空间分布随时间变化的数值模拟结果。如前文所述，由于反应釜内石英砂多孔介质高孔隙度和高渗透率的物理特性，降压开采过程中反应釜内各点压力差异很小，这一实验假设从图 7.8 所示的数值模拟结果得到了进一步证实。图 7.8（d）显示出系统压力略微上升，这是由于反应釜内温度因壁面传热而升高造成的。对比图 7.7（d）和图 7.8（d）可以发现，开采井附近二次天然气水合物生成区域刚好对应于局部压力较高的区域。

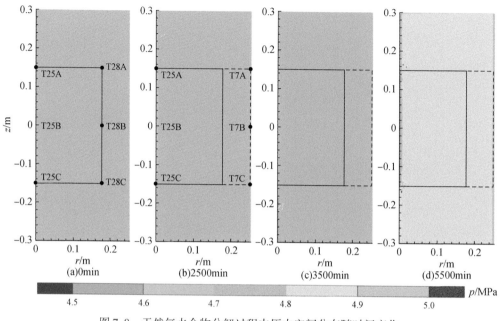

图 7.8　天然气水合物分解过程中压力空间分布随时间变化

三、垂直井开采矿藏尺度的数值模拟

（一）开采模型建立

2015 年中国地质调查局的 GMGS-3 航次在南海神狐海域进行了 19 个站位的钻探，如图 7.9 所示。从测井数据来看，本航次的 19 个站位几乎都发现了天然气水合物，且在 SH-W18B-2015、SH-W19B-2015、SH-W11C-2015 和 SH-W17-2015 等站位发现了较高饱和度的天然气水合物。

图 7.10 为 SH-W17-2015 站位的测井数据，从测井数据来看，1460～1510m 层段井径曲线较为规则，自然伽马数值较上部地层略低，中子孔隙度和密度测井曲线无明显异常，声波速度变快，电阻率数值明显增加，GVR 成像上表现为高亮特征，综合测井曲线解释，确定该层段为天然气水合物层。1510～1522m 层段井径曲线规则显示无扩径，自然伽马数值未发生明显变化，中子孔隙度和密度数值降低，声波速度变慢，电阻率较高且与中子、密度呈镜像特征，即电阻率较高的位置，中子、密度测井值降低，GVR 成像上也表现为高亮特征，综合测井曲线解释结果认为，该层段为气层（杨胜雄等，2017）。

基于上述钻探调查数据，将研究区地层概化为水平延伸地层，不考虑地层倾角对气、水两相流体流动的影响，建立轴向对称的二维径向（RZ2D）模型（图 7.11）。模型径向方向最大延伸距离为 1000m，可以有效避免侧向边界对模拟结果的影响。模型 z 方向总厚度为 102m，其中含天然气水合物沉积层总厚度为 50m，下伏自由气层厚度为 12m。开采井（$R_b = 0.1m$）位于模型中心，射孔段总长度为 46m，其中 6m 延伸到下伏自由气层中。利

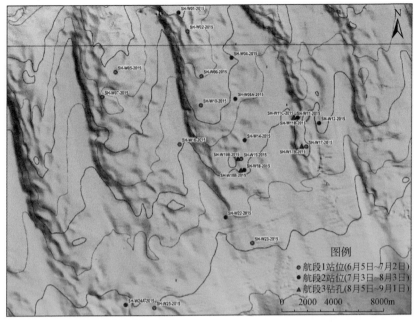

图 7.9　GMGS-3 航次钻探站位图（Yang et al.，2015）

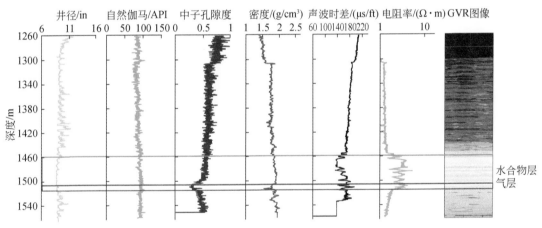

图 7.10　南海神狐海域 SH-W17-2015 站位测井数据

用上述模型对 2017 年南海首次测试结果进行拟合分析。

　　已有的数值模拟研究表明天然气水合物开采过程中的关键过程主要发生在开采井附近 10～20m 的范围内。因此，为了准确刻画天然气水合物的分解过程，获取近井处天然气水合物分解的重要现象，需要对开采井附近的数值网格进行加密处理。图 7.12 展示了神狐海域开采拟合模型的数值剖分网格。径向方向（r 方向）开采井周围 50m 范围内网格尺寸为 0.5m、1.0m、2.0m，向外网格尺寸逐渐增加，侧向边界网格尺寸最大为 20m。垂直 z 方向网格尺寸在天然气水合物储层和自有气体层中保持一致为 1.0m，上下边界层在 z 方向的尺寸为 2.0m。

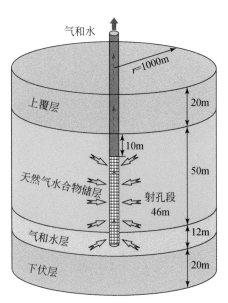

图 7.11　SH-W17-2015 站位垂直井开采地质模型

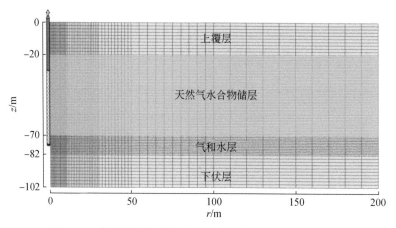

图 7.12　我国南海神狐海域试开采拟合模型数值计算网格

　　地层的初始温度场分布由海底面平均温度 3.5℃ 按照地温梯度 0.046℃/m 确定。初始孔隙水压力随深度增大，孔隙水压力场服从静水压力平衡。模型顶部为透水沉积层，是可发生流体运移和热量交换的定压定温边界；底板同样为可透水沉积层，模型底部亦取为定压定温边界，其压力和温度取值为未开采前的压力和温度。因考虑到 60 天开采期内，直井抽水不会影响太远的距离，故侧向 1000m 取为零流量边界。

　　表 7.3 展示了南海神狐海域 GMGS-3 航次 SH-W17-2015 站位含天然气水合物沉积层的主要性质和模型参数，这些参数主要基于钻井测井解释资料及岩心分析数据。

表7.3 南海神狐海域含天然气水合物沉积层物性参数

参数	数值	参数	数值
天然气水合物储层厚度	50m	初始天然气水合物饱和度	40%
自由气层厚度	12m	初始气相饱和度	20%
模型顶板压力	14.9MPa	模型顶板温度	11.9℃
孔隙度	0.5	射孔段厚度	46m
沉积物颗粒密度	2600kg/m³	地温梯度	0.046℃/m
非饱和热导率	1.0W/(m·K)	饱和热导率	3.1W/(m·K)
气体成分	100% CH₄	盐度	3%

储层渗透率根据 K-C（Kozeny-Carman）方程进行评估：

$$K = \frac{\phi^3}{180(1-\phi)^2}d^2 \tag{7.1}$$

式中：ϕ 为孔隙；d 为颗粒平均粒径。研究区含天然气水合物沉积层以泥质粉砂为主，根据粒径分析结果及 K-C 方程估计得到天然气水合物储层渗透率范围见表7.4。

表7.4 储层不同尺寸粒径对应渗透率

储层类型	颗粒尺寸/mm	平均尺寸/mm	绝对渗透率 K/（×10⁻³ μm²）
黏土	<0.005	0.003	7.14
泥质粉砂	0.005~0.05	0.009	64.3
细砂	0.05~2	0.098	7620

（二）模拟结果分析

1. 产水产气规律

图7.13 显示了数值模型预测产气速率随时间（1年）演化及累积产气量与场地实测累积产气量的对比。从图7.13 可以看出，储层渗透率为100×10⁻³ μm²时，模型预测的累积产气量与场地开采实测的累积产气量拟合较好。模型预测在开采一年时，累积产气量达到近90万 m²。随着开采的不断进行，产气速率逐渐降低，从最开始的近2m³/s 降低到0.2m³/s，且最终的产气速率大致可以稳定在0.2m³/s。

2. 储层物理参数空间演化特征

图7.14 和图7.15 反映了模型预测开采一年时储层中天然气水合物饱和度和气相饱和度的时空演变特征。从图7.14 和图7.15 中可以看出，开采一年时天然气水合物的分解区

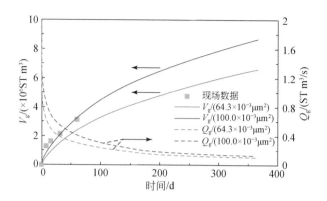

图 7.13　模型预测和场地实测累积产气量（V_g）对比及模型预测产气速率（Q_g）随时间演化

域非常有限，完全分解区域仅发生在距开采井 15m 范围以内，最大分解区域不超过 40m。从图 7.15 可以明显看出，在开采井周围的气相层中气相饱和度发生明显降低。

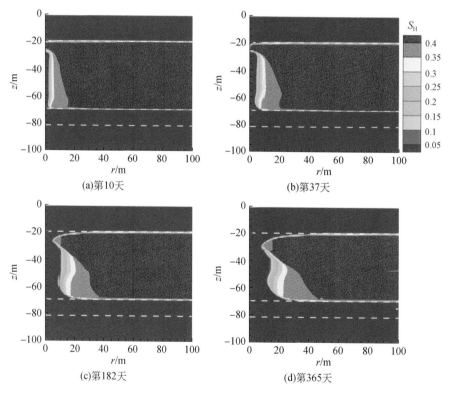

图 7.14　模型预测储层天然气水合物饱和度空间演化特征

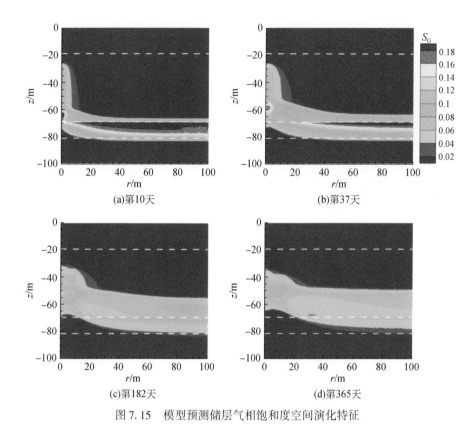

(a)第10天　　　　　　　(b)第37天

(c)第182天　　　　　　　(d)第365天

图7.15　模型预测储层气相饱和度空间演化特征

第二节　天然气水合物水平井开采产能模拟

一、概述

按照事先设计的具有井斜和方位变化的轨道钻进的开采井统称为定向井。水平井是定向井的一种，是指当井眼钻达目标层后，井斜角接近、达到或超过90°，并在目标层内延伸一定长度的井（图7.1）。水平井又可细分为长半径、中半径、短半径和超短半径水平井，或径向水平井、侧钻水平井、分支水平井等。水平井钻井技术是20世纪80年代国际石油工业迅速发展并日臻完善的一项综合性配套技术，它包括水平井油藏工程和优化设计技术、水平井井眼轨道控制技术、水平井钻井液与油层保护技术、水平井测井技术和水平井完井技术等一系列重要技术环节，综合了多种学科的先进技术成果。水平井具有扩大泄流面积、实现立体式开发的功能，在降低开采成本、提高单井产量、提高最终采收率及油气开发的综合经济效益方面具有显著的优越性。从工程施工难度的角度来看，水平井在天然气水合物储层中施工对现有的建井工艺也提出了苛刻的要求：天然气水合物储层埋深浅，储层疏松未成岩，造斜困难，井眼轨迹控制难度大，井壁稳定性差、易漏、易塌，且储层钻井液密度窗口窄，长井段复杂结构井钻井风险增大。因此，水平井的选择需要从扩大分解阵面、改善地层渗流条件、降低施工难度和成本等方面加以综合考虑。

　　水平井由于井身以及井筒周围空间的非对称性，使井下流动状态与垂直井差异巨大。Li 等（2014a）通过实验观察和数值模拟相结合的方法，在 5.8L 三维天然气水合物模拟器（CHS）中研究了在多孔介质中使用单水平井降压法开采甲烷水合物的分解过程。从模拟和实验的结果上发现甲烷水合物分解是沿着分解前沿分解，随着热量从反应釜壁边界和水平井位置转移，甲烷水合物的分解界面从 CHS 的边界向中心移动，气体和水的产生速率和甲烷水合物的分解速率随时间降低。喻高明等（1999）利用油藏数值模拟方法对底水油藏应用水平井及垂直井开采技术的效果进行了对比研究，分析了采油速度、布井方式及垂向渗透率与横向渗透率比值（K_z/K_r）对开发效果的影响。结果表明，水平井开发底水油藏的效果远远优于直井。水平井在平面上的布局，在低采油速度下对开采效果影响较大，而在高采油速度下影响不明显。地层的 K_z/K_r 值对水平井开采效果影响明显。Feng 等（2015）利用 117.8 L 中试规模天然气水合物模拟系统（PHS）合成天然气水合物，并通过降压法和注热法评估垂直井和水平井对天然气水合物开采实验的影响。结果表明，垂直井开采实验和水平井开采实验在初始阶段的天然气水合物分解率变化保持一致，但在后期阶段，水平井开采实验的天然气水合物累积分解量均高于垂直井开采实验的累积分解量。对于降压法和注热法，水平井模式的产气率、传热率和累积分解量均高于垂直井模式，同时，水平井开采实验的热对流速率较垂直井开采实验更强。毛佩筱等（2020）利用自主研发的天然气水合物复杂结构井模拟实验装置，分别开展了垂直井、水平二分支井开采天然气水合物的实验室模拟实验，分析不同开采条件下各井型的产气、产水规律。研究结果表明，井型对天然气水合物开采产能具有明显的控制作用——垂直井开采降压幅度越大，产气情况越好，但实验尺度下累积产水量则相差不大，水平二分支井开采过程中，产气速率比射孔面积相同的垂直井更高，波动较小，但初始阶段产水明显。水平井能够大幅度提高天然气水合物的产能，主要归因于其广域面效应，即水平井增大了井筒与天然气水合物储层的接触面积，扩大了天然气水合物分解阵面，使得同一时刻参与分解的天然气水合物量成倍地增加。进一步的研究表明，在水平井和垂直井与储层接触面相近的条件下，水平井开采后期储层温度回升速率大于垂直井开采条件。这意味着水平井能够显著提升天然气水合物储层的传热效率，在一定程度上加快其分解速率。采用水平井技术，可以使地面和地下条件受到限制的油气资源得到经济、有效的开发，有利于保护自然环境，具有显著的经济效益和社会效益。尽管水平井较垂直井更利于天然气水合物开采，但单纯依靠降压法结合水平井的方式仍然不足以满足产业化开采的需求。

　　目前，水平井技术被认为是开采天然气水合物资源最具潜力的技术。南海神狐海域第二次天然气水合物试采采用水平井开采技术（图 7.16），大大增加了井眼与储层的接触面积，实现连续产气 30 天，日产气 $2.87\times10^4\mathrm{m}^3$，是首次试采日产气量的 5.57 倍，成功实现试验性试采。产气现场测试显示气体组分以甲烷为主，占比平均值超过 99%，实时环境监测未发现海底形变及生产测试过程中甲烷泄漏，表明试采环境安全可控。由此可以看出，水平井将成为未来天然气水合物产业化进程中的一个新的研究方向。Li 等（2011b）根据神狐海域 SH7 区块的地质数据，使用单水平井热吞吐法开采天然气水合物，通过 TOUGH+

HYDRATE 模拟评估神狐海域 SH7 区块的天然气水合物层的产气产水量。模拟结果表明，天然气水合物分解带主要分布在井周围，并向四周扩展，而水平井与天然气水合物储层更多的接触面积以及热吞吐的增产措施在井周围有限的范围内显示出一定的作用，天然气产量取决于注入热水的温度、盐度及热量注入吞吐过程的速率。Yang 等（2021）基于中国南海神狐海域第二次海洋天然气水合物开采试验的调查数据，用 TOUGH+HYDRATE 模拟研究了上覆层和下伏层渗透率对单水平井降压法开采天然气水合物储层的影响。结果表明，在水平井开采过程中，上下地层的低渗透性（尤其是在下伏层）可以抑制流体侵入天然气水合物储层，维持天然气水合物储层的压力梯度，有助于长期开采过程中提高天然气水合物开采效率。Sun 等（2019b）基于 2017 年在中国南海第一次天然气水合物开采试验的地质数据和实验室低渗透性粉质天然气水合物沉积物测试数据开发出完全耦合的热–水–力学模型，研究使用单水平井定压降压法开采天然气的产气和力学稳性行为。模拟结果表明，天然气产量在开始生产时就增加，然后迅速下降，最终保持在 $100m^3/d$。由于渗透率低，降低的压力传播到 100m，水平井在一年的开采过程中不会严重影响储层的力学稳定性，而在井眼周围沉积物位移为 0.35m，这有可能导致开采井变形，从而影响产气的安全性和效率。利用水平井进行开采时，需考虑井型变化及产量变化的复杂性，必然存在着一个最优水平井长度，以达到米增产倍数的最大值。Kim 等（2012）利用储层流动与地质力学双向耦合的方法，研究在阿拉斯加北坡 PBU-L106 站点使用垂直井和水平井开采天然气水合物的产气产水特性和地层稳定性，在相同时间内，水平井开采方法比垂直井开采方法可获得更高的产气量，水平井开采也会使得地层发生更大的沉降，但其沉降不会对井筒稳定性造成潜在危险。尽管针对不同的地质条件、采用不同模拟手段获得的水平井增产效果模拟结果差异较大，并且针对具体储层的水平井参数优化需要考虑的因素也还没有定论，但可以肯定的是：水平井一定能够在一定程度上扩大天然气水合物分解的面积，水平段长度越长，分解阵面越大。但是受成本、技术难度的限制，超长井段水平井在天然水合物储层中的应用仍然受限。如何在短期内快速见效并缓解工程地质风险，是天然气水合物复杂结构井应用的关键。

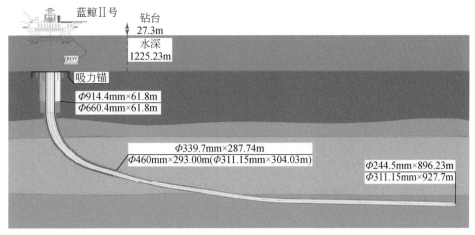

图 7.16　中国南海神狐海域第二次试采水平井井身结构图（叶建良等，2020）

南海神狐海域具有丰富的天然气水合物资源，目前关于该区域天然气水合物的资源评价以及开采潜力正在大量开展研究。以下将基于南海神狐海域天然气水合物储层的钻探和测井资料，建立了包含天然气水合物储层以及上下地层的多层天然气水合物藏的物理模型，以实际试开采数据为指导，针对水平井的布井方式，利用 TOUGH+HYDRATE 对南海神狐海域天然气水合物藏进行为期 30 天的数值模拟，分析了降压开采天然气水合物藏过程中的产气产水规律、压力温度场以及各相饱和度的空间分布特性，以此来阐明实际地层天然气水合物开采过程中的多相渗流、天然气水合物分解相变以及传热传质等特性。

二、水平井开采模型的建立

（一）假设条件

天然气水合物藏开采数值模拟的假设条件主要包括：①考虑储层为均匀多孔介质，天然气水合物及固相沉积物不可流动，多孔介质中气液流动遵循达西定律；②液相中的甲烷溶解符合亨利定律；③天然气水合物为单组分甲烷水合物，天然气水合物生成或分解过程满足相平衡反应；④天然气水合物分解过程中流体渗透率依赖于储层孔隙度的变化，满足 Kozeny-Carman 方程。

（二）数学模型及其初始条件

神狐海域调查研究区位于南海北部陆坡中部神狐暗沙东南海域附近，即神狐暗沙与东沙群岛之间的海域。本节的研究区位于珠江口盆地珠拗陷，该拗陷自中中新世以来处于构造沉降阶段，形成了良好的天然气水合物成藏地质条件。

2007 年 4~6 月，中国地质调查局组织在南海北部神狐海域共完成了 8 个站位的钻探、测井，对 5 个站位进行取心，其中 3 个站位（SH2、SH3 和 SH7 站位）上获得天然气水合物样品（Zhang et al., 2007），本节的主要模拟对象即为 SH7 站位所处的天然气水合物藏，如图 7.17 所示。5 个站位的温度原位测量结果表明，研究区域的地温梯度为 43~67.7℃/km。另外，根据 19 个站位的野外地温梯度测量和室内沉积物样品的热导率测量结果，计算出神狐海域海底热流介于 74.0~78.0mW/m² ，平均热流值为 76.0mW/m² 。

天然气水合物样品的初步分析结果显示，我国南海神狐海域的天然气水合物是以均匀分散的状态成层分布，已发现的含天然气水合物沉积层位于海平面以下 1108~1245m，海底以下 155~229m，厚度达到 10~43m。天然气水合物沉积层的孔隙度取值在 33%~48%，盐度（质量分数）X_S 为 2.90%~3.15%。天然气水合物占沉积物的孔隙体积的饱和度 26%~48%。由于深度等地质条件的不同，天然气水合物饱和度也不相同。该区域的温度一般介于 15~25℃，压力为 12~18MPa。本节研究的南海神狐海域 SH7 站位天然气水合物藏只包含单一的天然气水合物沉积层。假设天然气水合物储层上下地层可渗透，含此类边界条件的天然气水合物藏属于不易开采的类型。该站位海水深度为 1108m，海底温度为 3.7℃，天然气水合物储层（HBL）距离海底深度为 155~177m。海水盐度（质量分数）$X_S=3.05\%$。海底沉积物热导率（饱和水）$k_{\Theta RW}=3.1W/(m \cdot K)$。HBL 沉积物的热

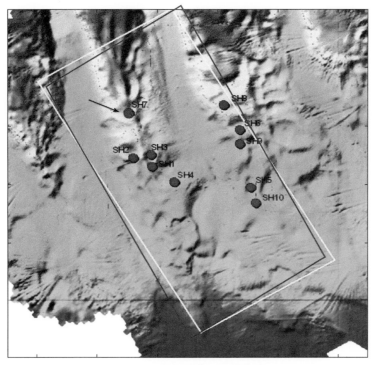

图 7.17　研究区域 SH7 站位图

导率（不含水）$k_{\Theta RD}=1.0W/(m\cdot K)$。天然气水合物储层中天然气水合物的初始饱和度 $S_H=44\%$，水的初始饱和度 $S_A=56\%$。海底沉积物密度 $\rho=2600kg/m^3$。水合物层的孔隙度 $\phi=0.40$。海底沉积物的渗透率 $K=75\times10^{-3}\mu m^2$。气相色谱分析表明，SH7 站位钻探获得的沉积物中，甲烷气体占所有气体组成的 99.2%，故本节假设气体组分为 100% 甲烷。其他相关地层参数和物理性质见表 7.5。

表 7.5　中国南海神狐海域 SH7 站位天然气水合物藏物理性质

参数	数值
上地层厚度	30m
天然气水合物储层厚度	22m
下地层厚度	30m
井离天然气水合物储层上表面距离	11m
初始压力	13.83MPa
初始温度	14.15℃
初始天然气水合物饱和度，初始液相饱和度	$S_{H0}=44\%$，$S_{A0}=56\%$
气体组分	100% CH$_4$
地温梯度	0.0433 ℃/m

参数	数值
盐度	3.05%
绝对渗透率 $K_x = K_y = K_z$	$75 \times 10^{-3}\,\mu m^2$
孔隙度 ϕ	41%
岩石密度 ρ_R	$2600 kg/m^3$
干岩热导率 $k_{\Theta RD}$	$1.0\,W/(m \cdot K)$
湿岩热导率 $k_{\Theta RW}$	$3.1\,W/(m \cdot K)$
复合热导率方程（Moridis, 2014；Moridis et al., 2005）	$k_{\Theta C} = k_{\Theta RD} + (S_A^{1/2} + S_H^{1/2})(k_{\Theta RW} - k_{\Theta RD})$ $+ \phi S_I k_{\Theta I}$
毛细管压力模型	$p_c = -p_{01}[(S^*)^{-1/\lambda} - 1]^{1-\lambda}$ $S^* = (S_A - S_{irA})/(1 - S_{irA})$
S_{irA}	0.29
λ	0.45
p_0	0.1 MPa
相对渗透率模型	$K_{rA} = (S_A^*)^n$, $K_{rG} = (S_G^*)^{n_G}$ $S_A^* = (S_A - S_{irA})/(1 - S_{irA})$ $S_G^* = (S_G - S_{irG})/(1 - S_{irA})$
n	3.572
n_G	3.572
S_{irG}	0.05
S_{irA}	0.30

图 7.18 和图 7.19 描述了南海神狐海域天然气水合物藏模型示意图。本模拟区域为长方体，HBL 厚度为 22m（$-11m \leqslant z \leqslant 11m$），上覆层（overburden，OB，$11m \leqslant z \leqslant 41m$）和下伏层（underburden，UB，$-41m \leqslant z \leqslant -11m$）均为可渗透沉积物，厚度均为 30m，足够精确描述 30 年开采周期（标准开采井生命周期）内的天然气水合物藏热流变化情况（Moridis and Reagan, 2007a, 2007b）。相对于 22m 厚的 HBL，OB 和 UB 的厚度也足够精确描述天然气水合物藏中的压力场分布。如图 7.18 和图 7.19 所示，开采井位于 HBL 中部（$x=0$, $z=0$）。单一水平井的开采范围取 90m，由于水平井两边对称且 $x=45m$ 处为绝热不传质边界，所以只对 $0 \leqslant x \leqslant 45m$ 的天然气水合物藏进行模拟。

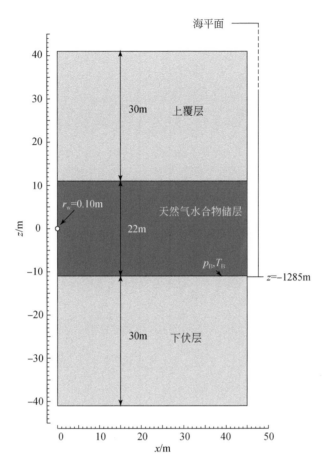

图7.18　南海神狐海域 SH7 站位天然气水合物藏模型示意图

天然气水合物藏模型网格划分如图 7.19 所示。在 $0 \leqslant x \leqslant 45\text{m}$，$-41\text{m} \leqslant z \leqslant 41\text{m}$ 的长方形二维区域中，所有网格在直角坐标中的 y 方向厚度均为 1m。整个模拟区域共划分成 11259 个网格，其中包括 11034 个活跃网格，其余的非活跃网格为边界网格，位于模拟区域最顶端和最底端的非活跃网格中的温度和压力在整个模拟过程中都保持恒定。在 x 方向上所有网格均匀划分为 90 个网格，每个网格间距为 0.5m。在 z 方向上，OB 上部（$z>22\text{m}$）和 UB 下部（$z<-22\text{m}$）的网格间距较大，而在 $-22\text{m} \leqslant z \leqslant 22\text{m}$ 的区域（包含 HBL 和部分上下地层）网格间距较小（$\Delta z \leqslant 0.5\text{m}$），能够满足天然气水合物藏的数值模拟精度要求（Moridis and Reagan，2007a；Moridis et al.，2007）。由于开采井周边区域相变和传热传质都比较剧烈，所以该区域需要采用更加细密的网格划分方式。如图 7.19 所示，以开采井为圆心，将 $r \leqslant 7.5\text{m}$ 的半圆形区域划分为精细的蜘蛛网状网格。本节模拟中假设天然气水合物分解是相平衡反应过程，以上网格划分共产生 44136 个方程。

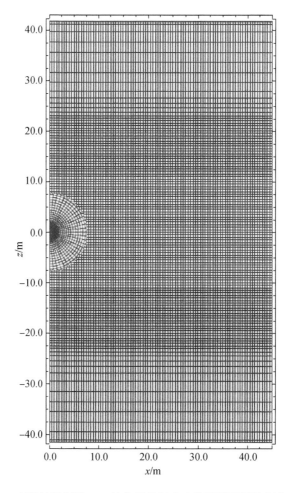

图 7.19　南海神狐海域 SH7 站位天然气水合物藏模型网格划分示意图

（三）开采井设计及生产制度

　　如图 7.20 所示，特殊设计的单一水平井位于 HBL 的中部，内部有效半径 $r_w = 0.1\mathrm{m}$。此水平井设计具有以下几个优点：①不向沉积物中注入任何物质，使降压开采天然气水合物更加容易实现；②在没有热水注入的情况下，气体更加容易通过开采井流出；③利用单一开采井同时产气和注热水，使得开采井的设计更加复杂，操作困难（Moridis et al.，2009）；④此设计可以实现天然气水合物开采过程中全程连续加热，防止天然气水合物的二次生成。实际开采井内部流体不是在多孔介质中的流动，需要用 Navier-Stockes 方程描述（Moridis et al.，2004），为了避免求解上的困难，假设井内流体在"伪多孔介质"中流动，遵循达西定律。将开采井内网格的渗透率 K_w 设为较大值 $1000\times10^{-3}\,\mu\mathrm{m}^2$，孔隙度 ϕ 为 1.0，毛细管压力 p_c 为 0。

　　有学者提出（Moridis and Reagan，2007a；Moridis et al.，2009），由于降压法的技术难

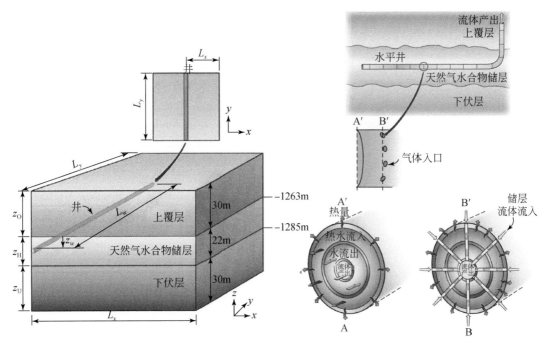

图 7.20　南海神狐海域 SH7 站位天然气水合物藏模型和开采井设计示意图（Moridis et al.，2011）

度低、经济性好，对于大多数海洋天然气水合物藏来说，可能是最有效的、唯一现实可行的天然气水合物开采方法。但是，天然气水合物分解是一个吸热过程，开采井周围可能由于降温引起二次天然气水合物生成并堵塞井口，故可以考虑采用热激法来减少和消除二次天然气水合物。热激法作为辅助方法可以提高单一垂直井降压法开采天然气水合物的产气量（Moridis and Reagan，2007a，2007b），但是热激法作为主要开采方法效率较低（李刚等，2006；Moridis and Reagan，2007a）。本节采用定压降压法进行天然气水合物藏开采，定压降压法适用于各种天然气水合物藏渗透率条件，允许产气速度随着天然气水合物藏渗透率增大（由天然气水合物分解、天然气水合物饱和度降低引起）而不断增加。另外，定压降压法可以有效控制开采井内的压力，减少由于过度降压引起的二次天然气水合物甚至是冰的生成。一般认为，降压开采过程中，开采井压力 p_w 保持高于天然气水合物四相点压力 p_Q。

三、模拟结果与分析

（一）产气产水规律

图 7.21 描述了定压降压开采条件下，井口气相甲烷产气速度（Q_{PG}）、总甲烷产气速度（Q_{PT}）以及天然气水合物分解产气速度（Q_R）随时间变化曲线，其中降压幅度 Δp_w 分别取 $0.8\,p_0$、$0.5\,p_0$、$0.2\,p_0$ 和 $0.1\,p_0$，$p_0 = 13.7\text{MPa}$ 和 $T_0 = 13.7^\circ\text{C}$ 分别为 HBL 中部（即水平井所在位置）的初始压力和初始温度。

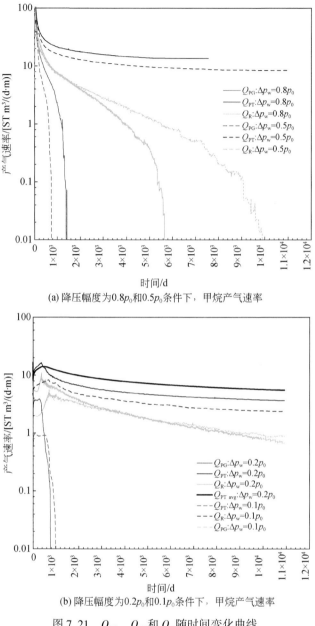

(a) 降压幅度为$0.8p_0$和$0.5p_0$条件下，甲烷产气速率

(b) 降压幅度为$0.2p_0$和$0.1p_0$条件下，甲烷产气速率

图 7.21　Q_{PG}、Q_{PT} 和 Q_R 随时间变化曲线

从图 7.21 可以看出，在各个降压幅度 Δp_w 条件下 Q_{PG} 始终远小于 Q_{PT}，尤其是在开采阶段中后期，说明在开采井中产出的甲烷气体以水中的溶解气为主，而以自由气体形式存在的气体很少。以 $\Delta p_w = 0.2p_0$ 为例，Q_{PT} 随着开采的进行不断增大，在 390 天左右达到最大值 17.3 ST m³/(d·m) 后便逐渐减小。图 7.21 也绘出了 $\Delta p_w = 0.2p_0$ 的参考模拟条件下，Q_{PT} 在整个开采过程中的平均值 Q_{PT_avg}（$Q_{PT\_avg} = V_P/t$）。其中，V_P 是井口的甲烷气体累积产出体积，STm³ CH₄。t 为开采时间，天。Q_{PT_avg} 在完成 1 年开采后约为 14.6 ST m³/(d·m)。Q_{PT_avg} 在完成 30 年开采后约为 5.79 ST m³/(d·m)。对于单一水平井 90m 的开采范围

（$-45\mathrm{m}\leqslant x\leqslant45\mathrm{m}$），假设水平井在 y 方向长度为 1000m，在开采井总产气速度 Q_{PT} 保持最大值的情况下，整个天然气水合物藏的产气速度也只能达到 3.46×10^4 ST m³/d。在取第 1 年平均值 Q_{PT_avg} 的情况下，约为 2.92×10^4 ST m³/d。在取 30 年平均值 Q_{PT_avg} 的情况下，约为 1.15×10^4 ST m³/d，均远小于一般具有商业开采价值的开采井的产气量（一般认为，只有当开采井井口总产气速度达到约 3.0×10^5 ST m³/d 时，才可能具有商业开采价值）。

相应的天然气水合物分解产气速度 Q_R 随时间变化规律与 Q_{PT} 相似，说明天然气水合物分解速度在开始阶段不断达到最大值后逐渐减小，这主要是由于：①在开采的初始阶段（$t=0\sim390$ 天），随着天然气水合物的不断分解，开采井周边区域的有效渗透率不断增大，在定压降压开采条件下分解的气体和水更容易向开采井流动，同时天然气水合物分解界面不断扩大也导致产气量增加；②在开采阶段中后期（390 天以后），天然气水合物分解区域的下部达到 HBL 初始位置的下限，即与下地层相接触，使可渗透下地层中的水大量流向开采井，引起产水量增加，产气量相应减小；③随着天然气水合物不断分解，分解区域逐渐与上下地层逐渐接触，原低渗透率的天然气水合物层消失，同时由于气液存在重力差，天然气水合物分解产生的气体向上浮动并通过可渗透上地层逃逸，引起产气量减小；④由于天然气水合物分解降温引起的分解速度下降也导致产气量减小。

从图 7.21 可以看出，在 $\Delta p_w = 0.8\,p_0$ 和 $0.5\,p_0$ 的情况下，Q_R 分别在 5600 天和 10000 天左右降低到很低的水平［<0.01 ST m³/(d·m)］，这是由于从该时刻起，天然气水合物藏中的天然气水合物已基本分解完毕（天然气水合物分解百分比接近于 1.0），如图 7.22 所示。而在 $\Delta p_w = 0.2\,p_0$ 和 $0.1\,p_0$ 的情况下，直到 30 年的开采过程结束，尚存在一定量的天然气水合物未分解。

图 7.22 和图 7.23 分别描述了相应条件下，HBL 中已分解的天然气水合物占模型范围内（如图 7.18 所示，$0\leqslant x\leqslant45\mathrm{m}$，$-41\mathrm{m}\leqslant z\leqslant41\mathrm{m}$）初始天然气水合物量的百分比以及井口产水速度（$Q_w$）和气水比（$R_{gw}$）随时间变化曲线。

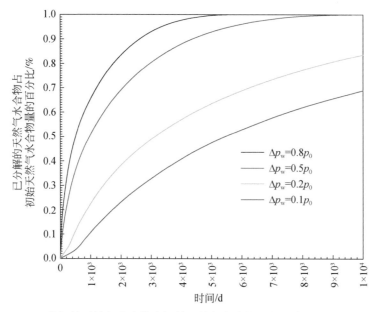

图 7.22　已分解的天然气水合物占初始天然气水合物量的百分比随时间变化曲线

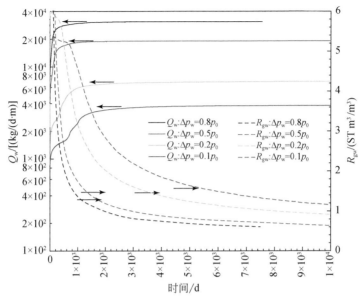

图 7.23　Q_w 和 R_{gw} 随时间变化曲线

由图 7.23 看出，在各降压幅度下进行的天然气水合物定压开采，井口产水速度 Q_w 在开采初期快速增加，在达到较高水平后保持基本恒定。气水比 $R_{gw}=V_p/M_w$ 是一个衡量天然气水合物开采效率的相对标准，主要用于天然气水合物开采产气的经济性评价。其中，V_p 是井口总的甲烷气体累积产出体积，ST m^3。M_w 是累积产水体积，m^3。如图 7.23 所示，R_{gw} 随着开采过程的进行不断降低。以 $\Delta p_w = 0.2\, p_0$ 为例，在大约 1100 天，Q_w 接近或超过 6000kg/（d·m）。对于利用长度达到 1000m 的单一水平井开采 90m 范围内的天然气水合物藏，井口产水速度 Q_w 超过 1.2×10^7kg/d（1.2×10^4 t/d），而 R_{gw} 从开采初期的超过 7 ST m^3/m^3 降低至开采 1 年后的约 5.73 ST m^3/m^3，进而降低至开采 30 年后的约 0.89 ST m^3/m^3。

如果增大开采驱动力，将降压幅度 Δp_w 从 0.2 p_0 提高到 0.8 p_0，在产气速度明显加大的同时（图 7.21），产水速度也迅速增大（图 7.23），使气水比反而减小，不利于开采产气的经济性。综合以上模拟结果，从绝对产气量和气水比两方面来看，利用定压降压法开采南海神狐海域 SH7 站位天然气水合物藏都不具有很高的经济价值。另外，从以上分析可以得出定压降压开采天然气水合物藏宜采用合理的降压幅度，一般 $\Delta p_w = 0.1\, p_0 \sim 0.3\, p_0$。以下主要针对降压幅度为 $\Delta p_w = 0.2\, p_0$，开采井内不加热情况下的定压降压开采过程进行详细讨论。

（二）天然气水合物饱和度空间分布

图 7.24 出了南海神狐海域 SH7 站位天然气水合物藏在定压降压开采过程中天然气水合物饱和度 S_H 在初始 HBL 区域（$0 \leqslant x \leqslant 45m$，$-11m \leqslant z \leqslant 11m$）内的空间分布示意图，图 7.24（a）~（h）分别绘出 60 天、1 年、2 年、5 年、10 年、15 年、20 年和 30 年的分布情况。通过比较各相分布随时间变化情况可以得出天然气水合物开采过程的动态变化规律。

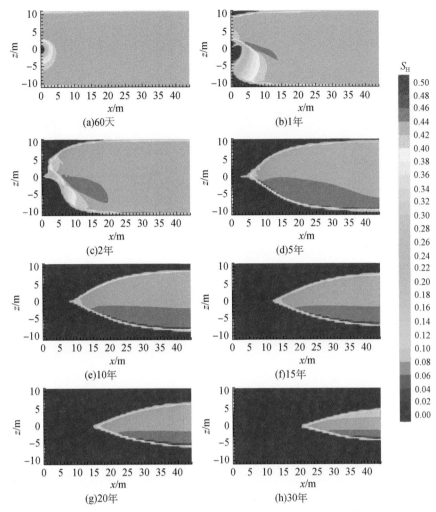

图 7.24 天然气水合物饱和度在开采过程中的空间分布示意图

从图 7.24 可以看出天然气水合物分解过程的主要特点：①由于水平井定压降压驱动，开采初期天然气水合物分解主要集中在开采井周围，沿着一个圆柱形的分解界面进行；②在水平井上方和下方，初始 HBL 与 OB 和 UB 的接触面（$z=11\mathrm{m}$ 和 $z=-11\mathrm{m}$）附近分别逐渐出现上、下分解界面；③随着开采的进行，分解下界面与圆柱形分解界面逐渐接触并融合；④紧邻分解下界面，并沿着该界面出现天然气水合物高饱和度区；⑤开采井附近只有极少量的二次天然气水合物出现。其中，②和③是由于 OB 和 UB 向 HBL 传热传质引起的，特别是温度较高的流体从可渗透的下伏层向上传递，引起下分解界面明显大于上分解界面；④的主要原因是，在下分解界面处，天然气水合物分解释放出的气体和水同时向开采井和远离开采井（尚未分解的水合物区域）的方向流动，后者导致未分解区域的饱和度 S_H 由于天然气水合物的进一步生成而高于 HBL 的初始饱和度；与利用垂直井定流量开采时在开采井附近大量生成二次天然气水合物不同（Moridis et al., 2009），在合理的降压驱动力（$\Delta p_w = 0.2\ p_0$）条件下，利用单一水平井定压开采天然气水合物，在开采井附近只观察到极少量的二次天然气水合物，对水平井几乎没有堵塞作用。

（三）压力空间分布

图 7.25 给出了南海神狐海域 SH7 站位天然气水合物藏在定压降压开采过程中整个模拟区域（$0 \leqslant x \leqslant 45\text{m}$，$-41\text{m} \leqslant z \leqslant 41\text{m}$）内压力 p 的空间分布示意图，各图中白线代表 HBL 与 OB 和 UB 接触面的初始位置，即初始 HBL 的上下限（$z=11\text{m}$ 和 $z=-11\text{m}$）。

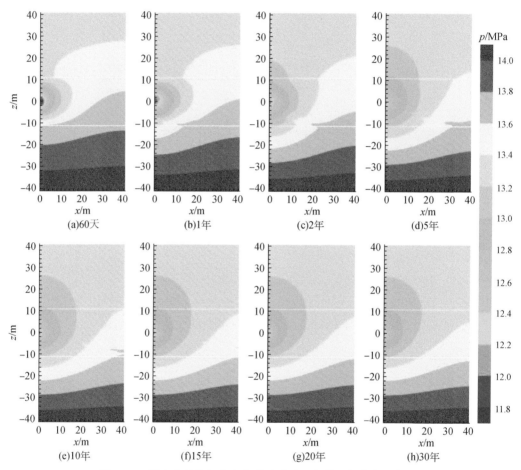

图 7.25　压力在天然气水合物藏开采过程中的空间分布示意图

从压力 p 的空间分布可以看出，利用单一水平井定压降压开采上下地层可渗透的天然气水合物藏具有以下特点：①开采井周边区域出现明显的压力梯度。从图 7.25（a）和图 7.25（b）可以看出，开采井附近存在一个明显的圆柱形低压区域（本节定义为压力低于 12.5MPa 的区域，该压力远低于开采井所在位置 HBL 的初始压力 $p_0 = 13.7\text{MPa}$），且该区域的半径大于 2m。这主要是由于在降压驱动力 $\Delta p_w = 0.2\ p_0$（开采井处压力 $p_w = 11.2\text{MPa}$）恒定不变的情况下，圆柱形低压区域周围的天然气水合物未分解区有效渗透率 K_{eff} 较低，使得已分解的区域内的压力能够有效降低，此时未分解的区域起到了低渗透边界的作用。随着分解区域的不断扩大,当上、下分解界面与圆柱形分解界面接触时(如以上分析,略超过 1 年),分解区域与上、下地层连通,OB 和 UB 中的流体大量流向开采井并同时产出,开采井附近区域降压效果大大降低,低压区域缩小至半径约 1m 的范围。②与上下地层不可渗透的情况不同(Moridis et al.,2009),在可渗透地层中由于内部流体流动引起明显的压力分布。在开采的前 5 年内,OB 和 UB 中的压力随时间显著降低。而从第 10 年到第 30 年的过程中,地层中的压力分布基本稳定,这主要是由于开采 10 年之后,在开采井内定压的情况下,HBL 中未分解区内天然气水合物的缓慢分解对地层中的流体流动影响有限。③在上分解界面处出现等压分布线的明显拐点,在下分解界面附近压力分布波动较大,这主要是由于天然气水合物分解界面附近相变和流体流动比较剧烈,引起压力分布情况复杂。

(四) 温度空间分布

图 7.26 绘出了南海神狐海域 SH7 站位天然气水合物藏在定压降压开采过程中初始 HBL 区域 ($0 \leqslant x \leqslant 45\text{m}$, $-11\text{m} \leqslant z \leqslant 11\text{m}$) 内温度 T 的空间分布示意图。

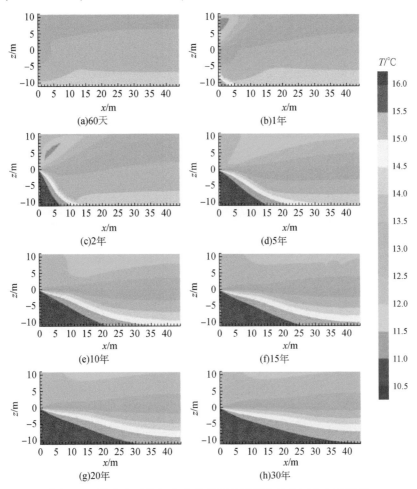

图 7.26　温度在天然气水合物藏开采过程中的空间分布示意图

图 7.26 （b） 和图 7.26 （c） 中显示的低温区域（本节定义为温度低于 11.5℃ 的区域，该温度远低于开采井所在位置 HBL 的初始温度 $T_0 = 13.7℃$）处在天然气水合物上分解界面附近，显示了该区域内天然气水合物分解引起的温度降低。在该低温区域附近热量从 OB 向 HBL 传递，即存在地温梯度的逆转，于是随着开采的不断进行，低温区域逐渐消失。开采井下方以及天然气水合物下分解界面附近温度的分布和演化过程清楚地描述了相对高温的热水从可渗透 UB 向上流入初始 HBL 的过程。该温度分布也反映了包括初始 HBL 中的水，天然气水合物分解所产生的气体和水，由 OB 向 HBL 流动的水以及由 UB 向 HBL 流动的相对高温的热水在内的所有不同温度的流体均流向开采井，造成开采井附近等温线汇合。

第三节　天然气水合物多分支井开采产能模拟

一、概述

目前的研究成果表明，降压法及基于其的改良方案可能是实现海洋天然气水合物高效开采的最佳途径，但现有降压条件下的产气能力距离商业开发需求仍存在着一定的距离（Li et al.，2018；吴能友等，2020；Mao et al.，2020；Qin et al.，2020）。因此，提高天然气水合物藏分解效率、提升储层气液运移产出能力，进而形成安全、高效的天然气水合物开采新方法，是天然气水合物资源开发中迫切需要解决的瓶颈问题，对于推动天然气水合物商业化开发至关重要。

与其他油气储层不同，含天然气水合物沉积物包含固、液、气三相物质，并且开采中存在着天然气水合物的相变分解与再生成。上述相变又与应力场、流场、温度场等物理场耦合在一起，使得天然气水合物的储层物性特别是渗流和力学特性更为复杂，产能偏低且难于维持，因而对天然气水合物新型开采方式提出了迫切的要求。2020 年 3 月，我国成功实施的天然气水合物水平井试采结果证实，扩大开采井与储层间的泄流面积，提高天然气水合物储层的分解效率，能够显著提高天然气水合物开采产能（Qin et al.，2020）。因此，以水平井、多分支井为代表的复杂结构井在天然气水合物开采中具有巨大的应用潜力。

多分支井是一种从主井眼（垂直井、水平井或定向井）中钻出若干个分支井进入油气藏的复杂结构井（Lyu et al.，2019）。按井眼轨迹，可划分为主井分别是垂直井和水平井的两种类型（Retnanto et al.，1996）。多分支井具有扩大泄流面积、实现立体式开发的特征，在降低开采成本、提高单井产量、提高最终采收率及油气开发的综合经济效益方面具有显著的优越性（吕帅，2017）。因此多分支井在多种复杂油气藏以及深水油气藏中得到了广泛应用，对地热、煤层气和页岩气等非常规能源的开采效果也较好（Cui et al.，2017；Shi et al.，2021；Wang et al.，2021；Bela et al.，2021）。

近年来，国内外相继开展了多分支井开采天然气水合物的研究：阿拉斯加北坡天然气水合物储层开采研究发现，在传统垂直井的基础上构建多分支井，有利于提高天然气水合物开采后期的产能（Wilson et al.，2011；Yamakawa et al.，2010）。基于实验模拟和数值模拟研究结果，证实了采用多分支进行降压—热激联合开采天然气水合物的优越性。多分支井通过扩大天然气水合物分解面积、增加井眼压力传递效率等途径可以促进天然气水合物产气，李文龙等（2019）指出在海洋天然气水合物开采研究中应考虑大位移水平井、多分支井等复杂结构井的应用。2019 年，中国地质调查局青岛海洋地质研究所天然气水合物研究团队率先开展了海洋天然气水合物多分支井开采模拟研究，以我国南海天然气水合物藏物性参数建模，评价了大直径水平多分支井型降压开采过程的产气、产水规律（Li et al.，2019）。然而，想要将多分支井技术大规模应用于天然气水合物开采，还需要对不同开采条件下的多分支井产能进行准确预测与评价，并制定合理的开发方案。因此，量化分析多分支井不同布设条件下的储层开采响应特征及增产效果，是将多分支井技术应用于天然气水合物开采的前提。

物理模拟实验和数值模拟是解决上述预测与评价难题的重要技术手段（Li et al.，2012；White et al.，2020）。目前国内外用于天然气水合物开采的模拟试验装置较多，但大多数都是小型一维、三维装置（周守为等，2016）。即使是在大型三维反应釜中进行的开采相关研究（Li et al.，2012），也尚未见到利用水平多分支井进行天然气水合物开采的研究报道。为此，本小节联合实验模拟和数值模拟的研究手段，研究了多分支井降压开采天然气水合物产能的规律。首先，基于研究团队自主研制的天然气水合物复杂结构井开采模拟实验装置，分别开展了垂直井、水平二分支井（夹角90°）降压开采甲烷水合物的模拟实验，分析了不同井型对甲烷水合物开采的影响规律。同时，基于 TOUGH+HYDRATE 建立与实验装置相一致的储层模型，采用水平二分支井进行开采模拟，通过拟合产气结果验证建模方法的准确性。然后，研究实验尺度下，多分支井开采天然气水合物的产能规律，优选较优开采井型。最后，基于验证后的三维建模方法，将多分支井应用于南海实际黏土质天然气水合物储层中进行开采，系统优选最优多分支井结构、布设位置和开采方式。同时探讨绝对渗透率（包括各向同性渗透率和各向异性渗透率）对水平多分支井开采条件下，天然气水合物分解和产气规律的影响。研究以期为多分支井在天然气水合物开采中的广泛应用提供试验数据和工程依据。

二、实验模拟研究

（一）实验材料与方法

1. 实验装置

天然气水合物复杂结构井开采模拟实验装置和实验流程如图 7.27 所示。该装置主要由模型系统（反应釜）、温度控制系统、气体注入系统、液体注入系统、天然气水合物开采系统（复杂结构井开发系统和降压开采系统）和数据采集及处理系统六部分组成。

反应釜是该套装置的核心组成部分，由 316 不锈钢制成，有效容积约 135 L，耐压约 15MPa。实验过程中的温度主要由恒温水浴控制，其控温范围为−15 ~ 120℃。复杂结构井开发系统包括中间主井眼以及与主井眼轴向垂直设置的多排水平分支井。实验时，可通过自由组合分支井网的布井位置、射孔位置、射孔间距、射孔类型等进行甲烷水合物降压开采模拟。反应釜内等距布设上、下两排传感器，每排布设 24 个测试点，共计 144 个测试

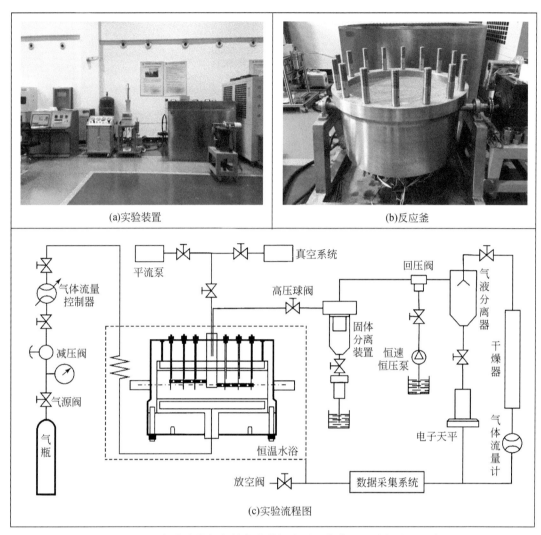

图 7.27　天然气水合物复杂结构井模拟实验系统装置照片与流程示意图

点（图 7.28），可实时采集天然气水合物生成、分解过程中储层内的压力、温度和电阻率数据。同时，数据采集控制软件可实时采集反应釜入口和出口压力、气体注入与采出的瞬时流量速度、气体累积注入量和采出量等参数。

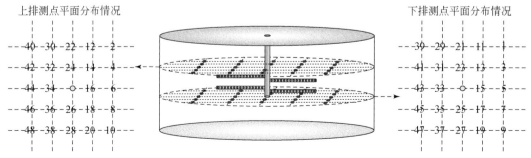

图 7.28　反应釜及其内部测试点采集系统示意图

2. 实验过程

1）甲烷水合物生成实验过程

实验所用材料主要有甲烷、三级去离子水和天然海砂（粒度为 293.62 ~ 1086.97 μm；孔隙度为 35%）。图 7.29 为甲烷水合物生成过程示意图。具体生成步骤参见毛佩筱等（2020）。

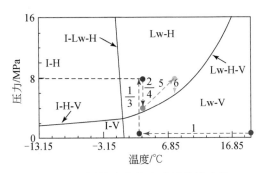

图 7.29　甲烷水合物生成过程示意图

注：步骤 1，注气至 8MPa，水浴温度降至 2℃；步骤 2，甲烷水合物生成；步骤 3，注气至 8MPa；步骤 4，甲烷水合物生成；步骤 5，注气至 8MPa，设置水浴温度至 8℃；步骤 6，稳定待开采。I 表示冰相；H 表示天然气水合物相；V 表示气相；Lw 表示水相

甲烷水合物生成期间，每 60 秒记录一次储层内各监测位置的温度、压力和电阻数据。不同的实验方案均采用相同的甲烷水合物生成方式，进气量基本一致，故假定生成的甲烷水合物量和分布情况基本一致。甲烷水合物生成实验涉及的温压参数如表 7.6 所示。

表 7.6　甲烷水合物生成前、后反应釜内的温压情况统计表

状态	案例	温度/℃	压力/MPa
甲烷水合物生成前	全部	1.88	8.0
甲烷水合物生成后	CASE 2	7.86	5.8
降压开采前	CASE 3	7.88	5.8

2）甲烷水合物开采实验过程

实验的开采方案和具体操作步骤如表 7.7 所示。甲烷水合物生成后，反应釜内温度为 7.86 ~ 7.88℃。通过计算可得（Sloan and Koh，2007），该温度下的相平衡压力约为 5.66MPa，故设定的开采值低于相平衡压力值。开采过程中循环水浴保持恒定温度。反应釜内布设的垂直井高为 154mm，内径为 20mm，位于储层中部。水平二分支井（夹角 90°）的两分支井规格相同，每一分支井的长度为 250mm，内径为 18mm［图 7.30（a）］，布设位置与 5 号、15 号、21 号和 23 号测点的位置相对应［图 7.30（b）］。井型是影响甲烷水合物开采效率的主要因素之一（吴能友等，2020）。因此，本节研究中垂直井和水平二分支井（夹角 90°）两者具有相同的射孔面积。在降压开采过程中，每 10 秒记录一次实时产气速率和累积产气量，以及反应釜内温度、压力和电阻数据，每隔一段时间记录一次累积产水量。

表 7.7　两组实验的甲烷水合物开采方案及其具体操作步骤表

案例	开采井	降压条件	操作步骤
CASE 1	垂直井	先采用 3MPa 进行降压开采，而后用 0MPa 进行降压开采	①打开阀门，设定出口压力为 3MPa；②当产气速率逐渐降低，反应釜内储层外侧温度有上升趋势，则设定出口压力为 0MPa；③当产气速率逐渐降低至 0 时，认为不再有甲烷水合物分解，关闭阀门，开采实验结束
CASE 2	水平二分支井（夹角 90°）		

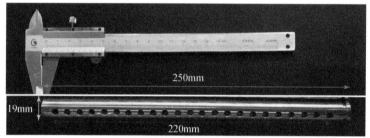

(a)实验使用的模拟水平分支井井筒

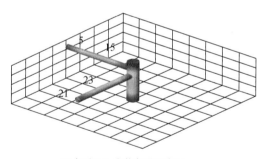

(b)水平二分支井布设示意图

图 7.30　实验中的井眼尺寸和布设情况示意图

（二）实验结果与讨论

1. 产气产水情况

利用水平二分支井（夹角 90°）进行甲烷水合物开采时，产气速率随着开采压力降低先明显增大后逐渐减小。开采进行 6.5 小时左右，开采压力为 0MPa 后，在温度升高、压力降低的双重作用下，产气速率明显增大（图 7.31）。开采压力为 0MPa 之前，产气速率为 27.6mL/min；开采压力为 0MPa 之后，产气速率最高达 162.4mL/min。与垂直井开采甲烷水合物不同，在联合作用下，利用水平二分支井（夹角 90°）开采甲烷水合物，产气速率会出现增大—降低—增大的现象；开采 12 小时后，呈现较长时间的稳定低速产气的现象。这可能是由于采用水平二分支井（夹角 90°）进行甲烷水合物开采时，储层受压降影响的范围不同，不同位置的甲烷水合物存在先后分解关系，分解时的温度分布模式也不同（图 7.32）。而且不同井眼与外侧水浴的距离不同，受恒温水浴的影响也存在差异。在联合作用下，靠近井眼处的甲烷水合物储层产气贡献率相对较高，远离井眼处的甲烷水合物储层产气贡献较低，开采一段时间后，近井处的甲烷水合物因饱和度减少和储层温度降低，产气贡献率逐渐降低，而远井处的甲烷水合物储层产气贡献率逐渐增加。在贡献率变化过程中，存在贡献率都比较低的情况，从而使得某一时间段内产气速率较低。此外，在开采过程中，水平二分支井（夹角 90°）井周甲烷水合物分解更剧烈，吸热更为明显（图 7.32）。外部的热量未能快速传递到井周，在一定程度上延缓了甲烷水合物的分解产气过程。上述现象在一定程度上体现了开采井型对产能的影响。

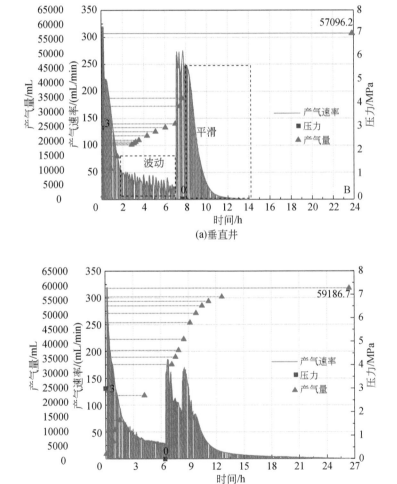

图 7.31　垂直井和水平二分支井（夹角 90°）进行甲烷水合物开采时产气量、产气速率和开采压力随时间变化图

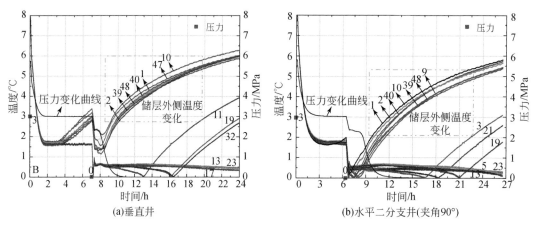

图 7.32　垂直井和水平二分支井（夹角 90°）进行甲烷水合物开采时储层内温度和压力随时间变化图

注：为了更好地呈现结果，选取了具有典型特征的测点值成图

与垂直井开采的产气情况相比，水平二分支井（夹角 90°）进行甲烷水合物开采时的产气情况更好（表 7.8）。例如，采用垂直井进行甲烷水合物开采 1 小时后，产气速率为 140.80mL/min；采用水平二分支井（夹角 90°）进行甲烷水合物开采 1 小时后，产气速率为 142.20mL/min。开采 6 小时后，CASE 1 的产气速率为 20.2mL/min 左右，CASE 2 的产气速率约为 27.20mL/min。开采 12 小时后，CASE 1 的产气量为 56635.35mL，CASE 2 的产气量为 77868.54mL。对比不同案例的产气情况可得，在降压开采范畴内，采用水平二分支井（夹角 90°）开采甲烷水合物更利于稳定产气（图 7.31）。在受到环境明显影响时，降压作用下，水平二分支井（夹角 90°）也表现出了更利于长期稳产的优势。

表 7.8　不同井型开采条件下的产气情况表

开采时间/h	产气速率/（mL/min）		产气量/mL	
	CASE 1	CASE 2	CASE 1	CASE 2
1	140.8	142.2	—	—
2	—	—	15164.4	17426.4
3	35.0	47.6	—	—
6	20.2	27.2	24589.9	27602.9
12	—	—	56635.3	77868.5

采用水平二分支井（夹角 90°）降压开采甲烷水合物时，初始阶段产水速率非常大，20 分钟内累积产水量即可达 5.8kg 左右，之后产水速率非常低，第二次明显产水发生在开采压力为 0MPa 时。开采结束后，CASE 2 的累积产水量比 CASE 1 的累积产水量多 5.1kg。垂直井开采时，储层产水率为 19.64%；水平二分支井（夹角 90°）开采甲烷水合物时，储层产水率为 34.12%。因此，采用水平二分支井（夹角 90°）进行甲烷水合物开采虽然

有利于产气，但在降压开采开始阶段产水量明显增加，需做好防水应对措施。

2. 温压变化情况

采用水平二分支井（夹角90°）进行甲烷水合物降压开采过程中，反应釜内温压随着开采值的设定先快速下降，而后趋于平稳（图7.32），与垂直井进行降压开采时的情况相似。采用水平二分支井（夹角90°）进行降压开采时，井周天然气水合物分解更多，储层的温度较其他位置的温度更低（图7.33）。开采压力为0MPa后，甲烷水合物分解发生吸热作用，储层温度明显降低。然后，1号、2号、39号、40号等测点的甲烷水合物分解完全，吸热作用终止，在环境温度的影响下，这些测点的温度逐渐上升，这一现象也与垂直井进行甲烷水合物开采时的情况相似。与垂直井开采不同的是，在CASE 2中，当温度降低到冰点后再进行压降时，反应釜内压力不存在先上升后下降的现象。这表明水平二分支井（夹角90°）比垂直井更利于产气。

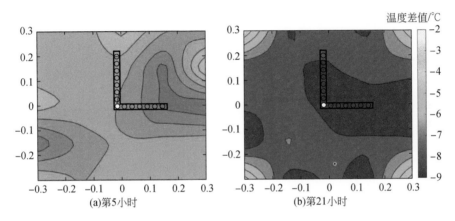

图7.33　水平二分支井（夹角90°）开采甲烷水合物时第5小时和第21小时储层内的温度变化分布图
注：纵横坐标代表测点与储层中心（0，0）的间距（m）；图中温度代表储层温度与
原始温度的差值，差值越接近-9℃，代表该时刻储层的温度越低

基于天然气水合物复杂结构井模拟实验装置，我们分析了不同井型条件下的产气产水规律及储层响应特征，并得出以下结论：①垂直井与分支井在降压开采方式下的实验结果表明，开采前期，天然气水合物分解主要受降压幅度的影响。降压开采过程中，反应釜内的温压随压降先快速下降，后趋于平稳。产气速率随着压降先明显增大而后降低，产气速率较低段存在明显波动。开采后期，天然气水合物分解易受环境温度的影响。②井型对天然气水合物开采产能有明显的控制作用——利用与垂直井射孔面积相同的水平二分支井（夹角90°）进行天然气水合物开采，产气速率和产气量增加，并且产气速率更为稳定，但开采初始阶段产水较多，需做好防水应对措施。③不同井型开采条件下，相比于单一降压法，受到环境热影响的降压作用更利于天然气水合物分解和稳定产气。在其联合作用下，水平二分支井（夹角90°）比垂直井更有利于天然气水合物的长期稳产。

三、数值模拟研究

（一）三维建模方法验证

三维模型的构建对网格划分的要求较高。为了排除网格大小对多分支井开采产能造成的影响，我们设置了不同网格数和网格规格的三维模型，分析了不同网格对产气的影响（图7.34）。通过对比，最终优选了1cm×1cm的网格进行三维建模。

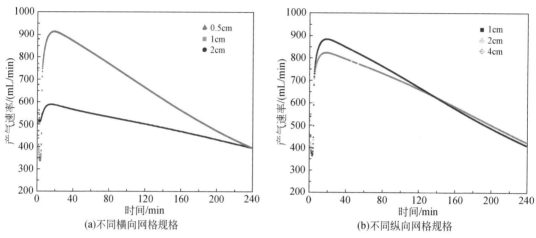

(a)不同横向网格规格   (b)不同纵向网格规格

图7.34　三维模型采用不同横向网格规格和纵向网格规格时，产气速率随着时间的变化情况

为了确保三维模型构建方法的准确性，我们基于实验模拟装置、实验条件和模拟结果，进行了数值模拟研究。表7.9列出了数值模拟采用的储层初始条件和相关物性参数。基于这些参数，建立了与天然气水合物复杂结构井模拟实验系统装置相一致的三维天然气水合物储层模型，进行了水平二分支（分支井夹角为90°）3MPa降压开采天然气水合物的拟合研究。

表7.9　模型构建相关参数（Yin et al.，2018）

参数	数值	参数	数值
水合物储层初始压力	5.8MPa	有效体积	135L
水合物储层初始温度	7.86℃	n	5
分支井开采压力	3.0MPa	n_G	3
孔隙度	40%	S_{irA}	0.5
绝对渗透率	$3000\times10^{-3}\,\mu m^2$	S_{irG}	0.55
盐度	0	S_{mxA}	1
湿岩导热率	3.1W/(m·K)	S_{irA}	0.49
干岩导热率	1.0W/(m·K)	λ	0.15

续表

参数	数值	参数	数值
砂岩比热容	1400J/(kg・K)	p_0	0.1MPa
砂岩密度	2650kg/m³	SS316 比热容	500J/(kg・K)
气体组成	100% CH₄	SS316 热导率	16.0W/(m・K)
相对渗透率模型 (Moridis et al., 2008)	$K_{rA} = (S_A^*)^n$, $K_{rG} = (S_G^*)^{n_G}$, $S_A^* = (S_A - S_{irA})/(1 - S_{irA})$, $S_G^* = (S_G - S_{irA})/(1 - S_{irA})$	毛细管压力模型 (van Genuchten, 1980)	$p_c = -p_0 [(S^*)^{-1/\lambda} - 1]^{1-\lambda}$, $S^* = (S_A - S_{irA})/(S_{mxA} - S_{irA})$

图 7.35 呈现了数值模拟与实验模拟的对比结果。对相同开采条件下的数值模拟与实验模拟结果对比后发现，数值模拟结果与实验模拟结果的累积产气量基本一致，验证了三维模型建模的准确性。因此，认为研究所采用的三维模型构建方法可以应用到相关研究中。

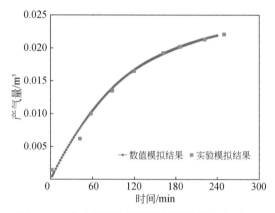

图 7.35　实验模拟和数值模拟的结果拟合对比

(二) 实验尺度，水平多分支井井型优选

1. 方案布设

根据天然气水合物复杂结构井模拟实验系统装置的实际参数和开采时可采用的井位布设方式，一共设置了 52 组水平多分支井结构模型，如图 7.36 所示。其中，一分支井有 1 种布设方式，二分支井有 7 种布设方式，三分支井有 9 种布设方式，四分支井有 15 种布设方式，五分支井有 10 种布设方式，六分支井有 7 种布设方式，七分支井有 2 种布设方式，八分支井有 1 种布设方式。

2. 模拟条件及结果

采用上述三维模型建模方法，我们建立了与天然气水合物复杂结构井模拟实验系统装置相一致的三维天然气水合物储层模型，进行了黏土质天然气水合物储层中多分支井开采天然气水合物产能的研究。初始天然气水合物饱和度设为 20%，多分支井降压开采压力设

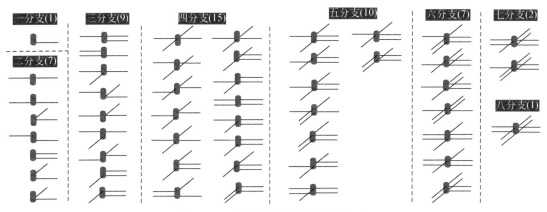

图 7.36　不同分支数对应的布设方式

定为 4.5MPa 定压开采，黏土质沉积物的物性参数设定参考实际黏土质天然气水合物储层的物性参数，初始温压条件及反应釜相关参数参见表 7.9。

　　根据模拟结果，我们对比了相同分支数的不同布设方式的开采井的产气速率和气水比之后，优选了不同分支数条件下，所对应的最优水平多分支井的布设方式，如图 7.37 所示。从图 7.37 可以发现，相同分支数条件下，分支井位于储层下部，分布相对对称的布设方式，更利于提高水平多分支井的产能。

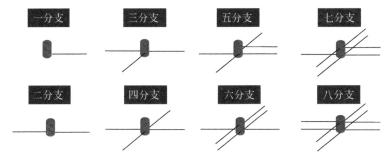

图 7.37　不同分支的最优布设井型

　　如图 7.38 所示，将图 7.37 所示的 8 个最优井型的产气速率和气水比进行对比后可发现，开采井分支越多，产气速率和开采效率越高，八分支最好。一分支、二分支和三分支的产气速率和气水比均较低；四分支、五分支、六分支、七分支和八分支开采产气速率及气水比相差并不十分明显。若考虑经济等其他因素，可能水平四分支井开采效率相对更高。

（三）矿藏尺度，多分支井开采研究

　　基于上述数值模拟的研究结果，矿藏尺度的多分支井开采天然气水合物的模拟主要针对分支数为 1~4 的水平多分支井进行。矿藏尺度的多分支井开采模型主要基于南海北部珠江口盆地神狐海域 W11 站位的实际地质参数建立。

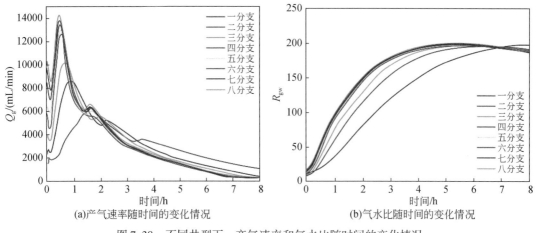

(a)产气速率随时间的变化情况　　　　(b)气水比随时间的变化情况

图 7.38　不同井型下，产气速率和气水比随时间的变化情况

1. 地质背景

神狐海域 W11 站位的含天然气水合物沉积物主要由低渗透率的粉质黏土和黏土质粉砂组成（Wu et al., 2011）。W11 站位的天然气水合物主要赋存在水深 1309.75m，海底以下 116.5 ~ 192.5m，厚度为 76m 的储层中。天然气水合物饱和度较高，平均天然气水合物饱和度为 34.0%（Wang et al., 2020b）。实际天然气水合物样品分析结果表明，W11 站位的黏土含量为 14.2% ~ 38.7%，粉砂含量为 61.1% ~ 83.0%（Zhang et al., 2020a），平均绝对渗透率约为 $0.22 \times 10^{-3} \mu m^2$，有效孔隙度为 34.5%。

2. 模型构建

基于上述 W11 站位的主要地质数据，利用 TOUGH+HDYRATE 建立了 200m×200m×136m 的储层模型进行天然气水合物开采（图 7.39）。垂向上主要为 76m 厚的天然气水合物储层和 30m 厚的上下地层。表 7.10 列出了所建模型的主要储层物性参数。

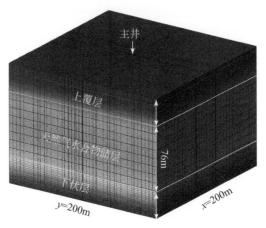

图 7.39　三维模型示意图

表 7.10　模拟储层的主要条件和性质（Sun et al., 2019b；Zhang et al., 2020a）

参数	数值	参数	数值
上覆地层厚度	30m	颗粒密度	$2650kg/m^3$
天然气水合物储层厚度	76m	地温梯度	$5.46℃/100m$
下伏地层厚度	30m	湿岩热导率	$2.917W/(m·K)$
储层孔隙度	34.5%	干岩热导率	$1.0W/(m·K)$
初始渗透率	$K_x=K_y=K_z=0.22×10^{-3}\mu m^2$	压缩系数	$1.00×10^{-8}Pa^{-1}$
初始天然气水合物饱和度	34.0%	比热容	$1000J/(kg·℃)$
S_{irA}	0.50	孔隙水盐度	3.05%
S_{irG}	0.05	p_0	0.1MPa
n_G	3.0	λ	0.15
开采压力	4.5MPa	S_{mxA}	1.00
相对渗透率模型（Moridis et al., 2008）	$K_{rA}=(S_A^*)^n$, $K_{rG}=(S_G^*)^{n_G}$, $S_A^*=(S_A-S_{irA})/(1-S_{irA})$, $S_G^*=(S_G-S_{irG})/(1-S_{irA})$	毛细管压力模型（van Genuchten, 1980）	$p_c=-p_0[(S^*)^{-1/\lambda}-1]^{1-\lambda}$, $S^*=(S_A-S_{irA})/(S_{mxA}-S_{irA})$

3. 网格划分

三维储层模型的网格划分对模拟结果会造成影响。经过网格优选，三维储层模型被离散为 $5625×148=832500$ 个网格，其中非活动网格 11250 个。位于模型顶部和底部的固定网格（厚度为 0.001m）被指定为边界单元。天然气水合物储层沿 z 方向的网格尺寸设定为 1m。在上覆和下伏地层中，z 方向的网格尺寸随着距离天然气水合物储层的距离增大而不断增大，最大网格尺寸为 2m。在 x、y 方向上，开采井眼的直径大小设定为 0.1m。考虑到井筒周围传热、传质作用显著且会发生较为剧烈的相变反应过程，在模拟过程中对井周网格进行了适当加密。因此，在 x、y 方向上，储层的网格尺寸随距离开采井的增大而不断增大。

4. 初始条件和边界条件

地层的初始孔隙压力随地层深度的增加而增大，且随静水压力增高而增大。模拟时，假设海水平均密度为 $1023kg/m^3$，在 $5.46℃/100m$ 的地温梯度下，储层初始温度从顶边界到底边界呈线性升高（Zhang et al., 2020b）。由于上覆层和下覆层足够厚，模型满足天然气水合物生产的热传递和流体流动过程，所以在模型的顶部和底部均假设温度和孔隙压力为恒定（Moridis et al., 2011）。初始化过程的细节可参考先前的研究（Moridis and Reagan, 2007a；Sun et al., 2015；2019b）。模型完成初始化后发现，天然气水合物储层底部温度为 15.35℃，压力为 15.96MPa。根据天然气水合物的压力–温度平衡曲线，天然气水合物可稳定存在。

本节中，水平多分支井的垂直主井位于储层中部，水平分支井垂直于主井布设。如图 7.40 所示，在储层中，布设了不同类型的水平多分支井，包括不同的分支相位角、分支数、分支长度和分支方向。分支井数小于 5，分支井直径为 0.1m。根据现场试验结果

（Moridis et al., 2019；Mao et al., 2020），水平多分支井主要采用定压 4.5MPa 进行降压开采。

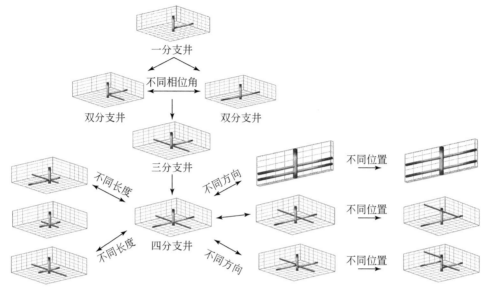

图 7.40 水平多分支井布设方案

5. 模拟结果与敏感性分析

模拟案例共分为两部分：①极低绝对渗透率的黏土质天然气水合物储层中，优选水平多分支井井型、布设位置和降压开采压力；②分析黏土质天然气水合物储层的绝对渗透率（各向同性渗透率和各向异性渗透率）对水平多分支井生产行为的影响。在①情况下，主要从五个方面展开研究：优化多分支井相位角；优化多分支井数量；优化多分支井长度；优化多分支井方向和布设位置；优选最优降压开采压力。每一部分的研究主要基于前面获取的研究结果进行。

本小节以产气速率（Q_g）、产水速率（Q_w）、总产气量（V_g）和气水比（R_{gw}）来比较不同开采条件下的情况。经过 3 年开采模拟，不同案例中，水平多分支井的产气产水处于相对稳定的生产阶段。在进行敏感性分析时，不同案例之间的差异在开采过程中基本保持一致。因此，针对所有的模拟案例，主要呈现水平多分支井开采第 3 年时的生产动态。

1）井型、布设位置及降压开采压力优选

a. 分支井相位角

相位角是水平多分支井的一个重要结构特征。基于共面双水平分支井，本小节研究了相位角对开采产能的影响。共面双水平分支井的分支井主要布设于黏土质天然气水合物储层中部且具有不同相位角，主要为 0°~180°。

如图 7.41 所示，即使双水平分支井的相位角不同，双水平分支井的产气、产水差异较小。当双水平分支井的相位角为 45°时，V_g 和 R_{gw} 最大。考虑到工程施工安全等因素，将分支井的相位角设置为 90°更利于在天然气水合物储层中完井并保持井筒完整性（Yamakawa et al., 2010）。在石油工业的生产过程中，因施工简单，水平多分支井的相位角也往往采用90°（欧阳伟平等，2014）。此外，90°相位角的水平分支井的产气产水情况与45°相位角的水平分支井的产能差异不大。因此，本节研究中水平多分支井相邻分支的相位角采用90°。

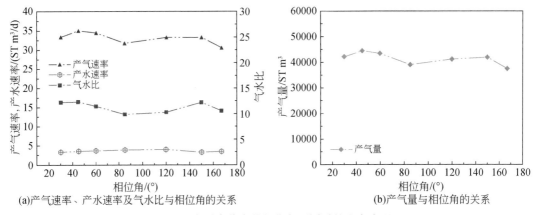

(a)产气速率、产水速率及气水比与相位角的关系   (b)产气量与相位角的关系

图 7.41 水平多分支井相位角不同时的生产表现

b. 多分支井数量

多分支井的数量会影响水平多分支井结构和储层暴露程度，进而影响天然气水合物分解行为和生产潜力。以90°的相位角为基础，本小节进一步研究了分支数对开采产能的影响。根据连接同一根垂直井的分支数量，水平分支井可分为一分支井、二分支井、三分支井和四分支井四种井型（图 7.40）。

如图 7.42 所示，我们对 4 口井的生产动态进行了评价。结果表明，Q_g、Q_w 和 R_{gw} 随着分支数的增加而增大。具体来说，降压开采进行 3 年后，一分支井的 Q_g 为 $8.15m^3/d$，而四分支井的预测产气结果大约是一分支井的 5 倍；四分支井的 Q_w（$3.6m^3/d$）则比一分支井的 Q_w（$1.25m^3/d$）的 4 倍小；相应地，四分支井的 R_{gw} 最高。这主要是因为分支越多，分支井与天然气水合物储层之间的连通性越好，降压范围越大，生产效率越高。

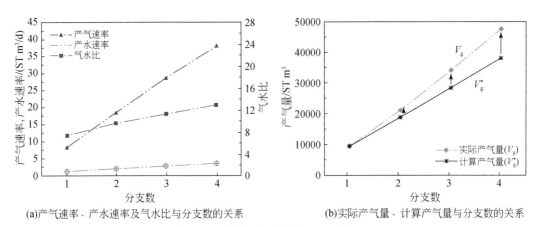

(a)产气速率、产水速率及气水比与分支数的关系   (b)实际产气量、计算产气量与分支数的关系

图 7.42 不同水平多分支井的生产表现

如图 7.42（b）所示，随着分支数的增加、泄流面积的增加和渗流路径的改善，V_g 逐渐增大。从一分支井到四分支井，V_g 分别为 $9.53\times10^3\,\mathrm{m}^3$、$2.13\times10^4\,\mathrm{m}^3$、$3.41\times10^4\,\mathrm{m}^3$ 和 $4.77\times10^4\,\mathrm{m}^3$。实际的 V_g 大于直接计算的 V_g^*（V_g^* 为一分支井的 V_g^* 乘以分支数 n），且随着分支数的增加，V_g 与 V_g^* 的差值也相应增大。其中，四分支井的 V_g 比一分支井的 V_g 的 4 倍还高。一种可能的解释是分支井周围降压区域的叠加改善了压降传播速度，加速了天然气水合物的分解，提高了天然气的产量。图 7.43 为采用不同分支数的水平多分支井进行开采时，开采第 3 年时，天然气水合物储层 $z=-68\mathrm{m}$ 处的压力和温度分布情况。在四个案例中，由于储层的渗透率较低，压力传播区域都发生在开采井附近。但相同位置的压力剖面和温度剖面特征不同，如图 7.43（e）、（f）所示。与采用其他分支井对比，采用四分支井进行天然气水合物开采时，储层相同位置的压力和温度最低。分支井井间明显的干扰有利于降压传递，加速天然气水合物分解。这种现象不同于天然气水合物储层中采用多垂直井系进行开采的情况（Yu et al.，2020）。这也与以往在石油工业开采过程中的现象略有不同，在页岩气（Gao et al.，2019）和常规油气（欧阳伟平等，2014）生产过程中，因井

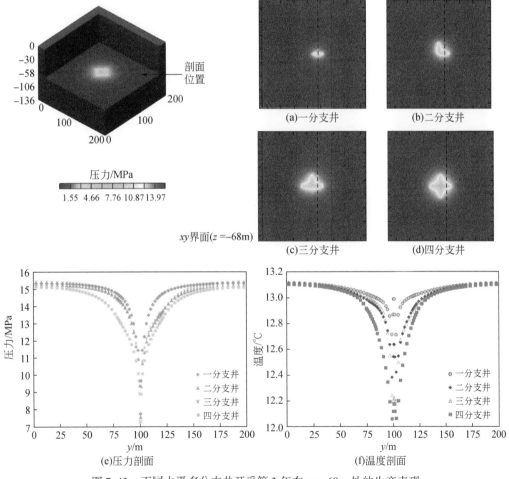

图 7.43　不同水平多分支井开采第 3 年在 $z=-68\mathrm{m}$ 处的生产表现

间干扰引起的快速压降和弃井被认为是不利于采气的劣势条件，应加以避免。对于天然气水合物开采而言，低渗天然气水合物储层的大部分感热都是在前期天然气水合物分解阶段消耗掉的，剩余感热可能不足以承受天然气水合物的连续分解。然而，在绝对渗透率极低的黏土质天然气水合物储层中，由于分支井的协同降压作用，四分支井具有比预期更好的长期开采产能。这一新发现为多分支井在低渗黏土质天然气水合物储层的开采应用提供了新的借鉴依据。

c. 分支井长度

增加多分支井的长度可能是提高天然气水合物生产效率的可行途径（Zhang et al., 2020b）。图 7.44 呈现了分支井长度对多分支井开采产能的影响。其中，图 7.44（a）呈现了三种不同结构的四分支井的开采产能。这些案例中，每一分支井的总长度相同。通过对比 3 年内的开采产能，Case c 的 Q_g 和 R_{gw} 高于 Case a 和 Case b 的 Q_g 和 R_{gw}。因此，具有一致长度的四分支井的开采能力越强。这可能是采用各分支长度一致的四分支井时，在开采过程中，储层的压力场分布更均匀，储层的流动更为有效（Karakas and Tariq, 1991）。

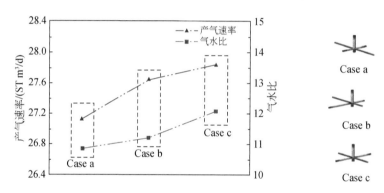

(a)不同结构的四分支井的产气速率与气水比

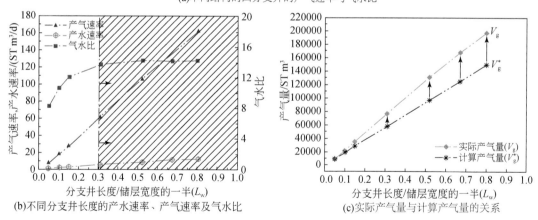

(b)不同分支井长度的产水速率、产气速率及气水比　　(c)实际产气量与计算产气量的关系

图 7.44　水平多分支井的分支井长度不同时的生产表现

在上述研究的基础上，我们进一步讨论了分支井长度对具有等长分支的四分支井产能的影响。产量预测与 L_w（即分支井长度/储层宽度的一半）的关系如图 7.44（b）和图 7.44（c）所示。从图 7.44 可见，Q_g 和 V_g 随着分支井长度的增加而增大。当 L_w 从 0.10

增加到 0.80 时，相应的 Q_g 从 17.68 m^3/d 增加到 162.31 m^3/d。此外，V_g 大于线性估算的 V_g^*（即单位长度的 V_g 和分支井长度的乘积），且 V_g 和 V_g^* 的差值随着分支井长度的增加而增大。与 L_w 为 0.10 的情况相比，其余三种情况（即 L_w = 0.31、0.52 和 0.80）的 V_g 增量分别为 257.57%、511.84% 和 823.72%。此外，R_{gw} 先随着 L_w 急剧增加，当 L_w 大于 0.30 时趋于平稳。因此，分支井长度越长，水平多分支井的产气效果越好，当 L_w 大于 0.30 时，生产效率被最大限度提高。在低渗黏土质天然气水合物储层中应用多分支井进行天然气水合物开采时，还应根据钻井成本、防砂等因素确定最佳分支井长度。

d. 分支井方向和布设位置

分支井方向和布设位置是影响水平多分支井产能的重要因素。如图 7.45 所示，对具有等长分支的四分支井的生产性能进行了进一步探讨。研究主要分为以下三个方案展开。

案例一：水平分支井垂直分布，相反分布的两水平分支井布设在天然气水合物层中部，其他分支分布在垂直距离 0.1~28.5m 范围内低于/高于上/下分支井的位置 [图 7.45（a）]。

案例二：水平分支井平行分布，相反分布的两水平分支井布设在天然气水合物层中部，其他分支分布在垂直距离 0.1~9.5m 范围内低于/高于上/下分支井的位置 [图 7.45（b）]。

案例三：水平分支井螺旋分布，一水平分支井布设在天然气水合物层中部，其他分支井螺旋分布在垂直距离 0.1~28.5m 范围内低于/高于上/下分支井的位置 [图 7.45（c）]。

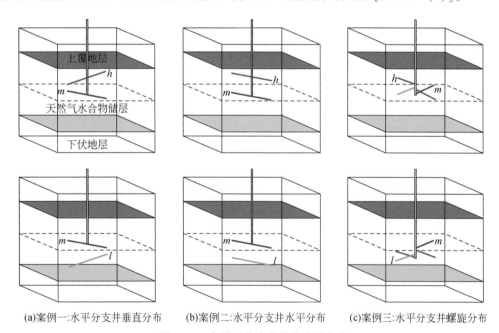

(a)案例一:水平分支井垂直分布　　(b)案例二:水平分支井水平分布　　(c)案例三:水平分支井螺旋分布

图 7.45　水平四分支井井位布设方案

h 表示井位于储层上部，m 表示井位于储层中部，l 表示井位于储层下部，下同

图 7.46、图 7.48 和图 7.50 呈现了不同方案下的开采产能。图 7.47、图 7.49 和图 7.51 显示了储层经过 3 年开采对应的储层物性分布特征。

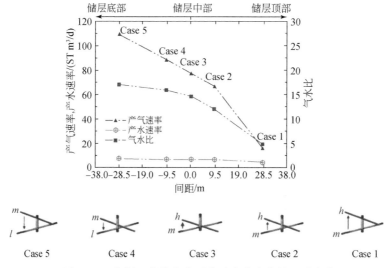

图 7.46 案例一布设方式下水平多分支井的开采产能

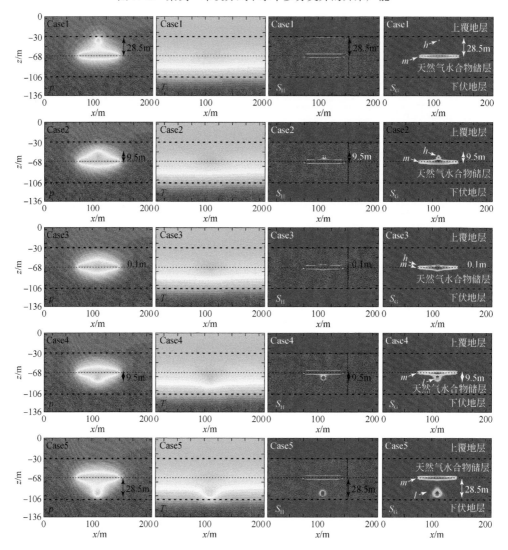

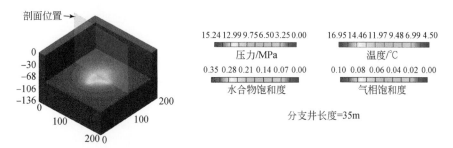

图 7.47　案例一布设方式下，开采第 3 年储层的物理场分布图

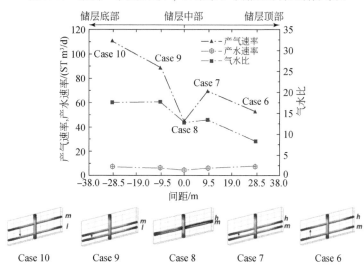

图 7.48　案例二布设方式下水平多分支井的开采产能

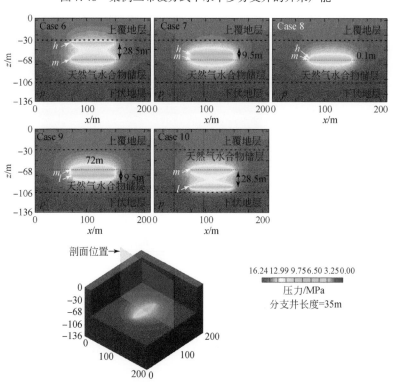

图 7.49　案例二布设方式下，开采第 3 年储层的物理场分布图

图 7.46 比较了方案一的预测产气行为。模拟结果表明，除 Q_w 明显更低的 Case 1 外，其他开采井的 Q_w 相对较低且基本一致。Q_g 和 R_{gw} 随着分支井布设位置深度的增加而逐渐增大。相比而言，Case 5 的 Q_g 和 R_{gw} 均最高。这主要是由于水平多分支井位于不同的深度时，储层的初始温度和初始压力不相同，分支井与储层之间的压差越大，产气效率越高。降压作用的增强有利于热流的运移，改善储层与上下地层之间的热交换。因此，当具有等长分支的水平四分支井布设在较深天然气水合物储层中时具有较高的产能。图 7.47 的物理场分布可以直接证明在 Case 5 中，天然气水合物储层与开采井之间存在更大的压降和温降，天然气水合物分解程度更大，产气效率更高。这一现象与 White 等（2020）和 Huang 等（2020）的结论相似，即在相对温暖（较深）的天然气水合物储层中，甲烷气开采速率得到增强。

图 7.48 呈现了案例二中，分支井平行分布时的产能差异。在开采第 3 年时，水平分支井之间的垂直距离非常小时（即 Case 8），水平四分支井的 Q_g 和 Q_w 均较低。这一结果主要是由于在低渗黏土质天然气水合物储层中，垂直分布的相邻水平分支井存在干扰现象，明显降低了开采效率（图 7.49）。这一现象与多直井系统的天然气水合物生产动态一致（Jin et al.，2019）。考虑到实际生产中，不会采用 Case 8 的井型结构，故不作进一步分析。

通过其他案例的产能对比可发现，随着相邻水平分支井垂向距离的减小，水平四分支井的 Q_w 降低。不同案例的 Q_w 均较小，Q_g 和 R_{gw} 表现出不同的演化趋势。相比而言，Case 10 的 Q_g 最大，即将具有平行分布的水平分支井布设在天然气水合物储层下部，可获得最佳开采产能。但由于分支井位于较深储层时，Q_w 略有增加，导致 Case 10 的 R_{gw} 略低于 Case 9 的 R_{gw}。

图 7.50 呈现了案例三中三种不同井型的水平四分支井的生产动态。水平分支井井间的最大垂直距离为 9.5m，为一半储层厚度的 1/4。此外，我们还计算了井距小于 1m 的多个案例，但这些案例之间的产能差异较不明显，故只呈现了井距为 0.3m 的案例，即 Case 12 的开采结果。

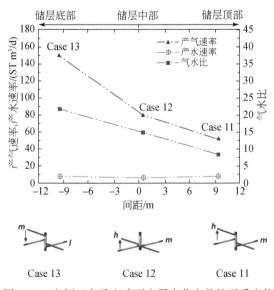

图 7.50　案例三布设方式下水平多分支井的开采产能

螺旋型多分支井的三个案例中，Q_w 均较有限。当水平四分支井的各分支呈螺旋状分布在储层上部时，即 Case 11，Q_g 和 R_{gw} 均降低。相反，Case 13 的 Q_g 和 R_{gw} 值最大。这主要是由于在开采过程中，Case 13 的天然气水合物储层内存在显著的压力差和温度差，温压较初始状态明显下降，致使天然气水合物分解范围更广（图 7.51），产气情况更好。因此，螺旋型水平四分支井部署在极低渗黏土质天然气水合物储层下部时，开采效率更高。

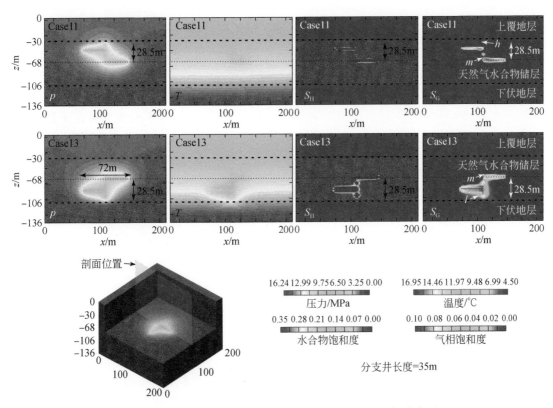

图 7.51　案例三布设方式下，开采第 3 年储层的物理场分布图

如前所述，在不同的案例中，天然气水合物储层的下部是水平多分支井布设的最佳位置。因此，我们进一步比较了相同布设位置条件下，不同结构的水平四分支井的生产动态。

Case 5 与 Case 10 的开采条件基本一致，除了分支井方向不同。如表 7.11 所示，Case 5 的 Q_g 和 R_{gw} 均高于 Case 10 的 Q_g 和 R_{gw}。这可能是由于采用 Case 5 的开采井进行天然气水合物开采时，天然气水合物储层内具有更圆的压力场分布和更有效的流动模式（Karakas and Tariq，1991）。与 Case 5 和 Case 10 相比，采用 Case 13，即螺旋型水平四分支井时，Q_g 和 R_{gw} 最高。虽然 Case 13 的 Q_w 略有增加，但仍保持在 8.47 STm³/d 的低水平。考虑到井眼稳定性，螺旋射孔技术经常用于石油工业和非常规能源的开采中（Shan et al.，2018）。因此，在极低渗黏土质天然气水合物储层中，螺旋型水平分支井可能是一种可提高天然气产量和生产效率的最优井型。

表 7.11　不同布设方式下水平四分支井产气产水情况

案例	布设方案	分支间距/m	Q_w/(m³/d)	Q_g/(m³/d)	R_{gw}
图 7.46 中的 Case 5	垂直分布	−28.50	7.41	111.09	17.56
图 7.48 中的 Case 10	平行分布	−28.50	7.52	109.49	17.13
图 7.50 中的 Case 13	螺旋分布	−9.50×3	8.47	150.14	22.09

e. 降压开采压力

降压开采压力是天然气水合物储层开采产气的重要影响因素之一。天然气水合物储层的生产潜力和安全性与降压开采压力密切相关。W11 站位的天然气水合物储层水深大于1000m（对应静水压力大于 10MPa）。因此，我们采用了小于 10MPa 的降压压力进行天然气水合物开采，研究了不同降压开采压力对水平多分支井开采产能的影响规律。

如上所述，部署在天然气水合物储层下部的螺旋型水平四分支井（如图 7.50 中的Case 13）会显示出更好的生产潜力。因此，本小节比较了不同降压开采压力下，布设在储层下部的螺旋型水平四分支井的生产性能（图 7.52）。当各分支井具有不同的降压开采压力且水平分支井的降压压力自上而下逐渐降低时，螺旋型水平四分支井的生产性能较好。在各分支井生产压力相同的情况下，分支井的降压越低，采气效率越高。显然，当分支井的开采压力降低时，储层中的天然气水合物更容易分解，产气量更高。综合比较产能结果可得，水平多分支井的各分支井具有一致的降压开采压力更利于提高开采效率。开采压力每降低 1MPa，甲烷采收率可增加 8%。

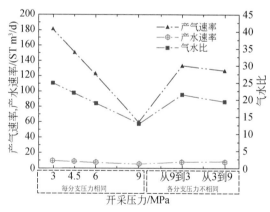

图 7.52　不同降压条件下水平多分支井的开采产能

2）储层渗透率对水平多分支井生产行为的影响

除开采井井型和开采方式外，天然气水合物的生产动态还受其他因素的影响，尤其是储层物性的影响。渗透率是评价天然气水合物储层是否具有巨大生产潜力的重要指标（Mao et al., 2020）。各向同性渗透率和各向异性渗透率是自然界沉积储层的重要特征（Myshakin et al., 2016, 2019; Fang et al., 2020），影响着天然气水合物开采产气过程中流体流动行为、压力和热量的传递速率（Konno et al., 2016; Sun et al., 2017; Mao et al., 2020）。数值模型中通常对整个天然气水合物储层采用一定的假设值 r_{rz} 来近似表示渗透率各向异性。高横向渗透率（$r_{rz}>1$）有利于天然气水合物分解和流体沿水平方向运移，对天然气水合物的长期开采影响较大（Han et al., 2017; Feng et al., 2019; Mao et al., 2020）。本小节主要对水平多分支井开采条件下，渗透率对开采产能的影响进行了敏感性分析。研究主要从以下三组案例展开。

案例一：储层的绝对渗透率为各向同性；各向同性渗透率（K）介于（0.22～100）×$10^{-3}\mu m^2$。

案例二：储层的绝对渗透率为各向异性；不同情况下，横向渗透率介于（K_r）（0.22～10）×$10^{-3}\mu m^2$，垂向渗透率（K_z）为 0.22×$10^{-3}\mu m^2$。

案例三：储层的绝对渗透率为各向异性；不同情况下，K_r 介于（2.2～100）×$10^{-3}\mu m^2$，K_z 为 2.2×$10^{-3}\mu m^2$。

a. 渗透率对水平分支井井间干扰的影响

如上所述，在超低渗天然气水合物储层中，由于降压区域的叠加，水平多分支井的 V_g 大于 V_g^*，即单井的 V_g 乘以分支数 n。通过对比 V_g 和计算出的 V_g^*，我们进一步研究了渗透率对具有共面的水平四分支井产能的影响（即图7.44中的Case c）。

图7.53呈现了不同储层渗透率条件下，水平多分支井的开采产能。比较 V_g 和 V_g^* 之间的差异后可得，水平一分支井的 V_g 显著低于水平四分支井的 V_g，表明无论天然气水合物储层的渗透率如何，水平四分支井的开采产能比水平一分支井的开采产能更好。渗透率对水平多分支井井间干扰的影响并不相同。当储层各向同性的渗透率低于 0.8×$10^{-3}\mu m^2$ 时[图7.53（a）]，水平多分支井协同降压被认为是一种有利的现象。在案例二中，V_g 和 V_g^* 的差异不明显，如图7.53（b）所示。然而，V_g 和 V_g^* 两组数据之间有一个交点，当储层的横向渗透率低于 3×$10^{-3}\mu m^2$ 时，V_g 的值大于 V_g^*。因此，在横向渗透率低于 3×$10^{-3}\mu m^2$、垂向渗透率极低的天然气水合物储层中部署共面水平分支的四分支井时，水平分支井井间干扰也会产生增产效果。案例一和案例二中存在利于增产的现象主要归功于分支协同降压作用在低渗透天然气水合物储层开采过程中起到了积极的影响，协同降压改善了天然气水合物的分解过程，提高了产气效率。然而，在案例三中，V_g 明显小于 V_g^*。这主要是由于黏土质天然气水合物储层的渗透率较高时，压力在天然气水合物储层中的传播非常快。水平多分支井协同降压降低了天然气水合物的分解面积，对天然气采收率产生了不利的影响。此外，天然气水合物储层渗透率较大时，有限的储层边界也会对生产潜力产生不利的影响。综上所述，只有在低渗黏土质天然气水合物储层中，水平多分支井的井间干扰会提高生产效率。

b. 渗透率对具有不同 L_w 的水平四分支井的产能影响

当使用水平井生产天然气水合物时，应考虑分支井结构与生产潜力之间的复杂关系；当井长超过一定值时，增产效果可能会下降（吴能友等，2020）。然而，如前所述，水平四分支井的产气量与分支井长度并不呈正比关系，在低渗黏土质天然气水合物储层中，V_g 明显大于计算的 V_g^*。因此，我们进一步研究了渗透率对具有不同 L_w 的共面水平四分支井（如图7.44中的Case c）产能的影响。

如图7.54所示，分支井具有一致 L_w 的水平四分支井的生产潜力在不同渗透率的黏土质天然气水合物储层中的表现不同。可以看出，一旦各向同性渗透率超过 1×$10^{-3}\mu m^2$ 左

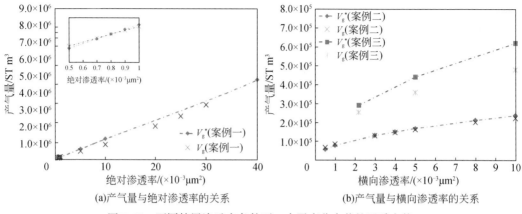

图 7.53　不同储层渗透率条件下，水平多分支井的开采产能

右，L_w 的增加对增产的影响并不显著 [图 7.54（a）]。并且，即使在低渗黏土质天然气水合物储层中，R_{gw} 的增量也会随着 L_w 的增大而受到限制。同样地，在案例三中，L_w 的增加也限制了增产效果，如图 7.54（c）所示。然而，对于横向渗透率小于 $10 \times 10^{-3}~\mu m^2$、垂向渗透率极低的天然气水合物储层，即案例二，增加 L_w 将对其增产效果产生积极影响，如图 7.54（b）所示。且天然气水合物储层的横向渗透率越大，增产效果越好。此外，分支井长度的增加有利于提高 R_{gw}。究其原因，可能是案例二中，天然气水合物储层的垂向渗透率非常低，削弱了上覆地层和下伏地层中的水对产气的不利影响；且在渗透率小于 $10 \times 10^{-3}~\mu m^2$ 的储层中，模拟储层的天然气水合物储量足够进行为期 3 年的生产。因此，天然气水合物储层的横向渗透率越高，水平四分支井在生产 3 年内采出的天然气越多。在案例三中，储层的高渗透率也有利于天然气的生产。然而，高渗天然气水合物储层的储量可能会对增产造成阻碍。这主要是由于假如各水平分支井长度都比较长，对于长期开采而已，高渗天然气水合物储层可能没有足够的天然气水合物供分解产气。综上所述，当黏土质天然气水合物储层的各向同性渗透率低于 $1 \times 10^{-3}~\mu m^2$ 或横向渗透率小于 $10 \times 10^{-3}~\mu m^2$ 但垂向渗透率极低时，水平多分支井的分支井越长，越有利于提高产量。然而，在较高渗黏土质天然气水合物储层中，分支井长度应控制在一定的范围内。

c. 渗透率对螺旋型水平四分支井的产能影响

在本小节中，我们分析了渗透率对优选的螺旋型水平四分支井（即图 7.50 中的 Case 13）产能的影响。图 7.55 呈现了不同储层渗透率条件下，螺旋型水平四分支井的生产动态。结果表明，增强黏土质天然气水合物储层的渗透率有利于增大螺旋型水平四分支井的 Q_g。在黏土质天然气水合物储层中，在横向渗透率相同的情况下，案例一的 Q_g 高于案例二和案例三的 Q_g。同样地，由于储层的渗流通道较好，Q_w 也随着渗透率的增加而增大。然而，当储层的横向渗透率小于 $3 \times 10^{-3}~\mu m^2$ 时，R_{gw} 会随着渗透率的增加而减小。相比之下，案例二的 R_{gw} 高于案例一的 R_{gw}。这表明螺旋型水平四分支井的采气效率在渗透率各向异性的低渗黏土质天然气水合物储层中较高。而当横向渗透率超过 $3 \times 10^{-3}~\mu m^2$ 时，R_{gw} 随着渗透率的增加逐渐增大。当储层的横向渗透率明显增大时，案例一的 R_{gw} 更高。这主要是由于渗透率在水平方向和垂直方向均较高可加速整个天然气水合物储层降压速度的传

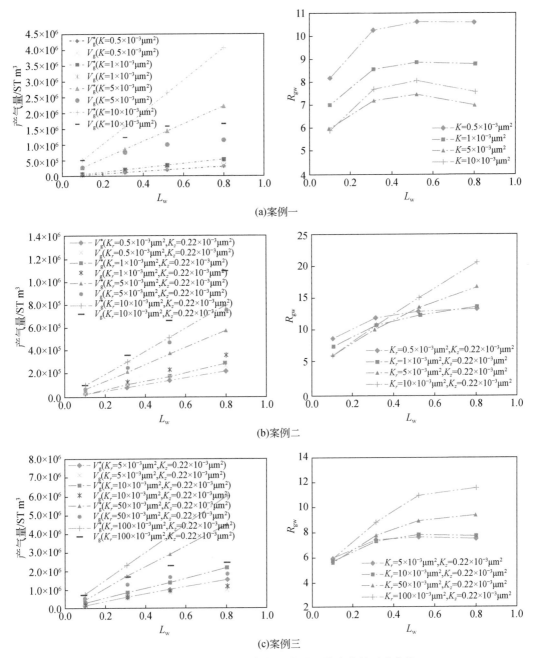

图 7.54　不同储层渗透率条件下水平四分支井的开采产能

递，增强降压效果。综上所述，采用螺旋型水平四分支井进行天然气水合物开采时，具有高各向同性渗透率的黏土质天然气水合物储层更利于提高采收率。

　　然而，即使是在高各向同性渗透率（如 $100 \times 10^{-3} \, \mu m^2$）的黏土质天然气水合物储层中，需要超过 38 口螺旋型水平多分支井，多分支井系统的采收率才可以达到商业生产水平（即 $30 \times 10^4 \, m^3/d$）。因此，需要通过增加分支数量或分支井长度来进一步改善螺旋型水平多分支井的结构（如扩大水平分支井的井距，为分支井长度的增加创造了有利条件），并结合热刺激、水力压裂等辅助生产方式来提高采收率（Zhao et al., 2016；Wang et al., 2020a；Zhao et al., 2021）。

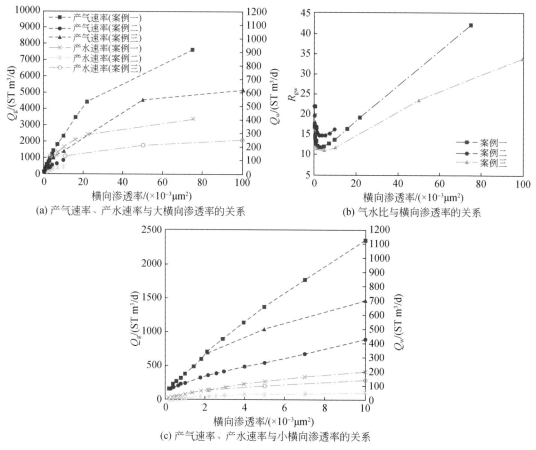

图 7.55　不同储层渗透率条件下水平多分支井的开采产能

　　本小节基于自制的天然气水合物复杂结构井实验模拟装置，首先对比了水平二分支井（夹角90°）与垂直井的产能差异。然后，基于实验装置参数和数值模拟的研究手段，建立了与实验模拟装置一致的三维储层模型，通过对比产能验证了三维建模的准确性后，初步优选了多分支井井型和布设位置。然后，基于中国南海神狐海域 W11 站位的实际地质参数建立了矿藏尺度的三维储层模型，系统、定量地比较了水平多分支井井型、布设位置、分支降压方式对生产动态的影响，进而确定了最优水平多分支井井型和最优降压开采方式。最后，进一步总结了储层渗透率，包括各向同性渗透率和各向异性渗透率，对多分支井产能的影响规律，得到以下结论：①实验尺度的研究结果表明，垂直布设的水平二分支井比具有相同射孔面积的垂直井的开采产能更好。当分支数≤8 时，水平多分支井的分支数越多，产气速率和开采效率越高。但若考虑经济等其他因素，水平四分支井开采效率相对更高。②在黏土质天然气水合物储层中采用水平多分支井进行降压开采时，水平分井相位角为45°时，生产效率较高。但考虑到实际工程实施情况以及不同相位角对水平多分支井的生产动态影响较小，建议采用90°相位角。③在黏土质天然气水合物储层中采用水平多分支井进行降压开采时，随着分支数的增加，水平多分支井的产气效率有所提高。受益于协同降压作用，具有共面水平四分支井的产气潜力比相同生产条件下的一分支井的4倍高。当黏土质天然气水合物储层的各向同性渗透率小于$0.8×10^{-3}$ $μm^2$或横向渗透率小于$3×10^{-3}$ $μm^2$且垂向渗透率较低时，水平多分支井的井间干扰利于增产，这一发现为黏土质天然气水合物储层天然气开采提供了新发现。④水平多分支井具有等长且较长的分支井有利于提高采收率，尤其是当$L_w>0.30$时。此外，当黏土质天然气水合物储层的各向同性渗透率低于$1×10^{-3}$ $μm^2$或横向渗透率小于$10×10^{-3}$ $μm^2$但垂向渗透率极低时，较长的分支井长度有利于提高水平多分支井的产气量。但当水平多分支井布设在高渗天然气水合物储层时，分支井的长度并不是越长越好，具体的分支井长度在实际地层中布设多分支井进行开采时，还需要考虑其他影响因素进一步确定。⑤在具有较高的各向同性渗透率的黏土质天然气水合物储层中，布设在天然气水合物储层下部、具有等长且螺旋分布的水平多分支井具有较高的产气效率。此外，各螺旋分支均具有较低的降压开采压力，也利于产气。降压开采压力每降低1MPa，采收率可提高8%。⑥本小节的研究提出了一种适用于黏土质天然气水合物储层的开采方案，即螺旋型水平多分支井系统。诚然，螺旋型水平多分支井的井型还需要进一步改进，如增加分支井长度和数量。此外，也应适当采用热刺激和水力压裂等辅助增产方法进一步提高低渗天然气水合物储层的产能。

参 考 文 献

李刚，唐良广，黄冲，等.2006.热盐水开采天然气水合物的热力学评价.化工学报，9：2033-2038.

李文龙，高德利，杨进.2019.海域含天然气水合物地层钻完井面临的挑战及展望.石油钻采工艺，41（6）：681-689.

吕帅.2017.多分支井产能评价研究.西安：西安石油大学.

毛佩筱，吴能友，宁伏龙，等.2020.不同井型下的天然气水合物降压开采产气产水规律.天然气工业，40（11）：168-176.

欧阳伟平，刘曰武，万义钊.2014.计算射孔井产率比的三维有限元新方法.工程力学，31（6）：250-256.

苏正，何勇，吴能友.2012.南海北部神狐海域天然气水合物热激发开采潜力的数值模拟分析.热带海洋学报，31（5）：74-82.

吴能友，李彦龙，万义钊，等.2020.海域天然气水合物开采增产理论与技术体系展望.天然气工业，40（8）：100-115.

杨胜雄，梁金强，陆敬安，等.2017.南海北部神狐海域天然气水合物成藏特征及主控因素新认识.地学前缘，24（4）：1-14.

叶建良，秦绪文，谢文卫，等.2020.中国南海天然气水合物第二次试采主要进展.中国地质，47（3）：557-568.

喻高明，李建雄，蒋明煊，等.1999.底水油藏水平井和直井开采对比研究.江汉石油学院学报，1：51-54.

周守为，李清平，陈伟，等.2016.天然气水合物开采三维实验模拟技术研究.中国海上油气，28（2）：1-9.

Bela R V, Pesco S, Barreto A B, et al. 2021. Analytical solutions for injectivity and falloff tests in stratified reservoirs with multilateral horizontal wells. Journal of Petroleum Science and Engineering, 197: 108116.

Boswell R, Myshakin E, Moridis G, et al. 2019. India National Gas Hydrate Program Expedition 02 summary of scientific results: numerical simulation of reservoir response to depressurization. Marine and Petroleum Geology, 108: 154-166.

Cui G, Ren S, Zhang L, et al. 2017. Geothermal exploitation from hot dry rocks via recycling heat transmission fluid in a horizontal well. Energy, 128: 366-377.

Fang Y, Flemings P B, Daigle H, et al. 2020. Petrophysical properties of the Green Canyon Block 955 hydrate reservoir inferred from reconstituted sediments: implications for hydrate formation and production. AAPG Bulletin, 104 (9): 1997-2028.

Feng J C, Wang Y, Li X-S, et al. 2015. Effect of horizontal and vertical well patterns on methane hydrate dissociation behaviors in Pilot-scale hydrate simulator. Applied Energy, 145: 69-79.

Feng Y, Chen L, Suzuki A, et al. 2019. Numerical analysis of gas production from Reservoir-scale methane hydrate by depressurization with a horizontal well: the effectof permeability anisotropy. Marine and Petroleum Geology, 102: 817-828.

Gao Y, Chen Y, Wang Z, et al. 2019. Experimental study on heat transfer in hydrate-bearing reservoirs during drilling processes. Ocean Engineering, 183: 262-269.

Han D, Wang Z, Song Y, et al. 2017. Numerical analysis of depressurization production of natural gas hydrate from different lithology oceanic reservoirs with isotropic and anisotropic permeability. Journal of Natural Gas Science and Engineering, 46: 575-591.

Huang L, Yin Z, Wan Y, et al. 2020. Evaluation and comparison of gas production potential of the typical four gas hydrate deposits in Shenhu area, South China Sea. Energy, 204: 117955.

Jin G, Lei H, Xu T, et al. 2019. Seafloor subsidence induced by gas recovery from a hydrate-bearing sediment using multiple well system. Marine and Petroleum Geology, 107: 438-450.

Karakas M, Tariq S M. 1991. Semianalytical productivity models for perforated completions. SPE Production Engineering, 6 (1): 73-82.

Kim J, Moridis G J, Rutqvist J. 2012. Coupled flow and geomechanical analysis for gas production in the Prudhoe Bay Unit L-106 well Unit C gas hydrate deposit in Alaska. Journal of Petroleum Science and Engineering, 92-93: 143-157.

Konno Y, Masuda Y, Akamine K, et al. 2016. Sustainable gas production from methane hydrate reservoirs by the cyclic depressurization method. Energy Conversion and Management, 108: 439-445.

Kurihara M, Sato A, Funatsu K, et al. 2011. Analysis of formation pressure test results in the Mount Elbert methane hydrate reservoir through numerical simulation. Marine and Petroleum Geology, 28 (2): 502-516.

Li B, Li X S, Li G, et al. 2014a. Depressurization induced gas production from hydrate deposits with low gas saturation in a Pilot-scale hydrate simulator. Applied Energy, 129: 274-286.

Li B, Li X S, Li G. 2014b. Kinetic studies of methane hydrate formation in porous media based on experiments in a pilot-scale hydrate simulator and a new model. Chemical Engineering Science, 105: 220-230.

Li G, Li X S, Wang Y, et al. 2011a. Production behavior of methane hydrate in porous media using huff and puff method in a novel three-dimensional simulator. Energy, 36 (5): 3170-3178.

Li G, Moridis G J, Zhang K, et al. 2011b. The use of huff and puff method in a single horizontal well in gas production from marine gas hydrate deposits in the Shenhu Area of South China Sea. Journal of Petroleum Science and Engineering, 77 (1): 49-68.

Li G, Li X S, Wang Y. 2014c. Gas production from methane hydrate in cubic hydrate simulator using depressurization method by experimental and numerical studies. Energy Procedia, 61: 803-807.

Li J, Ye J, Qin X, Qiu H, et al. 2018. The first offshore natural gas hydrate production test in South China Sea. China Geology, 1 (1): 5-16.

Li X S, Zhang Y, Li G, et al. 2008. Gas hydrate equilibrium dissociation conditions in porous media using two thermodynamic approaches. The Journal of Chemical Thermodynamics, 40 (9): 1464-1474.

Li X S, Yang B, Zhang Y, et al. 2012. Experimental investigation into gas production from methane hydrate in sediment by depressurization in a novel Pilot-scale hydrate simulator. Applied Energy, 93: 722-732.

Li Y, Wan Y, Chen Q, et al. 2019. Large borehole with Multi-lateral branches: a novel solution for exploitation of clayey silt hydrate. China Geology, 2 (3): 331-339.

Lyu Z, Song X, Geng L, et al. 2019. Optimization of multilateral well configuration in fractured reservoirs. Journal of Petroleum Science and Engineering, 172: 1153-1164.

Makogon Y F. 1997. Hydrates of hydrocarbons. Tulsa, OK (United States): PennWell Publishing Co.

Mao P, Sun J, Ning F, et al. 2020. Effect of permeability anisotropy on depressurization-induced gas production from hydrate reservoirs in the South China Sea. Energy Science & Engineering, 8 (8): 2690-2707.

Moridis G J. 2014. TOUGH+HYDRATE v1.2 user's manual: a code for the simulation of system behavior in hydratebearing geologic media. California: Lawrence Berkeley National Laboratory.

Moridis G J. 2019. Evaluation of the performance of the oceanic hydrate accumulation at site NGHP-02-09 in the Krishna-Godavari Basin during a production test and during single and multi-well production scenarios. Marine and Petroleum Geology, 108: 660-696.

Moridis G J, Reagan M T. 2007a. Strategies for gas production from oceanic Class 3 hydrate accumulations//Offshore Technology Conference. Houston, Texas.

Moridis G J, Reagan M T. 2007b. Gas production from oceanic Class 2 hydrate accumulations//Offshore Technology Conference. Houston, Texas.

Moridis G J, Collett T S, Dallimore S R, et al. 2004. Numerical studies of gas production from several CH₄ hydrate zones at the Mallik site, Mackenzie Delta, Canada. Journal of Petroleum Science and Engineering, 43 (3): 219-238.

Moridis G J, Seol Y, Kneafsey T J. 2005. Studies of reaction kinetics of methane hydrate dissociation in porous media//The 5th International conference on Gas Hydrates. Trondheim, Norway.

Moridis G J, Kowalsky M B, Pruess K. 2007. Depressurization-induced gas production from Class-1 hydrate deposits. SPE Reservoir Evaluation & Engineering, 10 (5): 458-481.

Moridis G J, Reagan M, Zhang K. 2008. The use of horizontal wells in gas production from hydrate accumulations//Proceedings of the sixth international conference on gas hydrates. Vancouver, British Columbia, Canada.

Moridis G J, Reagan M T, Kim S-J, et al. 2009. Evaluation of the gas production potential of marine hydrate deposits in the Ulleung Basin of the Korean East Sea. SPE Journal, 14 (4): 759-781.

Moridis G J, Reagan M T, Boyle K L, et al. 2011. Evaluation of the gas production potential of some particularly challenging types of oceanic hydrate deposits. Transport in Porous Media, 90 (1): 269-299.

Myshakin E M, Ajayi T, Anderson B J, et al. 2016. Numerical simulations of Depressurization-induced gas production from gas hydrates using 3-D heterogeneous models of L-Pad, Prudhoe Bay Unit, North Slope Alaska. Journal of Natural Gas Science and Engineering, 35: 1336-1352.

Myshakin E M, Seol Y, Lin J-S, et al. 2019. Numerical simulations of Depressurization-induced gas production from an interbedded turbidite gas hydrate-bearing sedimentary section in the offshore India: Site NGHP-02-16

（Area-B）. Marine and Petroleum Geology, 108: 619-638.

Qin X, Liang Q, Ye J, et al. 2020. The response of temperature and pressure of hydrate reservoirs in the first gas hydrate production test in South China Sea. Applied Energy, 278: 115649.

Retnanto A, Frick T P, Brand C W, et al. 1996. Optimal configurations of multiple-lateral horizontal wells. the SPE Western Regional Meeting, Anchorage, Alaska.

Shan L, Cao L, Guo B. 2018. Identification of flow units using the joint of WT and LSSVM based on FZI in a heterogeneous carbonate reservoir. Journal of Petroleum Science and Engineering, 161: 219-230.

Shi Y, Song X, Feng Y. 2021. Effects of Lateral-well geometries on multilateral-well EGS performance based on a thermal-hydraulic-mechanical coupling model. Geothermics, 89: 101939.

Sloan E D, Koh C. 2007. Clathrate Hydrates of Natural Gases. 3rd. New York: CRC Press.

Sun J, Ning F, Wu N, et al. 2015. The effect of drilling mud properties on shallow lateral resistivity logging of gas hydrate bearing sediments. Journal of Petroleum Science and Engineering, 127: 259-269.

Sun J, Zhang L, Ning F, et al. 2017. Production potential and stability of Hydrate-bearing sediments at the site GMGS3-W19 in the South China Sea: a preliminary feasibility study. Marine and Petroleum Geology, 86: 447-473.

Sun J, Ning F, Liu T, et al. 2019b. Gas production from a silty hydrate reservoir in the South China Sea using hydraulic fracturing: a numerical simulation. Energy Science & Engineering, 7 (4): 1106-1122.

Sun X, Luo T, Wang L, et al. 2019a. Numerical simulation of gas recovery from a low-permeability hydrate reservoir by depressurization. Applied Energy, 250: 7-18.

van Genuchten M Th. 1980. A closed-form equation for predicting the hydraulic conductivity of unsaturated soils. Soil Science Society of America Journal, 44 (5): 892-898.

Wang B, Dong H, Fan Z, et al. 2020a. Numerical analysis of microwave stimulation for enhancing energy recovery from depressurized methane hydrate sediments. Applied Energy, 262: 114559.

Wang G, Song X, Shi Y, et al. 2021. Heat extraction analysis of a novel Multilateral-well coaxial closed-loop geothermal system. Renewable Energy, 163: 974-986.

Wang X, Liu B, Jin J, et al. 2020b. Increasing the accuracy of estimated porosity and saturation for gas hydrate reservoir by integrating geostatistical inversion and lithofacies constraints. Marine and Petroleum Geology, 115: 104298.

Wang Y, Li X-S, Li G, et al. 2014. Experimental study on the hydrate dissociation in porous media by Five-spot thermal huff and puff method. Fuel, 117: 688-696.

White M D, Kneafsey T J, Seol Y, et al. 2020. An international code comparison study on coupled thermal, hydrologic and geomechanical processes of natural gas hydrate-bearing sediments. Marine and Petroleum Geology, 120: 104566.

Wilson S J, Hunter R B, Collett T S, et al. 2011. Alaska North Slope regional gas hydrate production modeling forecasts. Marine and Petroleum Geology, 28 (2): 460-477.

Wu N, Zhang H, Yang S, et al. 2011. Gas hydrate system of Shenhu area, Northern South China Sea: geochemical results. Journal of Geological Research, 2011: 1-10.

Yamakawa T, Ono S, Iwamoto A, et al. 2010. A gas production system from methane hydrate layers by hot water injection and BHP control with radial horizontal wells//Canadian Unconventional Resources and International Petroleum Conference. Calgary, Alberta, Canada: Society of Petroleum Engineers.

Yamamoto K, Terao Y, Fujii T, et al. 2014. Operational overview of the first offshore production test of methane hydrates in the Eastern Nankai Trough//Day 3 Wed, May 07, 2014. Houston, Texas: OTC: D031S034R004.

Yang L, Ye J, Qin X, et al. 2021. Effects of the seepage capability of overlying and underlying strata of marine hydrate system on Depressurization- induced hydrate production behaviors by horizontal well. Marine and Petroleum Geology, 128: 105019.

Yang S, Zhang M, Liang J, et al. 2015. Preliminary results of China's third gas hydrate drilling expedition: a critical step from discovery to development in the South China Sea. Fire in the Ice, 15 (2): 21.

Yin Z, Moridis G, Chong Z R, et al. 2018. Numerical analysis of experimental studies of methane hydrate dissociation induced by depressurization in a sandy porous medium. Applied Energy, 230: 444-459.

Yousif M H, Abass H H, Selim M S, et al. 1991. Experimental and theoretical investigation of methane- gas- hydrate dissociation in porous media. SPE Reservoir Engineering, 6 (1): 69-76.

Yu T, Guan G, Abudula A, et al. 2020. 3D investigation of the effects of multiple- well systems on methane hydrate production in a low-permeability reservoir. Journal of Natural Gas Science and Engineering, 76: 103213.

Zhang H, Yang S, Wu N, et al. 2007. Successful and surprising results for China's first gas hydrate drilling expedition. Fire in the ice. Fall 2007. Gas Hydrate News Letter, 7 (3): 6-9.

Zhang P, Tian S, Zhang Y, et al. 2020b. Numerical simulation of gas recovery from natural gas hydrate using multi- branch wells: a three- dimensional model. Energy, 220: 119549.

Zhang W, Liang J, Wei J, et al. 2020a. Geological and geophysical features of and controls on occurrence and accumulation of gas hydrates in the first offshore gas- hydrate production test region in the Shenhu area, Northern South China Sea. Marine and Petroleum Geology, 114: 104191.

Zhao J, Yu T, Song Y, et al. 2013. Numerical simulation of gas production from hydrate deposits using a single vertical well by depressurization in the Qilian Mountain permafrost, Qinghai-Tibet Plateau, China. Energy, 52: 308-319.

Zhao J, Fan Z, Wang B, et al. 2016. Simulation of microwave stimulation for the production of gas from methane hydrate sediment. Applied Energy, 168: 25-37.

Zhao J F, Xu L, Guo X, et al. 2021. Enhancing the gas production efficiency of depressurization- induced methane hydrate exploitation via fracturing. Fuel, 288: 119740.

第八章　海洋天然气水合物开采增产技术

第一节　天然气水合物开发面临的产能困局

如前章节所述，实现天然气水合物试采的基本原理为：通过一定的物理化学手段促使天然气水合物在原地分解为气-水两相，然后应用类似于油气开采的手段将天然气产出到地面。目前国际上普遍认可的天然气水合物开采方法主要有降压法、热激法、二氧化碳-甲烷置换法及上述单一方法的联合（Moridis and Collett，2003；Sun et al.，2019a）。除了现场试采，国内外学者基于室内数值模拟、实验模拟开展了大量的针对天然气水合物开采方法评价方面的研究工作，也暴露出了现有技术开采中存在的一些问题。比如，降压法在开采海洋天然气水合物过程中面临着地层失稳（万义钊等，2018）、大面积出砂（李彦龙等，2016，2017a；Li et al.，2019a，2020）等潜在工程地质风险，也会造成地层物质、能量的双重亏空。二氧化碳-甲烷置换法能在一定程度上解决天然气水合物产出造成的物质亏空（Dufour et al.，2019；Mok et al.，2020），但生产效率低是该方法的最大缺陷，也存在产出气体分离困扰。向储层中注热水的方法能够补充地层能量并在很大程度上缓解工程地质风险的发生，但是受能量传递及热效率的影响，热激法在深远海天然气水合物开采中作为主要方法的前景不容乐观（Liu et al.，2019a），但其作为一种辅助增产提效措施仍然不可忽视。

在各国天然气水合物勘探开发国家计划的支持下，迄今已在加拿大北部麦肯齐三角洲外缘的Mallik（2002年、2007~2008年）（Dallimore and Collett，2005；Dallimore et al.，2012）、阿拉斯加北部陆坡的Ignik Sikumi（2012年）（Boswell et al.，2017）、中国祁连山木里盆地（2011年、2016年）（王平康等，2019）3个陆地多年冻土带和日本东南沿海的Nankai海槽（2013年、2017年）（Yamamoto et al.，2014，2019）、中国南海神狐海域（2017年、2020年）（Li et al.，2018a；Ye et al.，2020）2个海域成功实施了9次试采。特别是2013年日本主导实施的全球首次海洋天然气水合物试采，尽管因为出砂原因和天气原因被迫终止（Yamamoto et al.，2014），但仍然极大地鼓舞了国际天然气水合物研究。2017年，日本在同一地点进行了第二次天然气水合物试采，目的是评估其2013年试采中遇到的防砂完井问题，并尝试验证长期高产试采的可行性（Yamamoto et al.，2019）。同期，中国在南海神狐海域完成了海洋天然气水合物试采，首次在泥质粉砂型储层中取得了天然气水合物试采成功（Li et al.，2018a）。

我国目前已将天然气水合物产业化开采作为阶段攻关目标。天然气水合物能否满足产业化标准一方面取决于天然气价格，另一方面取决于产能。本章仅从技术层面考虑提高天然气水合物产能的技术方案，采用固定产能作为天然气水合物产业化的门槛产能标准。实际上，天然气水合物产业化开采产能门槛值应该不是一个确定的数值，随着低成本开发技术的发展而能够有所降低（Deepak et al., 2019）。国内外研究文献普遍采用的多年冻土带天然气水合物产业化开采产能门槛值是 $3.0 \times 10^5 \, \mathrm{m}^3/\mathrm{d}$（Yang et al., 2014；Li et al., 2014, 2012；Feng et al., 2019a）；对于海洋天然气水合物储层而言，部分学者则以 $5.0 \times 10^6 \, \mathrm{m}^3/\mathrm{d}$ 为标准（Yu et al., 2019a, 2019b），虽然文献显示该门槛值的出处参考文献（Sloan, 2003），但原文献的日产气量的门槛值为 $5.0 \times 10^5 \, \mathrm{m}^3/\mathrm{d}$，而非 $5.0 \times 10^6 \, \mathrm{m}^3/\mathrm{d}$。因此，上述产业化开采产能门槛标准数据的准确值有待进一步考证，但在没有考虑天然气价格、没有确切行业标准的情况下，采用固定的产能数据来衡量目前试采所处的技术水平，删繁就简、直观可行，也有其优势所在。

当前已有天然气水合物试采日均产能结果与产业化开采产能门槛之间的关系可参考图1.9。由图1.9可知，当前陆域天然气水合物试采最高日均产能约为产业化开采日均产能门槛值的1/138，海洋天然气水合物试采最高日均产能约为产业化开采日均产能门槛的1/17。目前天然气水合物开采产能距离产业化开采产能门槛仍然有 2～3 个数量级的差距，海洋天然气水合物试采日均产能普遍高于陆地多年冻土带试采日均产能 1～2 个数量级。

第二节　天然气水合物开采增产方法

综合现场试采、数值模拟、实验模拟的研究结果，目前普遍认为，降压法及基于降压法的改良方案可能是实现海洋天然气水合物产业化试采的最佳途径，而其他方法则主要作为降压法的辅助增产措施或产气稳定措施使用（Feng et al., 2016；Wang et al., 2018a）。已有天然气水合物试采以垂直井为主，因此在本章讨论的增产技术方案和基本原理均以垂直井降压法为参考基准展开。

另外，天然气水合物开采方法及增产技术在不同类型的天然气水合物储层中的适应性不同。因此对储层类型进行准确划分方能使天然气水合物增产方法研究有的放矢。从天然气水合物开采模拟的角度，为方便数值建模分析，Moridis 和 Sloan（2007）将天然气水合物储层分为四种基本类型，即由上部天然气水合物子层与下部游离气子层共同构成的Ⅰ类天然气水合物储层；由上部天然气水合物子层与下部游离水层构成的Ⅱ类天然气水合物储层；不存在下伏游离气/游离水子层的单一天然气水合物储层（即Ⅲ类储层）；弥散分布于海洋沉积物中的低饱和度Ⅳ类储层。本章在探讨具体的增产方法的时候所指的储层类型也以此为参考。

一、复杂结构井增产

近年来，国内外学者基于室内实验和数值模拟开展了大量的天然气水合物开采模拟研究，其中大部分研究集中在垂直井和水平井。由于垂直井技术门槛和作业成本均较低，因此很可能是当前及未来一段时间进行天然气水合物试采的主力（图8.1）。在垂直井开采条件下，选择恰当的降压方案、井身结构或井眼扩孔都能在一定程度上辅助产能的提升，但不足以有量级的突破。因此，从短期现场试采和长期数值模拟结果来看，单一垂直井降压很难满足产业化开采需求。以定向井（尤其是水平井）和多分支井为代表的复杂结构井在未来天然气水合物产业化进程中将有不可替代的作用。

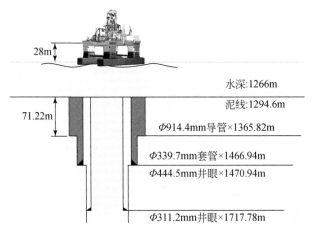

图 8.1   中国第一轮海洋天然气水合物试采井身结构示意图（李文龙等，2019）

目前水平井开采天然气水合物的适应性评价主要限于室内模拟，2020 年我国南海第二轮天然气水合物试采是目前国际上唯一采用水平井成功实现海洋天然气水合物试采的现场应用案例（Ye et al.，2020）。水平井应用于天然气水合物开采模拟的最早文献见于 Moridis 等（2008），作者对比了水平井和垂直井在不同类型储层中的产能情况，认为在Ⅰ类储层中，无论是水平井还是垂直井，天然气水合物分解阵面都会沿水合物层–游离气层界面向前推进，基于此作者认为水平井在Ⅰ类储层中促进天然气水合物分解的效果有限，而在Ⅱ类和Ⅲ类储层的增产效果显著，但增产见效期与水平井布设位置紧密相关。此后，大量实验研究和数值模拟都显示出水平井的增产优势。如 Chong 等（2017，2018）基于小尺度实验证明水平井有助于提高连续产气周期和气体采收率（5.5% ~ 10.0%）；Feng 等（2019b）基于 Nankai 海槽 AT1 试采站位对比垂直井和水平井的开采产能，发现水平井能够将砂质储层中的水合物产能提高一个量级（10 倍）。

水平井能够大幅提高天然气水合物产能，主要归因于其"广域面效应"，即水平井增大了井筒与天然气水合物储层的接触面积，扩大了天然气水合物分解阵面，使得同一时刻参与分解的天然气水合物量成倍增加。进一步研究表明，在水平井和垂直井与储层接触面相近的条件下，水平井开采后期储层温度回升速率大于垂直井开采条件（Feng et al.，2015b；Myshakin et al.，2016），这意味着水平井能够显著提升天然气水合物储层的传热效率，在一定程度上加快天然气水合物的分解速率。

尽管水平井较垂直井更利于天然气水合物开采，但单纯依靠降压法结合水平井的方式不足以满足产业化需求。据 Feng 等（2019b）的模拟结果，在水平井穿越储层长度 628m，垂直井穿越储层 12m 的条件下，水平井 360 天的日均产能比垂直井提高了一个量级（10 倍），但实际上其水平井–垂直井穿越储层比接近 30 倍，可见水平井穿越储层长度越长，天然气水合物产能一定越大，但其增产倍数与穿越倍数不成比例。因此，利用水平井进行开采时，需考虑井型变化及产量变化的复杂性，必然存在一个最优水平井段长度，达到米增产倍数的最大值。

　　尽管针对不同地质条件、采用不同模拟手段获得的水平井增产效果差异较大，针对具体储层的水平井参数优化需要考虑的因素也没有定论，但可以肯定的是：水平井一定能在一定程度上扩大天然气水合物分解面积，水平井长度越长，分解面越大。但是受成本、技术难度限制，超长井段水平井在天然气水合物储层中的应用仍然受限（李文龙等，2019）。如何在短期内快速见效并缓解工程地质风险是天然气水合物复杂结构井应用的关键。为此，中国地质调查局青岛海洋地质研究所提出了大尺寸主井眼多分支孔有限控砂开采技术（专利号：ZL201611024784.7；JP2018—528718）。其基本思路是首先穿透水合物储层形成一口大直径主井眼垂直井或水平井，然后通过在主井眼周围形成若干与主井眼呈一定夹角、定向分布的分支孔，分支孔内按照"防粗疏细"的基本原则填充砾石形成高渗充填通道（李彦龙等，2017a），以达到提高泥质粉砂水合物储层产气能力、降低工程地质风险的双重目的（如图8.2所示）。为了验证大尺寸主井眼多分支孔这一"单井丛式井"的增产效果，以"垂直主井眼∠两分支孔"井型为例，基于我国南海神狐海域 W19 站位的地质参数开展的初步模拟结果显示，主井眼配套两口深度约为 60m 的倾斜孔，能够在缓解储层出水的同时使产能翻倍（Li et al.，2019b）。

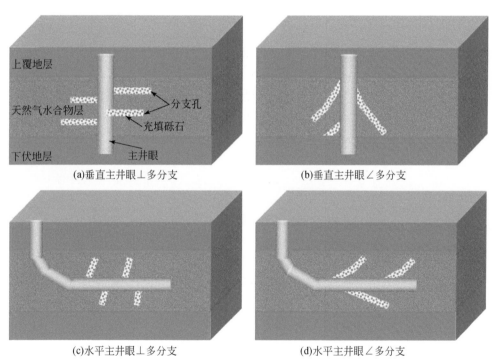

(a)垂直主井眼⊥多分支　　　　　　　　(b)垂直主井眼∠多分支

(c)水平主井眼⊥多分支　　　　　　　　(d)水平主井眼∠多分支

图8.2　大尺寸主井眼与多分支孔配合关系模式示意图（Li et al.，2019b）

　　多分支孔增产的主要机理是分支孔提高了井筒的泄流面积，促进了天然气水合物的分解，同时利用分支孔作为高渗通道，缓解了井筒附近的压降幅度，进而降低了出砂和储层破坏的风险。可以预见，在储层控制边界足够大的情况下，多分支孔开采技术能够在开采初期快速见效，但对长期开采，当天然气水合物分解范围超过分支孔控制边界后，多分支孔的增产效果将大打折扣。因此，"主井眼多分支孔"向多分支井开采的转化将是必然选择。特别是对于纵向非均质性明显的储层，多分支井在开采中后期具有明显的增产优势（Wilson et al.，2011）。

从工程施工的难度看，复杂结构井在天然气水合物储层施工对现有建井工艺也提出了苛刻要求：天然气水合物储层埋深浅，要求复杂结构井造斜率大；储层疏松未成岩，造斜困难，井眼轨迹控制难度大，井壁稳定性差、易漏、易塌；储层钻井液密度窗口窄，长井段复杂结构井钻井风险增大。因此，复杂结构井的选择需要从扩大分解阵面、改善地层渗流条件、施工难度和成本等方面综合考虑。文献调研结果显示，双梯度钻井技术能够较好控制井眼环空和井底压力，对消除井漏、井涌等风险有积极作用（图 8.3）（陈国明等，2007）。目前国际上双梯度钻井主要有 3 种解决方案（王国荣等，2019），分别是同心钻杆双梯度钻井技术、海底泵举升技术和隔水管充气双梯度钻井技术。目前，国内双梯度钻井处于研发阶段，中国石油大学、中国石油钻井工程技术研究院、胜利石油管理局、中海油研究总院和西南石油大学都开展了相关研究，初步摸清了双梯度钻井系统技术原理，创建了海底泥浆圆盘泵设计方法、深水可控环工泥浆液面双梯度钻井理论和海底泥浆举升系统工艺及关键装置等。

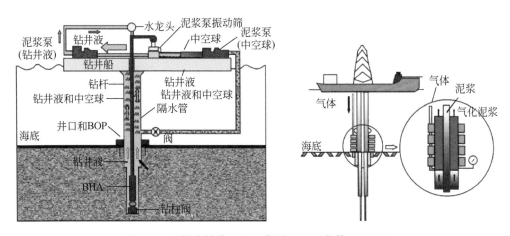

图 8.3　双梯度钻井工程示意图（王国荣等，2019）

可以预见，该技术对于海洋天然气水合物储层极窄密度窗口特征条件下水平井、多分支井等复杂结构井的建井具有重要的启示意义。但目前尚无文献对该技术在天然气水合物储层中的可行性进行深入的探讨，专门针对天然气水合物储层的双梯度钻井参数设计方法尚未形成。在迫切提产需求的大背景下，如何采用双梯度钻井形成复杂结构井，将可能对天然气水合物开发带来变革性的技术。

二、井网协同效应增产

Yu 等（2019a）对比了 Nankai 海槽储层在单一直井和双直井降压开采条件下的产能情况，表明采用双直井（井间距 100m）能够将 15 年生产周期内的日均产能从 9.5×

$10^3\,\mathrm{m}^3/\mathrm{d}$ 增大到 $7.9\times10^4\,\mathrm{m}^3/\mathrm{d}$。作者进一步分析双水平井的增产效果（Yu et al.，2019b），结果表明无论两口水平井的空间相对位置如何，双水平井的产能都远大于单一水平井的产能。这一结论也曾被 Moridis 等（2011）证实。同时，在双水平井井距一定的情况下，双水平井同一深度水平布局或在纵向剖面内平行布局，在相同开采条件下的平均米采指数（单位井筒打开长度的产量）、综合气水比（日产气量与日产水量之比）都存在差异，双水平井在纵向剖面内平行布局时的增产效果最佳（Yu et al.，2019b），这可能与水平井上下布局导致储层中气/水重力分异作用明显有关（Li et al.，2014）。上述结论均显示出双井协同效应在天然气水合物增产方面具有巨大的潜力。虽然直井双井联采、水平井双井联采不属于严格意义上的"井网"，但双井联采模式对于多井井网协同效应开采有非常重要的启示：多井联采一定能够大幅提升天然气水合物产能，但不同的井网布局参数将对增产效果有重要的影响（孙致学等，2020）。因此在讨论多井联采增产效果时，必须考虑井网参数的影响。

为了充分发挥多井协同效应，并在短期内快速达到产业化开采产能目标，日本天然气水合物联盟 MH21 提出了多井簇群井开采方案（Anon，2017）。其基本思路是：基于同一个钻井平台，利用井簇形式将整个储层进行分片区控制，每组井簇包含一定数量的垂直井井眼并控制一定的储层范围，多井同步降压（图 8.4）。此时，每个井簇中的井数、井间距及井簇之间的距离是决定天然气水合物开采效率的关键。Deepak 等（2019）认为 6 井簇、每簇 20 口井同步降压开采可实现印度 Krishna-Godavari 盆地天然气水合物产业化需求，但最新模拟结果显示 40 口井协同降压才能满足产业化需求（Vedachalam et al.，2020）。Yu 等（2020）认为，各井簇内布设两口开采井的增产效果最佳；当井簇中井眼数为 3 或 4 时，部分天然气水合物分解产生的游离气会在井簇中央位置聚集，导致储层出现产气"盲区"，进而影响产能。目前，天然气水合物多井簇群井开采方案仍处于概念模型阶段，井簇之间的最优匹配关系、可避免"盲区"效应的井簇内最佳井网布设、长期开采时各井簇间存在的影响等均需深入研究，需结合实际储层特征做匹配性分析。

除了上述多井协同降压开采，很多研究人员提出利用多井模式将降压法与热激法或置换法相结合实现天然气水合物增产。如 Loh 等（2015）证明在双直井"一注一采"开采条件下，增大开采井压差比提高注热井温度对产能的影响显著。Wang 等（2018b）基于降压联合热激法分析了不同井网布设对开采效率的影响，表明在井间距较小情况下五点井网垂直井的增产效果最好。Li 等（2015，2016）的实验和数值模拟结果显示，双水平井结合热激法的"上注下采"模式能够使天然气水合物产能维持在产业化标准以上，类似的结论在 Yu 等（2019a）的工作中也有提及。

因此，针对实际天然气水合物储层，应优化多井簇群井开采方法，发展多井型井网开发模式和大型"井工厂"作业模式，增大网络化降压通道的同时辅以适当的加热和储层改造，通过建立海底井工厂实现天然气水合物资源的高效、安全开发利用。此外，针对下部存在深层的天然气水合物储层，可形成深层油气–浅层水合物一体化开发技术。但需注意的是，大力发展海底井工厂等集成作业模式提高生产效率的同时，必须要兼顾环境友好及经济性。

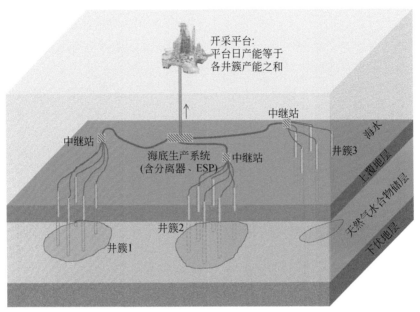

图 8.4　多井簇群井开采天然气水合物概念图

三、降压法辅助热激法增产

与降压法开采相对成熟和固定的技术手段不同,对天然气水合物储层热激法的研究从机理到手段都呈现更加丰富的特点。目前报道较多的热辅助增产类开采方法为:充分利用现代油气开采新技术,将双水平井与热吞吐法等技术应用至天然气水合物开采,可进一步提高热源利用率(Li et al.,2011;王志刚等,2017)。由于认识到热(盐)水注入的高能耗、低效率短板(Chen,2018a;Li et al.,2018a),一系列基于电磁发热的方法被用于天然气水合物开采构思中,较具代表性的包括微波加热、电磁加热等(Chong et al.,2016;Zhao et al.,2016;Li et al.,2018b;Minagawa et al.,2018);此外,利用自然热源设计的绿色加热技术,如深层地热资源、平台风能、太阳能发电加热等也代表了未来发展的方向(宋永臣等,2009;孙致学等,2019)。

(一)地面注热辅助增产方法

针对单纯降压法开采天然气水合物面临的储层二次天然气水合物生成及储层失稳等特点,近年来国内外开展了大量的基于降压法辅助热激法的相关研究,也产生了许多新的天然气水合物开采方法。Nair 等(2018)从不同角度验证了不同降压模式、降压加热联合模式下天然气水合物产能变化情况,结果表明无论降压方案如何优化,其开采效率都不如在降压过程中辅助加热所取得的效果。Yang 等(2014)指出,泥质粉砂型Ⅱ类天然气水合物储层在长井段水平井(1500m)、大幅降压($0.2p_0 \sim 0.1p_0$,p_0 为原始地层压力)、辅助加热(42℃)开采模式下能够达到产业化开采产能门槛;Yu 等(2019a)以双水平井

（水平井长度1000m、井间距90m）"下注上采"模式模拟了Nankai海槽天然气水合物产气情况，证明在注热温度40℃、注热速率2kg/(s·m)条件下该地区年平均日产能高达$8.64\times10^5\,m^3/d$（综合气水比10.8），远高于纯降压双水平井开采模式（年均日产能则为$1.376\times10^5\,m^3/d$，综合气水比7.6）。

因此，降压法辅助热激法开采能够在一定程度上提高天然气水合物产能和综合气水比（Li et al.，2012）。但由于天然气水合物储层的传热条件差，单纯提高热源温度或加大热量的注入对提高天然气水合物的分解效率都效果甚微（刘乐乐等，2013，2019），而储层的热导率是很难改变的，只能通过提高热对流的效率来改善传热。复杂结构井或多井井网降压法辅助热激法对产能的开采效率高于直井，复杂结构井或多井井网降压法辅助热激法是从量级尺度提高天然气水合物产能的优选途径。

（二）联合深层地热开采天然气水合物的方法

近年来，有学者提出联合深层地热资源开采浅部天然气水合物的方法（宁伏龙等，2006；Liu et al.，2018；孙致学等，2019；Liu et al.，2020a）。该方法的基本思路是：通过向深层地热储层注入海水，海水在深层地热层中吸收热量后循环至浅部天然气水合物储层，利用复杂结构井技术，结合降压法和加热法促使天然气水合物分解（图8.5）。尽管不同文献中采用的井身结构、热替换方法有所差异，但其涉及的地热应用模式均为热水直接加热储层，暂未涉及利用地热将水电解转化为电能等二次转化加热模式（Balta et al.，2010）。热水循环排量、地热储层温度（地热梯度）、地热储层渗透率、地热储层压力等参数的提高均能提高天然气水合物开采效率，但同时面临能效比的降低（Liu et al.，2019b，2020a）。

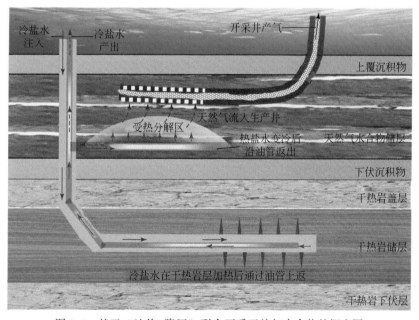

图8.5　基于"地热+降压"联合开采天然气水合物的概念图

　　然而，无论是地面注热还是采用地热辅助开采天然气水合物，都不可避免在注热井周围形成高压区域，不利于天然气水合物的分解。特别是在高饱和度、低渗透地层，面临注热困难窘境。

　　非流体辅助加热模式［如电加热（Liang et al.，2018）、射频波辐射（Rahim et al.，2015）、微波加热（Li et al.，2008；Zhao et al.，2016；Wang et al.，2020）、电磁加热（Islam，1994）］则能从根本上解决热流体注入难题。Liang 等（2018）指出直井降压开采条件下电加热辅助增产效果优于热水加热。Li（2008）和 Islam（1994）分别从不同的角度证明在相同的热功率条件下微波加热、电磁加热导致的天然气水合物分解效率远高于热水加热条件，Rahim 等（2015）则指出微波加热开采效率优于射频波辐射开采效率。以下将简要概述各类非流体加热方法的基本原理并初步探讨其应用前景。

（三）电能驱动加热辅助增产技术

　　天然气水合物注热分解效果主要受制于储层热传导能力。天然气水合物分解产生一层水膜黏附在剩余天然气水合物表面，阻止了热源进一步向天然气水合物内部传递。以电能驱动的微波、电磁波加热方法可以规避储层热传导限制（Li et al.，2018a；Liang et al.，2020），因而在天然气水合物储层热激法开采方面有独特的应用潜力（图 8.6）。井下原位电磁波加热可在天然气水合物储层上下两层延矿体展布方向布置交流电极，电极间的高频电压产生热能实现储层加热。该方法的优点是不受地层结构与环境的影响，消除热流体运输造成的损耗。但储层的实际热传导能力以及不同矿物成分的电阻率对加热效果的影响仍需进行针对性的研究，井下设备的安装维护等工程解决方案尚不完善。

　　微波加热利用的是天然气水合物能够吸收微波辐射并且升温分解的属性。值得注意的是，储层中不同物质对微波的吸收能力不同，由此产生的热应力可形成大量微裂缝，进一步提升了天然气水合物微波加热分解效率。研究表明，微波加热功率、时间、天然气水合物饱和度对产气量有明显影响（Zhao et al.，2016；Wang et al.，2020）。该方法对天然气水合物与沉积物颗粒相互胶结的孔隙充填型水合物矿体，以及具有自由水层的Ⅱ型天然气水合物储层具有更好的效果。孔隙水及分解水的协同作用，能够强化微波加热效果，但含水量对微波辐射距离有较强的弱化作用。加热过程可能引发的孔隙水气化和生产系统失稳等风险是下一步研究的重点。

　　近年来，利用射频和微波等离子体技术原位电解天然气水合物产氢的技术也被认为是天然气水合物开采的手段之一（图 8.7）（Putra et al.，2012；Rahim et al.，2015）。通过无线射频（RF）或微波（MW）激发，在液体中形成高温化学场等离子体，常压下温度可高达 3000 K。该技术之前被用于从废弃烃类液体中提取氢和碳组分。频率 2.45 GHz 的微波等离子能够从烃类液体中提取的氢气纯度为 66%～80%；射频等离子更容易在高压水体中产生等离子体，其激发耗能比微波更低，因此在天然气水合物分解产氢方面更具潜力。从两种等离子电解水合物的实验结果来看，天然气水合物经激发后首先分解为甲烷和水，进而甲烷发生裂解反应转变为氢气、一氧化碳和其他副产物。微波辐射诱发的天然气水合物分解速率比射频更快，但射频辐射最终生产的氢气纯度为 63.1%，甲烷转化率为 99.1%，明显高于微波产氢纯度（42.1%）和甲烷转化率（85.5%）（Rahim et al.，2015）。

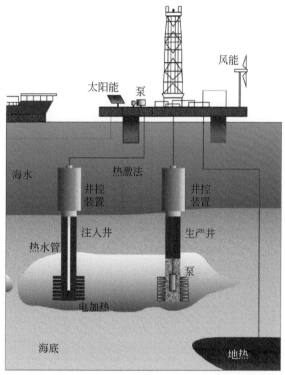

图 8.6　不同热激法手段开采海洋天然气水合物［据 Liang 等（2020）］

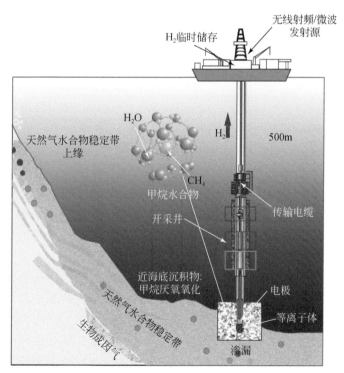

图 8.7　射频/微波电解开采天然气水合物开采技术示意图（Rahim et al.，2015）

（四）自生热法储层热补偿技术

天然气水合物分解过程伴随强烈的吸热降温效应，大量天然气水合物分解可导致储层温度大幅降低，局部瞬时降幅可达33℃（Cranganu，2009）。天然气水合物开采过程储层热量缺口不仅导致产气效率降低，严重时还会造成井筒周围天然气水合物二次形成，堵塞天然气气体运移通道。降压-注热联合开采一直被认为是有效提升产能的手段，原位自生热注剂因此成为研究热点（图8.8）（Aminnaji et al.，2017a，2017b；Liu et al.，2020b），常见的自生热物质有三氧化铬（CrO_3）、过氧化氢（H_2O_2）和氯化铵（NH_4Cl）、亚硝酸钠（$NaNO_2$）等铵盐、亚硝酸盐。前两者属于强氧化剂，生热反应的产物会对开采设备造成严重的腐蚀，而铵盐、亚硝酸盐溶解后的产物则主要是氯化钠和水，与实际地层环境成分类似，更具工程应用潜力。

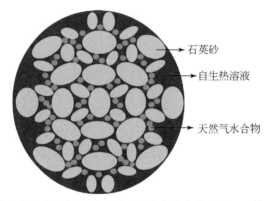

图8.8　自生热注剂分解孔隙充填型天然气水合物［据Liu等（2020b）］

近期，一种新型天然气水合物原位补热降压充填开采的方法被提出，并通过理论分析初步证实了其可行性（图8.9）（李守定等，2020）。该方法将氧化钙（CaO）粉末注入天然气水合物储层，CaO遇水形成固态氢氧化钙［$Ca(OH)_2$］并剧烈放热。因此，该方法既能有效补充天然气水合物降压开采后储层的热亏损，又能生成固态颗粒物充填储层孔隙，达到"补热"、"保稳"和"增渗"的效果。

以电能驱动和自生热驱动为代表的非流体辅助加热开采方法不仅克服了流体加热的潜在工程地质风险，而且提高了天然气水合物开采效率。尽管目前这些新型辅助开采方法仍处于概念模型阶段，但不能排除一旦技术突破，将对天然气水合物产生产业化产生重大影响，特别是对于高饱和度、低渗透率、低热容等流体注入可行性较弱的储层而言，非流体辅助加热开采方法具有良好的应用前景。

总之，目前针对降压法辅助热激法开采模拟的研究百花齐放，研究结论不一而足。总体而言，单纯依靠热激法很难实现天然气水合物的高效开采，依赖复杂结构井或多井井网降压，将热激法作为辅助措施则能够提高天然气水合物的产能。此外，天然气水合物的分解是吸热反应，从天然气水合物长期开采的角度来看，必须要通过热量的补充来促进天然气水合物的分解和产气的稳定。因此，在天然气水合物开采过程中加热占有非常重要的地位。但是一味强调注热温度或加热功率可能无法提高能效比，因此在基于降压法辅助热激

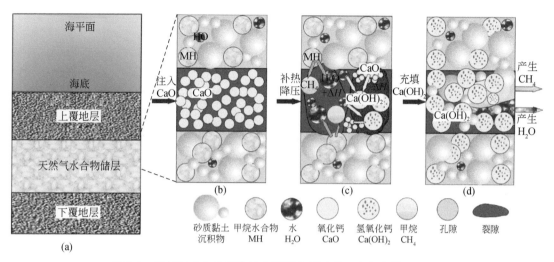

图 8.9　天然气水合物原位补热降压充填开采（李守定等，2020）

法开采天然气水合物时，热源作为辅助手段没必要"用药过猛"，而应以最大能效比作为注热或加热参数的优选标准。目前可行的办法是通过一些最优化分析方法确定最佳辅助加热功率。如 Wang 等（2020）将 Pareto 最优准则引入分析微波加热天然气水合物分解影响因素分析，优选了微波加热技术的最佳适用储层，该方法对进一步开展注热参数优化提供了非常有益的借鉴。

四、储层改造辅助增产

降压法开采过程中，通常认为大幅度降压能够在一定程度上提升产能（Feng et al.，2015b；Huang et al.，2015），但当压降超过一定阈值后，增大压降幅度带来的产能红利越来越小，因而不能将增大降压幅度作为一种增产措施来对待。Yu 等（2019a）基于 Nankai 海槽的模拟结果显示，提高储层渗透率对产能的影响远大于扩大降压幅度带来的收益，若 Nankai 海槽储层中部泥质夹层的渗透率从 40mD 提高到 800mD，15 年内的日均产能将从 $9.5×10^3 m^3/d$ 增大到 $2.0×10^4 m^3/d$。这也是诸多文献中以储层绝对渗透率作为主要指标优选试采目标（Yang et al.，2014；Moridis et al.，2019；Vedachalam et al.，2020；Zhang et al.，2020）的重要考量。因此，通过储层改造方法提高储层渗透率，对天然气水合物长期开采具有重要的意义。

储层改造的主要目标是通过一定的物理/化学/生物手段在开采井周围形成裂缝网络，提高开采井周围的局部渗透率，加速压力传递效率，进而提高产能（图 8.10）。目前文献中提及的天然气水合物储层改造技术主要为水力压裂。在假定储层中已经形成既定规模的裂隙网络的前提下，Feng 等（2019a）、Sun 等（2019a）分别开展了砂质储层、泥质粉砂储层水力压裂增产效果的数值模拟，证明提高水力裂缝的渗透率和几何尺寸是增大水力压裂提产效果的主要途径，水力裂缝在开采初期提产作用明显，但在开采中后期的增产作用有限。其主要原因可能是生产中后期天然气水合物分解范围超出水力裂缝的控制范围，裂缝在增大分解阵面中的主导作用下降。在水力裂缝降压基础上适度加热将有助于进一步提升天然气水合物产能。尽管如此，单纯依靠单一直井储层改造仍然很难达到产业化开采产能需求（Chen et al.，2017）。因此，储层改造技术必须结合复杂结构井或多井井网，才能具备在短期内实现产业化开采的可能性。

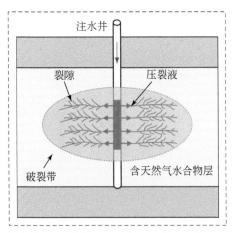

图 8.10　天然气水合物开采储层改造效果示意图［据 Feng 等（2019a）］

　　Bhade 和 Phirani（2015）模拟储层纵向非均质分布特征对 II 类储层降压开采的影响，结果显示天然气水合物纵向成层分布储层的开采效率明显优于天然气水合物均质分布储层，这可能是储层中天然气水合物层状分布导致的渗透率各向异性引起的。渗透率各向异性虽然在开采初期不利于产气量的提高，但在开采中后期能大幅提高产能和气水比，利于增产（Feng et al.，2019b）。这一结论为储层精细改造提供了重要启示：在进行储层改造过程中，在提高储层整体渗透率的同时，通过定向改变储层中的裂隙方位（Sun et al.，2019b），提高储层的渗透率各向异性，是储层改造红利最大化的重要措施（Mao et al.，2020）。

　　然而，天然气水合物储层水力压裂可行性的争论一直存在（Shan et al.，2019，杨柳等，2020）。Too 等（2018）通过注液压力曲线证实天然气水合物饱和度为 50%～75% 的砂质储层具有可压性；Konno 等（2016）对天然气水合物饱和度为 72% 的砂质沉积物进行压裂实验，通过 X-CT 扫描观察到了沉积物内部沿最小主应力方向的裂缝延伸。而在泥质/砂质互层型天然气水合物储层中，裂缝则倾向于沿着砂泥互层界面延伸（Ito et al.，2008）。更令人振奋的一条信息是：实验发现即使压裂结束后不进行充填，沉积物渗透率也会比压裂之前高很多（Konno et al.，2016）。这可能预示着水力压裂在天然气水合物储层增产中还有其他未被发掘的增产机理。以上苛刻的实验条件（砂质、高饱和度）预示着在进行实际天然气水合物储层压裂改造时必须进行目标储层筛选，限制了压裂技术的广泛应用。特别是对于饱和度较低的黏土质粉砂储层，在动静载荷作用下更容易发生压实而很难压裂。因此用水力切割、声波致裂、激光射孔等方法代替传统水力压裂，是天然气水合物储层改造技术的主要发展方向。

第三节　天然气水合物开采增产的基本原理与评价方法

一、主要增产机理

如前所述，从量级尺度提升产能是实现产业化开采的关键，复杂结构井、多井井网、新型辅助热激法及储层改造是提高天然气水合物产能的具体实现途径。从天然气水合物分解、产出全过程分析，上述增产措施的主要增产机理可概括为：①扩大分解阵面；②提高天然气水合物分解速率；③改善储层渗流条件。

扩大分解阵面即尽可能使井筒与储层有更大的接触面积，确保同一时刻参与分解的天然气水合物量成倍增加，更多的流体流入井筒，这是短期内快速提高天然气水合物产能的关键。与单一垂直井相比，水平井或多分支井井眼在天然气水合物储层中的暴露面积成倍增大，因此产能也有较大的提高。在一定的产能需求条件下，扩大分解阵面和泄流面积意味着可以采用较低的生产压差，因此能够降低井周地层的渗流速率从而缓解产能需求与出砂等工程地质风险之间的矛盾。

对于多井井网联合开采方式而言，短期内主要的增产效果仍然以扩大分解阵面和泄流面积为主，但随着开采的进行，多井眼降压区域出现重叠，可能发生相互干扰，此时扩大泄流面积对天然气水合物分解阵面的扩大作用可能下降（Li et al.，2019b，刘昌岭等，2017）。同理，水力裂缝在垂直井/水平井周围的扩展大大提高了泄流面积，扩大了开采初期天然气水合物分解阵面，因此储层改造对天然气水合物开采初期快速见效显著，但是在开采中后期，当储层中的天然气水合物分解前沿超过裂缝控制范围后，裂隙扩大分解阵面的作用就会降低。

从提高分解速率的角度，扩大生产压差能提高天然气水合物分解速率（Yang et al.，2014），但无疑会加剧工程地质风险的发生发展。因此，从天然气水合物相平衡条件的角度考虑，维持或升高储层温度不仅有利于加速天然气水合物的分解，也有利于缓解储层中的 Joule-Thomson 效应，防止天然气水合物的二次生成。目前各种基于降压法辅助热激法的主要增产原理也在于此。

天然气水合物在地层中高效分解是实现开采的第一步，而天然气水合物分解气能否高效流入井筒中，在天然气水合物开采过程中与天然气水合物分解效率具有同等重要的地位。不同的数值模拟和实验模拟结果均表明，天然气水合物分解产生的气体总量总是大于产出到井底的气体总量（Moridis et al.，2008；Li et al.，2012；Feng et al.，2015b），只有当地层中的气相饱和度大于束缚气饱和度时，天然气才会产出到井筒。部分模拟结果显示，长度相近的水平井和垂直井进行降压开采时，水平井开采条件下储层产气速率快，且稳定降压阶段储层的温度回升快，其主要原因是：水平井开采条件下水的重力方向与井眼轴线垂直，影响了甲烷气体和水在储层中的传输效率。此外，渗流条件的改善有利于储层中压力的扩展，促进热量的传递，从而扩大天然气水合物的分解范围，提高分解效率。因此，复杂结构井扩大分解阵面的同时对于改善储层渗流特征至关重要。

除此之外，不同的天然气水合物增产方法可能还存在其他增产机理，如渗透率各向异性在开采初期不利于产气量的提高，在后期有助于产气量的提高。渗透率各向异性能够提高气水比，有助于增产（Feng et al.，2019b），主要原因是储层渗透率各向异性通常是横向渗透率高于垂向渗透率，这就有利于压力在水平方向的扩展，扩大分解面，而不利于压力在垂向上的扩展，避免上覆层和下伏层的水过早进入井筒，降低产气速率。

二、增产效果评价方法

常规油气藏的产能评价方法主要是产量递减法和流入动态关系（IPR）曲线法，两种方法的评价指标是递减指数、比生产指数与无阻流量。然而，针对天然气水合物开采，尤其是现阶段短期的试开采，产量的递减特征十分明显，尚无明确的天然气水合物产能递减规律评价方法。因此，无法使用递减法进行增产效果的评价。

总体而言，我们认为复杂结构井和多井井网是提高天然气水合物产能的根本，基于复杂结构井和井网系统辅助加热或进行储层改造能从量级尺度提高天然气水合物产能。日产气能（Q_g，ST m³/d）是衡量增产方法有效性的最直接量化指标，可以直观反映增产后平台产能与产业化开采门槛值之间的差距，衡量增产措施的有效性。然而，对于水平井等以扩大分解阵面为主要增产机理的方法而言，日产能提升量与水平井穿越储层的长度并不成正比。因此，我们建议使用比生产指数 J 作为增产效果评价的辅助指标，使用无阻流量 Q_{AOF} 作为评价增产极限的指标。另外，天然气水合物开采过程中水的产出会抑制气的产出，浪费了额外的能量，降低开采效率，所以我们采用综合气水比（R_{gw}，ST m³/m³）来衡量增产方法的有效性。

综上所述，我们建议以平均日产气量 Q_g 作为评价增产措施效果最直接的指标，同时以比生产指数 J、无阻流量 Q_{AOF} 和综合气水比 R_{gw} 作为辅助指标。其中无阻流量的定义是流入动态关系曲线（日产量与井底压力的关系曲线）与横坐标相交的交点对应的产量，即假想井底流压为 0 时的产量，即极限产量，同样可以反映开采井型和储层改造措施的增产效果，无阻流量越大，增产效果越好。

比生产指数定义为

$$J = \frac{Q_g}{h\Delta p} \tag{8.1}$$

式中：h 为穿越天然气水合物储层并实际打开用于生产的有效井眼累积长度；Δp 为生产压差。比生产指数主要与渗透率、泄流面积和井型有关，可以反映开采井型和储层改造措施的增产效果，比生产指数越大，增产效果越好。

综合气水比的定义为

$$R_{gw} = \frac{Q_g}{Q_w} \tag{8.2}$$

式中：Q_w 为日产水量。R_{gw} 越大，增产效果越好。

第四节 储层改造增产效果评价案例分析

一、储层改造建模

（一）几何模型及网格划分

储层改造的主要目的是提高储层的渗透率，扩大泄流面积，从而提高产气效率。不同的储层改造方法对储层的影响范围不同，大型水力压裂可以较大范围改善储层渗透率，该方法在天然气水合物储层中的应用还存在工程施工上的难题。目前天然气水合物试采中所使用的储层改造方法主要是局部小范围的改善井筒附近的渗透率，如2017年中国南海天然气水合物的试采即采取了水力割缝的方式对储层进行了改造，取得了较好的开采效果（Li et al., 2018a）。

水力割缝技术是利用高压水射流对井筒和近井地带的储层进行切割，在井筒周围形成一定宽度和深度的割缝，同时用水射流向割缝中挟入一定量的砂，起到支撑作用。通常水

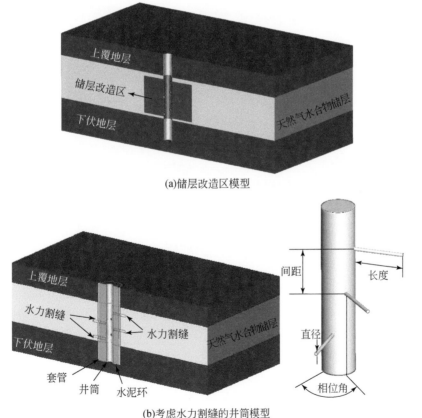

(a)储层改造区模型

(b)考虑水力割缝的井筒模型

图8.11 天然气水合物开采储层改造建模方法

力割缝作业分层、分多次进行，最终在井筒周围形成螺旋状分布的割缝。储层改造后的井筒建模方法有两种思路：第一种是不考虑井筒附近形成的高渗透通道，而将井筒周围一定的区域视作改造区域，改造区域内的渗透率高于储层原始渗透率，如图 8.11（a）所示；第二种是将储层改造用一定深度和一定宽度的高渗通道表示，根据储层改造施工参数来显示改造的结果。对于水力割缝储层改造技术，将井筒周围形成的螺旋状割缝用圆柱体表示，割缝用长度、间距、割缝直径和相位角来表示，如图 8.11（b）所示。

　　以上两种建模方法中第一种方法处理相对简单，可以使用二维模型来处理，但是这种建模方式是一种简化的方法。第二种建模方法则较复杂，由于高渗通道呈螺旋状分布，不具备对称性，因此，第二种建模方法需要用三维模型来处理。需要指出的是，部分文献在二维轴对称模型中建立水力割缝模型开展研究，采用轴对称模型建模时，所建立的模型实际上是一个原盘状，如图 8.12 所示，这种圆盘状的储层改造模型与实际储层改造存在较大差别，无法反映储层改造的特征以及对开采过程中传热传质的影响。

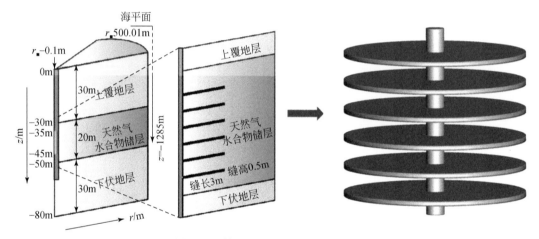

图 8.12　储层改造的二维轴对称模型

　　因此，在研究天然气水合物储层改造时，应优先考虑使用第二种建模方法。然而，第二种建模方法属于三维模型，井筒附近的几何模型较复杂。目前常用的 TOUGH＋HYDRATE 的前处理模块无法处理，需要借助其他前处理模块（mView 等）来建模，但是 TOUGH＋HYDRATE 必须使用局部正交网格，只能处理割缝的相位角为 90° 的情况。

　　本节使用笔者团队自主研发的天然气水合物开采数值模拟软件 QIMGHyd-THMC（万义钊等，2018）开展储层改造的开采模拟。该软件基于非结构网格，可以灵活地处理复杂的井筒结构，建立多种相位角情况下的储层改造模型。具体建模流程如下。

　　（1）根据主井眼的尺寸，建立圆柱体表示的主井眼。

　　（2）根据割缝的长度、大小和宽度，建立单个割缝圆柱体。

　　（3）根据割缝的数量、分布、与主井眼的位置关系，建立割缝和主井眼的位置关系。

　　（4）根据储层的厚度和大小，建立储层柱体模型。

　　（5）使用实体布尔运算，用储层圆柱体减去主井眼和割缝的圆柱体。

2015 年 9 月，中国地质调查局在我国南海北部陆坡神狐海域完成第三次海洋天然气水

合物钻探航次（GMGS3）（Guo et al., 2017）。本次钻探的 GMGS3-W19 站位水深为
1273.9m，确定海底以下 135～170m 范围内存在厚度约为 35m 的天然气水合物储层。根据
钻探资料，建立了图 8.13 所示的地质模型。水平方向上，模型以井为中心向 x 方向和 y
方向延伸 400m。模型的顶面为海底面；天然气水合物赋存于 135m 以下，厚度 35m；天然
气水合物储层上部是 135m 的上覆地层，底部为厚 94m 的下伏地层，上覆地层和下伏地层
均不含天然气水合物。

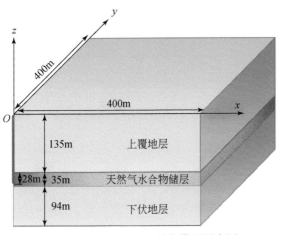

图 8.13　GMGS3-W19 站位模型示意图

在上述地质模型上，在 35m 厚的天然气水合物储层中，通过储层改造形成了 8 个螺旋
状的高渗通道。采用上述建模步骤建立几何模型，并将该几何模型进行剖分即可得到数值
模拟的网格，如图 8.14 所示。对于建立的割缝，可以有两种处理思路：①将割缝视为高
孔隙度和高渗透率的多孔介质，利用非均质的思想用孔隙度和渗透率参数定义割缝。割缝
在井壁上的孔为内边界条件。②将割缝视为导流能力无限大的空孔，孔中无填充，孔的内

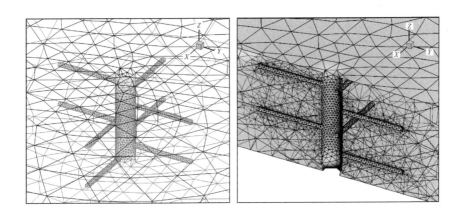

图 8.14　水力割缝储层改造模型网格图

边界作为计算的内边界条件。处理思路①需要在割缝内部划分网格，而处理思路②的割缝中没有网格。从图8.14建立的模型来看，该模型与多分支井模型类似，但储层改造模型与多分支井模型存在如下差别：①多分支井模型的分支井通常使用钻井等方式实现，长度较长，且主要用于沟通远离井筒的储层；而储层改造的范围非常有效，仅在井筒附近。②受成本和施工难度限制，分支井的数量往往较少；而储层改造的施工相对简单，获得的高渗通道的数量可以较多。

（二）初始条件和边界条件

根据 GMGS3-19 站位的调查结果，海底面的温度为 3.75℃，地温梯度为 0.045℃/m，按储层深度折算，储层初始温度在纵向上线性分布。地层初始时刻的孔隙压力随深度逐渐增加，符合静水压力平衡。天然气水合物储层的天然气水合物初始饱和度为 45%，上覆层和下伏层全部为水，水饱和度为 1。井底的压力保持定压力生产，储层的外边界为保持原始地层压力的定压边界条件。

初始地应力分布可由饱和土体自重折算。模型顶面的水深为 1273.9m，折算顶部压力为 12.86MPa，沉积物密度为 2650kg/m³，则地层应力以 25.97kPa/m 的梯度纵向递增。固体变形场的边界条件为：上顶面为自由面边界；储层下底面为纵向固定条件；侧面为水平位移固定条件，即垂直于 $x=0$m，$x=800$m 的侧面，沿 x 方向的位移为 0；垂直于 $y=0$m 和 $y=800$m 侧面，沿 y 方向的位移为 0。

（三）基础参数

水深为 1273.9m，上覆层厚度为 135m，下伏层厚度为 94m，井底生产压力为 5.0MPa，天然气水合物储层底界初始压力为 14.3MPa，天然气水合物储层底界初始温度为 14.0℃，其热物性、渗透率等参数如表 8.1 所示。

表8.1 南海神狐海域 W19 站位天然气水合物储层物性参数表

参数	数值
天然气水合物初始饱和度	45%
绝对渗透率（不含天然气水合物）	$2.50 \times 10^{-3} \mu m^2$
孔隙度（不含天然气水合物）	48%
渗透率递减指数	7.00
气体热导率	0.06W/(m·K)
水热导率	0.50W/(m·K)
天然气水合物相对渗透率模型参数	$S_{wr}=0.3$，$S_{gr}=0.05$，$K_{wro}=0.3$，$K_{gro}=0.1$，$n_g=4$，$n_w=4$
天然气水合物相变潜热方程系数	$B_1=3\,527\,000$，$B_1=1\,050$
k_d^0	$3.6 \times 10^4 mol/(m^2 \cdot Pa \cdot s)$
$\dfrac{\Delta E_a}{R}$	9752.73K
气体比热容	$C_g=2180J/(kg \cdot K)$

续表

参数	数值
水比热容	$C_w = 4200J/(kg \cdot K)$
天然气水合物比热容	$C_h = 2220J/(kg \cdot K)$
沉积物颗粒比热容	$C_s = 2180J/(kg \cdot K)$
天然气水合物热导率	$2.0W/(m \cdot K)$
沉积物颗粒热导率	$1.0W/(m \cdot K)$

二、模拟结果与分析

(一) 产水产气特征分析

图 8.15 是割缝数量为 8、缝长为 15m 的储层改造条件下的产水产气速率与储层未改造情况下的产水产气速率对比。从图 8.15 可以看出,早期的产气速率非常高,但迅速降低并逐渐趋于稳定。从对比结果来看,储层经过改造后的产气速率明显高于未改造的情况。经过改造后的产气速率在稳定段约为 2000m³/d,而不经过储层改造的产气速率只有约 500m³/d,储层改造使产量提升了 4 倍,并且储层没有改造情况下,初期的产气速率快速下降,而储层改造后的产气速率的下降速度则偏缓。这主要是由于储层改造后,井筒周围形成了高渗通道,井底的压降可以沿着这些通道快速向储层传播,使得储层中更多的天然气水合物发生分解,从而维持较高的产气速率。

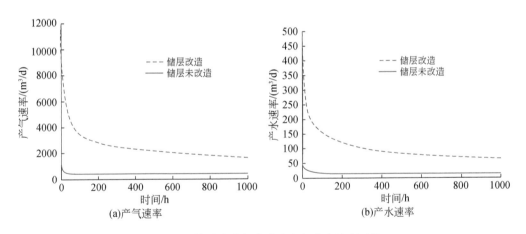

图 8.15　储层改造与未改造产气产水速率对比

产水速率特征与产气速率特征相似。从具体数值上看,未经过储层改造的直井开采的稳定产水速率约为 15m³/d,而储层改造后的产水速率达到了 65m³/d,提高了 4.3 倍,即储层改造后的产水提升程度高于产气的提升倍数,而过多的产水并不利于天然气水合物的开采。

（二）压力场空间演化特征

图 8.16 是储层改造后在开采不同时刻的储层压力场图。从图 8.16 可以看出，开采初期，压力沿着储层改造形成的高渗通道快速扩展，这个阶段内的每一个高渗通道都可以视作一个井筒，压力在这些高渗通道周围均匀向外扩展；随着开采进行，各通道间的压力等值线出现了重叠，即压力存在相互干扰，压力的干扰将增大流动阻力，影响产气效果；开采后期，压力扩展到高渗通道以外的储层后以径向的方式继续扩展，此时高渗通道对流动的作用明显减弱。

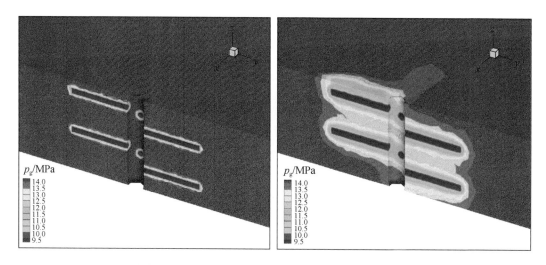

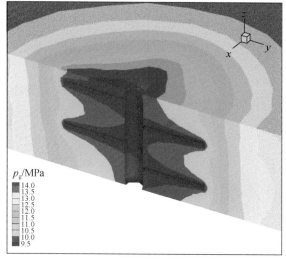

图 8.16　储层改造条件下的压力场演化特征

(三) 天然气水合物空间演化特征

图 8.17 是储层改造后天然气水合物饱和度场的演化特征。从图 8.17 可以看出，天然气水合物饱和度的演化与压力非常类似：早期天然气水合物的分解主要集中在储层改造形成的高渗通道周围，随着压力的持续降低，天然气水合物也在高渗通道周围逐渐向外分解，最终不同高渗通道控制的分解区域也会存在重叠，这是压力场重叠带来的必然结果。整体上天然气水合物饱和度场的扩展速度明显慢于压力场，这是因为压降的前沿始终位于天然气水合物分解前沿的前方。

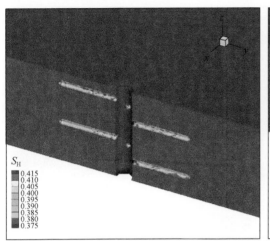
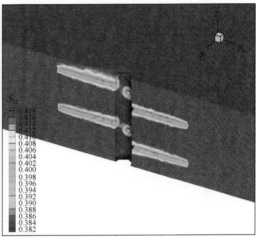
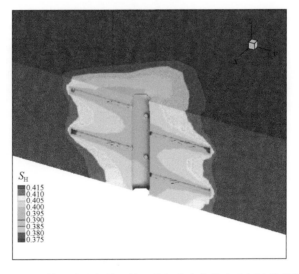

图 8.17　储层改造条件下的天然气水合物饱和度场演化特征

（四）储层改造参数敏感性分析

1. 储层改造范围对开采产量的影响

图 8.18 是高渗通道数量为 8，缝长分别为 5m、15m 和 25m 时产水产气速率随时间的曲线图。高渗通道的缝长代表了储层改造的范围，储层改造范围越大，高渗通道越长。从图 8.18 可以看出，储层改造范围越大，产气速率越大；改造范围分别为 5m、15m 和 25m 时的稳定产气阶段的产气量分别为 800m³/d、2000m³/d 和 3000m³/d，绘制稳定产气阶段的产气速率与储层改造范围之间的关系曲线，如图 8.19 所示，同时绘制了产气速率以 5m 改造范围为基准呈现线性增长时的理论曲线。从图 8.19 可以看出，实际的产气速率随着改造范围的关系曲线位于理论曲线的下方，这说明产气速率与储层改造范围不成正比，随着改造范围的增大，产气速率的增大幅度在减小。这主要因为改造范围越大，表明高渗通道越长，此时相邻通道间的干扰越强烈，对产量的影响越大，从而减弱了储层改造的增产效果。

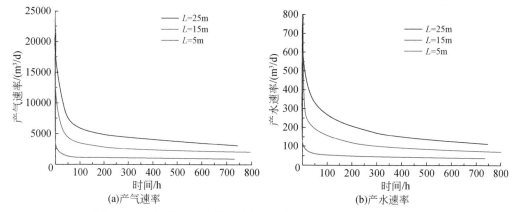

图 8.18　不同储层改造范围的产水、产气速率随时间变化曲线图

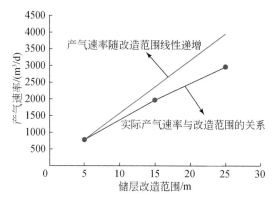

图 8.19　产气速率与储层改造范围的关系曲线

图中蓝色直线为产气速率与储层改造范围呈现线性增长的理论值

2. 水力割缝密度对开采产量的影响

水力割缝密度即在单位储层厚度内的高渗通道的数量。图 8.20 是在 35m 厚的天然气水合物储层内通过储层改造分别形成 4 个、8 个和 12 个高渗通道，每个高渗通道的长度均为 15m 的情况下产水产气的对比。从图 8.20 可以看出，高渗通道数量越多，开采早期的产水产气速率越大，但稳定生产阶段的产水产气量差别却不大。这是因为储层改造形成的高渗通道越多，通道之间的距离越近，相邻高渗通道间的干扰就越明显，则单个高渗通道对产量的贡献越小。

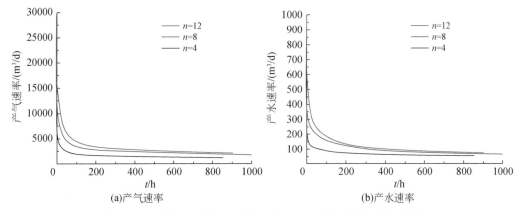

图 8.20 不同水力割缝密度的产水产气速率随时间变化曲线图

图 8.21 是高渗通道数量为 12 时的压力场和天然气水合物饱和度场。从图 8.21 可以看出各通道间出现了非常明显的干扰，单个高渗通道控制的储层范围明显小于图 8.17 所示的结果。从理论上分析，直井进行储层改造的极限情况是将井筒周围改造范围内的储层

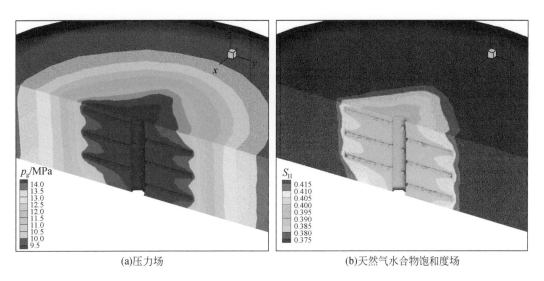

(a)压力场 (b)天然气水合物饱和度场

图 8.21 储层改造高渗通道数量为 12 时储层压力场和天然气水合物饱和度场图

全部改造为高渗通道。因此，水力割缝密度对产量的提升存在上限，在高渗通道长度相同的情况下，单纯增加数量并不能有效提高产气速率。从储层改造范围和密度的对比情况来看，对于天然气水合物的开采，储层改造范围对产量的提升作用明显大于水力割缝密度，因此，在使用该方法时，应尽量在保证井筒稳定的前提下增大储层的改造范围。

第五节　天然气水合物开采增产基础研究瓶颈与展望

纵观过去半个世纪（1965年至今）的发展，天然气水合物研究得益于各国政府或国际组织的支持，企业资本的参与度非常低，各区域、各领域研究程度参差不齐。因此难免会产生天然气水合物陷入"无休止的政府支出研究项目"的担忧。目前天然气水合物开发仍处于科学探索阶段，天然气水合物开采产能距离产业化仍然存在量级差距。参考体积压裂技术发展及其在页岩气革命中的地位，能够从量级尺度提高产能的增产理论与技术将是天然气水合物实现产业化的关键突破口。目前很多增产方法、增产技术的研究停留在概念模型阶段或数值模拟阶段，缺乏现场数据和实验数据的支撑，对增产机理的认识还不深入、对实际生产储层的影响行为不明确。因此，在天然气水合物开发学科建设过程中，应该更加注重基础研究工作，提前布局，从基础理论上回答天然气水合物增产机理，考虑复杂地层影响因素，提出最佳的增产方法。从天然气水合物增产理论与技术体系基础研究的角度，我们认为目前亟须突破的瓶颈技术主要在以下几个方面。

（1）大尺度仿真实验模拟是连接室内基础研究与现场应用的最关键关节，但应理性看待天然气水合物开采仿真实验的"大"与模拟真实储层开采过程之间的鸿沟：尽管目前很多学者从数值模拟的角度对天然气水合物增产技术的增产能力进行了评估，为优选最佳增产方法提供了非常有意义的借鉴。但如果离开实验模拟，在目前现场试采数据有限的情况下，很难验证模拟结果的准确性，也无法解释天然气水合物增产措施的作用机理。从实验模拟的角度，实验尺度的变化引起开采主控因素的改变：岩心尺度的天然气水合物分解主要受动力学参数（如压力差、不同相中的气体逸度差）的控制，而大尺度的天然气水合物藏中的天然气水合物分解则主要受流体流动、传热和传质过程的控制（Chong et al.，2017，2018）。因此天然气水合物开采过程仿真模拟实验技术在天然气水合物开采增产理论与技术体系基础研究方面具有不可替代的作用。

目前国内外仿真尺度（反应釜主体容积≥200L）的天然气水合物开采模拟系统主要包括德国 LARS 系统（2011，反应釜腔体425L、沉积物夹套容积210L，耐压25MPa）（Heeschen et al.，2017）、日本 HiGUMA 系统（2014，反应釜腔体1710 L、沉积物夹套容积810L，耐压15MPa）（Konno et al.，2014）、中国地质调查局青岛海洋地质研究所天然气水合物钻采一体化模拟实验系统（2016，反应釜腔体521L、沉积物夹套容积282.6 L，耐压30MPa）（刘昌岭等，2019）、西南石油大学固态流化开采模拟系统（2017，反应釜腔体1062 L，未设沉积物夹套，耐压12MPa）（赵金洲等，2017）等。大型物理模拟装置主体反应釜尺寸越大，开采过程中的传热传质过程越接近实际。然而，在发展大型物理模拟装置的同时必须清醒认识目前大科学装置存在的不足：其一是当前的天然气水合物增产效果室内模拟研究，无论是小尺度的机理研究还是大尺度的仿真实验，都仅考虑了Ⅲ类储层，对于Ⅰ类储层、Ⅱ类储层、Ⅳ类储层考虑的极少。因此，大型物理模拟装置在考虑实际地质模型方面仍然有很长的路要走。其二是有效监测技术的缺失或不足，目前大型物理模拟装置仿真天然气水合物开采过程注重产气、产水的监测，近年来又不断加入多产砂行为的监测，达到了气液固产出测试的目的。对储层本身演变行为的监测则以点式温度、压力监测为主，德国 LARS 系统和青岛海洋地质研究所天然气水合物钻采一体化模拟实验系统考虑采用电阻率层析成像监测储层天然气水合物饱和度场，但目前看来，这些监测技术仍然难以满足对储层多物理场、化学场耦合过程的监测，这导致开采仿真模拟重结果、轻机理，难以得到普适性认识。

（2）含天然气水合物细粒沉积物高效制样技术是摆在南海天然气水合物开采仿真模拟面前的最基础、最紧迫的任务：粗略估计目前 95% 以上天然气水合物储层基础物性、开采过程室内基础研究都以砂质储层作为研究对象。然而，全球 90% 以上的天然气水合物存在于海底黏土质粉砂或粉砂质黏土沉积物（以下统称为细粒沉积物）中，在我国南海迄今为止没有发现成规模的砂质天然气水合物储层。因此室内研究与真实需求之间存在巨大鸿沟，其主要制约因素是泥质粉砂天然气水合物储层制样技术没有突破。特别是仿真尺度细粒储层制样关键技术没有突破，制样效率低下，目前细粒沉积物中天然气水合物开采过程仿真几乎为空白。

在岩心尺度（ ~ cm），部分学者采用四氢呋喃代替天然气水合物摸索细粒沉积物中的天然气水合物生成过程（Liu et al.，2019c），初步结果显示天然气水合物生成排挤细颗粒形成非均质极强的脉状或结核状水合物条带。也有学者尝试不同的制样方式验证二氧化碳水合物在细粒沉积物中的分布特征，获得了与四氢呋喃水合物近似的非均质分布特征（Lei and Santamarina，2018，2019）。这些结果显示：细粒沉积物中天然气水合物难以全部以孔隙分散形态存在，其生成过程、物性演变与砂质沉积物中的孔隙充填型天然气水合物存在本质差异，细粒沉积物中天然气水合物裂隙型非均质分布特点必然导致其开采行为演化存在特殊性。然而，目前国内大部分研究在数值模拟南海天然气水合物开采过程时采用 TOUGH+HYDRATE，按照天然气水合物层与气/水边界层的关系将储层划分为Ⅰ ~ Ⅳ类，假设天然气水合物分散分布于沉积物孔隙中，这种分类方便数值建模，但是无法考虑天然气水合物在地层中的块状或结合状等非连续分布特征，在裂隙型天然气水合物表征方面存在致命缺陷，与实验观测结果存在本质差异（You et al.，2019）。因此，对于以泥质粉砂为主的南海天然气水合物储层，在加快推进天然气水合物试采进程的同时，应更加重视基础研究突破在试采可持续发展方面的支撑作用，首当其冲便是制样技术的制约。

（3）在天然气水合物开采过程仿真中考虑力学场，建立新型热-流-固-化耦合模型，是进行天然气水合物开采-工程地质风险一体化评价与管控的关键：受天然气水合物储层非成岩、"亚稳态"特征的制约，降压开采过程中过大的生产压差可能导致工程地质风险的发生，严重影响进一步开采。因此在天然气水合物开采过程中权衡产能需求与工程地质风险，对延长试采周期、保证试采安全至关重要（Li et al.，2020），而工程地质风险的发生则直接受储层应力与力学性质的控制（吴能友等，2017），储层强度参数受天然气水合物饱和度的控制处于动态变化过程中（Li et al.，2018d，2019c），进而导致储层渗流特征的动态变化（Liu et al.，2019c；李彦龙等，2019）。从数值模拟的角度，目前主要的研究手段是将 TOUGH+HYDRATE 与 FLAC3D 结合分析储层稳定性（Sun et al.，2018），多相渗流、传热和水合物分解过程由 TOUGH+HYDRATE 模拟，而储层力学响应过程则由 FLAC3D 模拟，两者之间通过参数传递的方式进行耦合。近期美国 Lawrence Berkeley 实验推出了 TOUGH+Millstone，在原有 TOUGH+HYDRATE 版本基础上新增了储层力学响应特征与开采数值模拟的耦合分析（Queiruga et al.，2019；Reagan et al.，2019）。此外，不少学者也开发了多相渗流（H）、传热（T）、水合物分解（C）和力学（M）响应过程的 THMC 耦合模拟器，用于天然气水合物开采时地层和井筒稳定性的分析。如青岛海洋地质研究所 QIMGHYD-THMC 模拟器（2019SR1154695）（图 8.22）（万义钊等，2018），该模拟器的发展对天然气水合物开采过程中热-流-固-化强耦合过程的求解提供了重要基础。

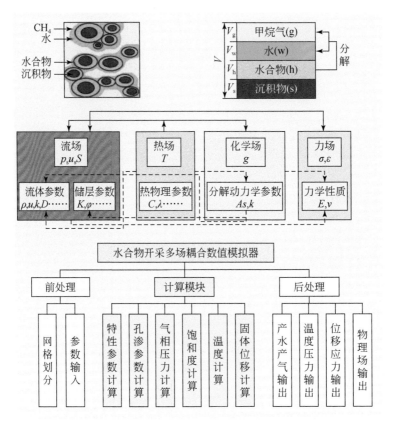

图 8.22　QIMGHYD-THMC 模拟器基本框架

　　然而，从大尺度天然气水合物开采过程实验仿真模拟的角度，部分大型天然气水合物开采过程模拟实验未考虑储层应力条件的影响（Feng et al.，2015b；赵金洲等，2017），部分则仅考虑在天然气水合物模拟储层制备腔体中安装沉积物夹套来模拟天然气水合物储层所受的地层围压状态（Konno et al.，2014；Heeschen et al.，2017；刘昌岭等，2019），未见对实际储层上覆地层压力、下伏地层压力的考虑，特别是对储层应力状态各向异性的考虑不足，是目前天然气水合物开采过程仿真模拟无法再现实际开采过程中储层沉降、出砂、失稳、滑坡等工程地质风险的最大制约。为了实现天然气水合物开采–工程地质风险一体化评价，必然需要建立新的耦合储层宏–微观力学特征和应力条件的天然气水合物生产预测模型。因此，在建立海洋天然气水合物开发学科的同时，应注重与工程地质学的结合，发展天然气水合物开发工程地质学，实现天然气水合物工程地质参数快速评价、实时反馈。

参 考 文 献

陈国明，殷志明，许亮斌，等.2007.深水双梯度钻井技术研究进展.石油勘探与开发，34（2）：246-251.

李守定，李晓，王思敬，等.2020.天然气水合物原位补热降压充填开采方法.工程地质学报，28（2）：282-293.

李文龙，高德利，杨进.2019.海域含天然气水合物地层钻完井面临的挑战及展望.石油钻采工艺，41（6）：681-689.

李彦龙，刘乐乐，刘昌岭，等.2016.天然气水合物开采过程中的出砂与防砂问题.海洋地质前沿，32（7）：36-43.

李彦龙，胡高伟，刘昌岭，等.2017a.天然气水合物开采井防砂充填层砾石尺寸设计方法.石油勘探与开发，44（6）：961-966.

李彦龙，刘昌岭，刘乐乐，等.2017b.含甲烷水合物松散沉积物的力学特性.中国石油大学学报（自然科学版），41（3）：105-113.

李彦龙，陈强，胡高伟，等.2019.神狐海域 W18_19 区块水合物上覆层水平渗透系数分布.海洋地质与第四纪地质，39（2）：157-163.

刘昌岭，李彦龙，刘乐乐，等.2019.天然气水合物钻采一体化模拟实验系统及降压法开采初步实验.天然气工业，39（6）：165-172.

刘昌岭，李彦龙，孙建业，等.2017.天然气水合物试采_从实验模拟到场地实施.海洋地质与第四纪地质，37（5）：12-26.

刘乐乐，鲁晓兵，张旭辉.2013.砂土沉积物中甲烷水合物降压分解渗流阵面实验.天然气工业，33（11）：130-136.

刘乐乐，张准，宁伏龙，等.2019.含水合物沉积物渗透率分形模型.中国科学：物理学 力学 天文学，49（3）：165-172.

宁伏龙，蒋国盛，汤凤林，等.2006.利用地热开采海底天然气水合物.天然气工业，26（12）：136-138.

宋永臣，李红海，王志国.2009.太阳能加热开采天然气水合物研究.大连理工大学学报，49（6）：827-831.

孙致学，朱旭晨，刘垒，等.2019.联合深层地热甲烷水合物开采方法及可行性评价.海洋地质与第四纪地质，39（2）：146-156.

孙致学，朱旭晨，张建国，等.2020.CO_2 置换法开采水合物井网系统及注采参数分析.中国石油大学学报（自然科学版），44（1）：71-79.

万义钊，吴能友，胡辛欣，等.2018.南海神狐海域天然气水合物降压开采过程中储层的稳定性.天然气工业，38（4）：117-128.

王国荣，钟林，刘清友，等.2019.基于双层管双梯度深海油气及水合物开发技术研究.海洋工程装备与技术, 6 (S1)：225-233.

王平康, 祝有海, 卢振权, 等. 2019. 青海祁连山冻土区天然气水合物研究进展综述. 中国科学：物理学力学 天文学, 49 (3)：76-95.

王志刚, 张永勤, 梁健, 等. 2017. SAGD 技术应用于陆域冻土天然气水合物开采中的理论研究. 探矿工程 (岩土钻掘工程), 44 (5)：14-18.

吴能友, 黄丽, 胡高伟, 等. 2017. 海域天然气水合物开采的地质控制因素和科学挑战. 海洋地质与第四纪地质, 37 (5)：1-11.

杨柳, 石富坤, 张旭辉, 等. 2020. 含水合物粉质黏土压裂成缝特征实验研究. 力学学报, 52 (1)：224-234.

赵金洲, 周守为, 张烈辉, 等. 2017. 世界首个海洋天然气水合物固态流化开采大型物理模拟实验系. 天然气工业, 37 (9)：15-22.

Anon. 2017. On the economy of methame hydrate//Research Corvsortium for Methane Reseurces in Japan, Tokyo.

Aminnaji, M, Tohidi B, Burgass R, et al. 2017a. Effect of injected chemical density on hydrate blockage removal in vertical pipes：Use of MEG/MeOH mixture to remove hydrate blockage. Journal of Natural Gas Science and Engineering, 45：840-847.

Aminnaji, M, Tohidi B, Burgass R, et al. 2017b. Gas hydrate blockage removal using chemical injection in vertical pipes. Journal of Natural Gas Science and Engineering, 40：17-23.

Balta M T, Dincer I, Hepbasli A. 2010. Geothermal-based hydrogen production using thermochemical and hybrid cycles：a review and analysis. Internal Journal of Energy Research, 34 (9)：757-775.

Bhade P, Phirani J. 2015. Gas production from layered methane hydrate reservoirs. Energy, 82：686-696.

Boswell R, Schoderbek D, Collett T S, et al. 2017. The Ignik Sikumi field experiment, Alaska North Slope：design, operations, and implications for CO_2-CH_4 exchange in gas hydrate reservoirs. Energy & Fuels, 31：140-153.

Chen C, Yang L, Jia R, et al. 2017. Simulation study on the effect of fracturing technology on the production efficiency of natural gas hydrate. Energies, 10：1241.

Chong Z R, Yang S H B, Babu P, et al. 2016. Review of natural gas hydrates as an energy resource：Prospects and challenges. Applied Energy, 162：1633-1652.

Chong Z R, Yin Z, Zhao J, et al. 2017. Recovering natural gas from gas hydrates using horizontal wellbore. Energy Procedia, 143：780-785.

Chong Z R, Zhao J, Chan J H R, et al. 2018. Effect of horizontal wellbore on the production behavior from marine hydrate bearing sediment. Applied Energy, 214：117-130.

Cranganu C. 2009. In-situ thermal stimulation of gas hydrates. Journal of Petroleum Science andEngineering, 65：76-80.

Dallimore S R, Collett T S. 2005. Scientific results from the Mallik 2002 gas hydrate production research well program, Mackenzie Delta, Northwest Territories, Canada//Canada GSO, Vancouver BC. Bulletin of the Geological Survey of Canada.

Dallimore S R, Yamamoto K, Wright J F, et al. 2012. Scientific results from the JOGMEC/NRCan/Aurora Mallik 2007-2008 gas hydrate production research well program, Mackenzie Delta, Northwest Territories, Canada// Canada GSO, Vancou ver BC. Bulletin of the Geological Survey of Canada.

Deepak M, Kumar P, Singh K, et al. 2019. Techno-economic forecasting of a hypothetical gas hydrate field in the offshore of India. Marine and Petroleum Geology, 108：741-746.

Dufour T, Hoang H M, Oignet J, et al. 2019. Experimental and modelling study of energy efficiency of CO_2

hydrate slurry in a coil heat exchanger. Applied Energy, 242: 492-505.

Feng J C, Wang Y, Li X S, et al. 2015a. Effect of horizontal and vertical well patterns on methane hydrate dissociation behaviors in pilot-scale hydrate simulator. Applied Energy, 145: 69-79.

Feng J C, Wang Y, Li X S, et al. 2015b. Production performance of gas hydrate accumulation at the GMGS2-Site 16 of the Pearl River Mouth Basin in the South China Sea. Journal of Natural Gas Science and Engineering, 27: 306-320.

Feng J C, Wang Y, Li X S. 2016. Hydrate dissociation induced by depressurization in conjunction with warm brine stimulation in cubic hydrate simulator with silica sand. Applied Energy, 174: 181-191.

Feng Y, Chen L, Suzuki A, et al. 2019a. Enhancement of gas production from methane hydrate reservoirs by the combination of hydraulic fracturing and depressurization method. Energy Conversion and Management, 184: 194-204.

Feng Y, Chen L, Suzuki A, et al. 2019b. Numerical analysis of gas production from reservoir-scale methane hydrate by depressurization with a horizontal well: the effect of permeability anisotropy. Marine and Petroleum Geology, 102: 817-828.

Guo Y, Yang S, Liang J, et al. 2017. Charateristics of high gas hydrate distribution in the Shenhu Area on the nothern slope of the South China Sea. Earth Science Frontiers, 24 (4): 24-31.

Heeschen K U, Abendroth S, Priegnitz M, et al. 2017. Correction to gas production from methane hydrate: a laboratory simulation of the Multistage Depressurization Test in Mallik, Northwest Territories, Canada. Energy & Fuels, 31: 2106.

Huang L, Su Z, Wu N Y. 2015. Evaluation on the gas production potential of different lithological hydrate accumulations in marine environment. Energy, 91: 782-798.

Islam M R. 1994. A new recovery technique for gas production from Alaskan gas hydrates. Journal of Petroleum Science and Engineering, 11: 267-281.

Ito T, Igarashi A, Suzuki K, et al. 2008. Laboratory study of hydraulic fracturing behavior in unconsolidated sands for methane hydrate production. Offshore Technology Conference. Houston, Texas, USA: Offshore Technology Conference, 8.

Konno Y, Jin Y, Shinjou K, et al. 2014. Experimental evaluation of the gas recovery factor of methane hydrate in sandy sediment. RSC Adv, 4: 51666-51675.

Konno Y, Jin Y, Yoneda J, et al. 2016. Hydraulic fracturing in methane-hydrate-bearing sand. RSC Advances, 6: 73148-73155.

Lei L, Santamarina J C. 2018. Laboratory strategies for hydrate formation in Fine-Grained Sediments. Journal of Geophysical Research: Solid Earth, 123: 2583-2596.

Lei L, Santamarina J C. 2019. Physical properties of fine-grained sediments with segregated hydrate lenses. Marine and Petroleum Geology, 109: 899-911.

Li B, Li G, Li X S, et al. 2014. The use of heat-assisted antigravity drainage method in the two horizontal wells in gas production from the Qilian Mountain permafrost hydrate deposits. Journal of Petroleum Science and Engineering, 120: 141-153.

Li B, Li X S, Li G, et al. 2015. Evaluation of gas production from Qilian Mountain permafrost hydrate deposits in two-spot horizontal well system. Cold Regions Science and Technology, 109: 87-98.

Li B, Liang Y P, Li X S, et al. 2016. A pilot-scale study of gas production from hydrate deposits with two-spot horizontal well system. Applied Energy, 176: 12-21.

Li B, Liu S D, Liang Y P, et al. 2018a. The use of electrical heating for the enhancement of gas recovery from methane hydrate in porous media. Applied Energy, 227: 694-702.

Li D L, Liang D Q, Fan S S, et al. 2008. In situ hydrate dissociation using microwave heating: preliminary study. Energy Conversion and Management, 49: 2207-2213.

Li F, Yuan Q, Li T, et al. 2018b. A review: enhanced recovery of natural gas hydrate reservoirs. Chinese Journal of Chemical Engineering, 27 (9): 2062-2073.

Li G, Moridis G J, Zhang K, et al. 2011. The use of huff and puff method in a single horizontal well in gas production from marine gas hydrate deposits in the Shenhu area of South China Sea. Journal of Petroleum Science and Engineering, 77: 49-68.

Li J, Ye J, Qin X, et al. 2018c. The first offshore natural gas hydrate production test in South China Sea. China Geology, 1: 5-16.

Li X S, Li B, Li G, et al. 2012. Numerical simulation of gas production potential from permafrost hydrate deposits by huff and puff method in a single horizontal well in Qilian Mountain, Qinghai province. Energy, 40: 59-75.

Li Y L, Wu N Y, Ning F L, et al. 2019a. A sand-production control system for gas production from clayey silt hydrate reservoirs. China Geology, 2: 121-132.

Li Y, Liu C, Liu L, et al. 2018d. Experimental study on evolution behaviors of triaxial-shearing parameters for hydrate-bearing intermediate fine sediment. Advances in Geo-Energy Research, 2: 43-52.

Li Y, Wan Y, Chen Q, et al. 2019b. Large borehole with multi-lateral branches: a novel solution for exploitation of clayey silt hydrate. China Geology, 2: 333-341.

Li Y, Hu G, Wu N, et al. 2019c. Undrained shear strength evaluation for hydrate-bearing sediment overlying strata in the Shenhu area, northern South China Sea. Acta Oceanologica Sinica, 38: 114-123.

Li Y, Ning F, Wu N, et al. 2020. Protocol for sand control screen design of production wells for clayey silt hydrate reservoirs: a case study. Energy Science & Engineering, 8: 1438-1449.

Liang Y P, Liu S, Wan Q C, et al. 2018. Comparison and optimization of methane hydrate production process using different methods in a Single Vertical Well. Energies, 12: 124.

Liang Y, Tan Y, Luo Y, et al. 2020. Progress and challenges on gas production from natural gas hydrate-bearing sediment. Journal of Cleaner Production, 261: 121061.

Liu L, Dai S, Ning F, et al. 2019a. Fractal characteristics of unsaturated sands-implications to relative permeability in hydrate-bearing sediments. Journal of Natural Gas Science and Engineering, 66: 11-17.

Liu L, Sun Z, Zhang L, et al. 2019b. Progress in global gas hydrate development and production as a new energy resource. Bulletin of the Geological Society of China, 93: 731-755.

Liu L, Zhang Z, Li C, et al. 2020a. Hydrate growth in quartzitic sands and implication of pore fractal characteristics to hydraulic, mechanical, and electrical properties of hydrate-bearing sediments. Journal of Natural Gas Science and Engineering, 75: 103109.

Liu S, Zhang Y, Luo Y, et al. 2020b. Analysis of hydrate exploitation by a new in-situ heat generation method with chemical reagents based on heat utilization. Journal of Cleaner Production, 249: 119399.

Liu Y, Hou J, Zhao H, et al. 2018. A method to recover natural gas hydrates with geothermal energy conveyed by CO_2. Energy, 144: 265-278.

Liu Z, Kim J, Lei L, et al. 2019c. Tetrahydrofuran hydrate in clayey sediments—laboratory formation, morphology, and wave characterization. JGR-Solid Earth, 124: 3307-3319.

Loh M, Too J L, Falser S, et al. 2015. Gas production from methane hydrates in a dual wellbore system. Energy & Fuels, 29: 35-42.

Mao P, Sun J, Ning F, et al. 2020. Effect of permeability anisotropy on depressurization-induced gas production from hydrate reservoirs in the South China Sea. Energy Science and Engineering, 8: 2690-2707.

Minagawa H, Ito T, Kimura S, et al. 2018. Depressurization and electrical heating of methane hydrate sediment for gas production: laboratory-scale experiments. Journal of Natural Gas Science and Engineering, 50: 147-156.

Mok J, Choi W, Seo Y. 2020. Time-dependent observation of a cage-specific guest exchange in sI hydrates for CH_4 recovery and CO_2 sequestration. Chemical Engineering Journal, 389: 124434.

Moridis G J, Collett T S. 2003. Strategies for gas production from hydrate accumulations under various geologic conditions. Proceedings, TOUGH Symposium 2003//Lawrence Berkeley National Laboratory, Berkeley, CA, USA,: Lawrence Berkeley National Laboratory, Berkeley.

Moridis G J, Sloan E D. 2007. Gas production potential of disperse low-saturation hydrate accumulations in oceanic sediments. Energy Conversion and Management, 48: 1834-1849.

Moridis G J, Reagan M, Zhang K. 2008. The use of horizontal wells in gas production from hydrate accumulations//Proceedings of the sixth international conference on gas hydrates. Vancouver, British Columbia, Canada.

Moridis G J, Reagan M T, Boyle K L, et al. 2011. Evaluation of the gas production potential of some particularly challenging types of oceanic hydrate deposits. Transport in Porous Media, 90: 269-299.

Moridis G J, Reagan M T, Queiruga A F, et al. 2019. Evaluation of the performance of the oceanic hydrate accumulation at site NGHP-02-09 in the Krishna-Godavari Basin during a production test and during single and multi-well production scenarios. Marine and Petroleum Geology, 108: 660-696.

Myshakin E M, Ajayi T, Anderson B J, et al. 2016. Numerical simulations of depressurization-induced gas production from gas hydrates using 3-D heterogeneous models of L-Pad, Prudhoe Bay Unit, North Slope Alaska. Journal of Natural Gas Science and Engineering, 35: 1336-1352.

Nair V C, Prasad S K, Kumar R, et al. 2018. Energy recovery from simulated clayey gas hydrate reservoir using depressurization by constant rate gas release, thermal stimulation and their combinations. Applied Energy, 225: 755-768.

Putra A E E, Nomura S, Mukasa S, et al. 2012. Hydrogen production by radio frequency plasma stimulation in methane hydrate at atmospheric pressure. International Journal of Hydrogen Energy, 37: 16000-16005.

Queiruga A F, Moridis G J, Reagan M T. 2019. Simulation of gas production from multilayered hydrate-bearing media with fully coupled flow, thermal, chemical and geomechanical processes using TOUGH+Millstone. Part 2: geomechanical formulation and numerical coupling. Transport in Porous Media, 128: 221-241.

Rahim I, Nomura S, Mukasa S, et al. 2015. Decomposition of methane hydrate for hydrogen production using microwave and radio frequency in-liquid plasma methods. Applied Thermal Engineering, 90: 120-126.

Reagan M T, Queiruga A F, Moridis G J. 2019. Simulation of gas production from multilayered hydrate-bearing media with fully coupled flow, thermal, chemical and geomechanical processes using TOUGH+Millstone. Part 3: production simulation results. Transport in Porous Media, 129: 179-202.

Shan L, Fu C, Liu Y, et al. 2019. A feasibility study of using frac-packed wells to produce natural gas from subsea gas hydrate resources. Energy Science & Engineering n/a.

Sloan E D. 2003. Fundamental principles and applications of natural gas hydrates. Nature, 426: 353-359.

Sun J, Ning F, Lei H, et al. 2018. Wellbore stability analysis during drilling through marine gas hydrate-bearing sediments in Shenhu area: a case study. Journal of Petroleum Science and Engineering, 170: 345-367.

Sun J, Ning F, Liu T, et al. 2019a. Gas production from a silty hydrate reservoir in the South China Sea using hydraulic fracturing: a numerical simulation. Energy Science & Engineering, 7: 1106-1122.

Sun Y, Ma X, Guo W, et al. 2019b. Numerical simulation of the short- and long-term production behavior of the first offshore gas hydrate production test in the South China Sea. Journal of Petroleum Science and Engineering, 181: 106196.

Too J L, Cheng A, Khoo B C, et al. 2018. Hydraulic fracturing in a penny-shaped crack. Part Ⅱ: Testing the frackability of methane hydrate-bearing sand. Journal of Natural Gas Science and Engineering, 52: 619-628.

Vedachalam N, Ramesh S, Jyothi V B N, et al. 2020. Techno-economic viability studies on methane gas production from gas hydrates reservoir in the Krishna-Godavari basin, east coast of India. Journal of Natural Gas Science and Engineering, 103253.

Wang B, Dong H, Liu Y, et al. 2018a. Evaluation of thermal stimulation on gas production from depressurized methane hydrate deposits. Applied Energy, 227: 710-718.

Wang B, Dong H, Fan Z, et al. 2020. Numerical analysis of microwave stimulation for enhancing energy recovery from depressurized methane hydrate sediments. Applied Energy, 262: 114559.

Wang Y, Feng J C, Li X S, et al. 2018b. Influence of well pattern on gas recovery from methane hydrate reservoir by large scale experimental investigation. Energy, 152: 34-45.

Wilson S J, Hunter R B, Collett T S, et al. 2011. Alaska North Slope regional gas hydrate production modeling forecasts. Marine and Petroleum Geology, 28: 460-477.

Yamamoto K, Terao Y, Fujii T. 2014. Operational overview of the first offshore production test of methane hydrates in the Eastern Nankai Trough//2014 Offshore Technology Conference, Houston, Texas, USA, 5-8 May 2014.

Yamamoto K, Wang X, Tamaki M, et al. 2019. The second offshore production of methane hydrate in the Nankai Trough and gas production behavior from a heterogeneous methane hydrate reservoir. RSC Advances, 9: 25987-26013.

Yang S, Lang, X, Wang Y, et al. 2014. Numerical simulation of Class 3 hydrate reservoirs exploiting using horizontal well by depressurization and thermal co-stimulation. Energy Conversion and Management, 77: 298-305.

Ye J, Qin X, Xie W, et al. 2020. The second natural gas hydrate production test in the South China Sea. China Geology, 3: 197-209.

You K, Flemings P B, Malinverno A, et al. 2019. Mechanisms of methane hydrate formation in geological systems. Reviews of Geophysics, 57: 1146-1196.

Yu T, Guan G, Abudula A, et al. 2019a. Gas recovery enhancement from methane hydrate reservoir in the Nankai Trough using vertical wells. Energy, 166: 834-844.

Yu T, Guan G, Abudula A, et al. 2019b. Application of horizontal wells to the oceanic methane hydrate production in the Nankai Trough, Japan. Journal of Natural Gas Science and Engineering, 62: 113-131.

Yu T, Guan G, Abudula A, et al. 2020. 3D investigation of the effects of multiple-well systems on methane hydrate production in a low-permeability reservoir. Journal of Natural Gas Science and Engineering, 76: 103213.

Zhang Z, Li C, Ning F, et al. 2020. Pore fractal characteristics of hydrate-bearing sands and implications to the saturated water permeability. JGR Solid Earth, 125: e2019JB018721.

Zhao J, Fan Z, Wang B, et al. 2016. Simulation of microwave stimulation for the production of gas from methane hydrate sediment. Applied Energy, 168: 25-37.